工程力学学习指导

刘克玲　主　编
郭　龙　副主编
王永跃　主　审

内 容 提 要

本书是与天津城建大学王永跃、徐光文主编的教材《工程力学》(天津大学出版社,第2版)配套的辅导教材,全书内容根据高等普通工科院校工程力学的教学大纲进行编写,不仅包含了教学大纲所规定的基本内容,而且还编入了一些难度适中、加宽、加深的内容。

本书中每章均包括理论要点、例题详解、自测题、自测题解答、习题解答五部分。例题详解中对每种类型的题目做了详细解答,并给出解题指导,方便读者学习。自测题中包含了近几年收集的部分研究生入学试题及部分院校本科试题,可帮助读者掌握概念、加深理解、学会分析方法、提高解题能力。

本书可作为各工科专业学生学习工程力学的辅导性读物,也可供成人教育、考研生以及一般工程技术人员参考。

图书在版编目(CIP)数据

工程力学学习指导/刘克玲主编;郭龙副主编.—天津:天津大学出版社,2018.6
ISBN 978-7-5618-5856-1

Ⅰ.①工… Ⅱ.①刘…②郭… Ⅲ.①工程力学-高等学校-教学参考资料 Ⅳ.①TB12

中国版本图书馆CIP数据核字(2017)第138209号

出版发行	天津大学出版社
地　　址	天津市卫津路92号天津大学内(邮编:300072)
电　　话	发行部:022-27403647
网　　址	publish.tju.edu.cn
印　　刷	天津泰宇印务有限公司
经　　销	全国各地新华书店
开　　本	185mm×260mm
印　　张	21.75
字　　数	543千
版　　次	2018年6月第1版
印　　次	2018年6月第1次
定　　价	52.00元

前　言

为适应高校教学改革的需要，笔者针对力学的学习特点，并根据多年的教学经验及学生反馈的情况，组织编写本书，供普通高等院校工科专业学习工程力学的学生、考研生和有关技术人员参考。

本书是与《工程力学》（王永跃、徐光文主编，天津大学出版社，第2版）配套的辅导教材。为了让读者更好地理解课程内容，扎实掌握课程知识点，本书的每一章（不包含第5章）都包含以下五部分内容：第一部分是理论要点，对该章的主要理论知识进行总结概述，以帮助读者更好地掌握教材的重点内容和知识体系；第二部分是例题详解，对各种类型的例题给出了解题指导以及详细的解题过程，以帮助读者掌握更多的解题技巧；第三部分是自测题，包含概念题和计算题，读者可通过这部分题来检验自己的知识掌握情况；第四部分是自测题解答，可帮助读者复核自己的解题过程，以便更好地找到问题所在并逐步提高解题能力；第五部分是配套教材《工程力学》的课后习题解答。第5章因配套教材无习题，所以这一章没有第五部分内容。为方便读者，书中章节次序和习题编号均同教材保持一致。

根据多年的教学情况，学生普遍反映力学难，虽然能听懂老师所讲，但自己一旦做起题来就无从下手。学好力学没有捷径，只有通过大量地做题，多做多看多练习，才能学好。本书尽可能列举多类型的、不同难度的题，供读者练习，希望能对读者有所帮助。

本书由刘克玲任主编，郭龙任副主编，王永跃任主审。参加各章节前四部分内容编写工作的有：第1、2、3、4、15、16章及附录部分由郭龙编写，第5、6、7、8、9、10、11、12、13、14章由刘克玲编写。参加各章课后习题解答编写工作的有：第1、2章由马丽编写，第3、4章由焦卫、焦永树编写，第6、13章由王永跃编写，第7、8章由李志萍编写，第9、10章由刘永华、陈培奇编写，第11、12、14章由刘克玲编写，第15、16章及附录由郭龙、徐光文编写。

由于编者水平有限，书中难免有疏漏及不妥之处，敬请广大读者批评指正。

编者

2018年4月

目　　录

第1章　静力学公理和物体的受力分析

1.1　理论要点

一、基本概念

(1)**力**　物体间相互的机械作用,这种作用使物体的形状和运动状态发生改变。

(2)**力系**　作用在物体上的一组力。按其作用线的相互关系,可分为共线力系、汇交力系、平行力系和任意力系。

(3)**刚体**　物体在外力作用下,其内部任意两点之间的距离始终保持不变。刚体是一个理想化的力学模型。

(4)**平衡**　物体相对于惯性参考系保持静止或作匀速直线运动的状态。

(5)**平衡力系**　使物体保持平衡状态不变的力系。

(6)**等效力系**　作用于物体上,且效应(内效应或外效应)相同的力系。

二、静力学公理

(1)**力的平行四边形公理**　作用在物体上同一点的两个力,可以合成为一个合力,合力的作用点也在该点,合力的大小和方向由以这两个力为邻边所构成的平行四边形的对角线确定。

(2)**二力平衡公理**　作用在刚体上的两个力,使刚体保持平衡的充分必要条件是这两个力等值、反向、共线。满足二力平衡的刚体称为**二力体**。

(3)**加减平衡力系公理**　在作用于刚体上的任一力系中,加上一个平衡力系或从其中减去一个平衡力系,并不改变原力系对于刚体的作用效应。这个公理是研究力系等效变换的重要依据。

(4)**作用和反作用公理**　两物体间相互作用的力总是等值、反向、共线,且分别作用在这两个物体上。

(5)**刚化公理**　变形体在某一力系作用下处于平衡,如将此变形体置换为刚体,则平衡状态保持不变。

三、两个推论

(1)**刚体上力的可传性**　作用在刚体上某点的力,可以沿着它的作用线移到刚体内的任意一点,并不改变该力对刚体的作用。

(2)**三力平衡汇交定理**　作用于刚体上三个相互平衡的力,若其中两个力的作用线汇交于一点,则此三力必在同一平面内,且第三个力的作用线通过汇交点。

四、约束、约束反力及物体受力图

(1)**约束**　限制物体运动的装置称为约束。

(2)**约束反力**　约束对被约束物体的反作用力称为约束反力。

(3)**物体的受力图**　能反映出物体所受全部外力的简图。一个完整的受力图应包括研究对象(脱离体)、主动力和约束力三个构成要素。受力图是求解静力学问题的依据,应尽可能准确详尽地反映研究对象的受力特征。

此外,为提高受力分析和受力图的准确度,初学者需要克服如下常见错误。

①画“虚构力”。例如用凭主观想象的“虚力”与主动力去平衡,或者把作用在研究对象之外的力也画到脱离体受力图上。这里一定要注意,受力图上只画出作用在研究对象上的主动力以及其他物体作用在此研究对象上的力,而每一个力都必须有明确的施力物体,不能无中生有。

②画错约束反力的方向。约束力的方向应该按其约束类型确定,有些约束力能预知方向,如柔绳约束力和光滑接触面约束力,有些则可根据三力汇交和二力平衡条件预判其作用线的方位;若方向无法预知,则可在受力图上用大小未知的正交分力表示。

1.2　例题详解

例题1-1　如图1-1所示杆系结构中,AB杆与CD杆在C处用铰链连接,AB杆端B处作用一集中力$\boldsymbol{F}$,不计各杆自重。试分别画出AB杆、CD杆的受力图。

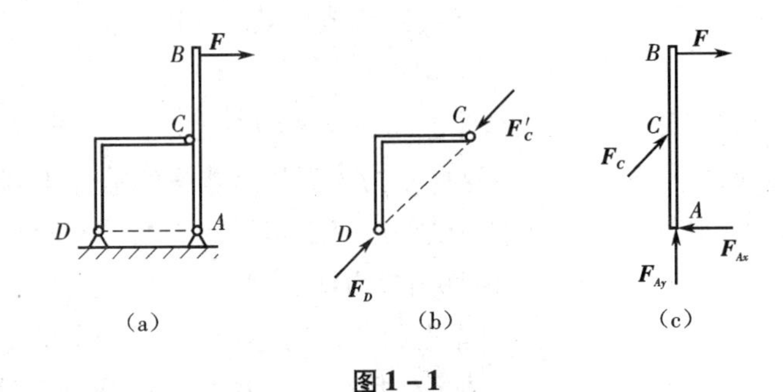

图1-1

【解题指导】　作用在结构上的主动力仅为作用在AB杆端B处的集中力$\boldsymbol{F}$。此题中CD杆为二力杆,可按照先简单后复杂的次序进行受力分析,即先分析CD杆,然后分析AB杆。

解　(1)取CD杆为研究对象。

该部分无主动力作用,两端采用铰链连接,且杆件不计自重,可视为二力杆,力的作用线方向沿C、D连线,假设C端和D端约束力分别为$\boldsymbol{F}'_C$和$\boldsymbol{F}_D$,并按图1-1(b)所示画出。

(2)取AB杆为研究对象。

AB杆端B处受主动力$\boldsymbol{F}$作用。考虑到C处来自CD杆的作用力$\boldsymbol{F}_C$,且满足$\boldsymbol{F}_C=-\boldsymbol{F}'_C$,而$AB$杆在$A$处为固定铰支座,根据约束的性质,约束力方向不能确定,所以在A处用两个相互垂直的分力$\boldsymbol{F}_{Ax}$、$\boldsymbol{F}_{Ay}$来代替。画出的受力图如图1-1(c)所示。

另外,对于AB杆A端的约束反力而言,读者也可根据三力平衡汇交定理自行进一步简化。

例题1-2　如图1-2所示,构件AB与构件CD在C处通过铰链连接,不计各部分构件自重。试分别画出AB部分、CD部分以及整体的受力图。

【解题指导】 作用在结构上的主动力包括集中力和均布荷载，应完整准确地表示在脱离体对应位置上。特别应该注意的是在选择 AB(或 CD)部分时，不能遗漏 C 处的作用力和反作用力；而取整体为研究对象时，C 处的作用力为内力，则不应出现在受力图中。

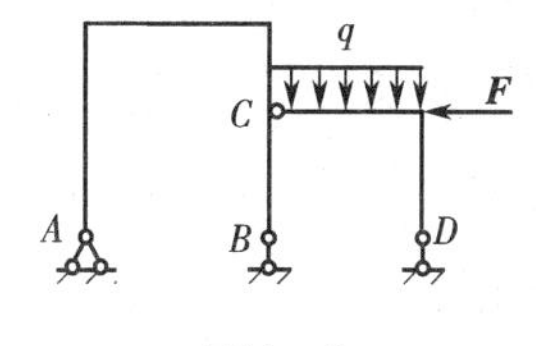

图1－2

解 (1)取 AB 部分为研究对象。

该部分无主动力作用。构件 AB 在 A 处为固定铰支座，根据约束的性质，约束力方向不能确定，所以在 A 处用两个相互垂直的分力 $\boldsymbol{F}_{Ax}$、$\boldsymbol{F}_{Ay}$来代替；在 B 处有滑动铰支座，其约束力 $\boldsymbol{F}_B$应过 B 点垂直于支承面且假设方向向上；在 C 处是铰接，其约束力方向不能确定，所以用两个相互垂直的分力 $\boldsymbol{F}_{Cx}$、$\boldsymbol{F}_{Cy}$来代替，画出的受力图如图 1－3(a)所示。

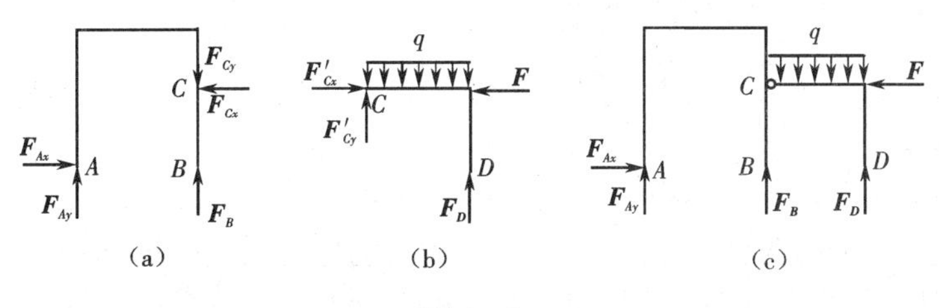

图1－3

(2)取 CD 部分为研究对象。

该部分受主动力 $\boldsymbol{F}$ 和 q 作用。构件 CD 在 D 处有滑动铰支座，其约束力 $\boldsymbol{F}_D$应过 D 点垂直于支承面且假设方向向上；在 C 处有 $\boldsymbol{F}_{Cx}$、$\boldsymbol{F}_{Cy}$ 的反作用力$\boldsymbol{F}'_{Cx}$、$\boldsymbol{F}'_{Cy}$，画出的整体受力图如图 1－3(b)所示。

(3)取整体为研究对象。画出的受力图如图 1－3(c)所示。

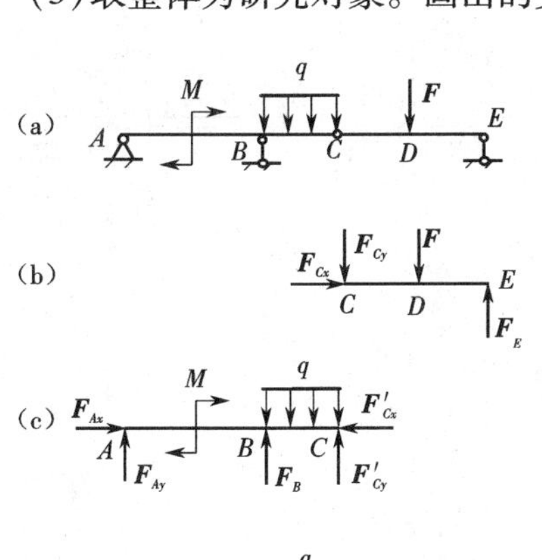
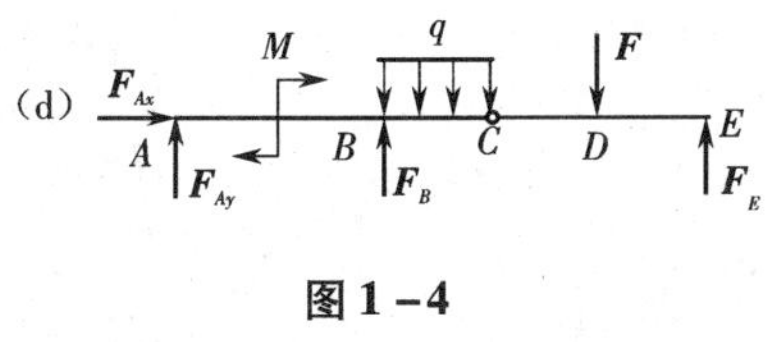

图1－4

例题1－3 如图 1－4(a)所示组合梁，不计自重。试分别画出 AC 部分、CE 部分和整体的受力图。

【解题指导】 作用在结构上的主动力包括集中力 $\boldsymbol{F}$、集中力偶 M 和均布荷载 q。此题按照先简单后复杂的次序进行受力分析，即先分析 CE 部分，然后分析 AC 部分，最后分析组合梁整体。

解 (1)取梁 CE 为研究对象。

梁 CE 受到的主动力只有集中力 $\boldsymbol{F}$。梁 CE 在 E 处有滑动铰支座，其约束力 $\boldsymbol{F}_E$应过 E 点垂直于支承面且假设方向向上；在 C 处是铰接，根据约束的性质，约束力方向不能确定，所以用两个相互垂直的分力 $\boldsymbol{F}_{Cx}$、$\boldsymbol{F}_{Cy}$来代替，画出的受力图如图 1－4(b)所示。

(2)取梁 AC 为研究对象。

梁 AC 受到的主动力有荷载集度为 q 的均布荷载和集中力偶 M。梁 AC 在 B 处有滑动铰支座，其约束力 $\boldsymbol{F}_B$应过 B 点垂直于支承面并假设方向向上；在 C 处有 $\boldsymbol{F}_{Cx}$、$\boldsymbol{F}_{Cy}$ 的反作用力 $\boldsymbol{F}'_{Cx}$、$\boldsymbol{F}'_{Cy}$；在 A 处有固动铰支座，根据约束的性质，约束力方向不能确定，所以用两个相互垂直

的分力 $\boldsymbol{F}_{Ax}$、$\boldsymbol{F}_{Ay}$来代替，画出的受力图如图 1－4(c)所示。

(3)取整体为研究对象。画出整体的受力图如图 1－4(d)所示。

1.3　自测题

1－1　刚体受三个力作用，若力的作用线相交于同一点，则该刚体必处于平衡状态。（　　）

1－2　两个物体通过铰链连接，根据力的可传性，将作用在其中一个物体上的力沿其作用线移动到另一个物体上，而不影响两个物体间的作用力与反作用力。（　　）

1－3　合力的大小不一定比组成它的分力大。（　　）

1－4　作用在同一刚体上的两个力，使刚体保持平衡的充分必要条件是该两力________、________、________。

1－5　作用在物体上同一点的两个力，其合力的作用点在__________，合力的大小和方向由______________________________确定。

1－6　如图 1－5 所示，构件 *AC* 与构件 *BC* 在 *C* 处铰接，不计各构件自重。试分别画出构件 *AC*、构件 *BC* 以及整体的受力图。

1－7　如图 1－6 所示组合梁，由构件 *AC* 及 *CD* 在 *C* 处用铰链连接而成，不计各构件自重。试分别画出构件 *AC*、构件 *CD* 以及整体的受力图。

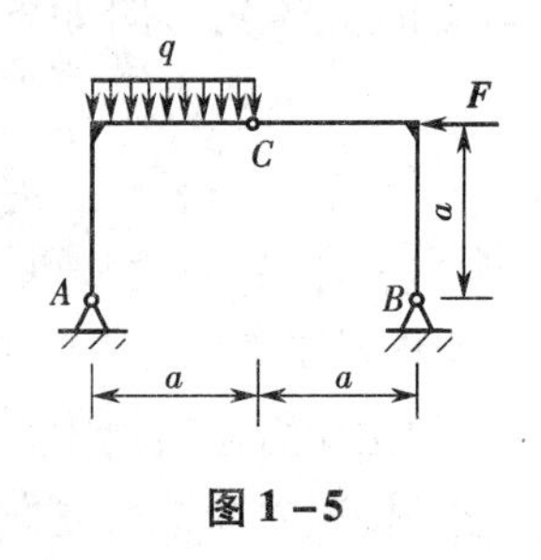

图 1－5

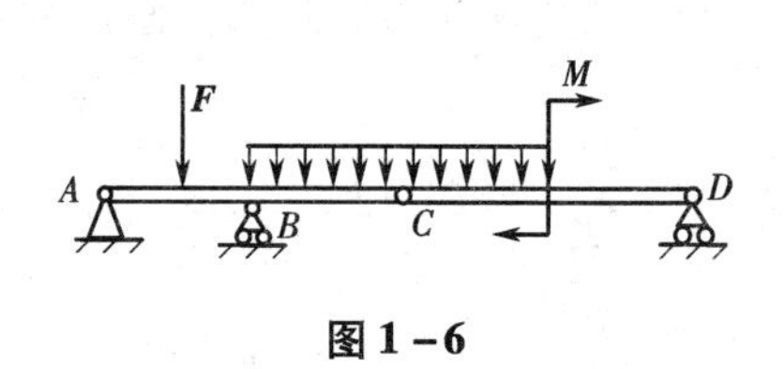

图 1－6

1.4　自测题解答

此部分内容请扫二维码。

1.5　习题解答

1－1　画出下列各图中指定物体的受力图。未画出重力的物体其自重不计，所有接触处均为光滑接触。

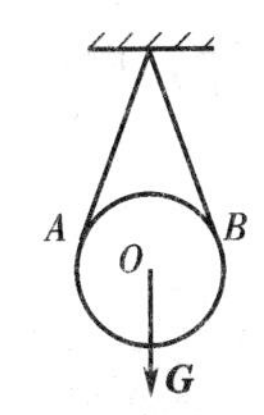

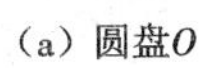
（a）圆盘O

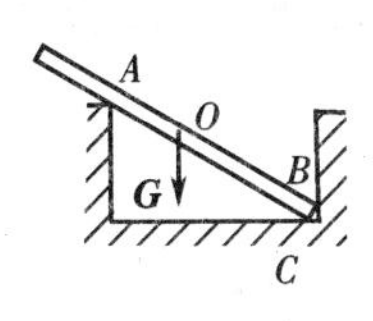

（b）杆AB

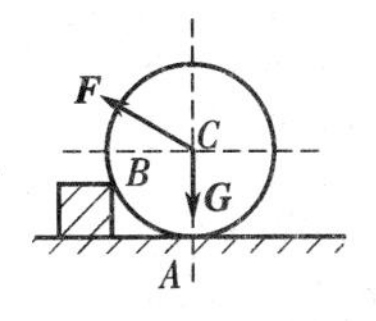

（c）轮C

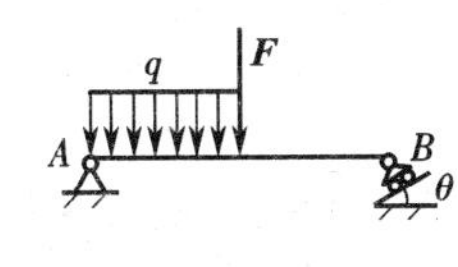

（d）杆AB

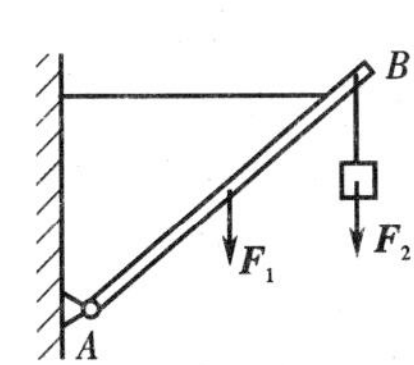

（e）杆AB

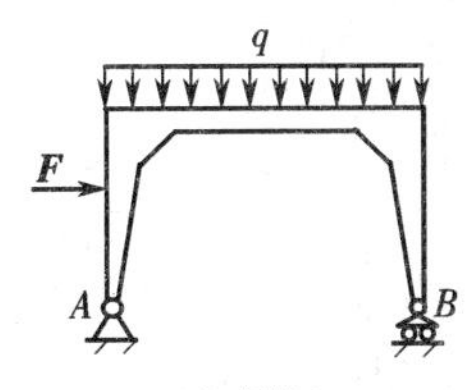

（f）刚架AB

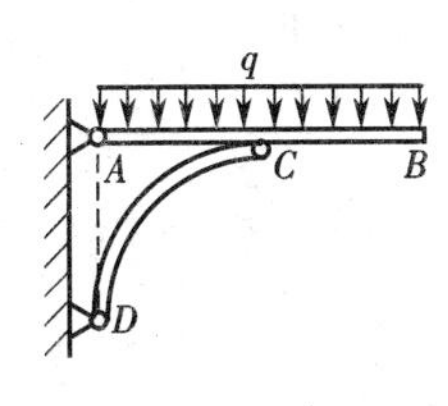

（g）杆AB

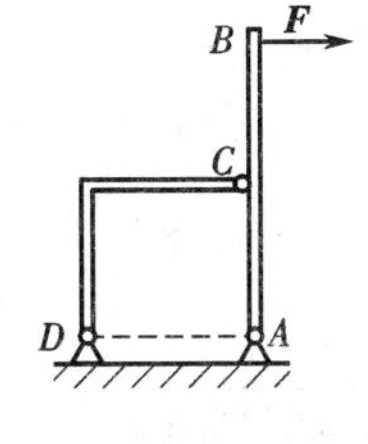

（h）杆AB

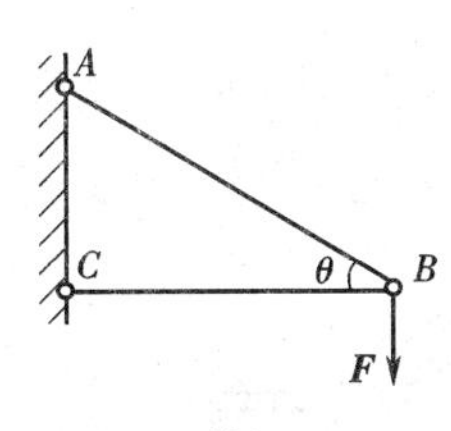

（i）销钉B

习题 1－1 图

解

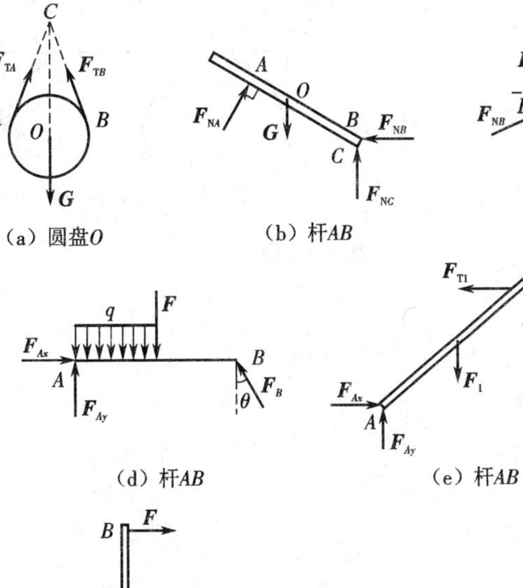

（a）圆盘O （b）杆AB （c）轮C

（d）杆AB （e）杆AB

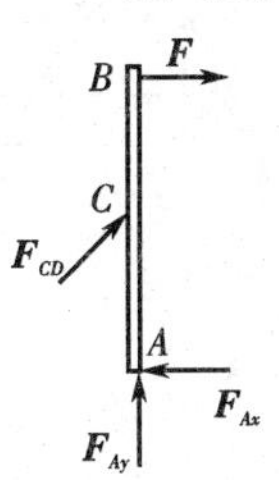

（h）杆AB

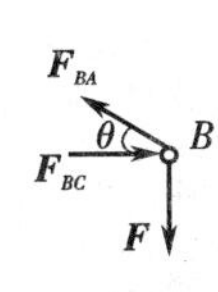

（i）销钉B

1－2 画出下列各图中指定物体的受力图。未画出重力的物体其自重不计，所有接触处均为光滑接触。

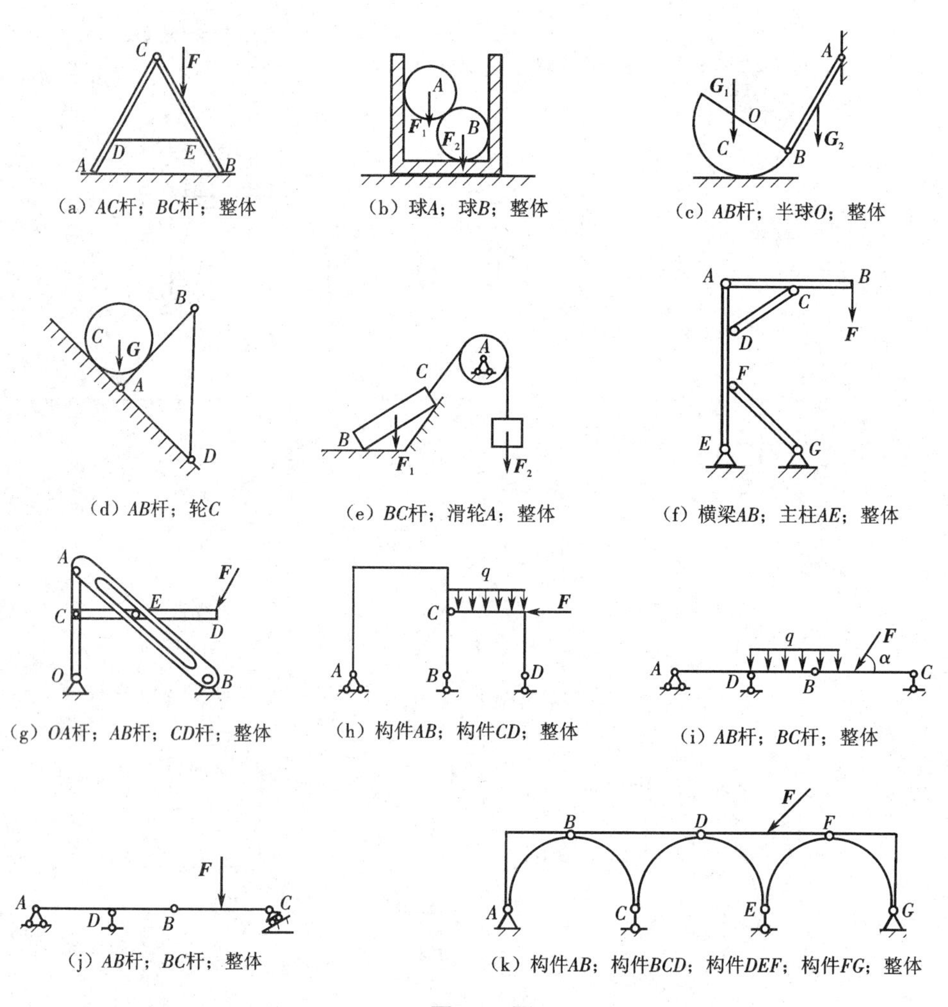

(a) AC杆；BC杆；整体　(b) 球A；球B；整体　(c) AB杆；半球O；整体

(d) AB杆；轮C　(e) BC杆；滑轮A；整体　(f) 横梁AB；主柱AE；整体

(g) OA杆；AB杆；CD杆；整体　(h) 构件AB；构件CD；整体　(i) AB杆；BC杆；整体

(j) AB杆；BC杆；整体　(k) 构件AB；构件BCD；构件DEF；构件FG；整体

习题1－2图

解

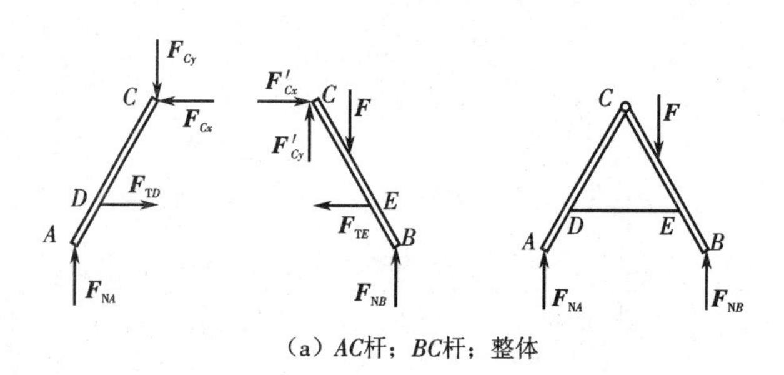

(a) AC杆；BC杆；整体

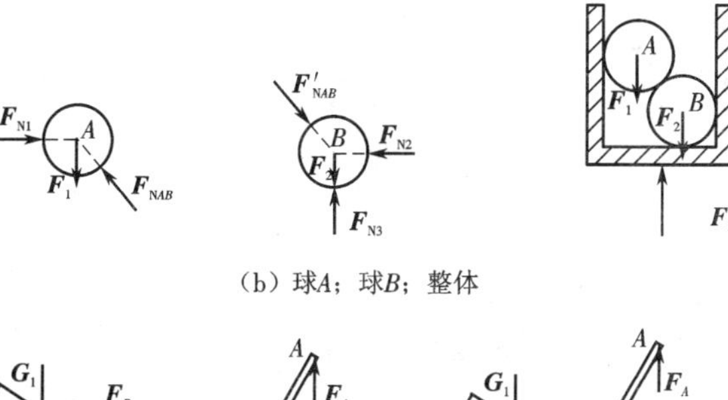

（b）球A；球B；整体

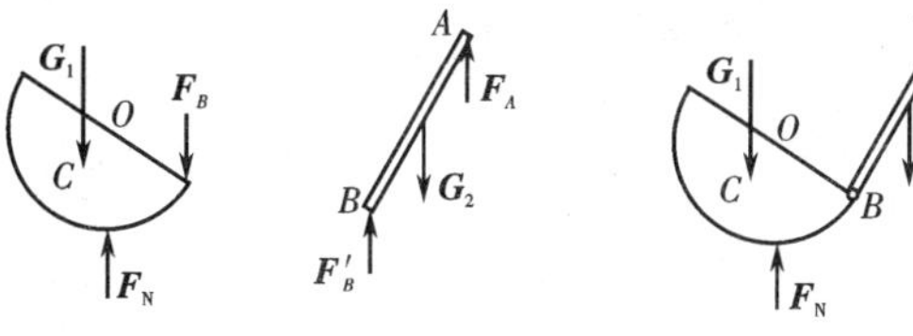

（c）AB杆；半球O；整体

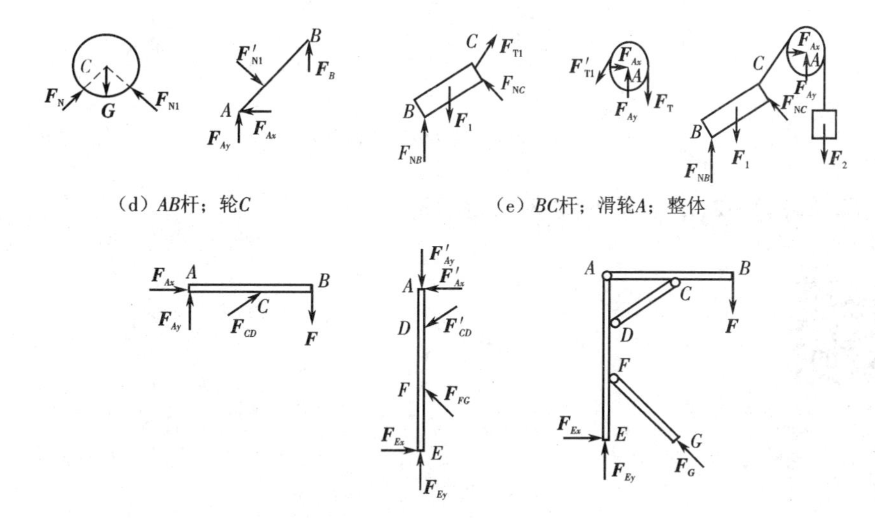

（d）AB杆；轮C　　（e）BC杆；滑轮A；整体

（f）横梁AB；立柱AE；整体

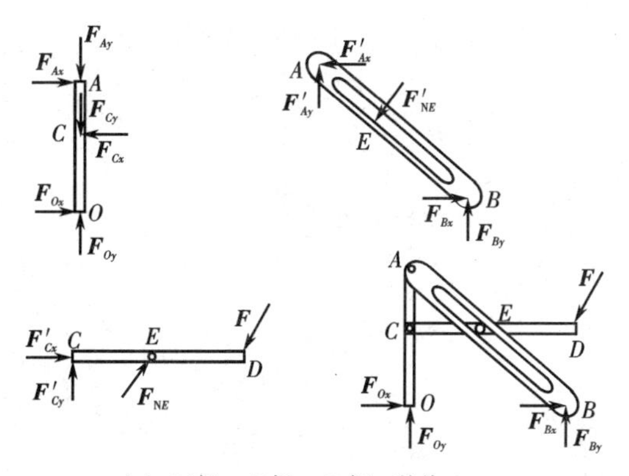

（g）OA杆；AB杆；CD杆；整体

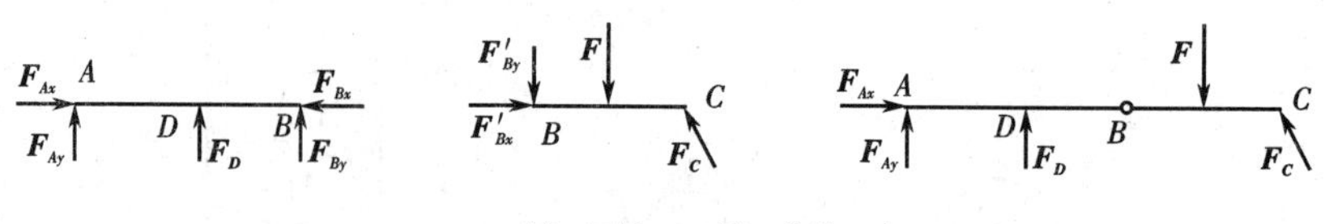

(j) *AB*杆；*BC*杆；整体

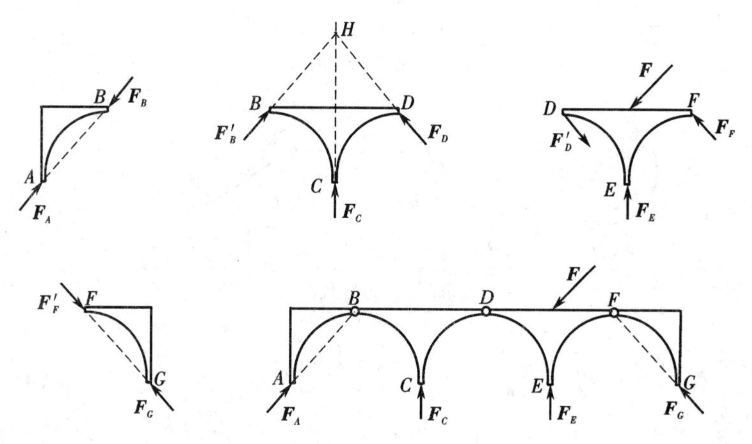

(k) 构件*AB*；构件*BCD*；构件*DEF*；构件*FG*；整体

习题 1－1(f)、(g),1－2(h)、(i)答案请扫二维码。

第2章 平面汇交力系与平面力偶系

2.1 理论要点

一、基本概念

(1)**力的投影** 力 $\boldsymbol{F}$ 在坐标轴上的投影等于力的模乘以力与投影轴正向间夹角 α 的余弦,它是标量,在直角坐标系下,可表示为 $F_x = F\cos\alpha, F_y = F\sin\alpha$。

(2)**平面汇交力系** 各力的作用线都在同一平面内且汇交于一点的力系。

(3)**力偶** 大小相等、方向相反而不共线的两个平行力所组成的力系。力偶中两个力的作用线间的垂直距离 d 称为**力偶臂**。力偶具有如下性质:

①力偶不能用一个力来代替,既不能合成为一个合力,也不能与一个力平衡;

②力偶中的两个力在任一轴上投影的代数和恒为零;

③力偶对于其作用面内任意一点之矩恒等于力偶矩,而与所选矩心的位置无关;

④只要保持力偶矩不变,力偶可以在其作用面内任意移转,且可以同时改变力偶中力的大小和力偶臂的长短,而不改变力偶对刚体的作用效应。

(4)**力偶矩** 力偶中力的大小与力偶臂长度的乘积并冠以正负号,$M = \pm Fd$,规定逆时针为正,它表示力偶对物体的转动效应。

(5)**平面力偶系** 作用在同一平面内的一组力偶。

二、基本定理

(1)**合力投影定理** 汇交力系的合力在某一轴上的投影等于各分力在同一轴上投影的代数和。合力 $\boldsymbol{F}_R$在 x、y 轴上的投影为

$$\left.\begin{aligned} F_{Rx} &= \sum_{i=1}^{n} F_{xi} = \sum F_x \\ F_{Ry} &= \sum_{i=1}^{n} F_{yi} = \sum F_y \end{aligned}\right\}$$

(2)**合力矩定理** 平面汇交力系的合力对于平面内任一点之矩等于所有各分力对于该点之矩的代数和。即

$$M_O(\boldsymbol{F}_R) = \sum_{i=1}^{n} M_O(\boldsymbol{F}_i)$$

当力矩的力臂不易求出时,常将力分解为两个容易确定力臂的分力(通常分解为正交力),然后应用合力矩定理计算力矩。

(3)**力偶等效定理** 作用在同一平面内的两个力偶彼此等效的充分必要条件是这两个力

偶转向相同,且力偶矩的值也相等。

(4)**力的平移定理** 将作用在刚体上某点的力平行移动到该刚体上的任一新点,但必须在该力与新作用点所决定的平面内附加一个力偶,此力偶矩等于原来的力对新作用点之矩。它是力系简化的重要依据。

三、平面汇交力系的合成与平衡条件

(1)**合成** 合成方法有几何法和解析法。

几何法:合力矢是力多边形的封闭边,合力作用线通过力系的汇交点。

解析法:在直角坐标系中,合力 $\boldsymbol{F}_{\mathrm{R}}$的大小和方向余弦为

$$\left.\begin{aligned} F_{\mathrm{R}} &= \sqrt{F_{\mathrm{R}x}^2 + F_{\mathrm{R}y}^2} = \sqrt{\left(\sum F_x\right)^2 + \left(\sum F_y\right)^2} \\ \cos(\boldsymbol{F}_{\mathrm{R}}, \boldsymbol{i}) &= \frac{F_{\mathrm{R}x}}{F_{\mathrm{R}}} = \frac{\sum F_x}{F_{\mathrm{R}}} \\ \cos(\boldsymbol{F}_{\mathrm{R}}, \boldsymbol{j}) &= \frac{F_{\mathrm{R}y}}{F_{\mathrm{R}}} = \frac{\sum F_y}{F_{\mathrm{R}}} \end{aligned}\right\}$$

(2)**平衡条件** 力系的合力为零,即 $\boldsymbol{F}_{\mathrm{R}} = 0$。

几何条件:力多边形自行封闭。

解析条件:力系中各力在任一坐标轴上的投影代数和均等于零,即

$$\sum F_x = 0, \sum F_y = 0$$

四、平面力偶系的合成与平衡

(1)**合成** 平面力偶系可以合成为一个合力偶,此合力偶矩等于原力偶系中各力偶矩的代数和,即

$$M = \sum_{i=1}^{n} M_i = \sum M_i$$

(2)**平衡条件** 平面力偶系平衡的充分必要条件是力偶系的合力偶矩为零,即力偶系中各力偶矩的代数和等于零,即

$$\sum M_i = 0$$

2.2 例题详解

例题 2-1 如图 2-1(a)所示三角支架由杆 AB、AC 铰接而成,在铰 A 处作用力 $\boldsymbol{F}$。杆的自重不计,试求出杆 AB、AC 所受的力。

【解题指导】 杆 AB、AC 可视为二力杆,其受力沿杆长方向。故可取节点 A 为研究对象,通过平面汇交力系平衡的几何条件或解析条件,求解杆 AB、AC 的受力。

解 (1)几何法。根据平面汇交力系平衡的几何条件,主动力 $\boldsymbol{F}$、杆件受力 $\boldsymbol{F}_{AB}$和 $\boldsymbol{F}_{AC}$可围成封闭直角力三角形,如图 2-1(b)所示。由几何关系可得

$$F_{AC} = \frac{F}{\sin 60°} = 1.155F, F_{AB} = F\tan 30° = 0.58F$$

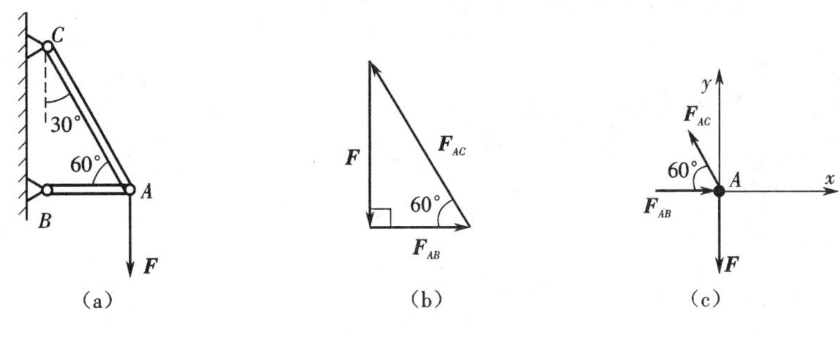

图 2-1

(2)解析法。建立直角坐标系,取节点 A 为研究对象,其受力如图 2-1(c)所示。列平衡方程得

$$\sum F_y = 0, \quad F_{AC}\sin 60° - F = 0$$

$$F_{AC} = 1.155F$$

$$\sum F_x = 0, \quad F_{AB} - F_{AC}\cos 60° = 0$$

$$F_{AB} = F_{AC}\cos 60° = 1.155F \times 0.5 = 0.58F$$

例题 2-2 如图 2-2(a)所示三铰刚架受水平力 $\boldsymbol{F}$ 作用,刚架的跨度为 $2l$,高度为 l。试求支座 A、B 处的约束反力。

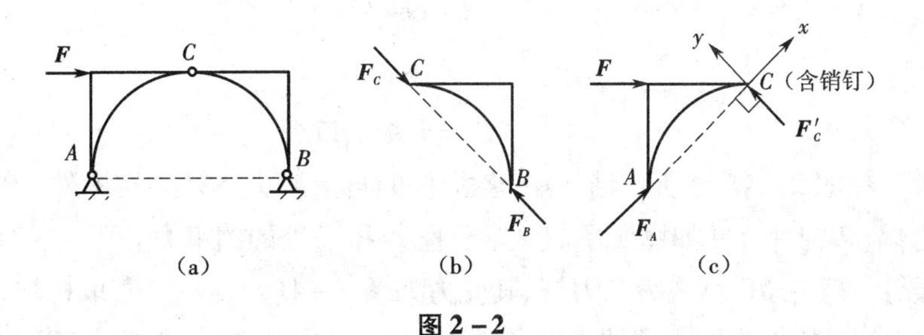

图 2-2

【解题指导】 刚架 BC 可视为二力杆,其受力如图 2-2(b)所示。若取刚架 AC 为研究对象,主动力 $\boldsymbol{F}$ 与来自 BC 部分的反作用力 $\boldsymbol{F}'_C$ 相交于 C 点,根据三力汇交定理,可知 A 处的约束力 $\boldsymbol{F}_A$ 必经过 C 点,故可取节点 C 为研究对象,通过平面汇交力系平衡的解析条件,即可求解支座 A、B 处的约束反力。

解 (1)取刚架 BC 为研究对象,可得 $F_B = F_C$。

(2)取刚架 AC 为研究对象,考虑到 C 处的作用力与反作用力,建立直角坐标系如图 2-2(c)所示,列平衡方程得

$$\sum F_y = 0, \quad F'_C - F\sin 45° = 0$$

$$F'_C = F\sin 45° = 0.707F = F_B$$

$$\sum F_x = 0, \quad F_A + F\cos 45° = 0$$

$$F_A = -F\cos 45° = -0.707F$$

例题 2-3 刚杆 ABC 与杆件 DE 在 E 处铰接,C 处受集中力 F 作用,如图 2-3(a)所示。

若各杆自重不计，试求支座 A、D 处的约束反力。

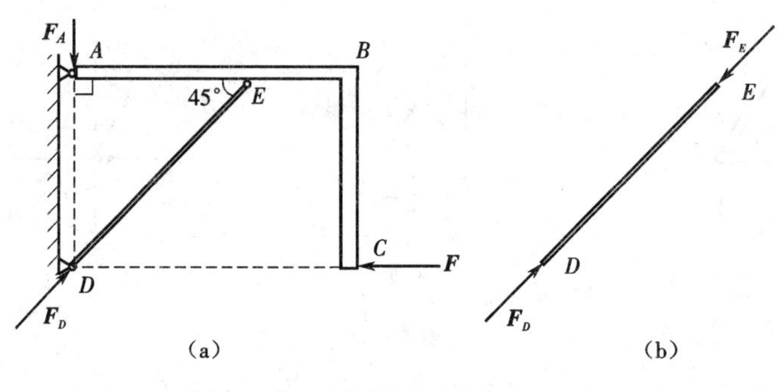

图 2－3

【解题指导】 杆件 DE 可视为二力杆，其受力如图 2－3(b)所示。若取刚架整体为研究对象，主动力 $\boldsymbol{F}$ 与支座 D 的约束反力 $\boldsymbol{F}_D$ 相交于 D 点，根据三力汇交定理，可知 A 处的约束力 $\boldsymbol{F}_A$ 必经过 D 点，故可取节点 D 为研究对象，通过平面汇交力系平衡的解析条件，即可求解支座 A、D 处的约束反力。

解 列平衡方程得

$$\sum F_x = 0,\quad -F + F_D \cos 45° = 0$$

$$F_D = \frac{F}{\cos 45°} = 1.414F$$

$$\sum F_y = 0,\quad -F_A + F_D \sin 45° = 0$$

$$F_A = F_D \sin 45° = F$$

例题 2－4 在图 2－4(a)所示结构中，各构件的自重略去不计。在构件 AB 上作用一力偶矩为 M 的力偶，各构件尺寸如图所示。试求支座 A 和 C 处的约束力。

【解题指导】 杆件 BC 可视为二力杆，其受力如图 2－4(c)所示。若取构件 AB 为研究对象，其上仅作用有 M，根据平面力偶的平衡条件，可知由 A 处的约束力 $\boldsymbol{F}_A$ 与 B 处的约束力 $\boldsymbol{F}_B$ 所组成的力偶和 M 平衡，故通过平衡条件，即可求解支座 A、C 处的约束反力。

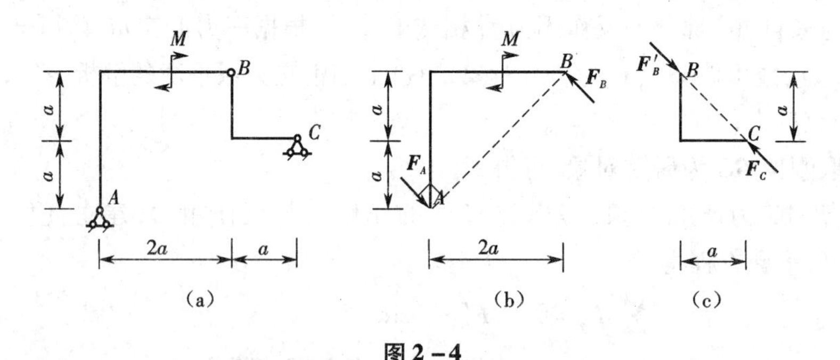

图 2－4

解 (1)取构件 AB 为研究对象。主动力为作用在其上的一个主动力偶。构件 BC 为二力体，所以力 $\boldsymbol{F}_B$ 的作用线在 B、C 两点的连线上；A 处是固定铰支座，根据力偶只能与力偶平衡，所以力 $\boldsymbol{F}_A$ 与 $\boldsymbol{F}_B$ 组成一个力偶，即力 $\boldsymbol{F}_A$ 与 $\boldsymbol{F}_B$ 的方向如图 2－4(b)所示。列平衡方程得

$$\sum M_i = 0, \quad F_A \times AB - M = 0$$

$$F_A = \frac{M}{AB} = \frac{M}{2\sqrt{2}\ a}$$

(2)取构件 BC 为研究对象。构件 BC 为二力体,由二力平衡条件知 $F_C = F'_B = F_B$,所以力 $\boldsymbol{F}_C$的大小 $F_C = \frac{M}{2\sqrt{2}a}$,方向如图 2-4(c)所示。

2.3　自测题

2-1　汇交力系的合力可以是一个力偶。　(　　)

2-2　汇交力系平衡时,其矢量多边形自行封闭。　(　　)

2-3　平面汇交力系可简化为一个力,该力矢量等于力系中各力的____________,其作用线通过__________。

2-4　平面汇交力系有__________个独立平衡方程,即__________________________,可求解__________个未知量。

2-5　力沿直角坐标轴的分力是______量,其大小与力在相应坐标轴上的投影的绝对值______。

2-6　平面内两个力偶等效的条件是________________________________;平面力偶系的平衡条件是__________________________。

2-7　平面汇交力系的力多边形矢量如图 2-5 所示,则

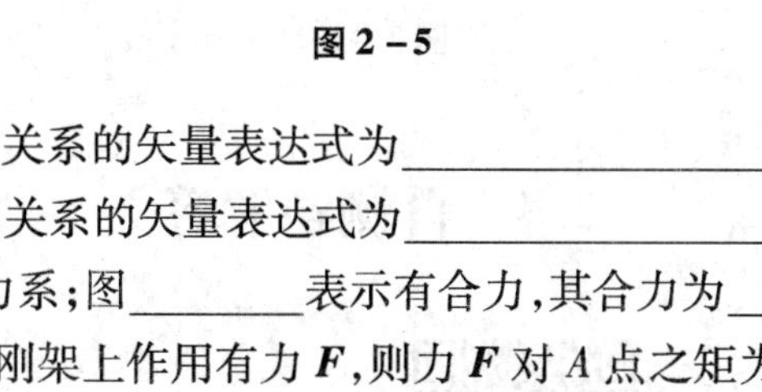

(a)　　(b)

图 2-5

图(a)中的四个力之间关系的矢量表达式为____________________________;

图(b)中的四个力之间关系的矢量表达式为____________________________;

图________表示平衡力系;图________表示有合力,其合力为__________。

2-8　在图 2-6 所示刚架上作用有力 $\boldsymbol{F}$,则力 $\boldsymbol{F}$ 对 A 点之矩为____________________,对 B 点之矩为__________________________。

2-9　如图 2-7 所示刚架 AB 上受一力偶作用,其力偶矩为 M,若刚架处于平衡状态,则

支座 A 的约束力大小为_______________,方向________;

支座 B 的约束力大小为_______________,方向________。

2-10　如图 2-8 所示平面汇交力系由 $\boldsymbol{F}_1$、$\boldsymbol{F}_2$、$\boldsymbol{F}_3$三个力组成,其中 $\boldsymbol{F}_1$沿水平方向作用,

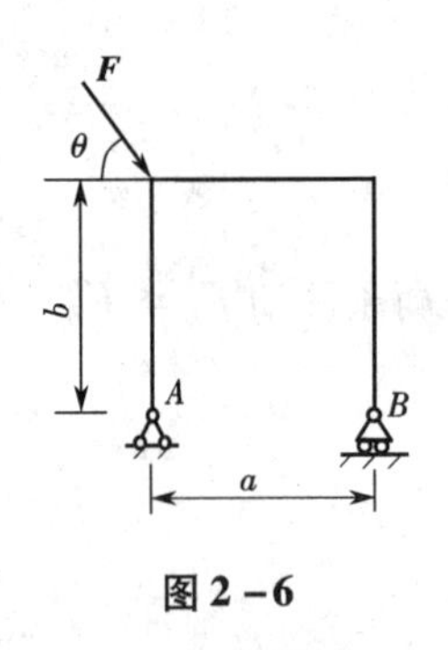

图 2-6

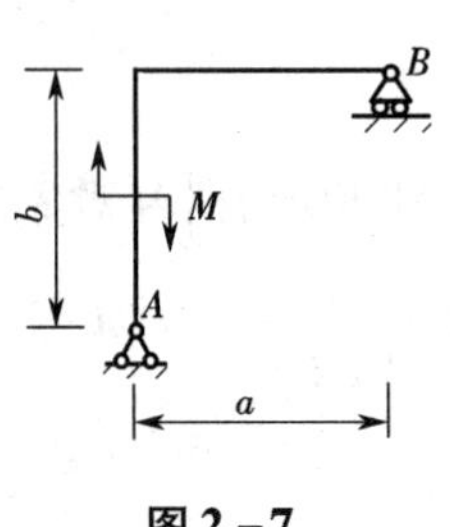

图 2-7

大小为 20 kN，$\boldsymbol{F}_2$ 和 $\boldsymbol{F}_3$ 相互垂直，设三个力的合力 $\boldsymbol{F}_R$ 竖直向下，大小为 15 kN。试求力 $\boldsymbol{F}_2$、$\boldsymbol{F}_3$ 的大小。

2-11　直角刚杆 ABC 与 DE 杆在 E 处铰接，且 $AD = BC$，BC 中点处受集中力 $\boldsymbol{F}$ 作用，如图 2-9 所示。若各杆自重不计，试求 A、D 处的约束反力。

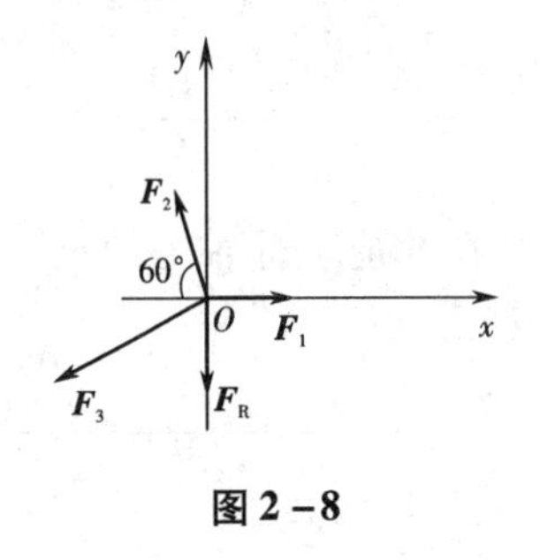

图 2-8

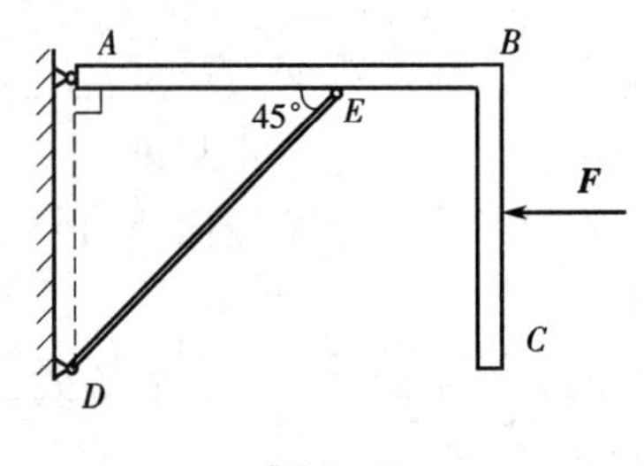

图 2-9

2-12　在如图 2-10 所示机构中，已知 $O_1B = OA = a$，$\angle ABO_1 = 30°$，设机构处于平衡状态，试求 M_1 和 M_2 之间的关系。

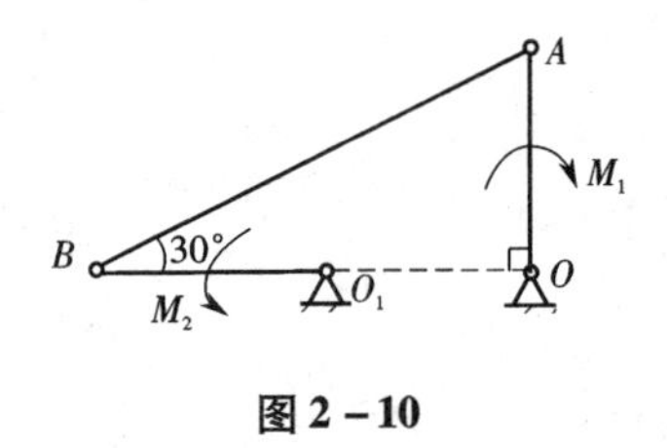

图 2-10

2.4　自测题解答

此部分内容请扫二维码。

2.5　习题解答

2-1　分别用几何法和解析法求图示四个力的合力。已知力 F_3 水平，$F_1=60\ \text{N}$，$F_2=80\ \text{N}$，$F_3=50\ \text{N}$，$F_4=100\ \text{N}$。

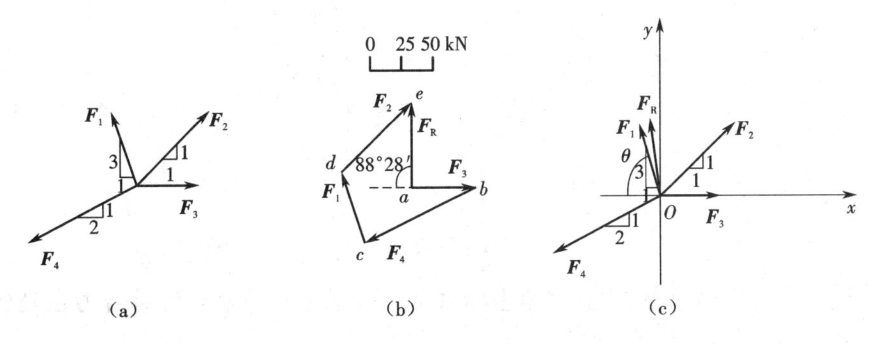

习题 2-1 图

解　(1)几何法。用力比例尺，按 F_3、F_4、F_1、F_2 的顺序首尾相连地画出各力矢得到力多边形 $abcde$，连接封闭边 ae 即得合力矢 F_R，如图(b)所示。从图上用比例尺量得合力 F_R 的大小 $F_R=68.8\ \text{N}$，用量角器量得合力 F_R 与 x 轴所夹锐角 $\theta=88°28'$，其位置如图(b)所示。

(2)解析法。以汇交点为坐标原点，建立直角坐标系 xOy，如图(c)所示。首先计算合力在坐标轴上的投影

$$F_{Rx}=\sum F_x=-F_1\frac{1}{\sqrt{10}}+F_2\frac{1}{\sqrt{2}}+F_3-F_4\frac{2}{\sqrt{5}}$$

$$=-60\times\frac{1}{\sqrt{10}}+80\times\frac{1}{\sqrt{2}}+50-100\times\frac{2}{\sqrt{5}}$$

$$=-1.85\ \text{N}$$

$$F_{Ry}=\sum F_y=F_1\frac{3}{\sqrt{10}}+F_2\frac{1}{\sqrt{2}}-F_4\frac{1}{\sqrt{5}}$$

$$=60\times\frac{3}{\sqrt{10}}+80\times\frac{1}{\sqrt{2}}-100\times\frac{1}{\sqrt{5}}$$

$$=68.77\ \text{N}$$

然后求出合力的大小为

$$F_R=\sqrt{F_{Rx}^2+F_{Ry}^2}=\sqrt{(-1.85)^2+68.77^2}=68.79\ \text{N}$$

设合力 F_R 与 x 轴所夹锐角为 θ，则

$$\tan\theta=\left|\frac{F_{Ry}}{F_{Rx}}\right|=\frac{68.79}{1.85}=37.183\ 8$$

$$\theta=88°28'$$

再由 F_{Rx} 和 F_{Ry} 的正负号判断出合力 F_R 应指向左上方，如图(c)所示。

2-2　一个固定的环受到三根绳子拉力 F_{T1}、F_{T2}、F_{T3} 的作用，其中 F_{T1} 和 F_{T2} 的方向如图

(a)所示,且 $F_{T1}=6\ kN$,$F_{T2}=8\ kN$。欲使 $\boldsymbol{F}_{T1}$、$\boldsymbol{F}_{T2}$、$\boldsymbol{F}_{T3}$的合力方向铅垂向下,大小等于 15 kN,试确定拉力 $\boldsymbol{F}_{T3}$的大小和方向。

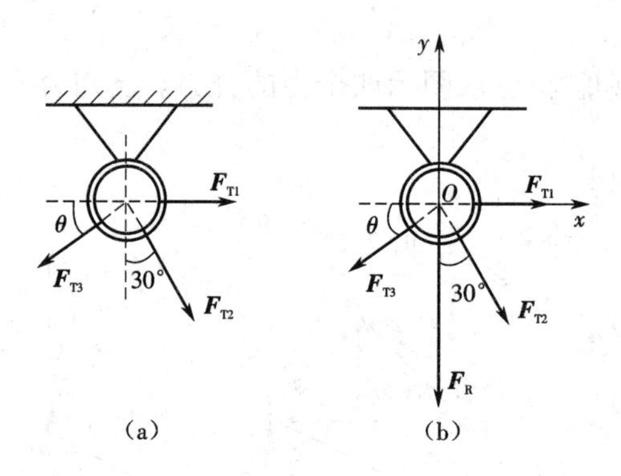

习题 2-2 图

解 以汇交点为坐标原点,建立直角坐标系 xOy,如图(b)所示。计算合力在坐标轴上的投影

$$F_{Rx}=\sum F_x=F_{T1}+F_{T2}\sin 30°-F_{T3}\cos\theta=0 \quad 6+8\times\frac{1}{2}-F_{T3}\cos\theta=0 \tag{a}$$

$$F_{Ry}=\sum F_y=-F_{T2}\cos 30°-F_{T3}\sin\theta=-F_R \quad -8\times\frac{\sqrt{3}}{2}-F_{T3}\times\sin\theta=-15 \tag{b}$$

由式(a)、(b)联立,解得 $F_{T3}=12.85\ kN$,$\theta=38°54'$。

2-3 图示三角支架由杆 AB、AC 铰接而成,在铰 A 处作用有力 $\boldsymbol{F}$,杆的自重不计。试分别求出图示三种情况下杆 AB、AC 所受的力。

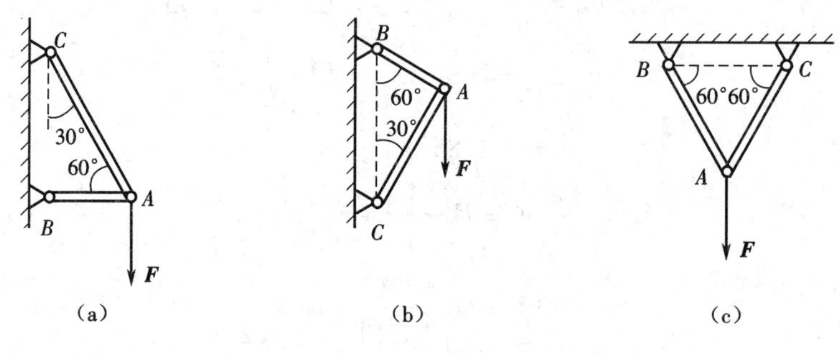

习题 2-3 图

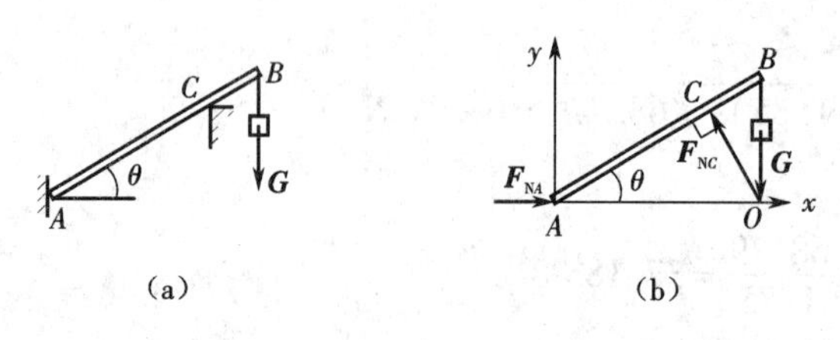

习题 2-4 图

2-4 如图(a)所示,杆 AB 长为 l,B 端挂一重量为 G 的重物,A 端靠在光滑的铅垂墙面上,而杆的 C 点搁在光滑的台阶上,杆的自重不计。若杆对水平面的仰角为 θ,试求杆平衡时 A、C 两处约束力的大小以及 AC 杆的长度。

解 取整体为研究对象,其受一汇交于 O 点的平面汇交力系作用,建立直角坐标系 xAy,如图(b)所示。列平衡方程得

$$\sum F_y=0,\quad F_{NC}\cos\theta-G=0\quad F_{NC}=\frac{G}{\cos\theta}=G\sec\theta$$

$$\sum F_x=0,\quad F_{NA}-F_{NC}\sin\theta=0\quad F_{NA}=F_{NC}\sin\theta=\frac{G\sin\theta}{\cos\theta}=G\tan\theta$$

在直角三角形 ABO 中 $\cos\theta=\dfrac{AO}{AB}$,则 $AO=l\cos\theta$。

在直角三角形 AOC 中 $\cos\theta=\dfrac{AC}{AO}$,则 $AC=AO\cos\theta=l\cos^2\theta$。

2-5 图(a)所示铰接四连杆机构中,C、D 处作用有力 $\boldsymbol{F}_1$、$\boldsymbol{F}_2$。该机构在图示位置平衡,各杆自重不计。试求力 $\boldsymbol{F}_1$ 和 $\boldsymbol{F}_2$ 的大小关系。

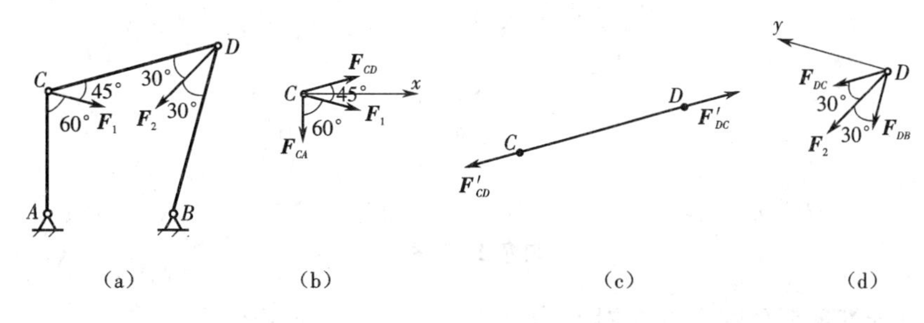

习题 2-5 图

解 (1)取节点 C 为研究对象,受力如图(b)所示。建立水平的 x 轴如图(b)所示,列平衡方程得

$$\sum F_x=0,\quad F_{CD}\cos 15°+F_1\cos 30°=0\tag{a}$$

(2)取杆 CD 为研究对象,受力如图(c)所示,其中 $\boldsymbol{F}'_{CD}=-\boldsymbol{F}_{CD}(F'_{CD}=F_{CD})$。由二力平衡知 $F'_{DC}=F'_{CD}=F_{CD}$。

(3)取节点 D 为研究对象,受力如图(d)所示,其中 $\boldsymbol{F}_{DC}=-\boldsymbol{F}'_{DC}(F_{DC}=F'_{DC}=F_{CD})$。建立 y 轴使其与力 $\boldsymbol{F}_{DB}$ 垂直,如图(d)所示,列平衡方程得

$$\sum F_y=0,\quad F_{DC}\sin 60°+F_2\sin 30°=0$$

$$F_{CD}\sin 60°+F_2\sin 30°=0\tag{b}$$

由式(a)、(b)联立可得

$$\frac{F_1}{F_2}=\frac{\sin 30°\ \cos 15°}{\cos 30°\ \sin 60°}=0.644$$

2-6 如图所示,用一组绳挂一重量 $G=1\ \text{kN}$ 的物体,试求各段绳的拉力。已知 1、3 两段绳水平,且 $\alpha=45°$,$\beta=30°$。

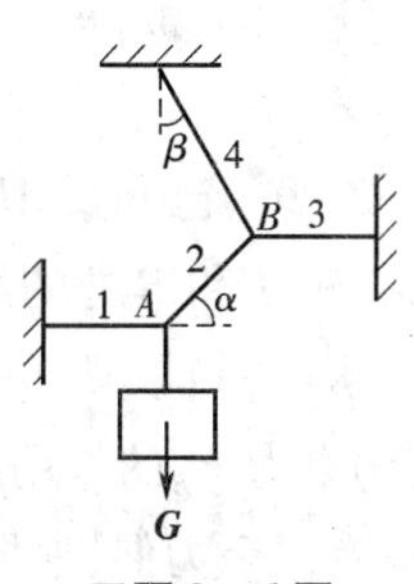

习题 2-6 图

2-7 重物悬挂如图(a)所示,绳 BD 跨过滑轮且在其末端 D 受一大小为 100 N 的铅垂力 $\boldsymbol{F}$ 的作用,使重物在图示位置平衡。已知 $\alpha=45°$,$\beta=60°$,不计滑轮摩擦。试求重物的重量 G 及绳 AB 段的拉力。

解 取物体及铅垂的绳子为研究对象,受力如图(b)所示。由于绳子的张力处处相等,则 $\boldsymbol{F}_T$ 的大小 $F_T=F$,方向如图(b)所示。列平衡方

程得

$$\sum F_x=0,\quad -F_{TAB}\sin\alpha+F_T\sin\beta=0$$

$$F_{TAB}=\frac{F_T\sin 60°}{\sin 45°}=\frac{100\times\sin 60°}{\sin 45°}=122.47\ \text{N}$$

$$\sum F_y=0,\quad F_{TAB}\cos\alpha+F_T\cos\beta-G=0$$

$$G=F_{TAB}\cos 45°+F_T\cos 60°=122.47\times\frac{\sqrt{2}}{2}+100\times\frac{1}{2}=136.60\ \text{N}$$

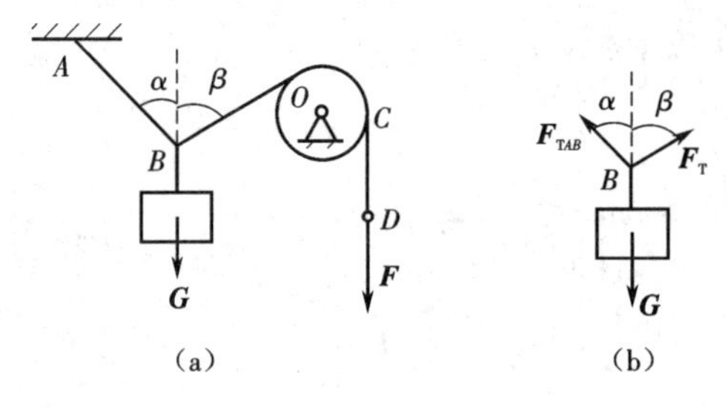

习题 2-7 图

2-8 试计算下列各图中力 $\boldsymbol{F}$ 对 O 点之矩。

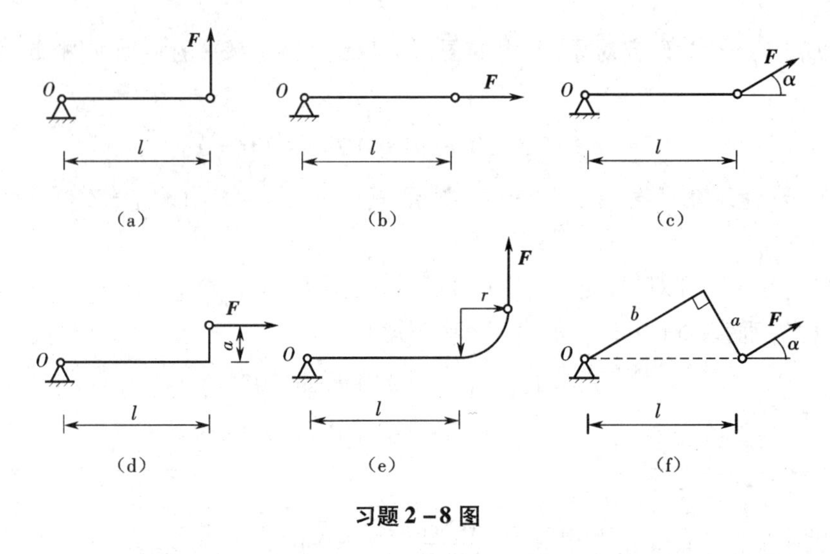

习题 2-8 图

解 (a)$M_O=Fl$;(b)$M_O=0$;(c)$M_O=Fl\sin\alpha$;(d)$M_O=-Fa$;(e)$M_O=F(l+r)$;(f)$M_O=Fl\sin\alpha$。

2-9 已知梁 AB 上作用一力偶,力偶矩为 M,梁长为 l,梁重不计。试求在图示三种情况下,支座 A 和 B 处的约束力大小。

解 (a)取梁 AB 为研究对象。主动力为作用在其上的一个主动力偶。B 处是滑动铰支座,约束力 $\boldsymbol{F}_B$ 的作用线垂直于支承面;A 处是固定铰支座,其约束力方向不能确定;但梁上荷载只有一个力偶,根据力偶只能与力偶平衡,所以力 $\boldsymbol{F}_A$ 与 $\boldsymbol{F}_B$ 组成一个力偶,即 $\boldsymbol{F}_A=-\boldsymbol{F}_B$,力 $\boldsymbol{F}_A$ 与 $\boldsymbol{F}_B$ 的方向如图(d)所示。列平衡方程得

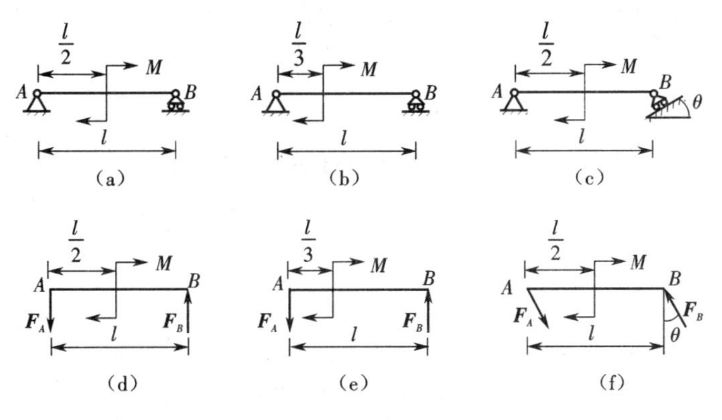

习题 2-9 图

$$\sum M_i = 0, \quad F_A l - M = 0$$

$$F_A = F_B = M/l$$

(b)取梁 AB 为研究对象。主动力为作用在其上的一个主动力偶。B 处是滑动铰支座,约束力 $\boldsymbol{F}_B$的作用线垂直于支承面;A 处是固定铰支座,其约束力方向不能确定;但梁上荷载只有一个力偶,根据力偶只能与力偶平衡,所以力 $\boldsymbol{F}_A$与 $\boldsymbol{F}_B$组成一个力偶,即 $\boldsymbol{F}_A = -\boldsymbol{F}_B$,力 $\boldsymbol{F}_A$与 $\boldsymbol{F}_B$的方向如图(e)所示。列平衡方程得

$$\sum M_i = 0, \quad F_A l - M = 0$$

$$F_A = F_B = M/l$$

(c)取梁 AB 为研究对象。主动力为作用在其上的一个主动力偶。B 处是滑动铰支座,约束力 $\boldsymbol{F}_B$的作用线垂直于支承面;A 处是固定铰支座,其约束力方向不能确定;但梁上荷载只有一个力偶,根据力偶只能与力偶平衡,所以力 $\boldsymbol{F}_A$与 $\boldsymbol{F}_B$组成一个力偶,即 $\boldsymbol{F}_A = -\boldsymbol{F}_B$,力 $\boldsymbol{F}_A$与 $\boldsymbol{F}_B$的方向如图(f)所示。列平衡方程得

$$\sum M_i = 0, \quad F_A \cos\theta \times l - M = 0$$

$$F_A = F_B = \frac{M}{l\cos\theta}$$

2-10 简支梁 AB 长度 $l = 6$ m,梁上作用两个力偶,其力偶矩 $M_1 = 15$ kN · m,$M_2 = 24$ kN · m,转向如图(a)所示。试求支座 A、B 处的约束力大小。

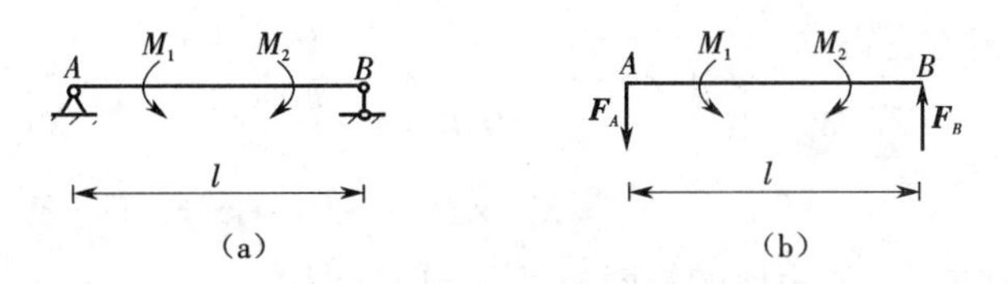

习题 2-10 图

解 取简支梁 AB 为研究对象。主动力为作用在其上的两个主动力偶。B 处是滑动铰支座,约束力 $\boldsymbol{F}_B$的作用线垂直于支承面;A 处是固定铰支座,根据力偶只能与力偶平衡,所以力 $\boldsymbol{F}_A$与 $\boldsymbol{F}_B$组成一个力偶,即 $\boldsymbol{F}_A = -\boldsymbol{F}_B$,力 $\boldsymbol{F}_A$与 $\boldsymbol{F}_B$的方向假设如图(b)所示。列平衡方程得

$$\sum M_i = 0, \quad F_A l + M_1 - M_2 = 0$$

$$F_A = F_B = \frac{-M_1 + M_2}{l} = \frac{-15 + 24}{6} = 1.5\ \text{kN}$$

2-11 铰接四连杆机构 $OABO_1$在图(a)所示位置平衡,已知 $OA = 0.4\ \text{m}$,$O_1B = 0.6\ \text{m}$,一个力偶作用在曲柄 OA 上,其力偶矩 $M_1 = 1\ \text{N} \cdot \text{m}$,各杆自重不计。试求连杆 AB 所受的力及力偶矩 M_2的大小。

解 (1)取杆 OA 为研究对象。主动力为作用在其上的一个主动力偶。杆 BA 为水平二力杆,所以$\boldsymbol{F}'_{AB}$为水平力;O 处是固定铰支座,根据力偶只能与力偶平衡,所以力 $\boldsymbol{F}_O$与 $\boldsymbol{F}'_{AB}$组成一个力偶,即 $\boldsymbol{F}_O = -\boldsymbol{F}'_{AB}$,力 $\boldsymbol{F}_O$与 $\boldsymbol{F}'_{AB}$的方向如图(b)所示。列平衡方程得

$$\sum M_i = 0, \quad F'_{AB} \times OA \sin 30° - M_1 = 0$$

$$F'_{AB} = \frac{M_1}{OA \sin 30°} = \frac{1}{0.4 \times 0.5} = 5\ \text{N}$$

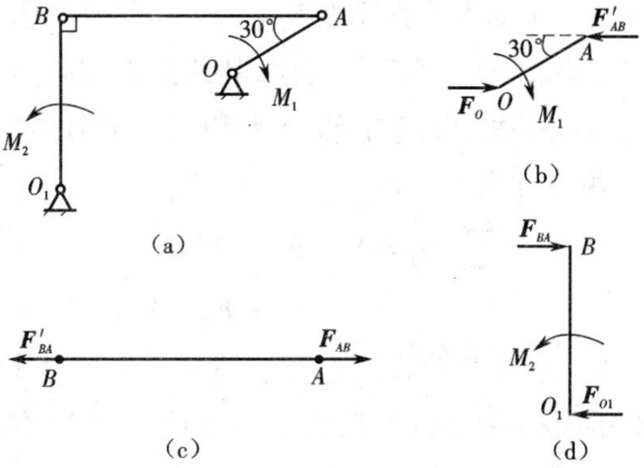

(a) (b) (c) (d)

习题 2-11 图

(2)取杆 BA 为研究对象。杆 BA 为二力杆,受力如图(c)所示。由作用与反作用知 $\boldsymbol{F}_{AB} = -\boldsymbol{F}'_{AB}$,其大小 $F_{AB} = F'_{AB} = 5\ \text{N}$,方向如图(c)所示;由二力平衡条件知 $\boldsymbol{F}'_{BA} = -\boldsymbol{F}_{AB}$,其大小 $F'_{BA} = F_{AB} = 5\ \text{N}$,方向如图(c)所示。

(3)取杆 O_1B 为研究对象。主动力为作用在其上的一个主动力偶。$\boldsymbol{F}_{BA} = -\boldsymbol{F}'_{BA}$,$O_1$处是固定铰支座,根据力偶只能与力偶平衡,所以力 $\boldsymbol{F}_{O1}$与 $\boldsymbol{F}_{BA}$组成一个力偶,即 $\boldsymbol{F}_{O1} = -\boldsymbol{F}_{BA}$,方向如图(d)所示。列平衡方程得

$$\sum M_i = 0, \quad -F_{BA} \times O_1B + M_2 = 0$$

$$M_2 = F_{BA} \times O_1B = 5 \times 0.6 = 3\ \text{N} \cdot \text{m}$$

2-12 在图示结构中,各构件的自重略去不计。在构件 AB 上作用一力偶矩为 M 的力偶,各尺寸如图。试求支座 A 和 C 处的约束力大小。

2-13 在图(a)所示结构中,各构件的自重略去不计。在构件 BC 上作用一力偶矩为 M 的力偶,各尺寸如图。试求支座 A 处的约束力大小。

解 (1)取构件 BC 为研究对象。主动力为作用在其上的一个主动力偶。B 处是滑动铰

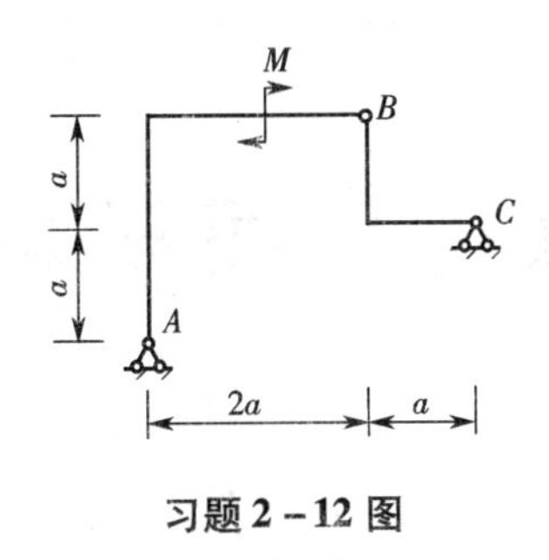

习题 2-12 图

支座，约束力 F_B 的作用线为水平线；C 处是铰接，根据力偶只能与力偶平衡，所以力 F_C 与 F_B 组成一个力偶，其方向如图(b)所示。列平衡方程得

$$\sum M_i = 0, \quad -F_C \times l + M = 0$$

$$F_C = \frac{M}{l}$$

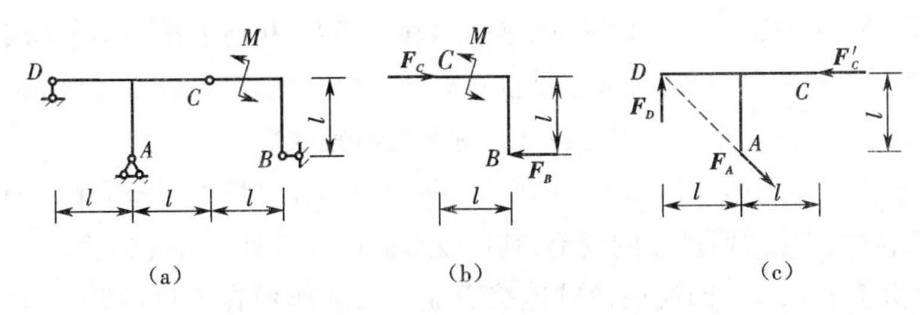

习题 2-13 图

(2)取构件 DCA 为研究对象。$F'_C = -F_C$；D 处是滑动铰支座，约束力 F_D 的作用线垂直于支承面，并与力 F'_C 交于 D 点；A 处是固定铰支座，根据三力平衡汇交定理，力 F_A 的作用线在 D、A 两点的连线上，受力如图(c)所示。列平衡方程得

$$\sum F_x = 0, \quad F_A \frac{\sqrt{2}}{2} - F'_C = 0$$

$$F_A = \frac{2}{\sqrt{2}} F'_C = \sqrt{2} \frac{M}{l}$$

习题 2-3、2-6、2-12 答案请扫二维码。

第3章 平面任意力系

3.1 理论要点

一、基本概念

(1)**平面任意力系** 各力的作用线位于同一平面内,且呈任意分布的力系。

(2)**物体系统** 由若干物体通过一定的约束组成的工程结构和机构系统。

(3)**静定与超静定问题** 若所研究的问题的未知量数目等于独立平衡方程的数目,则所有的未知量都可由平衡方程求出,这样的问题称为**静定问题**,相应的结构称为**静定结构**。若未知量数目多于独立平衡方程的数目,未知量就不能全部由平衡方程求出,这样的问题称为**超静定问题**。未知量数目与独立平衡方程数目之差称为**超静定次数**。

需要指出,超静定问题不是不可解决的问题,只是不能仅靠静力平衡方程求解。解决这类问题还必须考虑构件因受力而产生的变形,利用变形协调条件列出补充方程。

(4)**桁架** 由若干杆件在两端用铰链连接而成且荷载作用在节点的结构,由于其具有受力合理、自重较轻和跨越空间较大的优点,在工程实际中被广泛采用。

(5)**零杆** 在桁架中受力为零的杆。

二、平面任意力系的简化

根据力的平移定理,将各力向力系平面内任意一点简化,得到一个平面汇交力系和一个力偶系。其中,汇交力系的合力称为原平面力系的**主矢** $\boldsymbol{F}'_{\mathrm{R}}$,它只代表力系中各力的矢量和,与简化中心无关;力偶系可合成一个力偶,其力偶矩等于各力偶矩的代数和,称为原平面力系对于简化中心的**主矩** M_O,它与简化中心的位置有关。

主矢的大小和方向

$$F'_{\mathrm{R}}=\sqrt{F'^2_{\mathrm{R}x}+F'^2_{\mathrm{R}y}}=\sqrt{\left(\sum F_x\right)^2+\left(\sum F_y\right)^2},\theta=\arctan\frac{F'_{\mathrm{R}y}}{F'_{\mathrm{R}x}}=\arctan\frac{\sum F_y}{\sum F_x}$$

主矩的大小和方向

$$M_O=M_1+M_2+\cdots+M_n=\sum M_O(\boldsymbol{F})\quad\text{(正值表示逆时针)}$$

平面任意力系向作用面内任一点简化,其结果决定于力系的主矢和主矩,根据它们取值的不同可能出现以下四种情况。

(1)主矢 $\boldsymbol{F}'_{\mathrm{R}}=\mathbf{0}$,主矩 $M_O=0$。此时该平面任意力系为平衡力系。

(2)主矢 $\boldsymbol{F}'_{\mathrm{R}}=\mathbf{0}$,主矩 $M_O\neq0$。此时力系简化为一个合力偶,其力偶矩等于力系对于简化中心 O 的主矩。在此特殊情况下($\boldsymbol{F}'_{\mathrm{R}}=\mathbf{0}$),力系的主矩与简化中心的位置无关。

(3)主矢 $\boldsymbol{F}'_{\mathrm{R}} \neq \boldsymbol{0}$，主矩 $M_O = 0$。此时力系简化为一个作用线过简化中心的合力。

(4)主矢 $\boldsymbol{F}'_{\mathrm{R}} \neq \boldsymbol{0}$，主矩 $M_O \neq 0$。此时力系仍可简化为一个合力，且合力作用线到简化中心的距离 $d = \dfrac{|M_O|}{F_{\mathrm{R}}}$。

三、平面任意力系的平衡方程

(1)**平衡的充分必要条件**　力系的主矢和对任一点的主矩都等于零，其解析条件可表示为

$$\boldsymbol{F}'_{\mathrm{R}} = \sum \boldsymbol{F} = \boldsymbol{0} \quad M_O = \sum M_O(\boldsymbol{F}) = 0$$

(2)**一般式**

$$\sum F_x = 0 \quad \sum F_y = 0 \quad \sum M_O(\boldsymbol{F}) = 0$$

(3)**二矩式**

$$\sum F_x = 0 \quad \sum M_A(\boldsymbol{F}) = 0 \quad \sum M_B(\boldsymbol{F}) = 0$$

其中 A 和 B 为平面内任意两点，但 A、B 的连线不能与 x 轴垂直。

(4)**三矩式**

$$\sum M_A(\boldsymbol{F}) = 0 \quad \sum M_B(\boldsymbol{F}) = 0 \quad \sum M_C(\boldsymbol{F}) = 0$$

其中 A、B、C 是平面内不共线的任意三点。

四、特殊条件下的平衡方程

(1)**平面平行力系**

一矩式：$\sum F_y = 0 \quad \sum M_A(\boldsymbol{F}) = 0$，$y$ 轴不能与各力垂直。

二矩式：$\sum M_A(\boldsymbol{F}) = 0 \quad \sum M_B(\boldsymbol{F}) = 0$，矩心 A、B 的连线不能与各力平行。

(2)**平面汇交力系**

一般式：$\sum F_x = 0 \quad \sum F_y = 0$。

一矩式：$\sum F_y = 0 \quad \sum M_A(\boldsymbol{F}) = 0$，$y$ 轴不能与汇交点和矩心 A 的连线垂直。

二矩式：$\sum M_A(\boldsymbol{F}) = 0 \quad \sum M_B(\boldsymbol{F}) = 0$，矩心 A、B 与汇交点不能共线。

五、平面桁架的内力计算

(1)**平面桁架**　各杆件轴线都处在同一平面内的桁架称为**平面桁架**。为简化平面桁架内力的计算，在工程上常采用以下假设：

①各杆在两端用光滑铰链彼此连接；

②各杆的轴线绝对平直且在同一平面内，并通过铰链的几何中心；

③荷载和支座约束力都作用在节点上，且位于桁架的平面内；

④各杆件自重或忽略不计，或平均分配在杆件的两端节点上。

这样，桁架中的杆件均可视为二力杆，只承受拉力或压力作用。

(2)**节点法**　桁架的每个节点都受一个平面汇交力系的作用。通过依次取各节点为研究对象，利用平面汇交力系的平衡条件求出各杆内力的方法称为**节点法**。

(3)**截面法**　如果只要求计算桁架中某几个杆的内力,则可以选择一个适当的截面,假想地把桁架截开为两部分,取其中一部分为研究对象,求出被截杆件的内力,这种方法称为**截面法**。

3.2　例题详解

例题3-1　在如图3-1(a)所示的刚架AB中,已知荷载集度$q=4$ kN/m,$F=5$ kN, $M=10$ kN·m,不计刚架自重。试求固定端A处的约束力。

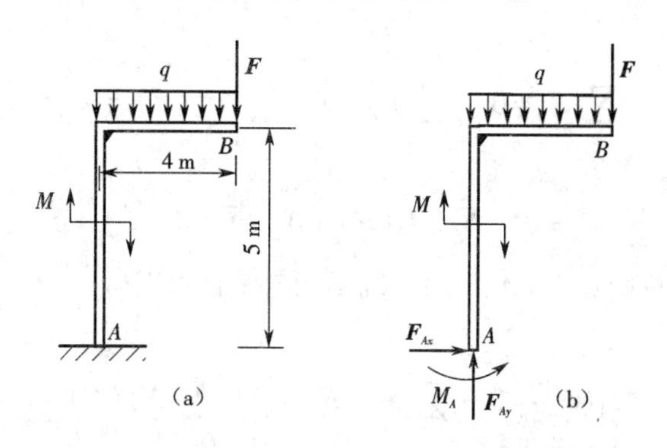

图3-1

【解题指导】　固定约束端向A点简化后,可用一个力和一个力偶来表示。由于该力大小和方向未知,故可按正交分力表示。此问题为静定结构,直接利用平面任意力系的平衡方程即可。

解　取刚架AB为研究对象,受力如图3-1(b)所示。作用于A处的约束力有$\boldsymbol{F}_{Ax}$、$\boldsymbol{F}_{Ay}$和约束力偶M_A。列平衡方程得

$$\sum F_x=0,\quad F_{Ax}=0$$

$$\sum F_y=0,\quad F_{Ay}-q\times4-F=0,F_{Ay}=4\times4+5=21\text{ kN}$$

$$\sum M_A=0,\quad M_A-M-q\times4\times2-F\times4=0,M_A=4\times4\times2+5\times4+10=62\text{ kN}\cdot\text{m}$$

所以,A处的约束力$\boldsymbol{F}_{Ax}$、$\boldsymbol{F}_{Ay}$分别为0、21 kN,约束力偶M_A为62 kN·m,且为逆时针转向。

例题3-2　在如图3-2(a)所示结构中,已知$AC=CB=2$ m,$F=10$ kN,不计各杆自重。试求支座A的约束反力和CD杆的受力。

【解题指导】　由于支座A处约束反力大小和方向未知,故可按正交分力表示。CD杆为二力杆,故可确定CD杆的力作用线沿CD杆长方向,取AB为研究对象即可完成求解。

解　取杆AB为研究对象,受力如图3-2(b)所示。作用于A处的约束力有$\boldsymbol{F}_{Ax}$、$\boldsymbol{F}_{Ay}$,列平衡方程得

$$\sum M_A=0,\quad F_C\times\sin45^\circ\times2-F\times4=0,F_C=28.3\text{ kN}$$

$$\sum F_x=0,\quad F_{Ax}+F_C\times\cos45^\circ=0,F_{Ax}=-20\text{ kN}$$

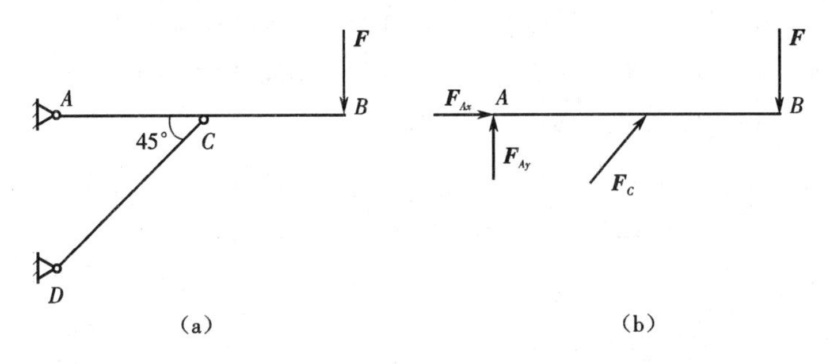

图 3－2

$$\sum F_y=0,\quad F_{Ay}+F_C\times\sin 45^\circ-F=0, F_{Ay}=-10\ \text{kN}$$

约束力 $\boldsymbol{F}_{Ax}$和 $\boldsymbol{F}_{Ay}$计算结果为负值,表示实际受力方向与图示假设方向相反。

例题 3－3 组合梁由 AC 及 CE 用铰链 C 连接而成,荷载情况如图 3－3(a)所示,设 $F=50\ \text{kN}$,$q=20\ \text{kN/m}$,$M=50\ \text{kN}\cdot\text{m}$,且 $AB=2\ \text{m}$,$BC=CD=DE=1\ \text{m}$。试求支座 A、B、E 处的约束反力。

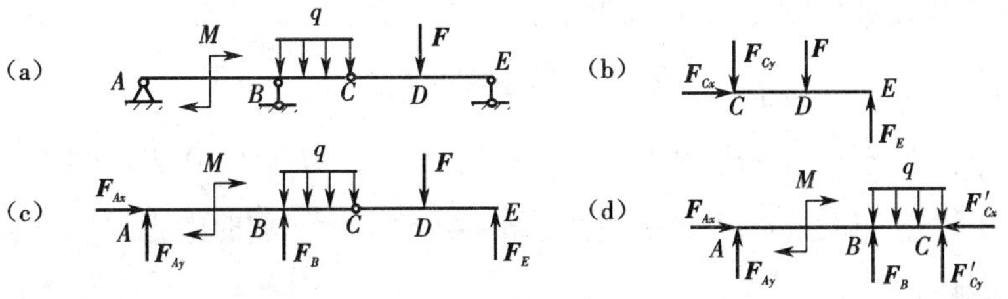

图 3－3

【解题指导】 在组合结构中,往往可以分成基本部分和附属部分。单靠本身能承受荷载并保持平衡的部分称为**基本部分**,通常约束力较为复杂,如图 3－3(d)所示;必须依赖于基本部分才能承受荷载并维持平衡的部分称为**附属部分**,通常约束力较为简单,且未知力数量一般不超过 3 个,如图 3－3(b)所示。该组合梁可视为由基本部分 AC 和附属部分 CE 组合而成。对这类问题,通常先研究附属部分,再研究整体(或基本部分)。

解 (1)取 CE 为研究对象,受力如图 3－3(b)所示。在三个未知力中,仅有 $\boldsymbol{F}_E$为求解目标,因此可利用力矩式平衡方程对 C 点取矩,则可避开对 C 处约束反力 $\boldsymbol{F}_{Cx}$和 $\boldsymbol{F}_{Cy}$的求解,以简化计算分析过程。

$$\sum M_C=0,\quad F_E\times 2-F\times 1=0, F_E=25\ \text{kN}$$

(2)取整体为研究对象,受力如图 3－3(c)所示。此时,将 $F_E=25\ \text{kN}$ 作为已知力,则研究对象中只有未知力 $\boldsymbol{F}_{Ax}$、$\boldsymbol{F}_{Ay}$和 $\boldsymbol{F}_B$,通过平衡方程即可完全解出。

$$\sum F_x=0,\quad F_{Ax}=0$$

$$\sum M_A=0,\quad -M-q\times 1\times 2.5-F\times 4+F_B\times 2+F_E\times 5=0, F_B=87.5\ \text{kN}$$

$$\sum F_y=0,\quad F_{Ay}+F_B+F_E-q\times 1-F=0, F_{Ay}=-42.5\ \text{kN}$$

约束力 $\boldsymbol{F}_{Ay}$ 计算结果为负值，表示实际受力方向与图示假设方向相反。

例题 3－4 如图 3－4(a) 所示组合刚架由构件 AB 和构件 CD 在 C 处铰接而成，已知 $F=5\ \text{kN}$，$q=4\ \text{kN/m}$。试求支座 A、B、C 处的约束反力。

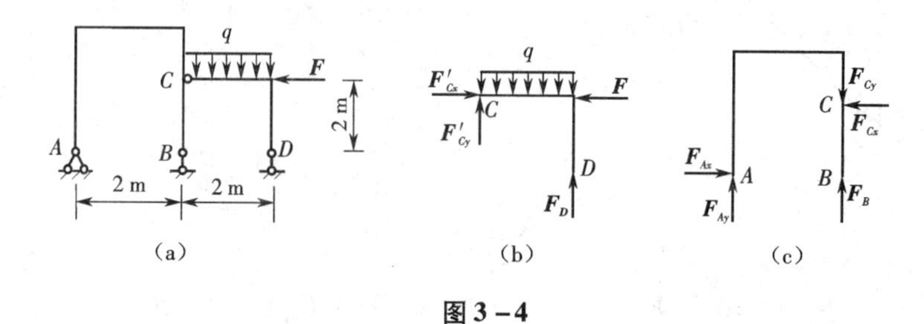

(a)　　(b)　　(c)

图 3－4

【解题指导】 该组合刚架可视为由基本部分 ACB 和附属部分 CD 组合而成。先研究附属部分 CD，再研究基本部分 ACB（或整体）。

解 (1) 取 CD 部分为研究对象，其受力如图 3－4(b) 所示。三个未知力中，只有 $\boldsymbol{F}'_{Cx}$ 和 $\boldsymbol{F}'_{Cy}$ 为求解目标，因此可利用水平力投影方程解出 $\boldsymbol{F}'_{Cx}$，然后用力矩式平衡方程对 D 点取矩求出 $\boldsymbol{F}'_{Cy}$，则可避开对 D 处约束反力 $\boldsymbol{F}_D$ 的求解。

$$\sum F_x=0,\quad F'_{Cx}-F=0,F'_{Cx}=F=5\ \text{kN}$$

$$\sum M_D=0,\quad -F'_{Cx}\times 2-F'_{Cy}\times 2+q\times 2\times 1+F\times 2=0,F'_{Cy}=4\ \text{kN}$$

(2) 取 ACB 部分为研究对象，其受力如图 3－4(c) 所示。同时考虑 $F_{Cx}=F'_{Cx}$，$F_{Cy}=F'_{Cy}$，列平衡方程进行求解。

$$\sum F_x=0,\quad F_{Ax}-F_{Cx}=0,F_{Ax}=5\ \text{kN}$$

$$\sum M_A=0,\quad F_B\times 2+F_{Cx}\times 2-F_{Cy}\times 2=0,F_B=-1\ \text{kN}$$

$$\sum F_y=0,\quad F_{Ay}+F_B-F_{Cy}=0,F_{Ay}=5\ \text{kN}$$

约束力 $\boldsymbol{F}_B$ 计算结果为负值，表示实际受力方向与图示假设方向相反。

例题 3－5 平面桁架受力如图 3－5(a) 所示，已知 $AH=HD=DI=IB$，试求 CD 杆的受力。

【解题指导】 在该平面桁架结构中，易知 CH 杆和 GI 杆为零杆，受力分析时可不考虑。欲求 CD 杆的受力，应先确定外部支座反力，再选择适当的节点（或截面），通过节点法（或截面法）求解未知力。对该类问题进行受力分析时，通常假设杆件受拉，且选取节点（或脱离体）上的未知力数量不超过 3 个。

解 (1) 以桁架整体为研究对象，求出支座约束力。桁架受力如图 3－5(b) 所示，对整体列平衡方程

$$\sum F_x=0,\quad F_{Ax}=0$$

$$\sum F_y=0,\quad F_{Ay}+F_B-4F=0$$

$$\sum M_A(\boldsymbol{F})=0,\quad -F\times\frac{a}{2}-F\times a-F\times\frac{3}{2}a-\frac{F}{2}\times 2a+F_B\times 2a=0$$

解上述方程，得

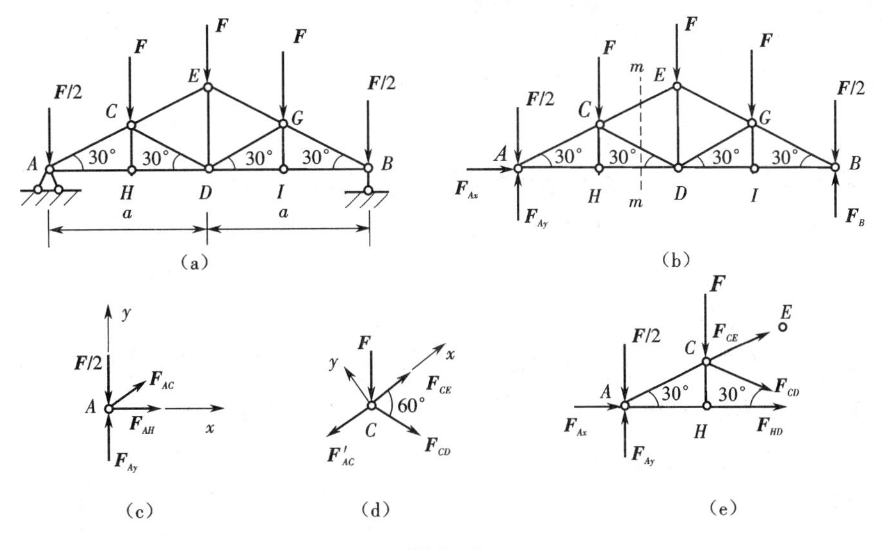

图 3－5

$$F_{Ax}=0,\quad F_B=2F,\quad F_{Ay}=2F$$

(2)求 CD 杆的受力。

解法一:节点法

①取节点 A 为研究对象。假设杆 AC 和 AH 均受拉力,则节点 A 的受力如图 3－5(c)所示。对节点 A 列平衡方程

$$\sum F_x=0,\quad F_{AH}+F_{AC}\cos 30°=0$$

$$\sum F_y=0,\quad F_{Ay}+F_{AC}\sin 30°-\frac{F}{2}=0$$

解上述方程,得

$$F_{AC}=-3F,\quad F_{AH}=2.6F$$

其中 F_{AC}为负值,说明 AC 杆受压;F_{AH}为正值,说明 AH 杆受拉。

②取节点 C 为研究对象,其受力如图 3－5(d)所示。为避免求解联立方程,可使 y 轴与未知力 $\boldsymbol{F}_{CE}$垂直。对节点 C 列平衡方程

$$\sum F_x=0,\quad F_{CE}-F'_{AC}+F_{CD}\cos 60°-F\cos 60°=0$$

$$\sum F_y=0,\quad -F\cos 30°-F_{CD}\cos 30°=0$$

解上述方程,并注意到 $F'_{AC}=F_{AC}=-3F$,得

$$F_{CD}=-F,\quad F_{CE}=-2F$$

解法二:截面法

可假想用截面 $m—m$ 将 CE、CD、HD 三根杆截断,把桁架分为两部分,取左边部分为研究对象,其受力如图 3－5(e)所示。在三个内力中,仅 $\boldsymbol{F}_{CD}$为求解目标,故采用力矩式平衡方程对 A 点取矩,未知力 $\boldsymbol{F}_{CE}$和 $\boldsymbol{F}_{HD}$的作用线都经过 A 点,故此二力不出现在平衡方程中。

$$\sum M_A=0,\quad -F\times AH-F_{CD}\times\cos 30°\times CH-F_{CD}\times\sin 30°\times AH=0,F_{CD}=-F$$

综上可知，CD 杆受力为 $-F$，表示杆件受压。

3.3 自测题

3－1 在平面任意力系中，主矢的大小与简化中心的位置有关。 （ ）

3－2 在平面任意力系中，主矩的大小与简化中心的位置无关。 （ ）

3－3 平面任意力系向任意点简化的结果相同，则该力系一定平衡。 （ ）

3－4 桁架中的杆是二力杆。 （ ）

3－5 如图3－6所示边长为2 m的正方形板四个角点 A、B、C 及 D 分别作用沿板边的力 $\boldsymbol{F}_1$，$\boldsymbol{F}_2$，$\boldsymbol{F}_3$ 及 $\boldsymbol{F}_4$，它们的大小均为5 kN，将该力系向 B 点简化的结果主矢 F'_R = ____________，对 B 点的主矩 M_B = ____________。

3－6 桁架中杆件铰接的两种情况如图3－7所示，试问哪些内力一定为零。

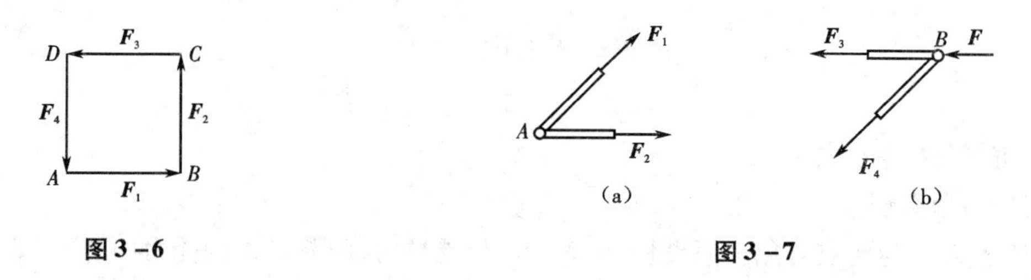

图3－6　　图3－7

3－7 已知一外伸梁 ABC 的尺寸及载荷如图3－8所示，试求支座 A、B 处的约束反力。

3－8 在如图3－9所示杆系结构中，不计各杆自重。试确定 EF 杆、CD 杆和 BC 杆的受力。

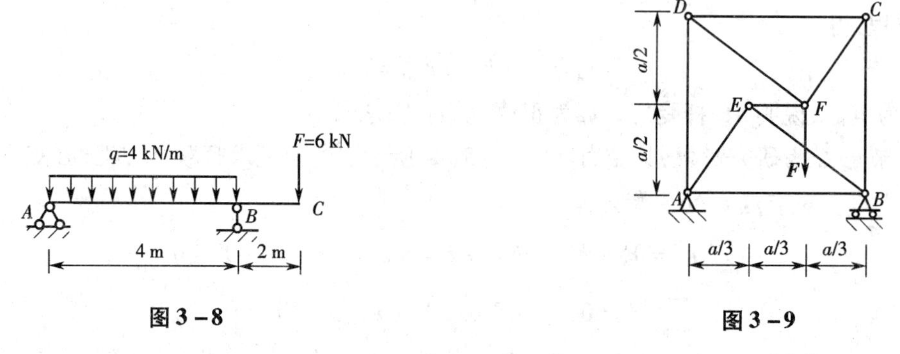

图3－8　　图3－9

3－9 组合梁由 AC 和 CD 两部分组成，荷载及约束情况如图3－10所示。已知 $F=10$ kN，$M=8$ kN·m，均布荷载集度 $q=3$ kN/m，$a=2$ m。试求 A、B 处的约束力和中间铰 C 所传递的力。

3－10 在如图3－11所示的桁架中，已知 $F_1=10$ kN，$F_2=7$ kN，各杆长度均为 $a=1$ m。试求 CD、DH 和 HG 三杆的内力。

3－11 三铰刚架的荷载及尺寸如图3－12所示，已知 $F=20$ kN，$q=30$ kN/m，$a=2$ m。试求支座 A、B 处的约束力。

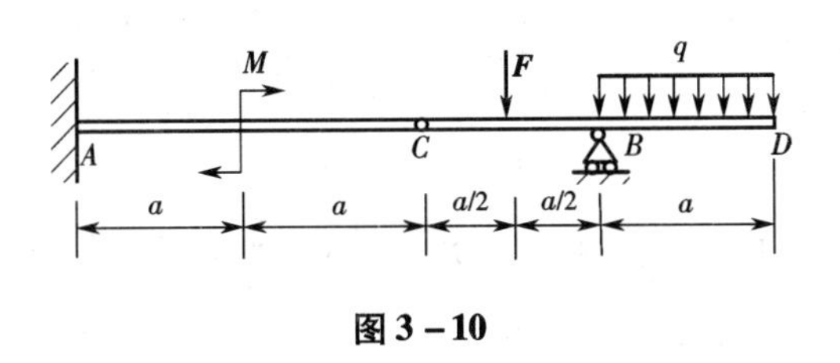

图 3－10

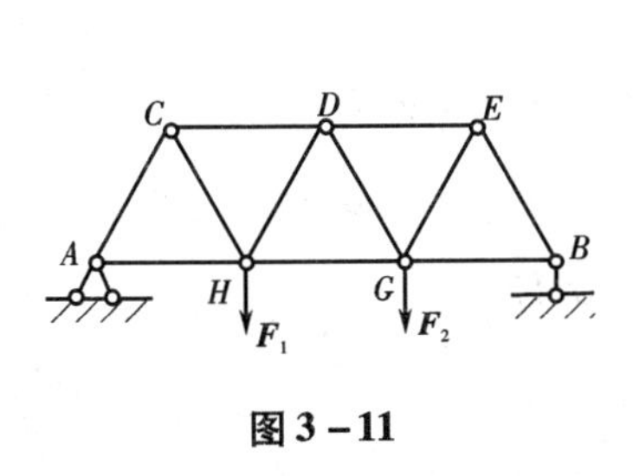

图 3－11

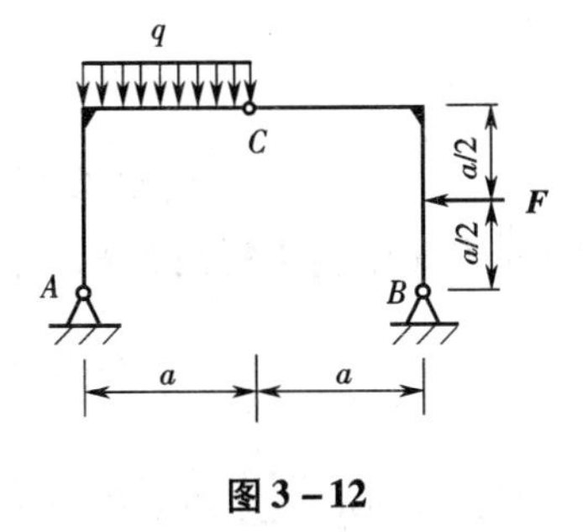

图 3－12

3.4 自测题解答

此部分内容请扫二维码。

3.5 习题解答

3－1 如图(a)所示，已知 $F_1=150\text{ N}$，$F_2=200\text{ N}$，$F_3=300\text{ N}$，$F=F'=200\text{ N}$。试求力系向 O 点简化的结果，并求力系合力的大小及其与原点 O 的距离 d。

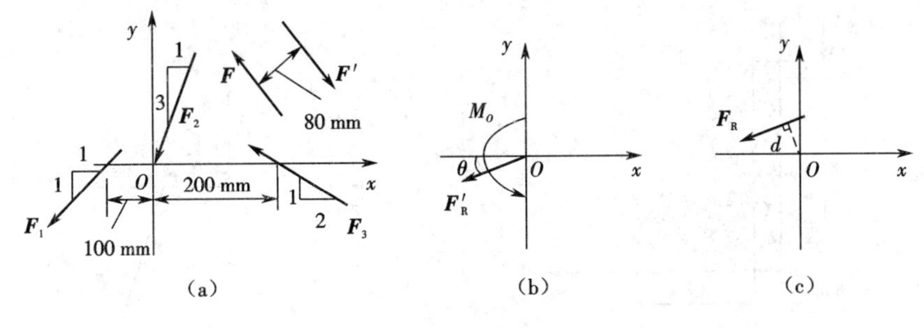

习题 3－1 图

解 (1)将力系向 O 点简化，有

$$F'_{Rx}=\sum F_x=-F_1\frac{1}{\sqrt{2}}-F_2\frac{1}{\sqrt{10}}-F_3\frac{2}{\sqrt{5}}$$

$$= -150 \times \frac{1}{\sqrt{2}} - 200 \times \frac{1}{\sqrt{10}} - 300 \times \frac{2}{\sqrt{5}}$$

$$= -437.6\ \text{N}$$

$$F'_{Ry} = \sum F_y = -F_1 \frac{1}{\sqrt{2}} - F_2 \frac{3}{\sqrt{10}} + F_3 \frac{1}{\sqrt{5}}$$

$$= -150 \times \frac{1}{\sqrt{2}} - 200 \times \frac{3}{\sqrt{10}} + 300 \times \frac{1}{\sqrt{5}}$$

$$= -161.6\ \text{N}$$

$$F'_R = \sqrt{F'^2_{Rx} + F'^2_{Ry}} = \sqrt{(-437.6)^2 + (-161.6)^2} = 466.5\ \text{N}$$

设主矢与 x 轴所夹锐角为 θ,则有

$$\theta = \arctan \left| \frac{F'_{Ry}}{F'_{Rx}} \right| = \arctan \left| \frac{-161.6}{-437.6} \right| = 20°16'$$

$$M_O = \sum M_O(\boldsymbol{F}) = F_1 \frac{1}{\sqrt{2}} \times 0.1 + F_3 \frac{1}{\sqrt{5}} \times 0.2 - F \times 0.08$$

$$= 150 \times \frac{1}{\sqrt{2}} \times 0.1 + 300 \times \frac{1}{\sqrt{5}} \times 0.2 - 200 \times 0.08$$

$$= 21.44\ \text{N} \cdot \text{m}$$

将力系向 O 点简化的结果如图(b)所示。

(2)因为主矢和主矩都不为零,所以此力系可以简化为一个合力如图(c)所示,合力的大小

$$F_R = F'_R = 466.5\ \text{N}$$

则

$$d = \frac{|M_O|}{F_R} = \frac{21.44}{466.5} = 0.045\,96\ \text{m} = 45.96\ \text{mm}$$

3-2 重力坝的横截面形状如图(a)所示。为了计算方便,取坝的长度(垂直于图面)$l = 1$ m。已知混凝土的密度为 2.4×10^3 kg/m^3,水的密度为 1×10^3 kg/m^3,试求坝体的重力 $\boldsymbol{P}_1$、$\boldsymbol{P}_2$ 和水压力 $\boldsymbol{P}$ 的合力 $\boldsymbol{F}_R$,并计算 $\boldsymbol{F}_R$ 的作用线与 x 轴交点的坐标 x。

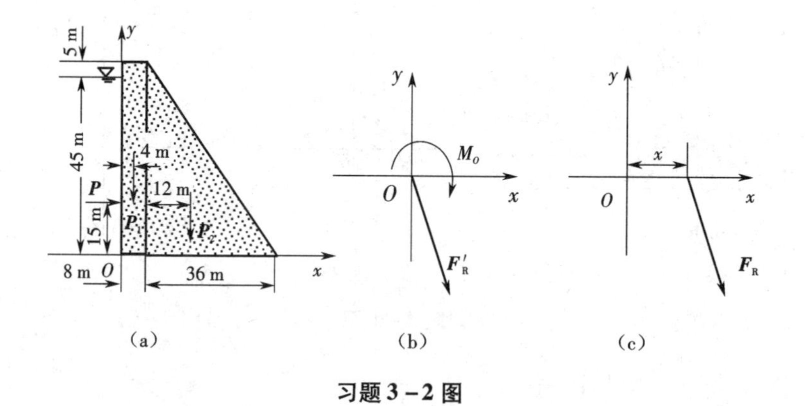

习题 3-2 图

解 (1)求坝体的重力 $\boldsymbol{P}_1$、$\boldsymbol{P}_2$ 和水压力 $\boldsymbol{P}$ 的大小。

$$P_1=(45+5)\times 8\times 1\times 2.4\times 10^3\times 9.8=9\ 408\times 10^3\text{N}=9\ 408\ \text{kN}$$

$$P_2=\frac{1}{2}(45+5)\times 36\times 1\times 2.4\times 10^3\times 9.8=21\ 168\times 10^3\text{N}=21\ 168\ \text{kN}$$

$$q(y)=\frac{1\times \mathrm{d}y\times 1\times 10^3\times 9.8\times(45-y)}{\mathrm{d}y}=9.8\times 10^3(45-y)\text{N/m}$$

$$P=\int_{45}^{0}q(y)\mathrm{d}y=\int_{45}^{0}9.8\times 10^3(45-y)\mathrm{d}y=9.8\times 10^3\times\frac{45^2}{2}=9\ 922.5\times 10^3\ \text{N}=9\ 922.5\ \text{kN}$$

(2)将坝体的重力 $\boldsymbol{P}_1$、$\boldsymbol{P}_2$ 和水压力 $\boldsymbol{P}$ 向 O 点简化，则

$$F'_{Rx}=\sum F_x=P=9\ 922.5\ \text{kN}$$

$$F'_{Ry}=\sum F_y=-P_1-P_2=-9\ 408-21\ 168=-30\ 576\ \text{kN}$$

$$F'_R=\sqrt{F'^2_{Rx}+F'^2_{Ry}}=\sqrt{9\ 922.5^2+(-30\ 576)^2}=32\ 145.7\ \text{kN}$$

$$\begin{aligned}M_O&=\sum M_O(\boldsymbol{F})=-P\times 15-P_1\times 4-P_2\times(8+12)\\&=-9\ 922.5\times 15-9\ 408\times 4-21\ 168\times 20\\&=-609\ 829.5\ \text{kN}\cdot\text{m}\end{aligned}$$

设主矢与 x 轴所夹锐角为 θ，则有

$$\theta=\arctan\left|\frac{F'_{Ry}}{F'_{Rx}}\right|=\arctan\left|\frac{-30\ 576}{9\ 922.5}\right|=72.02°$$

主矢 $\boldsymbol{F}'_R$ 的方向如图(b)所示。

(3)因为主矢和主矩都不为零，所以坝体的重力 $\boldsymbol{P}_1$、$\boldsymbol{P}_2$ 和水压力 $\boldsymbol{P}$ 可以简化为一个合力 $\boldsymbol{F}_R$ 如图(c)所示，合力的大小

$$F_R=F'_R=32\ 145.7\ \text{kN}$$

$\boldsymbol{F}_R$ 的作用线与 x 轴交点的坐标 $x=\dfrac{M_O}{F'_{Ry}}=\dfrac{-609\ 829.5}{-30\ 576}=19.94\ \text{m}$。

3-3　如图(a)所示，四个力和一个力偶组成一平面任意力系。已知 $F_1=50\ \text{N}$，$\theta_1=\arctan\dfrac{3}{4}$，$F_2=30\sqrt{3}\ \text{N}$，$\theta_2=45°$，$F_3=80\ \text{N}$，$F_4=10\ \text{N}$，$M=2\ \text{N}\cdot\text{m}$。图中长度单位为 mm。试求：(1)力系向 O 点简化的结果；(2)力系的合力 $\boldsymbol{F}_R$ 的大小、方向和作用线位置，并表示在图上。

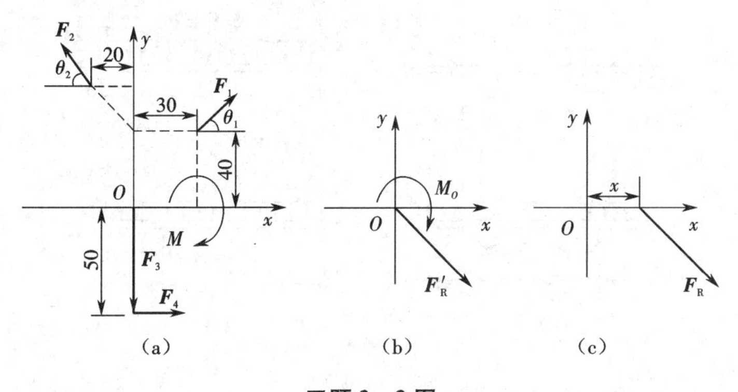

习题 3-3 图

解 (1)将力系向 O 点简化。

$$F'_{Rx}=\sum F_x=F_1\frac{4}{5}-F_2\frac{\sqrt{2}}{2}+F_4$$

$$=50\times\frac{4}{5}-30\sqrt{3}\times\frac{\sqrt{2}}{2}+10$$

$$=13.26\ \text{N}$$

$$F'_{Ry}=\sum F_y=F_1\frac{3}{5}+F_2\frac{\sqrt{2}}{2}-F_3$$

$$=50\times\frac{3}{5}+30\sqrt{3}\times\frac{\sqrt{2}}{2}-80$$

$$=-13.26\ \text{N}$$

$$F'_R=\sqrt{F'^2_{Rx}+F'^2_{Ry}}=\sqrt{(13.26)^2+(-13.26)^2}=18.75\ \text{N}$$

$$M_O=\sum M_O(\boldsymbol{F})=F_1\frac{3}{5}\times0.03-F_1\frac{4}{5}\times0.04+F_2\frac{\sqrt{2}}{2}\times0.04+F_4\times0.05-M$$

$$=50\times\frac{3}{5}\times0.03-50\times\frac{4}{5}\times0.04+30\sqrt{3}\times\frac{\sqrt{2}}{2}\times0.04+10\times0.05-2$$

$$=-0.73\ \text{N}\cdot\text{m}$$

且$\angle(\boldsymbol{F}'_R,\boldsymbol{i})=-45°$。将力系向 O 点简化的结果如图(b)所示。

(2)因为主矢和主矩都不为零,所以此力系可以简化为一个合力如图(c)所示,合力的作用线位置

$$x=\frac{M_O}{F'_{Ry}}=\frac{-0.73}{-13.26}=0.0551\ \text{m}=55.1\ \text{mm}$$

3-4 已知各梁所受荷载如图所示,试求各支座的约束力。

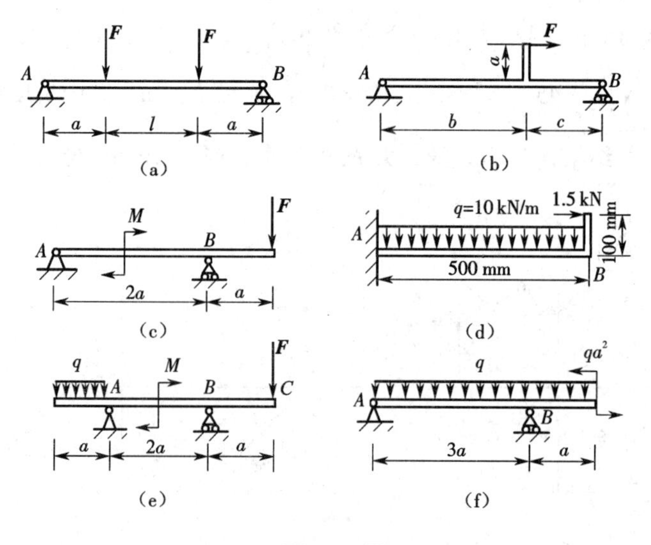

习题 3-4 图

3-5 在图(a)所示的刚架中,已知最大分布荷载集度 $q_0=3\ \text{kN/m}$,$F=6\sqrt{2}\ \text{kN}$,$M=10\ \text{kN}\cdot\text{m}$,不计刚架自重。试求固定端 A 处的约束力。

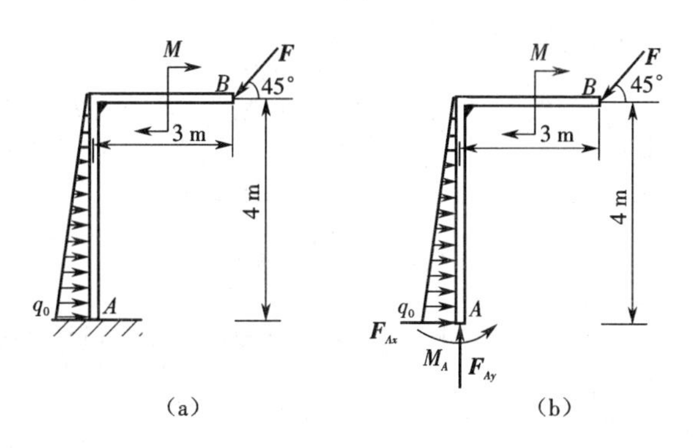

习题 3-5 图

解 取刚架 AB 为研究对象,其受力如图(b)所示。列平衡方程得

$$\sum F_x=0,\quad F_{Ax}+\frac{1}{2}\times 4q_0-F\cos 45^\circ=0$$

$$F_{Ax}=-\frac{1}{2}\times 4q_0+F\cos 45^\circ=-\frac{1}{2}\times 4\times 3+6\sqrt{2}\times\frac{\sqrt{2}}{2}=0$$

$$\sum F_y=0,\quad F_{Ay}-F\sin 45^\circ=0$$

$$F_{Ay}=F\sin 45^\circ=6\sqrt{2}\times\frac{\sqrt{2}}{2}=6\ \text{kN}$$

$$\sum M_A(\boldsymbol{F})=0,\quad M_A-\frac{1}{2}\times 4q_0\times\left(\frac{1}{3}\times 4\right)-M+F\cos 45^\circ\times 4-F\sin 45^\circ\times 3=0$$

$$M_A=\frac{1}{2}\times 4q_0\times\left(\frac{1}{3}\times 4\right)+M-F\cos 45^\circ\times 4+F\sin 45^\circ\times 3$$

$$=\frac{1}{2}\times 4\times 3\times\frac{4}{3}+10-6\sqrt{2}\times\frac{\sqrt{2}}{2}\times 4+6\sqrt{2}\times\frac{\sqrt{2}}{2}\times 3$$

$$=12\ \text{kN}\cdot\text{m}$$

3-6 如图(a)所示,均质杆 AB 的重量 $P=100\ \text{kN}$,一端用铰链 A 连接在墙上,另一端 B 用跨过滑轮 C 且挂有重物 $\boldsymbol{P}_1$ 的绳子提起,使杆与铅垂线成 60° 角,绳子的 BC 部分与铅垂线成 30° 角,在杆上 D 点挂有重物 $P_2=200\ \text{kN}$。如果 $BD=AB/4$,且不计滑轮的摩擦,试求 $\boldsymbol{P}_1$ 的大小和铰链 A 处的约束力。

解 取杆 AB 和重物为研究对象,其受力如图(b)所示,并且 $F_{\text{T}}=P_1$。列平衡方程得

$$\sum M_A(\boldsymbol{F})=0,\quad -F_{\text{T}}\times AB+P_2\times AD\sin 60^\circ+P\times AE\sin 60^\circ=0$$

$$F_{\text{T}}=\frac{P_2\times\frac{3}{4}AB\times\frac{\sqrt{3}}{2}+P\times\frac{1}{2}AB\times\frac{\sqrt{3}}{2}}{AB}$$

$$=\frac{3\sqrt{3}}{8}\times 200+\frac{\sqrt{3}}{4}\times 100$$

$$=173.21\ \text{kN}$$

即
$$P_1=173.21\ \text{kN}$$

$$\sum F_x=0,\quad F_{Ax}-F_T\sin 30°=0$$

$$F_{Ax}=F_T\sin 30°=173.21\times\frac{1}{2}=86.61\ \text{kN}$$

$$\sum F_y=0,\quad F_{Ay}+F_T\cos 30°-P_2-P=0$$

$$F_{Ay}=-F_T\cos 30°+P_2+P$$

$$=-173.21\times\frac{\sqrt{3}}{2}+200+100=150\ \text{kN}$$

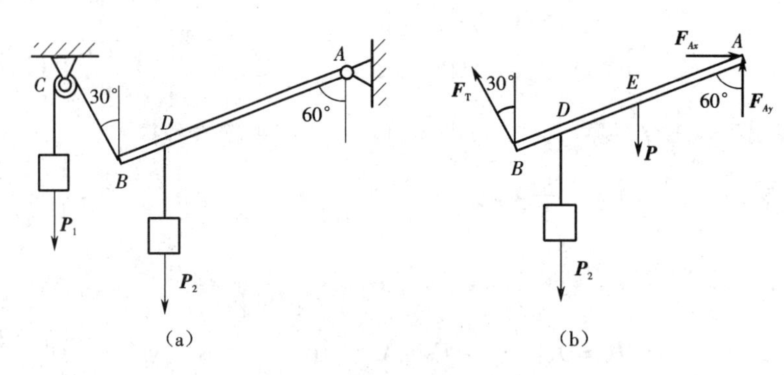

习题 3－6 图

3－7 如图(a)所示,在均质梁 AB 上铺设有起重机轨道。起重机重 50 kN,其重心在铅直线 CD 上,重物的重量 $P=10$ kN,梁重 30 kN,尺寸如图。试求当起重机的伸臂和梁 AB 在同一铅直面内时,支座 A 和 B 处的约束力。

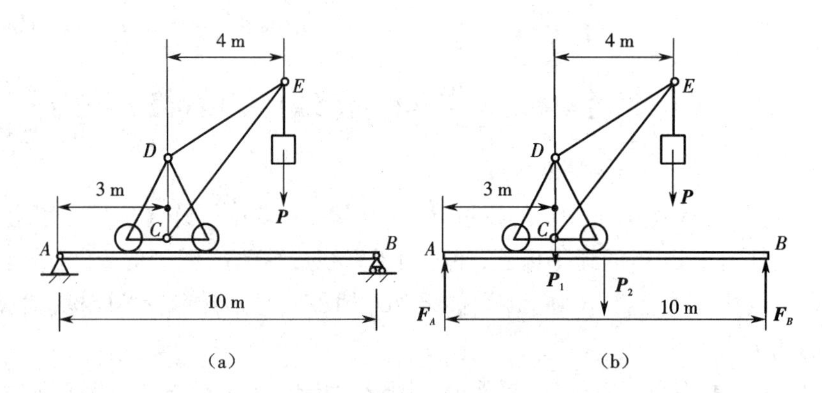

习题 3－7 图

解 取均质梁 AB 及起重机为研究对象,其受力如图(b)所示,并设梁重为 $\boldsymbol{P}_2$,起重机重为 $\boldsymbol{P}_1$。列平衡方程得

$$\sum M_B(\boldsymbol{F})=0,\quad -F_A\times 10+P_1\times(10-3)+P_2\times 5+P\times(10-7)=0$$

$$F_A=\frac{P_1\times 7+P_2\times 5+P\times 3}{10}$$

$$=\frac{50\times7+30\times5+10\times3}{10}=53\ \text{kN}$$

$$\sum F_y=0,\quad F_A+F_B-P_1-P_2-P=0$$

$$F_B=-F_A+P_1+P_2+P=-53+30+50+10=37\ \text{kN}$$

3-8 杠杆 AB 所受荷载如图(a)所示，且 $F_1=F_2=F_3$，$F_4=F_5$。如不计杆重，试求保持杠杆平衡时 a 与 b 的比值。

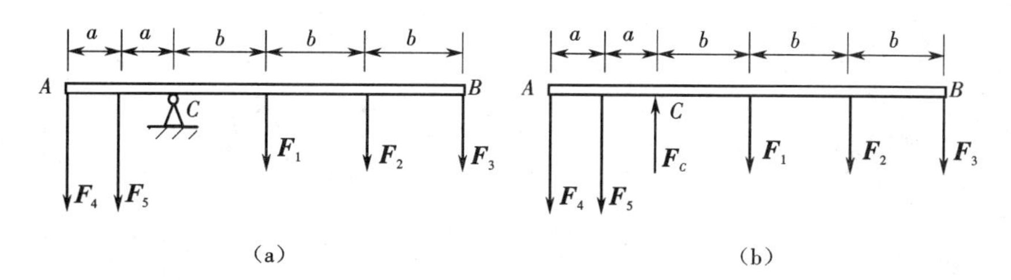

习题 3-8 图

解 取杠杆 AB 为研究对象，其受力如图(b)所示，且 $F_1=F_2=F_3$，$F_4=F_5$。列平衡方程

$$\sum M_C(\boldsymbol{F})=0,\quad F_4\times2a+F_5\times a-F_1\times b-F_2\times2b-F_3\times3b=0$$

则

$$\frac{a}{b}=\frac{2F_1}{F_4}$$

3-9 如图(a)所示，基础梁 AB 上作用有集中力 $\boldsymbol{F}_1$、$\boldsymbol{F}_2$，已知 $F_1=200\ \text{kN}$，$F_2=400\ \text{kN}$。假设梁下的地基反力呈直线变化，试求分布荷载两端 A、B 的集度 q_A、q_B。

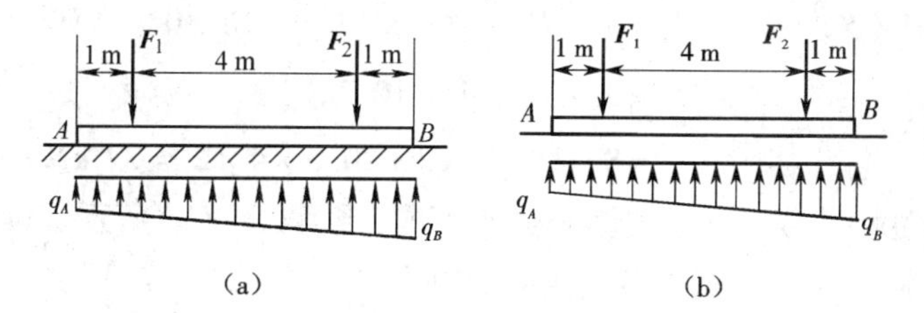

习题 3-9 图

解 取基础梁 AB 为研究对象，其受力如图(b)所示。列平衡方程

$$\sum F_y=0,\quad q_A\times6+\frac{1}{2}\times(q_B-q_A)\times6-F_1-F_2=0$$

$$q_A+q_B-200=0 \tag{a}$$

$$\sum M_A(\boldsymbol{F})=0,\quad q_A\times6\times3+\frac{1}{2}\times(q_B-q_A)\times6\times4-F_1\times1-F_2\times5=0$$

$$3q_A+6q_B-1\ 100=0 \tag{b}$$

联立式(a)、(b)求解，得

$$q_A=33.3\ \text{kN/m},\quad q_B=166.7\ \text{kN/m}$$

3-10 求图(a)所示组合梁支座 A、C 处的约束力。已知 $M=8\ \text{kN}\cdot\text{m}$，$q=4\ \text{kN/m}$，$l=2\ \text{m}$。

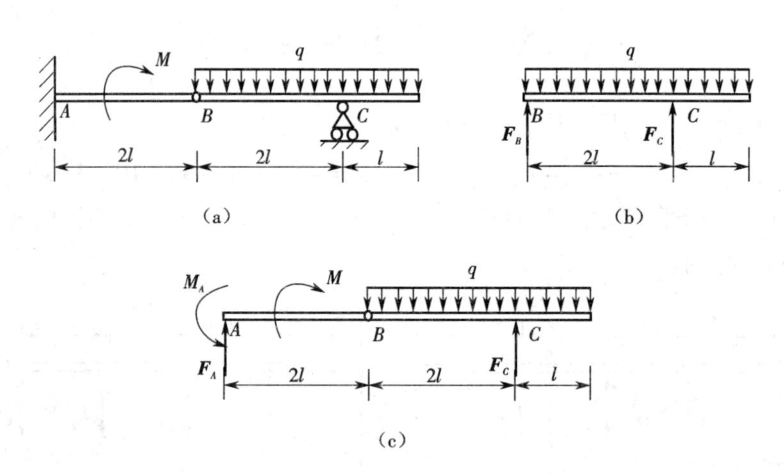

习题 3-10 图

解 (1)取梁 BC 为研究对象,其受力如图(b)所示。列平衡方程得

$$\sum M_B(\boldsymbol{F})=0,\quad F_C\times 2l-q\times 3l\times\frac{3l}{2}=0$$

$$F_C=\frac{9ql}{4}=\frac{9\times 4\times 2}{4}=18\ \text{kN}$$

(2)取整体为研究对象,其受力如图(c)所示。列平衡方程得

$$\sum F_y=0,\quad F_A+F_C-q\times 3l=0$$

$$F_A=-F_C+3ql=-18+3\times 4\times 2=6\ \text{kN}$$

$$\sum M_A(\boldsymbol{F})=0,\quad M_A-M+F_C\times 4l-q\times 3l\times 3.5l=0$$

$$M_A=M-F_C\times 4l+10.5ql^2$$

$$=8-18\times 4\times 2+10.5\times 4\times 2^2=32\ \text{kN}\cdot\text{m}$$

3-11 组合梁由 AC 及 CD 用铰链 C 连接而成,受力如图(a)所示。设 $F=50$ kN,$q=25$ kN/m,力偶矩 $M=50$ kN · m。试求各支座的约束力。

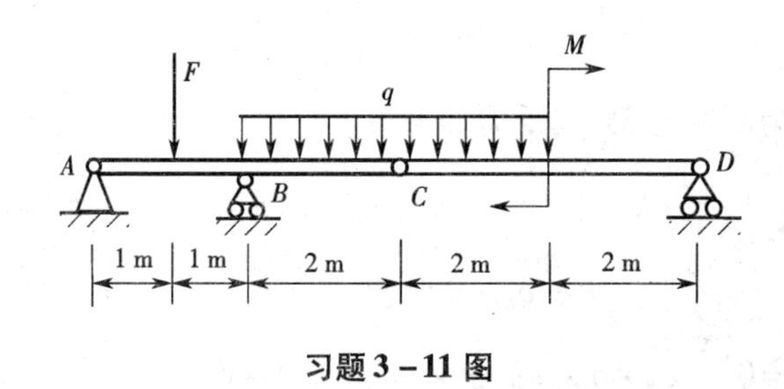

习题 3-11 图

3-12 试求图示刚架各支座的约束力。已知 $F=30$ kN,$q=10$ kN/m。

3-13 刚架的荷载和尺寸如图所示,不计刚架重量,试求刚架各支座的约束力。

3-14 在图(a)所示构架中,A、B、C 及 D 处均为铰接,不计 B 处滑轮尺寸及摩擦,试求铰链 A、C 处的约束力。

解 取整体为研究对象,其受力如图(b)所示,且 $F_T=100$ kN。列平衡方程得

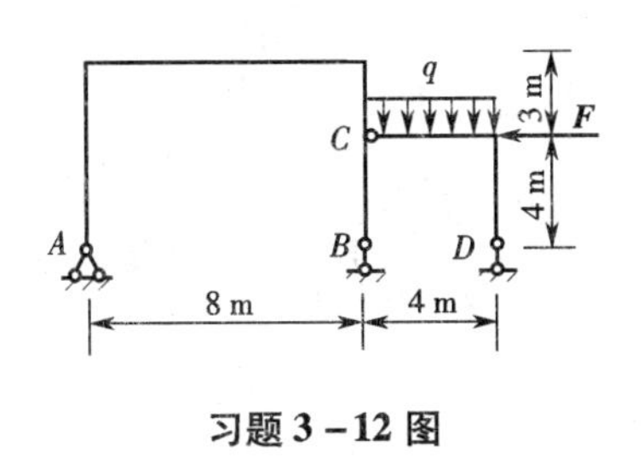

习题 3 - 12 图

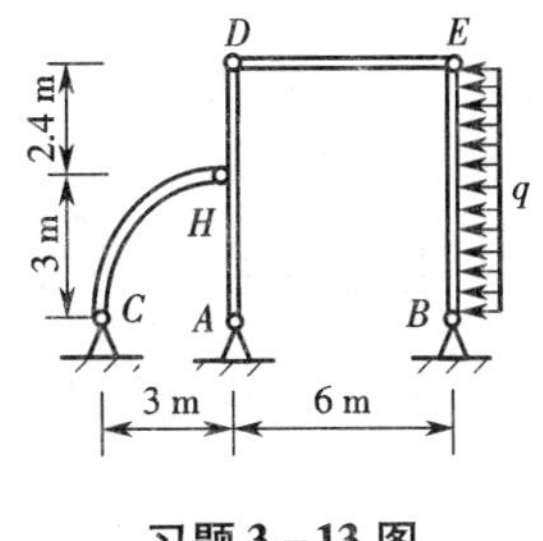

习题 3 - 13 图

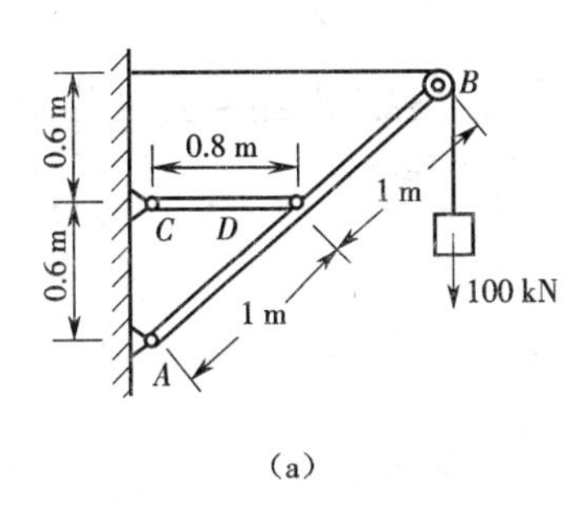

(a)

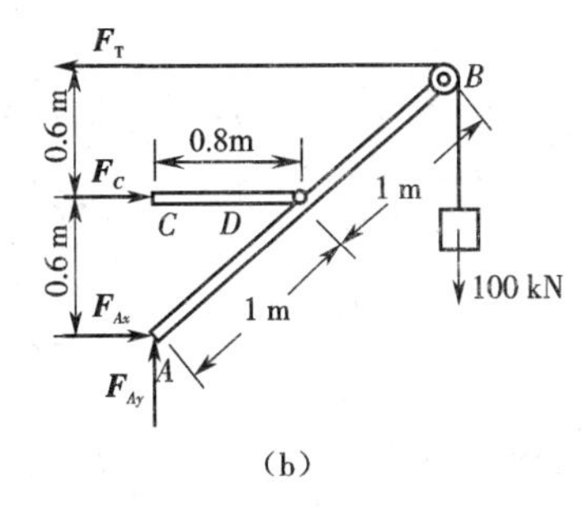

(b)

习题 3 - 14 图

$$\sum F_y = 0, \quad F_{Ay} - 100 = 0$$

$$F_{Ay} = 100 \text{ kN}$$

$$\sum M_C(\boldsymbol{F}) = 0, \quad F_{Ax} \times 0.6 + F_T \times 0.6 - 100 \times 1.6 = 0$$

$$F_{Ax} = \frac{-0.6F_T + 160}{0.6} = \frac{-0.6 \times 100 + 160}{0.6} = 166.67 \text{ kN}$$

$$\sum M_A(\boldsymbol{F}) = 0, \quad -F_C \times 0.6 + F_T \times 1.2 - 100 \times 1.6 = 0$$

$$F_C = \frac{1.2F_T - 160}{0.6} = \frac{1.2 \times 100 - 160}{0.6} = -66.67 \text{ kN}$$

3 - 15 如图(a)所示,梁上起重机吊起重物 $P_1 = 10$ kN;起重机自重 $P_2 = 50$ kN,其作用线位于铅垂线 EC 上。不计梁重,试求 A、B 及 D 支座处的约束力。

解 (1)取起重机和重物为研究对象,其受力如图(b)所示。设起重机左支点为 G 点。列平衡方程得

$$\sum M_G(\boldsymbol{F}) = 0, \quad F_{N2} \times 2 - P_2 \times 1 - P \times 5 = 0$$

$$F_{N2} = \frac{P_2 + 5P}{2} = \frac{50 + 5 \times 10}{2} = 50 \text{ kN}$$

(2)取梁 CD 为研究对象,其受力如图(c)所示,其中 $F'_{N2} = F_{N2} = 50$ kN。列平衡方程得

$$\sum M_C(\boldsymbol{F}) = 0, \quad F_D \times 8 - F'_{N2} \times 1 = 0$$

$$F_D = \frac{F'_{N2}}{8} = \frac{50}{8} = 6.25 \text{ kN}$$

(3)取整体为研究对象,其受力如图(d)所示。列平衡方程得

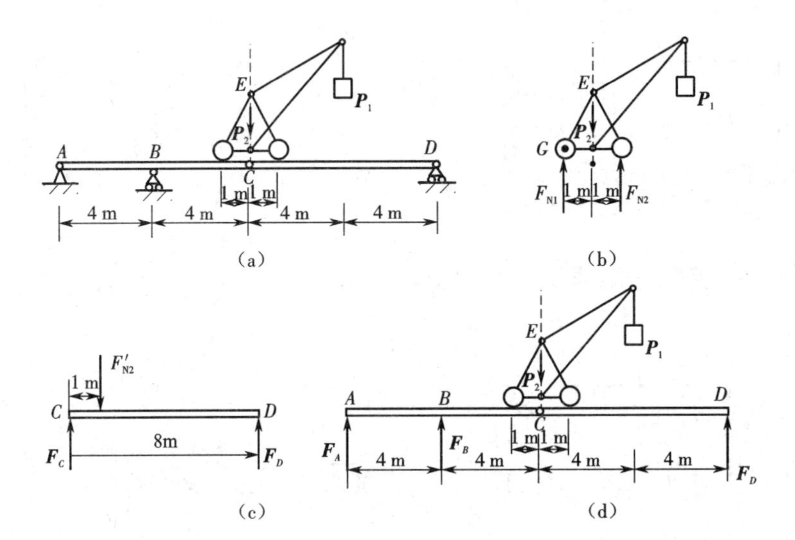

习题 3－15 图

$$\sum M_B(\boldsymbol{F})=0,\quad -F_A\times4-P_2\times4-P_1\times8+F_D\times12=0$$

$$F_A=-P_2-2P_1+3F_D=-50-2\times10+3\times6.25=-51.25\ \text{kN}$$

$$\sum M_A(\boldsymbol{F})=0,\quad F_B\times4-P_2\times8-P_1\times12+F_D\times16=0$$

$$F_B=2P_2+3P_1-4F_D=2\times50+3\times10-4\times6.25=105\ \text{kN}$$

3－16 由直角曲杆 ABC、DE，直杆 CD 及滑轮组成的结构如图(a)所示，AB 杆上作用有水平均布荷载 q。不计各构件重量，在 D 处作用一铅垂力 $\boldsymbol{F}$，在滑轮上悬吊一重为 P 的重物，滑轮的半径 $r=a$，且 $P=2F$，$CO=OD$，试求支座 E 及固定端 A 的约束力。

解 (1)取直角曲杆 DE、直杆 CD 及滑轮为研究对象。因为直角曲杆 DE 是二力体，所以力 $\boldsymbol{F}_E$方向沿着 DE 连线，其受力如图(b)所示，其中 $F_{\mathrm{T}}=P=2F$。列平衡方程

$$\sum M_C(\boldsymbol{F})=0,\quad F_E\times\frac{\sqrt{2}}{2}\times6a-F\times3a-P\times2.5a+F_{\mathrm{T}}\times a=0$$

$$F_E=\frac{3F+2.5P-F_{\mathrm{T}}}{3\sqrt{2}}=\frac{3F+2.5\times2F-2F}{3\sqrt{2}}=1.41F$$

(2)取整体为研究对象，其受力如图(c)所示。列平衡方程

$$\sum F_x=0,\quad F_{Ax}-F_E\times\frac{\sqrt{2}}{2}+6qa=0$$

$$F_{Ax}=F_E\times\frac{\sqrt{2}}{2}-6qa=1.41F\times\frac{\sqrt{2}}{2}-6qa=F-6qa$$

$$\sum F_y=0,\quad F_{Ay}+F_E\times\frac{\sqrt{2}}{2}-P-F=0$$

$$F_{Ay}=-F_E\times\frac{\sqrt{2}}{2}+P+F=-1.41F\times\frac{\sqrt{2}}{2}+2F+F=2F$$

$$\sum M_A(\boldsymbol{F})=0,\quad M_A-P\times(3a+1.5a+a)-F\times6a+F_E\times\frac{\sqrt{2}}{2}\times3a+F_E\times\frac{\sqrt{2}}{2}\times9a-6qa\times3a=0$$

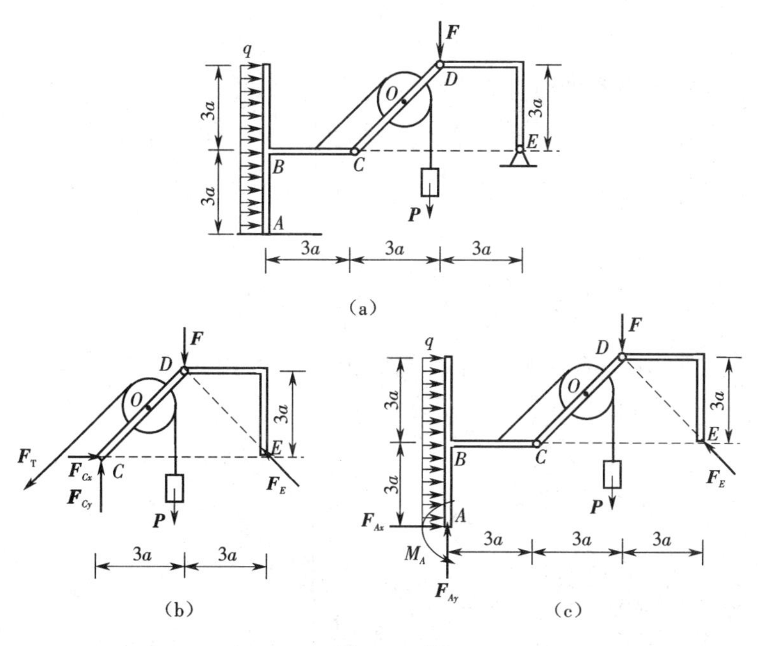

习题 3-16 图

$$
\begin{aligned}
M_A &= 5.5Pa + 6Fa - 6\sqrt{2}F_E a + 18qa^2 \\
&= 5.5 \times 2F \times a + 6Fa - 6\sqrt{2} \times 1.41F \times a + 18qa^2 \\
&= 5Fa + 18qa^2
\end{aligned}
$$

3-17 在图(a)所示的机构中,曲柄 OA 上作用一力偶矩 $M=500\ \mathrm{N\cdot m}$ 的力偶,试求机构在图示位置平衡时作用在滑块 D 上的水平力 $\boldsymbol{F}$ 的值。已知 $a=0.1\ \mathrm{m}$,$l=0.5\ \mathrm{m}$,$\theta=30°$。

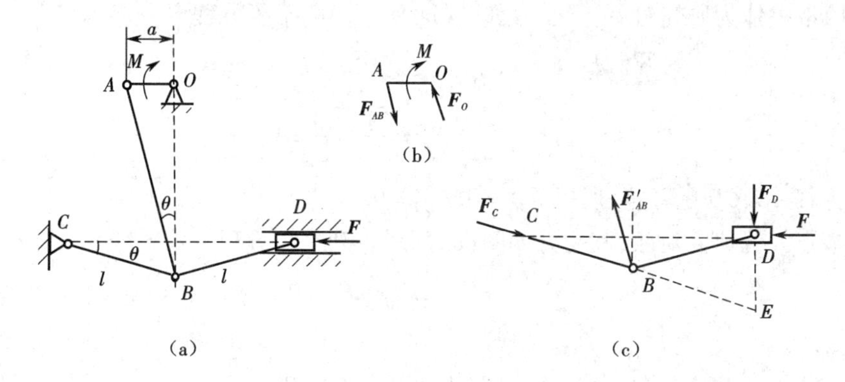

习题 3-17 图

解 首先以曲柄 OA 为研究对象,其受力如图(b)所示。注意到 AB 为二力杆,其力的作用线沿 AB 方向。根据平面力偶系的平衡条件,铰链 O 处必有一约束力 $\boldsymbol{F}_O$ 与 $\boldsymbol{F}_{AB}$ 形成一力偶以与外力偶 M 平衡,故有平衡方程

$$
\sum M=0, \quad -M+F_{AB}a\cos\theta=0
$$

于是有

$$F_{AB}=\frac{M}{a\cos\theta}=\frac{500}{0.1\times\cos 30^\circ}=5\ 773.5\ \text{N}$$

再取杆 CB、BD 和滑块 D 的组合为研究对象，其受力如图(c)所示。考虑到杆 CB 为二力杆，故 C 处的约束力沿 CB 方向，将各力对 $\boldsymbol{F}_C$和 $\boldsymbol{F}_D$的交点 E 取矩，有

$$\sum M_E(\boldsymbol{F})=0,\quad F\times 2l\sin\theta-F'_{AB}l\cos^2\theta+F'_{AB}l\sin^2\theta=0$$

其中 $F'_{AB}=F_{AB}$，得

$$F=\frac{F_{AB}\cos 2\theta}{2\sin\theta}=\frac{M}{a}\cot 2\theta=2\ 886.8\ \text{N}$$

3－18 用节点法求图示桁架中各杆的内力，其中 $F_1=10$ kN，$F_2=20$ kN。

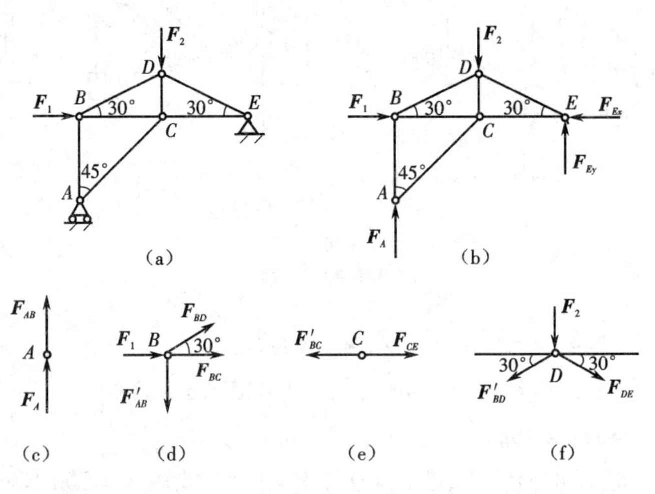

习题 3－18 图

解 (1)取整体为研究对象，其受力如图(b)所示。列平衡方程

$$\sum M_E(\boldsymbol{F})=0,\quad -F_A\times 2a+F_2\times a=0$$

$$F_A=\frac{F_2}{2}=\frac{20}{2}=10\ \text{kN}$$

(2)因为杆 AC、CD 是零杆，所以 $F_{AC}=0$，$F_{CD}=0$。

(3)取节点 A 为研究对象，其受力如图(c)所示。列平衡方程

$$\sum F_y=0,\quad F_{AB}+F_A=0$$

$$F_{AB}=-F_A=-10\ \text{kN}$$

(4)取节点 B 为研究对象，其受力如图(d)所示，其中 $F'_{AB}=F_{AB}=-10$ kN。列平衡方程

$$\sum F_y=0,\quad F_{BD}\sin 30^\circ-F'_{AB}=0$$

$$F_{BD}=\frac{F'_{AB}}{\sin 30^\circ}=\frac{-10}{1/2}=-20\ \text{kN}$$

$$\sum F_x=0,\quad F_{BC}+F_{BD}\cos 30^\circ+F_1=0$$

$$F_{BC}=-F_{BD}\cos 30^\circ-F_1=-(-20)\times\frac{\sqrt{3}}{2}-10=7.32\ \text{kN}$$

(5)取节点 C 为研究对象,其受力如图(e)所示,其中 $F'_{BC}=F_{BC}=7.32\ \text{kN}$。列平衡方程

$$\sum F_x=0,\quad F_{CE}-F'_{BC}=0$$

$$F_{CE}=F'_{BC}=7.32\ \text{kN}$$

(6)取节点 D 为研究对象,其受力如图(f)所示,其中 $F'_{BD}=F_{BD}=-20\ \text{kN}$。列平衡方程

$$\sum F_x=0,\quad F_{DE}\cos 30^\circ-F'_{BD}\cos 30^\circ=0$$

$$F_{DE}=F'_{BD}=-20\ \text{kN}$$

3-19 试求图示桁架中各杆件的内力,已知 $F_1=40\ \text{kN}$,$F_2=10\ \text{kN}$。

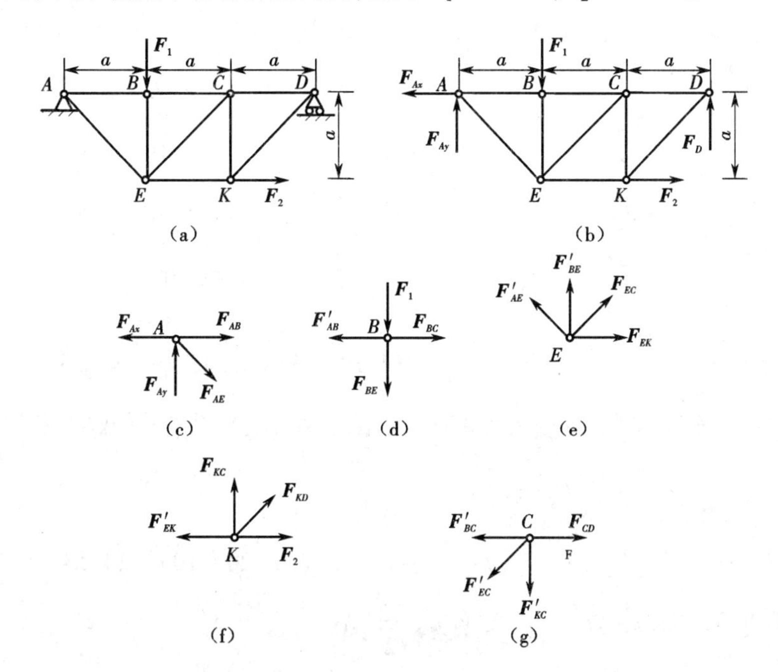

习题 3-19 图

解 (1)取整体为研究对象,其受力如图(b)所示。列平衡方程

$$\sum F_x=0,\quad -F_{Ax}+F_2=0$$

$$F_{Ax}=F_2=10\ \text{kN}$$

$$\sum M_D(\boldsymbol{F})=0,\quad -F_{Ay}\times 3a+F_1\times 2a+F_2\times a=0$$

$$F_{Ay}=\frac{2F_1+F_2}{3}=\frac{2\times 40+10}{3}=30\ \text{kN}$$

(2)取节点 A 为研究对象,其受力如图(c)所示。列平衡方程

$$\sum F_y=0,\quad -F_{AE}\times\frac{\sqrt{2}}{2}+F_{Ay}=0$$

$$F_{AE}=\sqrt{2}F_{Ay}=\sqrt{2}\times 30=42.43\ \text{kN}$$

$$\sum F_x=0,\quad F_{AB}+F_{AE}\times\frac{\sqrt{2}}{2}-F_{Ax}=0$$

$$F_{AB}=F_{Ax}-F_{AE}\times\frac{\sqrt{2}}{2}=10-42.43\times\frac{\sqrt{2}}{2}=-20\ \text{kN}$$

(3)取节点 B 为研究对象,其受力如图(d)所示,其中 $F'_{AB}=F_{AB}=-20$ kN。列平衡方程

$$\sum F_x=0,\quad F_{BC}-F'_{AB}=0$$

$$F_{BC}=F'_{AB}=-20\ \text{kN}$$

$$\sum F_y=0,\quad -F_{BE}-F_1=0$$

$$F_{BE}=-F_1=-40\ \text{kN}$$

(4)取节点 E 为研究对象,其受力如图(e)所示,其中 $F'_{AE}=F_{AE}=42.43$ kN,$F'_{BE}=F_{BE}=-40$ kN。列平衡方程

$$\sum F_y=0,\quad F_{EC}\times\frac{\sqrt{2}}{2}+F'_{AE}\times\frac{\sqrt{2}}{2}+F'_{BE}=0$$

$$F_{EC}=-F'_{AE}-\sqrt{2}F'_{BE}=-42.43-\sqrt{2}\times(-40)=14.14\ \text{kN}$$

$$\sum F_x=0,\quad F_{EK}+F_{EC}\times\frac{\sqrt{2}}{2}-F'_{AE}\times\frac{\sqrt{2}}{2}=0$$

$$F_{EK}=-F_{EC}\times\frac{\sqrt{2}}{2}+F'_{AE}\times\frac{\sqrt{2}}{2}=-14.14\times\frac{\sqrt{2}}{2}+42.43\times\frac{\sqrt{2}}{2}=20\ \text{kN}$$

(5)取节点 K 为研究对象,其受力如图(f)所示,其中 $F'_{EK}=F_{EK}=20$ kN。列平衡方程

$$\sum F_x=0,\quad F_{KD}\times\frac{\sqrt{2}}{2}+F_2-F'_{EK}=0$$

$$F_{KD}=\sqrt{2}(F'_{EK}-F_2)=\sqrt{2}\times(20-10)=14.14\ \text{kN}$$

$$\sum F_y=0,\quad F_{KC}+F_{KD}\times\frac{\sqrt{2}}{2}=0$$

$$F_{KC}=-F_{KD}\times\frac{\sqrt{2}}{2}=-14.4\times\frac{\sqrt{2}}{2}=-10\ \text{kN}$$

(6)取节点 C 为研究对象,其受力如图(g)所示,其中 $F'_{BC}=F_{BC}=-20$ kN,$F'_{EC}=F_{EC}=14.14$ kN。列平衡方程

$$\sum F_x=0,\quad F_{CD}-F'_{BC}-F'_{EC}\times\frac{\sqrt{2}}{2}=0$$

$$F_{CD}=F'_{BC}+F'_{EC}\times\frac{\sqrt{2}}{2}=-20+14.14\times\frac{\sqrt{2}}{2}=-10\ \text{kN}$$

3-20 试用截面法计算图(a)所示桁架 CD、DH 和 HG 三杆的内力,已知 $F_1=10$ kN,$F_2=7$ kN,各杆长度均为 $a=1$ m,

解 (1)求支座约束力。取桁架整体为研究对象,其受力如图(b)所示。对整个结构列平衡方程

$$\sum F_x=0,\quad F_{Ax}=0$$

$$\sum F_y=0,\quad F_{Ay}+F_B-F_1-F_2=0$$

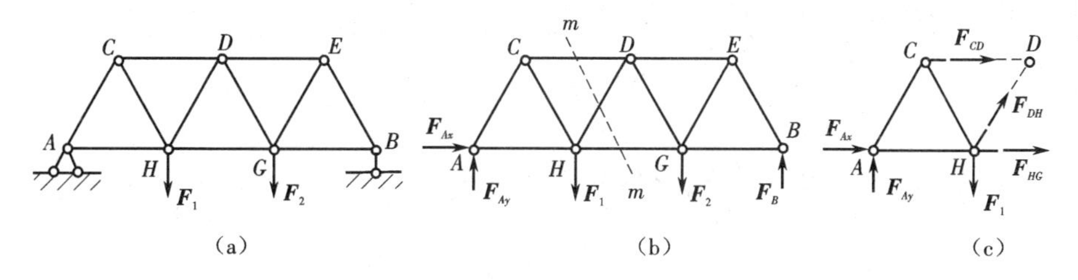

习题 3-20 图

$$\sum M_A(\boldsymbol{F})=0,\quad -F_1\times a-F_2\times 2a+F_B\times 3a=0$$

解以上各方程,得

$$F_{Ax}=0,\quad F_B=8\ \text{kN},\quad F_{Ay}=9\ \text{kN}$$

(2)为求 CD、DH 和 HG 三杆的内力,可假想用截面 m—m 将三根杆截断,把桁架分为两部分,取左边部分为研究对象,其受力如图(c)所示。列平衡方程

$$\sum F_y=0,\quad F_{Ay}+F_{DH}\times\frac{\sqrt{3}}{2}-F_1=0$$

$$\sum M_H(\boldsymbol{F})=0,\quad -F_{CD}\times\frac{\sqrt{3}}{2}a-F_{Ay}\times a=0$$

$$\sum M_D(\boldsymbol{F})=0,\quad (F_{HG}+F_{Ax})\times\frac{\sqrt{3}}{2}a+F_1\times\frac{1}{2}a-F_{Ay}\times\frac{3}{2}a=0$$

解以上各方程,并注意到 $F_{Ax}=0$,得

$$F_{CD}=-10.4\ \text{kN},\quad F_{DH}=1.15\ \text{kN},\quad F_{HG}=9.81\ \text{kN}$$

3-21 桁架所受力如图(a)所示,已知 $F_1=10\ \text{kN}$,$F_2=F_3=20\ \text{kN}$。试求桁架中 4、5、7 和 10 杆的内力。

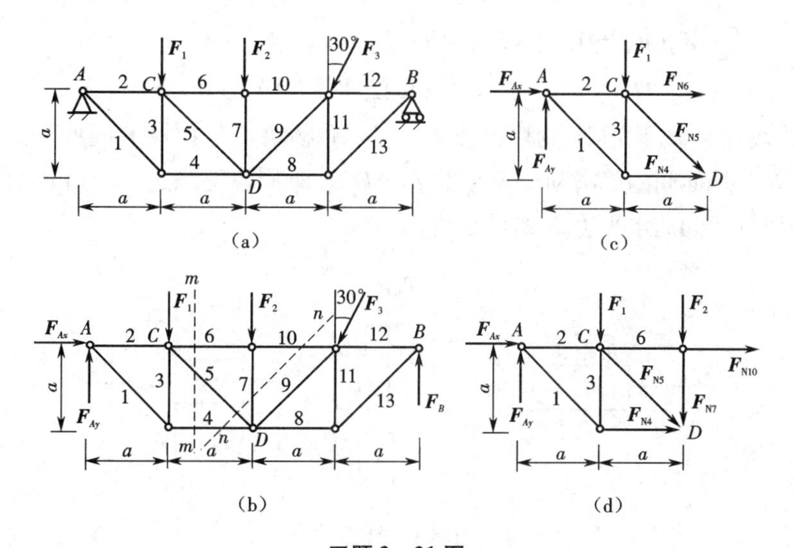

习题 3-21 图

解 (1)取桁架整体为研究对象,其受力如图(b)所示。列平衡方程

$$\sum F_x=0,\quad F_{Ax}-F_3\sin 30°=0$$

$$F_{Ax}=\frac{F_3}{2}=\frac{20}{2}=10\ \text{kN}$$

$$\sum M_B(\boldsymbol{F})=0,\quad -F_{Ay}\times 4a+F_1\times 3a+F_2\times 2a+F_3\cos 30°\times a=0$$

$$F_{Ay}=\frac{3F_1+2F_2+\frac{\sqrt{3}}{2}F_3}{4}=\frac{3\times 10+2\times 20+\frac{\sqrt{3}}{2}\times 20}{4}=21.83\ \text{kN}$$

(2)假想用截面 m—m 截断桁架,取桁架左部分为研究对象,其受力如图(c)所示。列平衡方程

$$\sum M_C(\boldsymbol{F})=0,\quad F_{N4}\times a-F_{Ay}\times a=0$$

$$F_{N4}=F_{Ay}=21.83\ \text{kN}$$

$$\sum F_y=0,\quad -F_{N5}\times\frac{\sqrt{2}}{2}-F_1+F_{Ay}=0$$

$$F_{N5}=\sqrt{2}(-F_1+F_{Ay})=\sqrt{2}(-10+21.83)=16.73\ \text{kN}$$

(3)假想用截面 n—n 截断桁架,取桁架左部分为研究对象,其受力如图(d)所示。列平衡方程

$$\sum F_y=0,\quad -F_{N7}-F_{N5}\times\frac{\sqrt{2}}{2}-F_1-F_2+F_{Ay}=0$$

$$F_{N7}=-F_{N5}\times\frac{\sqrt{2}}{2}-F_1-F_2+F_{Ay}$$

$$=-16.73\times\frac{\sqrt{2}}{2}-10-20+21.83=-20\ \text{kN}$$

$$\sum M_D(\boldsymbol{F})=0,\quad -F_{N10}\times a-F_{Ay}\times 2a-F_{Ax}\times a+F_1\times a=0$$

$$F_{N10}=-2F_{Ay}-F_{Ax}+F_1=-2\times 21.83-10+10=-43.66\ \text{kN}$$

3-22 物块 A 重 $P_A=5$ kN,物块 B 重 $P_B=5$ kN,物块 A 与物块 B 间的静滑动摩擦系数 $f_{s1}=0.1$,物块 B 与地面间的静滑动摩擦系数 $f_{s2}=0.2$,两物块由绕过一定滑轮的无重水平绳相连。试求使系统运动的水平力 $\boldsymbol{F}$ 的最小值。

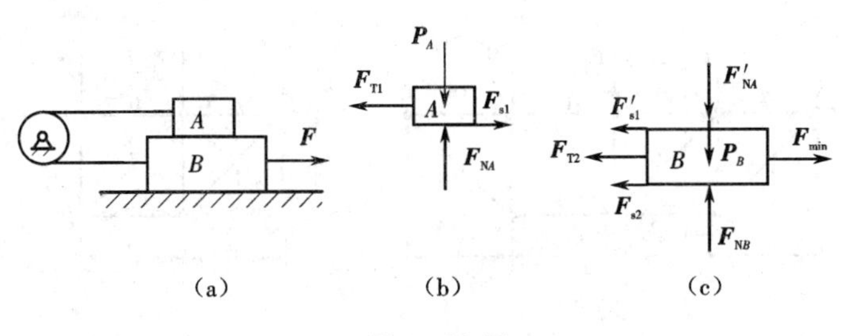

习题 3-22 图

解 (1)取物块 A 为研究对象。在临界平衡状态其受力如图(b)所示。列平衡方程

$$\sum F_y=0,\quad F_{NA}=P_A=5\ \mathrm{kN}$$

$$F_{s1}=f_{s1}F_{NA}=0.1\times 5=0.5\ \mathrm{kN}$$

$$\sum F_x=0,\quad F_{T1}=F_{s1}=0.5\ \mathrm{kN}$$

(2)取物块 B 为研究对象。在临界平衡状态其受力如图(c)所示,其中 $F'_{NA}=F_{NA}=5\ \mathrm{kN}$,$F'_{s1}=F_{s1}=0.5\ \mathrm{kN}$,$F_{T2}=F_{T1}=0.5\ \mathrm{kN}$。列平衡方程

$$\sum F_y=0,\quad F_{NB}=P_B+F'_{NA}=5+5=10\ \mathrm{kN}$$

$$F_{s2}=f_{s2}F_{NB}=0.2\times 10=2\ \mathrm{kN}$$

$$\sum F_x=0,\quad F_{\min}=F'_{s1}+F_{T2}+F_{s2}=0.5+0.5+2=3\ \mathrm{kN}$$

3-23 如图(a)所示,鼓轮 B 重 1 200 N,放于墙角处。已知鼓轮与水平面间的摩擦系数为 0.25,铅垂面是光滑面,$R=40\ \mathrm{cm}$,$r=20\ \mathrm{cm}$。试求鼓轮不发生转动时物体 A 的最大重量。

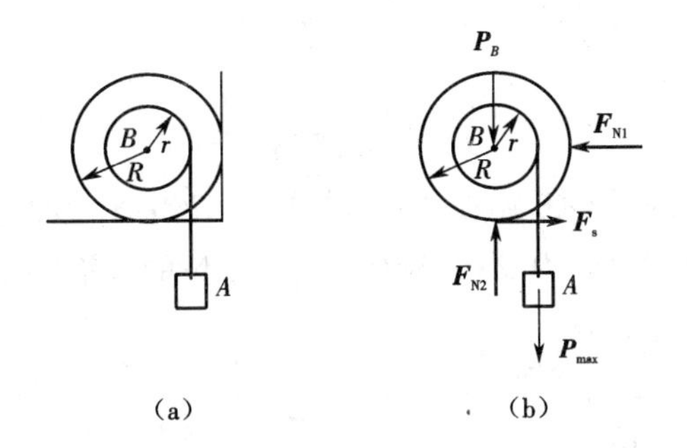

习题 3-23 图

解 取鼓轮 B 为研究对象。在临界平衡状态其受力如图(b)所示。列平衡方程

$$\sum M_B(\boldsymbol{F})=0,\quad -P_{\max}r+F_sR=0 \tag{a}$$

$$\sum F_y=0,\quad F_{N2}-P_{\max}-P_B=0 \tag{b}$$

由摩擦定律

$$F_s=f_sF_{N2} \tag{c}$$

以上三式联立求解,得

$$P_{\max}=1\ 200\ \mathrm{N}$$

3-24 如图(a)所示,置于 V 形槽中的棒料上作用一力偶,当力偶矩 $M=15\ \mathrm{N\cdot m}$ 时,刚好能转动此棒料。已知棒料重 $P=400\ \mathrm{N}$,直径 $D=0.25\ \mathrm{m}$,不计滚动摩阻。试求棒料与 V 形槽间的静摩擦系数 f_s。

解 取棒料为研究对象。在临界平衡状态其受力如图(b)所示。列平衡方程

$$\sum M_O(\boldsymbol{F})=0,\quad \frac{1}{2}F_{sA}D+\frac{1}{2}F_{sB}D-M=0 \tag{a}$$

$$\sum F_x=0,\quad F_{NA}+F_{sB}-P\cos 45^\circ=0 \tag{b}$$

$$\sum F_y=0,\quad F_{NB}-F_{sA}-P\sin 45^\circ=0 \tag{c}$$

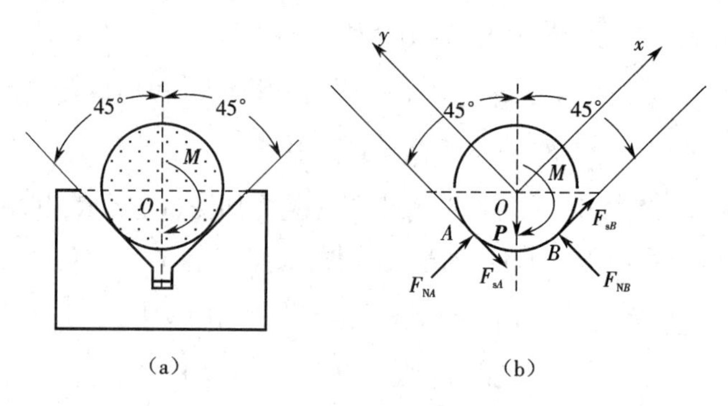

习题 3-24 图

由摩擦定律

$$F_{sA}=f_sF_{NA} \tag{d}$$

$$F_{sB}=f_sF_{NB} \tag{e}$$

以上五式联立求解,得

$$f_s=0.223$$

3-25 如图(a)所示,梯子 AB 靠在墙上,其重 $P=200$ N,梯子长为 l,与水平面夹角 $\alpha=60°$。已知接触面间摩擦系数均为0.25。现有一重650 N 的人沿梯子上爬,试问人所能达到的最高点 C 到 A 点的距离 s 为多少。

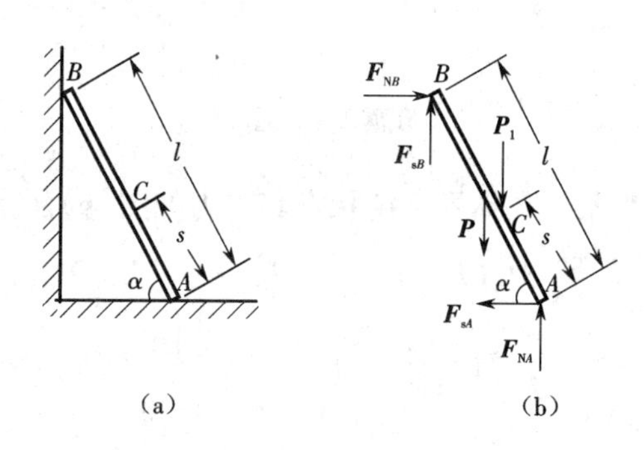

习题 3-25 图

解 取梯子为研究对象。在临界平衡状态其受力如图(b)所示。列平衡方程

$$\sum M_A(\boldsymbol{F})=0,\quad P_1s\cos\alpha+\frac{1}{2}Gl\cos\alpha-F_{sB}l\cos\alpha-F_{NB}l\sin\alpha=0 \tag{a}$$

$$\sum F_x=0,\quad F_{NB}-F_{sA}=0 \tag{b}$$

$$\sum F_y=0,\quad F_{sB}+F_{NA}=0 \tag{c}$$

由摩擦定律

$$F_{sA}=f_sF_{NA} \tag{d}$$

$$F_{sB}=f_sF_{NB} \tag{e}$$

以上五式联立求解,得

$$s=0.456l$$

3－26　图(a)所示球重 $P=300\ \text{N}$,接触面间的静摩擦系数均为 $f_s=0.25$,$l_1=0.2\ \text{m}$,$l_2=0.15\ \text{m}$。试问力 $\boldsymbol{F}$ 的值至少为多大时,球才不至于落下。

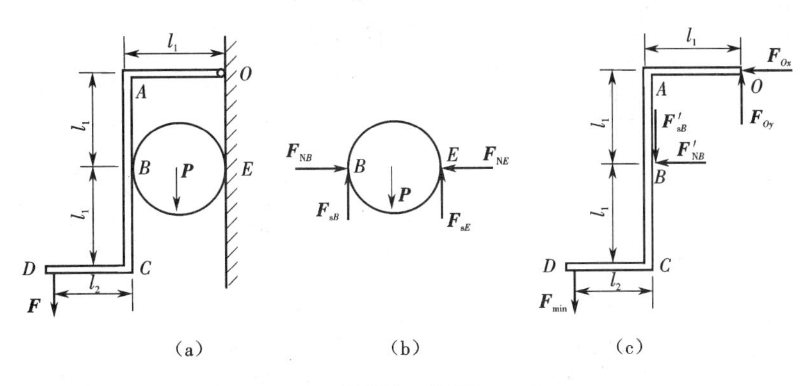

习题 3－26 图

解　(1)取球为研究对象。在临界平衡状态其受力如图(b)所示。列平衡方程

$$\sum M_E(\boldsymbol{F})=0,\quad P\frac{l_1}{2}-F_{sB}l_1=0$$

$$F_{sB}=\frac{P}{2}=\frac{300}{2}=150\ \text{N}$$

由摩擦定律

$$F_{sB}=f_sF_{NB}$$

则

$$F_{NB}=\frac{F_{sB}}{f_s}=\frac{150}{0.25}=600\ \text{N}$$

(2)取手柄 $OACD$ 为研究对象。在临界平衡状态其受力如图(c)所示,且 $\boldsymbol{F}'_{sB}=-\boldsymbol{F}_{sB}$,$\boldsymbol{F}'_{NB}=-\boldsymbol{F}_{NB}$。列平衡方程

$$\sum M_O(\boldsymbol{F})=0,\quad F_{\min}(l_1+l_2)-F'_{NB}l_1+F'_{sB}l_1=0$$

$$F_{\min}=\frac{(F'_{NB}-F'_{sB})l_1}{l_1+l_2}=\frac{(600-150)\times0.2}{0.2+0.15}=257.14\ \text{N}$$

即

$$F\geqslant257.14\ \text{N}$$

3－27　如图 (a) 所示,在平面曲柄连杆滑块机构中,曲柄 OA 长 r,作用有一矩为 M 的力偶,滑块 B 与水平面之间的摩擦系数为 f_s。OA 水平,连杆 AB 与铅垂线的夹角为 θ,力 $\boldsymbol{F}$ 与水平面成 β 角。试求机构在图示位置保持平衡时力 $\boldsymbol{F}$ 的值。不计机构的重量,且 $\theta>\varphi_m=\arctan f_s$。

解　(1)取曲柄 OA 为研究对象,其受力如图(b)所示。列平衡方程

$$\sum M_O(\boldsymbol{F})=0,\quad M-F_Ar\cos\theta=0$$

$$F_A=\frac{M}{r\cos\theta}$$

(2)取滑块 B 为研究对象。分析左滑临界平衡状态,设外力为 $\boldsymbol{F}_{\max}$,约束全反力为 $\boldsymbol{F}_{R1}$,受力如图(c)所示。建立如图示坐标系,且 $\boldsymbol{F}_B=-\boldsymbol{F}_A$,列平衡方程

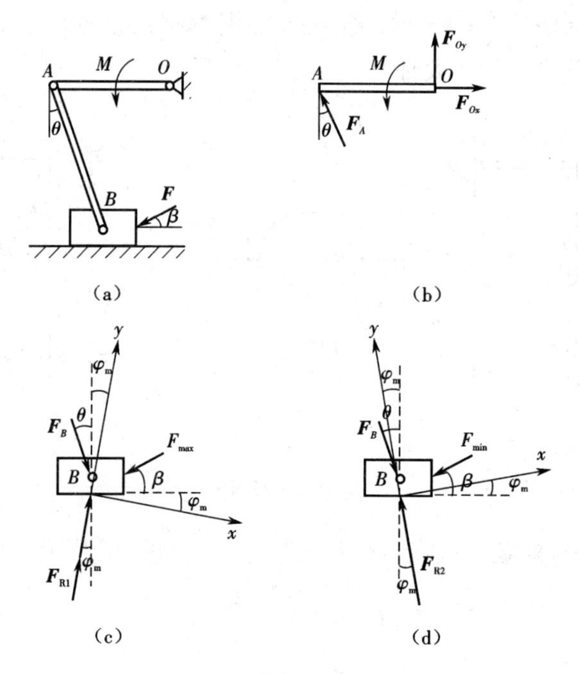

习题 3－27 图

$$\sum F_x=0,\quad F_B\sin(\theta+\varphi_m)-F_{max}\cos(\beta+\varphi_m)=0$$

$$F_{max}=\frac{F_B\sin(\theta+\varphi_m)}{\cos(\beta+\varphi_m)}=\frac{M\sin(\theta+\varphi_m)}{r\cos\theta\cos(\beta+\varphi_m)}$$

(3)取滑块 B 为研究对象。分析右滑临界平衡状态，设外力为 $\boldsymbol{F}_{min}$，约束全反力为 $\boldsymbol{F}_{R2}$，受力如图(d)所示。建立如图示坐标系，且 $\boldsymbol{F}_B=-\boldsymbol{F}_A$，列平衡方程

$$\sum F_x=0,\quad F_B\sin(\theta-\varphi_m)-F_{min}\cos(\beta-\varphi_m)=0$$

$$F_{min}=\frac{F_B\sin(\theta-\varphi_m)}{\cos(\beta-\varphi_m)}=\frac{M\sin(\theta-\varphi_m)}{r\cos\theta\cos(\beta-\varphi_m)}$$

所以，此机构保持图(a)位置平衡时，力 $\boldsymbol{F}$ 的大小应满足

$$\frac{M\sin(\theta-\varphi_m)}{r\cos\theta\cos(\beta-\varphi_m)}\leqslant F\leqslant\frac{M\sin(\theta+\varphi_m)}{r\cos\theta\cos(\beta+\varphi_m)}$$

习题 3－4、3－11、3－12、3－13 答案请扫二维码。

第 4 章　空间力系

4.1　理论要点

一、空间汇交力系

1. 合成

(1)**直接投影法**　已知力 $\boldsymbol{F}$ 与直角坐标系 $Oxyz$ 三轴正向间的夹角分别为 α、β 和 γ，则力在三个坐标轴上的投影等于力 $\boldsymbol{F}$ 的大小与各轴夹角余弦的乘积，即

$$F_x = F\cos\alpha,\quad F_y = F\cos\beta,\quad F_z = F\cos\gamma$$

(2)**二次投影法**　已知力 $\boldsymbol{F}$ 与 z 轴正向间的夹角 γ 以及力 $\boldsymbol{F}$ 在 xOy 平面上的投影 $\boldsymbol{F}_{xy}$ 与 x 轴正向间的夹角 φ，则力 $\boldsymbol{F}$ 在三个坐标轴上的投影分别为

$$F_x = F\sin\gamma\cos\varphi,\quad F_y = F\sin\gamma\sin\varphi,\quad F_z = F\cos\gamma$$

几何法：合力 $\boldsymbol{F}_R$ 的大小和方向可用空间力多边形的封闭边表示。

解析法：合力 $\boldsymbol{F}_R$ 的大小及方向余弦可根据其投影求得。合力 $\boldsymbol{F}_R$ 的大小为

$$F_R = \sqrt{F_{Rx}^2 + F_{Ry}^2 + F_{Rz}^2} = \sqrt{\left(\sum F_x\right)^2 + \left(\sum F_y\right)^2 + \left(\sum F_z\right)^2}$$

合力 $\boldsymbol{F}_R$ 的方向余弦为

$$\cos\alpha = \frac{F_{Rx}}{F_R} = \frac{\sum F_x}{F_R},\quad \cos\beta = \frac{F_{Ry}}{F_R} = \frac{\sum F_y}{F_R},\quad \cos\gamma = \frac{F_{Rz}}{F_R} = \frac{\sum F_z}{F_R}$$

2. 平衡条件

空间汇交力系平衡的充分必要条件是其合力为零，即力系中所有各力在三个坐标轴上投影的代数和都等于零。

$$\sum F_x = 0,\quad \sum F_y = 0,\quad \sum F_z = 0$$

二、空间力偶系

1. 基本概念理论

(1)**空间力偶对刚体作用的三要素**　力偶矩的大小；力偶作用面的方位；力偶的转向。

(2)**力偶矩矢**　矢量的长度表示力偶矩的大小，矢量的方位与力偶作用面的法线方向相同，指向按右手螺旋规则确定。

(3)**等效条件**　作用面平行的两个力偶，若其力偶矩大小相等、转向相同，则两力偶等效。

2. 合成

空间力偶系可以合成为一个合力偶，其合力偶矩矢等于力偶系中各力偶矩矢的矢量和。即

$$\boldsymbol{M}=\boldsymbol{M}_1+\boldsymbol{M}_2+\cdots+\boldsymbol{M}_n=\sum \boldsymbol{M}$$

若 M_x、M_y 和 M_z 分别为 $\boldsymbol{M}$ 在 x、y 和 z 轴上的投影,则合力偶矩矢的大小为

$$M=\sqrt{\left(\sum M_x\right)^2+\left(\sum M_y\right)^2+\left(\sum M_z\right)^2}$$

合力偶矩矢的方向余弦为

$$\cos\alpha=\frac{\sum M_x}{M},\quad \cos\beta=\frac{\sum M_y}{M},\quad \cos\gamma=\frac{\sum M_z}{M}$$

其中 α、β 和 γ 分别为合力偶矩矢 $\boldsymbol{M}$ 与 x、y 和 z 轴正向间的夹角。

3. 平衡条件

空间力偶系平衡的充分必要条件:力偶系中各力偶矩矢的矢量和等于零,即力偶系中各力偶矩矢在三个坐标轴上投影的代数和都等于零。

$$\sum M_x=0,\quad \sum M_y=0,\quad \sum M_z=0$$

三、空间任意力系

1. 主矢

主矢 $\boldsymbol{F}'_{\mathrm{R}}$ 的大小为

$$F'_{\mathrm{R}}=\sqrt{\left(\sum F_x\right)^2+\left(\sum F_y\right)^2+\left(\sum F_z\right)^2}$$

其方向余弦为

$$\cos\alpha=\frac{\sum F_x}{F'_{\mathrm{R}}},\quad \cos\beta=\frac{\sum F_y}{F'_{\mathrm{R}}},\quad \cos\gamma=\frac{\sum F_z}{F'_{\mathrm{R}}}$$

其中 α、β 和 γ 分别为主矢 $\boldsymbol{F}'_{\mathrm{R}}$ 与坐标轴 x、y 和 z 正向间的夹角。

2. 主矩

主矩 $\boldsymbol{M}_O$ 的大小为

$$M_O=\sqrt{\left[\sum M_x(\boldsymbol{F})\right]^2+\left[\sum M_y(\boldsymbol{F})\right]^2+\left[\sum M_z(\boldsymbol{F})\right]^2}$$

其方向余弦为

$$\cos\xi=\frac{\sum M_x(\boldsymbol{F})}{M_O},\quad \cos\eta=\frac{\sum M_y(\boldsymbol{F})}{M_O},\quad \cos\sigma=\frac{\sum M_z(\boldsymbol{F})}{M_O}$$

其中 ξ、η 和 σ 分别表示主矩 $\boldsymbol{M}_O$ 与坐标轴 x、y 和 z 正向间的夹角。

3. 简化结果

(1) $\boldsymbol{F}'_{\mathrm{R}}\neq\boldsymbol{0}$,$\boldsymbol{M}_O=\boldsymbol{0}$,则力系合成为一个通过简化中心 O 的**合力**,其合力等于力系的主矢 $\boldsymbol{F}'_{\mathrm{R}}$。

(2) $\boldsymbol{F}'_{\mathrm{R}}=\boldsymbol{0}$,$\boldsymbol{M}_O\neq\boldsymbol{0}$,则力系合成为**一个力偶**,其力偶矩等于力系对于简化中心的主矩。此时,力系的主矩与简化中心的位置无关。

(3) $\boldsymbol{F}'_{\mathrm{R}}\neq\boldsymbol{0}$,$\boldsymbol{M}_O\neq\boldsymbol{0}$,若 $\boldsymbol{F}'_{\mathrm{R}}\perp\boldsymbol{M}_O$,则力系可进一步合成为一个**合力** $\boldsymbol{F}_{\mathrm{R}}$,其力矢与力系的主矢 $\boldsymbol{F}'_{\mathrm{R}}$ 相等,简化中心 O 到合力作用线的距离 $d=M_O/F'_{\mathrm{R}}$;若 $\boldsymbol{F}'_{\mathrm{R}}//\boldsymbol{M}_O$,则原力系合成为一个作用于简化中心 O 的力和一个与该力垂直的平面内的力偶,称为**力螺旋**。

(4) $\boldsymbol{F}'_{\mathrm{R}}=\mathbf{0}, \boldsymbol{M}_O=\mathbf{0}$,则力系平衡。

4. 平衡条件

空间任意力系平衡的充分必要条件:力系的主矢和力系对于任一点的主矩都等于零,即 $\boldsymbol{F}'_{\mathrm{R}}=\sum \boldsymbol{F}=\mathbf{0}, \boldsymbol{M}_O=\sum \boldsymbol{M}_O(\boldsymbol{F})=\mathbf{0}$。由此可得到空间任意力系的平衡方程为

$$\sum F_x=0, \quad \sum F_y=0, \quad \sum F_z=0$$

$$\sum M_x(\boldsymbol{F})=0, \quad \sum M_y(\boldsymbol{F})=0, \quad \sum M_z(\boldsymbol{F})=0$$

四、重心和形心

假想将物体划分为许多微小部分,其中某一部分 M_i 的坐标为 (x_i, y_i, z_i),所受重力为 $\Delta \boldsymbol{W}_i$。所有的 $\Delta \boldsymbol{W}_i$ 的合力 $\boldsymbol{W}$ 就是整个物体所受的重力,其大小即为整个物体的重量 $W=\sum \Delta W_i$,其作用点即为物体的重心 $C(x_C, y_C, z_C)$,其坐标可表示为

$$x_C=\frac{\sum \Delta W_i x_i}{W}, \quad y_C=\frac{\sum \Delta W_i y_i}{W}, \quad z_C=\frac{\sum \Delta W_i z_i}{W}$$

4.2 例题详解

例题 4-1 沿图 4-1 所示长方体的对角线 AB 有一力 $\boldsymbol{F}$ 作用,其值为 $F=500$ N。试求:(1)该力在三个坐标轴上的投影;(2)该力对三个坐标轴之矩。

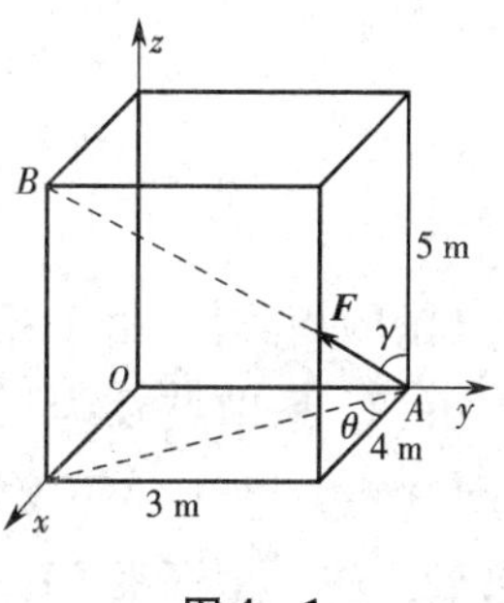

图 4-1

【解题指导】 该类型题应先确定力与坐标轴之间的关系,根据几何条件确定力与坐标轴的夹角,选用直接投影法或二次投影法,可求解投影值。在求解力对轴之矩时,若力与轴垂直,则可根据定义直接算出;若不垂直,通常将力分解为一个与轴平行的分力和一个与轴垂直的分力,再进行求解。特别需要注意,当力与坐标轴平行或力的作用线与坐标轴相交时,该力对坐标轴之矩都等于零,利用这个特点往往能使求解过程得到简化。

解 (1)采用二次投影法。由图中几何关系可知

$$\sin\gamma=\cos\gamma=\frac{\sqrt{2}}{2}, \quad \cos\theta=\frac{4}{5}, \quad \sin\theta=\frac{3}{5}$$

因此,力 $\boldsymbol{F}$ 在各坐标轴上的投影分别为

$$F_x=F\sin\gamma\cos\theta=500\times\frac{\sqrt{2}}{2}\times\frac{4}{5}=282.8 \text{ N}$$

$$F_y=-F\sin\gamma\sin\theta=-500\times\frac{\sqrt{2}}{2}\times\frac{3}{5}=-212.1 \text{ N}$$

$$F_z=F\cos\gamma=500\times\frac{\sqrt{2}}{2}=353.6 \text{ N}$$

(2)由力对轴之矩的定义,可得

$$M_y(\boldsymbol{F})=0$$

$$M_x(\boldsymbol{F})=M_O(\boldsymbol{F}_z)=F\cos\gamma\times 3=500\times\frac{\sqrt{2}}{2}\times 3=1\ 060.8\ \text{N}\cdot\text{m}$$

$$M_z(\boldsymbol{F})=M_O(\boldsymbol{F}_{xy})=F\sin\gamma\times 4\times\sin\theta=-500\times\frac{\sqrt{2}}{2}\times 4\times\frac{3}{5}=-848.5\ \text{N}\cdot\text{m}$$

例题 4-2 如图 4-2(a)所示挂物架由不计重量的三根杆在 O 点用球形铰链连接,且在 A、B、C 三点用球形铰链固定于竖直墙壁上,平面 BOC 为水平面,且 $OB=OC$,$\alpha=30°$。现在 O 点挂一重物 $W=10$ kN,试求三杆所受的力。

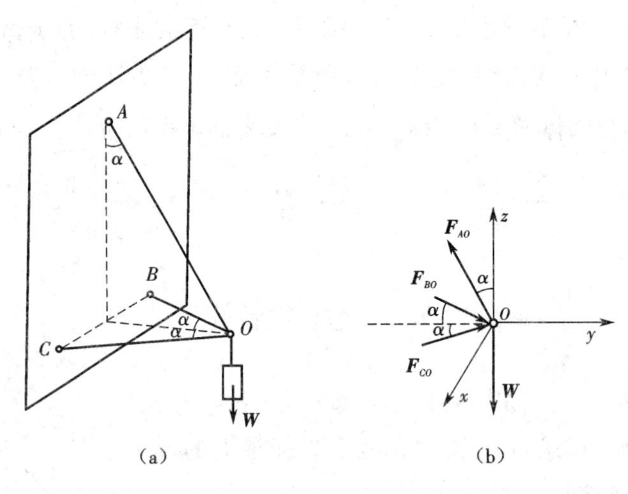

图 4-2

【解题指导】 由于杆 AO、BO、CO 的两端均为球形铰链,且不计杆的重量,故三杆均可视为二力杆。取节点 O 为研究对象,并设杆 CO 和 BO 受压力,AO 受拉力,其受力如图 4-2(b)所示,这些力组成一空间汇交力系。

解 建立坐标系 $Oxyz$,对节点 O 列平衡方程

$$\sum F_x=0,\quad F_{BO}\sin 30°-F_{CO}\sin 30°=0 \tag{a}$$

$$\sum F_y=0,\quad F_{BO}\cos 30°+F_{CO}\cos 30°-F_{AO}\sin 30°=0 \tag{b}$$

$$\sum F_z=0,\quad F_{AO}\cos 30°-W=0 \tag{c}$$

由式(c),得

$$F_{AO}=\frac{W}{\cos 30°}=11.55\ \text{kN}$$

由式(a)得 $F_{BO}=F_{CO}$,将此关系式代入式(b),并代入 F_{AO}的数值,得

$$F_{BO}=F_{CO}=\frac{F_{AO}\sin 30°}{2\cos 30°}=3.33\ \text{kN}$$

例题 4-3 如图 4-3(a)所示的水平传动轴作匀速转动,皮带轮Ⅰ、Ⅱ的半径分别为 $r_1=300$ mm,$r_2=150$ mm。皮带拉力都在垂直于 y 轴的平面内,且 $\boldsymbol{T}_1$和 $\boldsymbol{T}_2$沿水平方向,$\boldsymbol{T}_3$和 $\boldsymbol{T}_4$与铅垂线的夹角 $\varphi=30°$。已知 $T_1=2T_2=2$ kN,$T_3=2T_4$,$a=0.5$ m。试求皮带的拉力 $\boldsymbol{T}_3$、$\boldsymbol{T}_4$和轴

承 A、B 处的约束力。

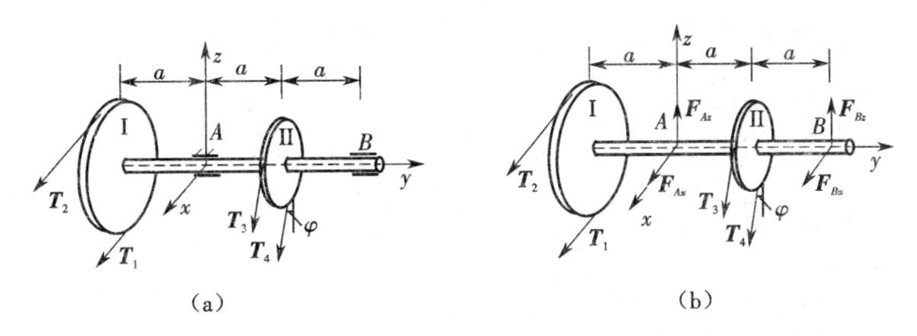

图 4-3

【解题指导】 本机构中,传动轴轴线坐标 y 与所有力的作用线方向均垂直,于是可知空间力系的 6 个平衡方程中,y 方向的力投影方程恒成立,只能采用其余的平衡方程求解未知力。

解 以传动轴和两个皮带轮组成的系统为研究对象,并假设约束力方向与坐标轴正向一致,其受力如图 4-3(b)所示。列平衡方程

$$\sum F_x=0,\quad F_{Ax}+F_{Bx}+(T_1+T_2)+(T_3+T_4)\sin\varphi=0 \tag{a}$$

$$\sum F_z=0,\quad F_{Az}+F_{Bz}-(T_3+T_4)\cos\varphi=0 \tag{b}$$

$$\sum M_x=0,\quad F_{Bz}\times 2a-(T_3+T_4)\cos\varphi\times a=0 \tag{c}$$

$$\sum M_y=0,\quad (T_3-T_4)r_2-(T_1-T_2)r_1=0 \tag{d}$$

$$\sum M_z=0,\quad (T_1+T_2)\times a-(T_3+T_4)\sin\varphi\times a-F_{Bx}\times 2a=0 \tag{e}$$

将皮带拉力 $\boldsymbol{T}_1$、$\boldsymbol{T}_2$的数值和皮带轮半径 r_1、r_2的尺寸代入式(d),并注意到 $T_3=2T_4$,可得

$$T_4=(T_1-T_2)\frac{r_1}{r_2}=(2\ 000-1\ 000)\times\frac{0.3}{0.15}=2\ 000\ \text{N}$$

$$T_3=4\ 000\ \text{N}$$

再将各有关数值代入式(e),可求出

$$F_{Bx}=(2\ 000+1\ 000)\times 0.5-(4\ 000+2\ 000)\times\sin 30^\circ\times 0.5=0$$

由式(c)可得

$$F_{Bz}=(4\ 000+2\ 000)\times\cos 30^\circ\times 0.5=2\ 598.1\ \text{N}$$

由式(a)可得

$$F_{Ax}=-(2\ 000+1\ 000)-(4\ 000+2\ 000)\sin 30^\circ=-6\ 000\ \text{N}$$

由式(b)可得

$$F_{Az}=-2\ 598.1+(4\ 000+2\ 000)\cos 30^\circ=2\ 598.1\ \text{N}$$

其中 F_{Ax}为负值,说明其实际方向与假设方向相反。

例题 4-4 如图 4-4(a)所示的截面形状,已知 $h=200$ mm,$b=75$ mm,$d=9$ mm,$t=11$ mm。试求该截面的重心位置。

【解题指导】 在分析平面图形形心时,可以将其看作等厚薄壁物体,如双曲薄壳的屋顶、薄壁容器、飞机机翼等,若以 ΔA_i表示微面积,A 表示整个面积,则其形心坐标可表示为

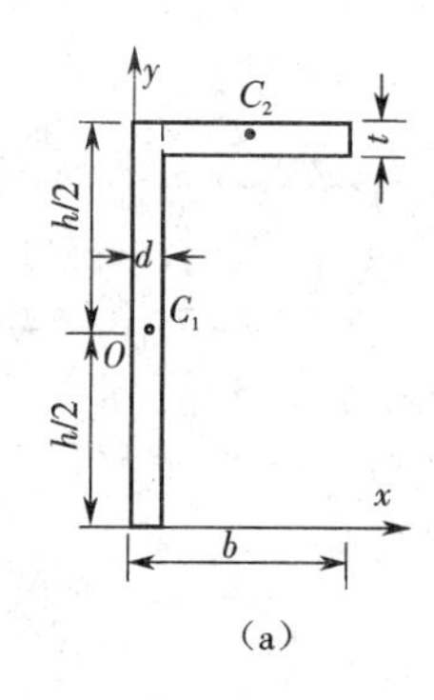

(a)

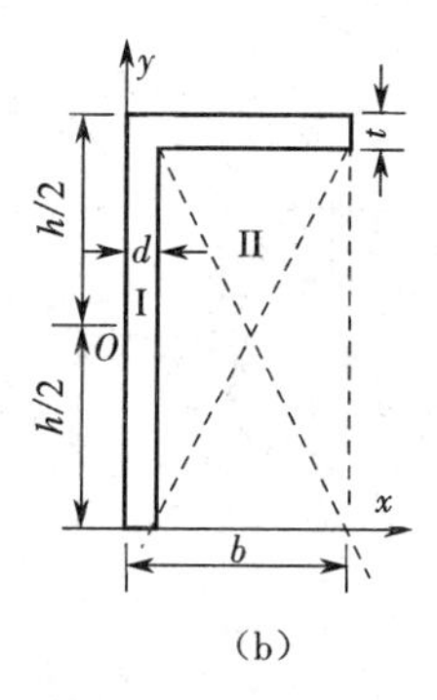

(b)

图 4 -4

$$x_C = \frac{\sum \Delta A_i x_i}{A}, \quad y_C = \frac{\sum \Delta A_i y_i}{A}, \quad z_C = \frac{\sum \Delta A_i z_i}{A}$$

解 (1)直接法 取坐标系如图 4 -4(a)所示。将图形用虚线分割成两个矩形,以 C_1、C_2 表示这两个矩形的重心,并以 A_1、A_2 表示其面积,则它们的面积和重心的横坐标分别为

$$A_1 = 200 \times 9 = 1\ 800\ \text{mm}^2 \quad x_1 = 4.5\ \text{mm} \quad y_1 = 100\ \text{mm}$$

$$A_2 = (75 - 9) \times 11 = 726\ \text{mm}^2 \quad x_2 = 9 + 33 = 42\ \text{mm} \quad y_2 = 200 - 5.5 = 194.5\ \text{mm}$$

由重心计算公式可得

$$x_C = \frac{A_1 x_1 + A_2 x_2}{A_1 + A_2} = \frac{1\ 800 \times 4.5 + 726 \times 42}{1\ 800 + 726} = 15.3\ \text{mm}$$

$$y_C = \frac{A_1 y_1 + A_2 y_2}{A_1 + A_2} = \frac{1\ 800 \times 100 + 726 \times 194.5}{1\ 800 + 726} = 127.2\ \text{mm}$$

(2)负面积法 本例中的槽形截面也可看作由 $h \times b$ 的矩形Ⅰ挖去一个$(h - t) \times (b - d)$的矩形Ⅱ而成,如图 4 -4(b)所示。这样仍可按重心计算公式确定重心 C 的位置,只是注意在计算中被挖去的面积应取负值,这种方法又称“负面积法”。其各部分的面积及重心的横坐标分别为

$$A_{\mathrm{I}} = 200 \times 75 = 15\ 000\ \text{mm}^2 \quad x_{\mathrm{I}} = 37.5\ \text{mm} \quad y_{\mathrm{I}} = 100\ \text{mm}$$

$$A_{\mathrm{II}} = -189 \times 66 = -12\ 474\ \text{mm}^2 \quad x_{\mathrm{II}} = 42\ \text{mm} \quad y_{\mathrm{II}} = 94.5\ \text{mm}$$

$$x_C = \frac{A_{\mathrm{I}} x_{\mathrm{I}} + A_{\mathrm{II}} x_{\mathrm{II}}}{A_{\mathrm{I}} + A_{\mathrm{II}}} = \frac{15\ 000 \times 37.5 + (-12\ 474) \times 42}{15\ 000 - 12\ 474} = 15.3\ \text{mm}$$

$$x_C = \frac{A_{\mathrm{I}} y_{\mathrm{I}} + A_{\mathrm{II}} y_{\mathrm{II}}}{A_{\mathrm{I}} + A_{\mathrm{II}}} = \frac{15\ 000 \times 100 + (-12\ 474) \times 94.5}{15\ 000 - 12\ 474} = 127.2\ \text{mm}$$

4.3 自测题

4 -1 空间力偶中的两个力对任意投影轴的代数和等于零。 ( )

4 -2 当力的作用线经过轴时,其对轴之矩数值最大。 ( )

4 -3 空间力系的主矢是力系的合力,其与简化中心无关。 ( )

4-4　空间力系的主矩是力系的合力偶矩，其与简化中心有关。（　　）

4-5　空间力偶系可以简化为一个合力。（　　）

4-6　空间力偶等效只需保证力偶矩的大小和作用面相同即可。（　　）

4-7　空间汇交力系平衡的几何条件为________________。

4-8　空间力偶对刚体作用的三要素是________、________、________。

4-9　如图 4-5 所示边长为 2 m 的正方体，对角线上作用有一力 **F**，其值为 $F=500$ N。试求：(1)该力在三个坐标轴上的投影；(2)该力对三个坐标轴之矩。

4-10　如图 4-6 所示起重机，已知 $AD=DB=1$ m，$CD=1.5$ m，$CM=1$ m。机身与平衡锤重 $W=100$ kN，重力作用线在平面 LMN 内，到机身轴线 MN 的距离为 0.5 m，起重量 $W_1=30$ kN。试求当平面 LMN 平行于 AB 时，地面对三个轮子的约束力。

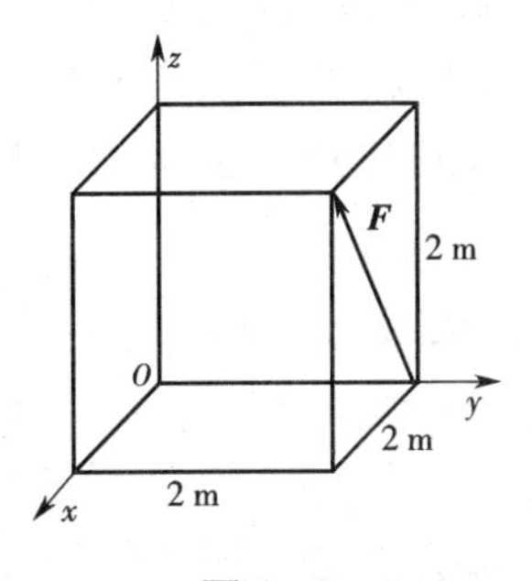

图 4-5

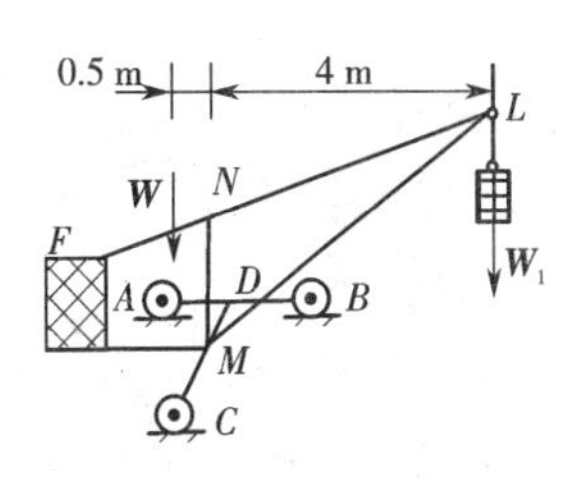

图 4-6

4-11　水平轴上装有两个凸轮，一个凸轮上作用已知力 $F_1=800$ N，另一个凸轮上作用未知力 **F**，如图 4-7 所示。如果轴平衡，试求力 **F** 和轴承约束力。

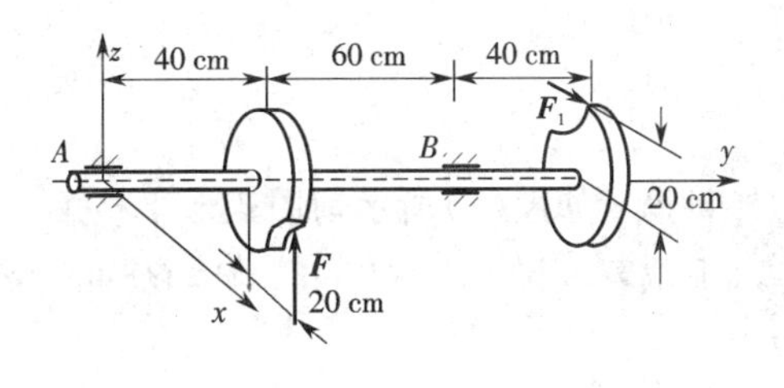

图 4-7

4-12　如图 4-8 所示曲拐，A 端固定，另一端受集中力 **F** 作用。已知 $a=1$ m，$l=1.5$ m，$F=10$ kN，试求固定端 A 处的约束反力。

4-13　热轧槽钢的截面可近似简化成如图 4-9 所示的形状，已知 $h=200$ mm，$b=75$ mm，$d=9.0$ mm，$t=11$ mm。试求该槽形截面的重心位置。

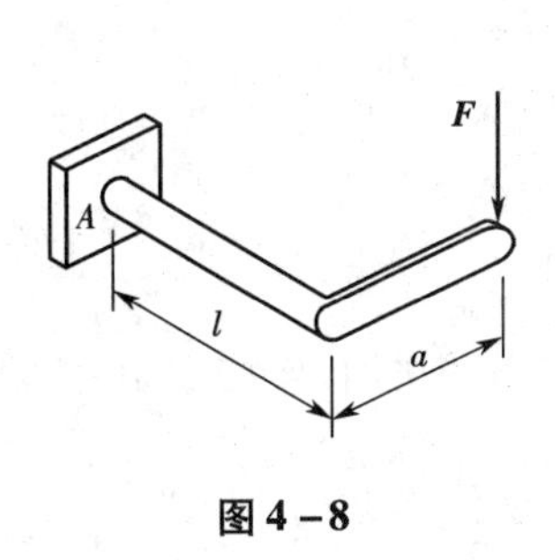

图 4-8

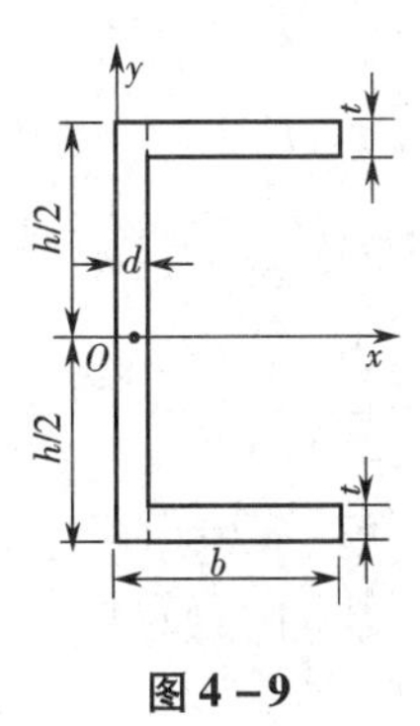

图 4-9

4.4 自测题解答

此部分内容请扫二维码。

4.5 习题解答

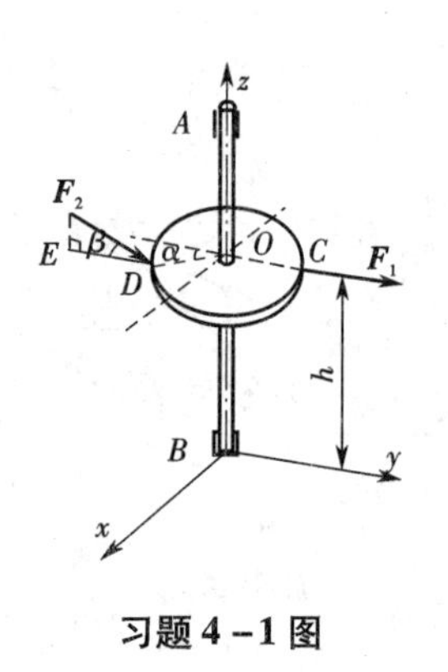

习题 4-1 图

4-1 如图所示，铅垂轴上固结一水平圆盘，圆盘半径为 R，$OB=h$。在圆盘的边缘上 C、D 两点分别作用力 $\boldsymbol{F}_1$ 和 $\boldsymbol{F}_2$，$\boldsymbol{F}_2$ 平行于 yBz 面，ED 平行于 y 轴，α、β 均为已知。试分别写出力 $\boldsymbol{F}_1$ 及 $\boldsymbol{F}_2$ 对各坐标轴之矩。

解 $M_x(\boldsymbol{F}_1)=-F_1h \quad M_y(\boldsymbol{F}_1)=0 \quad M_z(\boldsymbol{F}_1)=0$

$$M_x(\boldsymbol{F}_2)=-F_2\cos\beta\times h+F_2\sin\beta\times R\cos\alpha$$
$$=F_2(R\sin\beta\cos\alpha-h\cos\beta)$$
$$M_y(\boldsymbol{F}_2)=F_2\sin\beta\times R\sin\alpha$$
$$=F_2R\sin\beta\sin\alpha$$
$$M_z(\boldsymbol{F}_2)=F_2\cos\beta\times R\sin\alpha$$
$$=F_2R\cos\beta\sin\alpha$$

4-2 如图(a)所示匀质矩形平板重 $P=20$ kN，用过其重心铅垂线上 D 点的三根绳索悬在水平位置。设 $DO=60$ cm，$AB=60$ cm，$BE=80$ cm，C 点为 EF 的中心。试求各绳索所受的拉力。

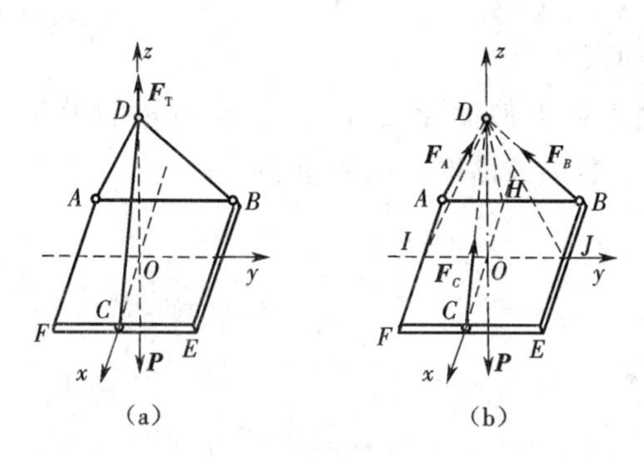

习题 4-2 图

解 取矩形平板为研究对象，其上受一汇交于 D 点的空间汇交力系作用，连接 D 和 H、D 和 I、D 和 J，如图(b)所示。列平衡方程

$$\sum F_y=0,\quad F_A\frac{AH}{AD}-F_B\frac{BH}{BD}=0(AH=BH,AD=BD)$$

$$F_A = F_B \tag{a}$$

$$\sum F_x = 0,\quad F_A \frac{AI}{AD} + F_B \frac{BJ}{BD} - F_C \frac{CO}{DC} = 0$$

$$F_A \frac{40}{10\sqrt{61}} + F_B \frac{40}{10\sqrt{61}} - F_C \frac{40}{10\sqrt{52}} = 0 \tag{b}$$

$$\sum F_z = 0,\quad F_A \frac{DO}{DA} + F_B \frac{DO}{DB} + F_C \frac{DO}{DC} - P = 0$$

$$F_A \frac{60}{10\sqrt{61}} + F_B \frac{60}{10\sqrt{61}} + F_C \frac{60}{10\sqrt{52}} - 20 = 0 \tag{c}$$

联立式(a)、(b)、(c)解得

$$F_A = F_B = 6.51\ \text{kN}$$

$$F_C = 12.02\ \text{kN}$$

4-3 如图(a)所示空间构架由三根无重直杆组成,在 D 端用球铰链连接,A、B 和 C 端则用球铰链固定在水平地面上。如果挂在 D 端的物重 $P = 10$ kN,试求铰链 A、B 和 C 的约束力。

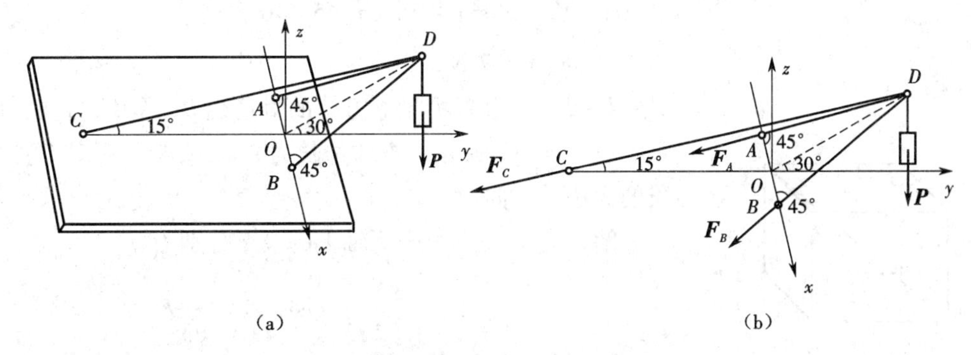

习题 4-3 图

解 取空间构架及物体为研究对象,受力如图(b)所示。建立坐标系如图,列平衡方程

$$\sum F_x = 0,\quad -F_A\cos 45° + F_B\cos 45° = 0 \tag{a}$$

$$\sum F_y = 0,\quad -F_A\sin 45° \times \cos 30° - F_B\sin 45° \times \cos 30° - F_C\cos 15° = 0 \tag{b}$$

$$\sum F_z = 0,\quad -F_A\sin 45° \times \sin 30° - F_B\sin 45° \times \sin 30° - F_C\sin 15° - P = 0 \tag{c}$$

联立式(a)、(b)、(c)解得

$$F_A = F_B = -26.39\ \text{kN}$$

$$F_C = 33.46\ \text{kN}$$

4-4 如图(a)所示挂物架,不计重量的三杆用球铰链连接于 O 点,平面 BOC 是水平面,且 $OB = OC$,角度如图。若在 O 点挂一重物 $\boldsymbol{P}$,重为 1 000 N,试求三杆所受的力。

解 取挂物架及物体为研究对象,受力如图(b)所示。建立坐标系如图,列平衡方程

$$\sum F_z = 0,\quad -F_A\cos 45° - P = 0$$

$$F_A = -\sqrt{2}P = -\sqrt{2} \times 1\ 000 = -1\ 414\ \text{N}$$

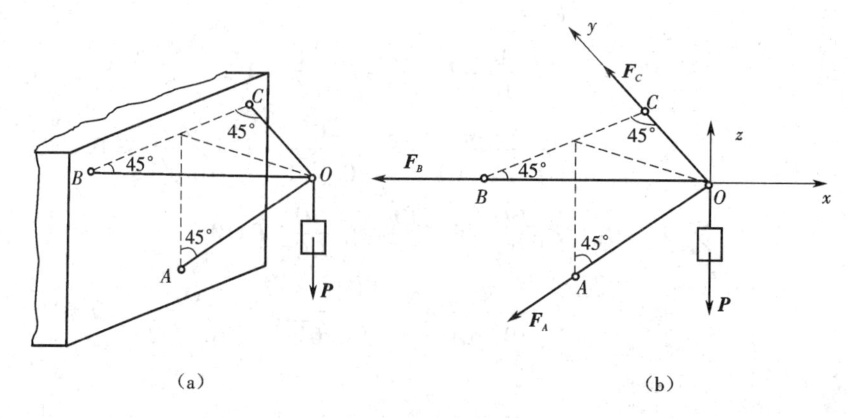

习题 4-4 图

$$\sum F_x = 0, \quad -F_B - F_A \sin 45° \times \cos 45° = 0$$

$$F_B = 707\ \text{N}$$

$$\sum F_y = 0, \quad F_C + F_A \sin 45° \times \cos 45° = 0$$

$$F_C = 707\ \text{N}$$

4-5 一力 $\boldsymbol{F}$ 沿正立方体的对角线 BK 作用,方向如图所示。设 $F = 200$ N,正立方体边长为 2 m,试求力 $\boldsymbol{F}$ 对 O 点之矩矢的大小及方向。

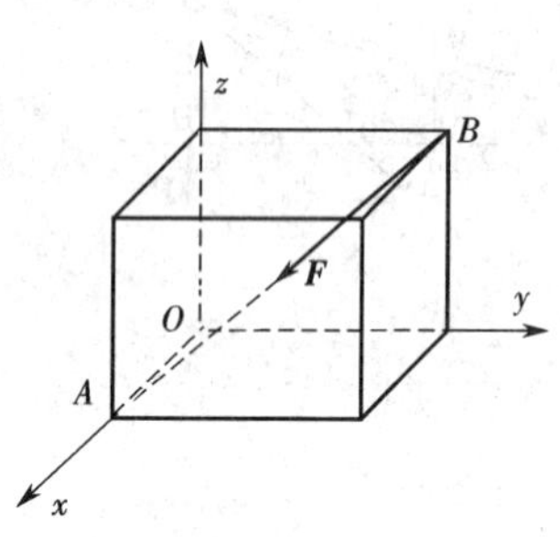

习题 4-5 图

解 力 $\boldsymbol{F}$ 在三个坐标轴上的投影分别为

$$F_x = F\frac{2\sqrt{2}}{2\sqrt{3}} \times \cos 45° = \frac{1}{\sqrt{3}}F$$

$$F_y = -F\frac{2\sqrt{2}}{2\sqrt{3}} \times \sin 45° = -\frac{1}{\sqrt{3}}F$$

$$F_z = -F\frac{2}{2\sqrt{3}} = -\frac{1}{\sqrt{3}}F$$

力 $\boldsymbol{F}$ 对三个坐标轴的矩分别为

$$M_x(\boldsymbol{F}) = yF_z - zF_y = 2 \times \left(-\frac{1}{\sqrt{3}}F\right) - 2 \times \left(-\frac{1}{\sqrt{3}}F\right) = 0$$

$$M_y(\boldsymbol{F}) = zF_x - xF_z = 2 \times \left(\frac{1}{\sqrt{3}}F\right) - 0 \times \left(-\frac{1}{\sqrt{3}F}\right) = \frac{2}{\sqrt{3}}F$$

$$= \frac{2}{\sqrt{3}} \times 200 = 230.94\ \text{N} \cdot \text{m}$$

$$M_z(\boldsymbol{F}) = xF_y - yF_x = 0 \times \left(-\frac{1}{\sqrt{3}}F\right) - 2 \times \frac{1}{\sqrt{3}}F = -\frac{2}{\sqrt{3}}F$$

$$= -\frac{2}{\sqrt{3}} \times 200 = -230.94\ \text{N} \cdot \text{m}$$

力 $\boldsymbol{F}$ 对 O 点之矩为

$$M_O(\boldsymbol{F}) = \sqrt{M_x^2(\boldsymbol{F}) + M_y^2(\boldsymbol{F}) + M_z^2(\boldsymbol{F})}$$

$$= \sqrt{230.94^2 + (-230.94)^2} = 326.60\ \text{N} \cdot \text{m}$$

$$\cos(\boldsymbol{M}_O, \boldsymbol{i}) = \frac{M_x(\boldsymbol{F})}{M_O(\boldsymbol{F})} = 0$$

$$\cos(\boldsymbol{M}_O, \boldsymbol{j}) = \frac{M_y(\boldsymbol{F})}{M_O(\boldsymbol{F})} = \frac{230.94}{326.60} = 0.707$$

$$\cos(\boldsymbol{M}_O, \boldsymbol{k}) = \frac{M_z(\boldsymbol{F})}{M_O(\boldsymbol{F})} = \frac{-230.94}{326.60} = -0.707$$

4-6 如图所示轴 AB 与铅垂线成 α 角，悬臂 CD 垂直固定在轴上，其长为 a，并与铅垂面 zAB 成 θ 角。如在点 D 作用铅垂向下的力 $\boldsymbol{F}$，试求此力对轴 AB 的矩。

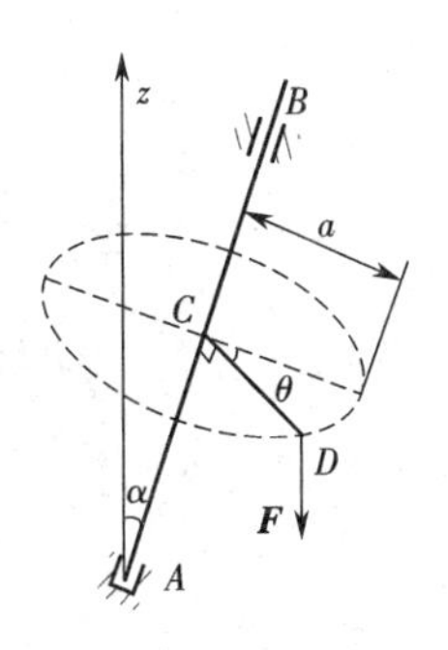

习题 4-6 图

解 力 $\boldsymbol{F}$ 对轴 AB 的矩为

$$M_{AB} = F\sin\alpha \times \sin\theta \times a$$

$$= Fa\sin\alpha\sin\theta$$

4-7 图示三圆盘 A、B 和 C 的半径分别为 150 mm、100 mm 和 50 mm。三轴 OA、OB 和 OC 在同一平面内，$\angle AOB$ 为直角，在这三圆盘上分别作用力偶，组成各力偶的力作用在轮缘上，它们的大小分别等于 10 N、20 N 和 F。如这三圆盘所构成的物系处于平衡，不计物系重量，试求能使此物系平衡的力 $\boldsymbol{F}$ 的大小和角 α。

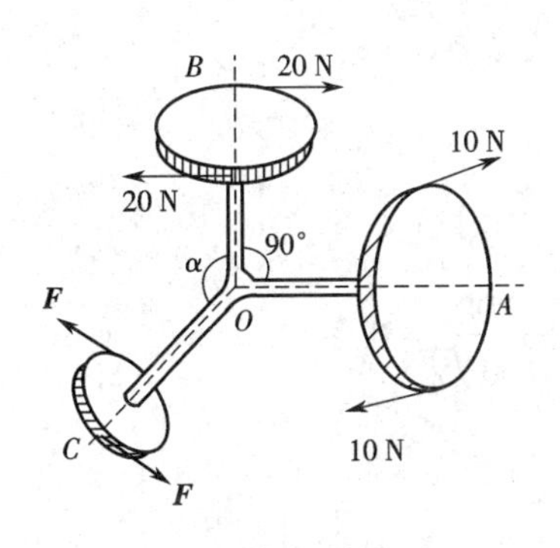

习题 4-7 图

解 此力系为空间力偶系，列平衡方程

$$\sum M_x = 0, \quad -10 \times 150 \times 2 + F \times 50 \times 2\cos(\alpha - 90°) = 0 \tag{a}$$

$$\sum M_y = 0, \quad -20 \times 100 \times 2 + F \times 50 \times 2\sin(\alpha - 90°) = 0 \tag{b}$$

联立式(a)、(b)解得

$$\alpha = 143.13°$$

$$F = 50\ \text{N}$$

4-8 截面为工字形的立柱受力如图所示，试求此力向截面形心 C 平移的结果。

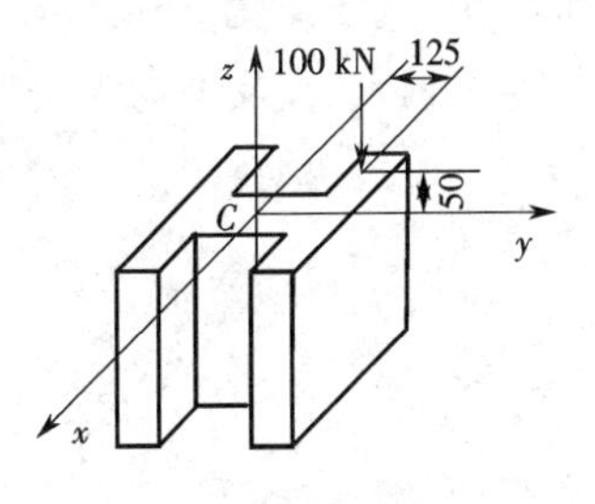

习题 4-8 图

解 将力 $\boldsymbol{F}$ 向截面形心 C 平移的结果为一个力 $\boldsymbol{F}'$ 和一个力偶 $\boldsymbol{M}_C$。

$$F_x = 0, \quad F_y = 0, \quad F_z = -100\ \text{kN}$$

$$F' = -100\ \text{kN}$$

$$M_x(\boldsymbol{F}) = yF_z - zF_y = 0.125 \times (-100) - 0 \times 0 = -12.5\ \text{kN} \cdot \text{m}$$

$$M_y(\boldsymbol{F}) = zF_x - xF_z = 0 \times 0 - (-0.05) \times (-100) = -5\ \text{kN} \cdot \text{m}$$

$$M_z(\boldsymbol{F}) = xF_y - yF_x = (-0.05)\times 0 - 0.125\times 0 = 0$$

$$\boldsymbol{M}_C = M_x(\boldsymbol{F})\boldsymbol{i} + M_y(\boldsymbol{F})\boldsymbol{j} + M_z(\boldsymbol{F})\boldsymbol{k} = -12.5\boldsymbol{i} - 5\boldsymbol{j}\ \text{kN}\cdot\text{m}$$

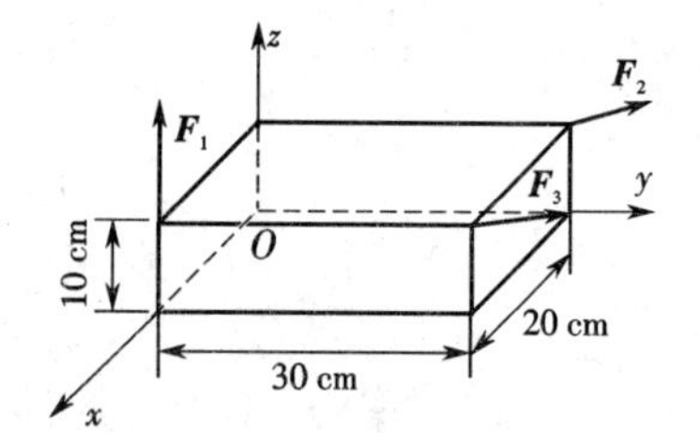

习题 4-9 图

4-9 力系中 $F_1 = 100$ N, $F_2 = 300$ N, $F_3 = 200$ N，各力作用线的位置如图所示。试将力系向原点 O 简化。

解 将力系向原点 O 简化得

$$F'_{Rx} = \sum F_x = -F_2\frac{200}{100\sqrt{13}} - F_3\frac{200}{100\sqrt{5}}$$

$$= -300\times\frac{2}{\sqrt{13}} - 200\times\frac{2}{\sqrt{5}} = -345.30\ \text{N}$$

$$F'_{Ry} = \sum F_y = F_2\frac{300}{100\sqrt{13}} = 300\times\frac{3}{\sqrt{13}} = 249.62\ \text{N}$$

$$F'_{Rz} = \sum F_z = F_1 - F_3\frac{100}{100\sqrt{5}} = 100 - 200\times\frac{1}{\sqrt{5}} = 10.56\ \text{N}$$

$$M_{Ox} = \sum M_x(\boldsymbol{F}) = -F_2\times\frac{300}{100\sqrt{13}}\times 0.1 - F_3\frac{100}{100\sqrt{5}}\times 0.3$$

$$= -300\times\frac{3}{\sqrt{13}}\times 0.1 - 200\times\frac{1}{\sqrt{5}}\times 0.3$$

$$= -51.79\ \text{N}\cdot\text{m}$$

$$M_{Oy} = \sum M_y(\boldsymbol{F}) = -F_1\times 0.2 - F_2\frac{200}{100\sqrt{13}}\times 0.1$$

$$= -100\times 0.2 - 300\times\frac{2}{\sqrt{13}}\times 0.1$$

$$= -36.64\ \text{N}\cdot\text{m}$$

$$M_{Oz} = \sum M_z(\boldsymbol{F}) = F_2\times\frac{200}{100\sqrt{13}}\times 0.3 + F_3\frac{200}{100\sqrt{5}}\times 0.3$$

$$= 300\times\frac{2}{\sqrt{13}}\times 0.3 + 200\times\frac{2}{\sqrt{5}}\times 0.3$$

$$= 103.59\ \text{N}\cdot\text{m}$$

4-10 在图(a)所示起重机中，$AB = BC = AD = AE$；点 A、B、D 和 E 等均为球铰链连接，三角形 ABC 的投影为 AF 线，AF 与 y 轴夹角为 α。试求铅垂支柱和各斜杆的内力。

解 取 C 铰及重物为研究对象，受力如图(b)所示。建立坐标系如图，列平衡方程

$$\sum F_z = 0,\quad -F_{CA}\cos 45^\circ - F = 0$$

$$F_{CA} = -\frac{F}{\cos 45^\circ} = -1.41F$$

$$\sum F_y = 0,\quad -F_{CA}\sin 45^\circ\cos\alpha - F_{CB}\cos\alpha = 0$$

$$F_{CB} = -F_{CA}\sin 45^\circ = -(-1.41F)\frac{\sqrt{2}}{2} = F$$

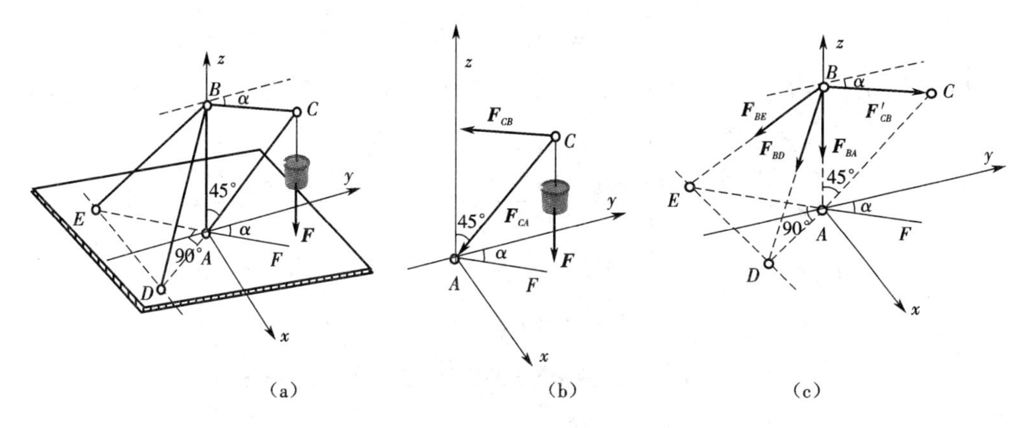

习题 4－10 图

取 B 铰为研究对象，受力如图(c)所示，且 $\boldsymbol{F}'_{CB}=-\boldsymbol{F}_{CB}$，列平衡方程

$$\sum F_x=0,\quad F_{BD}\sin 45°\times\sin 45°-F_{BE}\sin 45°\times\sin 45°+F'_{CB}\sin\alpha=0 \tag{a}$$

$$\sum F_y=0,\quad -F_{BD}\sin 45°\times\cos 45°-F_{BE}\sin 45°\times\cos 45°+F'_{CB}\cos\alpha=0 \tag{b}$$

$$F'_{CB}=F_{CB}=F \tag{c}$$

联立式(a)、(b)解得

$$F_{BD}=F(\cos\alpha-\sin\alpha)$$

$$F_{BE}=F(\cos\alpha+\sin\alpha)$$

$$\sum F_z=0,\quad -F_{BD}\cos 45°-F_{BE}\cos 45°-F_{BA}=0$$

$$F_{BA}=-\sqrt{2}F\cos\alpha=-1.41F\cos\alpha$$

4－11 如图(a)所示，水平轴上装有两个带轮 C 和 D，轮的半径分别为 $r_1=20$ cm，$r_2=25$ cm，轮 C 的胶带是水平的，其拉力 $F_2=2F_1=5\ 000$ N，轮 D 的胶带与铅垂线成角 $\alpha=30°$，其拉力 $F_3=2F_4$；不计带轮和轴的重量。试求在平衡情况下拉力 $\boldsymbol{F}_3$ 和 $\boldsymbol{F}_4$ 的大小及轴承约束力。

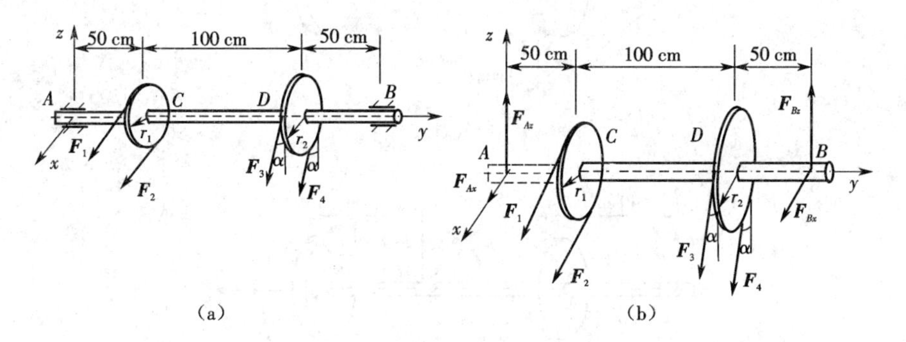

习题 4－11 图

解 取水平轴及两个带轮为研究对象，其受力如图(b)所示。列平衡方程

$$\sum M_y(\boldsymbol{F})=0,\quad F_1r_1-F_2r_1+F_3r_2-F_4r_2=0$$

$$F_1r_1-2F_1r_1+2F_4r_2-F_4r_2=0$$

$$F_4=\frac{F_1r_1}{r_2}=\frac{2\ 500\times 0.2}{0.25}=2\ 000\ \text{N}$$

$$F_3 = 2F_4 = 4\ 000\ \text{N}$$

$$\sum M_z(\boldsymbol{F}) = 0,\quad -F_{Bx}(0.5+1+0.5) - (F_3+F_4)\sin\alpha \times (0.5+1) - (F_1+F_2)0.5 = 0$$

$$-F_{Bx} \times 2 - 3F_4 \sin 30^\circ \times 1.5 - 3F_1 \times 0.5 = 0$$

$$F_{Bx} = \frac{-3 \times 2\ 000 \times \sin 30^\circ \times 1.5 - 3 \times 2\ 500 \times 0.5}{2} = -4\ 125\ \text{N}$$

$$\sum M_x(F) = 0,\quad F_{Bz}(0.5+1+0.5) - (F_3+F_4)\cos\alpha \times (0.5+1) = 0$$

$$F_{Bz} \times 2 - 3F_4 \cos 30^\circ \times 1.5 = 0$$

$$F_{Bz} = \frac{3 \times 2\ 000 \times \cos 30^\circ \times 1.5}{2} = 3\ 897\ \text{N}$$

$$\sum F_z = 0,\quad F_{Az} + F_{Bz} - (F_3+F_4)\cos\alpha = 0$$

$$F_{Az} + F_{Bz} - 3F_4 \cos 30^\circ = 0$$

$$F_{Az} = -F_{Bz} + 3F_4 \cos 30^\circ$$

$$= -3\ 897 + 3 \times 2\ 000 \times \cos 30^\circ = 1\ 299\ \text{N}$$

$$\sum F_x = 0,\quad F_{Ax} + F_{Bx} + F_1 + F_2 + (F_3+F_4)\sin\alpha = 0$$

$$F_{Ax} + F_{Bx} + 3F_1 + 3F_4 \sin 30^\circ = 0$$

$$F_{Ax} = -F_{Bx} - 3F_1 - 3F_4 \sin 30^\circ$$

$$= -(-4\ 125) - 3 \times 2\ 500 - 3 \times 2\ 000 \times \sin 30^\circ = -6\ 375\ \text{N}$$

4-12 水平轴上装有两个凸轮，一个凸轮上作用已知力 $F_1 = 800$ N，另一个凸轮上作用未知力 $\boldsymbol{F}$，如图(a)所示。如果轴平衡，试求力 $\boldsymbol{F}$ 和轴承约束力。

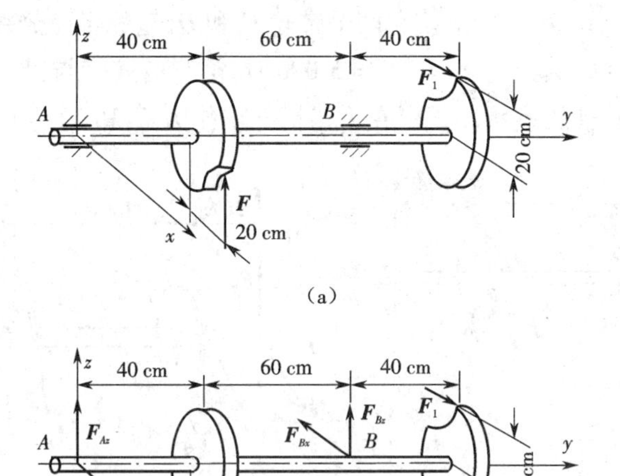

(a)

(b)

习题 4-12 图

解 取水平轴及两个凸轮为研究对象，受力如图(b)所示。列平衡方程

$$\sum M_y(\boldsymbol{F})=0,\quad -F\times 0.2+F_1\times 0.2=0$$

$$F=F_1=800\ \text{N}$$

$$\sum M_x(\boldsymbol{F})=0,\quad F_{Bz}\times 1+F\times 0.4=0$$

$$F_{Bz}=-F\times 0.4=-800\times 0.4=-320\ \text{N}$$

$$\sum M_z(\boldsymbol{F})=0,\quad F_{Bx}\times 1-F_1\times 1.4=0$$

$$F_{Bx}=F_1\times 1.4=800\times 1.4=1\ 120\ \text{N}$$

$$\sum F_x=0,\quad F_{Ax}-F_{Bx}+F_1=0$$

$$F_{Ax}=F_{Bx}-F_1=1\ 120-800=320\ \text{N}$$

$$\sum F_z=0,\quad F_{Az}+F_{Bz}+F=0$$

$$F_{Az}=-F_{Bz}-F=-(-320)-800=-480\ \text{N}$$

4-13 如图(a)所示,小车 C 沿斜面匀速上升,已知小车重 $P_1=10$ kN,鼓轮重 $P=1$ kN,四根杠杆的臂长相同且均垂直于鼓轮轴,其端点作用有大小相同的力 $\boldsymbol{F}_1$、$\boldsymbol{F}_2$、$\boldsymbol{F}_3$ 及 $\boldsymbol{F}_4$。试求加在每根杠杆上的力的大小及轴承 A、B 的约束力。

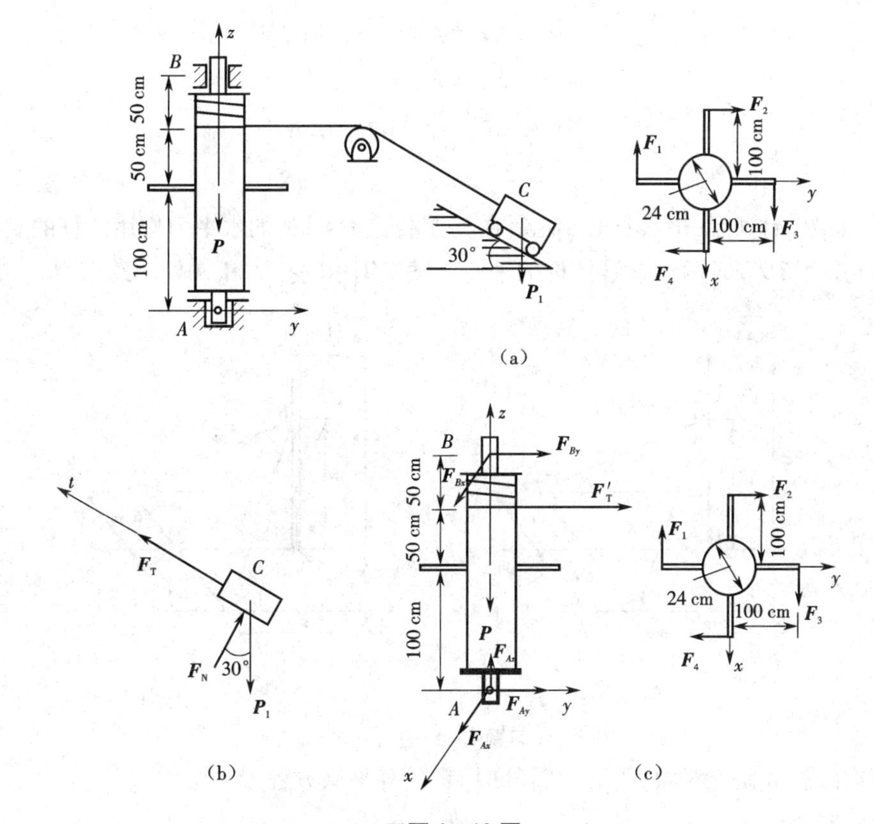

习题 4-13 图

解 取小车 C 为研究对象,建 t 轴及受力如图(b)所示。列平衡方程

$$\sum F_t=0,\quad F_{\text{T}}-P_1\sin 30^\circ=0$$

$$F_{\mathrm{T}}=P_1\sin 30^\circ=10\times\frac{1}{2}=5\ \mathrm{kN}$$

取鼓轮为研究对象,受力如图(c)所示。$F'_{\mathrm{T}}=F_{\mathrm{T}}$,列平衡方程

$$\sum M_z(\boldsymbol{F})=0,\quad -4F_1\times 1+F'_{\mathrm{T}}\times 0.12=0$$

$$F_1=\frac{F'_{\mathrm{T}}\times 0.24}{4}=\frac{5\times 0.12}{4}=0.15\ \mathrm{kN}$$

$$F_2=F_3=F_4=F_1=0.15\ \mathrm{kN}$$

$$\sum M_x(\boldsymbol{F})=0,\quad -F_{By}\times 2+F_4\times 1-F_2\times 1-F'_{\mathrm{T}}\times 1.5=0$$

$$F_{By}=-\frac{F'_{\mathrm{T}}\times 1.5}{2}=\frac{5\times 1.5}{2}=-3.75\ \mathrm{kN}$$

$$\sum F_y=0,\quad F_{Ay}+F_{By}+F'_{\mathrm{T}}+F_2-F_4=0$$

$$F_{Ay}=-F_{By}-F'_{\mathrm{T}}=-(-3.75)-5=-1.25\ \mathrm{kN}$$

$$\sum M_y(\boldsymbol{F})=0,\quad F_{Bx}\times 2+F_3\times 1-F_1\times 1=0$$

$$F_{Bx}=0$$

$$\sum F_x=0,\quad F_{Ax}+F_{Bx}+F_3-F_1=0$$

$$F_{Ax}=F_{Bx}=0$$

$$\sum F_z=0,\quad F_{Az}-P=0$$

$$F_{Az}=P=1\ \mathrm{kN}$$

4-14 如图(a)所示,电线杆长 10 m,在其顶端受 8.4 kN 的水平力作用。杆的底端 A 可视为球铰链,并由 BD、BE 两钢索维持杆的平衡。试求钢索的拉力和 A 处的约束力。

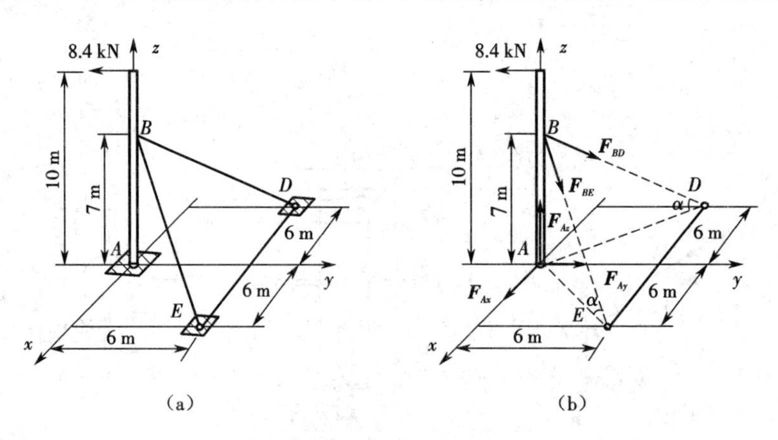

习题 4-14 图

解 取电线杆为研究对象,受力如图(b)所示。列平衡方程

$$\sum M_y(\boldsymbol{F})=0,\quad F_{BE}\cos\alpha\times\cos 45^\circ\times 7-F_{BD}\cos\alpha\times\cos 45^\circ\times 7=0$$

$$F_{BE}=F_{BD}$$

$$\sum F_x=0,\quad F_{Ax}+F_{BE}\cos\alpha\times\cos 45^\circ-F_{BD}\cos\alpha\times\cos 45^\circ=0$$

$$F_{Ax}=0$$

$$\sum M_x(\boldsymbol{F})=0,\quad -F_{BE}\cos\alpha\times\sin 45°\times 7-F_{BD}\cos\alpha\times\sin 45°\times 7+8.4\times 10=0$$

$$F_{BE}=F_{BD}=10.99\ \text{kN}$$

$$\sum F_y=0,\quad F_{Ay}+F_{BE}\cos\alpha\times\sin 45°+F_{BD}\cos\alpha\times\sin 45°-8.4=0$$

$$\begin{aligned}F_{Ay}&=-F_{BE}\cos\alpha\times\sin 45°-F_{BD}\cos\alpha\times\sin 45°+8.4\\&=-10.99\times\frac{8.49}{11}\times\sin 45°-10.99\times\frac{8.49}{11}\times\sin 45°+8.4\\&=-3.60\ \text{kN}\end{aligned}$$

$$\sum F_z=0,\quad F_{Az}-F_{BE}\sin\alpha-F_{BD}\sin\alpha=0$$

$$F_{Az}=2F_{BE}\times\frac{7}{11}=2\times 10.99\times\frac{7}{11}=13.99\ \text{kN}$$

4-15 如图所示，试求均质半圆环平面图形的重心坐标。设 $r=\frac{1}{2}R$。

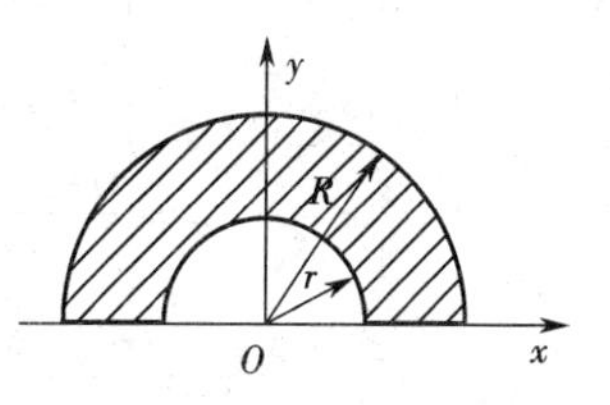

习题 4-15 图

解 把阴影部分看作一个大半圆图形挖去一个小半圆图形而成，且由对称性知 $x_C=0$（重心设为 C 点），而大半圆图形和小半圆图形的面积与重心坐标分别为

$$A_1=\frac{\pi R^2}{2},\quad y_1=\frac{4R}{3\pi}$$

$$A_2=-\frac{\pi r^2}{2}=-\frac{\pi}{2}\left(\frac{R}{2}\right)^2=-\frac{\pi R^2}{8},\quad y_2=\frac{4r}{3\pi}=\frac{2R}{3\pi}$$

则

$$y_C=\frac{A_1y_1+A_2y_2}{A_1+A_2}=\frac{\frac{\pi R^2}{2}\times\frac{4R}{3\pi}-\frac{\pi R^2}{8}\times\frac{2R}{3\pi}}{\frac{\pi R^2}{2}-\frac{\pi R^2}{8}}=\frac{14}{9\pi}R$$

4-16 试求图示各截面重心的位置（图示长度单位为 mm）。

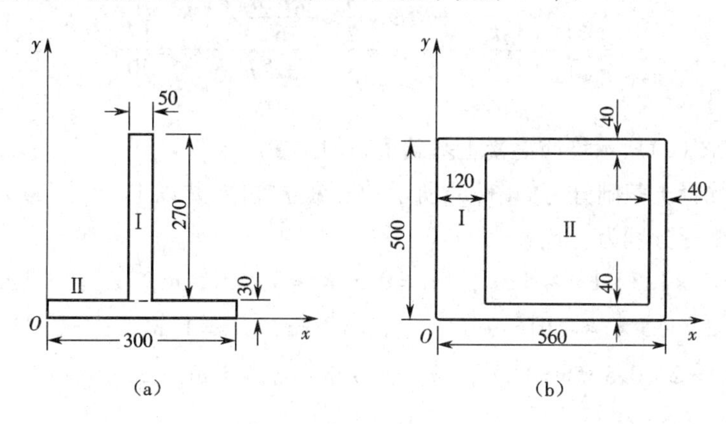

习题 4-16 图

解 (1)把截面分割成两个矩形截面，其面积和重心坐标分别为

$$A_1=50\times270=13\ 500\ \text{mm}^2,\quad x_1=150\ \text{mm},\quad y_1=30+\frac{270}{2}=165\ \text{mm}$$

$$A_2=300\times30=9\ 000\ \text{mm}^2,\quad x_2=150\ \text{mm},\quad y_2=\frac{30}{2}=15\ \text{mm}$$

则

$$x_C=\frac{A_1x_1+A_2x_2}{A_1+A_2}=\frac{13\ 500\times150+9\ 000\times150}{13\ 500+9\ 000}=150\ \text{mm}$$

$$y_C=\frac{A_1y_1+A_2y_2}{A_1+A_2}=\frac{13\ 500\times165+9\ 000\times15}{13\ 500+9\ 000}=105\ \text{mm}$$

(2)把截面看作一个大矩形截面挖去一个小矩形截面，其面积和重心坐标分别为

$$A_1=560\times500=280\ 000\ \text{mm}^2,\quad x_1=280\ \text{mm},\quad y_1=250\ \text{mm}$$

$$A_2=-(560-120-40)\times(500-40-40)=-168\ 000\ \text{mm}^2,\quad x_2=320\ \text{mm},\quad y_2=250\ \text{mm}$$

则

$$x_C=\frac{A_1x_1+A_2x_2}{A_1+A_2}=\frac{280\ 000\times280-168\ 000\times320}{280\ 000-168\ 000}=220\ \text{mm}$$

$$y_C=\frac{A_1y_1+A_2y_2}{A_1+A_2}=\frac{280\ 000\times250-168\ 000\times250}{280\ 000-168\ 000}=250\ \text{mm}$$

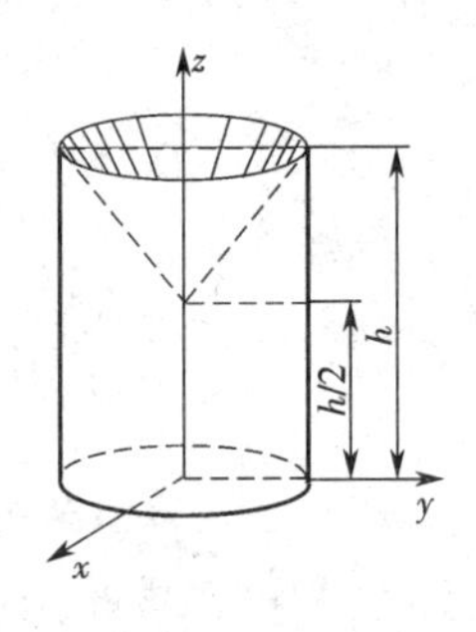

习题 4－17 图

4－17 试求如图所示圆柱体挖去一正圆锥的匀质物体的重心坐标 z_C，设圆柱半径为 R。

解 由对称性知 $x_C=y_C=0$，且圆柱体和正圆锥体的体积和重心坐标分别为

$$V_1=\pi R^2h,\quad z_1=\frac{h}{2}$$

$$V_2=-\frac{1}{3}\pi R^2\times\frac{h}{2}=-\frac{\pi R^2h}{6},\quad z_2=\frac{h}{2}+\frac{3}{4}\times\frac{h}{2}=\frac{7}{8}h$$

则

$$z_C=\frac{V_1z_1+V_2z_2}{V_1+V_2}=\frac{\pi R^2h\times\frac{h}{2}-\frac{\pi R^2h}{6}\times\frac{7}{8}h}{\pi R^2h-\frac{\pi R^2h}{6}}=\frac{17}{40}h$$

4－18 试求图(a)所示均质混凝土基础重心的位置。

解 将均质混凝土基础分为如图(b)所示的三个立方体，并以 V_1、V_2、V_3 表示其体积，则它们的体积和重心坐标分别为

$$V_1=3\times1.5\times1=4.5\ \text{m}^3,\quad x_1=0.5\ \text{m},\quad y_1=1.5\ \text{m},\quad z_1=0.75\ \text{m}$$

$$V_2=2\times1.5\times(4-1)=9\ \text{m}^3,\quad x_2=2.5\ \text{m},\quad y_2=1\ \text{m},\quad z_2=0.75\ \text{m}$$

$$V_3=2\times0.5\times1=1\ \text{m}^3,\quad x_3=4.5\ \text{m},\quad y_3=1\ \text{m},\quad z_3=0.25\ \text{m}$$

则

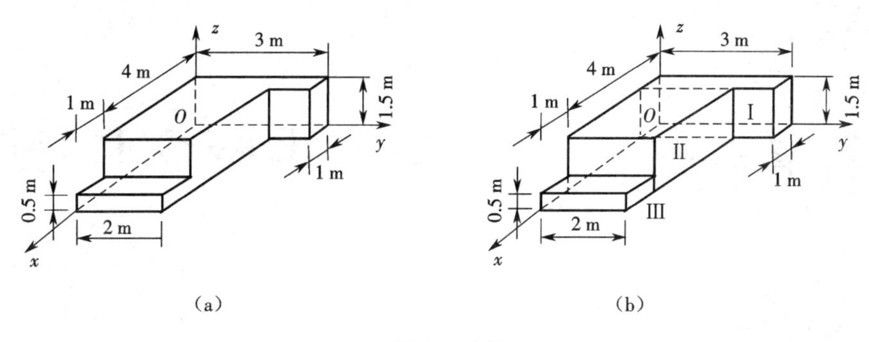

习题 4－18 图

$$x_C=\frac{V_1x_1+V_2x_2+V_3x_3}{V_1+V_2+V_3}=\frac{4.5\times0.5+9\times2.5+1\times4.5}{4.5+9+1}=2.02\ \text{m}$$

$$y_C=\frac{V_1y_1+V_2y_2+V_3y_3}{V_1+V_2+V_3}=\frac{4.5\times1.5+9\times1+1\times1}{4.5+9+1}=1.16\ \text{m}$$

$$z_C=\frac{V_1z_1+V_2z_2+V_3z_3}{V_1+V_2+V_3}=\frac{4.5\times0.75+9\times0.75+1\times0.25}{4.5+9+1}=0.72\ \text{m}$$

第5章　材料力学的基本概念和假定

5.1　理论要点

一、材料力学的任务

材料力学的任务就是解决构件正常工作所需满足的条件，即主要研究构件的强度、刚度和稳定性问题。

(1)在规定荷载作用下，构件不能破坏，构件应有足够的抵抗破坏的能力，即应具有足够的**强度**。

(2)在规定荷载作用下，构件除满足强度要求外，变形也不能过大，构件具有足够的抵抗变形的能力，即应具有足够的**刚度**。

(3)对受到压力作用的构件，应始终保持原有形态的平衡，保证不被压弯，构件应有足够的保持原有形态平衡的能力，即应满足构件的**稳定性**要求。

二、材料力学对变形固体所作的三个基本假设

(1)连续性假设。

(2)均匀性假设。

(3)各向同性假设。

三、内力、截面法、应力

(1)内力　物体内部各部分之间由于外力作用而引起的附加内力，简称为内力。这种内力随外力的增加而增加，到达某一极限值时构件就会发生破坏。显然，构件中的内力是与构件的变形相联系的，内力总是与变形同时产生。

(2)截面法　截面法是确定构件内力的基本方法，其过程可归纳为以下三个步骤：

①在需求内力的截面处假想地用此截面将构件截开，分成两部分；

②取任一部分为脱离体，在其截面上用内力代替另一部分对该部分的作用；

③对脱离体建立静力平衡方程，并由此解出截面上的内力。

(3)应力　在外力作用下，根据连续性假设，物体内任一截面的内力是连续分布的，截面上任一点的内力的密集程度，即内力集度，称为该点的应力。若要研究受力构件内某截面上 K 点处的应力，可围绕 K 点取微小面积 ΔA，设作用在 ΔA 上的分布内力的合力为 ΔF，则 ΔF 与 ΔA 的比值称为该面积上的平均内力集度或**平均应力**。为确切地描述内力在 K 点的集中程度，可让微面积 ΔA 无限地向 K 点收缩，即对 ΔA 取极限，得到

$$p = \lim_{\Delta A \to 0} p_K = \lim_{\Delta A \to 0} \frac{\Delta F}{\Delta A} \tag{5-1}$$

p 称为 K 点的**全应力**。通常把应力 p 分解成垂直于截面的分量 σ 和与截面相切的分量 τ:

$$\sigma = \lim_{\Delta A \to 0} \frac{\Delta F_N}{\Delta A} \quad \tau = \lim_{\Delta A \to 0} \frac{\Delta F_S}{\Delta A} \tag{5-2}$$

σ 称为**正应力**,τ 称为**切应力**,在国际单位制中,应力的单位是帕斯卡,简称为帕(Pa),1 Pa = 1 N/m^2,由于这个单位太小,使用不便,通常用兆帕(MPa)或吉帕(GPa)表示。1 MPa = 10^6 Pa,1 GPa = 10^9 Pa。

四、位移、应变

材料力学是研究变形体的,在构件受外力作用后,整个构件及构件的每个局部一般都要发生形状和尺寸的改变,即产生了变形。变形的大小用位移和应变两个量来度量。

位移是指构件位置的改变,即构件发生变形后,构件中各质点及各截面在空间位置上的改变。位移可分为线位移和角位移。

为了说明应变的概念,从构件中围绕某点 K 截取一微小的正六面体进行研究,该六面体称为单元体,其变形有下列两种。

(1)线应变　即单位长度线段的伸长或缩短,当线段沿某一方向趋近于一点时的线应变,用 ε 表示,规定伸长为正,缩短为负。

(2)切应变　指给定平面内两条正交线段变形后其直角的改变量。

线应变和切应变是度量构件变形程度的两个基本量,不同方向的线应变是不同的,不同平面的切应变也是不同的,它们都是坐标的函数。因此,在描述物体的线应变和切应变时,应明确发生在哪一点,沿哪个方向或在哪个平面。

五、杆件变形的基本形式

杆件的整体变形基本形式不外乎以下四种。

(1)轴向拉伸或压缩变形　杆件承受一对大小相等、方向相反、作用线沿杆件轴线方向的外力作用。其变形特点:拉伸时杆件沿轴线方向伸长,横向缩短;压缩时沿轴线方向缩短,横向伸长。

(2)剪切变形　杆件承受一对大小相等、方向相反、作用线垂直于轴线且相距很近的力的作用,其变形特点是受力处杆的横截面沿横向力方向发生相对错动。

(3)扭转变形　杆件承受一对大小相等、方向相反、作用面垂直于杆的力偶矩作用,其变形特点是杆件的任意两个横截面发生绕轴线的相对转动。

(4)弯曲变形　杆件承受一对大小相等、方向相反、作用于杆纵截面内的力偶矩或垂直于杆件轴线的横向力的作用,其变形特点是杆的轴线发生弯曲,直杆变成曲杆,横截面发生相对转动。

5.2　例题详解

例题 5-1　如图 5-1 所示,一三角形薄板在外力作用下发生了图中虚线所示的变形,角

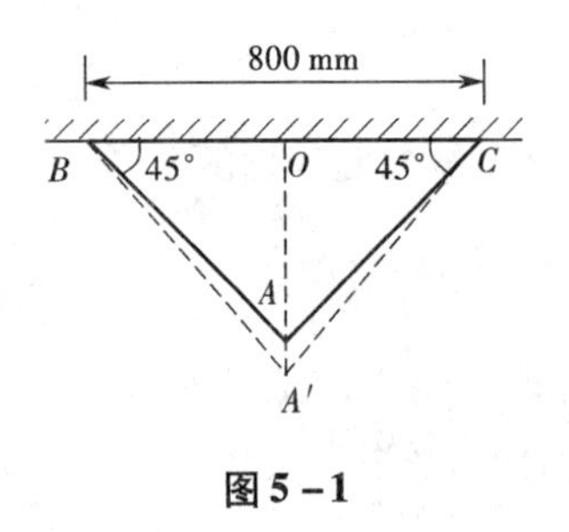

图 5－1

点 A 垂直向下的位移为 3 mm，AB 和 AC 仍保持为直线。试求：(1) 顶点 A 的切应变；(2) 沿 OA 方向的平均线应变；(3) 沿 AB 方向的平均线应变。

【解题指导】 首先要明确两种应变的定义。切应变是指给定平面内两条正交线段变形后其直角的改变量。线应变是指单位长度线段的伸长或缩短。

解 (1) 顶点 A 的切应变。由图知

$$l_{OA}=400\ \text{mm},\ l_{AB}=400\sqrt{2}\ \text{mm},$$

$$l_{OA'}=403\ \text{mm},\ l_{A'B}=\sqrt{l_{OA'}^2+l_{OB}^2}=\sqrt{403^2+400^2}=567.81\ \text{mm}$$

$$\angle OA'B=\arccos\frac{l_{OA'}}{l_{A'B}}=\arccos\frac{403}{567.81}=44.786^\circ$$

顶点 A 的切应变为

$$\gamma_A=(45^\circ-44.786^\circ)\times 2=0.428^\circ=0.007\,47\ \text{rad}$$

(2) 沿 OA 方向的平均线应变。由应变公式，得

$$\varepsilon_{OA}=\frac{l_{AA'}}{l_{OA}}=\frac{3}{400}=0.007\,5$$

(3) 沿 AB 方向的平均线应变。AB 的绝对伸长为

$$l_{A'B}-l_{AB}=567.81-400\sqrt{2}=2.124\,6\ \text{mm}$$

$$\varepsilon_{AB}=\frac{l_{A'B}-l_{AB}}{l_{AB}}=\frac{2.124\,6}{400\sqrt{2}}=0.003\,756$$

例题 5－2 一直杆承受轴线方向的集中力如图 5－2(a) 所示，试求 1—1、2—2、3—3 截面的内力。

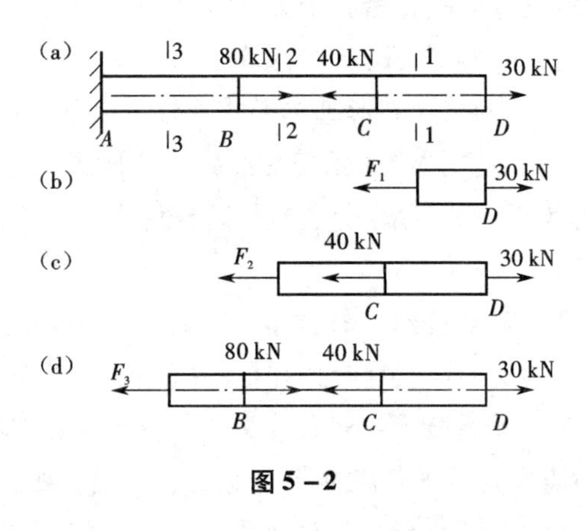

图 5－2

【解题指导】 欲求某个截面的内力，可用一假想的平面在该截面处将整个杆件截开，分成两部分，取其中任一部分，在其截面上用内力代替另一部分对该部分的作用，然后列出其平衡方程，进而求出内力。

解 求 1—1 截面的内力，在 1—1 截面处将整个杆件截开，取右半部分，如图 5－2(b) 所示。此时，外力是沿轴线方向，如果要保持平衡，在 1—1 截面处一定存在一内力，与外力大小相等、方向相反。假设该内力为 F_1，方向如图 5－2(b) 所示。则由平衡方程

$$\sum F_x=0,\quad -F_1+30=0$$

得

$$F_1=30\ \text{kN}$$

同理，求 2—2 截面的内力，在 2—2 截面处将整个杆件截开，取右半部分，如图 5－2(c) 所

示。则在2—2截面处一定存在一内力，沿轴线方向，与两外力平衡。假设内力为 F_2，方向如图5－2(c)所示，则由平衡方程

$$\sum F_x=0,\quad -F_2-40+30=0$$

得

$$F_2=-10\ \text{kN}$$

结果为负，说明 F_2 实际方向与假设方向相反。

求3—3截面的内力，在3—3截面处将整个杆件截开，取右半部分，如图5－2(d)所示。则在3—3截面处也一定存在一内力，沿轴线方向，与外力平衡。假设内力为 F_3，方向如图5－2(d)所示，则由平衡方程

$$\sum F_x=0,\quad -F_3+80-40+30=0$$

得

$$F_3=70\ \text{kN}$$

例题5－3 试求图5－3所示简支梁指定截面的内力。

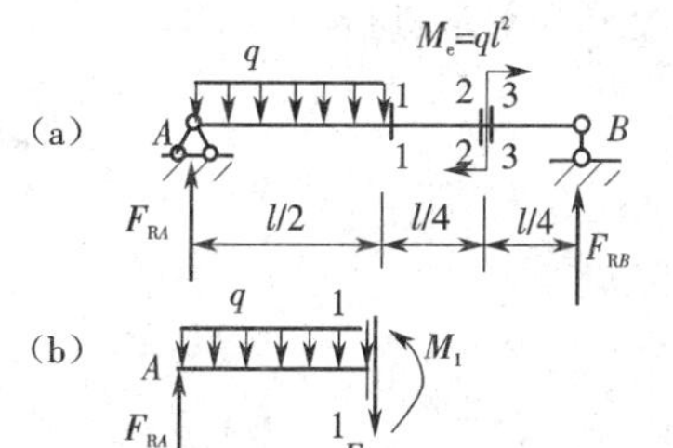

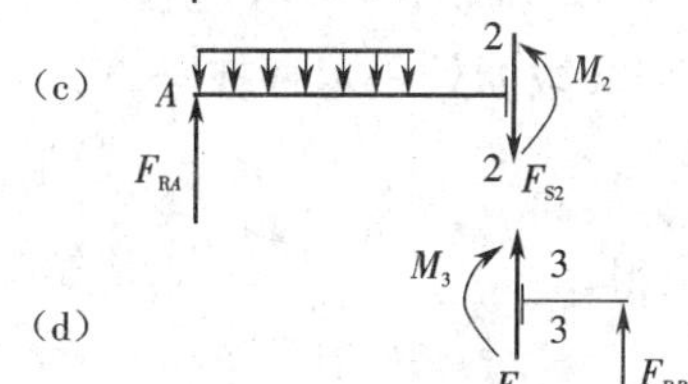

图5－3

【解题指导】 对简支梁来说，一般情况下，要先求出支座反力，然后再用截面法计算内力。

解 (1)求支座反力。

考虑梁的整体平衡，由平衡方程

$$\sum M_A=0,\quad F_{RB}l-ql^2-q\frac{l}{2}\frac{l}{4}=0$$

得

$$F_{RB}=\frac{9ql}{8}$$

由平衡方程

$$\sum F_y=0,\quad F_{RA}+F_{RB}-\frac{ql}{2}=0$$

得

$$F_{RA}=-\frac{5ql}{8}$$

(2)用截面法求内力。

1—1截面：将梁从1—1截开，取左边部分为脱离体，如图5－3(b)所示。由竖向力的平衡可知，截面处一定存在一竖直方向的内力，假设为 F_{S1}，方向如图5－3(b)所示，则由

$$\sum F_y=0,\quad F_{RA}-\frac{ql}{2}-F_{S1}=0$$

可求得

$$F_{S1}=-\frac{9}{8}ql$$

将所有力向截面形心简化，由力矩平衡可知该截面一定存在一力偶，假设为 M_1，方向如图

5－3(b)所示，则由

$$\sum M=0,\quad -F_{RA}\frac{l}{2}+q\frac{l}{2}\frac{l}{4}+M_1=0$$

可求得

$$M_1=-\frac{7}{16}ql^2$$

2—2 截面：将梁从 2—2 截开，取左边部分为脱离体，如图 5－3(c)所示。由竖向力的平衡可知，截面处一定存在一竖直方向的内力，假设为 F_{S2}，方向如图 5－3(c)所示，则由

$$\sum F_y=0,\quad F_{RA}-\frac{ql}{2}-F_{S2}=0$$

可求得

$$F_{S2}=-\frac{9}{8}ql$$

将所有力向截面形心简化，由力矩平衡可知该截面一定存在一力偶，假设为 M_2，方向如图 5－3(c)所示，则由

$$\sum M=0,\quad -F_{RA}\frac{3l}{4}+q\frac{l}{2}\frac{l}{2}+M_2=0$$

可求得

$$M_2=-\frac{23}{32}ql^2$$

3—3 截面：将梁从 3—3 截开，取右边部分为脱离体，如图 5－3(d)所示。由竖向力的平衡可知，截面处一定存在竖直方向的内力，假设为 F_{S3}，方向如图 5－3(d)所示，则由

$$\sum F_y=0,\quad F_{RB}+F_{S3}=0$$

可求得

$$F_{S3}=-\frac{9}{8}ql$$

将所有力向截面形心简化，由力矩平衡可知该截面一定存在一力偶，假设为 M_3，方向如图 5－3(d)所示，则由

$$\sum M=0,\quad F_{RB}\frac{l}{4}-M_3=0$$

可求得

$$M_3=\frac{9}{32}ql^2$$

5.3 自测题

5－1　如图 5－4 至图 5－6 的(a)所示各杆件受力情况，若研究各杆件的内力及变形情况，能否将其平移到如图 5－4 至图 5－6 的(b)所示情况。

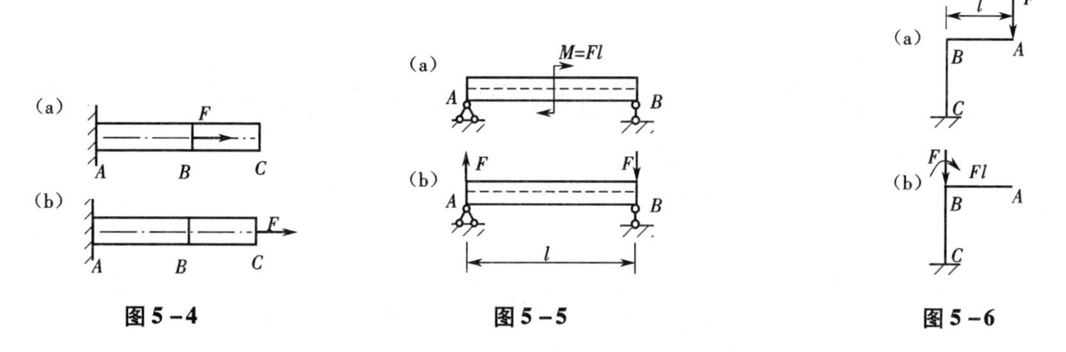

图 5－4　　图 5－5　　图 5－6

5－2　试用截面法求图 5－7 所示结构 1—1、2—2、3—3 截面的内力。

5－3　如图 5－8 所示，圆形薄板的半径 $R=100$ mm，变形后半径的增量 $\Delta R=0.005$ mm，试求沿半径方向和外圆圆周方向的平均应变。

图 5－7　　图 5－8

5.4　自测题解答

此部分内容请扫二维码。

第 6 章　轴向拉伸和压缩

6.1　理论要点

一、轴向拉伸或轴向压缩变形的基本概念

轴向拉伸或轴向压缩变形是杆件基本变形之一，其受力及变形特点是杆件受一对平衡力 F 的作用（图 6－1(a)），它们的作用线与杆件的轴线重合。若作用力 F 拉伸杆件（图 6－1(a)）则为轴向拉伸，此时杆件沿纵向伸长、横向缩短；若作用力 F 压缩杆件（图 6－1(b)）则为轴向压缩，此时杆件沿纵向缩短、横向伸长。

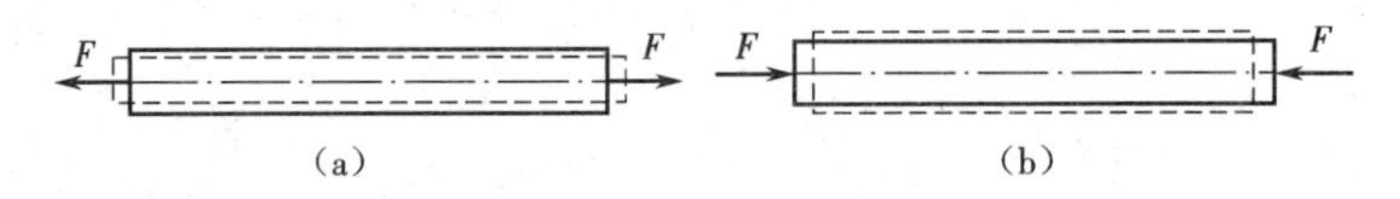

图 6－1

二、轴力与轴力图

轴力的概念及计算：杆件受到轴向外力作用时，杆件的横截面会产生内力，该内力的作用线与轴线重合，称为轴力，用 F_N 表示。其正负号的规定：引起杆件纵向伸长变形的轴力为正，称为拉力，拉力是背离截面的；引起杆件纵向缩短变形的轴力为负，称为压力，压力是指向截面的。轴力的计算方法用截面法。假设横截面上的轴力为正，列出杆件轴线方向的投影方程，求出轴力，若结果为正，表明所求出的轴力为拉力，若为负，表明轴力为压力。

轴力图：当杆件受多个轴向外力作用时，可用轴力图表示各横截面上的轴力的变化情况。以杆的端点为坐标原点，取平行杆轴线的坐标轴为 x 轴，称为基线，其值代表截面位置，取 F_N 轴为纵坐标轴，其值代表对应截面的轴力值。正值绘在基线上方，负值绘在基线下方。

三、应力

1. 横截面上的应力

拉压杆件在其任意两个横截面之间的变形是相等的，内力是均匀分布的，内力分布集度为常量，即横截面上各点处的正应力 σ 相等，由静力平衡条件得

$$F_N = \int_A \sigma \mathrm{d}A = \sigma \int_A \mathrm{d}A = \sigma A$$

$$\sigma = \frac{F_N}{A} \tag{6-1}$$

2. 斜截面上的应力

与横截面成 α 角的任一斜截面 n—n 上的应力如下。

总应力为

$$p_\alpha = \frac{F}{A}\cos\alpha = \sigma\cos\alpha$$

正应力 σ_α 与切应力 τ_α 分别为

$$\sigma_\alpha = p_\alpha\cos\alpha = \sigma\cos^2\alpha \tag{6-2}$$

$$\tau_\alpha = p_\alpha\sin\alpha = \frac{1}{2}\sigma\sin 2\alpha \tag{6-3}$$

式中:α 为横截面的外法线与斜截面外法线的夹角,逆时针旋转为正。

当 $\alpha=0$ 时,即横截面上,正应力最大,其值为

$$\sigma_{\alpha=0} = \sigma_{\max} = \sigma$$

当 $\alpha=\frac{\pi}{4}$ 时,切应力最大,其值为

$$\tau_{\alpha=\frac{\pi}{4}} = \tau_{\max} = \frac{\sigma}{2}$$

四、拉压杆的变形

1. 纵向变形

试验表明,在弹性变形范围内,杆件的伸长 Δl 与两端外力 F 及杆长 l 成正比,与截面面积 A 成反比,引入比例常数 E,并有 $F=F_N$,则有

$$\Delta l = \frac{F_N l}{EA} \tag{6-4}$$

这一关系式称为**胡克定律**。式中的比例常数 E 称为**弹性模量**,其单位为 Pa,与应力相同。E 值与材料性质有关,是通过试验测定的,其值表征材料抵抗弹性变形的能力。

当轴力和横截面面积沿杆件轴线方向变化时,可用下述积分公式计算:

$$\Delta l = \int_0^l \frac{F_N(x)}{EA(x)}dx \tag{6-5}$$

杆件的变形程度用**单位长度的伸长**来表示,即**线应变**,用 ε 表示。其定义式为

$$\varepsilon = \frac{\Delta l}{l}$$

2. 横向变形

在弹性变形范围内,横向线应变与纵向线应变之间保持一定的比例关系,以 ν 表示它们的比值之绝对值,有

$$\nu = \left|\frac{\varepsilon'}{\varepsilon}\right|$$

ν 称为泊松比,它是一无量纲量,其值随材料而异,可由试验测定。

考虑到纵向线应变与横向线应变的正负号恒相反,故有

$$\varepsilon' = -\nu\varepsilon$$

弹性模量 E 和泊松比 ν 都是材料的弹性常数。

五、材料的力学性能

材料在外力作用下所呈现的有关强度和变形方面的特性,称为材料的力学性能。

1. 低碳钢的拉伸

从加载到破坏,大致可分为以下四个阶段:弹性阶段、屈服阶段、强化阶段、颈缩阶段。

在弹性阶段中出现的极限应力:**比例极限** σ_p 和**弹性极限** σ_e。由于这两个极限应力在数值上相差不大,通常在工程实用上并不区分材料的这两个极限应力,而通称弹性极限。

在屈服阶段中出现的极限应力:**屈服极限** σ_s,表征材料出现了塑性变形,是衡量材料强度的重要指标。

在强化阶段中出现的极限强度:**强度极限** σ_b,表征材料失去了承载能力,是衡量材料强度的另一重要指标。

衡量材料塑性的指标:延伸率 δ 和断面收缩率 ψ ,定义式分别为

$$\delta = \frac{\Delta l_1}{l} \times 100\% ,\psi = \frac{A - A_1}{A} \times 100\%$$

工程上,一般将 $\delta > 5\%$ 的材料定为塑性材料,$\delta < 5\%$ 的材料定为脆性材料。低碳钢的 $\delta = 20\% \sim 30\%$,是很好的塑性材料。

2. 其他材料的拉伸

对于没有明显屈服阶段的塑性材料,国家标准规定,取塑性应变为 0.2% 时所对应的应力值作为**名义屈服极限**,以 $\sigma_{0.2}$ 表示。

对于脆性材料,在受拉过程中没有屈服阶段,也不会发生颈缩现象。其断裂时的应力即为拉伸强度极限,它是衡量脆性材料拉伸强度的唯一指标。

3. 压缩时的性能

塑性材料压缩时的性能与拉伸时基本相同。脆性材料压缩时,与拉伸有较大差别。抗压能力明显高于抗拉能力。

六、强度条件

1. 安全系数及许用应力

为了保证构件有足够的强度,它在荷载作用下所引起的应力(称为**工作应力**)的最大值应低于极限应力 σ_u ,为保证杆件安全可靠地工作,应把极限应力打一折扣,即除以一个大于 1 的系数,用 n 表示,称为**安全因数**,所得应力称为**许用应力**,用 $[\sigma]$ 表示,即

$$[\sigma] = \frac{\sigma_u}{n}$$

对于塑性材料有

$$[\sigma] = \frac{\sigma_s}{n_s}$$

对于脆性材料有

$$[\sigma] = \frac{\sigma_b}{n_b}$$

式中:n_s 和 n_b 分别为塑性材料和脆性材料的安全因数。

2. 强度条件

为了确保拉(压)杆件不致因强度不足而破坏,其强度条件为

$$\sigma_{max} \leqslant [\sigma] \tag{6-6}$$

即杆件的最大工作应力不应超过材料的许用应力。对于等截面直杆,拉伸(压缩)时的强度条件可改写为

$$\frac{F_{Nmax}}{A} \leqslant [\sigma] \tag{6-7}$$

根据上述强度条件,可以解决下列三种强度计算问题。

(1)强度校核　已知荷载、杆件尺寸及材料的许用应力,验算杆件能否满足强度条件。

(2)截面选择　已知荷载及材料的许用应力,按强度条件选择杆件的横截面面积或尺寸,即确定杆件所需的最小横截面面积。此时式(6-7)可改写为

$$A \geqslant \frac{F_{Nmax}}{[\sigma]} \tag{6-8}$$

(3)确定许用荷载　已知杆件的横截面面积及材料的许用应力,确定许用荷载。先由式(6-7)确定最大轴力,即

$$F_{Nmax} \leqslant [\sigma]A \tag{6-9}$$

然后再求许用荷载。

强度计算过程中如果最大应力略大于许用应力,而超出部分小于许用应力的5%,仍认为满足强度条件。

七、拉压超静定问题

当杆件的支反力或轴力都能通过静力学的平衡方程求解时,这类问题属于静定问题。而有些结构,仅用平衡条件不能求出支座反力或内力,未知力的数目大于所能列出的独立平衡方程的数目,这类问题称为**超静定问题**,把多于维持平衡所必需的支座或杆件,称为多余约束。多余约束的数目,称为**超静定次数**。与多余约束相应的支反力或内力,称为**多余未知力**。

超静定问题的计算,必须同时考虑平衡条件、变形几何条件和物理条件。

6.2　例题详解

一、轴力的计算及轴力图的绘制

截面法是求内力的基本方法,一定要熟练掌握。用截面法求内力的步骤如下。

(1)**截开**:在所求内力的截面处,假想地用截面将杆件一分为二。

(2)**代替**:任取一部分,其弃去部分对留下部分的作用,用作用在截开面上相应的内力(力或力偶)代替。

(3)**平衡**:对留下的部分建立平衡方程,根据其上的已知外力来计算杆在截开面上的未知内力(此时截开面上的内力对所留部分而言是外力)。

绘制轴力图的步骤:首先用截面法求出各段轴力,然后按比例绘出。

例题6-1　如图6-2所示一阶梯形圆截面杆,同时承受轴向荷载的作用,试绘出杆的轴力图。

【解题指导】　由于杆件每段承受荷载不同,所以需分段用截面法计算。此题可不求支座

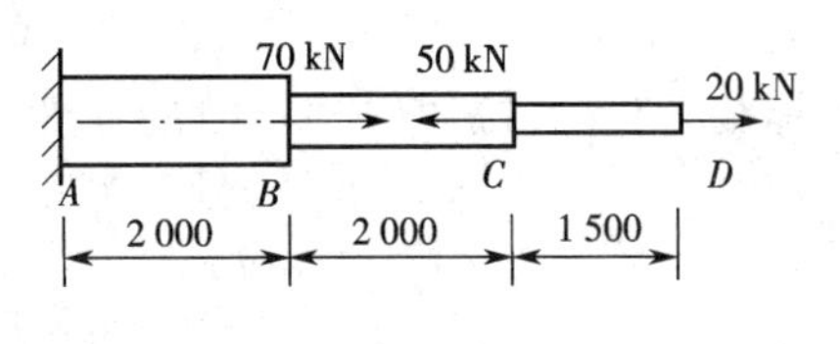

图 6-2

反力，直接从自由端截取脱离体。

解 分段计算轴力。

CD 段：用 Ⅰ—Ⅰ 截面将 CD 段截开（图 6-3(a)），取右半部分为脱离体（图 6-3(b)）。

由平衡方程 $\sum F_x = -F_{NCD} + 20 = 0$，得

$$F_{NCD} = 20\ \text{kN}$$

同理，由 Ⅱ—Ⅱ、Ⅲ—Ⅲ 截面可分别求得 AB、BC 段的轴力（图 6-3(c)和(d)）：

$$F_{NBC} = -30\ \text{kN},\quad F_{NAB} = 40\ \text{kN}$$

绘出的轴力图如图 6-3(e)所示。

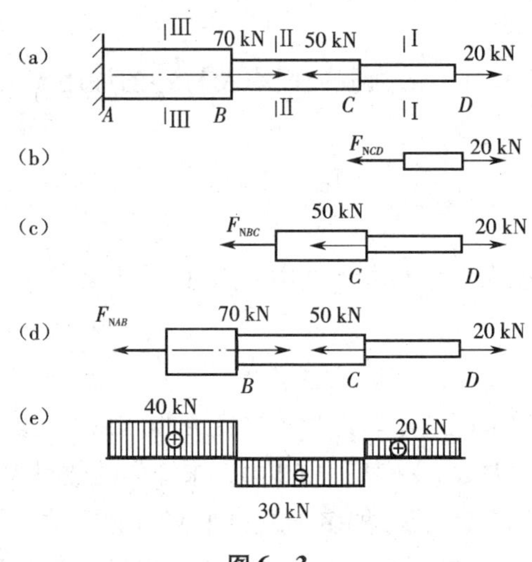

图 6-3

注意：①作轴力图时要注意杆件与轴力图的对应关系；

②在外力作用处，轴力图有突变，且突变的大小与外力相等。

二、应力及变形的计算

例题 6-2 试求例题 6-1 中各杆段的应力、应变及杆件的总变形。已知 AB、BC、CD 各段的直径分别为 $d_{AB} = 100$ mm，$d_{BC} = 75$ mm，$d_{CD} = 50$ mm，材料的弹性模量 $E = 210$ GPa。

【解题指导】 由于轴力图已绘出，可直接代入公式计算。

解 (1)各杆段的应力计算。

直接带入应力公式即可：

$$\sigma_{AB} = \frac{F_{NAB}}{A_{AB}} = \frac{40 \times 10^3}{3.14 \times 0.05^2} = 5.096 \times 10^6\ \text{Pa} = 5.096\ \text{MPa}$$

$$\sigma_{BC} = \frac{F_{NBC}}{A_{BC}} = \frac{-30 \times 10^3}{3.14 \times 0.037\ 5^2} = -6.794 \times 10^6\ \text{Pa} = -6.794\ \text{MPa}$$

$$\sigma_{CD} = \frac{F_{NCD}}{A_{CD}} = \frac{20 \times 10^3}{3.14 \times 0.025^2} = 10.191 \times 10^6\ \text{Pa} = 10.191\ \text{MPa}$$

(2)各杆段的应变计算。

由胡克定律，得

$$\varepsilon_{AB}=\frac{\sigma_{AB}}{E}=\frac{5.096\times10^{6}}{210\times10^{9}}=2.43\times10^{-5}$$

$$\varepsilon_{BC}=\frac{\sigma_{BC}}{E}=\frac{-6.794\times10^{6}}{210\times10^{9}}=-3.235\times10^{-5}$$

$$\varepsilon_{CD}=\frac{\sigma_{CD}}{E}=\frac{10.191\times10^{6}}{210\times10^{9}}=4.853\times10^{-5}$$

(3)各杆段的变形及总变形计算。

$$\Delta l_{AB}=\varepsilon_{AB}l_{AB}=2.43\times10^{-5}\times2\ 000=0.048\ 6\ \text{m}$$

$$\Delta l_{BC}=\varepsilon_{BC}l_{BC}=-3.235\times10^{-5}\times2\ 000=-0.064\ 7\ \text{m}$$

$$\Delta l_{CD}=\varepsilon_{CD}l_{CD}=4.853\times10^{-5}\times1\ 500=0.072\ 8\ \text{m}$$

杆件的总伸长：

$$\Delta l_{AD}=\Delta l_{AB}+\Delta l_{BC}+\Delta l_{CD}=0.048\ 6-0.064\ 7+0.072\ 8=0.056\ 7\ \text{m}$$

例题 6-3 如图 6-4(a)所示，CD、EF 为两根粗细相同的钢杆，其上悬挂着一刚性梁 AB，在刚性梁上施加一竖向力 F，现欲使梁 AB 保持水平位置(不考虑梁的自重)，试求加力点的位置。

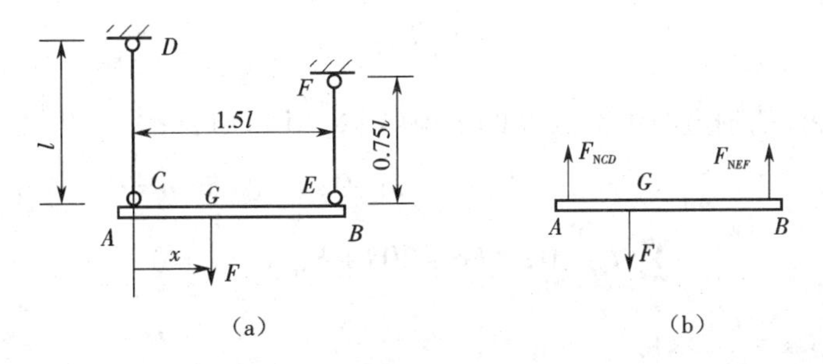

图 6-4

【解题指导】 由于 AB 是刚性梁，欲保持水平位置，即 A、B 两点的竖向位移应是相等的，也就是说 CD、EF 两杆的伸长量必须相等。

解 画出 AB 杆的受力图(图 6-4(b))，杆 CD、EF 所受的轴力分别为 F_{NCD}、F_{NEF}，则两杆的伸长量分别为

$$\Delta l_{CD}=\frac{F_{NCD}l_{CD}}{EA}=\frac{F_{NCD}l}{EA},\Delta l_{EF}=\frac{F_{NEF}l_{EF}}{EA}=\frac{0.75F_{NEF}l}{EA}$$

则

$$\frac{F_{NCD}l}{EA}=\frac{0.75F_{NEF}l}{EA}$$

则

$$F_{NCD}=0.75F_{NEF}$$

由杆 AB 的平衡条件：

$$\sum M_{G}=0,\quad F_{NCD}x-F_{NEF}(1.5l-x)=0$$

可得

$$x=\frac{6}{7}l$$

例题 6-4 如图 6-5(a)所示,AB 为实心圆截面杆,截面直径 $d=20$ mm,BC 为工字钢截面杆,型号为 No.10,在 B 点处作用一外力 $F=40$ kN,材料的弹性模量均为 $E=200$ GPa,试求节点 B 的水平位移和铅垂位移。

【解题指导】 一般用位移图解法求节点位移,即首先求出各杆的变形,从各杆伸长或缩短的延线点作垂线(以切线代替弧线),得出该节点变形后的位置,再根据几何关系,求出其位移。

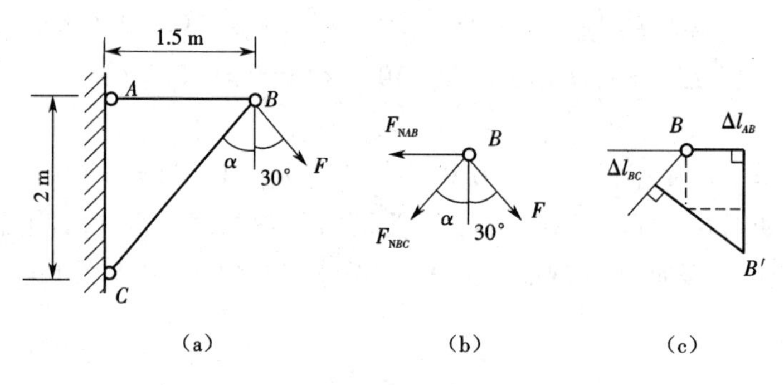

图 6-5

解 (1) 求各杆的轴力。由节点 B 的平衡(图 6-5(b)),得

$$\sum F_x=0,\quad F_{NAB}-F\sin 30°+F_{NBC}\sin\alpha=0$$

$$\sum F_y=0,\quad F\cos 30°+F_{NBC}\cos\alpha=0$$

其中 $\sin\alpha=\frac{3}{5}$,$\cos\alpha=\frac{4}{5}$,求得

$$F_{NAB}=46.0\ \text{kN},\quad F_{NBC}=-43.3\ \text{kN}$$

(2)求 B 点水平位移。从图 6-5(c)可以看出,B 点的水平位移就是 AB 杆的伸长量。即

$$\Delta_{Bx}=\Delta l_{AB}=\frac{F_{NAB}l_{AB}}{EA}=\frac{46\times10^3\times1.5}{200\times10^9\times3.14\times0.01^2}=1.1\times10^{-3}\ \text{m}=1.10\ \text{mm}$$

(3)求 B 点铅垂位移。从图 6-5(c)可以看出

$$\Delta_{By}=\Delta l_{AB}\tan\alpha+\frac{\Delta l_{BC}}{\cos\alpha}$$

$$\Delta l_{BC}=\frac{F_{NBC}l_{BC}}{EA}=\frac{43.3\times10^3\times2.5}{200\times10^9\times14.35\times10^{-4}}=0.378\times10^{-3}\ \text{m}=0.378\ \text{mm}$$

$$\Delta_{By}=1.10\times\frac{3}{4}+0.378\times\frac{5}{4}=1.30\ \text{mm}$$

例题 6-5 一等直圆截面杆如图 6-6 所示,其直径为 10 mm,受轴向力 F 的作用,AB 段为钢材料,其弹性模量 $E=210$ GPa,BC 段为铝材料,其弹性模量 $E=70$ GPa,已知杆的总伸长量 $\Delta l=0.2$ mm,且杆的变形均处于线弹性阶段。试求轴向力 F 的大小。

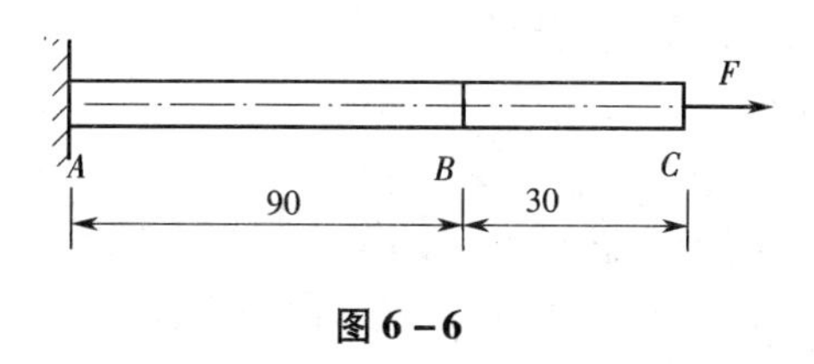

图 6-6

【解题指导】 此题是已知变形求外力,同样可由胡克定律计算。

解 由图可知,两段杆件的轴力均为 F,各杆段的变形分别为

$$\Delta l_{AB}=\frac{Fl_{AB}}{E_{AB}A},\quad \Delta l_{BC}=\frac{Fl_{BC}}{E_{BC}A}$$

由

$$\Delta l=\Delta l_{AB}+\Delta l_{BC}=\frac{Fl_{AB}}{E_{AB}A}+\frac{Fl_{BC}}{E_{BC}A}$$

可求得轴向力

$$F=\frac{\Delta lA}{\dfrac{l_{AB}}{E_{AB}}+\dfrac{l_{BC}}{E_{BC}}}=\frac{0.2\times10^{-3}\times3.14\times0.005^2}{\dfrac{0.09}{210\times10^9}+\dfrac{0.03}{70\times10^9}}=18.3\times10^3\ \text{N}=18.3\ \text{kN}$$

三、拉压杆强度计算

例题 6-6 如图 6-7 所示,一阶梯形圆截面杆由 AB、BC 段组成,AB 段为钢材料,其弹性模量 $E=210$ GPa,许用应力$[\sigma]_1=160$ MPa,直径为 80 mm;BC 段为铜材料,其弹性模量 $E=100$ GPa,许用应力$[\sigma]_2=100$ MPa,承受轴向荷载 F 的作用,直径为 40 mm,在 BC 段所贴应变片测得的轴向正应变 $\varepsilon=0.001$。试校核该杆的强度并求 AB 段的轴向线应变。

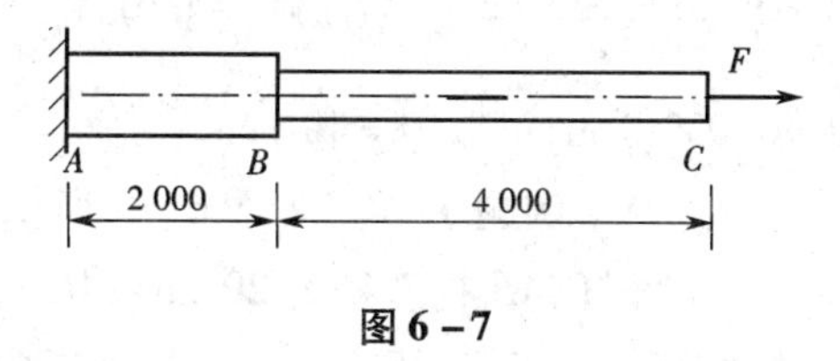

图 6-7

【解题指导】 由于外力未知,而应变已知,所以可由胡克定律求得应力,再求外力。

解 (1)校核强度。

BC 段的正应力:

$$\sigma_{BC}=E\varepsilon=100\times10^9\times0.001=100\times10^6\ \text{Pa}=100\ \text{MPa}=[\sigma]_2$$

则轴向力

$$F=F_{NBC}=\sigma_{BC}A=100\times10^6\times\frac{\pi\times0.04^2}{4}=125.66\times10^3\ \text{N}=125.66\ \text{kN}$$

$$F_{NAB}=F_{NBC}=125.66\ \text{kN}$$

AB 段的应力

$$\sigma_{AB}=\frac{F_{NAB}}{A}=\frac{125.66\times10^3}{\dfrac{\pi\times0.08^2}{4}}=25\times10^6\ \text{Pa}=25\ \text{MPa}<[\sigma]_1$$

由以上计算可知，两个杆件都是安全的。

(2)AB 段的轴向线应变：

$$\varepsilon_{AB}=\frac{\sigma_{AB}}{E}=\frac{25\times10^{6}}{210\times10^{9}}=1.19\times10^{-4}$$

例题 6－7 如图 6－8 所示，一断裂的空心圆截面钢管需加套管修理，已知钢管的内、外径分别为 27 mm 和 30 mm，钢管的许用应力$[\sigma]_1=800$ MPa，套管的材料为 20 钢，其许用应力$[\sigma]_2=200$ MPa，试确定套管的外径 D。

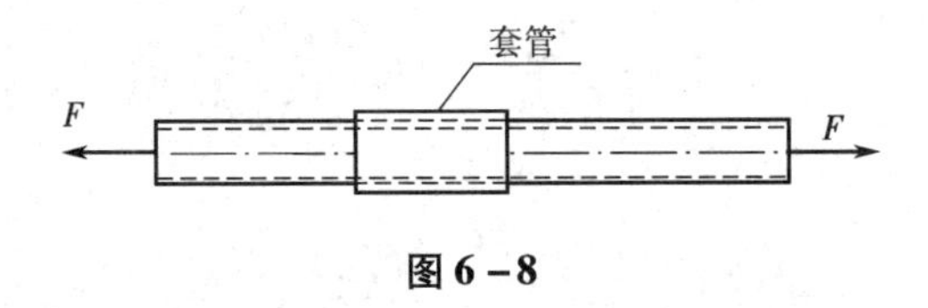

图 6－8

【解题指导】 首先要确定套管所承受的轴向力，其值应与钢管的轴向力相等。

解 钢管所能承受的最大轴向荷载为

$$F_{\max}=[\sigma]_1A=800\times10^{6}\times\frac{\pi\times(0.03^{2}-0.027^{2})}{4}=107\ 388\ \text{N}$$

所以，套管所能承受的最大轴向荷载也为 $F_{\max}=107\ 388$ N。

套管的截面面积应为

$$A=\frac{F_{\max}}{[\sigma]_2}=\frac{107\ 388}{200\times10^{6}}=0.000\ 536\ 94\ \text{m}^2$$

即

$$\frac{\pi\times(D^{2}-0.03^{2})}{4}=0.000\ 536\ 94$$

由此求得套管的外径 $D=0.039\ 8$ m，可取 $D=40$ mm。

例题 6－8 如图 6－9 所示(a)，AB 和 AC 杆都为圆截面杆，AB 杆直径为 20 mm，AC 杆直径为 25 mm，材料都是 Q235 钢，许用应力$[\sigma]=160$ MPa，在节点 A 处承受外力 F 作用，试求荷载 F 的最大值，即许用荷载$[F]$。

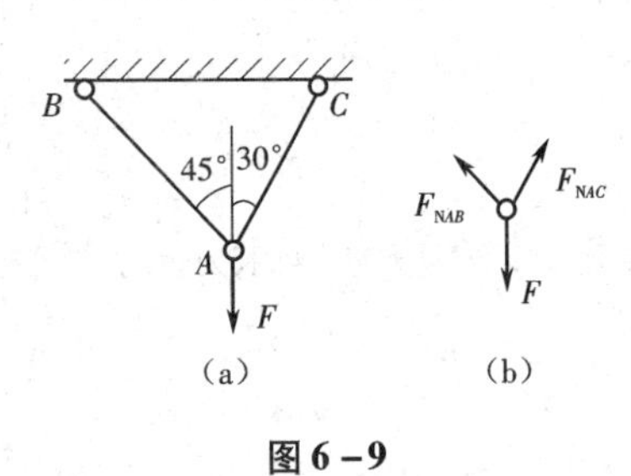

图 6－9

【解题指导】 首先要确定各杆的轴力，然后由强度条件即可求得许用荷载。由于有两根杆件，所以许用荷载应取两杆许用荷载的最小值。

解 (1)内力分析。

取节点 A(图 6－9(b))分析，有

$$\sum F_x=0,\quad -F_{NAB}\sin45^\circ+F_{NAC}\sin30^\circ=0$$

$$\sum F_y=0,\quad F_{NAB}\cos45^\circ+F_{NAC}\cos30^\circ-F=0$$

得

$$F_{NAB}=0.517\ 5F,\quad F_{NAC}=0.732F$$

(2)确定许用荷载。

AB 杆的强度条件为$\frac{F_{NAB}}{A_{AB}}\leqslant[\sigma]$,即

$$\frac{0.517\,5F}{A_{AB}}\leqslant[\sigma]$$

由此得

$$F\leqslant\frac{[\sigma]A_{AB}}{0.517\,5}=\frac{160\times10^6\times\frac{\pi\times0.02^2}{4}}{0.517\,5}=97\,082\ \text{N}=97.082\ \text{kN}$$

AC 杆的强度条件为$\frac{F_{NAC}}{A_{AC}}\leqslant[\sigma]$,即

$$\frac{0.732F}{A_{AC}}\leqslant[\sigma]$$

由此得

$$F\leqslant\frac{[\sigma]A_{AC}}{0.732}=\frac{160\times10^6\times\frac{\pi\times0.025^2}{4}}{0.732}=107\,240\ \text{N}=107.24\ \text{kN}$$

可见,结构所能承受的最大荷载即许用荷载为

$$[F]=97.082\ \text{kN}$$

例题 6-9 简易起重机构如图 6-10(a)所示,AC 为刚性梁,长度为 l,吊车可在梁上移动,吊车与吊起重物总重为 F,BD 为斜支撑杆,其许用应力为$[\sigma]$,A 和 B 间距离为 h,为使 BD 杆最轻,角 α 应为何值。

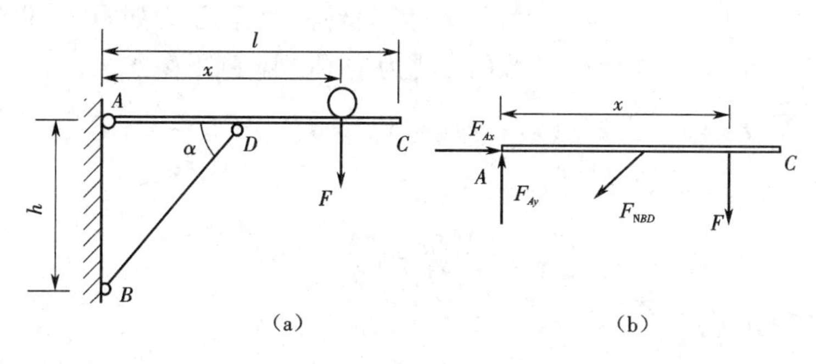

图 6-10

【解题指导】 使 BD 杆最轻,即求 BD 杆的最小体积 V,而 $V=A_{BD}l_{BD}=A_{BD}\frac{h}{\cos\alpha}$,其中 BD 杆的横截面面积可由强度条件确定,即 $A_{BD}\geqslant\frac{F_{NBD}}{[\sigma]}$,所以首先要确定杆件的轴力。

解 (1)求 BD 杆的轴力。

分析 AC 杆的受力(图 6-10(b)),由平衡方程

$$\sum M_A=0,\quad F_{NBD}h\cos\alpha+Fx=0$$

可求得

$$F_{NBD} = -\frac{Fx}{h\cos\alpha}$$

显然，当 $x = l$ 时，BD 杆的轴力最大，其值为

$$F_{NBD,\max} = -\frac{Fl}{h\cos\alpha}$$

(2)求 BD 杆的横截面面积。

由强度条件得

$$A_{BD} \geqslant \frac{F_{NBD}}{[\sigma]} = \frac{Fl}{[\sigma]h\cos\alpha}$$

则 BD 杆的体积

$$V = A_{BD}l_{BD} = \frac{Fl}{[\sigma]h\cos\alpha}\frac{h}{\cos\alpha} = \frac{2Fl}{[\sigma]\sin 2\alpha}$$

可见，当 $\sin 2\alpha = 1$ 时，BD 杆的体积最小，于是得 $\alpha = 45°$。

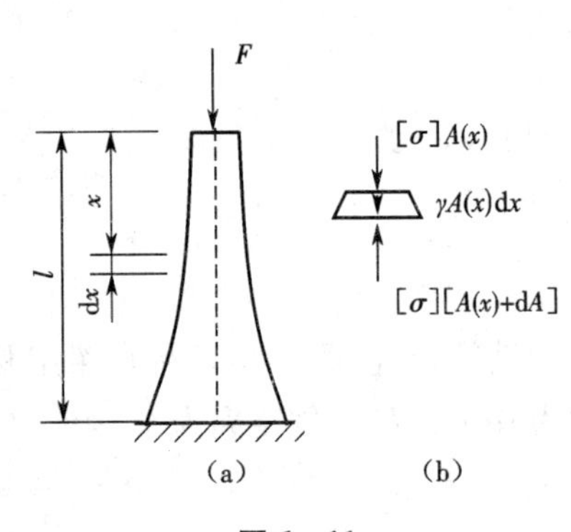

图 6-11

例题 6-10 如图 6-11(a)所示的杆件，承受荷载 F 的作用，考虑自重影响，设单位体积的重量为 γ，若要求杆件任一横截面上的应力都等于许用应力$[\sigma]$，试确定横截面面积沿轴线方向的变化规律，并计算整个杆件的变形。

【解题指导】 由于杆件任一横截面的强度都等于许用应力，称此类杆件为等强度杆件。

解 (1)取一微段 dx，设其顶面和底面的面积分别为 $A(x)$ 和 $A(x)+dA$，其受力如图 6-11(b)所示，该微段的自重为 $\gamma A(x)dx$，列平衡方程

$$\sum F_y = 0,\quad [\sigma]A(x) + \gamma A(x)dx - [\sigma][A(x) + dA(x)] = 0$$

得

$$\frac{dA(x)}{A(x)} = \frac{\gamma dx}{[\sigma]}$$

对上式两边积分，得

$$\ln A(x) = \frac{\gamma x}{[\sigma]} + C$$

式中：C 为积分常数，由下述边界条件确定。

当 $x = 0$ 时，$A(x) = A_0 = \dfrac{F}{[\sigma]}$，代入上式，得

$$C = \ln A_0$$

所以

$$\ln A(x) = \frac{\gamma x}{[\sigma]} + \ln A_0$$

即

$$A(x)=A_0 e^{\frac{\gamma x}{[\sigma]}}$$

这就是横截面面积沿轴线方向的变化规律。

(2)求杆件的变形。

由于杆件横截面上的应力都相等,所以应变也相等,即

$$\varepsilon=\frac{[\sigma]}{E}$$

所以,整个杆件的变形为

$$\Delta l=\varepsilon l=\frac{[\sigma]}{E}l$$

四、拉压杆超静定问题

超静定问题可按以下步骤进行:

(1)首先分析结构的受力情况,列出可能提供的独立的平衡方程,并确定超静定次数以及多余约束;

(2)解除多余约束,分析其变形情况,建立变形协调方程;

(3)根据胡克定律,建立力和变形之间的物理方程,并带入变形协调方程,得出以未知力表示的补充方程;

(4)联立求解补充方程和平衡方程,解出全部未知力,进而进行强度计算等。

例题6-11 如图6-12(a)所示,AD为一两端固定的阶梯形杆,承受轴向力如图所示,$F=50$ kN,其中AB段横截面面积为A,BD段横截面面积为$0.5A$,试画出杆件AD的轴力图。

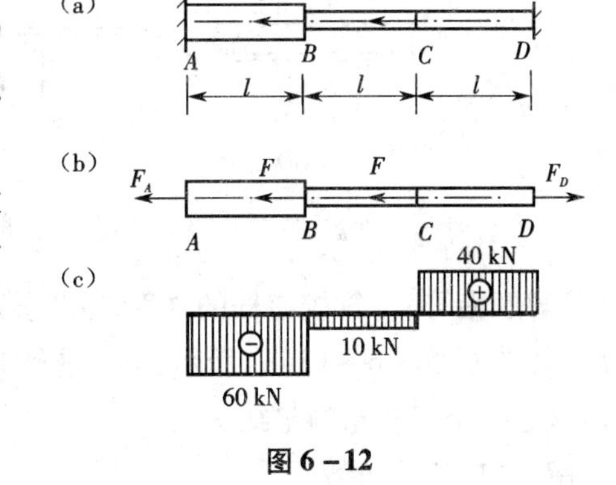

图6-12

【解题指导】 画出杆件AD的受力图。假设A、D两端的约束力分别为F_A、F_D,由于只有水平方向的平衡方程,而未知力有两个,所以这是一个一次超静定结构。可通过平衡条件、几何变形条件、物理方程三方面进行求解。

解 (1)平衡方程。

由$\sum F_x=0$,有

$$F_A+2F-F_D=0 \tag{a}$$

(2)变形方程。

因为AD杆两端固定,所以整个杆件的总轴向变形为零,即

$$\Delta l=\Delta l_1+\Delta l_2+\Delta l_3=0 \tag{b}$$

(3)物理方程。

由胡克定律知

$$\Delta l_1=\frac{F_A l}{EA}$$

$$\Delta l_2=\frac{(F_A+F)l}{E(0.5A)}=\frac{2(F_A+F)l}{EA}$$

$$\Delta l_3=\frac{(F_A+2F)l}{E(0.5A)}=\frac{2(F_A+2F)l}{EA}$$

将以上三式代入式(b),可得

$$5F_A+6F=0$$

所以

$$F_A=-\frac{6F}{5}=-60\ \text{kN}$$

由式(a),可得

$$F_D=F_A+2F=40\ \text{kN}$$

画出的杆件 AD 的轴力图如图 6-12(c)所示。

例题 6-12 如图 6-13(a)所示,AB 为一刚性梁,杆 1 的材料为低碳钢,其横截面面积 $A_1=500\ \text{mm}^2$,弹性模量 $E_1=200$ GPa,许用应力 $[\sigma_1]=100$ MPa;杆 2 的材料为铜,其横截面面积 $A_2=1\ 000\ \text{mm}^2$,弹性模量 $E_2=100$ GPa,许用应力 $[\sigma_2]=80$ MPa,两杆的长度均为 $l=4$ m,外力 $F=100$ kN,试校核杆 1、杆 2 的强度。

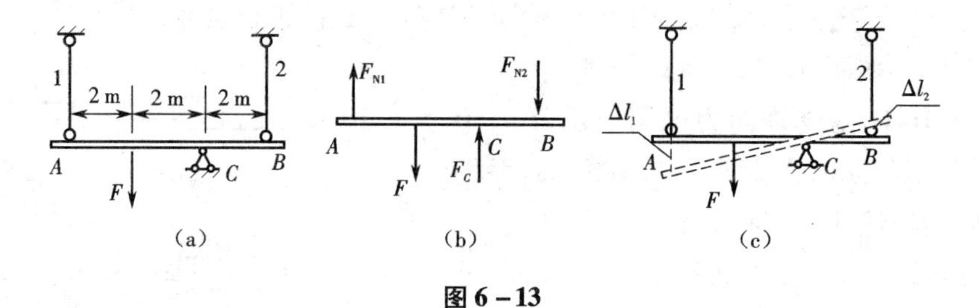

图 6-13

【解题指导】 欲校核杆的强度,首先要求出两杆的轴力。分析 AB 梁,假设 1 杆受拉,2 杆受压,其受力如图 6-13(b)所示,显然能够列出的平衡方程的数目是 2 个,而未知力为 3 个,所以这是一个一次超静定结构。

解 (1)平衡方程。

$$\sum M_C=0,\quad 4F_{N1}+2F_{N2}-2F=0 \tag{a}$$

(2)变形方程。

因为 AB 杆为刚性杆,其变形与两杆变形的关系如图 6-13(c)所示,由图可知两杆变形绝对值之间的关系为

$$|\Delta l_1|=2|\Delta l_2| \tag{b}$$

(3)物理方程。

由胡克定律知

$$|\Delta l_1|=\frac{F_{N1}l}{E_1A_1},\quad |\Delta l_2|=\frac{F_{N2}l}{E_2A_2} \tag{c}$$

将两杆的横截面面积及弹性模量代入,可得

$$F_{N1} = 2F_{N2} \tag{d}$$

将式(d)代入式(a),求得

$$F_{N1} = \frac{2F}{5} = 40\ \text{kN}, \quad F_{N2} = \frac{F}{5} = 20\ \text{kN}$$

则两杆的应力分别为

$$\sigma_1 = \frac{F_{N1}}{A_1} = \frac{40 \times 10^3}{500 \times 10^{-6}} = 80 \times 10^6\ \text{Pa} = 80\ \text{MPa} < [\sigma_1]$$

$$\sigma_2 = \frac{F_{N2}}{A_2} = \frac{20 \times 10^3}{1\ 000 \times 10^{-6}} = 20 \times 10^6\ \text{Pa} = 20\ \text{MPa} < [\sigma_2]$$

所以,杆1、杆2的强度是安全的。

例题6-13 如图6-14(a)所示,AB 为一刚性杆,1、2杆弹性模量均为 E,横截面面积均为 A,已知 $F = 200$ kN,试求1、2杆的轴力。

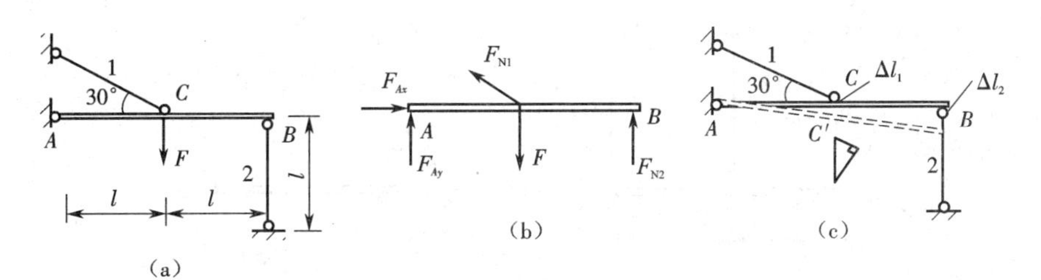

图6-14

解 画出 AB 杆的受力如图6-14(b)所示,可知这是一次超静定结构。

(1)平衡方程。

假设杆1受拉、杆2受压,则由

$$\sum M_A = 0, \quad Fl - F_{N1}\frac{l}{2} - F_{N2}2l = 0$$

得

$$2F - F_{N1} - 4F_{N2} = 0 \tag{a}$$

(2)几何方程。

由图中各杆的变形(图6-14(c)虚线)可知

$$\frac{\Delta l_1}{\sin 30^\circ} = \frac{1}{2}\Delta l_2$$

所以

$$\Delta l_1 = \frac{1}{4}\Delta l_2 \tag{b}$$

(3)物理方程。

由胡克定律知

$$\Delta l_1 = \frac{F_{N1}l_1}{EA}, \quad \Delta l_2 = \frac{F_{N2}l}{EA} \tag{c}$$

其中

$$l_1=\frac{l}{\cos 30^\circ}=\frac{2\sqrt{3}}{3}l$$

由式(b)和(c)可求得

$$F_{N1}=\frac{\sqrt{3}}{8}F_{N2}$$

代入式(a),可得

$$F_{N2}=\frac{2F}{4+\frac{\sqrt{3}}{8}}=94.87\ \text{kN},\quad F_{N1}=20.54\ \text{kN}$$

例题 6-14 如图 6-15(a)所示,AB 为一刚性梁,1、2 杆长为 l,弹性模量为 E,横截面面积为 A,线膨胀系数为 α,试求当 1、2 杆温度升高 ΔT 时,两杆的内力。

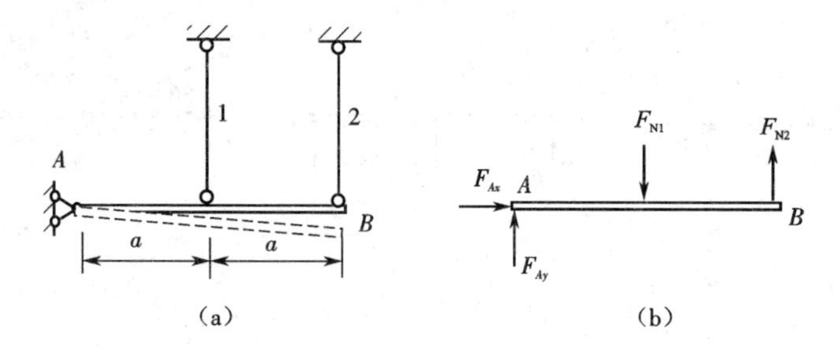

图 6-15

【解题指导】 这是一个一次超静定结构,当温度升高时,杆件中会产生内力,这也是超静定结构区别于静定结构的一个很重要的特征。

解 (1)平衡方程。

画出 AB 杆的受力如图 6-15(b)所示,假设杆 1 受压、杆 2 受拉,则由

$$\sum M_A=0,\quad F_{N1}a-F_{N2}2a=0$$

得

$$F_{N1}=2F_{N2} \tag{a}$$

(2)几何方程。

由图中变形(图 6-15(a)虚线)可知

$$\Delta l_1=\frac{1}{2}\Delta l_2 \tag{b}$$

(3)物理方程。

因为有了温度变化,上述变形包括两部分:一部分变形是由于内力引起的,另一部分变形是由于温度变化引起的,它们的计算如下。

内力引起的变形:

$$\Delta l_1(F)=-\frac{F_{N1}l}{EA},\quad \Delta l_2(F)=\frac{F_{N2}l}{EA}$$

温度变化引起的变形：

$$\Delta l_1(T)=\alpha l\Delta T,\quad \Delta l_2(T)=\alpha l\Delta T$$

代入式(b)，得

$$2\left(\alpha l\Delta T-\frac{F_{N1}l}{EA}\right)=\alpha l\Delta T+\frac{F_{N2}l}{EA} \tag{c}$$

将式(a)代入，得

$$F_{N2}=\frac{EA\alpha l\Delta T}{5l},\quad F_{N1}=\frac{2EA\alpha l\Delta T}{5l}$$

例题 6－15 如图 6－16(a)所示，AB 为一刚性梁，1、2、3 杆的杆长均为 l，弹性模量均为 E，横截面面积为 A，线膨胀系数为 α，已知 $l=1$ m，$A=400$ mm^2，$E=200$ GPa，$F=60$ kN，$\alpha=1.2\times10^{-5}$/℃，三杆的许用应力$[\sigma]=120$ MPa，当 3 杆的温度升高 20 ℃时，试校核三根杆的强度。

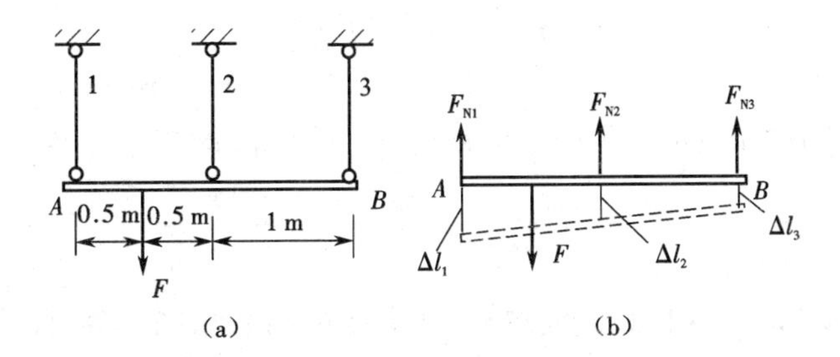

图 6－16

解 画出 AB 杆的受力如图 6－16(b)所示，假设三杆均受拉，图示为一平行力系，可列出 2 个独立的平衡方程，而未知力有 3 个，所以这是一次超静定结构。

(1)平衡方程。

$$\sum F_y=0,\quad F_{N1}+F_{N2}-F+F_{N3}=0 \tag{a}$$

$$\sum M_A=0,\quad F_{N2}\times1-F\times0.5+F_{N3}\times2=0 \tag{b}$$

(2)几何方程。

画出 AB 杆的变形(图 6－16(b)虚线)，由图知三杆的变形关系为

$$\Delta l_1+\Delta l_3=2\Delta l_2 \tag{c}$$

式中:3 杆的变形包括温度变形和轴力引起的变形，即

$$\Delta l_3=\Delta l_3(T)+\Delta l_3(F_{N3})$$

3 杆由于温度变化引起的变形为

$$\Delta l_3(T)=\alpha\Delta Tl$$

(3)物理方程。

由胡克定律得

$$\Delta l_1=\frac{F_{N1}l}{EA},\quad \Delta l_2=\frac{F_{N2}l}{EA},\quad \Delta l_3=\frac{F_{N3}l}{EA}$$

将上述物理方程代入式(c),可得

$$\alpha\Delta TEA = 2F_{N2} - F_{N1} - F_{N3} \tag{d}$$

联立求解式(a)、(b)和(d),可得

$$F_{N1} = -\frac{\alpha\Delta TEA}{6} + \frac{7}{12}F,\quad F_{N2} = \frac{\alpha\Delta TEA}{3} + \frac{1}{3}F,\quad F_{N3} = -\frac{\alpha\Delta TEA}{6} + \frac{1}{12}F$$

代入各已知数据,可得

$$F_{N1} = 31.8\ \text{kN},\quad F_{N2} = 26.4\ \text{kN},\quad F_{N3} = 1.8\ \text{kN}$$

所以 1 杆的轴力最大,只要校核 1 杆的强度即可。

$$\sigma_1 = \frac{F_{N1}}{A} = \frac{31.8\times10^3}{400\times10^{-6}} = 79.5\times10^6\ \text{Pa} = 79.5\ \text{MPa} < [\sigma] = 120\ \text{MPa}$$

所以三根杆的强度是安全的。

6.3 自测题

6-1 低碳钢在单向拉伸试验中,按其伸长量与载荷的关系,其工作状态大致可分为四个阶段,即________、________、________和________,其中颈缩现象出现在________阶段。

6-2 两根材料相同的等直圆截面拉杆,所承受的荷载相同,其截面半径之比为 1∶2,杆长之比为 1∶2,则它们的拉伸变形之比为________。

6-3 衡量材料塑性的两个重要指标是________和________,工程上通常把延伸率大于 5% 的材料称为________,把延伸率小于 5% 的材料称为________。

6-4 确定许用应力时,对于脆性材料取______极限应力,而塑性材料为______极限应力。

6-5 轴向拉压杆,在与其轴线平行的纵向截面上,应力的情况为(　　)。

A. 正应力为零,切应力不为零　　B. 正应力不为零,切应力为零

C. 正应力、切应力均为零　　D. 正应力、切应力均不为零

6-6 对于没有明显屈服阶段的塑性材料,通常以产生(　　)所对应的应力值作为材料的名义屈服极限。

A. 0.2 的应变　　B. 0.2 的塑性应变

C. 0.2% 的应变　　D. 0.2% 的塑性应变

6-7 如图 6-17 所示,这五根杆件的受力情况是(　　)。

A. 全部是拉杆　　C. 5 杆是拉杆,其余都是压杆

B. 全部是压杆　　D. 5 杆是压杆,其余都是拉杆

6-8 如图 6-18 所示,这五根杆件的变形情况是(　　)。

A. 全部都拉长　　B. 全部都缩短

C. 5 杆伸长,其余不变　　D. 5 杆缩短,其余不变

6-9 脆性材料具有的力学性质有(　　)。

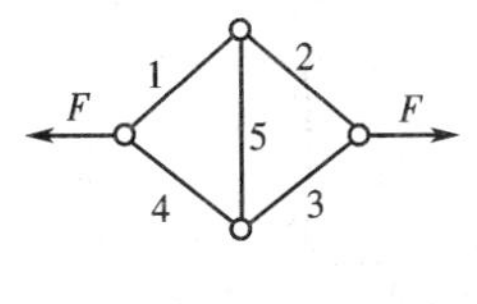

图 6－17

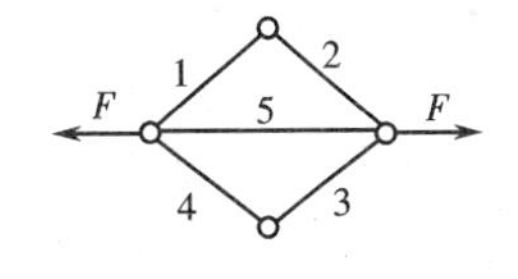

图 6－18

A. 试件在拉伸过程中出现屈服现象

B. 压缩强度极限比拉伸强度极限大很多

C. 抗冲击性能比塑性材料好

D. 如果构件因开孔造成应力集中现象，对强度无明显影响

6－10　低碳钢冷作硬化后，材料的(　　)。

A. 比例极限提高，而塑性降低　　B. 比例极限和塑性均提高

C. 比例极限降低，而塑性提高　　D. 比例极限和塑性均降低

6－11　等截面直杆承受拉力 F 作用，如果从强度方面考虑选用圆形、正方形和空心圆三种不同的截面形式，比较材料的用量，则(　　)。

A. 正方形截面最省料　　B. 圆形截面最省料

C. 空心圆截面最省料　　D. 三者用料相同

6－12　如图 6－19 所示，1、2 两杆材料为铝，3 杆材料为低碳钢，现欲使 3 杆轴力增大，正确的做法是(　　)。

A. 增大 1、2 杆的横截面面积　　B. 减小 1、2 杆的横截面面积

C. 将 1、2 杆改成钢杆　　D. 将 3 杆改成铝杆

6－13　一杆件受力如图 6－20 所示，截面为边长 200 mm 的正方形，材料的弹性模量 E = 10 GPa，杆件的变形在弹性阶段，若不计杆件的自重，试求：(1)作出杆件的轴力图；(2)各段横截面的应力；(3)各段杆件的应变；(4)杆件的总变形。

6－14　如图 6－21 所示，BC 杆为圆截面杆，许用应力 $[\sigma]$ = 160 MPa，不计该杆的自重，试求 BC 杆的最小直径。

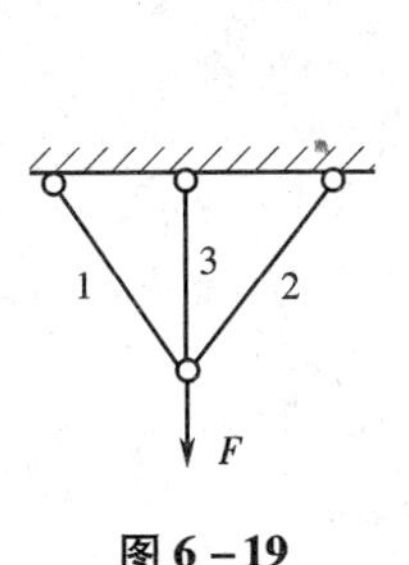

图 6－19

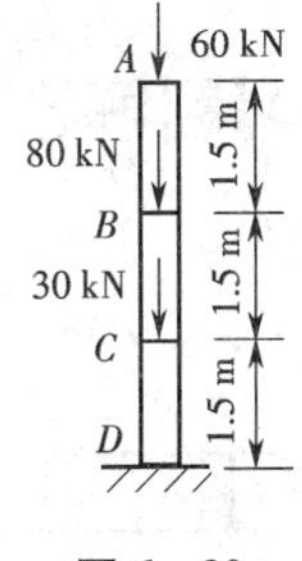

图 6－20

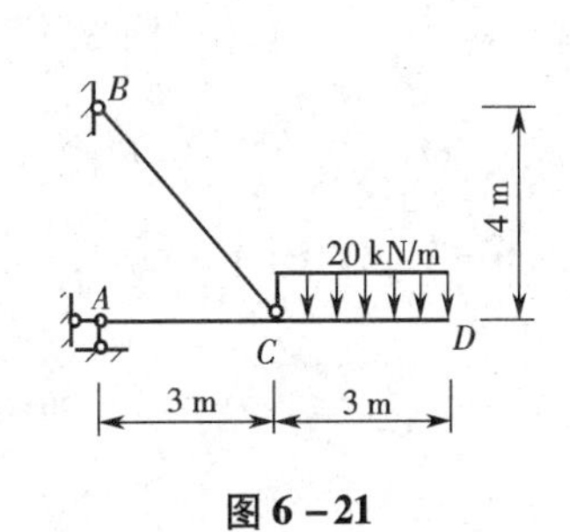

图 6－21

6－15　试计算图 6－22 所示结构 A 点的位移。已知各杆横截面面积为 A，材料的弹性模量为 E。

6－16　一结构如图 6－23 所示，杆件 AB、AD 均由两根等边角钢组成，已知材料的许用应

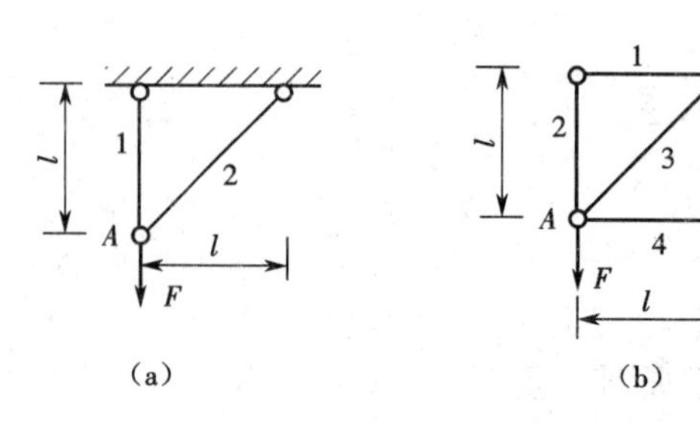

图 6－22

力[σ] = 170 MPa,试选择 AB、AD 杆的型号。

6－17　如图 6－24 所示,三根杆件材料相同,横截面面积分别为 $A_1 = 200\ \text{mm}^2$, $A_2 = 300\ \text{mm}^2$, $A_3 = 400\ \text{mm}^2$,竖向荷载 $F = 40$ kN,试求三根杆的轴力。

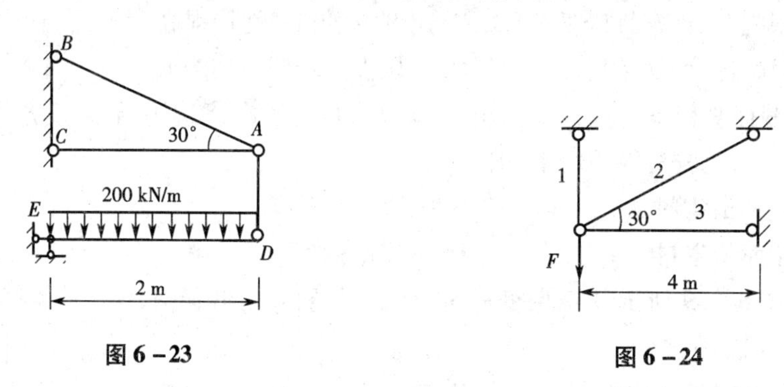

图 6－23　　　　图 6－24

6.4　自测题解答

此部分内容请扫二维码。

6.5　习题解答

6－1　作图(a)所示杆件的轴力图。

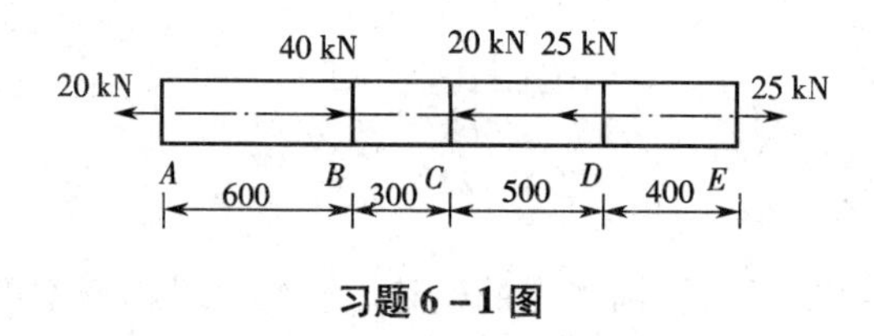

习题 6－1 图

6－2　作图(a)所示杆件的轴力图。已知 $F = 3$ kN。

解　依次取图(b)所示脱离体,并由对应的脱离体平衡求出轴力分别为

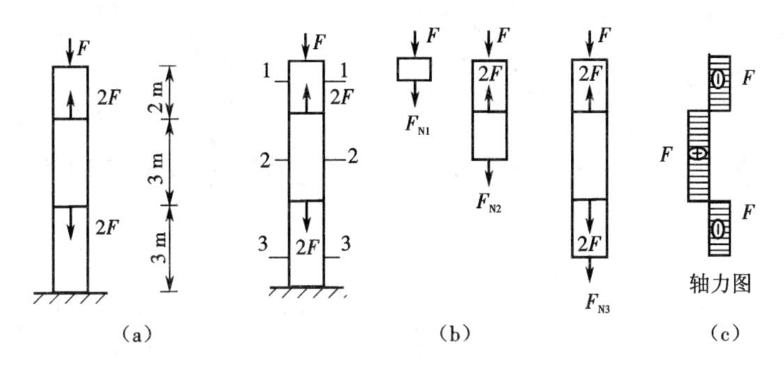

习题 6－2 图

$$F_{N1}=-F, F_{N2}=F, F_{N3}=-F$$

作轴力图如图(c)所示。

6－3 设习题 6－1 中杆件的横截面是 10 mm×20 mm 的矩形,试求杆件各截面上的应力值。

6－4 图(a)所示为一圆柱轴 *CD* 与套管 *AB* 紧密配合,现欲用力 *F* 将轴自套管内拔出。设轴与套管间的摩擦力 *q*(按单位面积计)为常数。已知 *q*、*a*、*b* 及 *d*,试求:

(1)拔动轴 *CD* 时所需的力 *F* 值;

(2)分别作出轴 *CD* 和套管 *AB* 在力 *F* 作用下的轴力图。

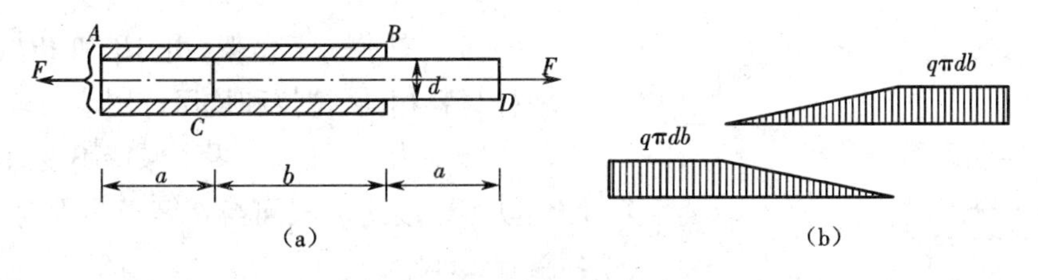

习题 6－4 图

解 (1)*F* 应等于轴与套管间的摩擦力,即

$$F=q\pi db$$

(2)轴与套管 *AB* 的轴力图如图(b)所示。

6－5 在图示结构中,所有各杆都是钢制的,横截面面积均等于 3×10^{-3} mm²,$F=100$ kN。试求各杆的应力。

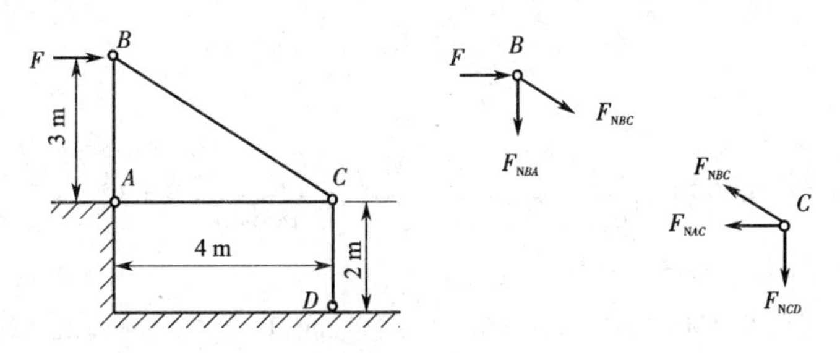

习题 6－5 图

解 求各杆的轴力,取 B 节点为脱离体,由节点平衡得

$$\sum F_x=0,\quad F+\frac{4}{5}F_{NBC}=0,\quad F_{NBC}=-\frac{4}{5}F=-125\ \text{kN}$$

$$\sum F_y=0,\quad F_{NBA}+\frac{3}{5}F_{NBC}=0,\quad F_{NBA}=-\frac{3}{5}F_{NBC}=75\ \text{kN}$$

取 C 节点为脱离体,有

$$\sum F_x=0,\quad \frac{4}{5}F_{NBC}+F_{NAC}=0,\quad F_{NAC}=-\frac{4}{5}F_{NBC}=100\ \text{kN}$$

$$\sum F_y=0,\quad F_{NCD}-\frac{3}{5}F_{NBC}=0,\quad F_{NCD}=\frac{3}{5}F_{NBC}=-75\ \text{kN}$$

各杆应力分别为

$$\sigma_{AB}=\frac{F_{NAB}}{A}=\frac{75\times10^3}{3\times10^{-3}}=25\times10^6\ \text{Pa}=25\ \text{MPa}$$

$$\sigma_{BC}=\frac{F_{NBC}}{A}=\frac{-125\times10^3}{3\times10^{-3}}=-41.7\times10^6\ \text{Pa}=-41.7\ \text{MPa}$$

$$\sigma_{AC}=\frac{F_{NAC}}{A}=\frac{100\times10^3}{3\times10^{-3}}=33.3\times10^6\ \text{Pa}=33.3\ \text{MPa}$$

$$\sigma_{CD}=\frac{F_{NCD}}{A}=\frac{-75\times10^3}{3\times10^{-3}}=-25\times10^6\ \text{Pa}=-25\ \text{MPa}$$

6－6 图示一三角架,由 AB 和 BC 两杆组成,该两杆材料相同,抗拉和抗压许用应力均为$[\sigma]$,截面面积分别为 A_1 和 A_2。设 l 保持不变,而杆 AB 的倾角 θ 可以改变。试问当 θ 等于多少时,该三角架的重量最小。

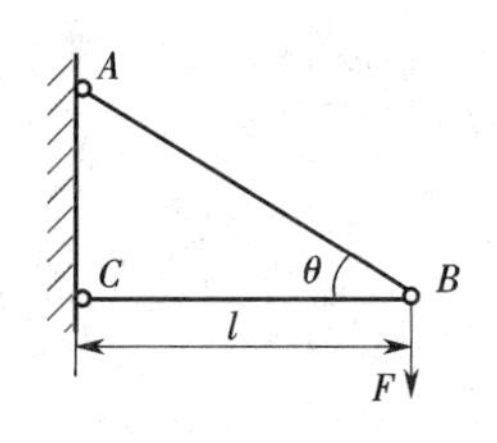

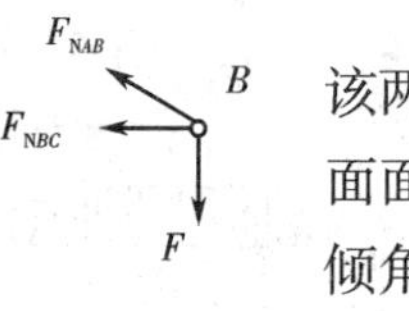

习题 6－6 图

解 取 B 节点为脱离体,由节点平衡求各杆的轴力得

$$\sum F_y=0,\quad F_{NAB}\sin\theta-F=0,\quad F_{NAB}=\frac{F}{\sin\theta}$$

$$\sum F_x=0,\quad F_{NAB}\cos\theta+F_{NBC}=0,\quad F_{NBC}=-F\cot\theta$$

根据强度条件,有

$$A_1=\frac{F}{[\sigma]\sin\theta},A_2=\frac{F}{[\sigma]}\cot\theta$$

杆的总重量为

$$W=\gamma\left(A_1\frac{l}{\cos\theta}+A_2l\right)=\frac{\gamma Fl}{[\sigma]}\left(\frac{1}{\sin\theta\cos\theta}+\cot\theta\right)$$

令 $\mathrm{d}W/\mathrm{d}\theta=0$,可得到 $\theta=54°44''$。

6－7 图示一面积为 100 mm×200 mm 的矩形截面杆,受拉力 $F=20$ kN 的作用。试求:

(1)$\theta=30°$的斜截面 m—m 上的应力;

(2)最大正应力和最大切应力的大小及其作用面的方位角。

解 (1)由斜截面应力计算公式

$$\sigma_\theta=\sigma\cos^2\theta,\tau_\theta=\frac{1}{2}\sigma\sin 2\theta,\sigma=\frac{F_N}{A}=\frac{20\times 10}{100\times 200\times 10^{-6}}=1\times 10^6\ \text{Pa}=1\ \text{MPa}$$

得

$$\sigma_{30^\circ}=1\times\cos^2 30^\circ=0.75\ \text{MPa},\tau_{30^\circ}=\frac{1}{2}\times 1\times\sin 60^\circ=0.433\ \text{MPa}$$

(2)最大正应力:

$$\sigma_{max}=\sigma_{0^\circ}=1\ \text{MPa}$$

最大切应力:

$$\tau_{max}=\tau_{45^\circ}=0.5\ \text{MPa}$$

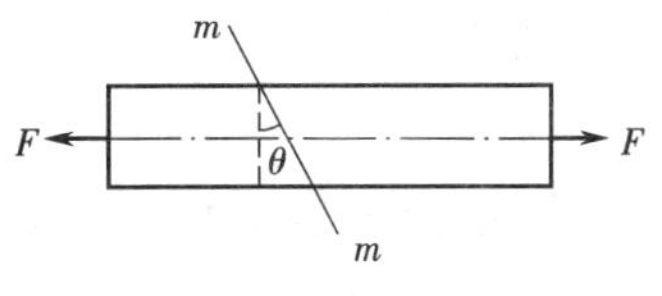

习题 6-7 图

6-8 图示钢杆的横截面面积为 200 mm^2,弹性模量 $E=200$ GPa,试求各段杆的应变、伸长及全杆的总伸长。

6-9 图示一阶梯形截面杆,其弹性模量 $E=200$ GPa,截面面积 $A_{Ⅰ}=300\ mm^2$,$A_{Ⅱ}=250\ mm^2$,$A_{Ⅲ}=200\ mm^2$,作用力 $F_1=30$ kN,$F_2=15$ kN,$F_3=10$ kN,$F_4=25$ kN。试求每段杆的内力、应力、应变、伸长及全杆的总伸长。

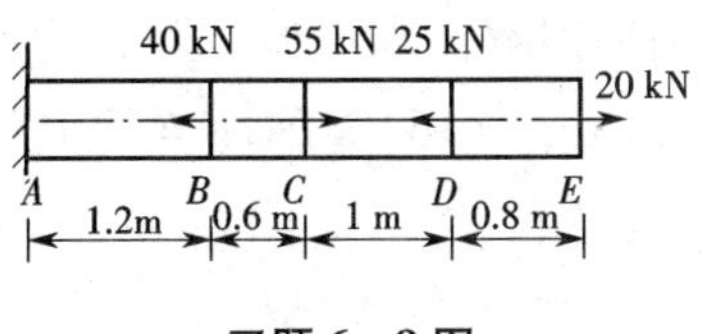

习题 6-8 图

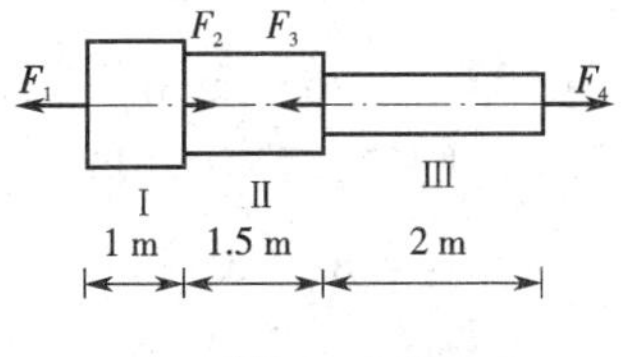

习题 6-9 图

6-10 图示一三角架,在节点 A 受铅垂力 $F=20$ kN 的作用。设杆 AB 为圆截面钢杆,直径 $d=8$ mm;杆 AC 为空心圆管,截面面积 $A=40\times 10^{-6}\ m^2$;两杆的弹性模量 $E=200$ GPa。试求节点 A 的位移值及其方向。

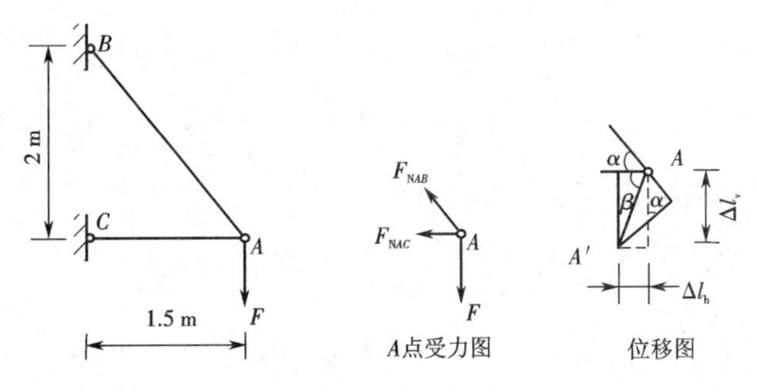

习题 6-10 图

解 (1)求各杆的轴力,取 A 节点为脱离体,有

$$\sum F_y=0,\quad \frac{4}{5}F_{NAB}-F=0,F_{NAB}=25\ \text{kN}$$

$$\sum F_x=0,\quad F_{NAC}+\frac{3}{5}F_{NAB}=0,F_{NAC}=-15\ \text{kN}$$

(2)求各杆的伸长：

$$\Delta l_{AB}=\frac{F_{NAB}l_{AB}}{EA_{AB}}=\frac{25\times10^{3}\times2.5}{200\times10^{9}\times\frac{\pi}{4}\times8^{2}\times10^{-6}}=0.006\ 2\ \text{m}=6.2\ \text{mm}$$

$$\Delta l_{AC}=\frac{F_{NAB}l_{AC}}{EA_{AC}}=\frac{-15\times10^{3}\times1.5}{200\times10^{9}\times40\times10^{-6}}=0.002\ 82\ \text{m}=-2.8\ \text{mm}$$

(3)求 A 点的位移及方向。

A 点的水平位移为

$$\Delta l_{h}=|\Delta l_{AC}|=2.8\ \text{mm}$$

A 点的竖向位移为

$$\Delta l_{v}=\frac{\Delta l_{AB}}{\sin\alpha}+|\Delta l_{AC}|\cot\alpha=6.2\times\frac{5}{4}+2.8\times\frac{3}{4}=9.85\ \text{mm}$$

A 点的总位移为

$$\Delta_{A}=\sqrt{\Delta l_{h}^{2}+\Delta l_{v}^{2}}=\sqrt{2.8^{2}+9.85^{2}}=10.24\ \text{mm}$$

与水平杆的夹角为

$$\tan\beta=\frac{9.85}{2.8}=3.518,\beta=74°8'$$

6-11 图示一三角架，在节点 A 受力 F 作用。设 AB 为圆截面钢杆，直径为 d，杆长为 l_1；AC 为空心圆管，截面面积为 A_2，杆长为 l_2。已知材料的容许应力$[\sigma]=160$ MPa，$F=10$ kN，$d=10$ mm，$A_2=50\times10^{-8}\ \text{m}^2$，$l_1=2.5$ m，$l_2=1.5$ m。试对结构作强度校核。

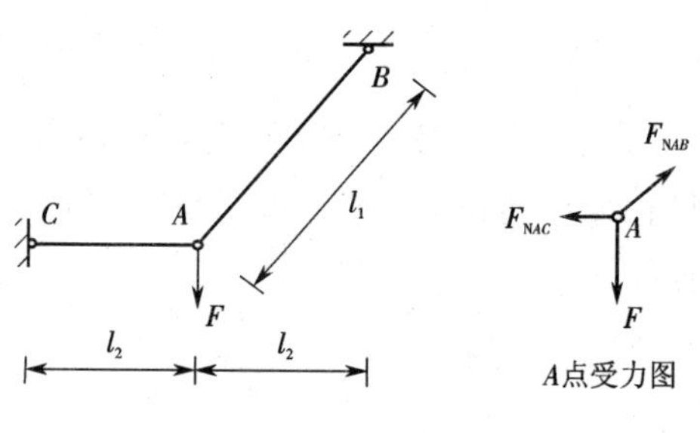

习题 6-11 图

解 (1)求各杆的轴力，取 A 节点为脱离体，有

$$\sum F_y=0,\quad \frac{4}{5}F_{NAB}-F=0,F_{NAB}=12.5\ \text{kN}$$

$$\sum F_x=0,\quad -F_{NAC}+\frac{3}{5}F_{NAB}=0,F_{NAC}=7.5\ \text{kN}$$

(2)计算各杆截面的应力：

$$\sigma_{AB}=\frac{F_{NAB}}{A_{AB}}=\frac{12.5\times10^{3}}{\frac{\pi}{4}\times10^{2}\times10^{-6}}=159\times10^{6}\ \text{Pa}=159\ \text{MPa}<[\sigma]=160\ \text{MPa}$$

$$\sigma_{AC}=\frac{F_{NAC}}{A_{AC}}=\frac{7.5\times10^{3}}{50\times10^{-6}}=150\times10^{6}\ \text{Pa}=150\ \text{MPa}<[\sigma]=160\ \text{MPa}$$

故满足强度条件，结构是安全的。

6－12 图(a)所示一桁架，每杆长均为 1 m，并均由两根等边角钢焊接而成(图(b))。设 $F=400$ kN，钢的许用应力$[\sigma]=160$ MPa。试对每杆选择角钢型号(对受压杆不考虑压弯的因素)。

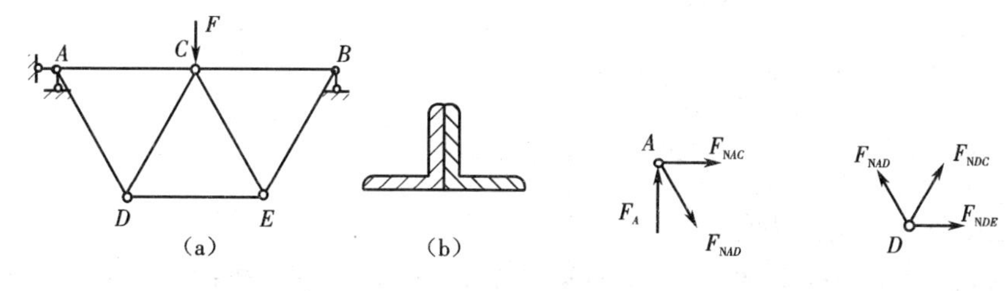

习题 6－12 图

解 (1)求支座反力：

$$F_A=F_B=F/2=200\ \text{kN}$$

(2)求各杆轴力，由于对称，只需计算 A、D 节点。

A 节点：

$$\sum F_y=0,\quad \frac{\sqrt{3}}{2}F_{NAD}-F_A=0, F_{NAD}=230.9\ \text{kN}$$

$$\sum F_x=0,\quad F_{NAC}+\frac{1}{2}F_{NAD}=0, F_{NAC}=-115.5\ \text{kN}$$

D 节点：

$$\sum F_y=0,\quad \frac{\sqrt{3}}{2}F_{NAD}+\frac{\sqrt{3}}{2}F_{NCD}=0, F_{NDC}=-230.9\ \text{kN}$$

$$\sum F_x=0,\quad F_{NDE}-\frac{1}{2}F_{NAD}+\frac{1}{2}F_{NDC}=0, F_{NDE}=230.9\ \text{kN}$$

(3)由强度条件计算各杆的截面面积：

$$A\leqslant\frac{F_{NAD}}{[\sigma]}=\frac{230.9\times10^3}{2\times160\times10^6}=721.7\times10^{-6}\ \text{m}^2=721.7\ \text{mm}^2$$

对于 AD、CD、CE、BE、DE 杆，查表知选∟63×63×6，有

$$A\leqslant\frac{F_{NAC}}{[\sigma]}=\frac{115.5\times10^3}{2\times160\times10^6}=360.9\times10^{-6}\ \text{m}^2=360.9\ \text{mm}^2$$

对于 AC、BC 杆，查表知选∟40×40×5。

6－13 如图所示三角架 ABC 由 AC 和 BC 两杆组成。杆 AC 由两根 No. 12b 的槽钢组成，许用应力$[\sigma]=160$ MPa；杆 BC 为一根 No. 22a 的工字钢，许用应力$[\sigma]=100$ MPa。试求荷载 F 的许用值$[F]$。

解 (1)求各杆的轴力，取 C 节点为脱离体，有

$$\sum F_x=0,\quad \sum F_y=0, F_{NAC}=-F_{NAC}=F$$

查表知：$A_{AC}=2\times15.69\ \text{cm}^2$，$A_{BC}=42\ \text{cm}^2$。

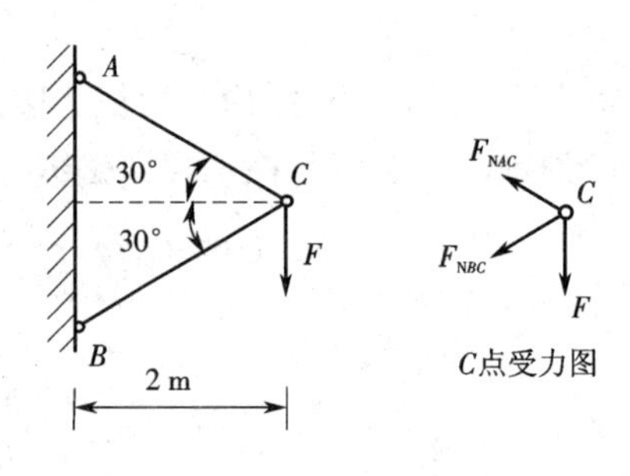

习题 6－13 图

(2)由强度条件确定许用荷载:

$$F_{NAC}=[\sigma]A_{AC}=160\times10^{6}\times2\times15.69\times10^{-4}=502\times10^{3}\ \text{N},F=F_{AC}=502\times10^{3}\ \text{N}$$

$$F_{NBC}=[\sigma]A_{BC}=100\times10^{6}\times42\times10^{-4}=420\times10^{3}\ \text{N},F=F_{AC}=420\times10^{3}\ \text{N}$$

所以,许用荷载$[F]=420$ kN。

6－14 如图(a)所示石柱桥墩,压力$F=1\ 000$ kN,石料密度$\rho=25\ \text{kN/m}^3$,许用应力$[\sigma]=1$ MPa。试比较下列三种情况下所需石料体积:

(1)等截面石柱;

(2)三段等长度的阶梯石柱;

(3)等强度石柱(柱的每个截面的应力都等于许用应力$[\sigma]$)。

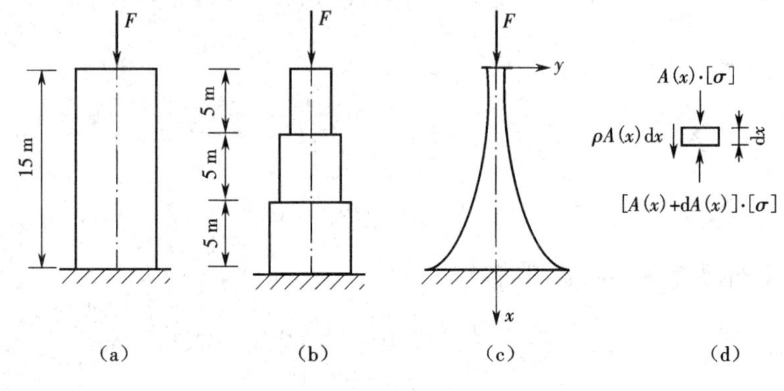

习题 6－14 图

解 (1)采用等截面石柱。结构如图(a)所示,设柱的横截面面积和长度分别为A和l,底部截面轴力最大,其值为

$$F_N=F+\rho Al$$

强度条件为

$$\sigma=\frac{F_N}{A}=\frac{F+\rho Al}{A}=\frac{F}{A}+\rho l\leqslant[\sigma]$$

于是有

$$A=\frac{F}{[\sigma]-\rho l}=\frac{1\ 000\times10^{3}}{1.0\times10^{6}-25\times10^{3}\times15}=1.6\ \text{m}^2$$

所用石料体积为

$$V_1 = Al = 1.6 \times 15 = 24 \text{ m}^3$$

(2)采用三段等长度的阶梯石柱。结构如图(b)所示,按从上到下顺序,设各段横截面面积和长度分别为 A_1, l_1,A_2,l_2 和 A_3,l_3。显然,各阶梯段下端截面轴力最大,分别为

$$F_{N1} = F + \rho A_1 l_1, F_{N2} = F + \rho A_1 l_1 + \rho A_2 l_2, F_{N3} = F + \rho A_1 l_1 + \rho A_2 l_2 + \rho A_3 l_3$$

由于石柱的各段均应满足强度条件,于是得

$$A_1 = \frac{F}{[\sigma] - \rho l_1} = \frac{1\ 000 \times 10^3}{1\ 000 \times 10^3 + 25 \times 10^3 \times 5} = 1.14 \text{ m}^2$$

$$A_2 = \frac{F + \rho l_1 A_1}{[\sigma] - \rho l_2} = \frac{1\ 000 \times 10^3 + 25 \times 10^3 \times 5 \times 1.14}{1.0 \times 10^6 - 25 \times 10^3 \times 5} = 1.31 \text{ m}^2$$

$$A_3 = \frac{F + \rho l_1 A_1}{[\sigma] - \rho l_3} = \frac{1\ 000 \times 10^3 + 25 \times 10^3 \times 5 \times 1.14 + 25 \times 10^3 \times 5 \times 1.31}{1.0 \times 10^6 - 25 \times 10^3 \times 5} = 1.49 \text{ m}^2$$

所用石料体积为

$$V_2 = (A_1 + A_2 + A_3) l_1 = (1.14 + 1.31 + 1.49) \times 5 = 19.7 \text{ m}^3$$

(3)采用等强度石柱。所谓等强度石柱,即要求每一个横截面上的应力都等于许用应力 $[\sigma]$。取 x 坐标如图(c)所示,则根据等强度要求,有

$$\sigma(x) = \frac{F_N(x)}{A(x)} = [\sigma]$$

由于不同截面上轴力不同,因而横截面面积必须随 x 坐标变化才能满足上式。为确定横截面面积随 x 坐标的变化规律,在石柱中 x 处取 dx 微段,设微段上截面的面积为 $A(x)$,则下截面的面积为 $A(x) + dA(x)$,微段石柱的受力情况如图(d)所示。

考虑微段的静力平衡,有

$$[A(x) + dA(x)][\sigma] = A(x)[\sigma] + \rho A(x) dx$$

$$dA(x)[\sigma] = \rho A(x) dx$$

设桥墩顶端截面($x=0$)的面积为 A_0,对上式积分,得 x 截面的面积为

$$A(x) = e^{\frac{\rho}{[\sigma]}x}$$

由于

$$A_0 = \frac{F}{[\sigma]} = \frac{1\ 000 \times 10^3}{1.0 \times 10^6} = 1 \text{ m}^2$$

石柱下端截面面积

$$A(l) = A_0 e^{\frac{\rho l}{[\sigma]}} = 1 \times e^{\frac{25 \times 103 \times 15}{1 \times 106}} = 1.45 \text{ m}^2$$

石柱的体积可由积分求得,也可用下面的简便方法求解。

石柱下端截面的轴力

$$F_N(l) = F + G$$

式中:G 为石柱的自重,$G = \rho V_3$。

由石柱的下端截面强度条件得

$$\sigma(l) = \frac{F + G}{A(l)} = [\sigma]$$

$$G=[\sigma]A(l)-F$$

所以,石柱的体积为

$$V_3=\frac{G}{\rho}=\frac{[\sigma]A(l)-F}{\rho}=\frac{1\times10^6\times1.45-1\ 000\times10^3}{25\times10^3}=18\ \text{m}^3$$

三种情况下所需石料的体积比值为24:19.7:18,或1.33:1.09:1。

讨论:计算结果表明,采用等强度石柱时最节省材料,这是因为这种设计使得各截面的正应力均达到许用应力,使材料得到充分利用。

6-15 如图所示滑轮结构,AB杆为钢材,截面为圆形,直径$d=20$ mm,许用应力$[\sigma]=160$ MPa;BC杆为木材,截面为正方形,边长$a=60$ mm,许用应力$[\sigma]=12$ MPa。试计算此结构的许用荷载$[F]$。

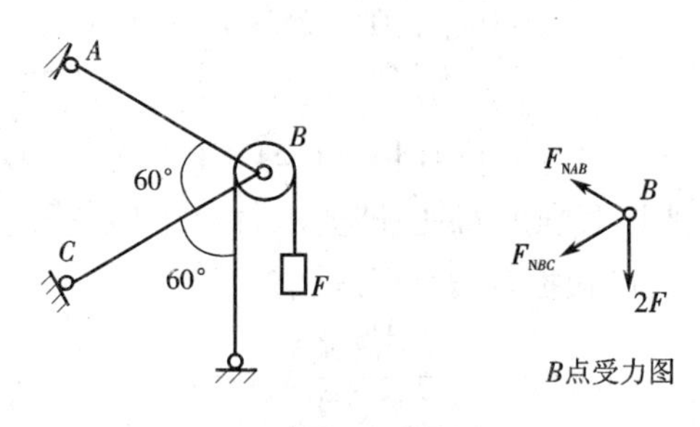

习题6-15图

解 (1)求各杆的轴力,取B节点为脱离体,并将滑轮作用力直接作用在节点上,有

$$\sum F_x=0,\quad \sum F_y=0,F_{NAB}=-F_{NBC}=2F$$

(2)由强度条件确定许用荷载:

$$F_{NAC}=[\sigma]A_{AC}=160\times10^6\times\frac{\pi}{4}\times20^2\times10^{-6}=50.24\times10^3\ \text{N},F=\frac{1}{2}F_{NAC}=25.12\times10^3\ \text{N}$$

$$F_{NBC}=[\sigma]A_{BC}=12\times10^6\times60\times60\times10^{-6}=43.2\times10^3\ \text{N},F=\frac{1}{2}F_{NBC}=21.6\times10^3\ \text{N}$$

所以,许用荷载$[F]=21.6$ kN。

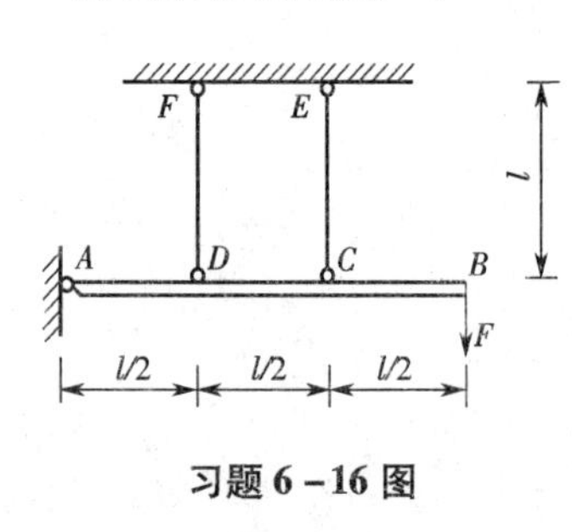

习题6-16图

6-16 图示结构由刚性杆AB及两弹性杆EC及FD组成,在B端受力F作用。两弹性杆由相同材料组成,且长度相等、横截面面积相同,试求杆EC和FD的内力。

6-17 图示拉杆①、②为钢杆,直径d均为10 mm。现测得杆②的轴向线应变$\varepsilon_2=10^{-4}$,已知$E=2\times10^5$ MPa。试求:(1)杆①的线应变ε_1;(2)两杆的轴力F_{N1},F_{N2};(3)荷载F。

解 该结构为一次超静定,需要建立一个补充方程。

(1)静力方面。取脱离体如图所示,F_{N1}、F_{N2}以实际方向给出。建立有效的平衡方程

$$\sum M_A=0,\quad F_{N1}\times0.5+F_{N2}\times1-F\times1.5=0 \tag{a}$$

(2)几何方面。刚性杆AB在F作用下变形如图所示,②杆的伸长Δl_2与①杆的伸长Δl_1几

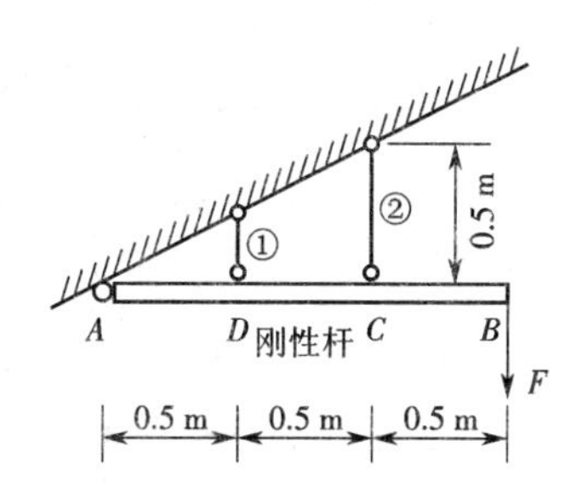

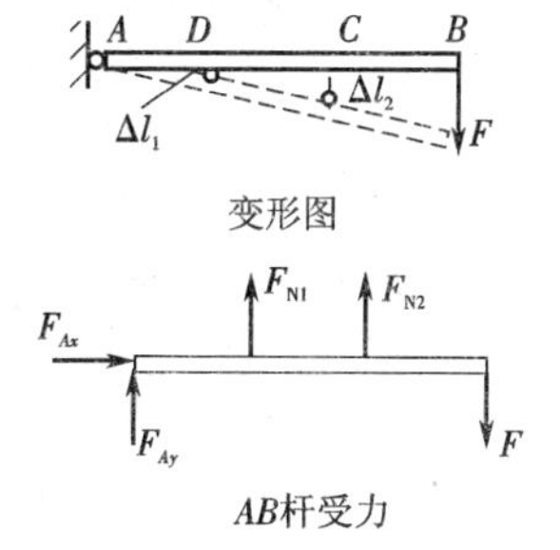

习题 6－17 图

何关系为

$$\Delta l_1 = \frac{1}{2}\Delta l_2 \tag{b}$$

(3)物理方面。根据胡克定律,有

$$\Delta l_1 = \frac{F_{N1} \times 0.25}{EA}, \quad \Delta l_2 = \frac{F_{N2} \times 0.5}{EA} \tag{c}$$

将式(c)代入式(b)得

$$F_{N1} = F_{N2} \tag{d}$$

此式为补充方程。与平衡方程(a)联立求解,即得

$$F_{N1} = F_{N2} = F \tag{e}$$

由 $\varepsilon_2 = \dfrac{\Delta l_2}{l_2} = \dfrac{F_{N2}}{EA}$得

$$F_{N2} = EA\varepsilon_2 = 2 \times 10^{11} \times \frac{\pi}{4} \times 10^2 \times 10^{-6} \times 10^{-4} = 1.57\ \text{kN}$$

$$F = F_{N1} = F_{N2} = 1.57\ \text{kN}$$

杆①的线应变为

$$\varepsilon_1 = \frac{\Delta l_1}{l_1} = \frac{1}{2}\frac{\Delta l_2}{l_1} = \frac{1}{4}\frac{\Delta l_2}{l_2} = \frac{1}{4}\varepsilon_2 = 2.5 \times 10^{-5}$$

6－18 图示结构,杆①与杆②的弹性模量均为 E,横截面面积均为 A,梁 BC 为刚体,载荷 $F = 20$ kN,许用拉应力$[\sigma_t] = 160$ MPa,许用压应力$[\sigma_c] = 110$ MPa。试确定杆的横截面面积。

解 该结构为一次超静定,需要建立一个补充方程。

(1)静力方面。取脱离体如图所示,F_{N1}、F_{N2}以实际方向给出。建立有效的平衡方程

$$\sum M_A = 0, \quad F_{N1} \times a + F_{N2} \times a - F \times 2a = 0 \tag{a}$$

(2)几何方面。刚性杆 BC 在 F 作用下变形如图所示,①杆的伸长 Δl_1与②杆的伸长 Δl_2几何关系为

$$\Delta l_1 = \Delta l_2 \tag{b}$$

(3)物理方面。根据胡克定律,有

$$\Delta l_1 = \frac{F_{N1} l}{EA}, \quad \Delta l_2 = \frac{F_{N2} l}{EA} \tag{c}$$

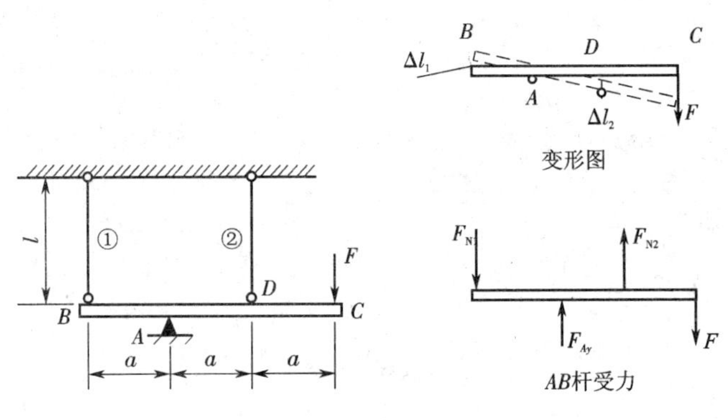

习题 6－18 图

将式(c)代入式(b)得

$$F_{N1} = F_{N2} \tag{d}$$

此式为补充方程。与平衡方程(a)联立求解,即得

$$F_{N1} = F_{N2} = F = 20\ \text{kN} \tag{e}$$

由于杆①的轴力为压力,故杆②的轴力为拉力,有

$$\sigma_1 = \frac{F_{N1}}{A_1} \leqslant [\sigma_c], A_1 \geqslant \frac{F_{N1}}{[\sigma_c]} = \frac{20 \times 10^3}{110 \times 10^6} = 1.82 \times 10^{-4}\text{m}^2$$

$$\sigma_2 = \frac{F_{N2}}{A_2} \leqslant [\sigma_t], A_2 \geqslant \frac{F_{N2}}{[\sigma_t]} = \frac{20 \times 10^3}{160 \times 10^6} = 1.25 \times 10^{-4}\ \text{m}^2$$

6－19 图示一钢螺栓穿过铜套管,在一端由螺母拧住(此时螺母与套管间无间隙,螺杆和套管内无应力)。已知螺栓杆的直径 $D_1 = 20$ mm,螺距 $p = 1$ mm,铜套管的外径 $D_2 = 40$ mm,内径 $d_2 = 22$ mm,长度 $l = 200$ mm,钢和铜的弹性模量分别为 $E_1 = 200$ GPa, $E_2 = 100$ GPa。试求当再将螺母拧紧 1/4 圈时,螺栓和套管内的应力(不计螺栓头和螺母的变形)。

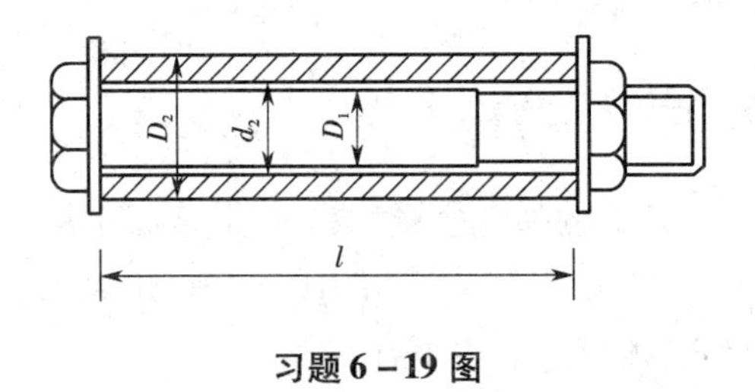

习题 6－19 图

解 (1)受力分析:螺栓对垫圈的作用力等于套管对垫圈的作用力,即 $F_{N1} = F_{N2}$。

(2)根据题意,其位移条件为

$$\Delta l_1 + \Delta l_2 = \frac{p}{4}, \quad \Delta l_1 = \frac{F_{N1} l}{E_1 A_1}, \quad \Delta l_2 = \frac{F_{N2} l}{E_2 A_2}$$

其中,Δl_1、Δl_2 分别为螺栓的伸长及套管的缩短,考虑 $F_{N1} = F_{N2}$,可计算出

$$F_{N1} = F_{N1} = \frac{A_1 E_1 A_2 E_2 p}{4(A_1 E_1 + A_2 E_2) l}$$

将 $A_1=\frac{\pi}{4}\times 20^2=314\ \text{mm}^2, A_2=\frac{\pi}{4}\times(40^2-20^2)=876.5\ \text{mm}^2$ 代入得

$$F_{N1}=F_{N2}=\frac{200\times 314\times 100\times 876.5\times 1}{4\times(200\times 314+100\times 876.5)\times 200}=45.7\ \text{kN}$$

(3)螺栓横截面的应力为拉应力,即

$$\sigma=\frac{F_{N1}}{A_1}=\frac{45.7\times 10^3}{314\times 10^{-6}}=146\times 10^6\ \text{Pa}=146\ \text{MPa}$$

套管横截面的应力为压应力,即

$$\sigma=\frac{F_{N2}}{A_2}=\frac{-45.7\times 10^3}{876.5\times 10^{-6}}=-52.1\times 10^6\ \text{Pa}=-52.1\ \text{MPa}$$

6-20 图示杆件在 A 端固定,另一端离刚性支撑 B 有一空隙 $\delta=1$ mm。试求当杆件受 $F=50$ kN 的作用后,杆的轴力。设 $E=100$ GPa,$A=200\ \text{mm}^2$。

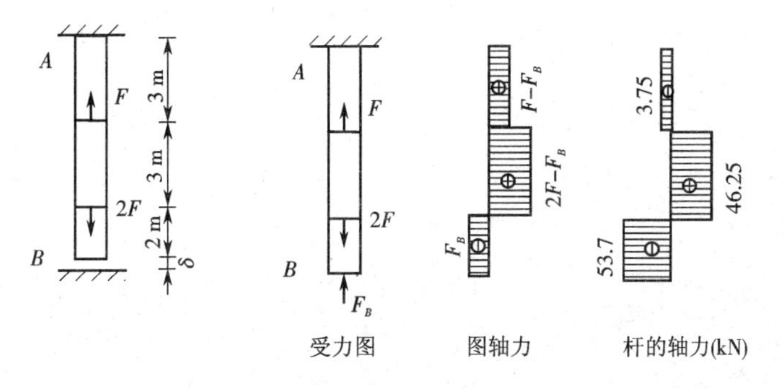

习题 6-20 图

解 在外力作用下 B 端将与支座接触,支座产生反力,取图示情况进行分析,并作出轴力图。

位移条件:

$$\Delta l=\frac{-F_B\times 2}{EA}+\frac{(2F-F_B)\times 3}{EA}+\frac{(F-F_B)\times 3}{EA}=\frac{9F-8F_B}{EA}=\delta$$

代入有

$$F_B=\frac{1}{8}(9\times 50\times 10^3-100\times 10^9\times 200\times 10^{-6})\times 1\times 10^{-3}=53.75\times 10^3=53.7\ \text{kN}$$

最终杆件轴力图如图所示。

6-21 图示一圆筒形容器的纵截面,容器装满密度为 ρ 的液体。试求离顶面距离 y 处纵截面上的正应力 σ_t(设 σ_t沿壁厚平均分布)。

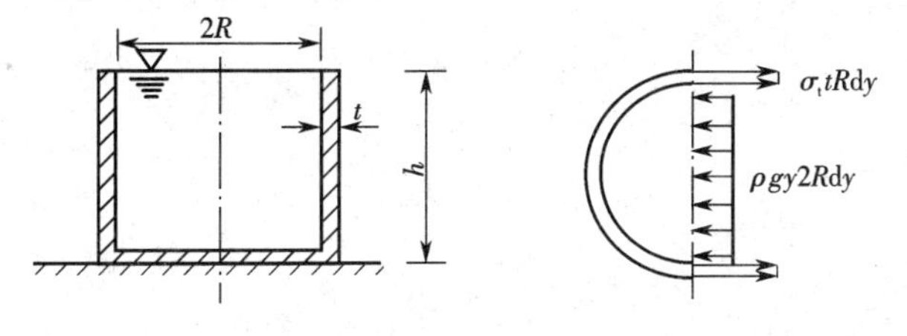

习题 6-21 图

解 在 y 处取 dy 微段并沿径向截开，如图所示。

由

$$\sum F_x = 0, \quad 2\sigma_t tR\mathrm{d}y - \rho g y 2R\mathrm{d}y = 0$$

得

$$\sigma_t = \frac{\rho g R y}{t}$$

习题 6－1、6－3、6－8、6－9、6－16 答案请扫二维码。

第 7 章　剪　　切

7.1　理论要点

一、剪切的概念

剪切变形是杆件的基本变形之一。如图 7－1(a)所示，当杆件受到一对垂直于杆轴、大小相等、方向相反、作用线相距很近的力 F 作用时，力 F 作用线之间的各横截面都将发生相对错动，即剪切变形。若力 F 过大，杆件将在力 F 作用线之间的某一横截面 $m—m$ 处被剪断，$m—m$ 称为**剪切面**。如图 7－1(b)所示，截面 $b—b$ 相对于截面 $a—a$ 发生了错动。

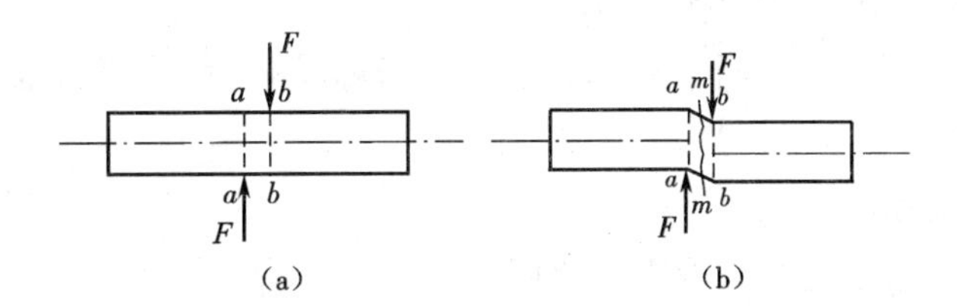

图 7－1

二、剪切的实用计算

构件受剪切作用时，作用在剪切面上平行于截面的内力称为剪力，用 F_S 表示，可用截面法计算。剪切面上的应力称为切应力，用 τ 表示。剪切面上切应力的分布是比较复杂的，工程中采用实用计算的方法，假定剪切面上切应力是均匀分布的。即

$$\tau = \frac{F_S}{A_S} \tag{7-1}$$

式中：F_S 为剪切面上的剪力，A_S 为剪切面面积。切应力的方向与剪力 F_S 一致，实质上就是截面上的平均切应力，称为计算切应力(又称名义切应力)。

剪切实用计算的强度条件为

$$\tau = \frac{F_S}{A_S} \leqslant [\tau] \tag{7-2}$$

式中：$[\tau]$ 为许用切应力。

在连接件中，有一个剪切面的称为单剪，有两个剪切面的称为双剪。

三、挤压的实用计算

连接件在发生剪切变形的同时，还伴随着局部受压现象，这种现象称为**挤压**。作用在承压面上的压力称为**挤压力**。在承压面上由于挤压作用而引起的应力称为**挤压应力**。挤压应力的实际分布情况比较复杂，在工程实际计算中，通常采用实用计算的方法。

在挤压的实用计算中，计算挤压面为承压面在垂直于挤压力方向的平面上的投影。计算挤压应力的计算式为

$$\sigma_{bs}=\frac{F_{bs}}{A_{bs}} \tag{7-3}$$

式中：F_{bs}为接触面上的挤压力；A_{bs}为计算挤压面的面积。

实用计算的挤压强度条件为

$$\sigma_{bs}=\frac{F_{bs}}{A_{bs}}\leqslant[\sigma_{bs}] \tag{7-4}$$

式中：$[\sigma_{bs}]$为许用挤压应力。试验表明，许用挤压应力$[\sigma_{bs}]$比许用应力$[\sigma]$大，对于钢材，可取$[\sigma_{bs}]=(1.7\sim2.0)[\sigma]$。

四、接头破坏形式及强度计算

铆钉连接的破坏有下列三种形式：

(1)铆钉沿其剪切面被剪断；

(2)铆钉与钢板之间的挤压破坏；

(3)钢板沿被削弱了的横截面被拉断。

为了保证铆钉连接的正常工作，必须避免上述三种破坏的发生，根据强度条件分别对三种情况作实用强度计算：

(1)铆钉的剪切实用计算；

(2)铆钉与钢板孔壁之间的挤压实用计算；

(3)钢板的抗拉强度校核。

7.2 例题详解

例题 7-1 木质矩形截面拉杆接头如图 7-2 所示，已知轴向拉力 $F=50$ kN，截面宽度 $b=25$ cm，高度 $c=10$ cm，木材的顺纹容许挤压应力$[\sigma]=10$ MPa，顺纹容许切应力$[\tau]=1$ MPa，试求接头处所需的尺寸 l 和 a。

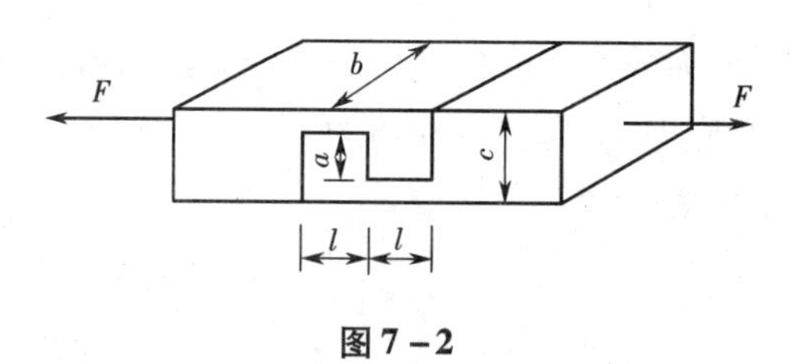

图 7-2

【解题指导】 本题的关键是正确判断挤压面和剪切面，挤压面的面积为 ab，剪切面的面积为 lb。接头处挤压面所受到的挤压力为 F，剪切面上的剪力也为 F。

解 (1)由挤压强度 $\sigma_{bs}=\frac{F_{bs}}{A_{bs}}\leqslant[\sigma_{bs}]$，得

$$A_{bs}=ab\geqslant\frac{F_{bs}}{[\sigma_{bs}]}=\frac{50\times10^3}{10\times10^6}=0.005\ \text{m}^2$$

所以

$$a=\frac{A_{bs}}{b}\geqslant\frac{0.005}{0.25}=0.02\ \text{m}=20\ \text{mm}$$

(2)由剪切强度 $\tau=\frac{F_S}{A_S}\leqslant[\tau]$,得

$$A_S=lb\geqslant\frac{F_S}{[\tau]}=\frac{50\times10^3}{1\times10^6}=0.05\ \text{m}^2$$

所以

$$l=\frac{A_S}{b}\geqslant\frac{0.05}{0.25}=0.2\ \text{m}=200\ \text{mm}$$

例题 7-2 如图 7-3 所示,螺钉受到拉力 F 的作用,已知材料的许用切应力$[\tau]$和许用拉伸应力$[\sigma]$之间的关系约为$[\tau]=0.6[\sigma]$,试求螺钉直径 d 与螺钉头高度 h 的合理比值。

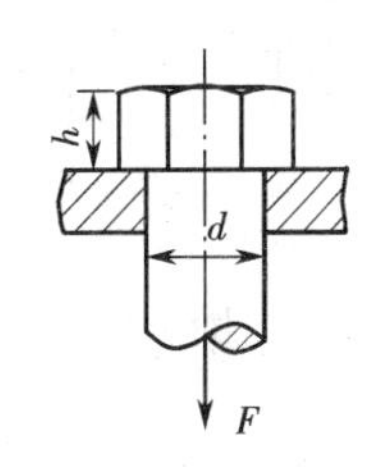

图 7-3

【解题指导】 当螺钉杆和螺钉头内的应力同时达到各自的许用应力时,d 和 h 的比值最合理。

解 (1)由螺钉杆的抗拉强度,得

$$\sigma=\frac{F_N}{A}=\frac{4F}{\pi d^2}\leqslant[\sigma]$$

(2)由螺钉头的剪切强度,得

$$\tau=\frac{F_S}{A_S}=\frac{F}{\pi dh}\leqslant[\tau]$$

上述两式相比,得

$$\frac{[\sigma]}{[\tau]}=\frac{4h}{d}=\frac{1}{0.6}$$

所以,$\frac{d}{h}=2.4$。

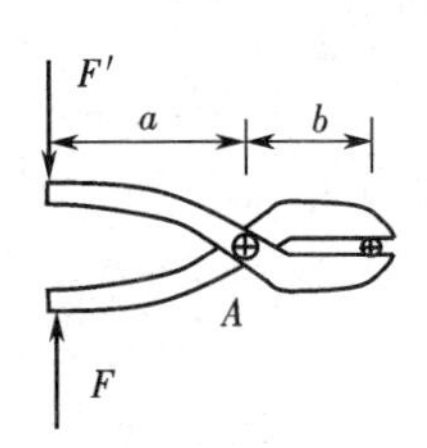

图 7-4

例题 7-3 如图 7-4 所示,用夹剪剪断直径为 3 mm 的铅丝,若铅丝的剪切极限应力约为 100 MPa,试问需要多大的力 F。已知 $a=200$ mm,$b=50$ mm。若销钉的直径为 8 mm,试求销钉内的剪应力。

【解题指导】 此题应先求出铅丝所受的剪力,再根据平衡就可求出外力 F。求销钉的切应力,也要先求出销钉所受到的剪力。

解 (1) 铅丝所能承受的最大剪力

$$F_S=\tau_u A=\tau_u\frac{\pi d^2}{4}=100\times10^6\times\frac{3.14\times0.003^2}{4}=706.5\ \text{N}$$

(2)根据平衡,对销钉 A 点取矩,得

$$Fa=F_Sb$$

所以

$$F=\frac{F_S b}{a}=\frac{706.5\times 0.05}{0.2}=176.6\ \text{N}$$

(3)销钉所受到的剪力为

$$F_{S1}=F_S+F=706.5+176.6=883.1\ \text{N}$$

切应力为

$$\tau=\frac{F_{S1}}{\frac{\pi d_1^{\ 2}}{4}}=\frac{883.1\times 4}{3.14\times 0.008^2}=17.58\times 10^6\ \text{Pa}=17.58\ \text{MPa}$$

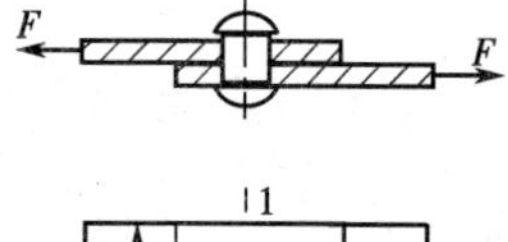

图 7-5

例题 7-4 如图 7-5 所示的铆接接头,钢板的宽度 $b=20$ mm,厚度 $t=3$ mm,铆钉直径 $d=5$ mm,许用切应力$[\tau]=80$ MPa,许用挤压应力$[\sigma_{bs}]=300$ MPa,钢板许用拉应力$[\sigma]=160$ MPa。试求荷载 F 的最大值。

【解题指导】 该题属于求荷载的许用值,该荷载应同时满足铆钉的剪切强度、铆钉的挤压强度、钢板的抗拉强度等要求。

解 (1)铆钉的剪切强度分析。

铆钉所受到的切应力为

$$\tau=\frac{F_S}{A_S}=\frac{F}{\pi d^2/4}$$

所以

$$F\leqslant\frac{\pi d^2[\tau]}{4}=\frac{3.14\times 0.005^2\times 80\times 10^6}{4}=1\ 570\ \text{N}$$

(2)铆钉的挤压强度分析。

铆钉与孔壁的最大挤压应力为

$$\sigma_{bs}=\frac{F}{td}$$

所以

$$F\leqslant[\sigma_{bs}]td=300\times 10^6\times 0.003\times 0.005=4\ 500\ \text{N}$$

(3)钢板的抗拉强度分析。

钢板 1—1 截面处应力最大,其值为

$$\sigma=\frac{F}{A}=\frac{F}{(b-d)t}$$

所以

$$F\leqslant(b-d)t[\sigma]=(0.02-0.005)\times 0.003\times 160\times 10^6=7\ 200\ \text{N}$$

综合考虑以上三个方面,可知荷载 F 的最大值 $F_{max}=1\ 570$ N。

例题 7-5 如图 7-6 所示钢板铆接接头,钢板宽度 $b=150$ mm,厚度 $t=10$ mm。设接头拉力 $F=30$ kN,铆钉直径 $d=18$ mm,铆钉的许用切应力$[\tau]=140$ MPa,铆钉的许用挤压应力$[\sigma_{bs}]=320$ MPa,钢板的许用拉应力$[\sigma]=100$ MPa,钢板的许用挤压应力$[\sigma_{bs}]=200$ MPa。

试校核钢板与铆钉的强度。

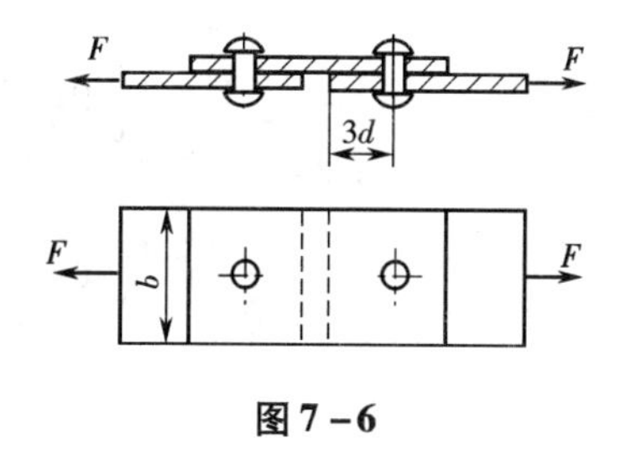

图 7-6

【解题指导】 由于铆钉后面自铆钉孔中心线至连接板端部的距离比较大，该处钢板承受剪切的面积也比较大，剪切强度足够，所以本题只需考虑钢板的拉伸强度、挤压强度以及铆钉的挤压强度、剪切强度。

解 (1)铆钉的剪切强度校核。

每个铆钉所受到的力等于 F，根据剪切强度条件式(7-2)得

$$\tau=\frac{F_S}{A_S}=\frac{F}{\pi d^2/4}=\frac{30\times 10^3}{\pi\times(18\times 10^{-3})^2/4}$$
$$=117.95\times 10^6\ \text{Pa}=117.95\ \text{MPa}<[\tau]=140\ \text{MPa}$$

满足剪切强度条件。

(2)铆钉的挤压强度校核。

上、下侧钢板与每个铆钉之间的挤压力均为 $F_{bs}=F$，由于上、下侧钢板厚度相同，所以只校核下侧钢板与每个铆钉之间的挤压强度，有

$$\sigma_{bs}=\frac{F_{bs}}{A_{bs}}=\frac{F}{dt}=\frac{30\times 10^3}{18\times 10^{-3}\times 10\times 10^{-3}}$$
$$=166.67\times 10^6\ \text{Pa}=166.67\ \text{MPa}<[\sigma_{bs}]=320\ \text{MPa}$$

满足挤压强度条件。

(3)钢板的抗拉强度校核。

考虑铆钉孔对钢板截面的削弱，则

$$\sigma=\frac{F_N}{A}=\frac{F_N}{(b-d)t}=\frac{30\times 10^3}{(0.15-0.018)\times 0.010}$$
$$=22.73\times 10^6\ \text{Pa}=22.73\ \text{MPa}<[\sigma]=100\ \text{MPa}$$

满足抗拉强度条件。

(4)钢板的挤压强度校核。

钢板所承受的挤压力为 F，有效挤压面积为 dt，则

$$\sigma_c=\frac{F_N}{dt}=\frac{30\times 10^3}{0.018\times 0.010}=166.67\times 10^6\ \text{Pa}=166.67\ \text{MPa}<[\sigma]=200\ \text{MPa}$$

满足挤压强度条件。

综上所述，该接头处铆钉及钢板的强度都是安全的。

例题 7-6 如图 7-7(a)所示铆钉连接，铆钉、盖板、主板的材料均为 Q235，其中主板宽度 $b=200$ mm，厚度 $t_1=15$ mm，上、下盖板的厚度 $t_2=8$ mm，铆钉的直径 $d=20$ mm。已知材料的许用拉应力$[\sigma]=160$ MPa，许用切应力$[\tau]=120$ MPa，许用挤压应力$[\sigma_{bs}]=340$ MPa，试确定该连接的许用荷载。

【解题指导】 求许用荷载，需同时对铆钉和钢板的强度进行计算。

解 (1)由剪切强度条件，铆钉有两个剪切面，则每个剪切面上的剪力为 $F/8$。则由

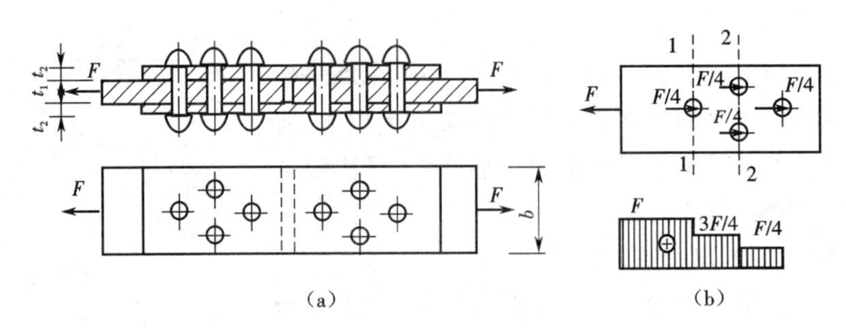

图 7 -7

$$\tau = \frac{F_S}{A_S} = \frac{F/8}{\pi d^2/4} \leqslant [\tau]$$

得

$$F \leqslant [\tau]\frac{\pi d^2}{4} \times 8 = 120 \times 10^6 \times \frac{3.14 \times 0.02^2}{4} \times 8 = 3.014\ 4 \times 10^5\ \text{N} = 301.44\ \text{kN}$$

(2)由挤压强度条件,铆钉中间段为挤压危险截面,其挤压力为 $F/4$。则由

$$\sigma_{bs} = \frac{F_{bs}}{A_{bs}} = \frac{F/4}{dt_1} < [\sigma_{bs}]$$

得

$$F \leqslant 4[\sigma_{bs}]dt_1 = 4 \times 340 \times 10^6 \times 0.02 \times 0.015 = 4.08 \times 10^5\ \text{N} = 408\ \text{kN}$$

(3)由钢板的抗拉强度条件,两块盖板的厚度之和大于主板的厚度,故只要计算主板的抗拉强度即可。主板的受力和轴力图如图 7 -7(b)所示,只验算 1—1、2—2 截面即可。

对于截面 1—1:

$$F_N = F, A = (b - md)t_1 = (0.2 - 1 \times 0.020) \times 0.015 = 0.002\ 7\ \text{m}^2$$

由 $\sigma = \frac{F_N}{A} \leqslant [\sigma]$ 得

$$F \leqslant [\sigma]A = 160 \times 10^6 \times 0.002\ 7 = 4.32 \times 10^5\ \text{N} = 432\ \text{kN}$$

对于截面 2—2:

$$F_N = 3F/4, A = (0.2 - 2 \times 0.02) \times 0.015 = 0.002\ 4\ \text{m}^2$$

$$F \leqslant \frac{4}{3}[\sigma]A = \frac{4}{3} \times 160 \times 10^6 \times 0.002\ 4 = 5.12 \times 10^5\ \text{N} = 512\ \text{kN}$$

比较上述结果,可知许用荷载,即荷载的最大值 $[F] = 301.44$ kN。

7.3 自测题

7 -1　两块相同的板由四个相同的铆钉连接,若采用如图 7 -8 所示的两种铆钉排列方式,则两种情况下板的(　　)。

A. 最大拉应力相等,挤压应力不相等　　B. 最大拉应力不相等,挤压应力相等

C. 最大拉应力和挤压应力都相等　　D. 最大拉应力和挤压应力都不相等

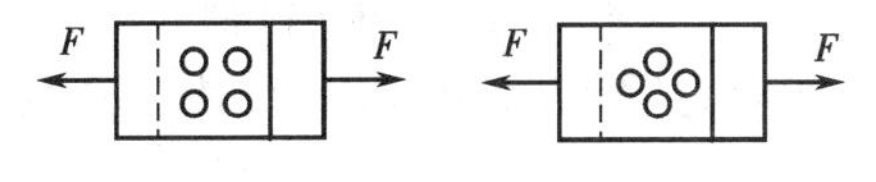

图 7－8

7－2　如图 7－9 所示，在平板和受拉螺栓之间垫一个垫圈，可以提高（　　）。

A. 螺栓的拉伸强度　　B. 螺栓的挤压强度

C. 螺栓的剪切强度　　D. 平板的挤压强度

7－3　在厚度为 5 mm 的钢板上，冲出一个形状如图 7－10 所示的孔，钢板剪断时的极限剪切应力 $\tau_u = 300$ MPa，试求冲床所需的冲力 F。

7－4　如图 7－11 所示，一螺杆将拉杆与厚度为 8 mm 的两块盖板相连接，各零件材料相同，许用拉应力 $[\sigma] = 80$ MPa，许用切应力 $[\tau] = 60$ MPa，许用挤压应力 $[\sigma_{bs}] = 160$ MPa，若拉杆的厚度 $t = 15$ mm，拉力 $F = 120$ kN，试确定螺栓直径 d 和拉杆宽度 b 的最小尺寸。

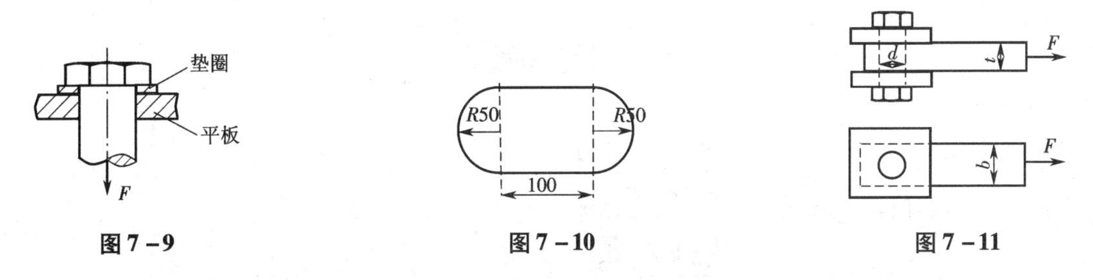

图 7－9　　图 7－10　　图 7－11

7－5　如图 7－12 所示，螺栓受拉力 F 作用，试求该螺栓所承受的挤压应力。

7－6　如图 7－13 所示，两块相同的钢板用 5 个铆钉连接，已知铆钉直径为 d，钢板厚度为 t、宽度为 b，试求铆钉所受到的最大切应力，并画出上钢板的轴力图。

7－7　如图 7－14 所示铆钉连接件中，铆钉直径为 d，钢板宽度为 b、厚度为 t，试写出铆钉的切应力和挤压应力表达式。

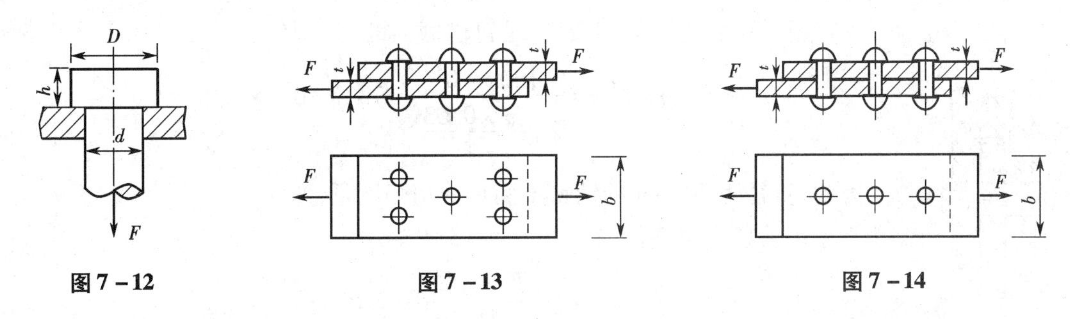

图 7－12　　图 7－13　　图 7－14

7－8　试校核如图 7－15 所示连接销钉的剪切强度。已知 $F = 100$ kN，销钉直径 $d = 30$ mm，材料的许用切应力 $[\tau] = 60$ MPa。若材料的强度不够，应改用多大直径的销钉。

7－9　测定材料剪切强度的剪切仪示意图如图 7－16 所示，设圆试件的直径 $d = 15$ mm，当压力等于 35 kN 时，试件被剪断，试求材料的名义剪切极限应力。若取许用切应力 $[\tau] = 80$ MPa，试求安全因数。

7－10　如图 7－17 所示铆钉连接，铆钉、盖板、主板的材料均为 Q235，其中主板宽度 $b =$

160 mm、厚度 $t_1=10$ mm，上、下盖板的厚度 $t_2=6$ mm，铆钉的直径 $d=20$ mm。已知材料的许用拉应力 $[\sigma]=170$ MPa，许用切应力 $[\tau]=130$ MPa，许用挤压应力 $[\sigma_{bs}]=300$ MPa，试确定该连接的许用荷载。

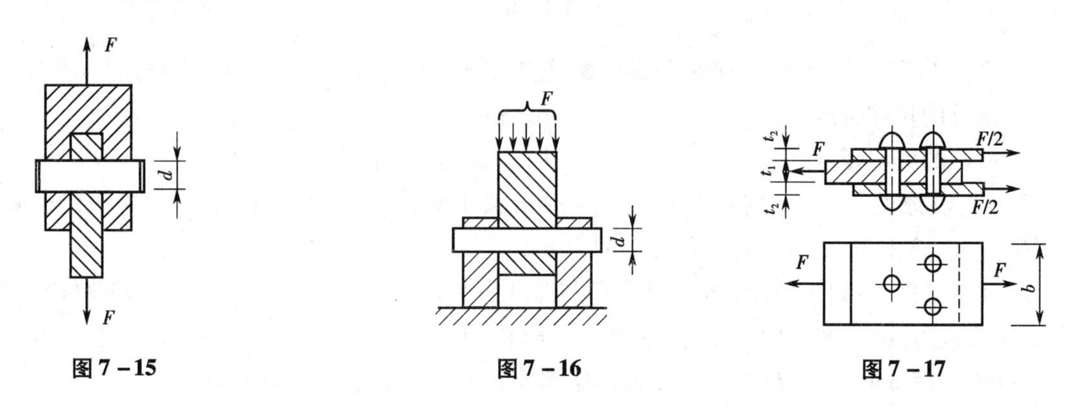

图 7－15　　图 7－16　　图 7－17

7.4　自测题解答

此部分内容请扫二维码。

7.5　习题解答

7－1　已知 $F=100$ kN，销钉直径 $d=30$ mm，材料许用切应力 $[\tau]=60$ MPa，试校核图示连接销钉的抗剪强度。若强度不够，应改为多大直径的销钉。

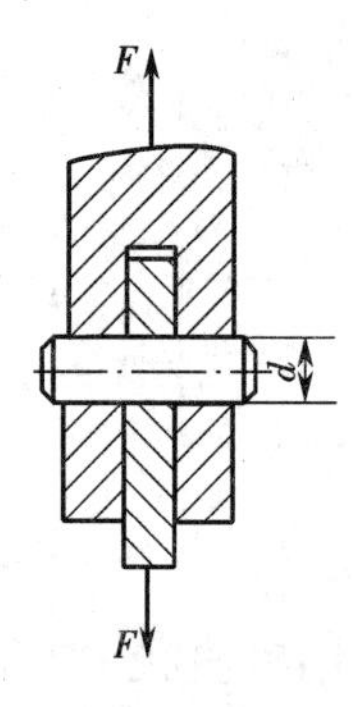

习题 7－1 图

解　销钉为双剪连接件，销钉横截面的切应力为

$$\tau_S=\frac{F_S}{A_S}=\frac{100\times10^3}{2\times\frac{\pi\times0.03^2}{4}}=70.7\ \text{MPa}>[\tau]$$

因此，直径为 30 mm 的销钉不满足剪切强度条件。

由剪切强度条件，有

$$\tau_S=\frac{F_S}{A_S}=\frac{100\times10^3}{2\times\frac{\pi d^2}{4}}\leqslant[\tau]$$

$$d\geqslant\sqrt{\frac{2\times100\times10^3}{\pi\times60\times10^6}}=0.032\ 6\ \text{m}=32.6\ \text{mm}$$

应改为直径大于 32.6 mm 的销钉。

7－2　冲床上用圆截面的冲头，需在厚度 $t=5$ mm 的薄钢板上冲出一个直径 $d=20$ mm 的圆孔，钢板的剪切强度极限为 320 MPa。试求：(1)所需冲力 F 大小；(2)若钢板的挤压强度极限为 640 MPa,能冲出直径 $d=20$ mm 的圆孔时,钢板的最大厚度 t。

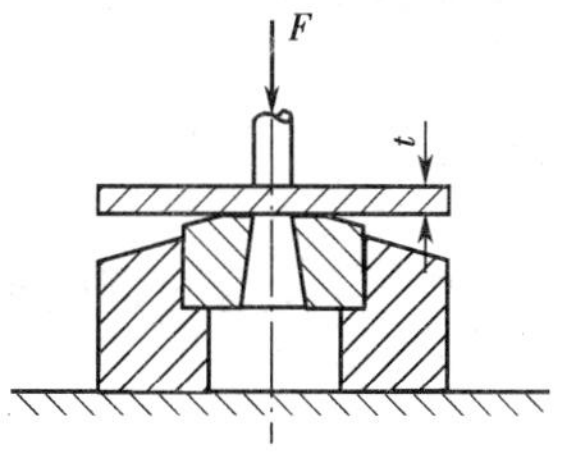

习题 7－2 图

解 (1)根据钢板的剪切强度条件 $\tau=\dfrac{F_S}{A_S}\leqslant[\tau]$,得

$$F_S\geqslant[\tau]A_S=320\times10^6\times0.005\times0.02\pi=100.5\ \text{kN}$$

因此,所需冲力 $F=100.5$ kN。

(2)根据钢板的挤压强度条件 $\sigma_{bs}=\dfrac{F_{bs}}{A_{bs}}\leqslant[\sigma_{bs}]$,得

$$F_{bs}\leqslant[\sigma_{bs}]A_{bs}=640\times10^6\times0.02^2\pi/4=201.1\ \text{kN}$$

根据钢板的剪切强度条件 $\tau=\dfrac{F_S}{A_S}\leqslant[\tau]$,如果钢板不被剪坏,应满足

$$A_S=\pi \mathrm{d}t\geqslant\frac{F_S}{[\tau]}$$

$$t\geqslant\frac{F_S}{\pi d[\tau]}=\frac{201.1\times10^3}{0.02\times320\times10^6\pi}=0.01\ \text{m}$$

因此,能冲出直径 $d=20$ mm 的圆孔时,钢板的最大厚度 t 应为 10 mm。

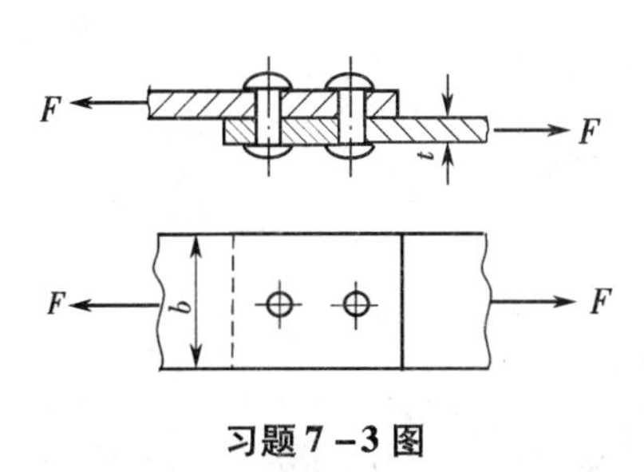

习题 7－3 图

7－3 如图所示,两块厚度 $t=10$ mm、宽度 $b=60$ mm 的钢板,用两个直径为 17 mm 的铆钉搭接在一起,钢板所受拉力 $F=60$ kN。已知铆钉和钢板的材料相同,许用切应力 $[\tau]=140$ MPa,许用挤压应力 $[\sigma_{bs}]=280$ MPa,许用拉应力 $[\sigma]=160$ MPa 。试校核该连接的强度。

7－4 图示一混凝土柱,其横截面为 0.2 m×0.2 m 的正方形,竖立在边长 $a=1$ m 的正方形混凝土基础板上,柱顶上承受轴向压力 $F=100$ kN。若地基对混凝土板的支承反力是均匀分布的,混凝土的许用切应力 $[\tau]=1.5$ MPa。试确定为使柱不会穿过混凝土板,板应有的最小厚度。

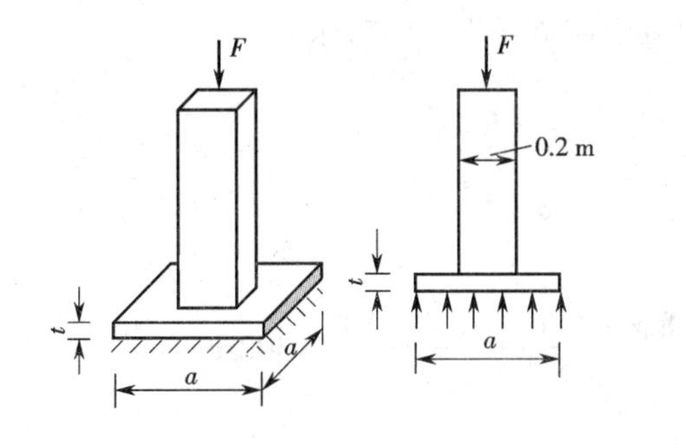

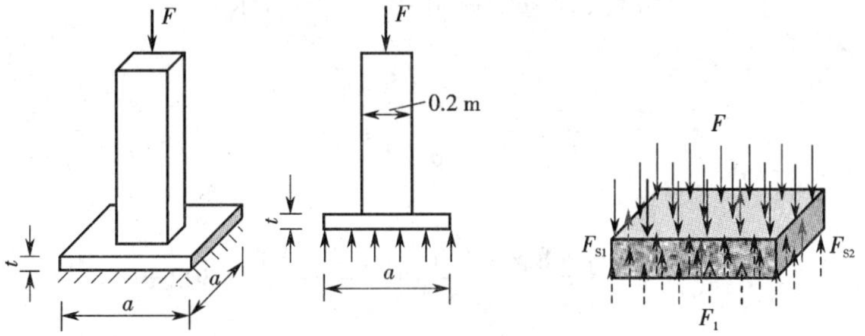

习题 7－4 图

解 以柱下部分为脱离体,基础板对脱离体的合力为

$$F_1=\frac{F}{A}A_1=\frac{100\times10^3}{1\times1}\times0.2\times0.2=4\ \text{kN}$$

脱离体共有 4 个剪切面,每个剪切面的面积为 $0.2t$。

每个剪切面上的剪力为

$$F_{S1}=F_{S2}=F_{S3}=F_{S4}=\frac{F-F_1}{4}=\frac{100\times10^3-4\times10^3}{4}=24\ \text{kN}$$

为使柱不会穿过混凝土板，应满足剪切强度条件 $\tau=\frac{F_S}{A_S}\leqslant[\tau]$，得

$$A_S=4\times0.2t\geqslant\frac{F_S}{[\tau]}$$

$$t\geqslant\frac{F_S}{[\tau]\times4\times0.2}=\frac{24\times10^3\times4}{1.5\times10^6\times4\times0.2}=80\ \text{mm}$$

所以，为使柱不会穿过混凝土板，板应有的最小厚度为 80 mm。

7-5 如图所示，两块主板覆以两块盖板的钢板连接，用铆钉对接，主板承受轴向荷载 F 作用。主板厚度 $t_1=15$ mm，盖板厚度 $t_2=8$ mm。材料的许用切应力 $[\tau]=120$ MPa，许用拉应力 $[\sigma]=160$ MPa，许用挤压应力 $[\sigma_{bs}]=340$ MPa。若采用直径 $d=20$ mm 的铆钉，试计算接头的许用荷载。

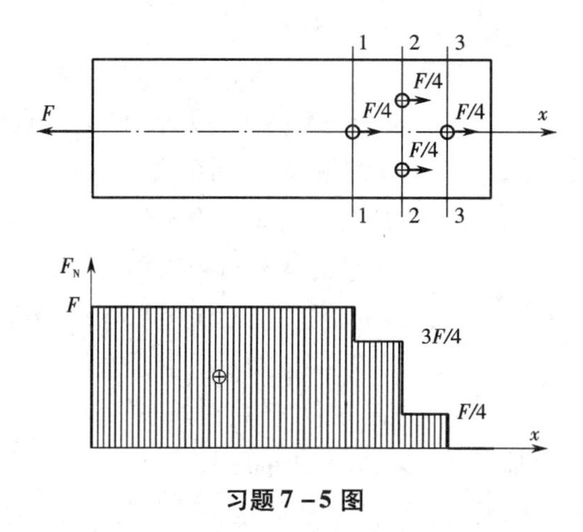

习题 7-5 图

解 设对接口一侧有 4 个铆钉，则每个铆钉受力如图所示。

(1)剪切强度：

$$\tau=\frac{F_S}{A_S}=\frac{F/8}{\pi d^2/4}\leqslant[\tau]$$

得

$$F\leqslant\frac{8\pi d^2[\tau]}{4}=\frac{8\pi\times0.02^2\times120\times10^6}{4}=302\ \text{kN}$$

(2)挤压强度：

$$\sigma_{bs}=\frac{F_{bs}}{A_{bs}}=\frac{F/4}{dt_1}\leqslant[\sigma_{bs}]$$

$$F\leqslant4dt_1[\sigma_{bs}]=4\times0.02\times0.015\times340\times10^6=408\ \text{kN}$$

由上可知，$[F]=302$ kN。

(3)主板抗拉强度。

两块盖板的厚度之和大于主板的厚度，故只校核主板的抗拉强度即可，主板的受力和轴力图如图所示。

对于截面1—1：

$$\sigma_1=\frac{F_{N1}}{A_1}=\frac{F}{(b-d)t_1}\leqslant[\sigma]$$

$$F\leqslant[\sigma](b-d)t_1=160\times10^6\times(0.2-0.02)\times0.15=432\ \text{kN}$$

对于截面2—2：

$$\sigma_2=\frac{F_{N2}}{A_2}=\frac{3F}{4(b-2d)t_1}\leqslant[\sigma]$$

$$F\leqslant\frac{4}{3}[\sigma](b-2d)t_1=\frac{4}{3}\times160\times10^6\times(0.2-2\times0.02)\times0.015=512\ \text{kN}$$

综上可知，$[F]=302$ kN。

7－6　已知图示销钉式安全联轴器中轴的直径 $D=30$ mm，其所传递的外力偶 M_e 需小于 300 N · m，否则销钉会被剪断，轴将停止工作。试设计销钉的直径 d。（销钉的剪切强度极限为 360 MPa）

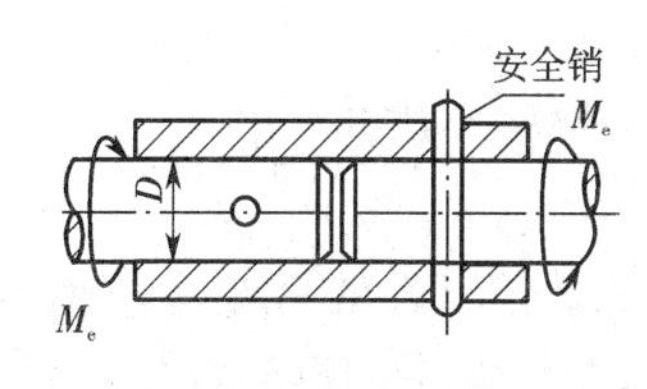

习题 7－6 图

解　安全销上每一个剪切面上的剪力为

$$F_S=\frac{M_e}{D}=\frac{300}{0.03}=10\ \text{kN}$$

由剪切强度条件

$$\tau_S=\frac{F_S}{A_S}=\frac{4F_S}{\pi d^2}\leqslant[\tau]$$

得

$$d\geqslant\sqrt{\frac{4F_S}{\pi[\tau]}}=\sqrt{\frac{4\times10\times10^3}{\pi\times360\times10^6}}=6\ \text{mm}$$

销钉的直径应不小于 6 mm。

7－7　图示凸缘联轴节传递的力偶矩 $M_e=200$ N · m，凸缘之间用 4 个螺栓连接，螺栓内径 $d=10$ mm，对称分布在 $D_0=80$ mm 的圆周上，螺栓的许用切应力 $[\tau]=60$ MPa，试校核螺栓的剪切强度。

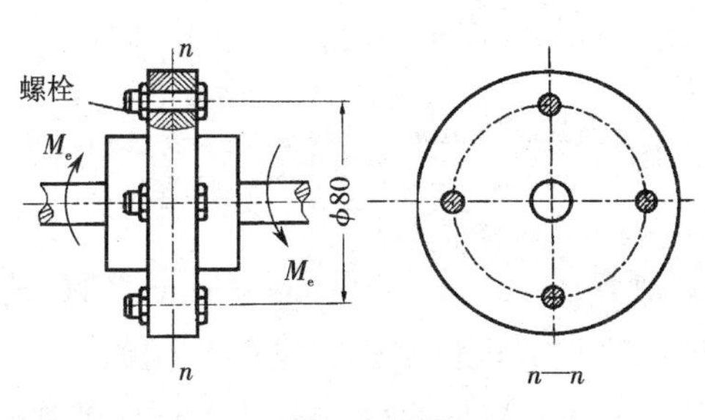

习题 7－7 图

解　螺栓每个剪切面上的剪力为

$$F_S=\frac{M_e}{2D}=\frac{200}{2\times0.08}=1.25\ \text{kN}$$

由剪切强度条件得

$$\tau_S=\frac{F_S}{A_S}=\frac{4F_S}{\pi d^2}=\frac{4\times1250}{\pi\times0.01^2}=15.9\ \text{MPa}\leqslant[\tau]$$

故螺栓满足剪切强度条件。

7－8　如图所示摇臂，承受载荷 F_1 与 F_2 作用，试确定轴销 B 的直径 d。已知载荷 $F_1=50$

kN, $F_2=35.4$ kN,许用切应力$[\tau]=100$ MPa,许用挤压应力$[\sigma_{bs}]=240$ MPa。

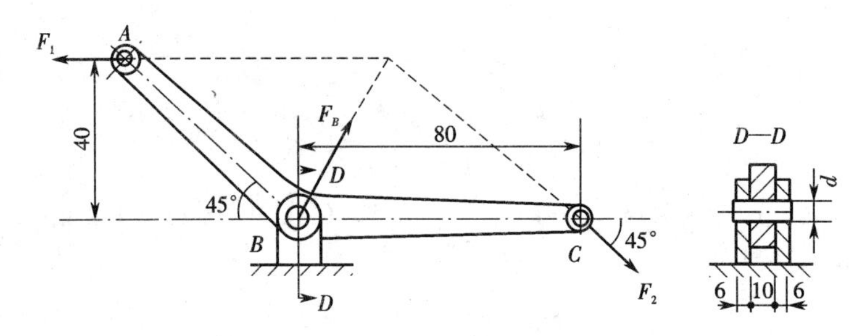

习题 7-8 图

解 (1)由静力平衡条件$\sum F_x=0$, $\sum F_y=0$,得

$$F_{Bx}-F_1+F_2\cos 45°=0$$

$$F_{By}-F_2\sin 45°=0$$

联立求解得

$$F_{Bx}=F_{By}=25 \text{ kN}$$

故销钉处的总支反力 $F_B=35.4$ kN。

(2)确定销钉的直径。

由剪切强度条件

$$\tau=\frac{F_S}{A_S}=\frac{2F_B}{\pi d^2}\leqslant[\tau]$$

$$d=\sqrt{\frac{2F_S}{\pi[\tau]}}=\sqrt{\frac{2\times 35.4\times 10^3}{\pi\times 100\times 10^6}}=15 \text{ mm}$$

由挤压强度条件

$$\sigma_{bs}=\frac{F_{bs}}{A_{bs}}=\frac{F_B}{d\delta}\leqslant[\sigma_{bs}]$$

$$F\leqslant 4dt_1[\sigma_{bs}]=4\times 0.02\times 0.015\times 340\times 10^6=408 \text{ kN}$$

$$d\geqslant\frac{F_B}{\delta[\sigma_{bs}]}=\frac{35.4\times 10^3}{0.01\times 240\times 10^6}=14.75 \text{ mm}$$

故销钉的直径应不小于 15 mm。

7-9 一对规格为 75 mm×50 mm×8 mm 的热轧角钢,用螺栓将其长肢与节点板相连。已知作用力 $F=128$ kN,角钢和节点板的材料都是 Q235 钢;节点板厚度 $\delta=10$ mm,螺栓的直径 $d=16$ mm,螺栓连接的许用切应力$[\tau]=130$ MPa,许用挤压应力$[\sigma_{bs}]=300$ MPa,角钢的许用拉应力$[\sigma]=170$ MPa。试确定此连接需要的螺栓数目。

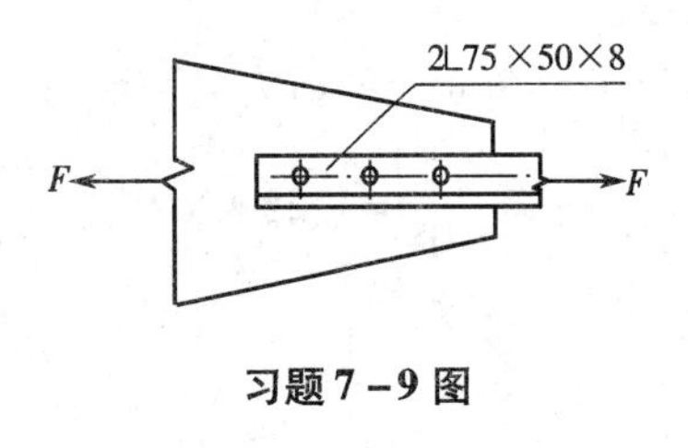

习题 7-9 图

解 设此连接需要的螺栓数目为 n 个。

(1)由剪切强度条件

$$\tau = \frac{F_S}{A_S} = \frac{F/n}{\pi d^2/4} \leqslant [\tau]$$

得

$$n \geqslant \frac{4F}{\pi d^2[\tau]} = \frac{4 \times 128 \times 10^3}{\pi \times 0.016^2 \times 130 \times 10^6} = 4.897 \text{ 个}$$

(2)校核挤压强度：

$$\sigma_{bs} = \frac{F_{bs}}{A_{bs}} = \frac{F/n}{d\delta} \leqslant [\sigma_{bs}]$$

$$n \geqslant \frac{F}{d\delta[\sigma_{bs}]} = \frac{128 \times 10^3}{0.016 \times 0.01 \times 300 \times 10^6} = 2.67 \text{ 个}$$

此连接需要的螺栓数目为 5 个。

7－10 如图所示两矩形截面木杆，用两块钢板连接。截面的宽度 $b = 250$ mm，沿拉杆顺纹方向受轴向拉力 $F = 50$ kN，木材的顺纹许用切应力 $[\tau] = 1$ MPa，顺纹许用压应力 $[\sigma_c] = 10$ MPa。试求接头处所需的尺寸 δ 和 l。

解 (1)由剪切强度条件

$$\tau = \frac{F_S}{A_S} = \frac{F/2}{lb} \leqslant [\tau]$$

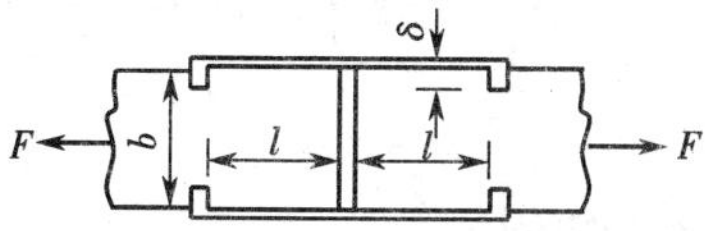

得

$$l \geqslant \frac{F/2}{b[\tau]} = \frac{50 \times 10^3/2}{0.25 \times 10^6} = 0.1 \text{ m}$$

习题 7－10 图

(2)由挤压强度条件

$$\sigma_{bs} = \frac{F_{bs}}{A_{bs}} = \frac{F/2}{b\delta} \leqslant [\sigma_{bs}]$$

$$\delta \geqslant \frac{F}{b[\sigma_{bs}]} = \frac{50 \times 10^3/2}{0.25 \times 10 \times 10^6} = 0.01 \text{ m}$$

习题 7－3 答案请扫二维码。

第 8 章　扭　　转

8.1　理论要点

一、扭转变形

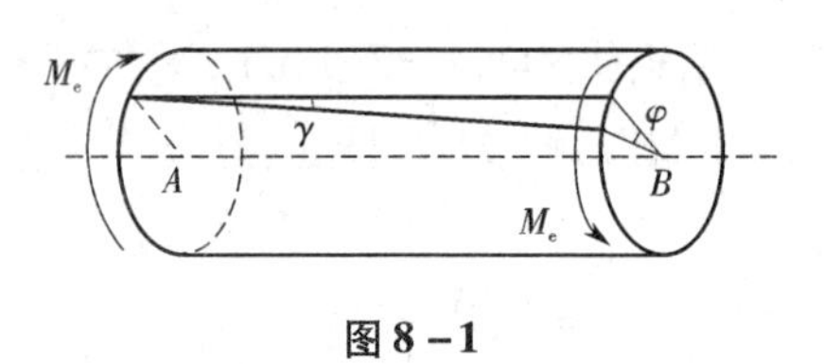

图 8－1

扭转变形是杆件的基本变形形式之一。扭转变形的基本特征：在杆件的两端垂直于轴线的平面内作用一对大小相等而方向相反的力偶，使其横截面产生相对转动。圆杆表面的纵向线变成了螺旋线，螺旋线的切线与原纵向线的夹角 γ 称为**剪切角**；截面 B 相对于截面 A 转动的角度 φ 称为**相对扭转角**。

二、扭矩

当杆件受到外力偶作用发生扭转变形时，在杆件的横截面上会产生内力。该内力为力偶矩，称为**扭矩**，用 T 表示，单位是 N · m 或 kN · m。通常对扭矩的正负号作如下规定：采用右手螺旋法则，以右手的四指表示扭矩的转向，若拇指指向与截面外法线方向一致，则扭矩为正，反之为负。

当杆件上作用多个外力偶时，应分段用截面法计算各截面上的扭矩，并绘制扭矩图。绘制方法与轴力图的做法类似。

作用在轴上的外力偶，其矩的大小 M_e（N · m）与轴的转速 n（r/min）和传递的功率 P（kW）之间的关系是

$$M_e = 9\,550\,\frac{P}{n} \tag{8-1}$$

三、薄壁圆管扭转时横截面上的切应力

图 8－2 所示为一等截面薄壁圆管，其横截面平均半径为 R，壁厚为 t，如果从靠近薄壁圆管的表面处取一正六面体如图 8－3 所示，该单元体只有 4 个侧面上作用着剪应力，这种应力状态称为纯剪切应力状态。剪应力的大小为

$$\tau = \frac{T}{2\pi R^2 t} \tag{8-2}$$

四、切应力互等定理和剪切胡克定律

对一个单元体，在相互垂直的两个截面上，沿垂直于两平面交线作用的切应力必定成对出现，且大小相等，方向都指向（或都背离）两平面的交线，如图 8－3 所示。这个关系称为切应力互等定理。

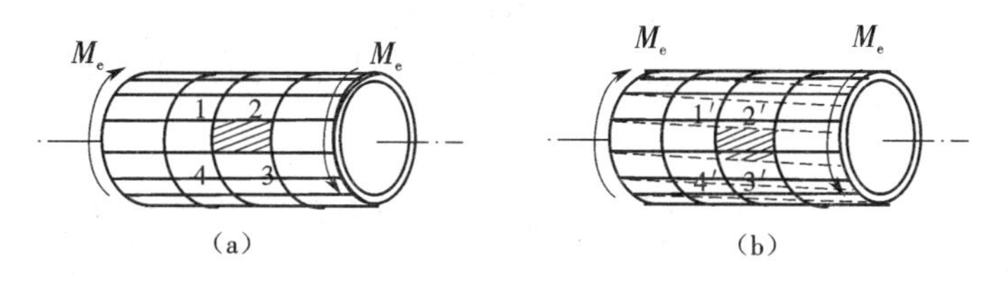

图 8－2

试验结果表明：在弹性极限内，切应力 τ 与切应变 γ 成正比，即

$$\tau = G\gamma \tag{8-3}$$

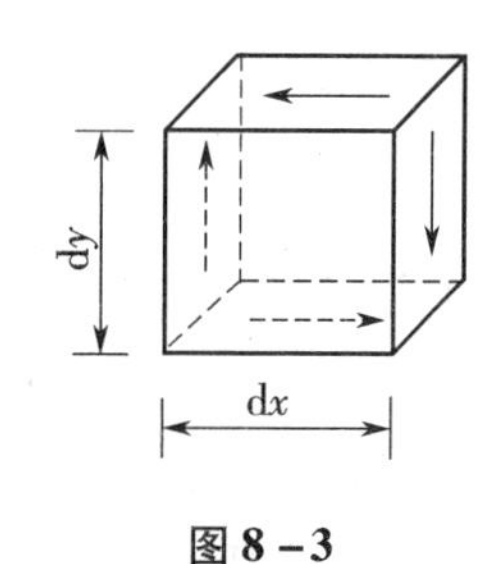

图 8－3

上式称为**剪切胡克定理**。式中比例常数 G 称为材料的**切变模量**，其单位与拉压弹性模量相同，在国际单位制中为帕（Pa）。

切变模量 G、拉压弹性模量 E 和泊松比 ν 都是表示材料弹性性质的常数，通过理论研究和试验证实，在弹性变形范围内，三者之间的关系是

$$G = \frac{E}{2(1+\nu)} \tag{8-4}$$

五、圆轴扭转时横截面上的应力

通过圆轴扭转试验，扭转变形的平面假设以及变形时的几何关系、物理关系和静平衡关系，可推导出等直圆杆在扭转时横截面上任一点处的切应力为

$$\tau_\rho = \frac{T\rho}{I_p} \tag{8-5}$$

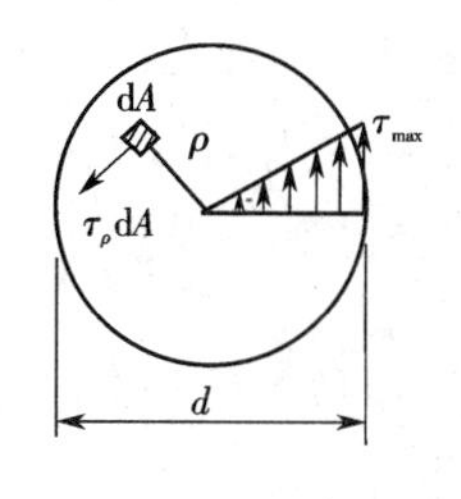

图 8－4

式中：T 是横截面上的扭矩；ρ 是所求应力点到圆心的距离；$I_p = \int_A \rho^2 \mathrm{d}A$ 称为极惯性矩，对实心圆截面，$I_p = \frac{\pi d^4}{32}$。横截面上剪应力的分布如图 8－4 所示。

切应力最大值为

$$\tau_{max} = \frac{Tr}{I_p} = \frac{T}{W_p} \tag{8-6}$$

式中：W_p为扭转截面系数，它也是与横截面的几何特征有关的量，单位为 m^3或 mm^3，对于实心圆截面，$W_p = \frac{\pi d^3}{16}$。

空心圆截面杆受扭时横截面上切应力的计算公式同上，式中 I_p和 W_p可按下式计算：

$$I_p = \frac{\pi}{32}(D^4 - d^4) = \frac{\pi D^4}{32}\left(1 - \frac{d^4}{D^4}\right)$$

$$W_p = \frac{I_p}{\rho_{max}} = \frac{\frac{\pi}{32}(D^4 - d^4)}{\frac{D}{2}} = \frac{\pi D^3}{16}\left(1 - \frac{d^4}{D^4}\right)$$

式中：D、d 分别为空心圆截面的外径和内径。空心圆截面应力的分布如图 8－5 所示。

六、圆轴扭转时的变形

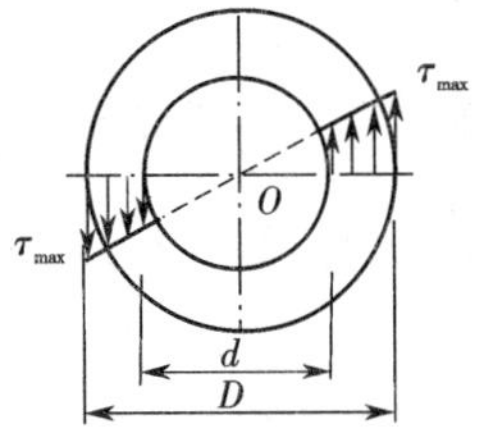

图 8－5

圆轴的扭转变形通常用杆件的两个横截面间的相对扭转角 φ 来度量。

微段 dx 上的相对扭转角为 $d\varphi = \frac{T}{GI_p}dx$，对其两边积分，得

$$\varphi = \int_0^l \frac{T}{GI_p}dx \tag{8-7}$$

当 T 与 GI_p 为常数时，相距 l 的两横截面的相对扭转角为

$$\varphi = \frac{Tl}{GI_p} \tag{8-8}$$

式中：GI_p 称为杆件的扭转刚度。

七、扭转的强度和刚度计算

1. 强度计算

为保证圆轴具有足够的强度，其最大切应力不得超过材料的许用切应力，即等直圆轴扭转的强度条件为

$$\tau_{max} = \frac{T_{max}}{W_p} \leqslant [\tau] \tag{8-9}$$

式中：$[\tau]$ 为许用切应力。

圆轴扭转的强度计算仍然是解决强度校核、选择截面和确定许用荷载三方面的问题。

2. 刚度条件

为了不使受扭构件发生过大的变形而影响构件的正常使用，除了应满足强度条件外，还必须满足刚度条件。为此，需规定圆轴单位长度的扭转角 θ 不得超过许用值 $[\theta]$，即等直圆轴的刚度条件为

$$\theta = \frac{T_{max}}{GI_p} \leqslant [\theta] \tag{8-10}$$

式中：θ 是单位长度的扭转角，单位为 rad/m；$[\theta]$ 为单位长度的许用扭转角，单位也是 rad/m。

八、超静定问题

在研究杆件的扭转时，如果杆件的支座反力偶矩或杆件横截面上的扭矩不能通过静力学平衡方程求得，则属于扭转超静定问题。求解这类问题还需要根据变形协调条件和物理条件建立补充方程。

8.2 例题详解

一、扭矩图的绘制

例题 8－1 如图 8－6(a)所示的传动轴，主动轮(中间轮)输入的功率 $P_1 = 300$ kW，两个从动轮输出的功率分别为 $P_2 = 200$ kW，$P_3 = 100$ kW，轴的转速 $n = 300$ r/min，试作出轴的扭矩图。

【解题指导】 作扭矩图时，必须用截面法计算各段的扭矩。注意标明各段扭矩的正负，

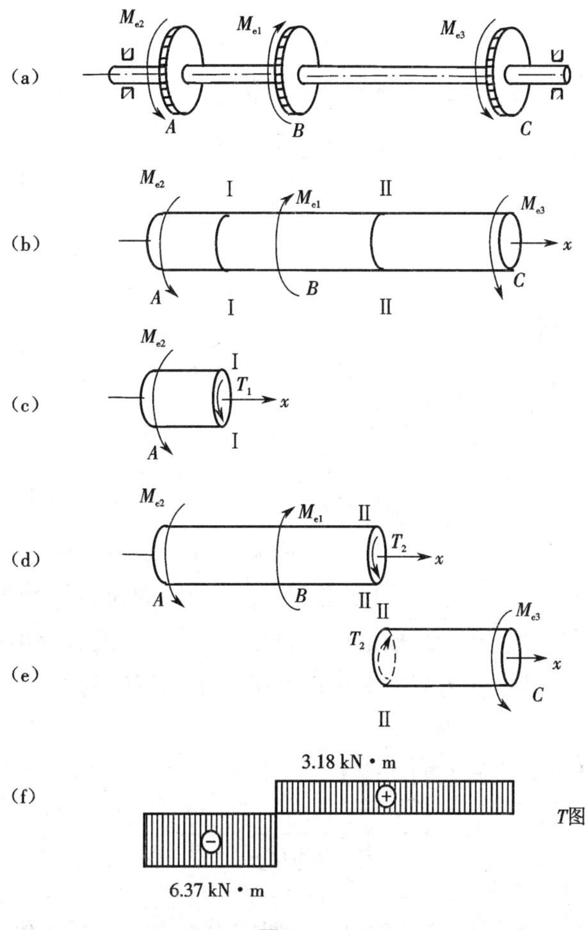

图 8－6

并按比例绘出。

解 (1)计算外力偶矩：

$$M_{e1}=9\ 550\frac{P}{n}=9\ 550\times\frac{300}{300}=9.55\times10^{3}\ \text{N}\cdot\text{m}=9.55\ \text{kN}\cdot\text{m}$$

$$M_{e2}=9\ 550\times\frac{200}{300}=6.37\times10^{3}\ \text{N}\cdot\text{m}=6.37\ \text{kN}\cdot\text{m}$$

$$M_{e3}=9\ 550\times\frac{100}{300}=3.18\times10^{3}\ \text{N}\cdot\text{m}=3.18\ \text{kN}\cdot\text{m}$$

(2)用截面法计算各段扭矩，轴的计算简图如图 8－6(b)所示。

AB 段：在截面Ⅰ—Ⅰ处将轴截开，取左段为脱离体，如图 8－6(c)所示。由平衡条件

$$\sum M_x=0,\quad T_1+M_{e2}=0$$

得

$$T_1=-M_{e2}=-6.37\ \text{kN}\cdot\text{m}$$

BC 段：在截面Ⅱ—Ⅱ处将轴截开，取左段为脱离体，如图 8－6(d)所示。由平衡条件

$$\sum M_x=0,\quad T_2-M_{e1}+M_{e2}=0$$

得

$$T_2 = -M_{e2} + M_{e1} = -6.37 + 9.55 = 3.18\ \text{kN} \cdot \text{m}$$

或取右段为脱离体，如图 8－6(e)所示。由平衡条件

$$\sum M_x = 0, \quad T_2 - M_{e3} = 0$$

得

$$T_2 = M_{e3} = 3.18\ \text{kN} \cdot \text{m}$$

其扭矩图如图 8－6(f)所示。

二、薄壁圆管的扭转计算

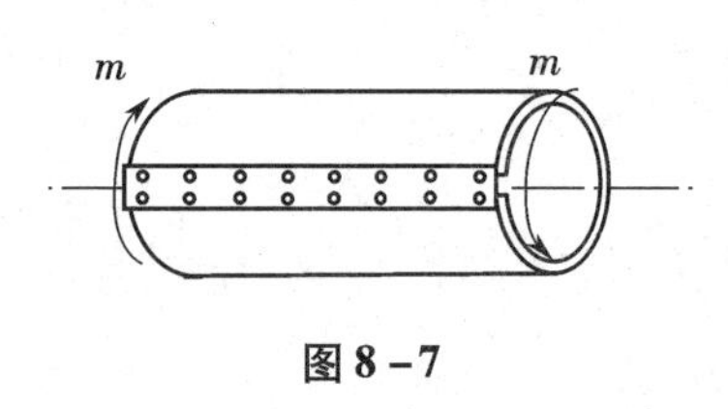

图 8－7

例题 8－2 如图 8－7 所示为一由厚度 $t = 8$ mm 的钢板卷制成的圆筒，平均直径 $D = 200$ mm。接缝处用铆钉连接，铆钉直径 $d = 25$ mm，许用切应力 $[\tau] = 60$ MPa，许用挤压应力 $[\sigma_{bs}] = 160$ MPa，圆筒的两端受扭转力偶作用，其矩的大小 $m = 40$ kN·m，试求铆钉的间距 s。

【解题指导】 薄壁圆筒在外力偶作用下，发生扭转变形，横截面上产生均匀分布的切应力，根据切应力互等定理，纵截面上也产生大小相等的切应力，该切应力组成了剪力，搭接处的剪力由铆钉承担。根据铆钉的剪切与挤压强度计算，从而可计算出其间距的大小。

解 薄壁圆筒扭转时横截面上的切应力为

$$\tau = \frac{T}{2At} = \frac{T}{2\dfrac{\pi D^2}{4}t} = \frac{2T}{\pi D^2 t}$$

根据切应力互等定理，铆钉所在纵截面上的切应力也为 τ，组成了纵向剪力 F_S，其值为

$$F_S = \tau l t = \frac{2T}{\pi D^2 t} l t = \frac{2Tl}{\pi D^2}$$

该剪力由铆钉承担，设铆钉个数为 n，间距为 s，则有

$$n = \frac{l}{s}$$

每个铆钉所受到的剪力为

$$F_{S1} = \frac{F_S}{n} = \frac{2Ts}{\pi D^2}$$

由铆钉的剪切强度条件，可得

$$\tau = \frac{F_{S1}}{A} = \frac{F_{S1}}{\dfrac{\pi d^2}{4}} = \frac{8Ts}{\pi^2 D^2 d^2} \leqslant [\tau]$$

则

$$s \leqslant \frac{[\tau]\pi^2 D^2 d^2}{8T} = \frac{60 \times 10^6 \times \pi^2 \times 0.2^2 \times 0.025^2}{8 \times 40 \times 10^3} = 0.046\ \text{m} = 46\ \text{mm}$$

由铆钉的挤压强度条件，可得

$$\sigma_{bs}=\frac{F_{bs}}{dt}=\frac{F_{S1}}{dt}=\frac{2Ts}{\pi D^2dt}\leqslant[\sigma_{bs}]$$

则

$$s\leqslant\frac{[\sigma_{bs}]\pi D^2\mathrm{d}t}{2T}=\frac{160\times10^6\times\pi\times0.2^2\times0.025\times0.008}{2\times40\times10^3}=0.050\ \text{m}=50\ \text{mm}$$

所以,取铆钉的间距 $s=50$ mm。

三、应力及变形计算

例题 8-3 如图 8-8(a)所示圆轴的直径 $d=100$ mm,B、C 两处承受的外力偶分别为 $M_{e1}=7$ kN·m,$M_{e2}=4$ kN·m,已知材料的切变模量为 $G=80$ GPa。试求:

(1)轴的扭矩图;

(2)轴的最大切应力;

(3)截面 C 对截面 A 的相对扭转角;

(4)当圆轴截面为空心截面,外径 $D=100$ mm,内径 $d=65$ mm 时,最大切应力。

(a)

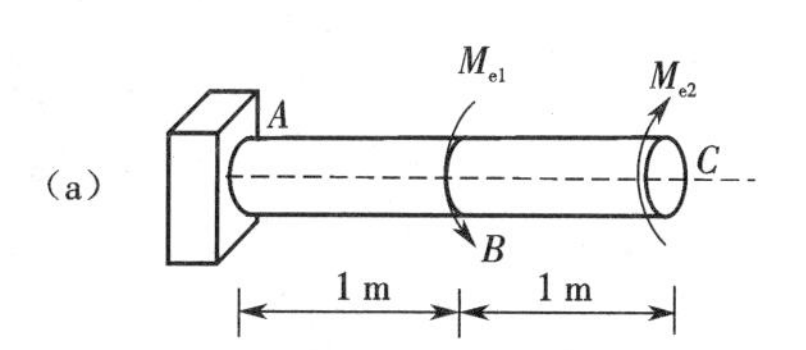

(b)

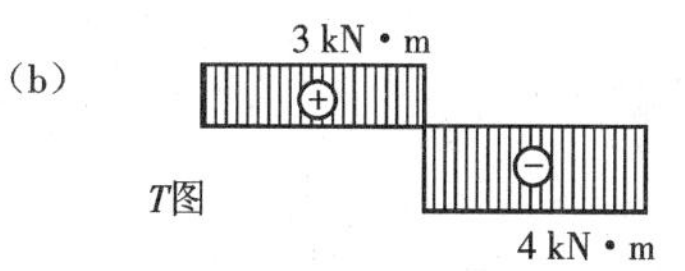

图 8-8

【解题指导】 用截面法绘出扭矩图,然后代入切应力及扭转角的计算公式,分别计算即可。

解 (1)画扭矩图。

用截面法画出扭矩图如图 8-8(b)所示,最大扭矩发生在 BC 段。

(2)求最大切应力。

最大切应力发生在 BC 段各截面的周边上,其值为

$$\tau_{max}=\frac{T_{max}}{W_p}=\frac{T_{max}}{\frac{\pi d^3}{16}}=\frac{4\ 000\times16}{\pi\times0.1^3}=20.38\times10^6\ \text{Pa}=20.38\ \text{MPa}$$

(3)相对扭转角:

$$\varphi_{CA}=\varphi_{CB}+\varphi_{BA}=\frac{T_{CB}l_{CB}}{GI_p}+\frac{T_{AB}l_{AB}}{GI_p}$$
$$=\frac{-4\ 000\times1\times32}{80\times10^9\times\pi\times0.1^4}+\frac{3\ 000\times1\times32}{80\times10^9\times\pi\times0.1^4}$$
$$=-1.27\times10^{-3}\ \text{rad}=-0.073°$$

负号表示 φ_{CA} 的方向与 BC 段扭矩方向一致。

(4)空心截面的圆轴,其切应力的分布沿半径方向也是线性分布的,截面中心为零,边界上为最大值,其值为

$$\tau_{max}=\frac{T_{max}}{W_p}=\frac{T_{max}}{\frac{\pi D^3}{16}(1-\alpha^4)}=\frac{4\ 000\times16}{\pi\times0.1^3\times\left[1-\left(\frac{65}{100}\right)^4\right]}=24.81\times10^6\ \text{Pa}=24.81\ \text{MPa}$$

四、强度及刚度计算

例题 8-4 如图 8-9(a)所示为一传动机构,轴 AB 的转速 $n_1=120$ r/min,轮 B 的输入功

率 $P_1=80$ kW，此功率的一半通过锥形齿轮 A 传给轴 C，另一半传给轴 H，各轴的直径如图所示，锥形齿轮 A 和 D 的齿轮数分别为 36 和 12，各轴的许用切应力均为 $[\tau]=100$ MPa。试对各轴进行强度校核。

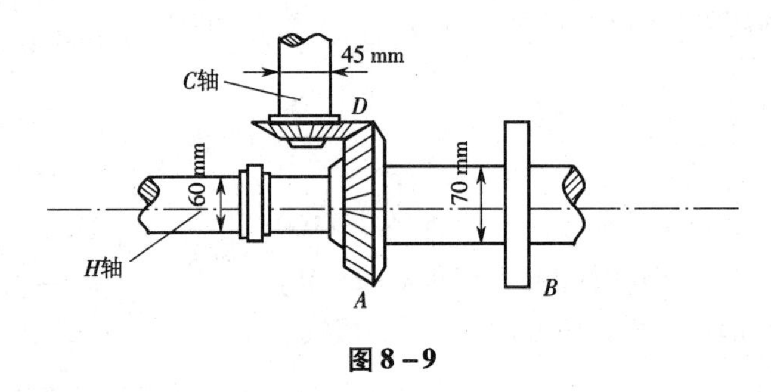

图 8-9

【解题指导】 首先需要计算出各轴所承受的扭矩，然后代入强度计算公式，进行校核即可。

解 (1)各轴承受的扭矩。

各轴所传递的功率：

$$\text{轴 } AB \quad P_1=80 \text{ kW}$$

$$\text{轴 } C\text{、}H \quad P_2=P_3=40 \text{ kW}$$

各轴的转速：

$$\text{轴 } AB \quad n_1=120 \text{ r/min}$$

$$\text{轴 } H \quad n_3=n_1=120 \text{ r/min}$$

$$\text{轴 } C \quad n_2=n_1\frac{z_1}{z_2}=120\times\frac{36}{12}=360 \text{ r/min}$$

各轴承受的扭矩：

$$T_{AB}=9\ 550\frac{P_1}{n_1}=9\ 550\times\frac{80}{120}=6\ 366.7 \text{ N}\cdot\text{m}$$

$$T_C=9\ 550\frac{P_2}{n_2}=9\ 550\times\frac{40}{360}=1\ 061.1 \text{ N}\cdot\text{m}$$

$$T_H=9\ 550\frac{P_3}{n_3}=9\ 550\times\frac{40}{120}=3\ 183.3 \text{ N}\cdot\text{m}$$

(2)强度校核。

AB 轴：

$$\tau_{\max}=\frac{T_{AB}}{W_p}=\frac{T_{AB}}{\frac{\pi d_1^3}{16}}=\frac{6\ 366.7\times16}{\pi\times0.07^3}=94.6\times10^6 \text{ Pa}=94.6 \text{ MPa}<[\tau]=100 \text{ MPa}$$

C 轴：

$$\tau_{\max}=\frac{T_C}{W_p}=\frac{T_C}{\frac{\pi d_1^3}{16}}=\frac{1\ 062.1\times16}{\pi\times0.045^3}=59.4\times10^6 \text{ Pa}=59.4 \text{ MPa}<[\tau]=100 \text{ MPa}$$

H 轴：

$$\tau_{\max}=\frac{T_H}{W_p}=\frac{T_H}{\frac{\pi d_1^3}{16}}=\frac{3\ 183.3\times 16}{\pi\times 0.06^3}=75.1\times 10^6\ \text{Pa}=75.1\ \text{MPa}<[\tau]=100\ \text{MPa}$$

各轴均满足强度要求。

例题 8－5 如图 8－10(a)所示为一钻探杆，已知钻杆的外径 $D=65$ mm，内径 $d=50$ mm，钻机的功率 $P=10$ kW，转速 $n=200$ r/min，钻杆钻入土层的深度 $l=40$ m，材料的切变模量 $G=80$ GPa，许用切应力$[\tau]=50$ MPa，假定地层对钻杆的阻力矩沿长度均匀分布。试求：

(1)地层对钻杆单位长度上的阻力矩；

(2)作出钻杆的扭矩图，并进行强度校核；

(3)A、B 两截面的相对扭转角。

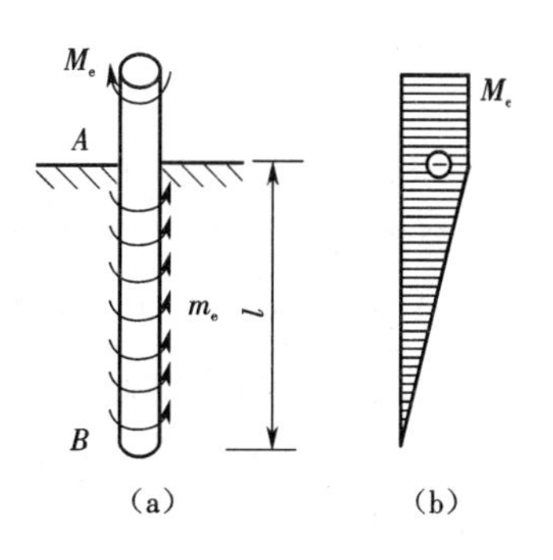

图 8－10

【解题指导】 由于钻杆的扭矩不是均匀分布的，所以强度校核时应取切应力的最大值校核，扭转角的计算需要积分进行。

解 (1)地层对钻杆单位长度上的阻力矩计算。

钻杆上所承受的总外力矩为

$$M_e=9\ 550\frac{P}{n}=9\ 550\times\frac{10}{200}=477.5\ \text{N}\cdot\text{m}$$

因为地层对钻杆的阻力矩沿长度均匀分布，所以地层对钻杆单位长度上的阻力矩为

$$m_e=\frac{M_e}{l}=\frac{477.5}{40}=11.937\ 5\ \text{N}\cdot\text{m/m}$$

(2)钻杆的扭矩图。

因为沿 AB 段外力矩均匀分布，因此距 B 端任意截面上的扭矩为

$$T(x)=-m_e x$$

据此作出钻杆的扭矩图如图 8－10(b)所示。其中最大扭矩为

$$T_{\max}=-m_e x=-11.937\ 5\times 40=477.5\ \text{N}\cdot\text{m}$$

则最大切应力为

$$\tau_{\max}=\frac{T_{\max}}{W_p}=\frac{T_{\max}}{\frac{\pi D^3}{16}(1-\alpha^4)}=\frac{477.5\times 16}{\pi\times 0.065^3\times\left[1-\left(\frac{50}{65}\right)^4\right]}$$

$$=13.6\times 10^6\ \text{Pa}=13.6\ \text{MPa}<[\tau]=40\ \text{MPa}$$

所以，强度满足要求。

(3)A、B 两截面的相对扭转角。

由$\frac{d\varphi}{dx}=\frac{T(x)}{GI_p}=\frac{-m_e x}{GI_p}$，得

$$\varphi = \int_0^l \frac{-m_e x}{GI_p}dx = -\frac{m_e l^2}{2GI_p}$$

$$= \frac{11.9375 \times 40^2}{2 \times 80 \times 10^9 \times \frac{\pi}{32} \times 0.065^4 \times \left[1 - \left(\frac{50}{65}\right)^4\right]} = -0.105 \text{ rad} = -6.01°$$

例题 8－6 某空心圆截面轴，其内外径之比 $\alpha = 0.75$，轴的转速 $n = 300$ r/min，轴所传递的功率 $P = 120$ kW，材料的切变模量 $G = 80$ GPa，许用切应力 $[\tau] = 60$ MPa，单位长度许用扭转角 $[\theta] = 2°/\text{m}$，试确定轴的外径 D。

【解题指导】 此题是截面设计问题，可用强度和刚度条件分别确定出直径的大小，从中选择较大的一个。还可以先用强度条件或刚度条件设计直径的大小，再代入另一条件进行校核。如果另一条件不满足，用该条件再进行设计。下面用前者进行设计。

解 （1）用强度条件计算。

圆轴所承受的外力矩为

$$M_e = 9\,550 \frac{P}{n} = 9\,550 \times \frac{120}{300} = 3\,820 \text{ N} \cdot \text{m}$$

轴上的扭矩为

$$T = M_e = 3\,820 \text{ N} \cdot \text{m}$$

由强度条件

$$\tau_{max} = \frac{T}{W_p} \leqslant [\tau]$$

即

$$\tau_{max} = \frac{T}{W_p} = \frac{T}{\frac{\pi D^3}{16}(1-\alpha^4)} \leqslant [\tau]$$

得

$$D \geqslant \sqrt[3]{\frac{16T}{\pi(1-\alpha^4)[\tau]}} = \sqrt[3]{\frac{16 \times 3\,820}{\pi \times (1-0.75^4) \times 60 \times 10^6}} = 0.078 \text{ m} = 78 \text{ mm}$$

（2）用刚度条件计算。

由刚度条件

$$\theta = \frac{T}{GI_p} \leqslant [\theta]$$

即

$$\theta = \frac{T}{G\frac{\pi D^4}{32}(1-\alpha^4)} \leqslant [\theta]$$

得

$$D \geqslant \sqrt[4]{\frac{32T}{G\pi(1-\alpha^4)[\theta]}} = \sqrt[4]{\frac{32 \times 3\,820}{80 \times 10^9 \times \pi \times (1-0.75^4) \times 2 \times \frac{\pi}{180}}} = 0.067 \text{ m} = 67 \text{ mm}$$

综上,空心轴的直径取上述计算的最大值,即 $D=78$ mm。

例题 8－7 一直径 $D=100$ mm 的圆轴如图 8－11(a)所示,其中 AB 段为实心,BC 段为空心,其内径 $d=50$ mm,已知材料的许用切应力$[\tau]=80$ MPa,材料的切变模量 $G=80$ GPa,单位长度许用扭转角$[\theta]=2°/\text{m}$,试求 M_e的最大值。

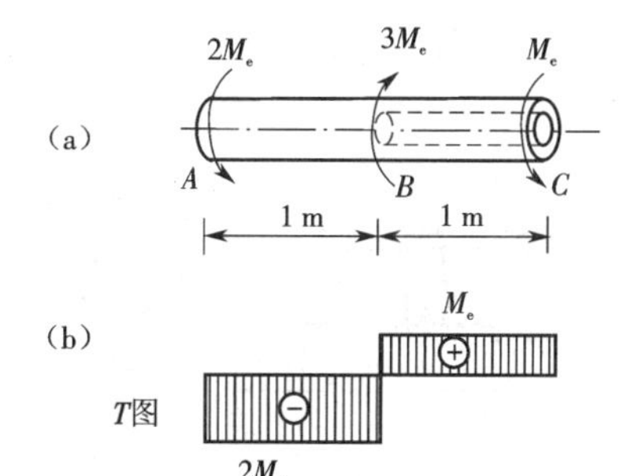

图 8－11

【解题指导】 外力矩的大小需同时满足两段的强度及刚度要求。由于沿轴全段的截面形式及尺寸不同,所以确定危险截面时,不能仅由内力的大小来确定,还需要考虑截面形式及尺寸的影响,所以两段需同时考虑。

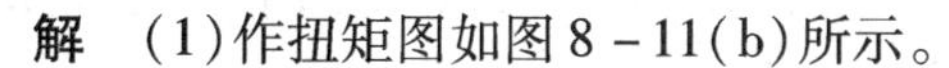

解 (1)作扭矩图如图 8－11(b)所示。

(2)由强度条件确定荷载的最大值。

AB 段:由

$$\tau_{\max}=\frac{T_{AB}}{W_p}=\frac{2M_e}{\frac{\pi D^3}{16}}=\frac{32M_e}{\pi D^3}\leqslant[\tau]$$

得

$$M_e\leqslant\frac{\pi D^3[\tau]}{32}=\frac{\pi\times0.1^3\times80\times10^6}{32}=7\ 850\ \text{N}\cdot\text{m}$$

BC 段:由

$$\tau_{\max}=\frac{T_{BC}}{W_p}=\frac{M_e}{\frac{\pi D^3}{16}(1-\alpha^4)}=\frac{16M_e}{\pi D^3(1-\alpha^4)}\leqslant[\tau]$$

得

$$M_e\leqslant\frac{\pi D^3(1-\alpha^4)[\tau]}{16}=\frac{\pi\times0.1^3\times(1-0.5^4)\times80\times10^6}{16}=14\ 718.75\ \text{N}\cdot\text{m}$$

(3)由刚度条件确定荷载的最大值。

AB 段:由 $\theta=\frac{T}{GI_p}\leqslant[\theta]$,即

$$\theta=\frac{2M_e}{GI_p}=\frac{2M_e}{G\frac{\pi D^4}{32}}\leqslant[\theta]$$

得

$$M_e\leqslant\frac{G\pi D^4[\theta]}{64}=\frac{80\times10^9\times\pi\times0.1^4\times2\times\frac{\pi}{180}}{64}=13\ 693.89\ \text{N}\cdot\text{m}$$

BC 段:由 $\theta=\frac{T}{GI_p}\leqslant[\theta]$,即

$$\theta=\frac{M_e}{G\frac{\pi D^4}{32}(1-\alpha^4)}\leqslant[\theta]$$

得

$$M_e \leqslant \frac{G\pi D^4(1-\alpha^4)[\theta]}{32} = \frac{80\times 10^9\times\pi\times 0.1^4\times(1-0.5^4)\times 2\times\frac{\pi}{180}}{32} = 25\ 676.04\ \text{N}\cdot\text{m}$$

综上,外力矩的最大值为 $M_e = 7\ 850\ \text{N}\cdot\text{m}$。

五、超静定扭转问题

例题 8－8 如图 8－12 所示,一空心圆管 A 套在实心圆杆 B 的一端,两杆的同一截面处各有一直径相同的贯穿孔,两孔中心的夹角为 β,首先在 B 杆上施加外力偶,使其扭转到两孔对准的位置,并在孔中装销钉,试求在外力偶解除后 A、B 所承受的扭矩。

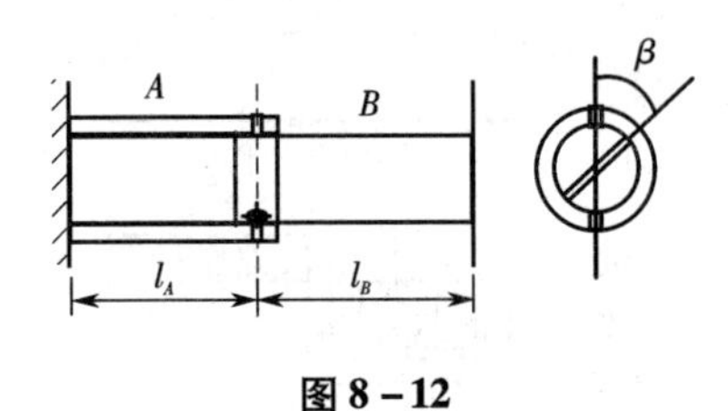

图 8－12

【解题指导】 设 A、B 上的扭矩分别为 T_A、T_B,装销钉后无外力作用,属于一次超静定问题。

解 (1)平衡条件:

$$T_A = T_B = T \tag{a}$$

(2)变形关系:

$$\varphi_A = \varphi_B = \beta \tag{b}$$

(3)物理关系:

$$\varphi_A = \frac{T_A l_A}{GI_{pA}} = \frac{Tl_A}{GI_{pA}},\ \varphi_B = \frac{T_B l_B}{GI_{pB}} = \frac{Tl_B}{GI_{pB}} \tag{c}$$

将式(c)代入式(b),可得

$$\frac{Tl_A}{GI_{pA}} + \frac{Tl_B}{GI_{pB}} = \beta$$

所以

$$T_A = T_B = T = \frac{G\beta}{\dfrac{l_A}{I_{pA}} + \dfrac{l_B}{I_{pB}}}$$

8.3 自测题

8－1 某等截面直杆,横截面为圆环,其外径和内径分别为 D 和 d,则其截面极惯性矩为____________,扭转截面系数为____________。

8－2 圆轴扭转的单位扭转角大小与其________成反比,与其上作用的____________成正比。

8－3 剪应力互等定理的适用条件是(　　)。

A. 仅仅为纯剪切应力状态　　B. 平衡应力状态

C. 仅仅为线弹性范围　　D. 仅仅为各向同性材料

8－4 一实心圆截面轴,发生扭转变形,已知不发生屈服时的极限扭矩为 T_0,若将其横截面面积增加一倍,那么极限扭矩是(　　)。

A. $\sqrt{2}T_0$　　B. $2T_0$　　C. $2\sqrt{2}T_0$　　D. $4T_0$

8-5　切应力互等定理是由单元体(　　)导出的。

A. 静力平衡关系　　B. 几何关系

C. 物理关系　　D. 强度关系

8-6　一内外径之比为 α 的空心圆轴,当两端承受扭转力偶时,若横截面上的最大切应力为 τ,则内圆轴处的切应力应为(　　)。

A. τ　　B. $\alpha\tau$　　C. $(1-\alpha^3)\tau$　　D. $(1-\alpha^4)\tau$

8-7　有一实心轴,直径为 d_1,另有一空心轴,内径为 d_2,外径为 D_2,内外径之比为 α,若两轴横截面上的扭矩和最大切应力分别相等,则两轴的横截面面积之比 A_1/A_2 为(　　)。

A. $1-\alpha^2$　　B. $\sqrt[3]{(1-\alpha^4)^2}$

C. $\sqrt[3]{[(1-\alpha^2)(1-\alpha^4)]^2}$　　D. $\dfrac{\sqrt[3]{(1-\alpha^4)^2}}{1-\alpha^2}$

8-8　圆轴直径为 d,受外力偶作用如图 8-13 所示,材料的切变模量为 G,则 C 截面相对于 A 截面的扭转角为(　　)。

A. $\varphi_{AC}=\varphi_{AB}+\varphi_{BC}=-\dfrac{32Tl}{G\pi d^4}$

B. $\varphi_{AC}=\varphi_{AB}+\varphi_{BC}=-\dfrac{224Tl}{G\pi d^4}$

C. $\varphi_{AC}=\varphi_{AB}+\varphi_{BC}=\dfrac{224Tl}{G\pi d^4}$

D. $\varphi_{AC}=\varphi_{AB}+\varphi_{BC}=\dfrac{32Tl}{G\pi d^4}$

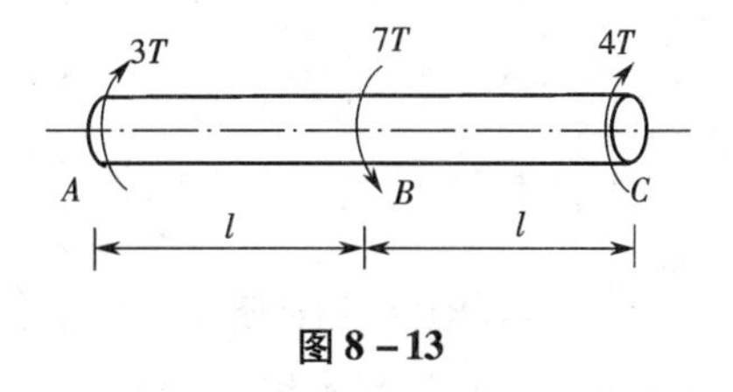

图 8-13

8-9　受扭实心圆轴的直径为 d,为了提高强度和刚度,在不改变截面面积的情况下,改用内径为 d 的空心圆轴。试求这样做使圆轴的抗扭强度和刚度各提高了多少。

8-10　如图 8-14 所示等截面圆轴,直径 $D=100$ mm,材料的切变模量 $G=80$ GPa,外力偶 $M_B=8$ kN·m,$M_C=3$ kN·m。试求:

(1)最大切应力及 C 截面的扭转角;

(2)为使 BC 段的单位长度扭转角绝对值与 AB 段的相等,则在 BC 段钻一内孔,如图 8-13(b)所示,孔径 d 应为多少。

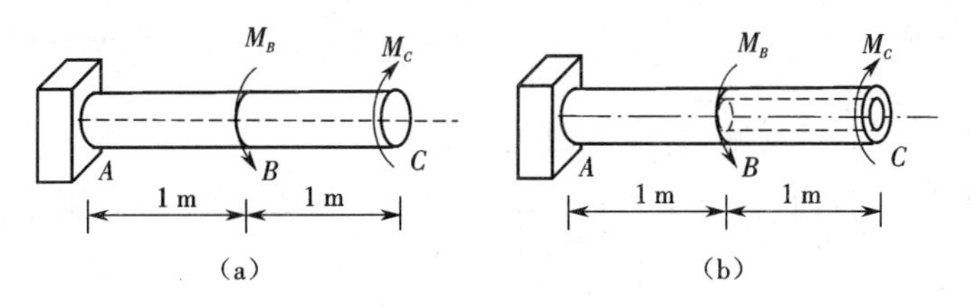

图 8-14

8－11　如图 8－15 所示受扭矩作用的实心圆轴直径为 150 mm，该截面上的最大切应力 $\tau_{max}=90$ MPa（小于扭转比例极限），图中 AB 段为平均直径为 100 mm、宽度为 0.35 mm 的圆环的一部分，试求该区域所承担的扭矩。

8－12　如图 8－16 所示一阶梯形薄壁圆管，总长为 l，每个截面的平均直径均为 D，已知材料的许用切应力为$[\tau]$，沿轴长受分布力偶矩 $m=M\left(1-\frac{x}{l}\right)$，$M$ 为常数，试问若 l_1 一定时，壁厚 t_1、t_2 等于多少。若 l_1 可变，圆管重量最轻时，l_1 及 t_1、t_2 又等于多少。

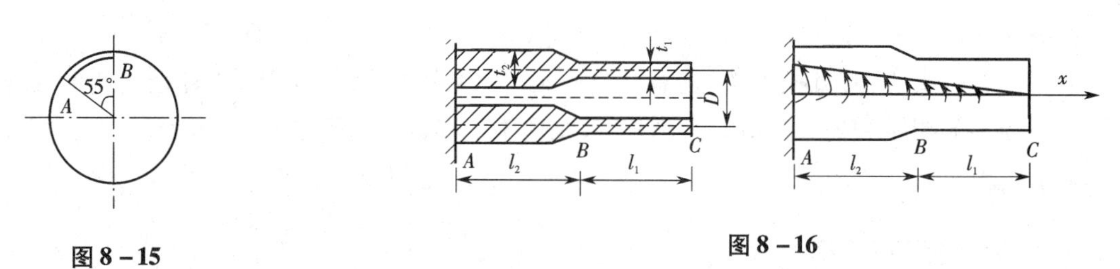

图 8－15

图 8－16

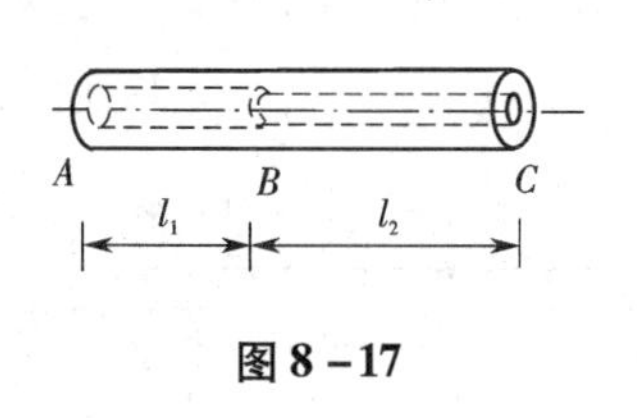

图 8－17

8－13　如图 8－17 所示空心圆轴，长度 $l=510$ mm，直径 $d=50$mm，许用切应力$[\tau]=80$ MPa，轴的 AB 段内径 $d_1=38$ mm，BC 段内径 $d_2=25$ mm。试求：

（1）轴能承受的最大扭矩；

（2）如果要求两段轴长度内的扭转角相等，l_1 和 l_2 应满足什么关系。

8－14　如图 8－18 所示一空心圆轴，外径 $D=50$ mm，内径 $d=30$ mm，在图示外力偶作用下，测得 A、B 两截面的相对扭转角 $\varphi=0.4°$，已知材料的弹性模量 $E=210$ GPa，试求材料的泊松比。

8－15　如图 8－19 所示等截面圆轴，直径 $d=80$ mm，许用切应力$[\tau]=70$ MPa，材料的切变模量 $G=80$ GPa，已知外力偶 $M_A=3$ kN·m，并测得 C 截面相对于 A 截面的扭转角为 0.2°（方向与外力偶 M_C 相反），试校核该轴的强度。

图 8－18

图 8－19

8－16　某实心圆截面传动轴，其横截面上的最大扭矩 $T=1.6$ kN·m，许用切应力$[\tau]=50$ MPa，许用单位长度扭转角$[\tau]=1°/\text{m}$，材料的切变模量 $G=80$ GPa，试求横截面的最小直径。

8－17　如图 8－20 所示一两端固定的杆件，总长度 $l=1.5$ m，AB 段为实心圆截面，直径 $d=80$ mm，长度 $a=0.8$ m；BC 段为空心圆截面，其内径 $d=80$ mm，外径 $D=100$ mm，圆轴在 B

截面处承受外扭转力偶作用，其矩的大小 $T=10\ \text{kN}\cdot\text{m}$。试求 A 端与 C 端支座处的支反力偶矩。

8－18　如图 8－21 所示一长度为 l 的组合杆件，由材料不同的实心圆截面杆和空心圆截面杆套一起组成，内、外两杆均在线弹性范围内工作，其抗扭刚度分别为 G_1I_{p1} 和 G_2I_{p2}，当把该组合杆件的两端分别固结于刚性板上，并在该处受一对矩为 T 的扭转力偶作用，试求分别作用在内、外杆上的扭转力偶的矩 T_1、T_2。

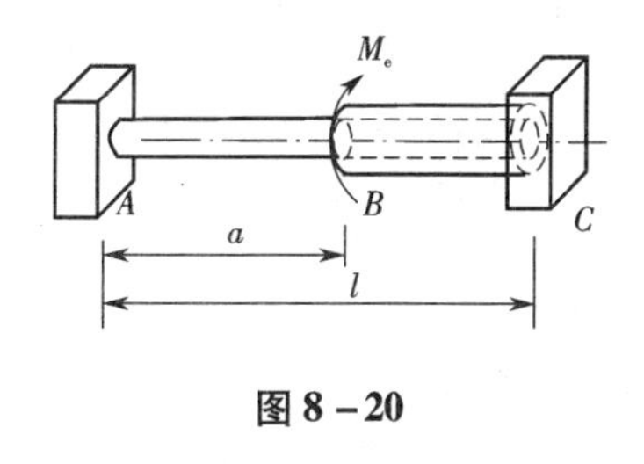

图 8－20

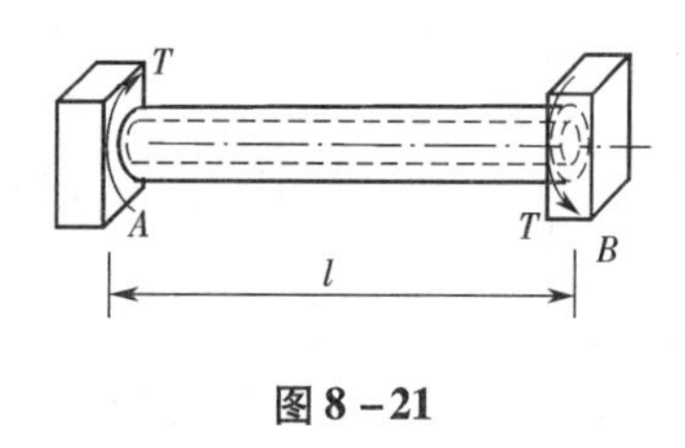

图 8－21

8.4　自测题解答

此部分内容请扫二维码。

8.5　习题解答

8－1　试用截面法求出图示圆轴各段内的扭矩 T，并作出扭矩图。

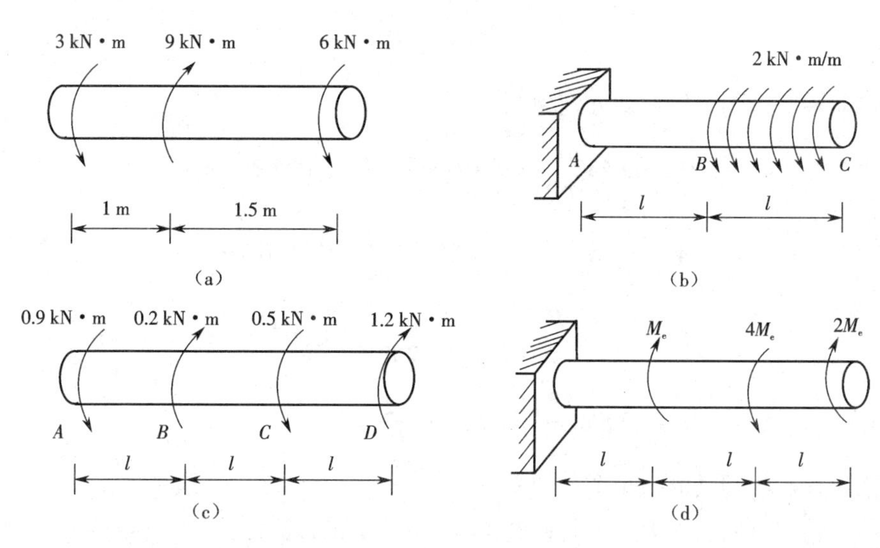

习题 8－1 图

解

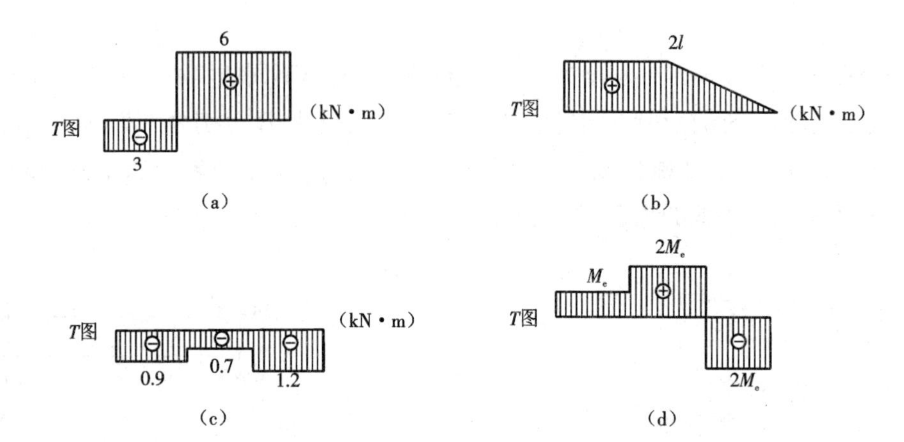

8－2　一传动轴作匀速转动，转速 $n=200$ r/min，轮 C 和轮 D 传递的功率分别为 $P_C=2.2$ kW，$P_D=0.5$ kW，花键 A、B 处的功率分别为 $P_A=1.5$ kW，$P_B=1.2$ kW。试作出传动轴的扭矩图。

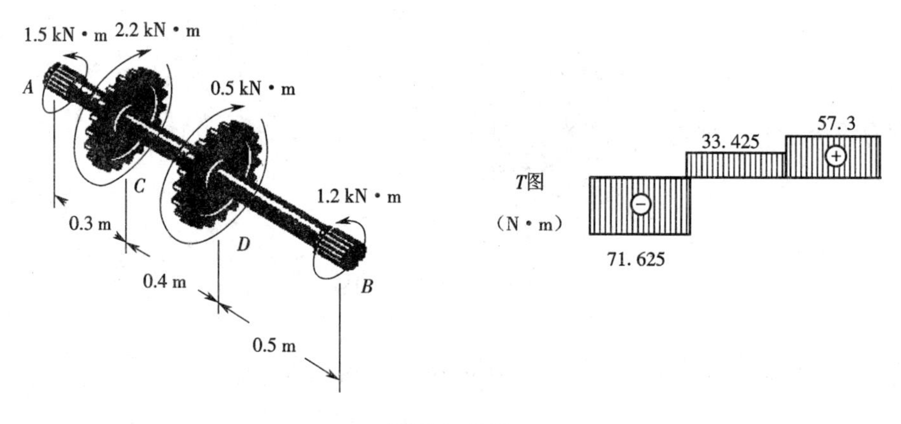

习题 8－2 图

解　传动轴上作用的外力偶分别为

$$M_{eA}=9\ 550\frac{P_A}{n}=9\ 550\times\frac{1.5}{200}=71.625\ \text{N}\cdot\text{m}$$

$$M_{eB}=9\ 550\frac{P_B}{n}=9\ 550\times\frac{1.2}{200}=57.3\ \text{N}\cdot\text{m}$$

$$M_{eC}=9\ 550\frac{P_C}{n}=9\ 550\times\frac{2.2}{200}=105.05\ \text{N}\cdot\text{m}$$

$$M_{eD}=9\ 550\frac{P_D}{n}=9\ 550\times\frac{0.5}{200}=23.875\ \text{N}\cdot\text{m}$$

用截面法作出的圆轴的扭矩图如图所示。

8－3　一钻探机的功率 $P=10$ kW，转速 $n=180$ r/min，钻杆钻入土层的深度 $l=4$ m。如土壤对钻杆的阻力可看作是均匀分布的力偶。试求此分布力偶的集度 m_e，并作出钻杆的扭矩图，结果如图所示。

解 钻探机作用的外力偶为

$$M_e = 9\ 550\frac{P}{n} = 9\ 550 \times \frac{10}{180} = 530.6\ \text{N} \cdot \text{m}$$

因此，分布力偶的集度为

$$m_e = \frac{M_e}{l} = \frac{530.6}{4} = 133\ \text{N} \cdot \text{m/m}$$

作钻杆的扭矩图如图所示。

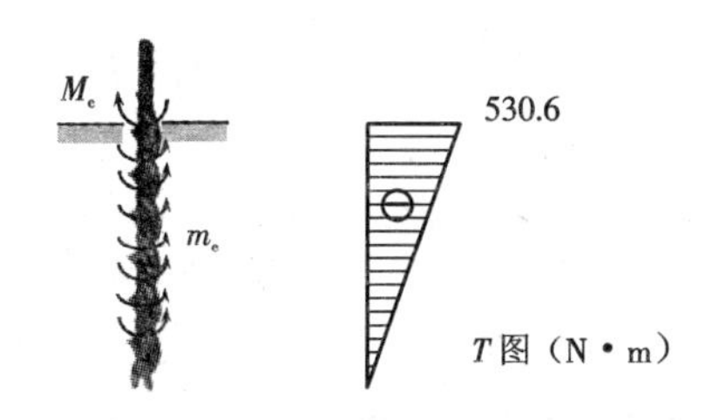

习题 8－3 图

8－4 某传动轴，转速 $n = 300$ r/min，轮 1 为主动轮，输入功率 $P_1 = 50$ kW，轮 2、轮 3 与轮 4 为从动轮，输出功率分别为 $P_2 = 10$ kW，$P_3 = P_4 = 20$ kW。

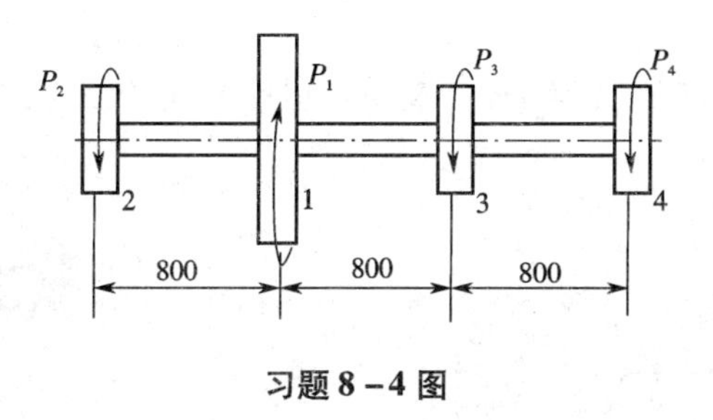

习题 8－4 图

（1）试画轴的扭矩图，并求轴的最大扭矩。

（2）若将轮 1 与轮 3 的位置对调，轴的最大扭矩变为何值，对轴的受力是否有利。

8－5 图示一齿轮传动轴，传递力偶矩 $M_e = 10$ kN · m，轴的直径 $d = 80$ mm。试求轴的最大切应力。

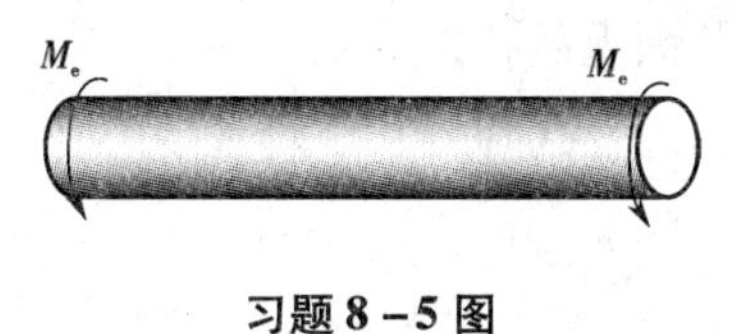

习题 8－5 图

解 轴的最大切应力为

$$\tau_{\max} = \frac{T}{W_p} = \frac{16M_e}{\pi d^3} = \frac{16 \times 10\ 000}{\pi \times 0.08^3} = 99.5\ \text{MPa}$$

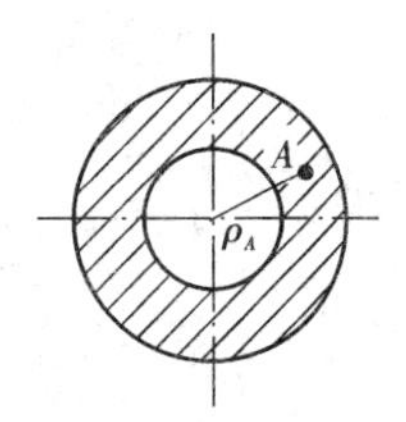

习题 8-6 图

8-6 图示空心圆截面轴,外径 $D=40$ mm,内径 $d=20$ mm,扭矩 $T=1$ kN·m。试计算横截面上的最大、最小切应力以及 A 点($\rho_A=15$ mm)的切应力。

解 横截面上的最大切应力和最小切应力分别为

$$\tau_{\max}=\frac{T}{W_{\mathrm{p}}}=\frac{16\times10^3}{\pi\times0.04^3\times\left(1-\left(\dfrac{0.02}{0.04}\right)^4\right)}=84.9\ \mathrm{MPa}$$

$$\tau_{\min}=\frac{T\rho_{\min}}{I_{\mathrm{p}}}=\frac{32\times10^3\times0.01}{\pi\times0.04^4\times\left(1-\left(\dfrac{0.02}{0.04}\right)^4\right)}=42.4\ \mathrm{MPa}$$

A 点的切应力为

$$\tau_A=\frac{T\rho_A}{I_{\mathrm{p}}}=\frac{32\times10^3\times0.015}{\pi\times0.04^4\left(1-\left(\dfrac{0.02}{0.04}\right)^4\right)}=63.7\ \mathrm{MPa}$$

8-7 图示一实心圆轴,横截面直径 $d=100$ mm,在自由端受到 $M_B=14$ kN·m 的外力偶作用。

(1)试计算横截面上点 K 的切应力与横截面上的最大切应力。

(2)若材料的切变模量 $G=79$ GPa,试求 A、B 两截面的相对扭转角及 A、C 两截面的相对扭转角。

8-8 图示圆截面杆 AB 的左端固定,承受一集度为 m_{e} 的均布力偶作用。试导出计算截面 B 的扭转角的公式。

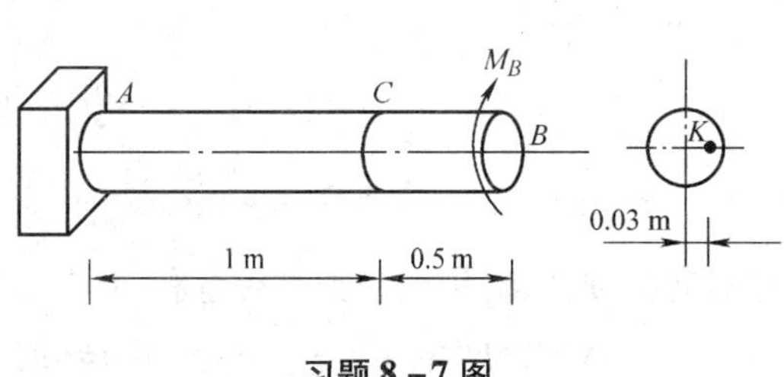

习题 8-7 图

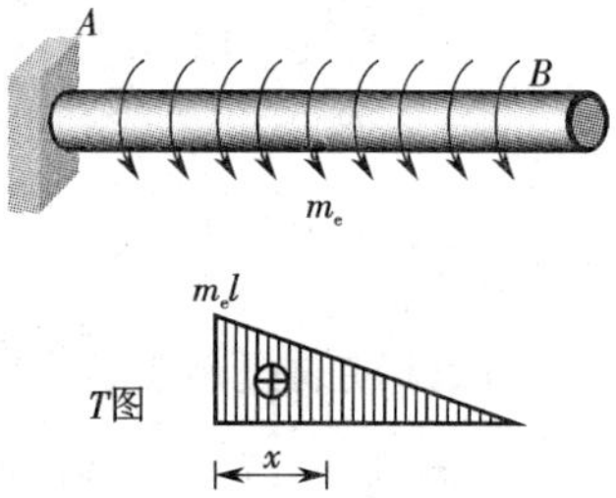

习题 8-8 图

解 先作杆件的扭矩图。

由图可知,在距 A 端 x 处横截面上的扭矩为

$$T(x)=(l-x)m_{\mathrm{e}}$$

截面 B 的扭转角为

$$\varphi_{AB}=\int_0^l\frac{T(x)}{GI_{\mathrm{p}}}\mathrm{d}x=\int_0^l\frac{(l-x)m_{\mathrm{e}}}{GI_{\mathrm{p}}}\mathrm{d}x=\frac{m_{\mathrm{e}}}{GI_{\mathrm{p}}}\left(l^2-\frac{l^2}{2}\right)=\frac{m_{\mathrm{e}}l^2}{2GI_{\mathrm{p}}}$$

8-9 图示薄壁圆锥形管锥度很小,厚度 σ 不变,长为 l,左、右两端的平均直径分别为 d_1 和 d_2。试导出计算两端相对扭转角的公式。

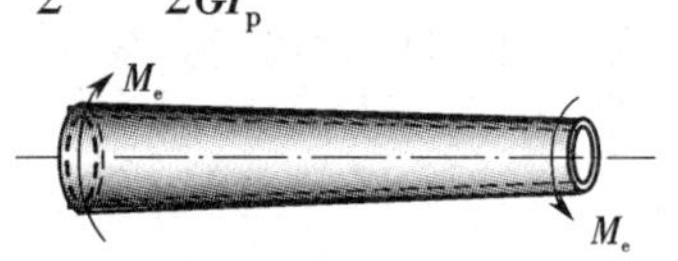

习题 8-9 图

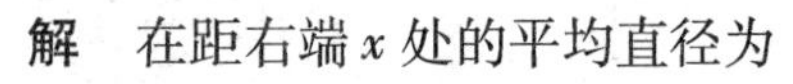

解 在距右端 x 处的平均直径为

$$d_0(x)=d_2+\frac{(d_1-d_2)x}{l}$$

截面的极惯性矩为

$$I_p=\frac{\pi}{32}D^4(1-(\frac{d}{D})^4)=\frac{\pi}{32}D^4\left(1-\left(\frac{D-2\delta}{D}\right)^4\right)=\frac{\pi D^3\delta}{4}\approx\frac{\pi d_0^3\delta}{4}=\frac{\pi\delta(ld_2+(d_1-d_2)x)^3}{4l^3}$$

则

$$\varphi=\int_0^l\frac{M_e}{GI_p}dx=\frac{4M_el^3}{G\pi\delta}\int_0^l\frac{dx}{(ld_2+(d_1-d_2)x)^3}$$

$$=\frac{2M_el^3}{G\pi\delta(d_1-d_2)}\left(\frac{1}{d_2^2l^2}-\frac{1}{d_1^2l^2}\right)=\frac{2M_el(d_1+d_2)}{G\pi\delta d_1^2d_2^2}$$

薄壁圆锥形管两端的相对扭转角为$\frac{2M_el(d_1+d_2)}{G\pi\delta d_1^2d_2^2}$。

8-10 图示实心圆轴和空心圆轴通过牙嵌式离合器连接在一起,已知轴的转速 $n=100$ r/min,传递的功率 $P=7.5$ kW,材料的许用切应力$[\tau]=40$ MPa。试选择实心圆轴直径 d_0 及内、外直径之比 $\alpha=d/D=1/2$ 的空心圆轴的内径 d 和外径 D。

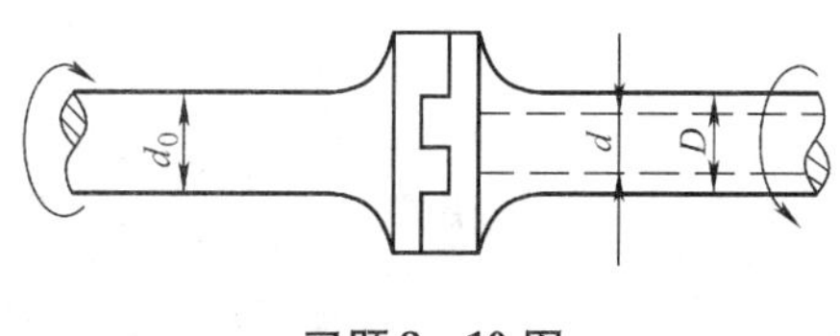

习题8-10图

解 轴上作用的外力偶为

$$M_e=9\,550\frac{P}{n}=9\,550\times\frac{7.5}{100}=716\text{ N}\cdot\text{m}$$

(1)对于实心圆轴。

由扭转强度条件

$$\tau_{max}=\frac{T}{W_p}=\frac{M_e}{\frac{\pi}{16}d_0^3}\leqslant[\tau]$$

得实心圆轴的直径为

$$d_0\geqslant\sqrt[3]{\frac{16M_e}{\pi[\tau]}}=\sqrt[3]{\frac{16\times716}{\pi\times40\times10^6}}=45\text{ mm}$$

(2)对于空心圆轴。

由扭转强度条件

$$\tau_{max}=\frac{T}{W_p}=\frac{M_e}{\frac{\pi}{16}D^3(1-\alpha^4)}\leqslant[\tau]$$

得空心圆轴的外径为

$$D\geqslant\sqrt[3]{\frac{16M_e}{\pi(1-\alpha^4)[\tau]}}=\sqrt[3]{\frac{16\times716}{\pi\times\left(1-\left(\frac{1}{2}\right)^4\right)\times40\times10^6}}=46\text{ mm}$$

8-11 图示一机轴是用两段直径 $d=100$ mm 的圆轴由凸缘和螺栓连接而成。轴受扭时

的最大切应力 $\tau_{max}=70$ MPa,螺栓的直径 $d_1=20$ mm,并布置在 $d_0=200$ mm 的圆周上。设螺栓的许用切应力$[\tau]=60$ MPa,试求所需的螺栓个数。

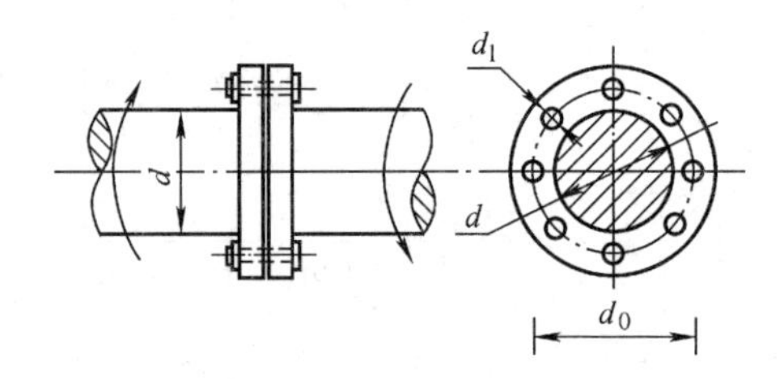

习题 8-11 图

解 轴受扭时的最大切应力为

$$\tau_{max}=\frac{T}{W_p}=\frac{T}{\frac{\pi}{16}d^3}$$

轴横截面上的扭矩为

$$T=\frac{\pi}{16}d^3\tau_{max}=\frac{\pi}{16}\times 0.1^3\times 70\times 10^6=13.7\ \text{kN}\cdot\text{m}$$

螺栓上的剪力形成的力偶为

$$M_e=F_S n\frac{d_0}{2}=[\tau]A_S n\frac{d_0}{2}=n[\tau]\frac{\pi d_1^2}{4}\frac{d_0}{2}=\frac{n\pi d_1^2 d_0[\tau]}{8}$$

由 $M_e=T$,得

$$n=\frac{8T}{\pi d_1^2 d_0[\tau]}=\frac{8\times 13.7\times 10^3}{\pi\times 0.02^2\times 0.2\times 60\times 10^6}=7.3$$

因此,所需的螺栓数至少为 8 个。

8-12 某空心钢轴,内、外直径之比为 1∶1.25,传递的功率 $P=60$ kW,转速 $n=250$ r/min,许用切应力$[\tau]=60$ MPa,单位长度许用扭转角$[\theta]=0.014$ rad/m,材料切变模量 $G=80$ GPa。试按强度条件与刚度条件选择内、外径 d 和 D。

解 (1)圆轴上的外力偶为

$$M_e=9\ 550\frac{P}{n}=9\ 550\times\frac{60}{250}=2\ 292\ \text{N}\cdot\text{m}$$

(2)由扭转强度条件

$$\tau_{max}=\frac{T}{W_p}=\frac{M_e}{\frac{\pi}{16}D^3\left[1-\left(\frac{d}{D}\right)^4\right]}\leqslant[\tau]$$

得钢轴的直径应为

$$D\geqslant\sqrt[3]{\frac{16M_e}{\pi[\tau]\left[1-\left(\frac{d}{D}\right)^4\right]}}=\sqrt[3]{\frac{16\times 2\ 292}{\pi\times 80\times 10^6\times\left[1-\left(\frac{1}{1.25}\right)^4\right]}}=0.063\ \text{m}$$

(3)由刚度条件

$$\theta=\frac{T}{GI_p}=\frac{M_e}{G\frac{\pi D^4}{32}\left[1-\left(\frac{d}{D}\right)^4\right]}\leqslant[\theta]$$

得钢轴的直径应为

$$D\geqslant\sqrt[4]{\frac{32M_e}{G\pi[\theta]\left[1-\left(\frac{d}{D}\right)^4\right]}}=\sqrt[4]{\frac{32\times 2\ 292}{80\times 10^9\times\pi\times 0.014\times\left[1-\left(\frac{1}{1.25}\right)^4\right]}}=0.077\ \text{m}$$

因此,空心钢轴的外径应不小于77 mm。

8-13 已知一钢圆轴传递功率 $P=331$ kW,转速 $n=300$ r/min,许用切应力 $[\tau]=80$ MPa,单位长度许用扭转角 $[\theta]=0.3°/\text{m}$,材料切变模量 $G=80$ GPa。试求钢轴所需的最小直径。

解 (1)实心钢轴上作用的外力偶为

$$M_e=9\ 550\frac{P}{n}=9\ 550\times\frac{331}{300}=10.5\ \text{kN}\cdot\text{m}$$

(2)由扭转强度条件

$$\tau_{\max}=\frac{T}{W_p}=\frac{M_e}{\frac{\pi}{16}d^3}\leqslant[\tau]$$

得钢轴的直径应为

$$d_0\geqslant\sqrt[3]{\frac{16M_e}{\pi[\tau]}}=\sqrt[3]{\frac{16\times 10.5\times 10^3}{\pi\times 80\times 10^6}}=0.087\ \text{m}=87\ \text{mm}$$

(3)由刚度条件

$$\theta=\frac{T}{GI_p}=\frac{M_e}{G\frac{\pi d^4}{32}}\leqslant[\theta]$$

得钢轴的直径应为

$$d_0\geqslant\sqrt[4]{\frac{32M_e}{G\pi[\theta]}}=\sqrt[4]{\frac{32\times 10.5\times 10^3\times 180}{80\times 10^9\times\pi\times 0.3\pi}}=0.128\ \text{m}=128\ \text{mm}$$

因此,钢轴所需的最小直径为128 mm。

8-14 图示阶梯形圆轴,轴上装有三个皮带轮。AC、CB 轴的直径分别为 $d_1=40$ mm,$d_2=70$ mm,已知轮 B 的输入功率 $P_3=30$ kW,轮 A、D 的输出功率分别为 $P_1=13$ kW,$P_2=17$ kW,轴作匀速转动,转速 $n=200$ r/min。若材料的许用切应力 $[\tau]=60$ MPa,切变模量 $G=80$ GPa,轴的单位长度许用扭转角 $[\theta]=0.035$ rad/m。试校核该轴的强度和刚度。

8-15 图示传动轴的转速 $n=500$ r/min,主动轮 B 的输入功率 $P_1=500$ kW,从动轮 A、C 的输出功率分别为 $P_2=200$ kW,$P_3=300$ kW。已知材料的许用切应力 $[\tau]=70$ MPa,切变模量 $G=79$ GPa,轴的单位长度许用扭转角 $[\theta]=1°/\text{m}$。

(1)试确定 AB 段的直径 d_1 和 BC 段的直径 d_2。

(2)若 AB 和 BC 两段选用同一直径,试确定直径 d。

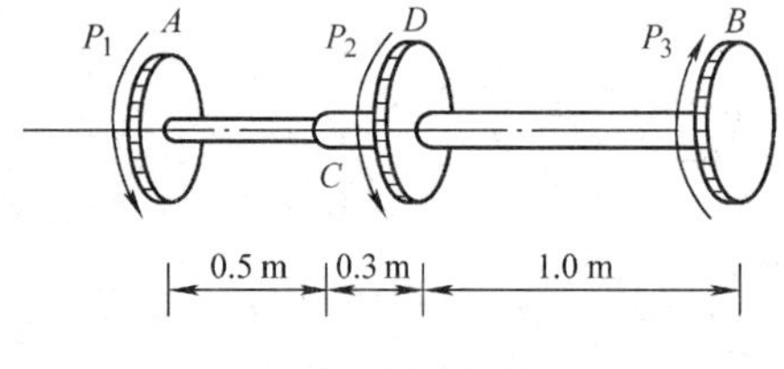

习题 8－14 图

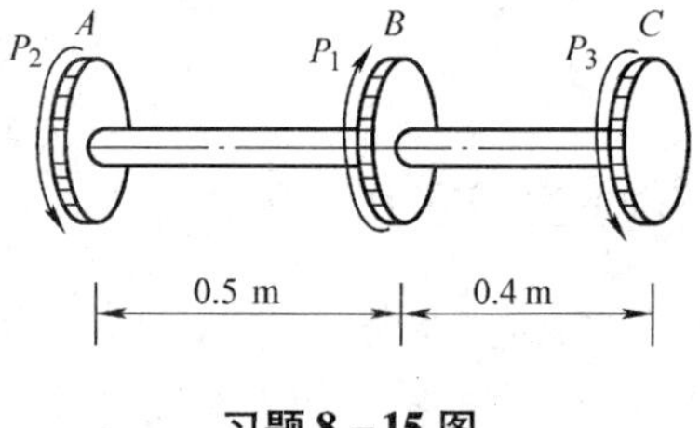

习题 8－15 图

解 (1)圆轴上的外力偶分别为

$$M_{e1}=9\ 550\frac{P_1}{n}=9\ 550\times\frac{500}{500}=9\ 550\ \text{N}\cdot\text{m}$$

$$M_{e2}=9\ 550\frac{P_2}{n}=9\ 550\times\frac{200}{500}=3\ 820\ \text{N}\cdot\text{m}$$

$$M_{e3}=9\ 550\frac{P_3}{n}=9\ 550\times\frac{300}{500}=5\ 730\ \text{N}\cdot\text{m}$$

作圆轴的扭矩图。

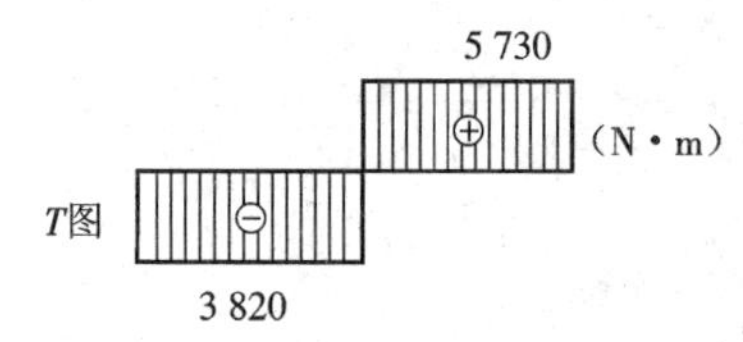

(2)根据强度条件确定 AB 段和 BC 段的直径。

AB 段：

$$\tau_{\max}=\frac{T_1}{W_{p1}}=\frac{T_1}{\frac{\pi}{16}d_1^3}\leqslant[\tau]$$

得 AB 段的直径为

$$d_1\geqslant\sqrt[3]{\frac{16T_1}{\pi[\tau]}}=\sqrt[3]{\frac{16\times3\ 820}{\pi\times70\times10^6}}=0.065\ 3\ \text{m}=65.3\ \text{m}$$

BC 段：

$$\tau_{\max}=\frac{T_2}{W_{p2}}=\frac{T_2}{\frac{\pi}{16}d_2^3}\leqslant[\tau]$$

得 BC 段的直径为

$$d_2\geqslant\sqrt[3]{\frac{16T_2}{\pi[\tau]}}=\sqrt[3]{\frac{16\times5\ 730}{\pi\times70\times10^6}}=0.074\ 7\ \text{m}=74.7\ \text{mm}$$

(3)根据刚度条件确定 AB 段和 BC 段的直径。

AB 段：

$$\theta=\frac{T_1}{GI_{p1}}=\frac{T_1}{G\frac{\pi}{32}d_1^4}\leqslant[\theta]$$

得 AB 段的直径为

$$d_1 \geqslant \sqrt[4]{\frac{32T_1}{G\pi[\theta]}} = \sqrt[4]{\frac{32\times 3\ 820\times 180}{\pi\times 79\times 10^9\times\pi}} = 0.072\ 9\ \text{m} = 72.9\ \text{mm}$$

BC 段：

$$\theta = \frac{T_2}{GI_{p2}} = \frac{T_2}{G\frac{\pi}{32}d_2^4} \leqslant [\theta]$$

得 BC 段的直径为

$$d_2 \geqslant \sqrt[4]{\frac{32T_2}{G\pi[\theta]}} = \sqrt[4]{\frac{32\times 5\ 730\times 180}{\pi\times 79\times 10^9\times\pi}} = 0.080\ 7\ \text{m} = 80.7\ \text{mm}$$

故取 $d_1 = 72.9$ mm，$d_2 = 80.7$ mm。

若选同一直径，应取 $d = 80.7$ mm。

8－16 图示两端固定的圆轴，外力偶矩 $M_B = M_C = 10$ kN·m。设材料的许用切应力 $[\tau] = 60$ MPa，试选择轴的直径。

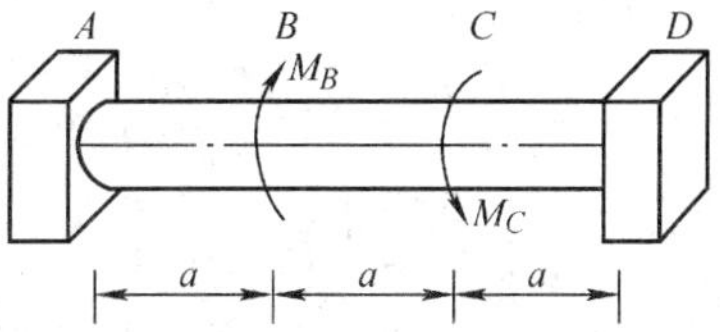

习题 8－16 图

解 这是一次超静定问题，作圆轴的受力图。

(1)由静力平衡方程

$$\sum M_x = 0,\quad M_A - M_B + M_C + M_D = 0 \qquad \text{(a)}$$

(2)由变形协调条件

$$\varphi_{AB} + \varphi_{BC} + \varphi_{CD} = 0 \qquad \text{(b)}$$

又

$$\varphi_{AB} = \frac{T_1 a}{GI_p} = \frac{(M_C + M_D - M_B)a}{GI_p}$$

$$\varphi_{BC} = \frac{T_2 a}{GI_p} = \frac{(M_C + M_D)a}{GI_p}$$

$$\varphi_{CD} = \frac{T_3 a}{GI_p} = \frac{M_C a}{GI_p}$$

将以上各式代入式(b)得补充方程

$$3M_C + 2M_D - M_B = 0 \qquad \text{(c)}$$

由式(a)和式(c)得

$$M_A = 10\ \text{kN}\cdot\text{m},\ M_D = -10\ \text{kN}\cdot\text{m}$$

则圆轴内的最大扭矩为 10 kN·m。

(3)由扭转强度条件

$$\tau_{\max} = \frac{T}{W_p} = \frac{M_e}{\frac{\pi}{16}d^3} \leqslant [\tau]$$

得钢轴的直径应为

$$d_0 \geqslant \sqrt[3]{\frac{16M_e}{\pi[\tau]}} = \sqrt[3]{\frac{16 \times 10 \times 10^3}{\pi \times 60 \times 10^6}} = 0.082\ 7\ \text{m} = 82.7\ \text{mm}$$

因此，圆轴的直径不应小于 82.7 mm。

8－17 图示组合圆形实心轴，在 A、C 两端固定，B 端面处作用外力偶矩 $M_e = 900$ N·m，已知直径 $d_{AB} = 25$ mm，$d_{BC} = 37.5$ mm，且切变模量 $G_{AB} = 80$ GPa，$G_{BC} = 40$ GPa，试求两种材料轴中的最大切应力。

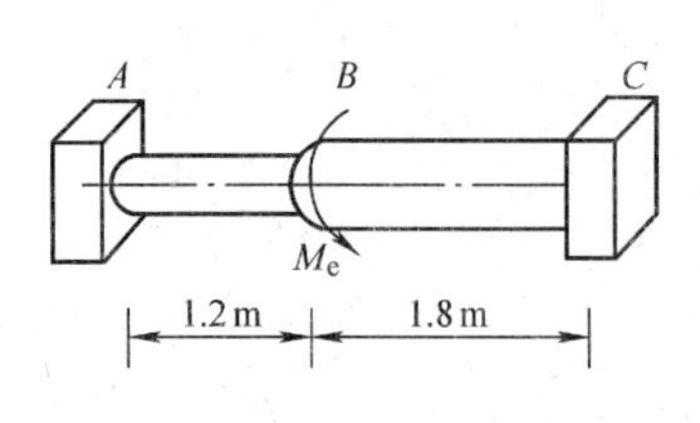

习题 8－17 图

解 这是一次超静定问题，作圆轴的受力图。

(1) 由静力平衡方程

$$\sum M_x = 0, \quad M_e - M_C - M_A = 0 \tag{a}$$

(2) 由变形协调条件

$$\varphi_{AB} + \varphi_{BC} = 0 \tag{b}$$

又

$$\varphi_{AB} = \frac{32 \times (M_e - M_C) \times 1.2}{G_{AB}\pi d_{AB}^4}$$

$$\varphi_{BC} = \frac{-32 \times M_C \times 1.8}{G_{BC}\pi d_{BC}^4}$$

将以上两式代入式(b)得补充方程

$$\frac{32 \times (M_e - M_C) \times 1.2}{G_{AB}\pi d_{AB}^4} + \frac{-32 \times M_C \times 1.8}{G_{BC}\pi d_{BC}^4} = 0 \tag{c}$$

由式(a)和式(c)得

$$M_A = 335\ \text{N} \cdot \text{m}, M_C = 565\ \text{N} \cdot \text{m}$$

则圆轴内的最大扭矩为 565 N·m。

AB 轴中的最大切应力为

$$\tau_{\max} = \frac{T_{AB}}{W_p} = \frac{335}{\frac{\pi}{16} \times 0.025^3} = 109.2\ \text{MPa}$$

BC 轴中的最大切应力为

$$\tau_{\max} = \frac{T_{BC}}{W_p} = \frac{565}{\frac{\pi}{16} \times 0.037\ 5^3} = 54.6\ \text{MPa}$$

8－18 图示钢杆为 A、B 端固定，在 C 处扳手作用于钢杆一力偶(F,F')，A 端约束力偶矩为 150 N·m，试求：

(1) 力 F 的大小；

(2) 钢管上的最大切应力。

解 这是一次超静定问题。C 处外力偶为

$$M_C = Fd = 0.24F$$

作圆轴的受力图。

(1)由静力平衡方程

$$\sum M_x=0,\quad M_B-M_C+M_A=0 \qquad (a)$$

(2)由变形协调条件

$$\varphi_{BC}+\varphi_{CA}=0 \qquad (b)$$

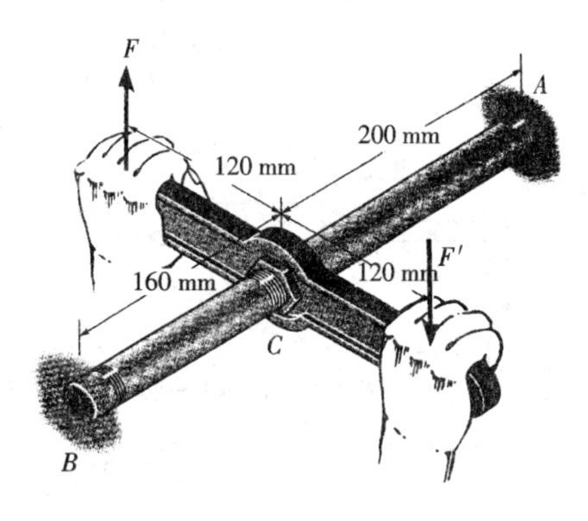

习题 8-18 图

又

$$\varphi_{BC}=\frac{32\times M_B\times 1.6}{G\pi d^4}$$

$$\varphi_{CA}=\frac{-32\times M_A\times 2}{G\pi d^4}$$

将以上两式代入式(b)得补充方程

$$\frac{32\times M_B\times 1.6}{G\pi d^4}+\frac{-32\times M_A\times 2}{G\pi d^4}=0 \qquad (c)$$

得

$$M_B=1.25M_A=187.5\ \text{N}\cdot\text{m}$$

代入式(a)得

$$M_C=337.5\ \text{N}\cdot\text{m}$$

又 $M_C=Fd=0.24F$,则

$$F=1.4\ \text{kN}$$

钢管上的最大切应力为

$$\tau_{\max}=\frac{T_{BC}}{W_p}=\frac{187.5}{\frac{\pi}{16}\times 0.025^3}=61.1\ \text{MPa}$$

因此,钢管上的最大切应力为 61.1 MPa。

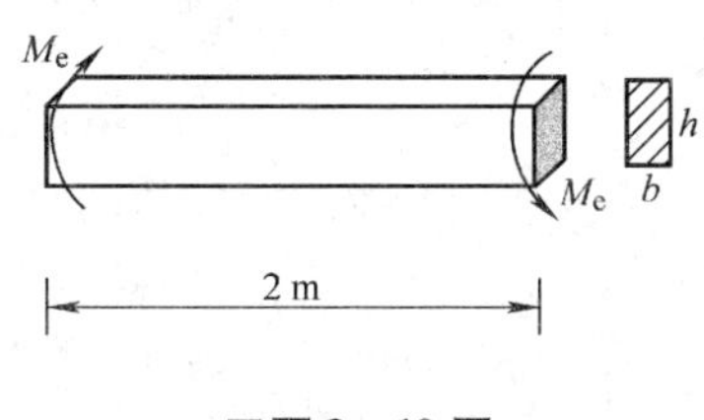

习题 8-19 图

8-19 图示钢杆长 2 m,其截面为 $b\times h=10\ \text{mm}\times 30\ \text{mm}$ 的矩形,两端承受外力偶矩 $M_e=100\ \text{N}\cdot\text{m}$,切变模量 $G=80\ \text{GPa}$。试求:

(1)最大切应力的位置及其大小;

(2)在截面短边中点 A 处的切应力值;

(3)杆端截面间的相对扭转角。

解 (1)截面的最大切应力发生在长边中点,为

$$\tau_{\max}=\frac{T}{\beta b^3}=\frac{100}{0.801\times 0.01^3}=125\ \text{MPa}$$

(2)截面短边中点 A 处的切应力值为

$$\tau_A=\gamma\tau_{\max}=0.753\times 125=94.1\ \text{MPa}$$

(3)杆端截面间的相对扭转角为

$$\varphi = \frac{Tl}{GI_t} = \frac{100 \times 2}{80 \times 10^9 \times 0.79 \times 0.01^4} = 0.317 \text{ rad}$$

8-20 图示两受扭薄壁截面等直杆的横截面，其截面面积基本上相等，其中 L 形截面如图(a)，圆环截面如图(b)，$D = 54$ mm，$d = 46$ mm。若材料的切变模量 $G = 79$ GPa，扭矩 $T = 20$ N·m，试计算两杆的单位长度相对扭转角 θ 及最大切应力 τ_{max}，并加以比较。

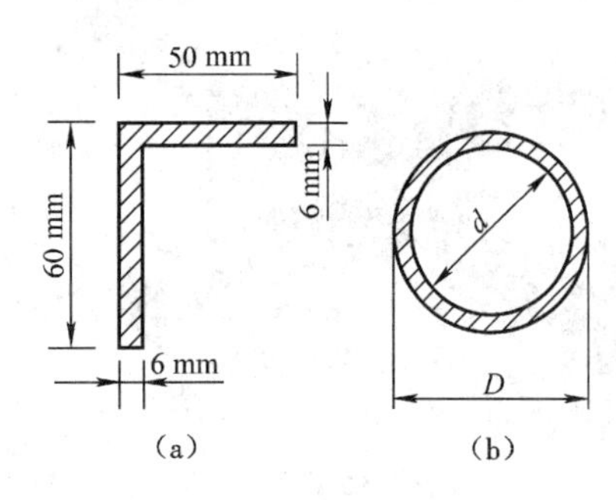

习题 8-20 图

解 (1) L 形截面杆的单位长度相对扭转角为

$$\theta = \frac{T}{GI_t} = \frac{20 \times 3}{79 \times 10^9 \times (60 \times 6^3 + 44 \times 6^3) \times 10^{-12}}$$

$$= 0.0332 \text{ rad/m} = 1.9°/\text{m}$$

最大切应力为

$$\tau_{max} = \frac{Tb_{max}}{I_t} = \frac{20 \times 0.006 \times 3}{(60 \times 6^3 + 44 \times 6^3) \times 10^{-12}} = 16.02 \text{ MPa}$$

(2) 圆环截面杆的单位长度相对扭转角为

$$\theta = \frac{TS}{4GA_0\delta} = \frac{T}{2G\pi r^3 \delta} = \frac{20}{2 \times 79 \times 10^9 \times \pi \times 0.025^3 \times 0.008} = 0.000322 \text{ rad/m} = 0.0185°/\text{m}$$

若认为切应力均匀分布，则切应力为

$$\tau = \frac{T}{2A_0 t} = \frac{20}{2\pi \times 0.025^2 \times 0.008} = 0.637 \text{ MPa}$$

按式(8-8)计算，可得截面上最大切应力为

$$\tau_{max} = \frac{T}{W_p} = \frac{16T}{\pi D^3(1 - \alpha^4)} = \frac{16 \times 20}{\pi \times 0.054^3 \left[1 - \left(\frac{46}{54}\right)^4\right]}$$

$$= 1.37 \text{ MPa}$$

习题 8-4、8-7、8-14 答案请扫二维码。

第 9 章　梁的内力

9.1　理论要点

一、弯曲

直杆在垂直杆轴线的外力作用下，杆的轴线在变形后成为曲线，这种变形称为**弯曲**。以弯曲变形为主的杆件通常称作**梁**。

工程中常用的梁，其横截面通常多采用对称形状，此时梁的横截面都有一根对称轴，整个杆件有一个包含轴线在内的纵向对称面。当外力作用在该对称平面内时，梁发生弯曲变形后，其轴线也在对称平面内变成一条曲线，这种弯曲称为**平面弯曲**。

二、剪力、弯矩

梁在发生平面弯曲变形时，梁的内力包括剪力和弯矩。

(1)内力正负号的规定。

①剪力：以对梁内任一点之矩为顺时针转向为正，反之为负，如图 9－1 所示

②弯矩：截面上的弯矩如果使考虑的脱离体向下凸(或者说使梁下边受拉、上边受压)为正，反之如果使考虑的脱离体向上凸(或者说使梁上边受拉、下边受压)为负，如图 9－2 所示。

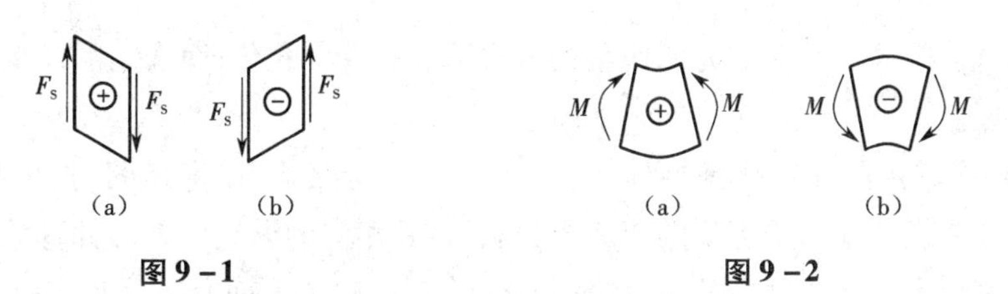

图 9－1　　　　图 9－2

(2)内力计算方法：截面法。

用截面法求指定截面的剪力和弯矩，一般可按下列步骤进行：

①在指定截面处将梁截开，在所截开的截面上按正方向假定剪力和弯矩；

②考虑截开的任意一部分(一般取受力简单的部分)的平衡，根据平衡方程确定剪力和弯矩的大小和方向。

三、剪力图、弯矩图

一般情况下，梁的剪力和弯矩沿轴线方向是变化的。为了进行梁的强度和变形计算，必须知道剪力和弯矩沿轴线的变化规律。为了形象地表明内力沿梁轴线的变化情况，通常用图形将剪力和弯矩沿梁长的变化情况表示出来，这样的图形分别称为**剪力图**和**弯矩图**。

剪力图和弯矩图，在梁的强度和刚度计算中占有重要的地位，在工程设计中也起着一定的

作用，所以正确绘制剪力图和弯矩图是大家必须掌握的一项基本功。绘制内力图通常用以下几种方法。

(1)通过列内力方程作内力图。内力方程是描述内力和截面位置坐标 x 之间的函数关系式，即

$$F_S = F_S(x) \text{和} M = M(x)$$

内力方程仍然用截面法和平衡方程建立。首先应在梁上建立坐标系，取坐标为 x 的任意截面，从此处将梁截开，任取一部分，列出其平衡方程，求得该截面上的剪力和弯矩，即为内力方程。列内力方程时，应根据荷载的情况分段进行。根据内力方程，就可绘出内力图。

(2)利用荷载集度、剪力、弯矩之间的微分关系作图。荷载集度、剪力、弯矩之间的微分关系为

$$\frac{dF_S(x)}{dx} = q(x),\frac{dM(x)}{dx} = F_S(x),\ \frac{d^2M(x)}{dx^2} = q(x)$$

根据上述各关系式得到内力图的一些规律。

①没有外力作用的区段。当梁的某段上 $q=0$，即没有荷载作用时，剪力图是平行于梁轴线的水平直线，弯矩图是一条斜直线。

② $q(x)$ 为常数的区段。当 $q=$ 常数时，剪力图是一条斜直线段，且倾斜方向与外力一致；弯矩图是二次曲线，并且其凹凸方向与外力是一致的(只是在弯矩图画在梁受拉一侧时)。在分布荷载作用的区段，在 $F_S=0$ 处，$M(x)$ 具有极值。

③集中力作用处。在集中力作用处剪力图发生突变，突变值等于该集中力值，并且当从左向右作剪力图时突变方向与该集中力方向一致；弯矩图在该点出现转折，并且转折方向与该集中力方向一致。

④集中力偶作用处。在集中力偶作用处剪力图没有发生变化；而弯矩图发生突变，突变值等于该集中力偶值。

(3)叠加法作弯矩图。对线弹性体系，在小变形的情况下，作弯矩图时，可采用叠加法。即分别作出各项荷载单独作用下梁的弯矩图，然后将其相应的纵坐标叠加，即得梁在所有荷载共同作用下的弯矩图。它是常用的一种简便方法。由于避免了列弯矩方程，从而使得弯矩图的绘制工作得到了简化。

综上所述，一般情况下可按下列步骤绘制内力图。

①求反力(悬臂梁可不必求支座反力)。

②分段：凡是外力不连续处均应作为分段点，如集中力及力偶作用处、均布荷载两端点等。这样，根据微分关系即可判断各段梁上的内力图形状。

③定点：根据各段梁的内力图形状，选定所需要的控制截面，例如集中力及力偶的作用点两侧的截面、均布荷载两端截面等，用截面法求出这些截面的内力值，并将它们在内力图的基线上用竖标绘出。

④连线：由各段梁内力图的形状，根据叠加原理，分别用直线或曲线将各控制点依次相连，即为所求的内力图。

9.2 例题详解

一、用截面法求任意截面的剪力和弯矩

例题 9-1 试求图 9-3(a)所示简支梁指定截面的剪力和弯矩。

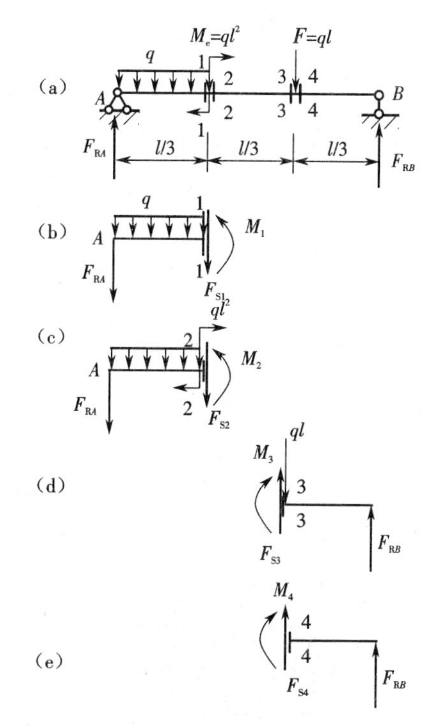

图 9-3

【解题指导】 对简支梁来说,一般情况下,要先求出支座反力,然后计算内力。

解 (1)求支座反力。

考虑梁的整体平衡,由

$$\sum M_A=0,\quad F_{RB}l-ql\frac{2l}{3}-ql^2-q\frac{l}{3}\frac{l}{6}=0$$

得

$$F_{RB}=\frac{31ql}{18}(\uparrow)$$

由

$$\sum F_y=0,\quad F_{RA}+F_{RB}-\frac{ql}{3}-ql=0$$

得

$$F_{RA}=-\frac{7ql}{18}(\downarrow)$$

(2)用截面法求内力。

1—1 截面:将梁从 1—1 截开,取左边部分为脱离体(图 9-3(b)),由

$$\sum F_y=0,\quad -F_{RA}-\frac{ql}{3}-F_{S1}=0$$

$$\sum M_1=0,\quad F_{RA}\frac{l}{3}+q\frac{l}{3}\frac{l}{6}+M_1=0$$

可求得

$$F_{S1}=-\frac{13}{18}ql,M_1=-\frac{5}{27}ql^2$$

2—2 截面:将梁从 2—2 截开,取左边部分为脱离体(图 9-3(c)),由

$$\sum F_y=0,\quad -F_{RA}-\frac{ql}{3}-F_{S2}=0$$

$$\sum M_2=0,\quad F_{RA}\frac{l}{3}+q\frac{l}{3}\frac{l}{6}+M_2-ql^2=0$$

可求得

$$F_{S2}=-\frac{13}{18}ql,M_2=\frac{22}{27}ql^2$$

3—3 截面：将梁从 3—3 截开，取右边部分为脱离体（图 9－3(d)），由

$$\sum F_y = 0,\quad -F_{RB} - ql + F_{S3} = 0$$

$$\sum M_3 = 0,\quad F_{RB}\frac{l}{3} - M_3 = 0$$

可求得

$$F_{S3} = -\frac{13}{18}ql, M_3 = \frac{31}{54}ql^2$$

4—4 截面：将梁从 4—4 截开，取右边部分为脱离体（图 9－3(e)），由

$$\sum F_y = 0,\quad F_{RB} + F_{S4} = 0$$

$$\sum M_4 = 0,\quad F_{RB}\frac{l}{3} - M_4 = 0$$

可求得

$$F_{S4} = -\frac{31}{18}ql, M_4 = \frac{31}{54}ql^2$$

（3）结果的校核。

对 1—1、2—2 截面，可以取右边部分为脱离体进行校核，对 3—3、4—4 截面可取左边部分为脱离体进行校核，最后结果是一样的，说明计算结果是正确的。

二、用内力方程方法绘制内力图

例题 9－2 试作图 9－4(a) 所示梁的剪力图和弯矩图。

【解题指导】 用列内力方程的方法绘制内力图，首先要根据外荷载的情况对梁进行分段，各段之间内力方程不同；其次对每段梁选取脱离体时，一般选荷载简单的部分，而坐标轴 x 的原点和指向可任意选取。

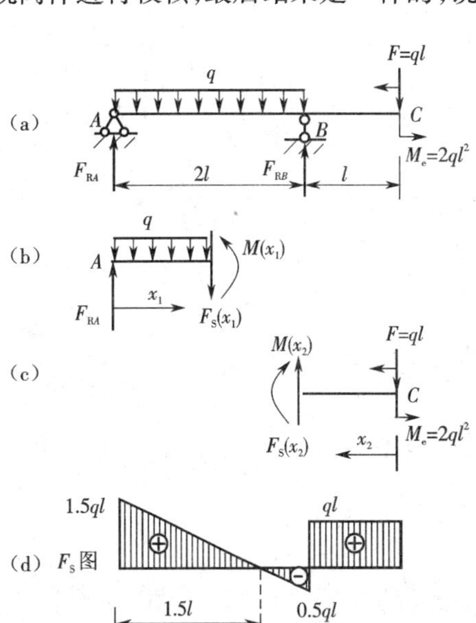

图 9－4

解 （1）求支座反力。

由 $\sum M_A = 0$ 和 $\sum F_y = 0$，可求得

$$F_{RB} = \frac{3ql}{2}(\uparrow), F_{RA} = \frac{3ql}{2}(\uparrow)$$

（2）根据梁上的荷载情况，将梁分成 AB 段和 BC 段，在 AB 段取脱离体如图 9－4(b) 所示，以 A 为坐标原点，x_1 以向右为正，以正方向假设任一截面上的剪力、弯矩，则

$$F_S(x_1) = F_{RA} - qx_1 = 1.5ql - qx_1 \quad (0 < x_1 < 2l) \tag{a}$$

$$M(x_1) = F_{RA}x_1 - \frac{qx_1^2}{2} = 1.5qlx_1 - \frac{qx_1^2}{2} \quad (0 < x_1 \leqslant 2l) \tag{b}$$

在 BC 段取脱离体如图 9－4(c)所示，以 C 为坐标原点，x_2 以向左为正，以正方向假设任一截面上的剪力、弯矩，则

$$F_S(x_2)=ql \quad (0<x_2<l) \tag{c}$$

$$M(x_2)=2ql^2-Fx_2 \quad (0<x_2\leqslant l) \tag{d}$$

(3)根据方程画内力图。由方程(a)可知，AB 段剪力为一条斜直线；由方程(c)可知，BC 段剪力为水平直线，大小即为 ql，据此可画出剪力图如图 9－4(d)所示。

由方程(b)可知，AB 段弯矩为一条向下凸的抛物线，由方程(d)可知，BC 段弯矩为斜直线，据此可画出弯矩图如图 9－4(e)所示。

(4)确定弯矩极值。由 $\frac{dM(x)}{dx}=F_S(x)$ 知，当 $F_S(x)=0$ 时，弯矩有极值。由方程(b)可确定出弯矩极值点在 $x_1=1.5l$ 处，弯矩的极值如图 9－4(e)所示。

用方程绘制内力图是一种最基本的方法，但是当荷载及结构形式比较复杂时，需要分段的段数比较多，方程也比较多，这样画内力图就比较复杂。通常利用荷载集度与内力之间的微分关系作图，比较方便。

三、利用微分关系绘制内力图

例题 9－3 试作图 9－5(a)所示梁的剪力图和弯矩图。

【解题指导】 根据梁上荷载情况，将梁分成三段，控制截面分别为 A、B、C、D，只要求出这些控制截面的内力值，再利用微分关系就可绘出内力图。

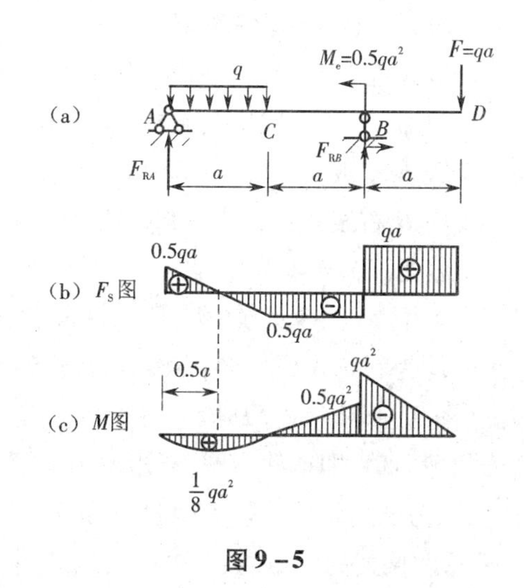

图 9－5

解 (1)求支座反力。

由 $\sum M_A=0$ 和 $\sum F_y=0$，可求得

$$F_{RB}=\frac{3qa}{2}(\uparrow),F_{RA}=\frac{qa}{2}(\uparrow)$$

(2)用截面法求出各控制截面的内力值。

支座 A 右截面：$F_{SA}=0.5qa,M_A=0$

C 截面：$F_{SC}=-0.5qa,M_C=0$

支座 B 左截面：$F_{SB}=-0.5qa,M_B=-0.5qa^2$

支座 B 右截面：$F_{SB}=qa,M_B=qa^2$

D 左截面：$F_{SD}=qa,M_D=0$

(3)由微分关系可知，AC 段上有均布荷载，所以剪力图为一条斜直线，只要连接 A、C 两截面的剪力值，即得剪力图；弯矩图为向下凸的抛物线，弯矩最大值的位置在该段的中间，其值为 $\frac{1}{8}qa^2$，再由 A、C 两截面的弯矩值，即可绘出弯矩图。

BC 段和 BD 段上都没有均布荷载，所以剪力图均为水平直线，弯矩图均为斜直线，只要用直线连接各控制点的内力值，就可绘出剪力图(图 9－5(b))和弯矩图(图 9－5(c))。在 B 截面处有外力偶作用，弯矩图有突变，且突变的大小等于外力偶矩。

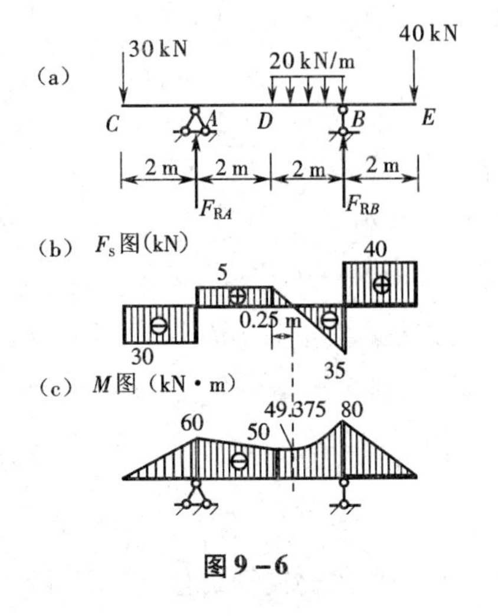

图 9-6

例题 9-4 试作图 9-6(a)所示梁的剪力图和弯矩图。

【解题指导】 根据梁上荷载情况，将梁分成四段，控制截面分别为 A、B、C、D、E，只要求出这些控制截面的内力值，再利用微分关系就可绘出内力图。

解 (1)求支座反力。

由 $\sum M_A = 0$，即 $F_{RB} \times 4 + 30 \times 2 - 40 \times 6 - 20 \times 2 \times 3 = 0$，可求得

$$F_{RB} = 75\ \text{kN}(\uparrow)$$

由 $\sum F_y = 0$，即 $F_{RA} + F_{RB} - 20 \times 2 - 30 - 40 = 0$，可求得

$$F_{RA} = 35\ \text{kN}(\uparrow)$$

(2)用截面法求出各控制截面的内力值。

C 截面：$F_{SC} = -30\ \text{kN}, M_C = 0$

支座 A 左截面：$F_{SA} = -30\ \text{kN}, M_A = -30 \times 2 = -60\ \text{kN}\cdot\text{m}$

D 截面：$F_{SD} = 5\ \text{kN}, M_D = 35 \times 2 - 30 \times 4 = -50\ \text{kN}\cdot\text{m}$

支座 B 左截面：$F_{SB} = -35\ \text{kN}, M_B = -40 \times 2 = -80\ \text{kN}\cdot\text{m}$

支座 B 右截面：$F_{SB} = 40\ \text{kN}, M_B = -40 \times 2 = -80\ \text{kN}\cdot\text{m}$

E 截面：$F_{SE} = 40\ \text{kN}, M_E = 0$

(3)由微分关系可知，AC 段、AD 段和 BE 段都属无荷载区段，所以剪力图均为水平直线，弯矩图均为斜直线，只要用直线连接各控制点的内力值，就可绘出剪力图(图 9-6(b))和弯矩图(图 9-6(c))。BD 段上有均布荷载，所以剪力图为一条斜直线，只要连接 B 左截面及 D 截面的剪力值，即得剪力图；弯矩图为向下凸的抛物线，弯矩极值的位置在该段剪力为零的截面，由剪力图可求得该位置距 D 截面 0.25 m，由截面法求得该截面弯矩为 $-49.375\ \text{kN}\cdot\text{m}$，再由 B、D 两截面的弯矩值，即可绘出弯矩图。

例题 9-5 试作图 9-7(a)所示梁的剪力图和弯矩图。

【解题指导】 由于该梁的中间有一个铰，该铰节点处弯矩为零。所以解这种类型的梁时，通常从铰处拆开，先求出该铰链所承受的剪力。

解 (1)将梁从铰处拆开(图 9-7(b))，由 BE 段的平衡可求出：

$$F_{SB} = 15\ \text{kN}, F_{RD} = 45\ \text{kN}$$

AB 段相对于悬臂梁，在自由端承受集中荷载的作用；BE 段相当于外伸梁。

(2)用截面法求出各控制截面的内力值。

支座 A 右截面：$F_{SA} = 15\ \text{kN}, M_A = -30\ \text{kN}\cdot\text{m}$

B 截面：$F_{SB} = 15\ \text{kN}, M_B = 0$

C 左截面：$F_{SC} = 15\ \text{kN}, M_C = 30\ \text{kN}\cdot\text{m}$

C 右截面：$F_{SC} = -25\ \text{kN}, M_C = 30\ \text{kN}\cdot\text{m}$

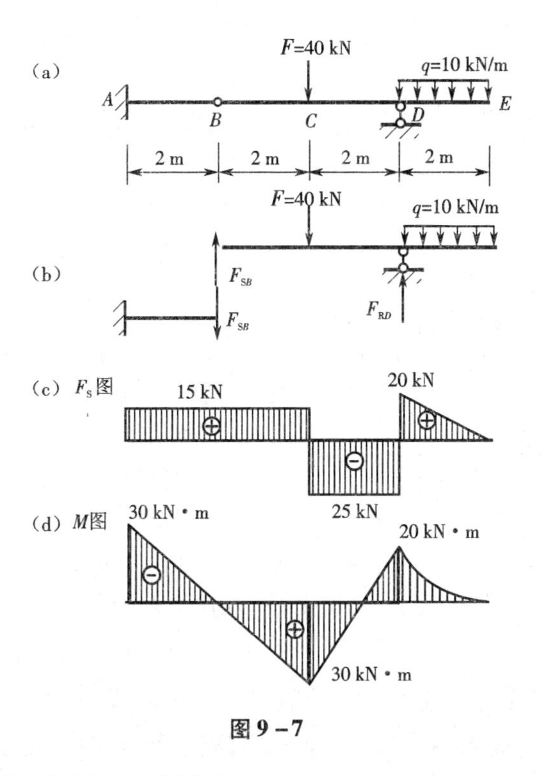

图 9－7

D 左截面：$F_{SD} = -25\ \text{kN}, M_D = -20\ \text{kN} \cdot \text{m}$

D 右截面：$F_{SD} = 20\ \text{kN}, M_D = 30\ \text{kN} \cdot \text{m}$

E 截面：$F_{SE} = 0, M_E = 0$

(3)利用微分关系绘出剪力图和弯矩图，如图 9－7(c)和(d)所示。

例题 9－6 已知某梁的剪力图如图 9－8(a)所示，试作梁上的荷载图及弯矩图。已知梁上没有集中力偶作用。

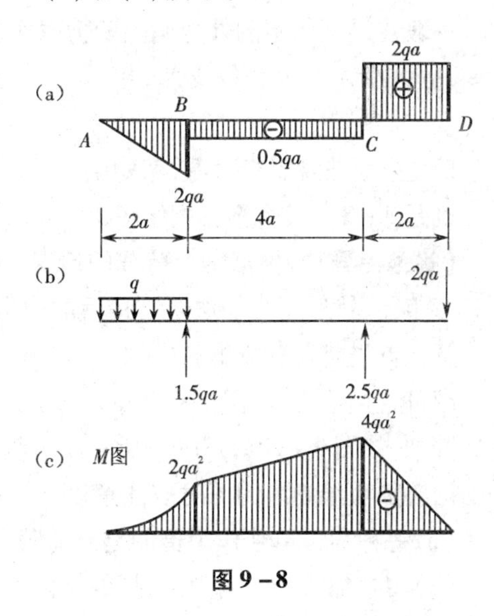

图 9－8

【解题指导】 利用剪力和荷载集度之间的微分关系解题。

解 AB 段剪力图为斜直线，说明该段有均布荷载作用，荷载集度就是该条直线的斜率，即为 q，斜率值为负，说明荷载的方向向下；BC 和 CD 段均为水平直线，说明无均布荷载作用，在 B、C 处剪力图从左向右、向上突变，说明此两处有向上的集中荷载作用，荷载的大小就是突变值，即 B 处荷载大小为 $1.5qa$，C 处荷载大小为 $2.5qa$；D 处剪力图也有突变，说明该处有向下的集中荷载作用，大小为 $2qa$。综合以上，绘出的荷载图如图 9－8(b)所示，根据荷载图可绘出弯矩图如图 9－8(c)所示。

例题 9－7 已知某梁的弯矩图如图 9－9(a)所示，试作梁上的剪力图、荷载图及支座图。

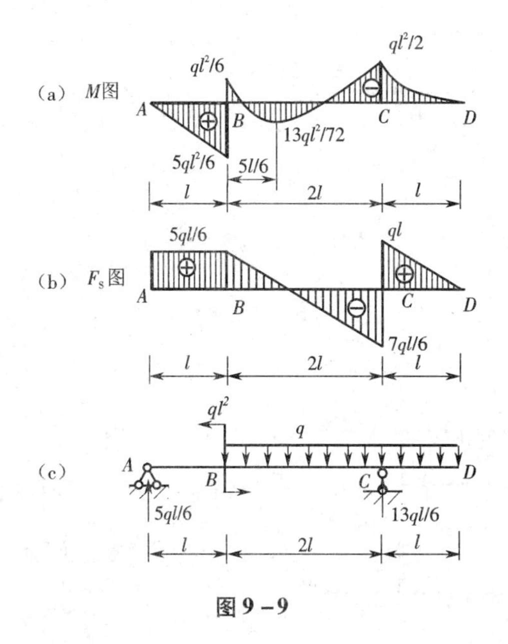

图 9－9

图中曲线均为二次曲线，D 点为弯矩图与梁轴线相切的点。

【解题指导】 利用弯矩、剪力和荷载集度之间的微分关系解题。

解 AB 段弯矩图为斜直线，说明该段剪力图为水平直线，剪力的大小为该斜直线的斜率，且为正，即 $F_{SAB}=5ql/6$，剪力在 A 截面突变，说明 A 点有向上的集中荷载作用，荷载的大小即为 $5ql/6$，AB 段无均布荷载，B 截面的弯矩从正到负突变，说明在该处有集中力偶作用，外力偶的大小即为突变值的大小，即 ql^2，方向为逆时针方向。据此可绘出该段的剪力图及荷载图如图 9－9(b)和(c)所示。

CD 段弯矩为向下凸的曲线，说明该段剪力图应为斜直线。在该段有方向向下的均布荷载作用，D 点为曲线的切点，说明该处剪力为零，C 截面右侧的剪力为 ql。

在 BC 段，C 截面处弯矩图不连续，说明该处有集中荷载作用，该段剪力图亦应为斜直线。由 BC 段弯矩极值点，即剪力为零的点，由比例关系可确定 C 截面左侧的剪力值为 $7ql/6$，该段的剪力图应如图 9－9(b)所示。由该段剪力图的斜率，可知该段均布荷载的集度为 q。C 截面剪力图有突变，说明该处有集中荷载作用，荷载的大小为 $13ql/6$，方向向上。从而绘出该段的荷载图如图 9－9(c)所示。

一般在梁上作用的外力满足静力平衡的条件下，可以有多种支座形式。如 A、B 处可为铰支座，也可在 A、C 处为铰支座，也可在 A 处为固定端支座，等等。图中仅给出其中的一种情况。

四、叠加法绘制剪力图、弯矩图

例题 9－8 试用叠加法作图 9－10(a)所示梁的剪力图和弯矩图。

【解题指导】 根据梁上荷载的情况，可将荷载分解成几种简单的荷载，分别作出其剪力图和弯矩图，然后用叠加法绘制最后的内力图。

解 首先将荷载分解，如图 9－10(b)和(c)所示。这两种荷载都比较简单，其剪力图和弯矩图可直接绘出，如图 9－10(d)、(e)及(g)、(h)所示。然后将两剪力图和弯矩图对应的纵坐标叠加，如图 9－10(f)和(i)所示。这就是最后的剪力图和弯矩图。

用叠加法绘制内力图时应注意以下几点：

(1)每种荷载单独作用指的是外荷载，由外荷载引起的支座反力不能当作外荷载；

(2)用叠加法绘制内力图，指的是内力图纵坐标的代数相加，因此应特别注意内力图的正负号；

(3)分段叠加时，直线图形与直线图形相加仍然是直线图形，因此只需叠加两个控制截面的纵坐标值，即可绘出这一段的内力图，而直线图形与曲线图形相加得到的是曲线图形，因此

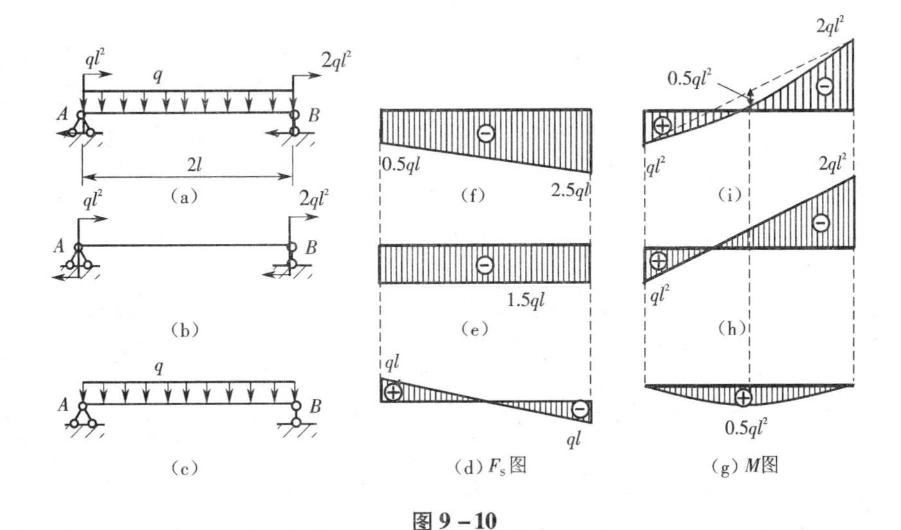

图 9-10

需要叠加三个控制截面的纵坐标值,然后用光滑曲线连出最后的图形。

例题 9-9 试用叠加法作图 9-11(a)所示梁的弯矩图。

【解题指导】 分别作出集中荷载和均布荷载单独作用时的弯矩图,然后叠加绘制弯矩图。

解 将荷载分解成两种情况,分别绘出各自单独作用下的弯矩图,如图 9-11(b)和(c)所示。

采用纵坐标叠加的方法,只需将几个控制截面的弯矩值相叠加,就可绘制出最后的弯矩图,如图 9-11(d)所示。

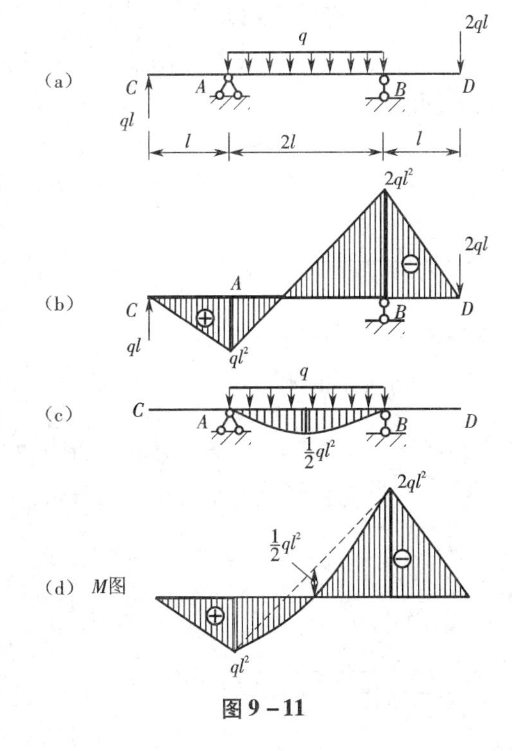

图 9-11

9.3 自测题

9-1 当梁上的某段作用均布荷载时,该段梁上的(　　)。

A. 剪力图为水平线　　　　B. 弯矩图为斜直线

C. 剪力图为斜直线　　　　D. 弯矩图为水平线

9-2 在集中力偶作用处,(　　)。

A. 剪力图发生突变　　　　B. 剪力图发生转折

C. 弯矩图发生转折　　　　D. 剪力图无变化

9-3 在集中力作用处,(　　)。

A. 弯矩图发生突变　　　　B. 剪力图不发生变化

C. 剪力图发生突变　　　　　　　　　　D. 剪力图发生转折

9－4　列出如图 9－12 所示梁各段的剪力方程和弯矩方程，其分段要求应分为(　　)。

A. AC 段和 CE 段　　　　　　　　　B. AC 段、CD 段和 DE 段

C. AB 段、BD 段和 DE 段　　　　　D. AB 段、BC 段、CD 段和 DE 段

9－5　如图 9－13 所示外伸梁，剪力等于零的截面位置距 A 支座＿＿＿＿＿＿，AB 段弯矩最大值为＿＿＿＿＿＿。

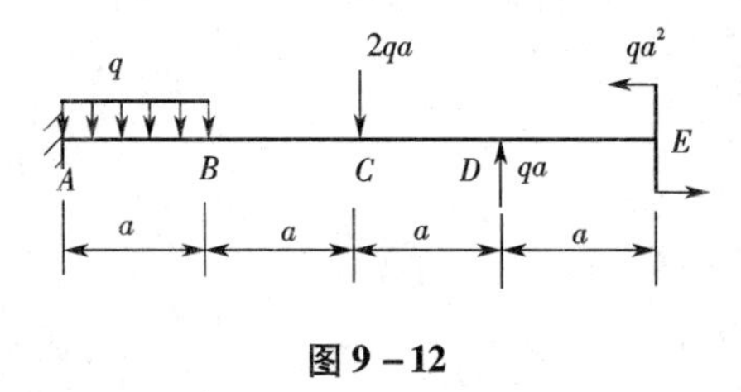

图 9－12

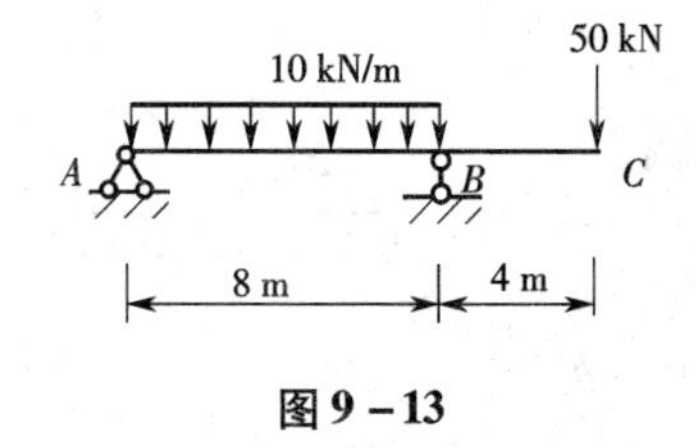

图 9－13

9－6　一外伸梁受力如图 9－14 所示，欲使 AB 中点的弯矩等于零，需要在 B 端加多大的集中力偶矩。(将大小和方向标在图上)

9－7　已知一简支梁剪力图如图 9－15 所示，梁上没有集中力偶作用，试画出梁上的荷载及弯矩图。

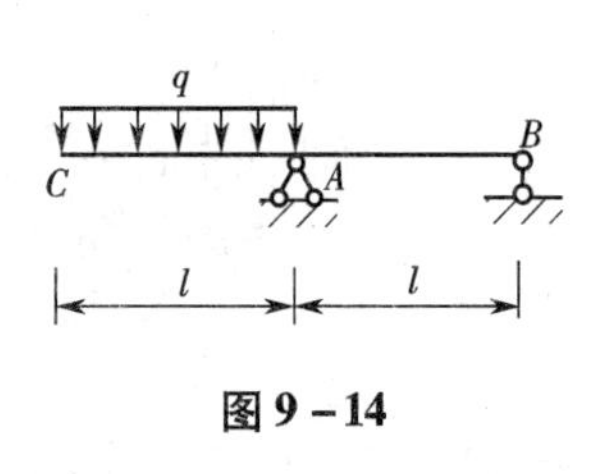

图 9－14

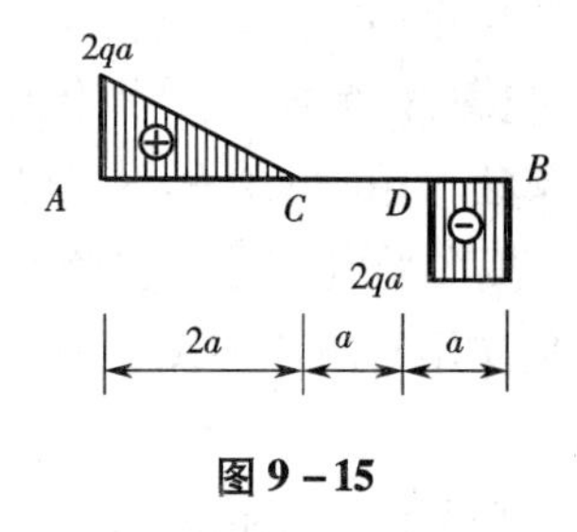

图 9－15

9－8　试作图 9－16 所示梁的剪力图和弯矩图。

9－9　设梁的剪力图如图 9－17 所示，试作梁的荷载图和弯矩图。已知梁上没有集中力偶作用。

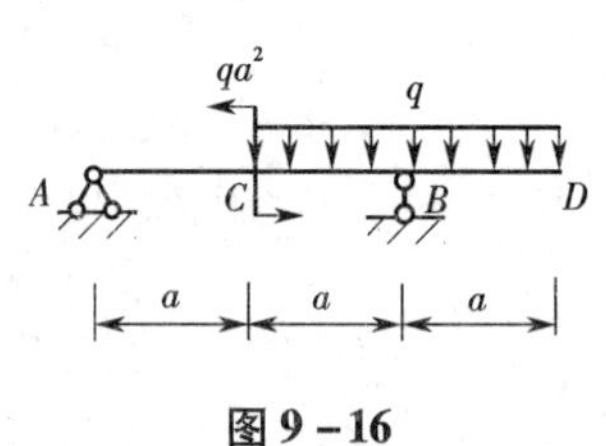

图 9－16

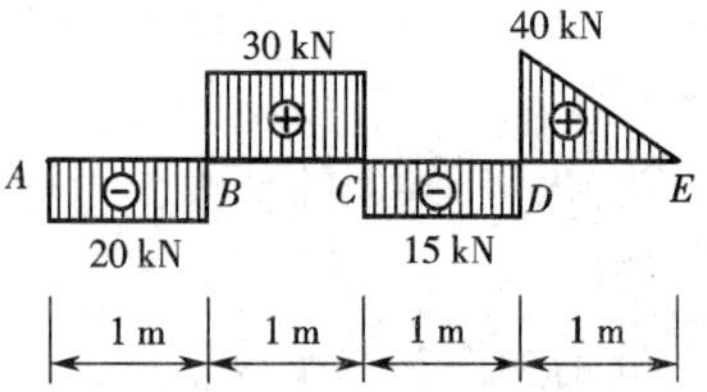

30 kN　40 kN　A　B　C　D　E　20 kN　15 kN　1 m　1 m　1 m　1 m

图 9－17

9－10　已知梁的弯矩图如图 9－18 所示，试作梁的载荷图及剪力图。

9－11　试作图 9－19 所示悬臂梁的剪力图和弯矩图。

9－12　已知简支梁弯矩方程为

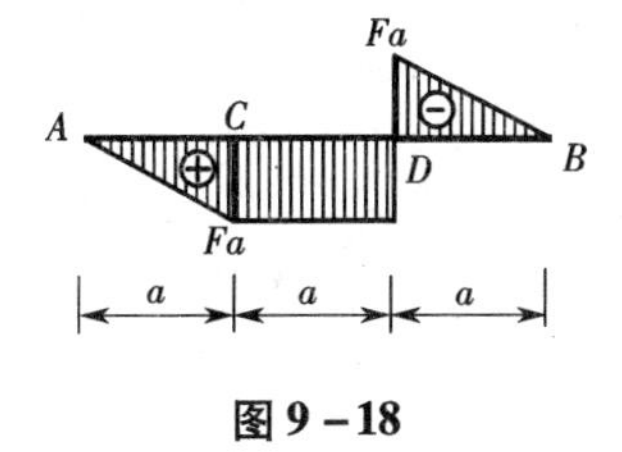

图 9－18

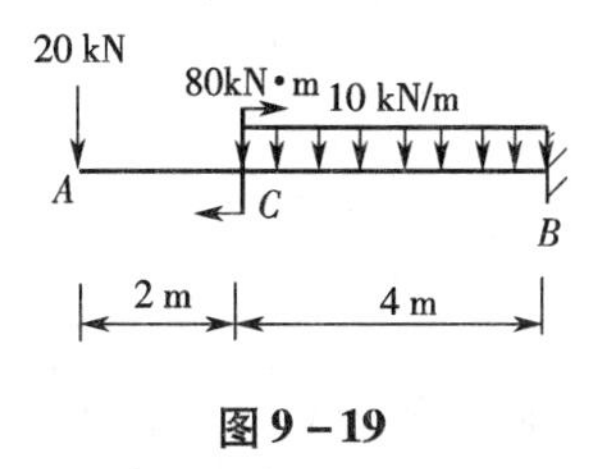

图 9－19

$$M(x)=\begin{cases}\dfrac{1}{2}ql^2+\dfrac{3}{8}qlx-\dfrac{1}{2}qx^2 & \left(0\leqslant x\leqslant\dfrac{1}{2}l\right)\\[2ex] \dfrac{9}{8}ql^2-\dfrac{9}{8}qlx & \left(\dfrac{1}{2}l\leqslant x\leqslant l\right)\end{cases}$$

弯矩图如图 9－20 所示，试：

(1)画出梁上的荷载；

(2)绘出梁的剪力图。

9－13　试作图 9－21 所示梁的剪力图和弯矩图。

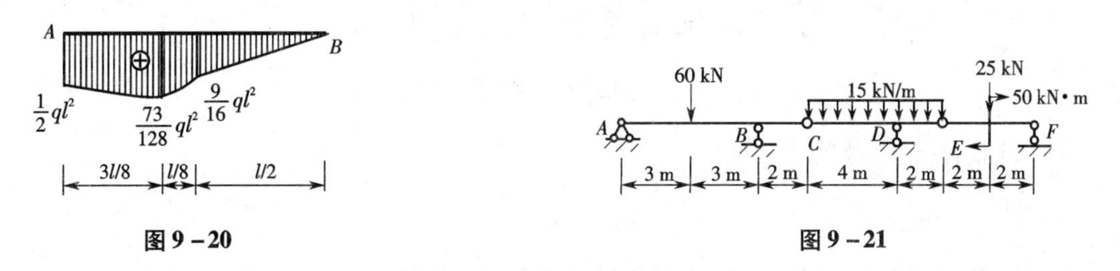

图 9－20　　图 9－21

9－14　试作图 9－22 所示梁的剪力图和弯矩图。

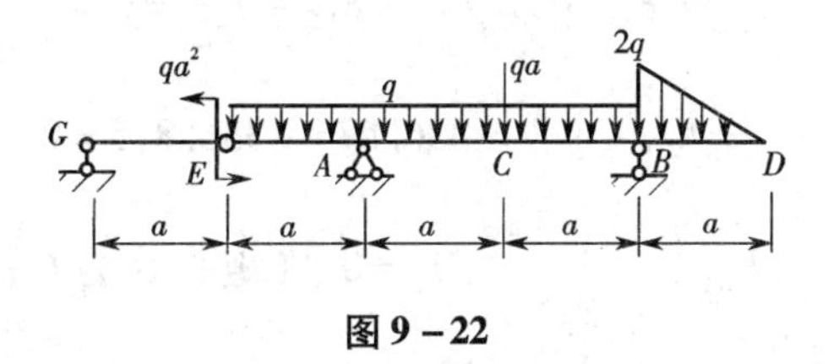

图 9－22

9－15　试用叠加法作图 9－23 所示梁的弯矩图，并求梁的极值弯矩和最大弯矩。

9－16　试用叠加法作图 9－24 所示梁的弯矩图。

图 9－23　　图 9－24

9.4 自测题解答

此部分内容请扫二维码。

9.5 习题解答

9-1 图示简支梁,已知均布荷载 $q=245\ \text{kN/m}$,跨度 $l=2.75\ \text{m}$,试求跨中截面 C 上的剪力和弯矩。

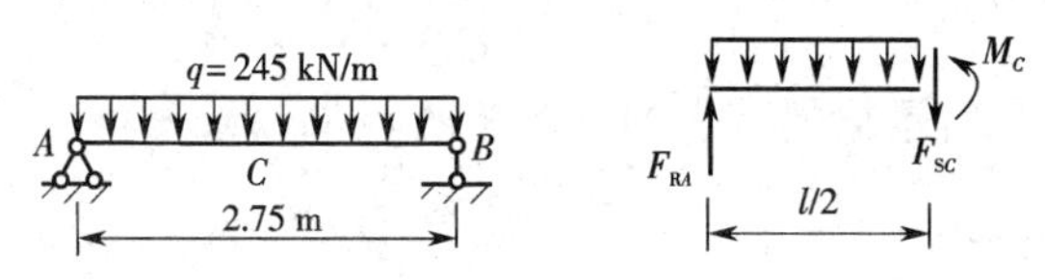

习题 9-1 图

解 取整体分析,梁的支座反力:

$$F_{RA}=F_{RB}=\frac{ql}{2}$$

沿 C 截面将梁截开,取左半部分为脱离体,其受力如图所示。

由 $$\sum F_y=0,\quad F_{RA}-F_{SC}-q\frac{l}{2}=0$$

得 $$F_{SC}=F_{RA}-q\frac{l}{2}=336.875-336.875=0$$

由 $$\sum M_O=0,\quad -F_{RA}\frac{l}{2}+\frac{1}{8}ql^2+M_C=0\quad（矩心 O 为 C 截面的形心）$$

得 $$M_C=F_{RA}\frac{l}{2}-\frac{1}{8}ql^2=\frac{1}{8}ql^2=\frac{1}{8}\times245\times2.75^2=231.6\ \text{kN}\cdot\text{m}$$

9-2 试用截面法求图示梁中指定截面上的剪力和弯矩。

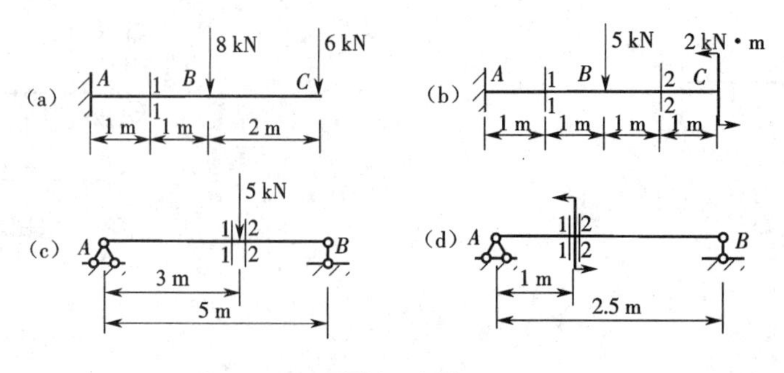

习题 9-2 图

9-3 试用简便法求图示梁中指定截面上的剪力和弯矩。

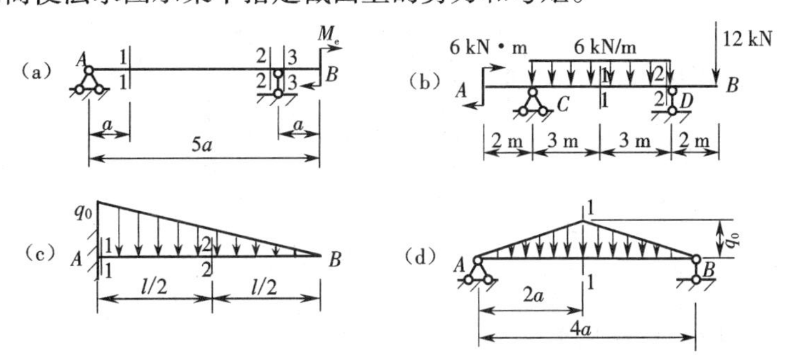

习题 9-3 图

解 (a)先求支座反力。取整体,其受力如下图所示。

支反力:
$$F_{RA}=-\frac{M_e}{4a},F_{RC}=\frac{M_e}{4a}$$

用截面法依次求得各截面内力(过程略):

$$F_{S1}=F_{RA}=-\frac{M_e}{4a},M_1=F_{RA}a=-\frac{M_e}{4}$$

$$F_{S2}=F_{RA}=-\frac{M_e}{4a},M_2=F_{RA}4a=-M_e$$

$$F_{S3}=0,M_3=-M_e$$

(b)先求支座反力。取整体,其受力如下图所示。

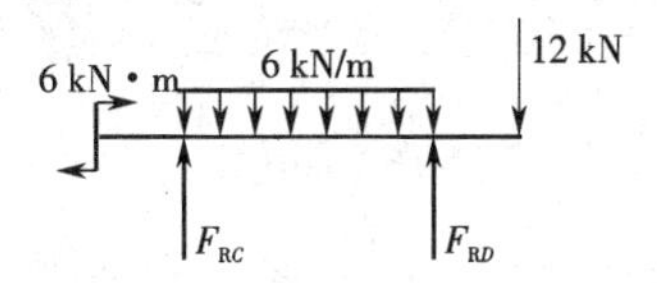

支反力:
$$F_{RC}=13\ \text{kN},F_{RD}=35\ \text{kN}$$

用截面法依次求得各截面内力(过程略):

$$F_{S1}=F_{RC}-6\times3=13-18=-5\ \text{kN}$$

$$M_1=F_{RC}\times3-\frac{1}{2}\times6\times3^2+6=13\times3-27+6=18\ \text{kN}\cdot\text{m}$$

$$F_{S2}=12-F_{RD}=12-35=-23\ \text{kN}$$

$$M_2=-12\times2=-24\ \text{kN}\cdot\text{m}$$

(c)先求支座反力。取整体,其受力如下图所示。

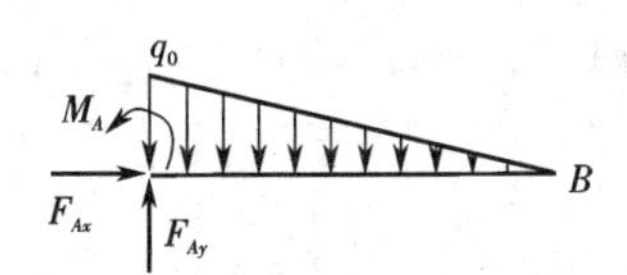

支反力：
$$F_{Ax}=0, F_{Ay}=\frac{q_0 l}{2}, M_A=\frac{q_0 l^2}{6}$$

用截面法依次求得各截面内力(过程略)：

$$F_{S1}=F_{Ay}=\frac{q_0 l}{2}, M_1=-M_A=-\frac{q_0 l^2}{6}$$

$$F_{S2}=\frac{\frac{1}{2}q_0\frac{l}{2}}{2}=\frac{q_0 l}{8}, M_2=-\frac{q_0 l}{8}\frac{l/2}{3}=-\frac{q_0 l^2}{48}$$

(d)先求支座反力。取整体,其受力如下图所示。

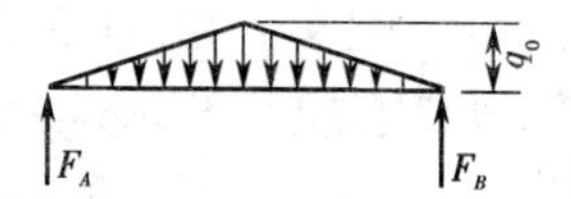

支反力：
$$F_A=F_B=q_0 a$$

用截面法依次求得各截面内力(过程略)：

$$F_{S1}=F_A-\frac{q_0 2a}{2}=q_0 a-q_0 a=0$$

$$M_1=F_A 2a-q_0 a\frac{2a}{3}=2q_0 a^2-\frac{2q_0 a^2}{3}=\frac{4q_0 a^2}{3}$$

9-4 图示为某工作桥纵梁的计算简图,上面的两个集中荷载为闸门启闭机重量,均布荷载为自重、人群和设备的重量。试求纵梁在 C、D 及跨中 E 三点处横截面上的剪力和弯矩。

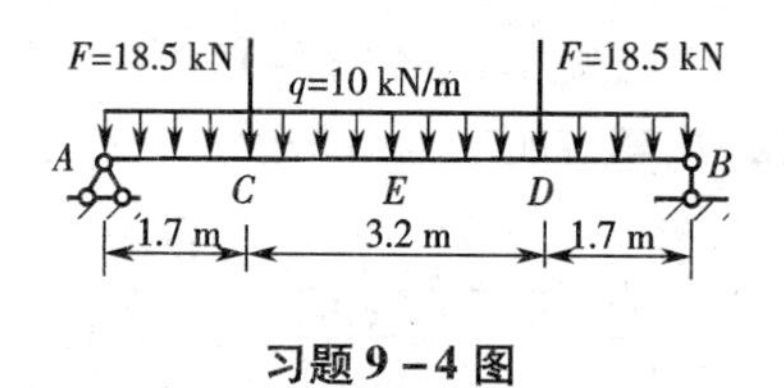

习题 9-4 图

解 先求支反力。其受力如下图所示。

C 截面：

$$F_{SC-}=F_A-q\times1.7=51.5-10\times1.7=34.5\ \text{kN}$$

$$F_{SC+}=F_A-q\times1.7-F=51.5-10\times1.7-18.5=16\ \text{kN}$$

$$M_C=F_A\times1.7-\frac{1}{2}\times q\times1.7^2=51.5\times1.7-\frac{1}{2}\times10\times1.7^2=73.1\ \text{kN}\cdot\text{m}$$

D 截面：

$$F_{SC-}=-F_B+q\times1.7+F=-51.5+10\times1.7+18.5=-16\ \text{kN}$$

$$F_{SC+} = -F_B + q\times 1.7 = -51.5 + 10\times 1.7 = -34.5\ \text{kN}$$

$$M_D = F_B\times 1.7 - \frac{1}{2}\times q\times 1.7^2 = 51.5\times 1.7 - \frac{1}{2}\times 10\times 1.7^2 = 73.1\ \text{kN}\cdot\text{m}$$

E 截面：

$$F_{SE} = F_A - q\times 3.3 - F = 51.5 - 10\times 3.3 - 18.5 = 0$$

$$M_E = F_A\times 3.3 - \frac{1}{2}\times q\times 3.3^2 - F\times 1.6 = 51.5\times 3.3 - \frac{1}{2}\times 10\times 3.3^2 - 18.5\times 1.6 = 85.9\ \text{kN}\cdot\text{m}$$

9－5 试列出图示梁的剪力方程和弯矩方程，并画出剪力图和弯矩图。

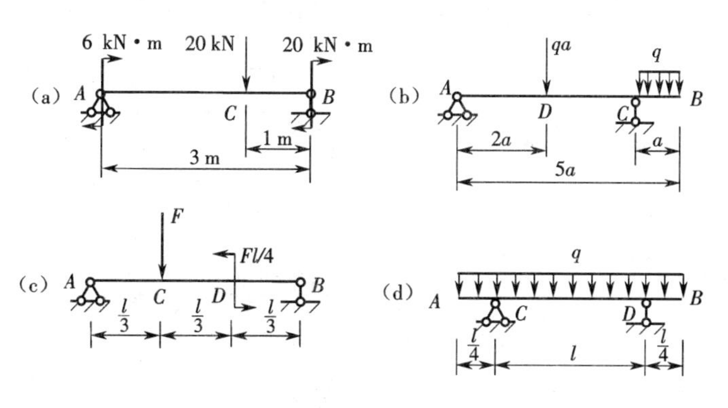

习题 9－5 图

9－6 用简便方法画出图示各梁的剪力图和弯矩图。

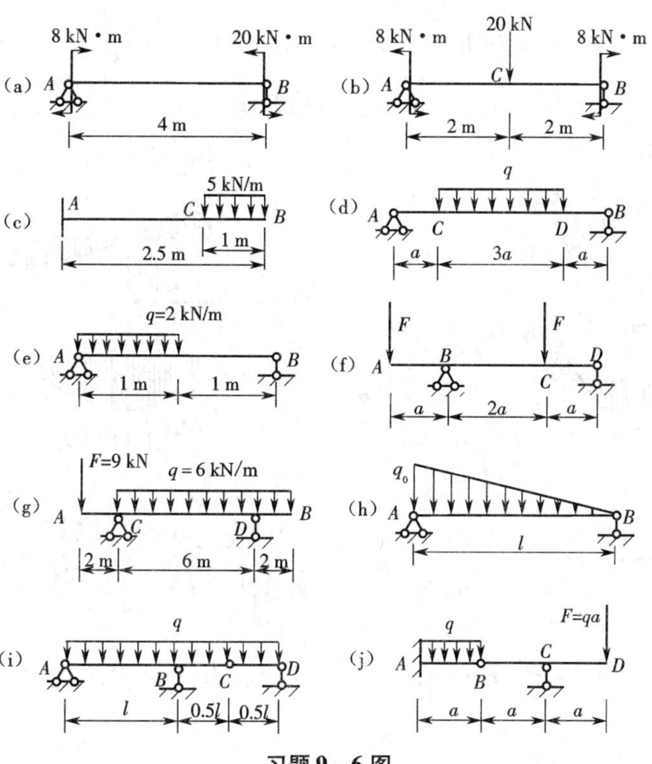

习题 9－6 图

解

(e)

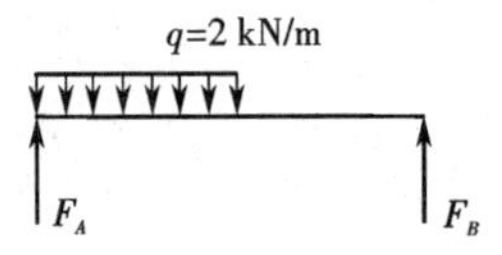

①支反力：$F_A=1.5\ \text{kN}, F_B=0.5\ \text{kN}$

②F_S图

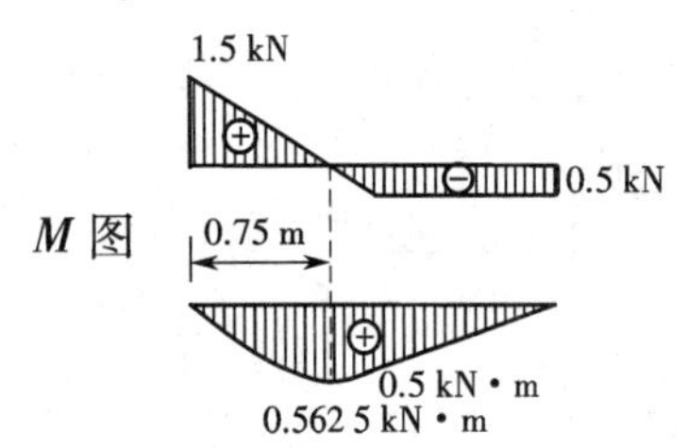

(f)

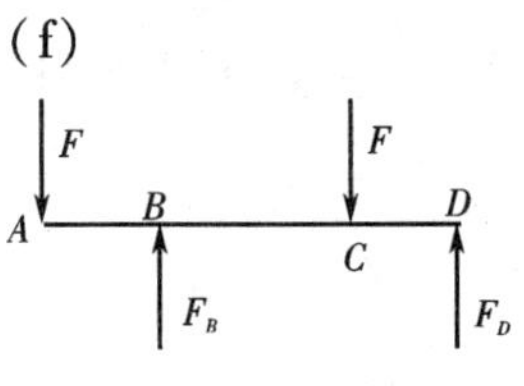

①支反力：$F_B=\dfrac{5F}{3}, F_D=\dfrac{F}{3}$

②F_S图

$\dfrac{2F}{3}$ F $\dfrac{F}{3}$

M 图

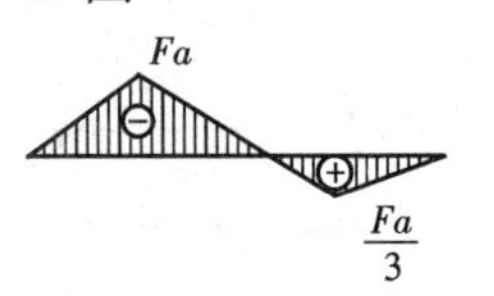

(g)

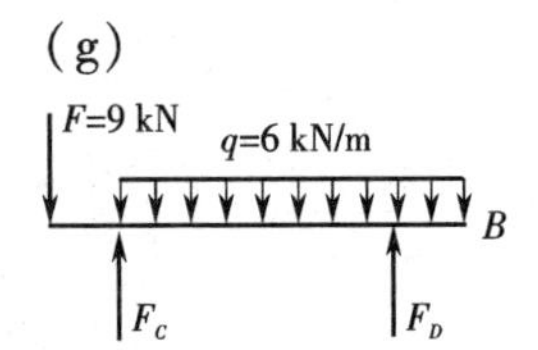

①支反力：$F_C=28\ \text{kN}, F_D=29\ \text{kN}$

②F_S图

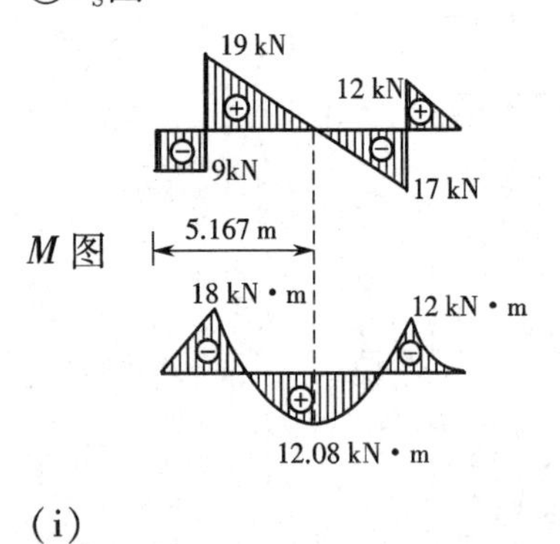

(h)

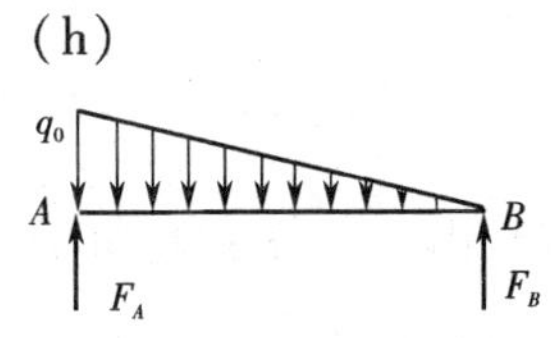

①支反力：$F_A=\dfrac{q_0l}{3}, F_B=\dfrac{q_0l}{6}$

②F_S图

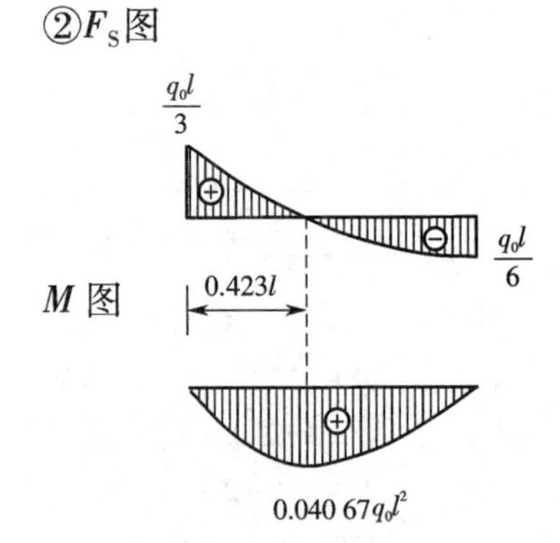

(i)

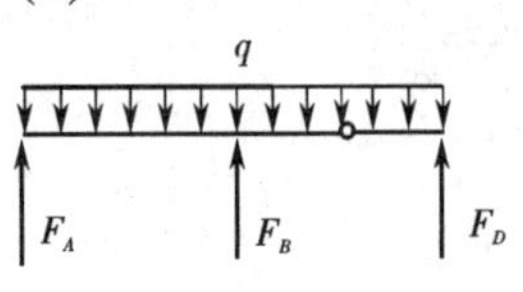

①支反力：$F_A=\dfrac{ql}{4}, F_B=\dfrac{3ql}{2}, F_D=\dfrac{ql}{4}$

(j)

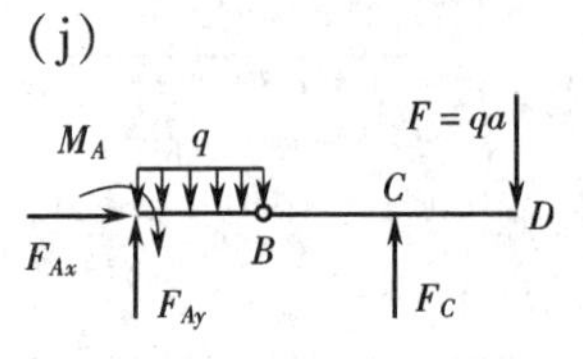

①支反力：$F_{Ax}=0, F_{Ay}=0, M_A=\dfrac{qa^2}{2}, F_C=2qa$

②F_S图

M 图

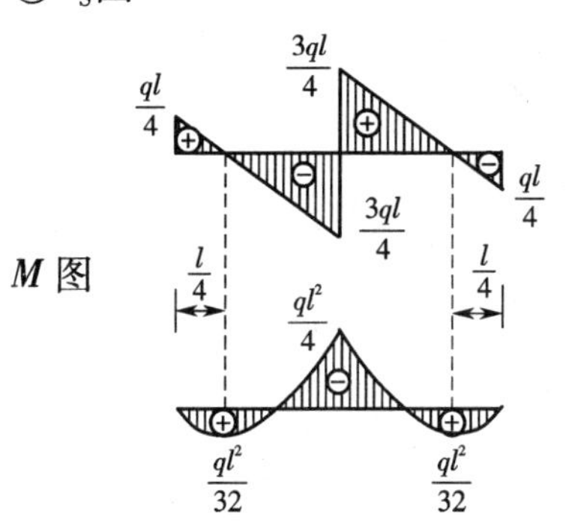

②F_S图

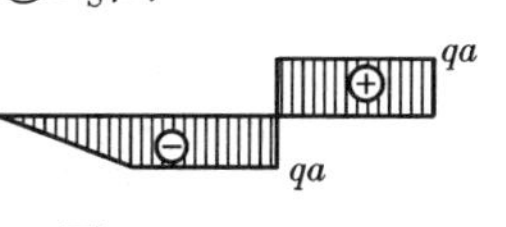

M 图

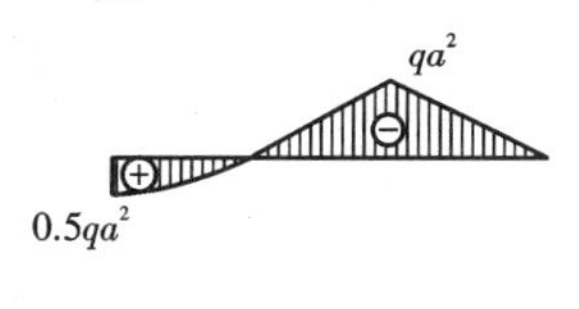

9－7 用简便方法画出下图中各梁的剪力图和弯矩图。

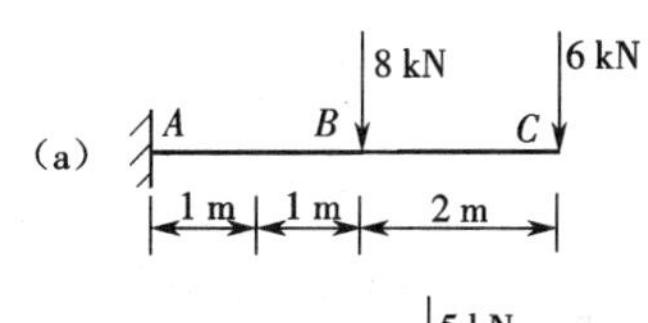

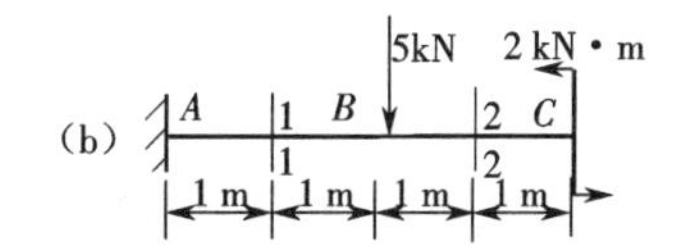

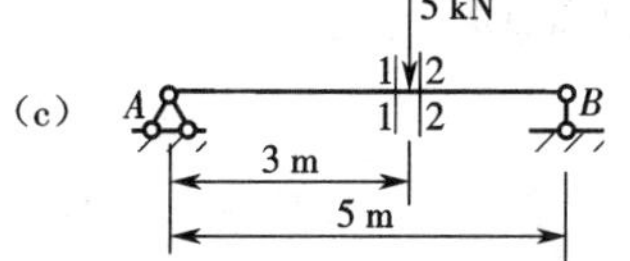

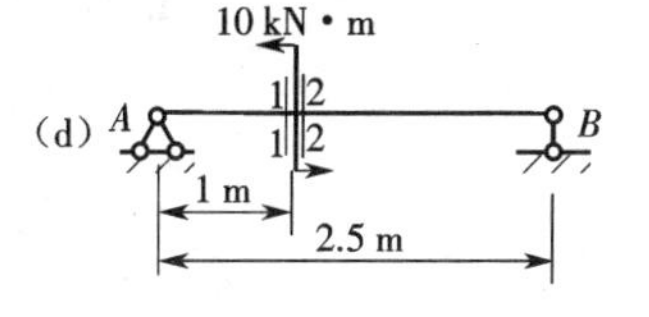

习题 9－7 图

解 (a)

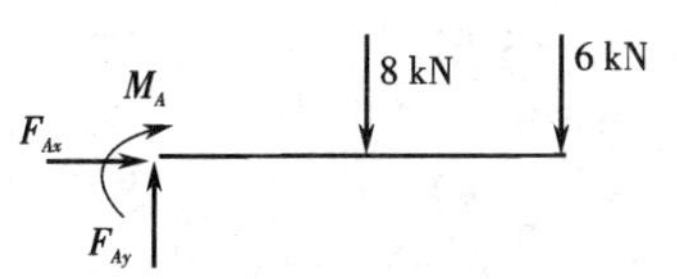

①支反力:$F_{Ax}=0,F_{Ay}=14\ \text{kN},M_A=-40\ \text{kN}\cdot\text{m}$

②F_S图

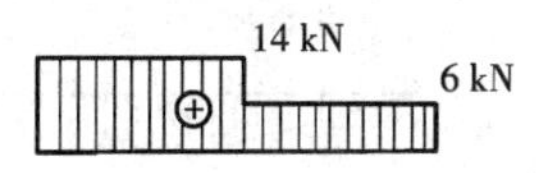

M 图

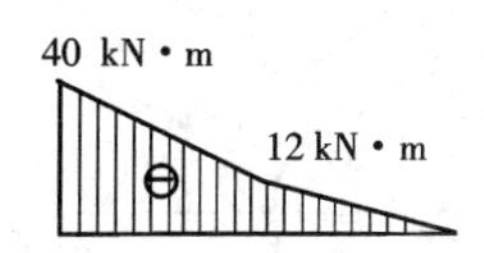

(b)

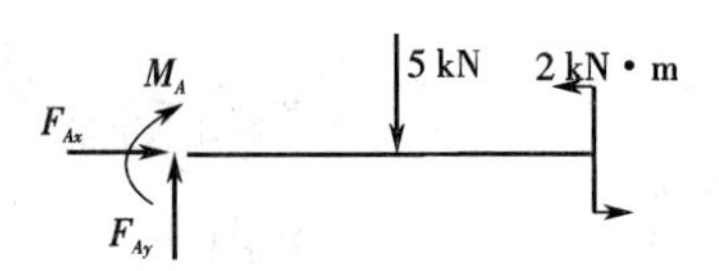

①支反力：$F_{Ax}=0$，$F_{Ay}=5$ kN，$M_A=-8$ kN · m

②F_S图

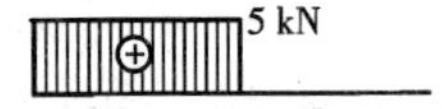

M 图

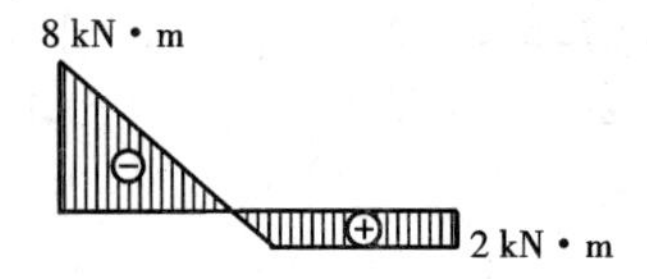

(c)

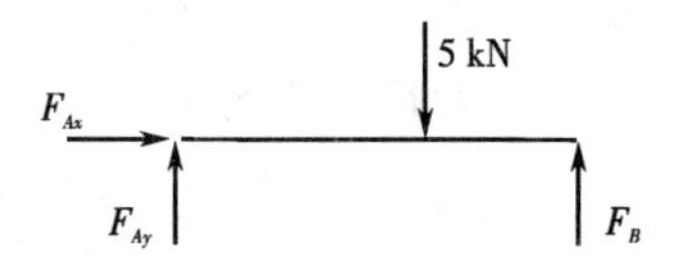

①支反力：$F_{Ax}=0$，$F_{Ay}=2$ kN，$F_B=3$ kN

②F_S图

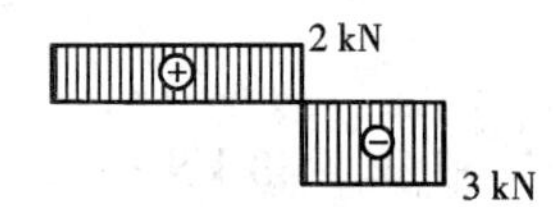

M 图

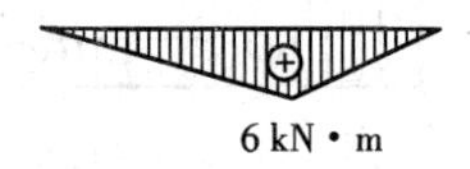

(d)

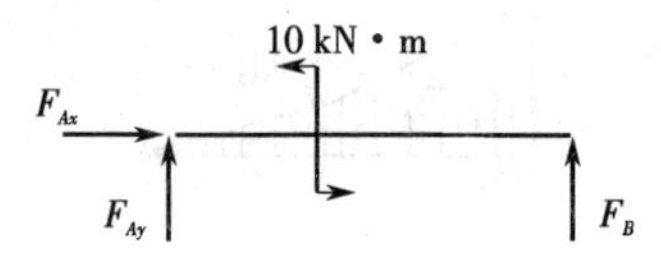

①支反力：$F_{Ax}=0$，$F_{Ay}=4$ kN，$F_B=-4$ kN

②F_S图

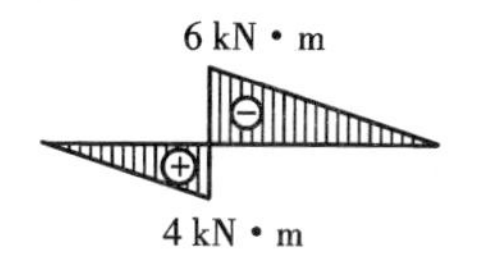

M 图

9－8 用简便方法画出下图中各梁的剪力图和弯矩图。

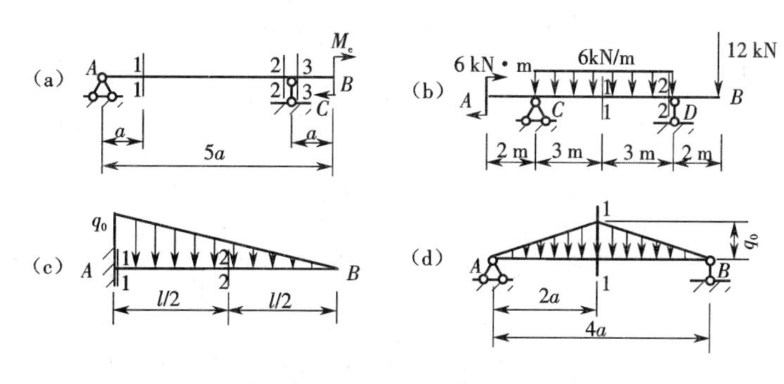

习题 9－8 图

9－9 起吊一根单位长度重量为 q（单位为 kN/m）的等截面钢筋混凝土梁，要想在起吊过程中使梁内产生的最大正弯矩与最大负弯矩的绝对值相等，应将吊点放在何处（即 a 为多少）？

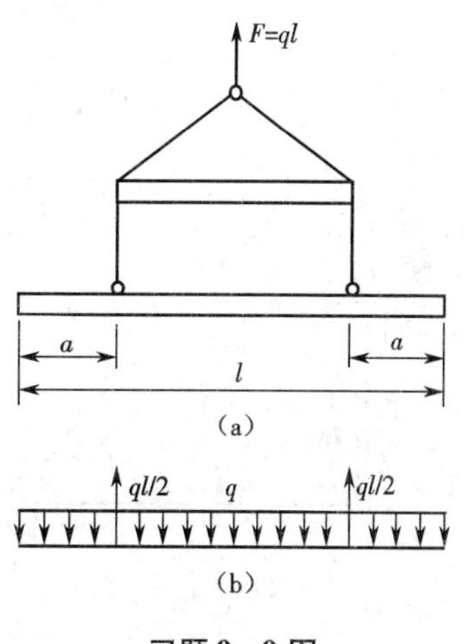

习题 9－9 图

解 最大正弯矩在跨中，即

$$M_{\max}^{+}=\frac{ql}{2}\frac{(l-2a)}{2}-\frac{ql}{2}\frac{l}{4}=\frac{ql^2}{8}-\frac{qla}{2}$$

最大负弯矩在两个吊点处，即

$$M_{\max}^{-}=-\frac{qa^2}{2}$$

由 $|M_{\max}^{+}|=|M_{\max}^{-}|$ 得

$$\frac{ql^2}{8}-\frac{qla}{2}=\frac{qa^2}{2}$$

解得

$$a=0.207l$$

9－10 已知简支梁的剪力图如图所示，试作梁的弯矩图和荷载图（已知梁上无集中力偶作用）。

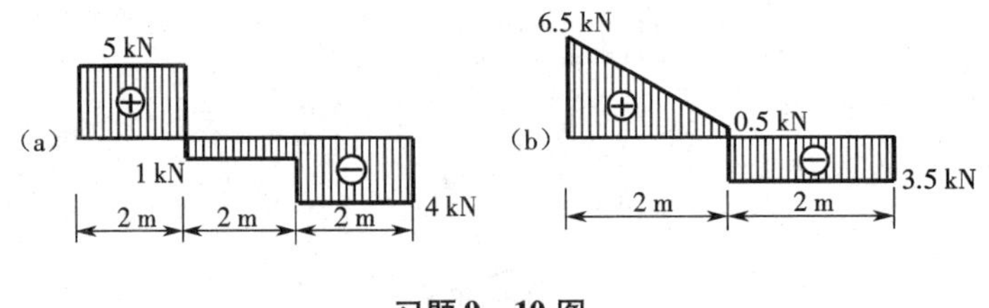

习题 9－10 图

解

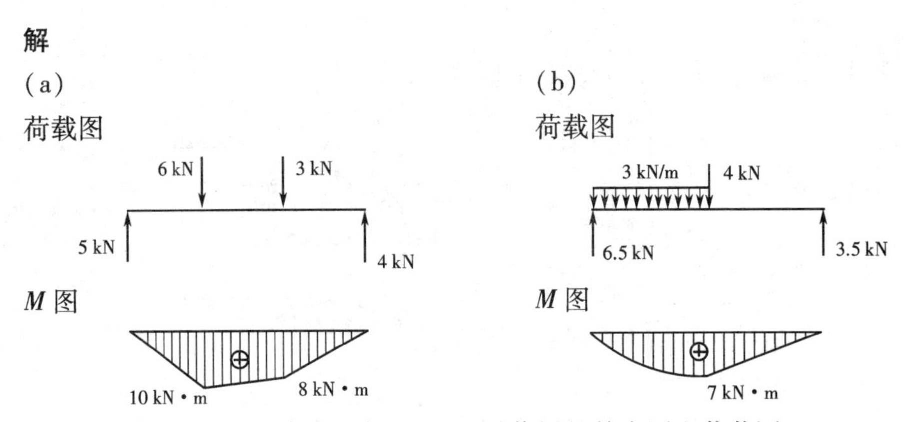

9－11 已知简支梁的弯矩图如图所示,试作梁的剪力图和荷载图。

习题 9－11 图

解

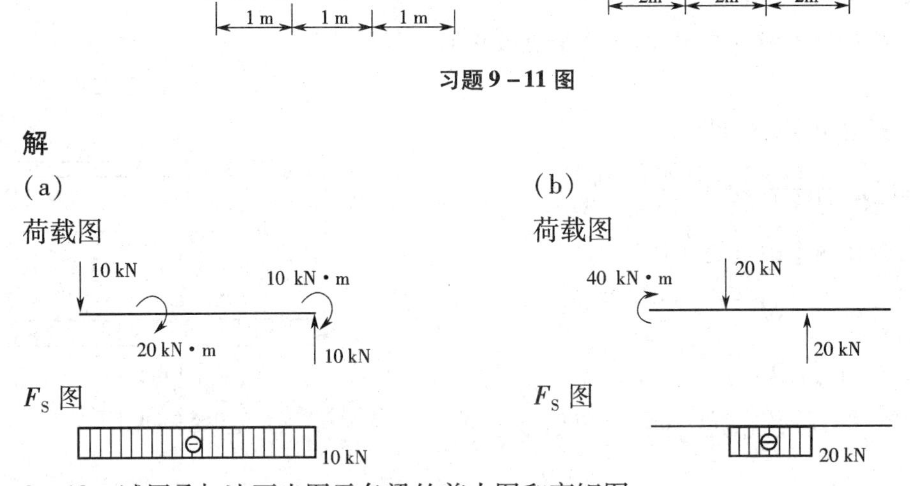

9－12 试用叠加法画出图示各梁的剪力图和弯矩图。

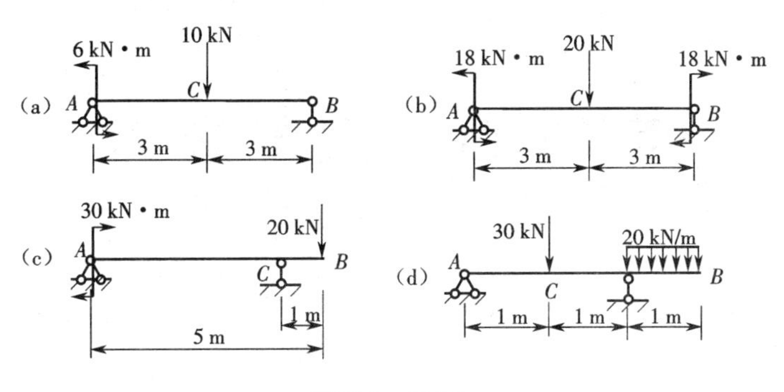

习题 9－12 图

习题 9－2、9－5、9－6(a～d)、9－8、9－12 答案请扫二维码。

第 10 章　梁的应力

10.1　理论要点

一、纯弯曲与横力弯曲

梁的横截面上只有弯矩,没有剪力,这种受力状态称为“纯弯曲”。

梁弯曲变形时,在梁中沿轴线方向既不伸长也不缩短的一层称为**中性层**。中性层把变形后的梁沿高度方向分为两个区域——受压区和受拉区。中性层与梁横截面的交线称为**中性轴**。

横力弯曲:梁的横截面上既有弯矩又有剪力,这种受力状态称为横力弯曲。

二、纯弯曲正应力公式的推导

1. 基本假设

(1)平面假设:梁的横截面在梁弯曲后仍然保持为平面,并且仍然与变形后的梁轴线保持垂直。

(2)单向受力假设:梁的纵向纤维处于单向受力状态,且纵向纤维之间的相互作用可忽略不计。

2. 公式推导

有了以上假设,即可由梁变形的几何条件、物理方程和平衡条件来计算梁横截面上的正应力。

(1)几何条件。如图 10－1(a)所示,假设用两横截面 $m—n$ 和 $p—q$ 在梁上截出一长为 dx 的微段,发生弯曲变形后,微段的左右截面将有一个微小的相对转动(图 10－1(b)),假设微段两端截面间的相对转角为 dθ,如图 10－1(c)所示。从变形情况可知,中性层上的纤维既不伸长也不缩短,中性层以上的纤维缩短,中性层以下的纤维伸长,任一点处的线应变与该点距中性层的距离成正比,即

$$\varepsilon_x = \frac{y}{\rho} \tag{10-1}$$

(2)物理方程。前面讲过,梁的各纵向纤维间的相互作用可忽略不计,即梁的各纵向纤维均处于单向受力状态,因此在弹性范围内正应力与线应变的关系为

$$\sigma = E\varepsilon$$

将式(10－1)代入,得

$$\sigma = E\frac{y}{\rho} \tag{10-2}$$

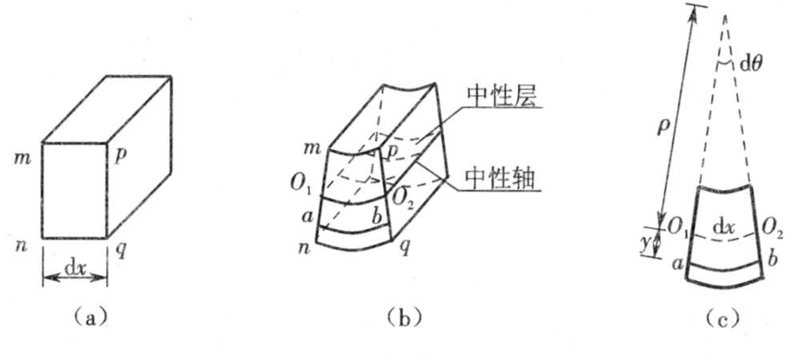

图 10-1

此式表明,梁横截面上的正应力与其作用点到中性轴的距离成正比,并且在 y 坐标相同的各点处正应力相等。

(3)平衡条件。取中性轴为 z 轴,横截面纵向对称轴为 y 轴,通过以下三个方程,即

$$F_N = \int_A \sigma \mathrm{d}A = 0, M_y = \int_A z\sigma \mathrm{d}A = 0, M_z = \int_A y\sigma \mathrm{d}A = M$$

有以下结论:

(1)梁横截面对中性轴(z 轴)的静矩等于零,所以中性轴通过横截面的形心;

(2)梁横截面对 y、z 轴的惯性积等于零,说明 y、z 轴应为横截面的主轴,又 y、z 轴过横截面的形心,所以其应为横截面的形心主轴;

(3)截面曲率与截面弯矩的关系式为

$$\frac{1}{\rho} = \frac{M}{EI_z} \tag{10-3}$$

EI_z表明梁抵抗弯曲变形的能力,称为梁的**弯曲刚度**;

(4)横截面上任一点的弯曲正应力公式为

$$\sigma = \frac{My}{I_z} \tag{10-4}$$

由该式可见梁横截面上任一点的正应力与截面上的弯矩和该点到中性轴的距离成正比,而与截面对中性轴的惯性矩成反比。

判断正应力的正负时,应将 M 和 y 的数值与正负号一同代入,计算出的正应力如果为正,就是拉应力;如果为负,就是压应力。也可以根据梁的变形情况直接判断:处在受拉区域点的正应力为正,受压区的为负。

对横力弯曲,剪力的存在对正应力的分布规律影响很小,此时横截面上的正应力的变化规律与纯弯曲时几乎相同。弹性理论的分析结果指出,在均布荷载作用下的矩形截面简支梁,当其跨长与截面高度之比 $l/h>5$ 时,横截面上最大正应力按纯弯曲时式(10-4)来计算,其误差不超过1%。对于工程实际中常用的梁,应用纯弯曲时的正应力计算公式来计算梁在横力弯曲时横截面上的正应力,所得的结果虽略偏低一些,但足以满足工程中的精度要求,且梁的跨度比 l/h 越大,其误差越小。

三、切应力

(1)矩形截面梁的切应力公式的推导,采用了下面两条假设:

①横截面上各点切应力均与侧边平行；

②切应力沿截面宽度均匀分布，即距中性轴等距离各点的切应力相等。

(2)切应力公式：

$$\tau=\frac{F_S S_z^*}{I_z b} \tag{10-5}$$

式中：τ 为横截面上某点的切应力；F_S为横截面上的剪力；S_z^* 为过该点平行于中性轴 z 轴的横线以外部分面积对中性轴 z 轴的静矩；I_z为横截面对中性轴的惯性矩；b 为横截面在该点处的宽度。

(3)矩形截面梁的最大切应力。

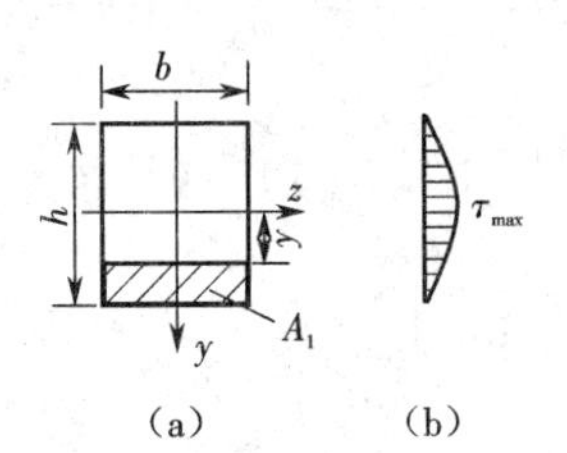

图 10－2

矩形截面梁横截面上切应力沿梁高按二次抛物线形规律分布。在截面上、下边缘($y=\pm\frac{h}{2}$)处，$\tau=0$，而在中性轴上($y=0$)的切应力有最大值，如图 10－2(b)所示。即

$$\tau_{max}=\frac{3F_S}{2A}$$

式中：$A=bh$ 是横截面面积。由此可见，矩形截面梁横截面上的最大切应力是截面上平均切应力的 1.5 倍。

(4)其他截面形式的最大切应力。

圆形截面：中性轴上各点切应力最大，其值为

$$\tau_{max}=\frac{4F_S}{3A}$$

圆环截面：中性轴上各点切应力最大，其值为

$$\tau_{max}=\frac{2F_S}{A}$$

工字形截面：最大切应力发生在腹板中性轴上各点，其值为

$$\tau_{max}=\frac{F_S S_{z,max}^*}{I_z b}=\frac{F_S}{b(I_z/S_{z,max}^*)}$$

式中：$I_z/S_{z,max}^*$可直接由型钢表查得。

四、梁的强度条件

1. 危险截面、危险点

一般情况下，梁在弯曲时各个截面上的弯矩和剪力是不相等的，有可能在一个或几个截面上出现弯矩最大值或剪力最大值，也可能在同一截面上弯矩和剪力都比较大，这样的截面称为危险截面。同时，截面上的应力分布是不均匀的，各点的应力不完全相同。最大正应力总是发生在距中性轴最远的位置，最大切应力发生在中性轴上。危险截面上正应力或切应力最大点以及二者都比较大的点，称为危险点。

2. 正应力强度条件

最大正应力应发生在弯矩最大的横截面上，距中性轴最远的位置，即

$$\sigma_{max} = \frac{M_{max}}{I_z} y_{max}$$

引用符号 $W_z = \frac{I_z}{y_{max}}$,则上式可改写成

$$\sigma_{max} = \frac{M_{max}}{W_z} \tag{10-6}$$

式中:W_z称为**弯曲截面系数(或抗弯截面系数)**,它与梁的截面形状和尺寸有关。

对矩形截面

$$W_z = \frac{bh^3/12}{h/2} = \frac{bh^2}{6}$$

对圆形截面

$$W_z = \frac{\pi d^4/64}{d/2} = \frac{\pi d^3}{32}$$

各种型钢的截面惯性矩 I_z和弯曲截面系数 W_z的数值,可以在型钢表中查得(见附录的型钢表)。

为了保证梁能安全的工作,必须使梁横截面上的最大正应力不超过材料的许用应力,所以梁的正应力强度条件为

$$\sigma_{max} = \frac{M_{max}}{W_z} \leqslant [\sigma] \tag{10-7}$$

3. 切应力强度条件

最大切应力发生在剪力最大的横截面的中性轴上,即

$$\tau_{max} = \frac{F_{S,max} S_{z,max}^*}{I_z b} \tag{10-8}$$

为了保证梁的安全工作,梁在荷载作用下产生的最大切应力不能超过材料的许用切应力,即

$$\tau_{max} = \frac{F_{S,max} S_{z,max}^*}{I_z b} \leqslant [\tau] \tag{10-9}$$

4. 三种强度问题的计算

(1)强度校核;(2)选择截面;(3)确定许用荷载。

5. 强度计算的步骤

(1)根据梁上作用的荷载情况,画出弯矩图和剪力图,确定危险截面。

(2)根据截面上的应力分布情况,判断危险截面上的危险点,即 σ_{max}和 τ_{max}的作用点(注意两者不一定都在同一截面,更不在同一点),并计算 σ_{max}和 τ_{max}的数值。

(3)对 σ_{max}和 τ_{max}的作用点分别采用不同的强度条件进行强度计算。

进行弯曲强度计算时,有以下两点需要注意。

(1)在细长梁中,正应力与切应力相比,正应力对强度的影响是主要的。因此,一般情况下只需要按正应力进行强度计算。只有当某些受力情形下,个别截面上的剪力比较大时,才考虑切应力的强度。

（2）在三类强度计算问题中，一般情况下都按正应力的强度条件进行计算，只在必要时才按切应力强度条件进行计算。

10.2 例题详解

一、弯曲正应力、切应力的计算

例题 10-1 如图 10-3 所示，梁 AC 为矩形截面梁，$b=150$ mm，$h=300$ mm，BD 杆为圆截面杆，直径 $d=10$ mm，测得圆杆 BD 的轴向应变 $\varepsilon=500\times10^{-5}$，已知 BD 杆的弹性模量 $E=200$ GPa，试求梁 AC 的最大弯曲正应力和最大切应力。

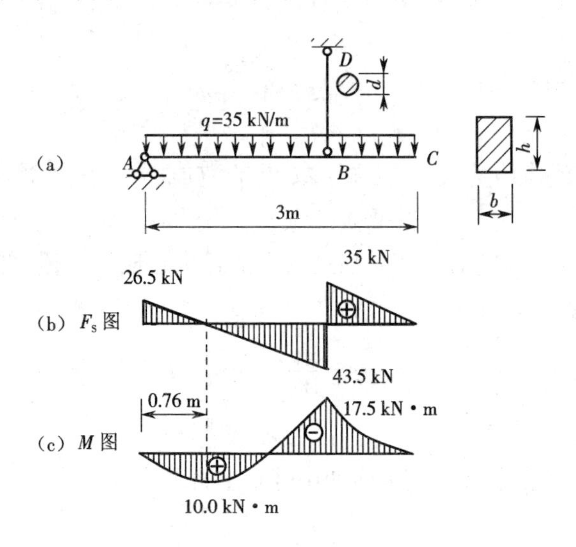

图 10-3

【解题指导】 要求梁 AC 的最大弯曲正应力和最大切应力，应画出梁的弯矩图和剪力图。但 B 点位置未知，所以要先确定 BD 杆的内力，然后确定 B 点位置及约束反力。

解 （1）BD 杆的内力。

由胡克定律，得

$$F_{NBD}=E\varepsilon A=200\times10^{9}\times500\times10^{-5}\times\frac{\pi}{4}\times0.01^{2}=78\ 500\ \text{N}$$

（2）确定 B 点的位置。假设 B 点距 A 支座的距离为 x，由 $\sum M_A=0$，$F_{NBD}x-\frac{ql^2}{2}=0$，得

$$x=\frac{ql^2}{2F_{NBD}}=\frac{35\times10^3\times3^2}{2\times78\ 500}=2.0\ \text{m}$$

（3）画出弯矩图及剪力图，如图 10-3（b）和（c）所示。

由图可知，危险截面应为 B 截面，有

$$|M|_{\max}=17.5\ \text{kN}\cdot\text{m},\ |F_S|_{\max}=43.5\ \text{kN}$$

（4）最大正应力和最大切应力分别为

$$\sigma_{\max}=\frac{M_{\max}}{W_z}=\frac{6M_{\max}}{bh^2}=\frac{6\times17.5\times10^3}{0.15\times0.30^2}=7.8\times10^6\ \text{Pa}=7.8\ \text{MPa}$$

$$\tau_{max}=\frac{3F_{S,max}}{2A}=\frac{3\times43.5\times10^3}{2\times0.15\times0.3}=1.45\times10^6\ \text{Pa}=1.45\ \text{MPa}$$

例题 10－2　一外伸梁截面及受力如图 10－4(a)所示,试求梁内最大弯曲正应力。

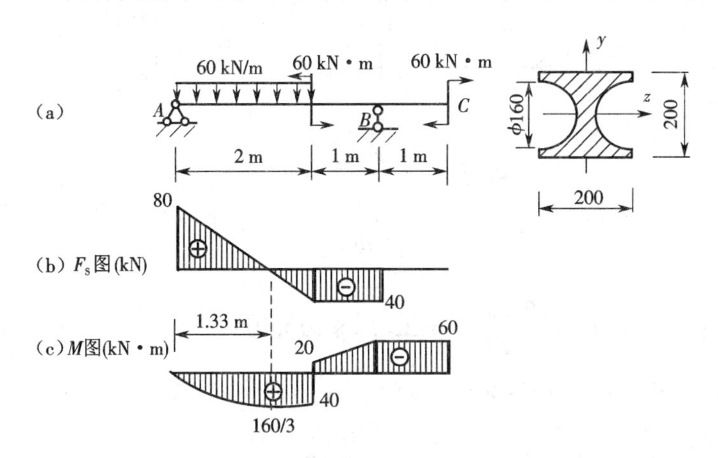

图 10－4

【解题指导】　首先画出梁的剪力图和弯矩图,确定危险截面。

解　(1)画出梁的剪力图和弯矩图如图 10－4(b)和(c)所示。由剪力图可知,距 A 支座 1.33 m 处剪力为零,此处弯矩有极值,其值为$\frac{160}{3}$ kN · m,而 BC 段弯矩值为 60 kN · m,所以 $|M|_{max}=60$ kN · m。

(2)计算截面的惯性矩。

由于梁的截面为对称组合截面,可确定中性轴的位置就是水平对称轴 z 轴,惯性矩为

$$I_z=\frac{bh^3}{12}-\frac{\pi d^4}{64}=\frac{200\times10^{-3}\times(200\times10^{-3})^3}{12}-\frac{\pi\times(160\times10^{-3})^4}{64}=1.01\times10^{-4}\ \text{m}^4$$

(3)最大弯曲正应力为

$$\sigma_{max}=\frac{M_{max}y_{max}}{I_z}=\frac{60\times10^3\times0.1}{1.01\times10^{-4}}=59.3\times10^6\ \text{Pa}=59.3\ \text{MPa}$$

二、弯曲强度计算

例题 10－3　一 T 形截面梁受力如图 10－5(a)所示,已知许用拉应力和许用压应力分别为$[\sigma_t]=120$ MPa 和$[\sigma_c]=180$ MPa,试校核梁的强度。

【解题指导】　对 T 形截面,首先要确定中性轴的位置。

解　(1)作弯矩图如图 10－5(b)所示。由图可知,B、D 两截面弯矩方向不同,B 截面弯矩为负,其值为 10 kN · m,D 截面弯矩为正,其值为 5 kN · m。

(2)确定截面形心,计算形心主惯性矩。

如图所示,可得

$$y_c=\frac{\sum A_iy_i}{\sum A}=\frac{20\times100\times(50+10)}{20\times100+20\times60}=37.5\ \text{mm}$$

则形心主惯性矩为

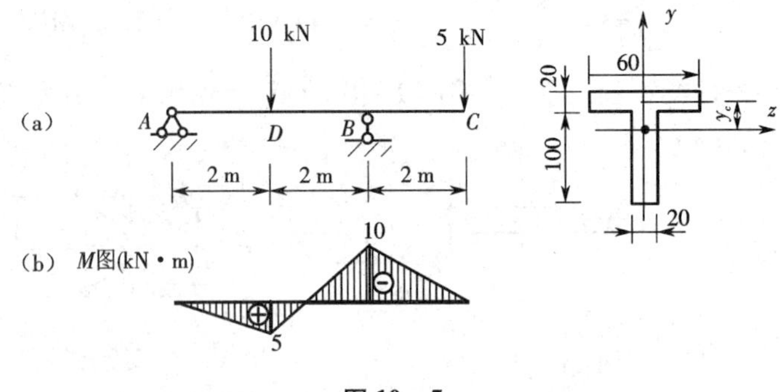

图 10－5

$$I_z=\sum\left(\frac{bh^3}{12}+a^2A\right)=\frac{20\times100^3}{12}+22.5^2\times20\times100+\frac{60\times20^3}{12}+37.5^2\times60\times20$$

$$=4.41\times10^6\ \text{mm}^4=4.41\times10^{-6}\ \text{m}^4$$

(3)强度校核。

在截面 B 上,上边受拉,下边受压,受压点到中性轴的距离大于受拉点到中性轴的距离,所以在 B 截面上,压应力的数值大于拉应力。

在截面 D 上,上边受压,下边受拉,拉应力的数值大于压应力。

因为截面 B 的弯矩值大于截面 D 的弯矩值,所以截面 B 的压应力数值一定大于截面 D 的压应力。对于拉应力,由于两截面的拉应力都比较大,截面 B 的弯矩虽然大,但受拉点到中性轴的距离较小,所以两截面的拉应力都要计算。

B 截面:

拉应力

$$\sigma_{\text{t,max}}=\frac{M_{\max}y_{\max}}{I_z}=\frac{10\times10^3\times47.5\times10^{-3}}{4.41\times10^{-6}}=107.7\times10^6\ \text{Pa}=107.7\ \text{MPa}$$

压应力

$$\sigma_{\text{c,max}}=\frac{M_{\max}y_{\max}}{I_z}=\frac{10\times10^3\times72.5\times10^{-3}}{4.41\times10^{-6}}=164.4\times10^6\ \text{Pa}=164.4\ \text{MPa}$$

D 截面:

拉应力

$$\sigma_{\text{t,max}}=\frac{M_{\max}y_{\max}}{I_z}=\frac{5\times10^3\times72.5\times10^{-3}}{4.41\times10^{-6}}=82.2\times10^6\ \text{Pa}=82.2\ \text{MPa}$$

综上,最大拉应力、最大压应力都发生在 B 截面,其最大值都小于许用应力值,所以强度满足要求。

例题 10－4 如图 10－6(a)所示的简支梁由两根工字钢组成,已知许用正应力$[\sigma]=120$ MPa,许用切应力$[\tau]=100$ MPa。试选择此梁工字钢的型号。

【解题指导】 该题属于截面设计题。首先画出剪力图和弯矩图以确定危险截面,根据正应力强度条件确定截面尺寸,然后校核剪应力强度。

解 (1)画出剪力图和弯矩图如图 10－6(b)和(c)所示。

由剪力图可知，弯矩最大值发生在距 A 支座 3 m 处，其值为

$$M_{\max}=45\ \text{kN}\cdot\text{m}$$

(2)由正应力强度条件

$$\sigma_{\max}=\frac{M_{\max}}{W_z}\leqslant[\sigma]$$

得

$$W_z\geqslant\frac{M_{\max}}{[\sigma]}=\frac{45\times10^3}{120\times10^6}=3.75\times10^{-4}\ \text{m}^3=375\ \text{cm}^3$$

因为梁由两根工字钢组成，则每根工字钢所需的弯曲截面系数为

$$W_z=\frac{375}{2}\ \text{cm}^3=187.5\ \text{cm}^3$$

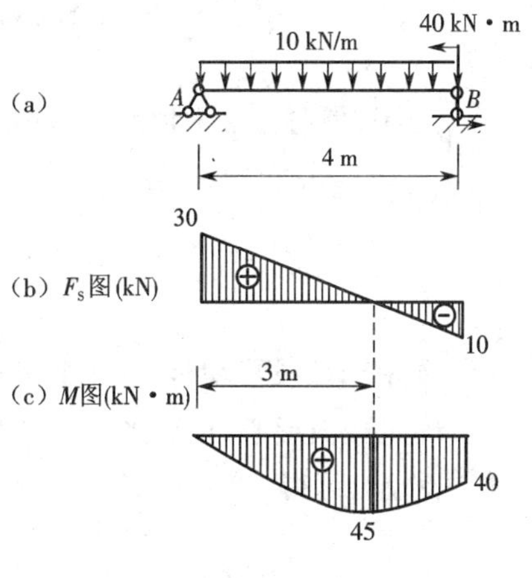

图 10－6

从型钢表中查得 No. 18 热轧工字钢的 $W_z=185\ \text{cm}^3$，比计算值 $187.5\ \text{cm}^2$ 小 1.33%，这在工程上是允许的，所以可以选择 No. 18 热轧工字钢。

(3)校核切应力强度。

由剪力图可知，最大剪力值出现在 A 支座截面，其值为 30 kN，最大切应力为

$$\tau_{\max}=\frac{F_{S,\max}S_{z,\max}^*}{I_zb}=\frac{F_{S,\max}}{(I_z/S_{z,\max}^*)b}=\frac{30\times10^3}{15.4\times10^{-2}\times6.5\times10^{-3}}$$

$$=29.97\times10^6\ \text{Pa}=29.97\ \text{MPa}\leqslant[\tau]=80\ \text{MPa}$$

所以，切应力满足强度要求。

例题 10－5 如图 10－7 所示外伸梁，截面形式为倒 T 字形，受移动荷载 F 的作用，材料的许用拉应力和许用压应力分别为 $[\sigma_t]=100$ MPa 和 $[\sigma_c]=180$ MPa，试求梁能承受的最大荷载 F。

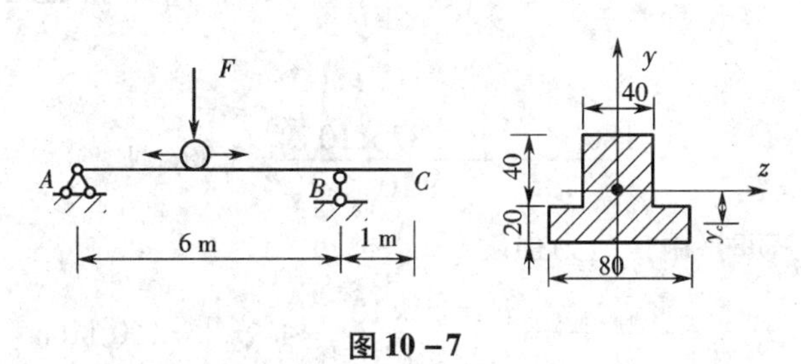

图 10－7

【解题指导】 由于荷载是移动的，所以要先确定荷载的最不利位置；截面是倒 T 字形，要确定中性轴的位置。

解 (1)确定荷载的不利位置。

以支座 A 为坐标原点，设荷载距 A 支座距离为 x，则支座 A 的支座反力为

$$F_{RA}=\frac{6-x}{6}F$$

当荷载在 AB 段移动时，AB 段的弯矩方程为

$$M(x)=\frac{6-x}{6}Fx=\frac{F}{6}(6x-x^2)$$

由$\frac{\mathrm{d}M}{\mathrm{d}x}=0$，得弯矩最大值距 A 支座的距离为

$$x=3\ \mathrm{m}$$

则

$$M_{\max}=1.5F$$

当荷载在 BC 段移动时，弯矩最大值发生在 B 截面，其值 $M_{\max}=-F$，上侧受拉。

(2)确定截面形心，计算形心主惯性矩。

如图所示，可得

$$y_c=\frac{\sum A_iy_i}{\sum A}=\frac{40\times40\times(20+10)}{20\times80+40\times40}=15\ \mathrm{mm}$$

则形心主惯性矩为

$$I_z=\sum\left(\frac{bh^3}{12}+a^2A\right)=\frac{80\times20^3}{12}+15^2\times20\times80+\frac{40\times40^3}{12}+15^2\times40\times40$$

$$=9.87\times10^5\ \mathrm{mm}^4=9.87\times10^{-7}\ \mathrm{m}^4$$

(3)当荷载在 AB 段移动时，由拉应力强度

$$\sigma_{\mathrm{t,max}}=\frac{M_{\max}y_{\max}}{I_z}=\frac{1.5F\times25\times10^{-3}}{9.87\times10^{-7}}\leqslant[\sigma_{\mathrm{t}}]=100\ \mathrm{MPa}$$

解得

$$F\leqslant\frac{100\times10^6\times9.87\times10^{-7}}{1.5\times25\times10^{-3}}=2\ 632\ \mathrm{N}$$

由压应力强度

$$\sigma_{\mathrm{c,max}}=\frac{M_{\max}y_{\max}}{I_z}=\frac{1.5F\times35\times10^{-3}}{9.87\times10^{-7}}\leqslant[\sigma_{\mathrm{c}}]=180\ \mathrm{MPa}$$

解得

$$F\leqslant\frac{180\times10^6\times9.87\times10^{-7}}{1.5\times35\times10^{-3}}=3\ 384\ \mathrm{N}$$

当荷载在 BC 段移动时，由拉应力强度

$$\sigma_{\mathrm{t,max}}=\frac{M_{\max}y_{\max}}{I_z}=\frac{F\times35\times10^{-3}}{9.87\times10^{-7}}\leqslant[\sigma_{\mathrm{t}}]=100\ \mathrm{MPa}$$

解得

$$F\leqslant\frac{100\times10^6\times9.87\times10^{-7}}{35\times10^{-3}}=2\ 820\ \mathrm{N}$$

由压应力强度

$$\sigma_{\mathrm{t,max}}=\frac{M_{\max}y_{\max}}{I_z}=\frac{F\times25\times10^{-3}}{9.87\times10^{-7}}\leqslant[\sigma_{\mathrm{c}}]=180\ \mathrm{MPa}$$

解得

$$F \leqslant \frac{180 \times 10^6 \times 9.87 \times 10^{-7}}{25 \times 10^{-3}} = 7\ 106\ \text{N}$$

综上,荷载的许用值$[F] = 2\ 632$ N。

例题 10－6 如图 10－8 所示简支梁,承受均布荷载的作用,材料的许用应力$[\sigma] = 170$ MPa,试设计梁的截面尺寸:(1)圆截面;(2)矩形截面,$b/h = 1/2$;(3)工字形截面,并求这三种截面梁的重量比。

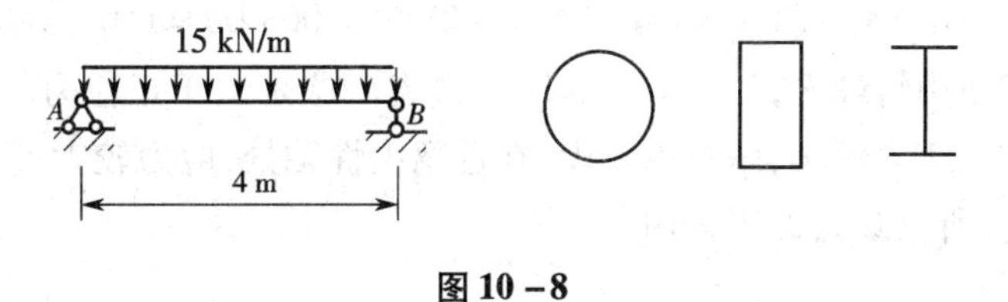

图 10－8

解 (1)求梁的最大弯矩。

梁的危险截面在跨中,其最大弯矩为

$$M_{\max} = \frac{1}{8}ql^2 = \frac{1}{8} \times 15 \times 4^2 = 30\ \text{kN} \cdot \text{m}$$

(2)截面设计。

圆截面:由

$$\sigma_{\text{t,max}} = \frac{M_{\max}}{W_z} = \frac{M_{\max}}{\dfrac{\pi d^3}{32}} \leqslant [\sigma] = 170\ \text{MPa}$$

得

$$d \geqslant \sqrt[3]{\frac{32M_{\max}}{\pi[\sigma]}} = \sqrt[3]{\frac{32 \times 30 \times 10^3}{\pi \times 170 \times 10^6}} = 0.122\ \text{m} = 122\ \text{mm}$$

对应的圆截面面积为

$$A_1 = \frac{\pi d^2}{4} = \frac{\pi \times 0.122^2}{4} = 0.011\ 6\ \text{m}^2$$

矩形截面:由

$$\sigma_{\text{t,max}} = \frac{M_{\max}}{W_z} = \frac{M_{\max}}{\dfrac{b(2b)^2}{6}} \leqslant [\sigma] = 170\ \text{MPa}$$

得

$$b \geqslant \sqrt[3]{\frac{6M_{\max}}{4[\sigma]}} = \sqrt[3]{\frac{6 \times 30 \times 10^3}{4 \times 170 \times 10^6}} = 0.064\ 2\ \text{m} = 64.2\ \text{mm}$$

对应的截面面积为

$$A_2 = bh = 0.008\ 6\ \text{m}^2$$

工字形截面:由

$$\sigma_{\text{t,max}} = \frac{M_{\max}}{W_z} \leqslant [\sigma] = 170\ \text{MPa}$$

得

$$W_z \geqslant \frac{M_{\max}}{[\sigma]} = \frac{30 \times 10^3}{170 \times 10^6} = 0.000\ 176\ 5\ \mathrm{m^3} = 176.5\ \mathrm{cm^3}$$

查型钢表,可选择 No. 18, $W_z = 185\ \mathrm{cm^3}$, $A_3 = 30.6\ \mathrm{cm^2} = 0.003\ 06\ \mathrm{m^2}$。

(3)重量比。

圆截面、矩形截面、工字形截面三种梁的重量比为

$$G_1 : G_2 : G_3 = A_1 : A_2 : A_3 = 0.011\ 6 : 0.008\ 6 : 0.003\ 06 = 1 : 0.74 : 0.26$$

由此可见,圆截面用料最多,工字形截面用料最省。这是由于正应力的分布情况,工字形截面在靠近中性轴处,应力较小,用料也较少,在远离中性轴处,应力较大,用料也较多,是合理的,圆截面正好相反,所以圆截面不合理。

10.3 自测题

10-1 关于中性轴,下列说法正确的是(   )。

A. 中性轴是梁的轴线　　B. 中性轴的位置依截面上的正应力分布情况而变

C. 梁弯曲时,中性轴也随之弯曲　　D. 中性轴是中性层与横截面的交线

10-2 梁弯曲时,梁的中性层(   )。

A. 不弯曲　　B. 不弯曲但是长度会改变

C. 弯曲但是长度不会改变　　D. 弯曲的同时长度会改变

10-3 如图 10-9 所示悬臂梁,有两种方式搁置,则这两种情况下的最大正应力之比为________。

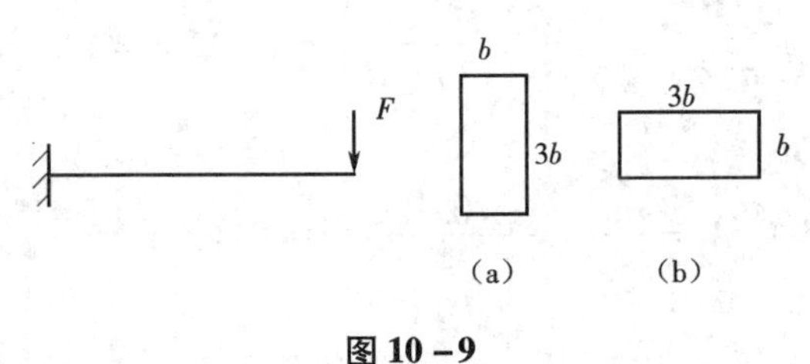

图 10-9

10-4 同一梁若采用四种截面形式,它们有相同的横截面面积,则(   )截面强度最高。

A. 矩形截面　　B. 工字形截面　　C. 圆形截面　　D. 圆环截面

10-5 梁在横向力作用下,发生平面弯曲,则横截面上的最大正应力和最大切应力点的应力情况是(   )。

A. 最大正应力点的切应力一定为零,最大切应力点的正应力不一定为零

B. 最大正应力点的切应力一定为零,最大切应力点的正应力也一定为零

C. 最大切应力点的正应力一定为零,最大正应力点的切应力也一定为零

D. 最大正应力点的切应力和最大切应力点的正应力都不一定为零

10-6 矩形截面梁,当梁的高度增加一倍、宽度减小一半时,从正应力强度条件考虑,该

梁的承载能力将(　　)。

A. 不变　　B. 增大一倍　　C. 减小一半　　D. 增大三倍

10－7　如图 10－10 所示简支梁，承受集中力偶作用，当集中力偶在 BC 段移动时，AC 段各个横截面上的(　　)。

A. 最大正应力变化，最大切应力不变

B. 最大正应力和最大切应力都有变化

C. 最大正应力不变，最大切应力变化

D. 最大正应力和最大切应力都不变

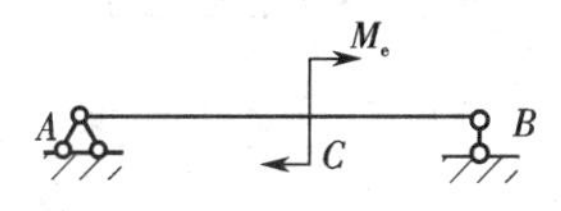

图 10－10

10－8　如图 10－11 所示两梁横截面面积相等、材料相同，梁的跨度以及受力情况都相同，若按切应力强度条件，则两梁的承载能力之比为__________。

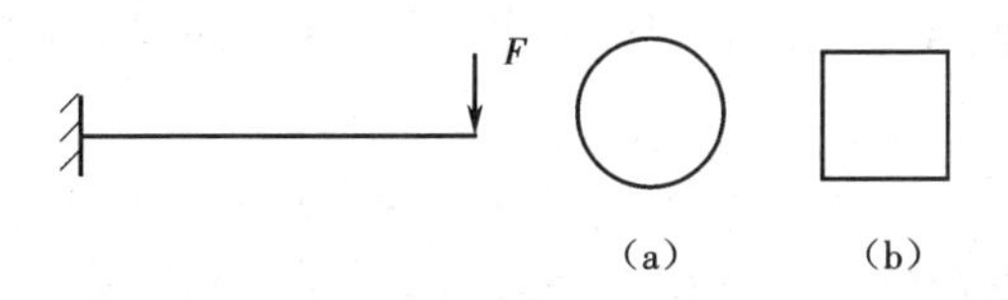

图 10－11

10－9　一水平放置的 No. 10 普通热轧槽型钢悬臂梁，受力如图 10－12 所示。试求：

(1)截面 1—1 上 A、B 两点的正应力；

(2)梁内最大正应力。

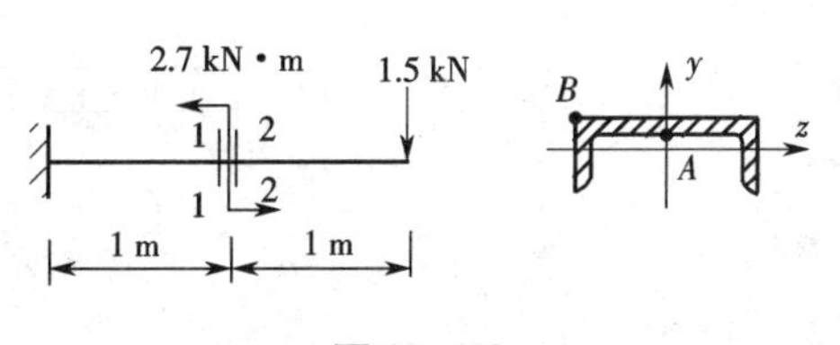

图 10－12

10－10　已知 T 形截面外伸梁受力如图 10－13 所示，横截面由相同材料的三部分胶合而成，试求：

(1)梁的最大拉应力和最大压应力；

(2)梁的最大切应力及胶合面上的最大切应力。

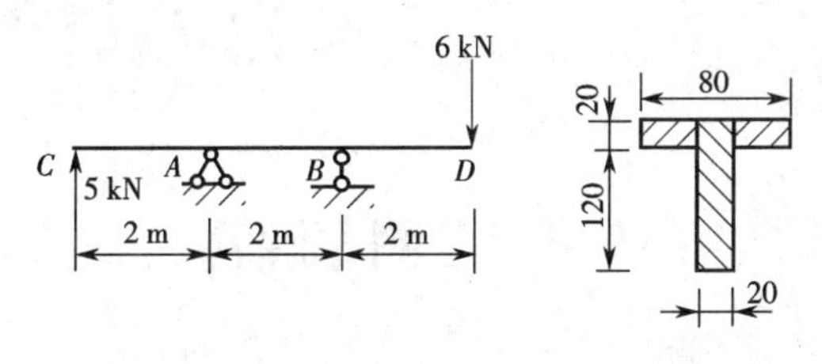

图 10－13

10－11　如图 10－14 所示某简支梁横截面为箱形截面，沿全长承受均布荷载作用，该梁用四块木板胶合而成，已知材料许用应力[σ] = 10 MPa，顺纹许用切应力[τ] = 1.1 MPa，胶合缝的许用切应力[τ] = 0.35 MPa，试校核该梁的强度。

10 - 12　矩形截面简支钢梁受力情况如图 10 - 15 所示，材料的许用应力$[\sigma]=160$ MPa，许用切应力$[\tau]=80$ MPa，试确定截面尺寸 b。

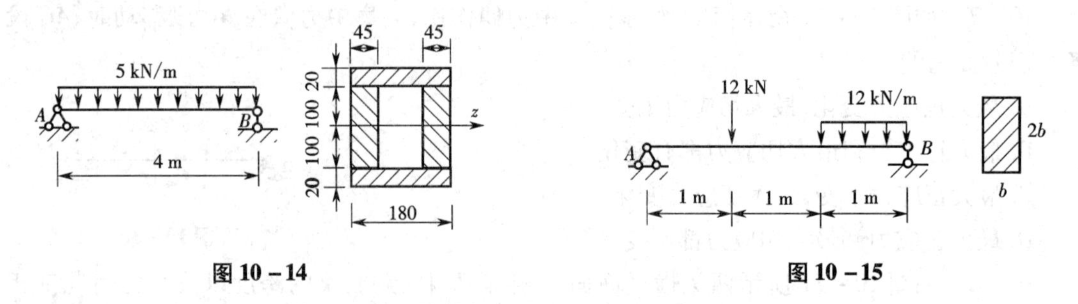

图 10 - 14　　　　图 10 - 15

10 - 13　已知矩形截面梁受力情况如图 10 - 16 所示，材料的许用应力$[\sigma]=10$ MPa，试确定截面尺寸 b。若在截面 A 处钻一直径为 d 的圆孔，在保证强度的条件下，圆孔的直径 d 最大可达多少。

10 - 14　如图 10 - 17 所示为一矩形截面梁，$a=1$ m，材料弹性模量 $E=200$ GPa，许用应力$[\sigma]=70$ MPa，测得跨中截面 C 底部纵向线应变 $\varepsilon=2\times10^{-4}$，试：

(1)作梁的弯矩图和剪力图；

(2)求载荷 q 的值；

(3)校核梁的强度。

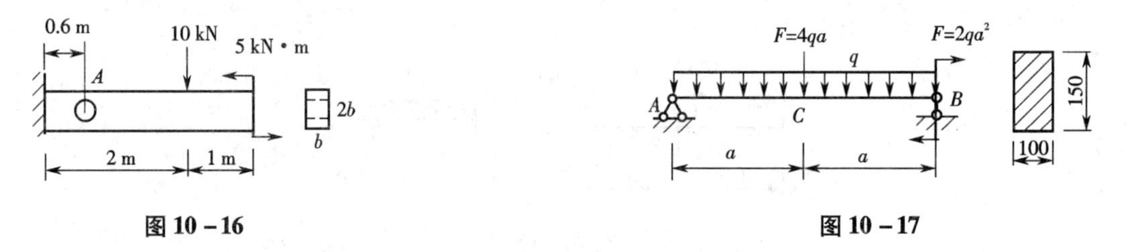

图 10 - 16　　　　图 10 - 17

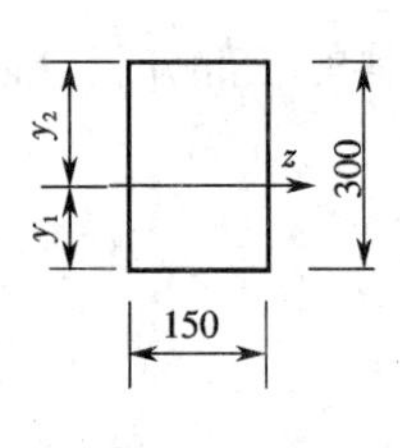

图 10 - 18

10 - 15　如图 10 - 18 所示为一矩形截面梁，假设材料的抗拉弹性模量是抗压弹性模量的 1.5 倍，当该截面上承受正弯矩为 200 kN · m 时，试确定中性轴 z 轴的位置，并求最大拉应力和最大压应力。

10.4　自测题解答

此部分内容请扫二维码。

10.5　习题解答

10－1　图示一工字形钢梁，在跨中作用集中力 F，已知 $l=6$ m，$F=20$ kN，工字钢的型号为 20a，试求梁中的最大正应力。

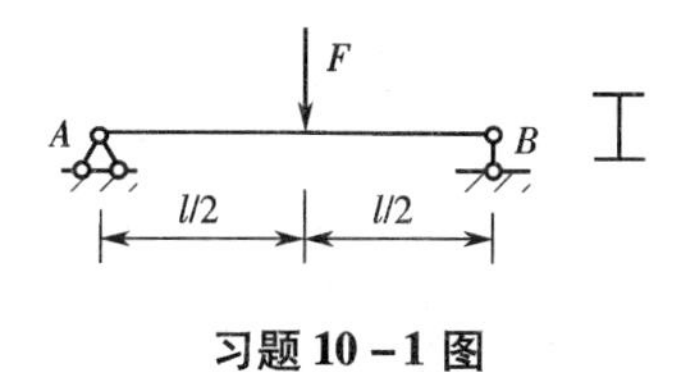

习题 10－1 图

解　梁内的最大弯矩发生在跨中，有 $M_{\max}=30\ \text{kN}\cdot\text{m}$，查表知 20a 工字钢 $W_z=237\ \text{cm}^3$。则

$$\sigma_{\max}=\frac{M_{\max}}{W_z}=\frac{30\times10^3}{237\times10^{-6}}=126.6\times10^6\ \text{Pa}=126.6\ \text{MPa}$$

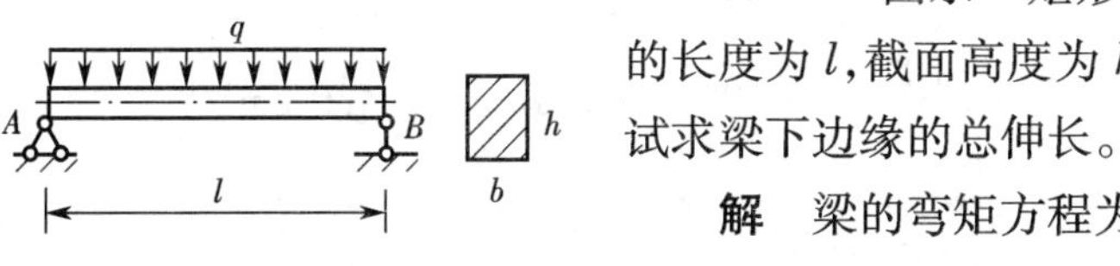

习题 10－2 图

10－2　图示一矩形截面简支梁，受均布荷载作用，梁的长度为 l，截面高度为 h、宽度为 b，材料的弹性模量为 E，试求梁下边缘的总伸长。

解　梁的弯矩方程为

$$M(x)=\frac{1}{2}qlx-\frac{1}{2}qx^2$$

则曲率方程为

$$\frac{1}{\rho(x)}=\frac{M(x)}{EI_z}=\frac{1}{EI_z}\left(\frac{1}{2}qlx-\frac{1}{2}qx^2\right)$$

梁下边缘的线应变为

$$\varepsilon(x)=\frac{h/2}{\rho(x)}=\frac{h}{2EI_z}\left(\frac{1}{2}qlx-\frac{1}{2}qx^2\right)$$

下边缘伸长为

$$\Delta l=\int_0^l\varepsilon(x)\,\mathrm{d}x=\int_0^l\frac{h}{2EI_z}\left(\frac{1}{2}qlx-\frac{1}{2}qx^2\right)\mathrm{d}x=\frac{ql^3}{2Ebh^2}$$

10－3　已知梁在外力作用下发生平面弯曲，当截面为下列形状时，试分别画出正应力沿横截面高度的分布规律。

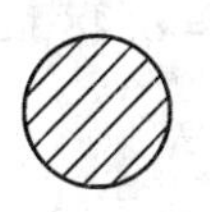
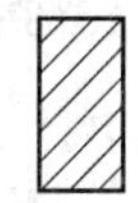
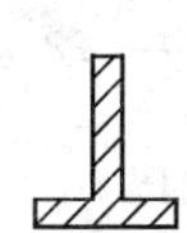

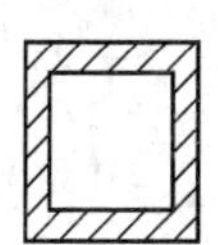

习题 10－3 图

解　各种截面梁横截面上的正应力都是沿高度线性分布的。中性轴一侧产生拉应力，另一侧产生压应力。

10－4　一对称 T 形截面的外伸梁，梁上作用均布荷载，梁的尺寸如图所示，已知 $l=1.5$ m，$q=8$ kN/m，试求梁中横截面上的最大拉应力和最大压应力。

解　(1)设截面的形心到下边缘距离为 y_1，则有

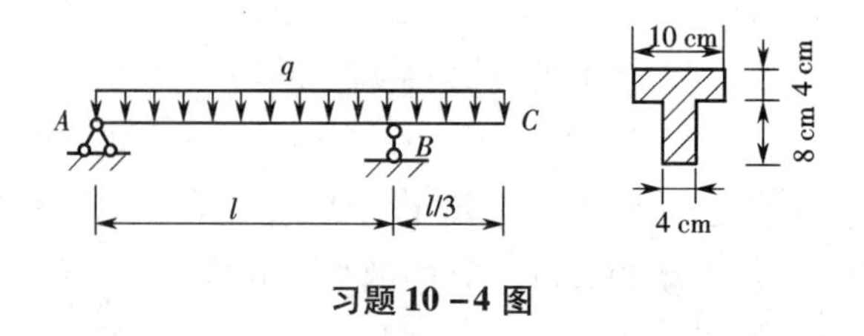

习题 10－4 图

$$y_1=\frac{4\times8\times4+10\times4\times10}{4\times8+10\times4}=7.33\ \text{cm}$$

则形心到上边缘距离为

$$y_2=12-7.33=4.67\ \text{cm}$$

于是截面对中性轴的惯性矩为

$$I_z=\left(\frac{4\times8^3}{12}+4\times8\times3.33^2\right)+\left(\frac{10\times4^3}{12}+10\times4\times2.67^2\right)=864.0\ \text{cm}^4$$

(2)作梁的弯矩图：

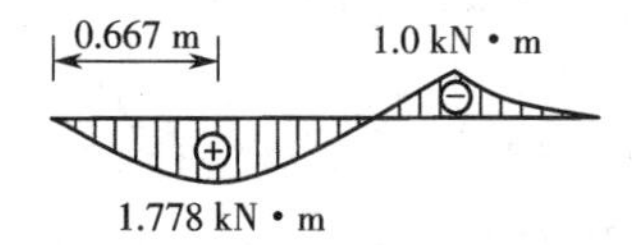

设最大正弯矩所在截面为 D，最大负弯矩所在截面为 E，则在 D 截面上

$$\sigma_{\text{t,max}}=\frac{M_D}{I_z}y_1=\frac{1.778\times10^3\times7.33\times10^{-2}}{864.0\times10^{-8}}=15.08\times10^6\ \text{Pa}=15.08\ \text{MPa}$$

$$\sigma_{\text{c,max}}=\frac{M_D}{I_z}y_2=\frac{1.778\times10^3\times4.67\times10^{-2}}{864.0\times10^{-8}}=9.61\times10^6\ \text{Pa}=9.61\ \text{MPa}$$

在 E 截面上

$$\sigma_{\text{t,max}}=\frac{M_E}{I_z}y_2=\frac{1.0\times10^3\times4.67\times10^{-2}}{864.0\times10^{-8}}=5.40\times10^6\ \text{Pa}=5.40\ \text{MPa}$$

$$\sigma_{\text{c,max}}=\frac{M_E}{I_z}y_1=\frac{1.0\times10^3\times7.33\times10^{-2}}{864.0\times10^{-8}}=8.48\times10^6\ \text{Pa}=8.48\ \text{MPa}$$

所以，梁内 $\sigma_{\text{t,max}}=15.08\ \text{MPa}$，$\sigma_{\text{c,max}}=9.61\ \text{MPa}$。

10－5 图示一矩形截面简支梁，跨中作用集中力 F，已知 $l=4\ \text{m}$，$b=120\ \text{mm}$，$h=180\ \text{mm}$，弯曲时材料的许用应力$[\sigma]=10\ \text{MPa}$，试求梁能承受的最大荷载 $F_{\max}$。

10－6 由两个 28a 号槽钢组成的简支梁如图所示，已知该梁材料为 Q235 钢，其许用弯曲正应力$[\sigma]=170\ \text{MPa}$，试求梁的许用荷载$[F]$。

解 作弯矩图：

梁内的最大弯矩发生在跨中

$$M_{\max}=4F$$

槽钢

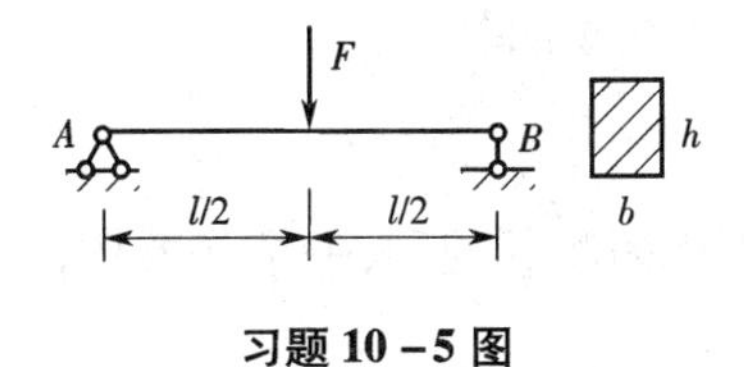

习题 10－5 图

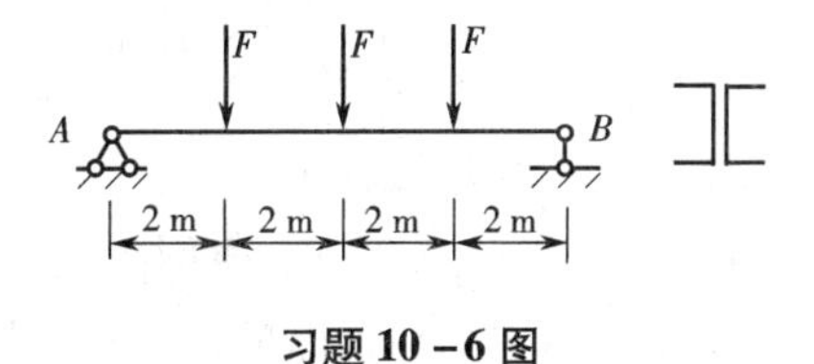

习题 10－6 图

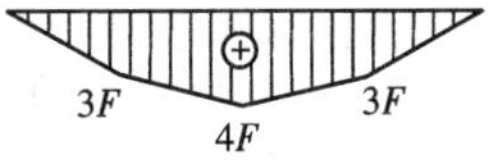

$$W_z=\frac{I_z}{y_{\max}}=\frac{2I_z'}{y_{\max}}=2W_z'=680.656\ \mathrm{cm}^3$$

则由 $\sigma_{\max}=\dfrac{M_{\max}}{W_z}\leqslant[\sigma]$ 得 $4F\leqslant[\sigma]W_z$，即

$$F\leqslant\frac{[\sigma]W_z}{4}=\frac{170\times10^6\times680.656\times10^{-6}}{4}=28\ 927\ \mathrm{N}$$

10－7 圆形截面木梁所受荷载如图所示，已知 $l=3$ m，$F=3$ kN，$q=3$ kN/m，弯曲时木材的许用应力$[\sigma]=10$ MPa，试选择圆木的直径 d。

10－8 起重机连同配重等重 $G=50$ kN，行走于两根工字钢所组成的简支梁上，如图所示。起重机的起重量 $F=10$ kN，梁材料的许用弯曲应力$[\sigma]=170$ MPa，试选择工字钢的型号。设全部荷载平均分配在两根梁上。

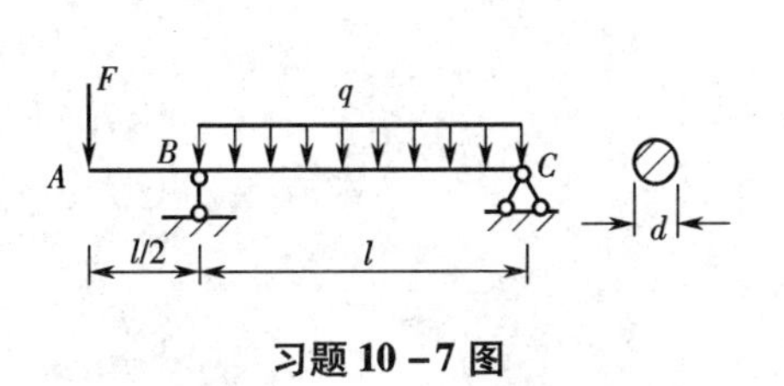

习题 10－7 图

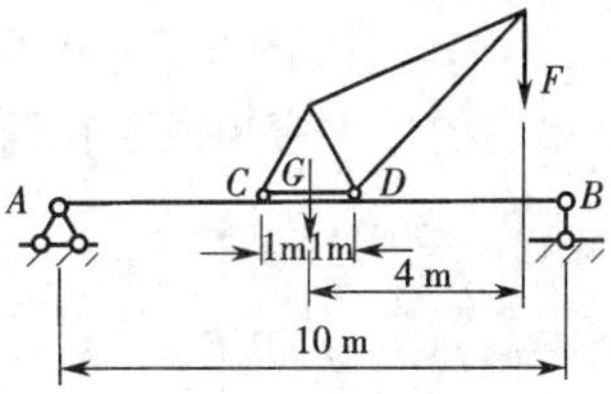

习题 10－8 图

解 设起重机左轮距 A 端为 x，则有

$$M_C=50x-6x^2,M_D=-6x^2+38x+80$$

从而确定出

$$M_{C\max}=104.2\ \mathrm{kN\cdot m},M_{D\max}=140.2\ \mathrm{kN\cdot m}$$

即梁内出现的最大弯矩为 140.2 kN · m。

由 $\sigma_{\max}=\dfrac{M_{\max}}{W_z}\leqslant[\sigma]$ 得

$$W_z\geqslant\frac{M_{\max}}{[\sigma]}=\frac{140.2\times10^3}{170\times10^6}=8.25\times10^{-4}\ \mathrm{m}^3$$

由 $W_z=\dfrac{I_z}{y_{\max}}=\dfrac{2I_z'}{y_{\max}}=2W_z'$，则

$$W_z' = \frac{W_z}{2} = \frac{8.25 \times 10^{-4}}{2} = 4.125 \times 10^{-4}\ \text{m}^3 = 412.5\ \text{cm}^3$$

查表选 25b 号工字钢。

10－9 图示两个矩形截面的简支木梁，其跨度、荷载及截面面积都相同，一个是整体，另一个是由两根方木叠置而成，试分别计算两根梁的最大正应力。

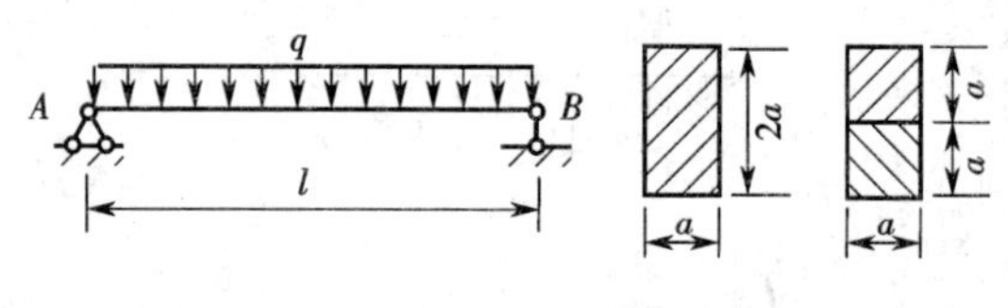

习题 10－9 图

解 (1)第一种情况：

梁内的最大弯矩发生在跨中

$$M_{\max} = \frac{ql^2}{8}$$

矩形截面梁

$$W_z = \frac{bh^2}{6} = \frac{2a^3}{3}$$

则

$$\sigma_{\max} = \frac{M_{\max}}{W_z} = \frac{ql^2 \times 3}{8 \times 2a^3} = \frac{3ql^3}{16a^3}$$

(2)第二种情况：

梁内的最大弯矩发生在跨中

$$M_{\max} = \frac{ql^2}{16}$$

矩形截面梁

$$W_z = \frac{bh^2}{6} = \frac{a^3}{6}$$

则

$$\sigma_{\max} = \frac{M_{\max}}{W_z} = \frac{ql^2 \times 6}{16 \times a^3} = \frac{3ql^3}{8a^3}$$

10－10 直径 $d = 0.6$ mm 的钢丝绕在直径 $D = 600$ mm 的圆筒上，已知钢丝的弹性模量 $E = 2 \times 10^5$ MPa，试求钢丝的最大正应力。

解 由 $\frac{1}{\rho} = \frac{M}{EI_z}$ 得

$$M = \frac{EI_z}{\rho} = \frac{2 \times 10^{11} \times \frac{\pi \times 0.6^4 \times 10^{-12}}{64}}{0.3 + 0.3 \times 10^{-3}} = 4.241\ 15 \times 10^{-3}\ \text{N} \cdot \text{m}$$

$$\sigma_{\max} = \frac{M}{W_z} = \frac{M}{\frac{\pi d^3}{32}} = \frac{4.241\ 15 \times 10^{-3}}{\frac{\pi \times 0.6^3 \times 10^{-9}}{32}} = 200 \times 10^6\ \text{Pa} = 200\ \text{MPa}$$

或

$$\sigma_{max}=\frac{Ey_{max}}{\rho}=\frac{2\times10^{11}\times0.3\times10^{-3}}{0.3+0.3\times10^{-3}}=200\times10^{6}\ \text{Pa}=200\ \text{MPa}$$

10-11 图示一矩形截面简支梁由圆柱形木料锯成,已知 $F=5\ \text{kN}, a=1.5\ \text{m}, [\sigma]=10$ MPa。试确定弯曲截面系数最大时矩形截面的高宽比 $h:b$ 以及梁所需木料的最小直径 d。

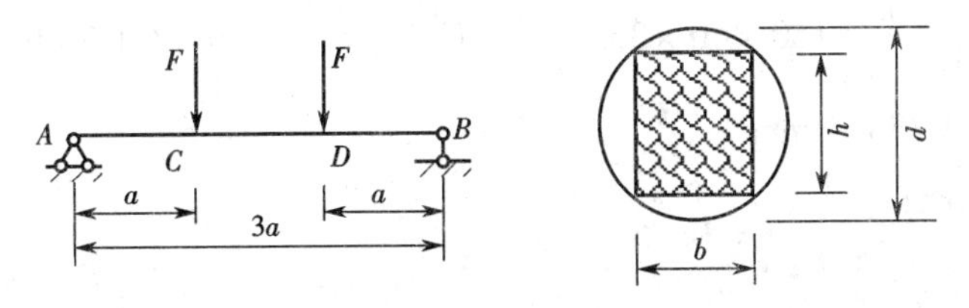

习题 10-11 图

解

$$W_z=\frac{bh^2}{6}=\frac{b(d^2-b^2)}{6}$$

由 $\frac{dW_z}{db}=\frac{d^2-3b^2}{6}=0$ 得 $b=\frac{\sqrt{3}}{3}d$;又 $\frac{d^2W_z}{db^2}=-b<0$,所以 $b=\frac{\sqrt{3}}{3}d$ 时 W_z 取极大值,所以弯曲截面系数最大时,$b=\frac{\sqrt{3}}{3}d, h=\frac{\sqrt{6}}{3}d$,即 $h:b=\sqrt{2}:1$。

梁内的最大弯矩

$$M_{max}=Fa=7.5\ \text{kN}\cdot\text{m}$$

矩形截面梁

$$W_z=\frac{bh^2}{6}=\frac{\sqrt{3}}{27}d^3$$

则由 $\sigma_{max}=\frac{M_{max}}{W_z}\leqslant[\sigma]$ 得 $W_z\geqslant\frac{M_{max}}{[\sigma]}$,即 $\frac{\sqrt{3}}{27}d^3\geqslant\frac{M_{max}}{[\sigma]}$,则

$$d\geqslant\sqrt[3]{\frac{9\sqrt{3}\ M_{max}}{[\sigma]}}=\sqrt[3]{\frac{9\sqrt{3}\times7.5\times10^3}{10\times10^6}}=0.227\ \text{m}=227\ \text{mm}$$

10-12 如图所示一铸铁梁,已知材料的拉伸强度极限 $\sigma_b=150$ MPa,压缩强度极限 $\sigma_{bc}=630$ MPa,试求梁的安全因数。

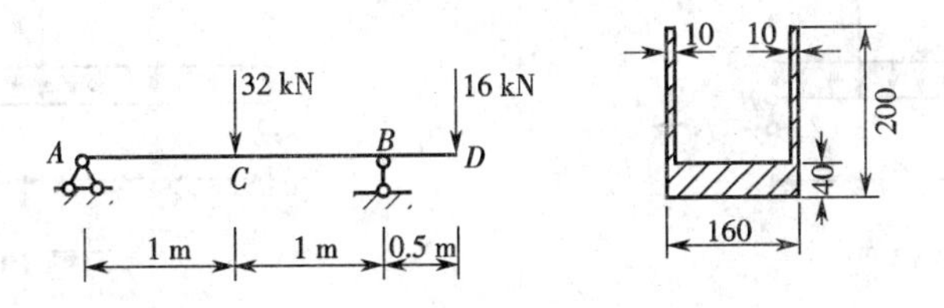

习题 10-12 图

解 (1)设截面形心距离下边缘为 y_1,有

$$y_1 = \frac{160 \times 40 \times 20 + 10 \times 160 \times 120 \times 2}{160 \times 40 + 10 \times 160 \times 2} = 53.33 \text{ mm}$$

则形心到上边缘距离为

$$y_2 = 200 - 53.33 = 146.67 \text{ mm}$$

于是截面对中性轴的惯性矩为

$$I_z = \left(\frac{160 \times 40^3}{12} + 160 \times 40 \times 33.33^2\right) + \left(\frac{10 \times 160^3}{12} + 10 \times 160 \times 66.67^2\right) \times 2$$

$$= 29\ 013\ 333.4 \text{ mm}^4$$

(2)作梁的弯矩图：

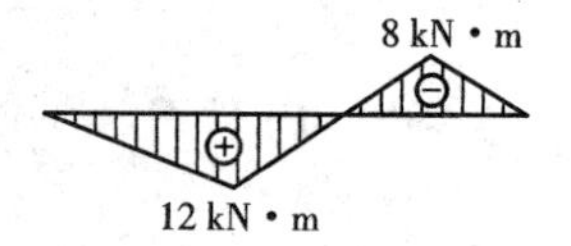

C 截面上

$$\sigma_{t,\max} = \frac{M_C}{I_z} y_1 = \frac{12 \times 10^3 \times 53.33 \times 10^{-3}}{29\ 013\ 333.4 \times 10^{-12}} = 22.057 \times 10^6 \text{ Pa} = 22.057 \text{ MPa}$$

$$\sigma_{c,\max} = \frac{M_C}{I_z} y_2 = \frac{12 \times 10^3 \times 146.67 \times 10^{-3}}{29\ 013\ 333.4 \times 10^{-12}} = 60.663 \times 10^6 \text{ Pa} = 60.663 \text{ MPa}$$

B 截面上

$$\sigma_{t,\max} = \frac{M_B}{I_z} y_2 = \frac{8 \times 10^3 \times 146.67 \times 10^{-3}}{29\ 013\ 333.4 \times 10^{-12}} = 40.442 \times 10^6 \text{ Pa} = 40.442 \text{ MPa}$$

$$\sigma_{c,\max} = \frac{M_B}{I_z} y_1 = \frac{8 \times 10^3 \times 53.33 \times 10^{-3}}{29\ 013\ 333.4 \times 10^{-12}} = 14.705 \times 10^6 \text{ Pa} = 14.705 \text{ MPa}$$

所以有 $n_t = \frac{150}{40.442} = 3.709$，$n_c = \frac{630}{60.663} = 10.385 > n_t$，取安全系数为 3.709。

10 - 13 一简支工字形钢梁，工字钢的型号为 28a，梁上荷载如图所示，已知 $l = 6$ m，$F_1 = 60$ kN，$F_2 = 40$ kN，$q = 8$ kN/m，钢材的许用应力$[\sigma] = 170$ MPa，许用切应力$[\tau] = 100$ MPa，试校核梁的强度。

10 - 14 一简支工字形钢梁，梁上荷载如图所示，已知 $l = 6$ m，$q = 6$ kN/m，$F = 20$ kN，钢材的许用应力$[\sigma] = 170$ MPa，许用切应力$[\tau] = 100$ MPa，试选择工字钢的型号。

习题 10 - 13 图　　　　习题 10 - 14 图

解　作内力图：

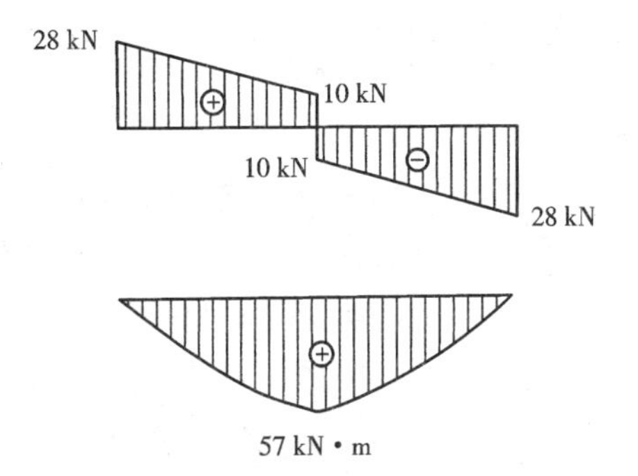

由 $\sigma_{\max}=\dfrac{M_{\max}}{W_z}\leqslant[\sigma]$得

$$W_z\geqslant\frac{M_{\max}}{[\sigma]}=\frac{57\times10^3}{170\times10^6}=3.353\times10^{-4}\ \mathrm{m}^3=335.3\ \mathrm{cm}^3$$

查表选 25a(考虑 5% 误差可以选则 22b)。对于所选型号,梁内出现的最大切应力为

$$\tau_{\max}=\frac{F_{\mathrm{S,max}}S_{z,\max}}{I_z b}=\frac{28\times10^3}{21.58\times10^{-2}\times0.008}=16.21\times10^6\ \mathrm{Pa}=16.21\ \mathrm{MPa}<[\tau]$$

如为 22b,$\tau_{\max}=15.8\ \mathrm{MPa}<[\tau]$。所以,工字钢型号为 25a(或 22b)。

10－15 由工字钢制成的简支梁受力如图所示,已知材料的许用弯曲应力$[\sigma]=170$ MPa,许用切应力$[\tau]=100$ MPa,试选择工字钢型号。

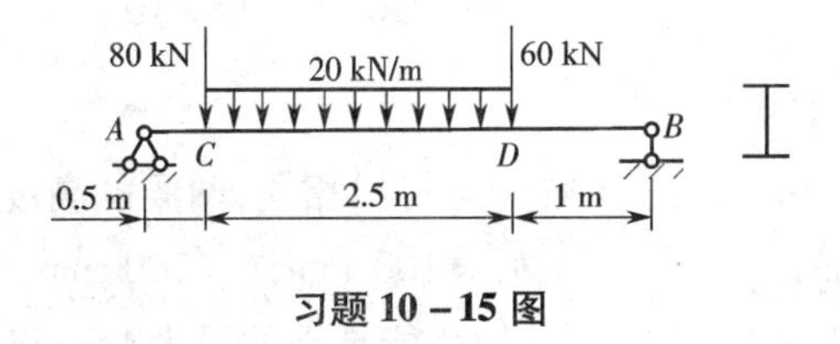

习题 10－15 图

解 作内力图:

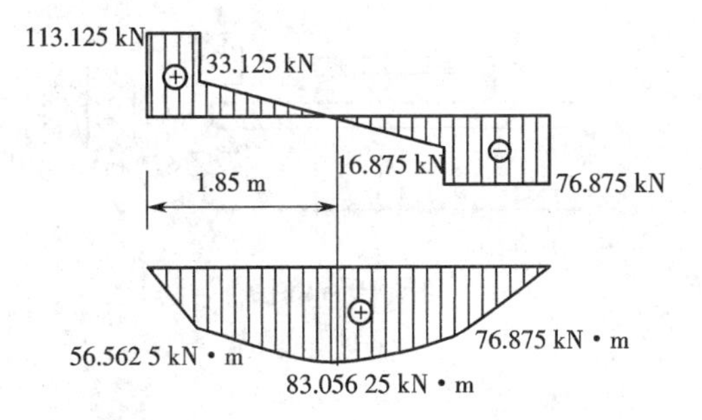

由 $\sigma_{\max}=\dfrac{M_{\max}}{W_z}\leqslant[\sigma]$得

$$W_z\geqslant\frac{M_{\max}}{[\sigma]}=\frac{83.056\,25\times10^3}{170\times10^6}=4.886\times10^{-4}\ \mathrm{m}^3=488.6\ \mathrm{cm}^3$$

查表选 28a。对于所选型号,梁内出现的最大切应力为

$$\tau_{max}=\frac{F_{S,max}S_{z,max}}{I_z b}=\frac{113.125\times10^3}{24.62\times10^{-2}\times0.0085}=54.06\times10^6\ \text{Pa}=54.06\ \text{MPa}<[\tau]$$

所以,工字钢型号为 28a。

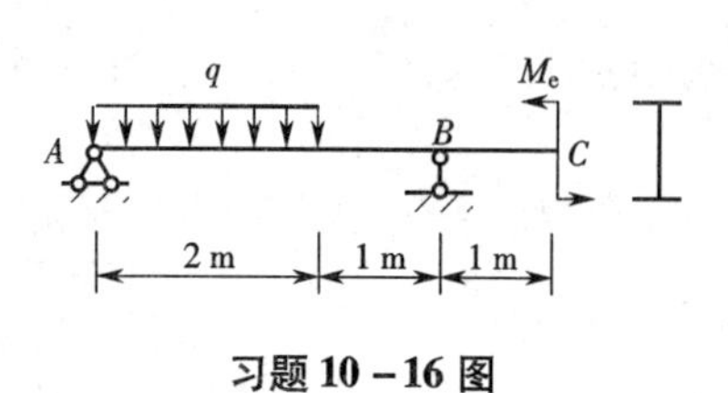

习题 10 - 16 图

10 - 16 外伸梁 AC 承受荷载如图所示,M_e = 40 kN · m,q = 20 kN/m,材料的许用应力[σ] = 170 MPa,许用切应力[τ] = 100 MPa,试选择工字钢的型号。

10 - 17 图示简支梁是由三块截面为 40 mm × 90 mm 的木板胶合而成,已知 l = 3 m,胶缝的许用切应力[τ] = 0.5 MPa,试按胶缝的切应力强度确定梁所能承受的最大荷载 F。

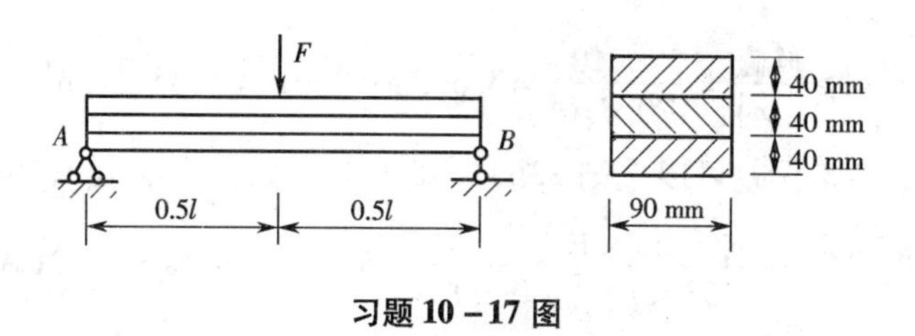

习题 10 - 17 图

解 梁内的最大剪力值为 $0.5F$,则胶缝处的最大切应力为

$$\tau_{max}=\frac{F_{S,max}S_z^*}{I_z b}=\frac{0.5F\times(90\times40\times40\times10^{-9})}{\frac{90\times120^3}{12}\times10^{-12}\times90\times10^{-3}}=61.73F$$

由 $\tau_{max}\leqslant[\tau]$ 得 $F\leqslant8\ 100$ N。

10 - 18 图示结构中,AB 梁与 CD 梁所用材料相同,两梁的高度与宽度分别为 h、b 和 h_1、b,已知 l = 3.6 m,a = 1.3 m,h = 150 mm,h_1 = 100 mm,b = 100 mm,材料的许用应力[σ] = 10 MPa,许用切应力[τ] = 2.2 MPa,试求该结构所能承受的最大荷载 F_{max}。

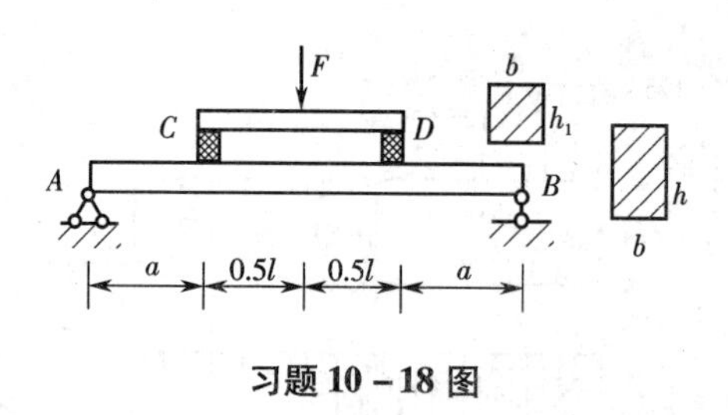

习题 10 - 18 图

解 (1)对于上梁。

作内力图:

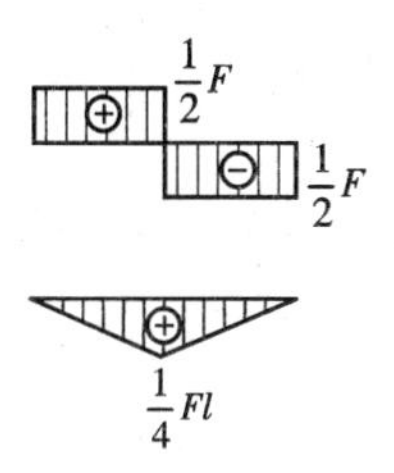

由 $\sigma_{max}=\frac{M_{max}}{W_z}\leqslant[\sigma]$ 得 $M_{max}\leqslant[\sigma]W_z$，即 $\frac{Fl}{4}\leqslant[\sigma]W_z$。所以有

$$F\leqslant\frac{4[\sigma]W_z}{l}=\frac{4\times10\times10^6\times\frac{0.1\times0.1^2}{6}}{3.6}=1.852\times10^3\ \text{N}=1.852\ \text{kN}$$

又由 $\tau_{max}=\frac{3F_{S,max}}{2A}\leqslant[\tau]$ 得 $F_{S,max}\leqslant\frac{2[\tau]A}{3}$，即 $\frac{F}{2}\leqslant\frac{2[\tau]A}{3}$。所以有

$$F\leqslant\frac{4[\tau]A}{3}=\frac{4\times2.2\times10^6\times0.1\times0.1}{3}=29.33\times10^3\ \text{N}=29.33\ \text{kN}$$

(2)对于下梁。

作内力图：

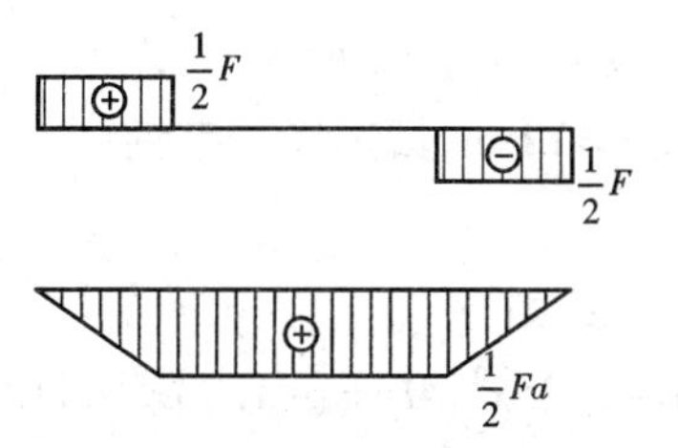

由 $\sigma_{max}=\frac{M_{max}}{W_{z1}}\leqslant[\sigma]$ 得 $M_{max}\leqslant[\sigma]W_{z1}$，即 $\frac{Fa}{2}\leqslant[\sigma]W_{z1}$。所以有

$$F\leqslant\frac{2[\sigma]W_{z1}}{a}=\frac{2\times10\times10^6\times\frac{0.1\times0.15^2}{6}}{1.3}=5.77\times10^3\ \text{N}=5.77\ \text{kN}$$

又由 $\tau_{max}=\frac{3F_{S,max}}{2A_1}\leqslant[\tau]$ 得 $F_{S,max}\leqslant\frac{2[\tau]A_1}{3}$。即 $\frac{F}{2}\leqslant\frac{2[\tau]A_1}{3}$。所以有

$$F\leqslant\frac{4[\tau]A_1}{3}=\frac{4\times2.2\times10^6\times0.1\times0.15}{3}=44.0\times10^3\ \text{N}=44.0\ \text{kN}$$

综上，取 $F=1.852$ kN。

10－19　图示木梁受一可移动的荷载 $F=40$ kN 作用。已知 $[\sigma]=10$ MPa，$[\tau]=3$ MPa，木梁的横截面为矩形，其高宽比 $\frac{h}{b}=\frac{3}{2}$，试选择梁的截面尺寸。

解　当 F 位于跨中时，梁内出现最大弯矩

$$M_{max}=\frac{Fl}{4}=\frac{40\times10^3\times1}{4}=10\times10^3\ \text{N}\cdot\text{m}=10\ \text{kN}\cdot\text{m}$$

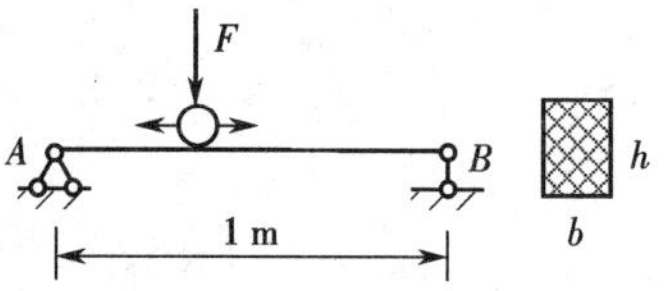

由 $\sigma_{max}=\dfrac{M_{max}}{W_z}\leqslant[\sigma]$ 得 $W_z\geqslant\dfrac{M_{max}}{[\sigma]}$,即

$$\frac{bh^2}{6}=\frac{9b^3}{24}\geqslant\frac{M_{max}}{[\sigma]}=\frac{10\times10^3}{10\times10^6}=1.0\times10^{-3}\ \mathrm{m}^3$$

习题 10－19 图

从而有

$$b\geqslant0.138\ 7\ \mathrm{m}=138.7\ \mathrm{mm}$$

又当 F 位于靠近左右支座时,梁内出现最大剪力

$$F_{S,max}=F=40\ \mathrm{kN}$$

由 $\tau_{max}=\dfrac{3F_{S,max}}{2A}\leqslant[\tau]$得 $A\geqslant\dfrac{3F_{S,max}}{2[\tau]}$,即

$$bh=\frac{3}{2}b^2\geqslant\frac{3F_{S,max}}{2[\tau]}=\frac{3\times40\times10^3}{2\times3\times10^6}=20\times10^{-3}\ \mathrm{m}^2$$

从而有

$$b\geqslant0.115\ 5\ \mathrm{m}=115.5\ \mathrm{mm}$$

综上,取 $b\geqslant138.7\ \mathrm{mm}$,$h\geqslant208.0\ \mathrm{mm}$。

10－20 图示起重吊车 AB 行走于 CD 梁之间,CD 梁是由两个同型号的工字钢组成,已知吊车的自重为 5 kN,最大起重量为 10 kN,钢材的许用应力 $[\sigma]=170$ MPa,许用切应力$[\tau]=100$ MPa,CD 梁长 $l=12$ m,试选择工字钢的型号。

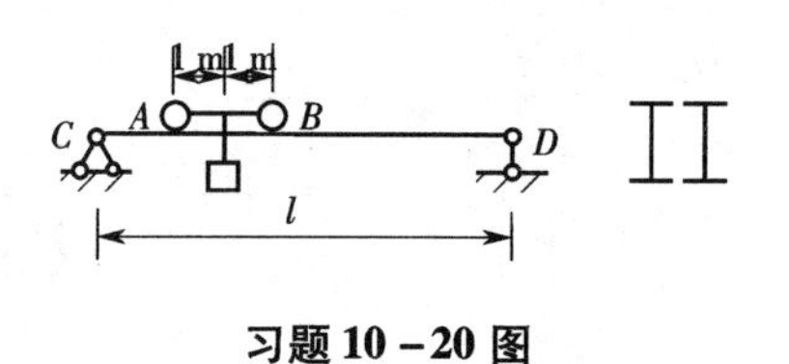

习题 10－20 图

解 (1)设吊车 A 点距 C 端为 x,则有

$$M_A=13.75x-1.25x^2,M_B=-1.25x^2+11.25x+12.5$$

从而确定出

$$M_{Amax}=37.812\ 5\ \mathrm{kN\cdot m}(x=5.5\ \mathrm{m}),\ M_{Bmax}=37.812\ 5\ \mathrm{kN\cdot m}(x=4.5\ \mathrm{m})$$

即梁内出现的最大弯矩为 37.812 5 kN · m。

由 $\sigma_{max}=\dfrac{M_{max}}{W_z}\leqslant[\sigma]$得

$$W_z\geqslant\frac{M_{max}}{[\sigma]}=\frac{37.812\ 5\times10^3}{170\times10^6}=2.224\times10^{-4}\ \mathrm{m}^3$$

又由 $W_z=\dfrac{I_z}{y_{max}}=\dfrac{2I'_z}{y_{max}}=2W'_z$得

$$W'_z=\frac{W_z}{2}=\frac{2.224\times10^{-4}}{2}=1.112\times10^{-4}\ \mathrm{m}^3=111.2\ \mathrm{cm}^3$$

查表选 16 号工字钢。

(2)设吊车 A 点距 C 端为 x,则支反力

$$F_C=13.75-1.25x\ ,F_D=1.25x+1.25$$

从而确定出

$$F_{Cmax}=13.75\ \mathrm{kN}(x=0\ \mathrm{m}),F_{Dmax}=13.75\ \mathrm{kN}(x=10\ \mathrm{m})$$

即梁内出现的最大剪力为 13.75 kN。

对于 16 号工字钢,有

$$\tau_{max}=\frac{F_{S,max}S_{z,max}}{I_z b}=\frac{13.75\times10^3}{13.8\times10^{-2}\times0.006}=16.61\times10^6\ \text{Pa}=16.61\ \text{MPa}<[\tau]$$

所以,选 16 号工字钢。

习题 10－5、10－7、10－13、10－16 答案请扫二维码。

第 11 章　梁弯曲时的变形

11.1　理论要点

一、挠度和转角的定义

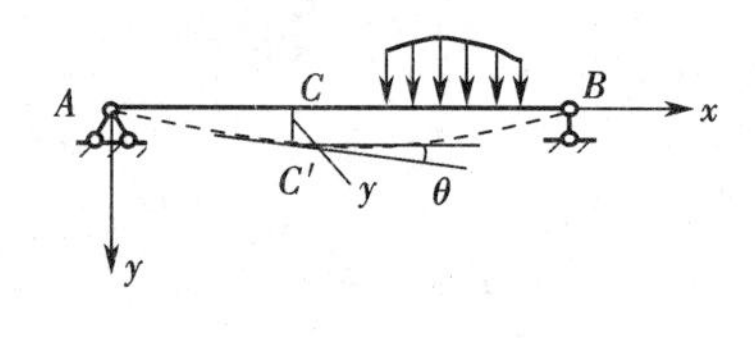

图 11 -1

梁在平面弯曲时的变形通常用横截面形心处的竖向位移和横截面的转角两个位移量来度量。图 11 -1 所示的简支梁，在纵向对称平面内作用有任意横向荷载，梁的轴线由直线变为图中虚线所示的平面曲线，任一横截面的形心即轴线上的点在垂直于 x 轴方向的线位移，称为挠度，用 y 表示；横截面绕中性轴转动的角度，称为该截面的**转角**，用 θ 表示。

梁在变形后的曲线称为**挠曲线**，梁在变形前轴线上任一点的横坐标 x 与该点的挠度 y 之间的关系式称为**挠曲线方程**，有

$$y=f(x) \tag{11-1}$$

任一横截面的转角 θ 等于挠曲线在该截面处的切线与 x 轴的夹角，可以用该点处切线的斜率表示，即

$$\theta\approx\tan\theta=\frac{\mathrm{d}y}{\mathrm{d}x}=f'(x) \tag{11-2}$$

式(11 -2)称为**转角方程**。

在如图 11 -1 所示的坐标系中，挠度 y 以向下为正，向上为负；转角 θ 以顺时针为正，逆时针为负。

二、梁的挠曲线近似微分方程

在图 11 -1 所示的坐标系中，梁在弯曲时的**挠曲线近似微分方程**为

$$\frac{\mathrm{d}^2y}{\mathrm{d}x^2}=-\frac{M(x)}{EI} \tag{11-3}$$

对该挠曲线近似微分方程进行积分，通过梁的边界条件及变形连续条件，可求得任一截面的挠度及转角。可按以下步骤进行：

(1)分段写出梁的弯矩方程，建立梁的挠曲线近似微分方程；

(2)对挠曲线近似微分方程通过积分运算，得到带有积分常数的转角方程和挠曲线方程；

(3)通过边界条件和梁的变形连续条件确定积分常数，得到转角方程和挠曲线方程；

(4)将指定截面的坐标代入转角方程和挠曲线方程，即可求得挠度和转角。

三、叠加法

对小变形，材料处于线弹性阶段，梁的位移与荷载成线性关系。所以，当梁上同时作用几种荷载时，所引起的梁的位移可采用叠加法计算，即先分别求出每一项荷载单独作用时所引起的位移，然后计算这些位移的代数和，即为各荷载同时作用时所引起的位移。

四、梁的刚度校核

对于梁的刚度，通常是以挠度的容许值与跨长的比值$\left[\frac{f}{l}\right]$作为校核的标准，即梁在荷载作用下产生的最大挠度$y_{\max}$与跨长l的比值不能超过$\left[\frac{f}{l}\right]$，所以梁的刚度条件可以写成

$$\frac{y_{\max}}{l} \leqslant \left[\frac{f}{l}\right] \tag{11-4}$$

式中：$\left[\frac{f}{l}\right]$根据不同的工程用途，在有关规范中有具体的规定值。

五、简单超静定梁的计算

超静定梁：当梁未知力的数目大于独立平衡方程的数目时，称为超静定梁。

多余约束：对于维持平衡来说是多余的约束，称为多余约束。与该约束对应的未知力称为多余约束力。

超静定次数：多余约束的数目称为超静定次数。

求解超静定梁的步骤：

(1)去掉多余约束，把多余约束用未知力代替；

(2)建立多余约束处的变形协调条件，利用物理关系建立补充方程，求得多余未知力；

(3)通过静力平衡方程求得所有未知力。

11.2 例题详解

一、积分法计算梁的挠度和转角

例题 11-1 列出图 11-2 所示各梁的位移边界条件和变形连续条件。

解 建立如图所示的坐标系。

(a)位移边界条件：

$$x=0\text{ 时}, y_A=0; x=l\text{ 时}, y_B=0$$

变形连续条件：

$$x=l\text{ 时}, y_{B(BA)}=y_{B(BC)}, \theta_{B(BA)}=\theta_{B(BC)}$$

(b)位移边界条件：

$$x=0\text{ 时}, y_A=0; x=l\text{ 时}, y_B=\delta(\delta\text{ 为弹簧支座的变形量})$$

变形连续条件：

$$x=l\text{ 时}, y_{B(BA)}=y_{B(BC)}, \theta_{B(BA)}=\theta_{B(BC)}$$

(c) 位移边界条件：

$$x=0\text{ 时}, y_A=0, \theta_A=0; x=3a\text{ 时}, y_C=0$$

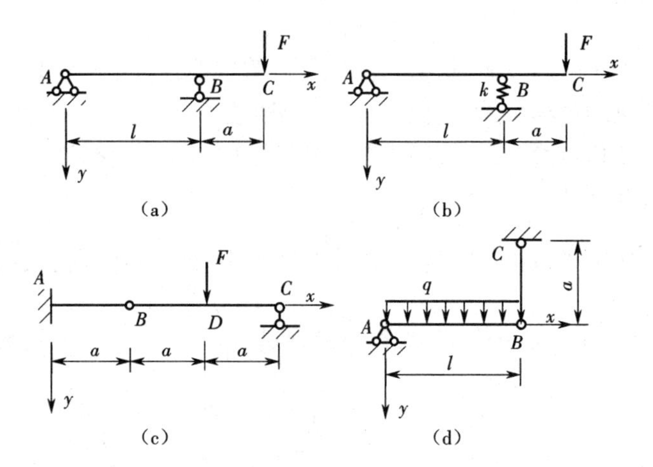

图 11 - 2

变形连续条件:

$$x=a \text{ 时}, y_{B(BA)}=y_{B(BD)}; x=2a \text{ 时}, y_{D(BD)}=y_{D(DC)}, \theta_{D(BD)}=\theta_{D(DC)}$$

(d)位移边界条件:

$$x=0 \text{ 时}, y_A=0; x=l \text{ 时}, y_B=\Delta l (\Delta l \text{ 为杆件 } BC \text{ 的变形量})$$

例题 11 - 2 试用积分法求如图 11 - 3(a)所示梁的转角方程和挠度方程,并求最大转角、最大挠度和跨度中点的挠度。

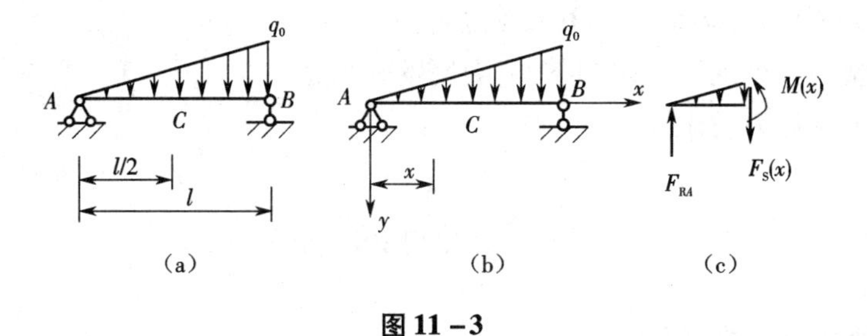

图 11 - 3

【解题指导】 由于梁上的荷载为三角形分布的荷载,弯矩方程沿梁长是不变的,所以先建立梁的弯矩方程,再代入挠曲线近似微分方程,进行积分运算即可。

解 梁的支座反力为

$$F_{RA}=\frac{1}{6}q_0 l(\uparrow), \quad F_{RB}=\frac{1}{3}q_0 l(\uparrow)$$

建立坐标系如图 11 - 3(b)所示,从离支座 A 为 x 处截开,截面 x 处的分布荷载集度为 $q(x)=\frac{x}{l}q_0$,该截面的弯矩方程为

$$M(x)=F_{RA}x-\frac{1}{2}q(x)x\,\frac{1}{3}x=\frac{1}{6}q_0\left(lx-\frac{x^3}{l}\right)$$

梁的挠曲线近似微分方程为

$$EIy''=-M(x)=-\frac{1}{6}q_0\left(lx-\frac{x^3}{l}\right)$$

积分一次和两次得

$$EIy' = -\frac{1}{6}q_0\left(l\frac{x^2}{2} - \frac{x^4}{4l}\right) + C \tag{a}$$

$$EIy = -\frac{1}{6}q_0\left(l\frac{x^3}{6} - \frac{x^5}{20l}\right) + Cx + D \tag{b}$$

边界条件为

$$x=0 时, y_A=0; x=l 时, y_B=0$$

代入式(a)和(b),得

$$C=\frac{7}{360}q_0l^3, \quad D=0$$

梁的转角和挠度方程分别为

$$y'=\frac{1}{EI}\left(-\frac{1}{12}q_0lx^2+\frac{x^4}{24l}q_0+\frac{7}{360}q_0l^3\right)$$

$$y=\frac{1}{EI}\left(-\frac{1}{36}q_0lx^3+\frac{x^5}{120l}q_0+\frac{7}{360}q_0l^3x\right)$$

求最大转角:当$\frac{d\theta}{dx}=0$时,出现转角极值,即

$$\frac{d\theta}{dx}=\frac{d^2y}{dx^2}=-\frac{M(x)}{EI}=0$$

得

$$x=0 或 x=l$$

即支座 A 和 B 处的转角是极值。则

$$\theta_A=y'(0)=\frac{7}{360EI}q_0l^3=0.019\ 4\frac{q_0l^3}{EI}$$

$$\theta_B=y'(l)=\frac{1}{EI}\left(-\frac{1}{12}q_0ll^2+\frac{l^4}{24l}q_0+\frac{7}{360}q_0l^3\right)=-\frac{q_0l^3}{45EI}=-0.022\ 2\frac{q_0l^3}{EI}$$

所以

$$|\theta|_{\max}=|\theta_B|=0.022\ 2\frac{q_0l^3}{EI}$$

求最大挠度:当$\frac{dy}{dx}=0$时,即$\theta=0$出现挠度极值。令

$$\theta=y'=\frac{1}{EI}\left(-\frac{1}{12}q_0lx^2+\frac{x^4}{24l}q_0+\frac{7}{360}q_0l^3\right)=0$$

得

$$x=0.519l$$

代入挠度方程,得

$$y_{\max}=0.006\ 52\frac{q_0l^4}{EI}$$

跨度中点的挠度:将$x=\frac{l}{2}$代入挠度方程,得

$$y\big|_{x=\frac{l}{2}}=0.006\ 51\frac{q_0l^4}{EI}$$

例题 11－3 已知一梁的挠曲线微分方程为 $y=\frac{q_0x}{48EI}(l^3-3lx^2+2x^3)$，试求：(1)梁的端点($x=0,x=l$)的约束情况；(2)最大弯矩、最大剪力；(3)画出梁的约束及受力简图。

【解题指导】 由挠曲线微分方程可知梁上的弯矩情况，再利用荷载集度与内力的微分关系，从而可知梁上的内力情况及荷载情况。

解 由梁的挠曲线微分方程求得各阶导数分别为

$$y'=\frac{q_0}{48EI}(l^3-9lx^2+8x^3)$$

$$y''=\frac{q_0}{48EI}(-18lx+24x^2)$$

$$y'''=\frac{q_0}{48EI}(-18l+48x)$$

$$y''''=\frac{q_0}{EI}$$

根据荷载集度与弯矩、剪力的微分关系，得

$$M(x)=-EIy''=-\frac{q_0}{48}(-18lx+24x^2) \tag{a}$$

$$F_S(x)=-EIy'''=-\frac{q_0}{48}(-18l+48x) \tag{b}$$

$$q(x)=-EIy''''=-q_0 \tag{c}$$

由挠曲线方程、弯矩方程、剪力方程可知：

当 $x=0$ 时，$y(0)=0,M(0)=0,F_S(0)=\frac{3}{8}q_0l$；

当 $x=l$ 时，$y(l)=0,M(l)=-\frac{q_0l^2}{8},F_S(l)=-\frac{5}{8}q_0l$。

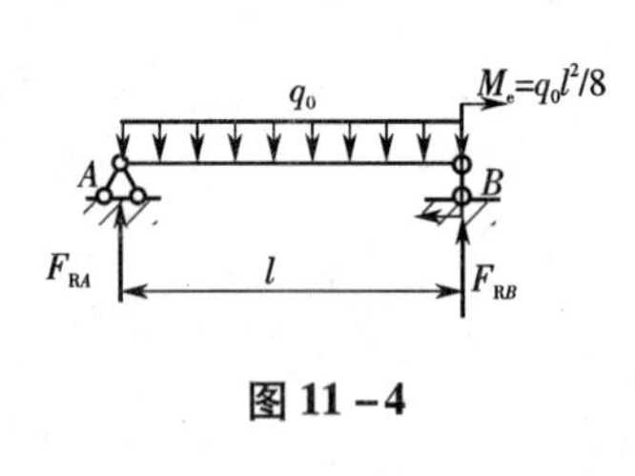

图 11－4

所以，该梁为一简支梁，支座反力为 $F_{RA}=\frac{3}{8}q_0l(\uparrow)$，$F_{RB}=\frac{5}{8}q_0l(\uparrow)$，且梁上作用方向向下的均布荷载，集度为 q_0，右端支座作用一集中力偶，方向为顺时针，大小为$\frac{q_0l^2}{8}$，所以梁的约束及受力简图如图 11－4 所示。

由式(b)可知，当 $F_S(x)=0$，即 $x=\frac{3l}{8}$时，弯矩值有极值。

由式(a)得

$$M=-\frac{q_0}{48}\left[-18l\frac{3l}{8}+24\left(\frac{3l}{8}\right)^2\right]=\frac{9}{128}q_0l^2<\frac{q_0l^2}{8}$$

所以，弯矩最大值为$\frac{q_0l^2}{8}$，剪力最大值为$\frac{5q_0l}{8}$。

二、叠加法计算梁的挠度和转角

例题 11－4　如图 11－5 所示，AC 为变截面悬臂梁，在自由端有一集中力 F 作用，试用叠加法求自由端截面 C 处的挠度和转角。

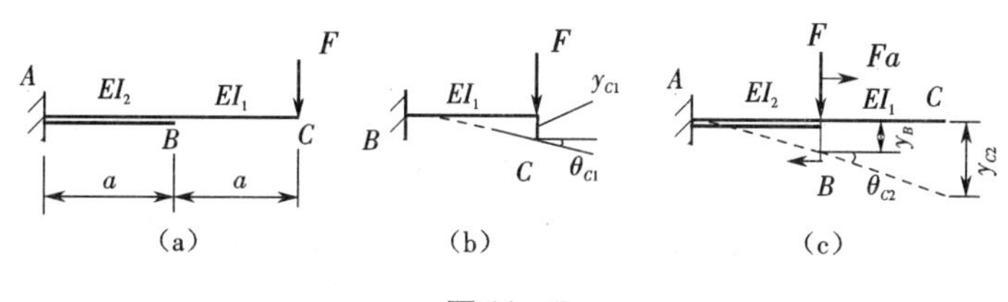

图 11－5

【解题指导】　该梁为变截面梁，一定要分段计算梁的变形，可以采用逐段刚化法。

解　将梁分成两段，如图 11－5(b)和(c)所示，分别考虑两段梁的变形在 C 端引起的位移，然后再叠加。

(1)将 AB 段刚化，只考虑 BC 段的变形。此时，BC 段相当于悬臂梁，如图 11－5(b)所示。则

$$\theta_{C1}=\frac{Fa^2}{2EI_1},\quad y_{C1}=\frac{Fa^3}{3EI_1}$$

(2)将 BC 段刚化，只考虑 AB 段的变形，将力 F 平移到 B 点，得到一集中力 F 和集中力偶 $M=Fa$，如图 11－5(c)所示。此时，B 截面的转角和挠度分别为

$$\theta_B=\theta_{BF}+\theta_{BM}=\frac{Fa^2}{2EI_2}+\frac{Fa}{EI_2}a=\frac{3Fa^2}{2EI_2}$$

$$y_B=y_{BF}+y_{BM}=\frac{Fa^3}{3EI_2}+\frac{Fa}{2EI_2}a^2=\frac{5Fa^3}{6EI_2}$$

此时，因为 BC 段为直线变形，当 B 截面发生挠度和转角时，C 截面会随之发生转角和挠度，分别为

$$\theta_{C2}=\theta_B=\frac{3Fa^2}{2EI_2}$$

$$y_{C2}=y_B+\theta_Ba=\frac{5Fa^3}{6EI_2}+\frac{3Fa^2}{2EI_2}a=\frac{7Fa^3}{3EI_2}$$

(3)将以上结果叠加，得 C 截面的转角和挠度分别为

$$\theta_C=\theta_{C1}+\theta_{C2}=\frac{Fa^2}{2EI_1}+\frac{3Fa^2}{2EI_2}$$

$$y_C=y_{C1}+y_{C2}=\frac{Fa^3}{3EI_1}+\frac{7Fa^3}{3EI_2}$$

例题 11－5　试求如图 11－6(a)所示 AB 梁跨中截面 D 的挠度，已知梁 AB 的弯曲刚度为 EI，杆件 BC 的拉伸刚度为 EA。

【解题指导】　由于 AB 梁的 B 端与拉杆 BC 连接，所以 D 截面的挠度是由梁和拉杆的变

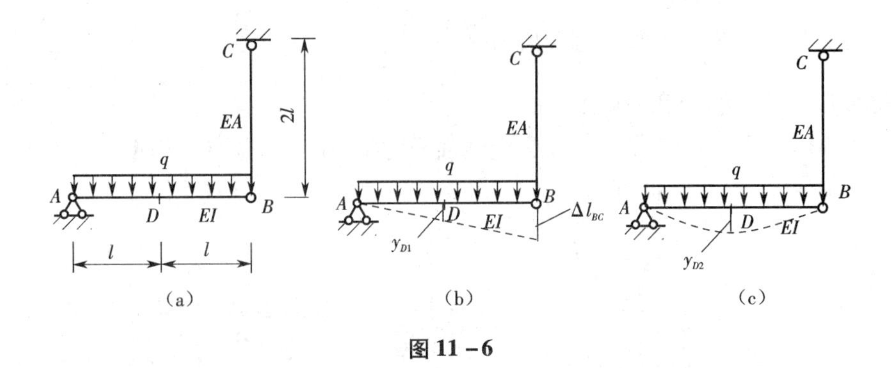

图 11 -6

形共同引起的。

解 (1)首先将 AB 段刚化,只考虑 BC 段的变形,如图 11 -6(b)所示。则 B 点的挠度即为拉杆 BC 的伸长量。由整体的平衡方程 $\sum M_A=0$,可得 $F_{NBC}=\frac{q2ll}{2l}=ql$,则拉杆 BC 的伸长量为

$$\Delta l_{BC}=\frac{ql2l}{EA}=\frac{2ql^2}{EA}$$

所以,由于拉杆 BC 的变形引起的 D 截面的挠度为

$$y_{D1}=\frac{1}{2}\Delta l_{BC}=\frac{ql^2}{EA}$$

(2)将 BC 段刚化,只考虑 AB 段的变形。此时,AB 段可看成简支梁,作用有均布荷载,则

$$y_{D2}=\frac{5q(2l)^4}{384EI}=\frac{5ql^4}{24EI}$$

综合以上,得 D 点的挠度为

$$y_D=y_{D1}+y_{D2}=\frac{ql^2}{EA}+\frac{5ql^4}{24EI}$$

例题 11 -6 如图 11 -7(a)所示,梁 AB 和 BC 在 B 截面用铰连接,试求在图示荷载作用下,BC 梁跨中点 D 的挠度。

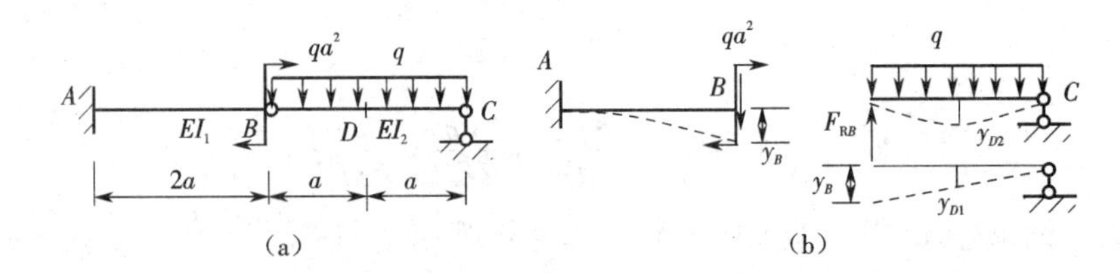

图 11 -7

【解题指导】 由于该梁由两段组成,计算时可把梁分成两段,分别计算两段梁的变形引起的 D 点的挠度,然后叠加即可。

解 将梁在 B 处拆开,则两梁的受力如图 11 -7(b)所示。BC 可看成简支梁,B 支座的反力为 $F_{RB}=qa$。

(1)将 BC 段刚化,只考虑 AB 段的变形。此时,AB 段相当于悬臂梁,则

$$y_B = y_{BF} + y_{BM} = \frac{qa(2a)^3}{3EI_1} + \frac{qa^2(2a)^2}{2EI_1} = \frac{14qa^4}{3EI_1}$$

则此时 D 点的挠度为

$$y_{D1} = \frac{1}{2}y_B = \frac{7qa^4}{3EI_1}$$

(2)将 AB 段刚化,只考虑 BC 段的变形。此时,BC 段可看成简支梁,作用有均布荷载,所以由均布荷载引起的 D 点的挠度为

$$y_{D2} = \frac{5q(2a)^4}{384EI_2} = \frac{5qa^4}{24EI_2}$$

综合以上,得 D 点的挠度为

$$y_D = y_{D1} + y_{D2} = \frac{7qa^4}{3EI_1} + \frac{5qa^4}{24EI_2}$$

三、梁的刚度计算

例题 11-7 一简支梁承受荷载如图 11-8(a)所示,该梁为工字形截面,已知 $F_1 = 100$ kN,$F_2 = 50$ kN,$F_3 = 40$ kN,$F_4 = 80$ kN,材料的许用应力$[\sigma] = 160$ MPa,许用切应力$[\tau] = 100$ MPa,弹性模量 $E = 200$ GPa,梁的许可挠度与跨长之比$\left[\frac{f}{l}\right] = \frac{1}{400}$,试按强度条件选择工字钢的型号,并校核梁的刚度。

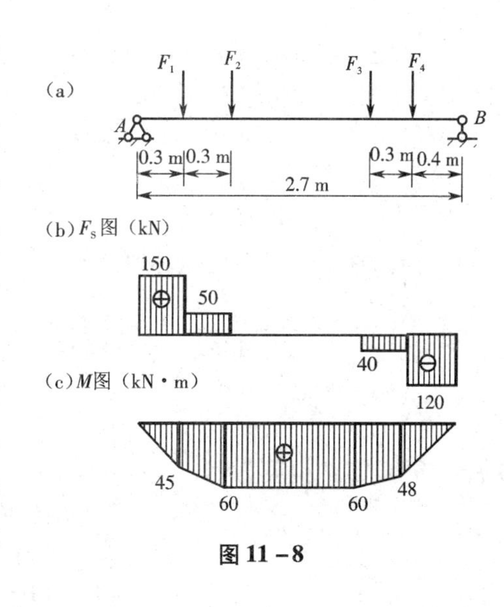

图 11-8

【解题指导】 截面设计时,一般是根据强度条件确定,然后校核刚度。由于在简支梁上的集中荷载方向相同,挠曲线上无拐点,因此可将梁跨中点 C 处的挠度当作梁的最大挠度,按叠加法计算。

解 (1)选择截面。

首先绘出梁的剪力图和弯矩图,如图 11-8(b)和(c)所示。由图可知,梁的最大剪力和最大弯矩分别为

$$F_{S,max} = 150\ \text{kN}, M_{max} = 60\ \text{kN}\cdot\text{m}$$

由正应力强度条件 $\sigma_{max} = \frac{M_{max}}{W_z} \leqslant [\sigma]$,得

$$W_z \geqslant \frac{M_{max}}{[\sigma]} = \frac{60\times10^3}{160\times10^6} = 0.000\ 375\ \text{m}^3 = 375\ \text{cm}^3$$

查型钢表,可选 No. 25a,其 $W_z = 401.88\ \text{cm}^3$,由型钢表知 $I_z/S_z = 21.58$ cm,代入切应力公式,有

$$\tau_{max} \geqslant \frac{F_{S,max}S_z^*}{bI_z} = \frac{150\times10^3}{8\times10^{-3}\times21.58\times10^{-2}} = 86.9\times10^6\ \text{Pa} = 86.9\ \text{MPa} < [\tau]$$

故切应力强度符合要求。

(2)刚度校核。

由叠加法计算,每个集中力引起的跨中点 C 的挠度分别如下。

F_1引起的挠度(以 B 为坐标原点):

$$y_1=\frac{F_1b(3l^2-4b^2)}{48EI}=\frac{1}{48EI}[100\times10^3\times0.3\times(3\times2.7^2-4\times0.3^2)]$$

$$=\frac{645\ 300}{48EI}$$

F_2引起的挠度(以 B 为坐标原点):

$$y_2=\frac{F_2b(3l^2-4b^2)}{48EI}=\frac{1}{48EI}[50\times10^3\times0.6\times(3\times2.7^2-4\times0.6^2)]$$

$$=\frac{612\ 900}{48EI}$$

F_3引起的挠度(以 A 为坐标原点):

$$y_3=\frac{F_3b(3l^2-4b^2)}{48EI}=\frac{1}{48EI}[40\times10^3\times0.7\times(3\times2.7^2-4\times0.7^2)]$$

$$=\frac{557\ 480}{48EI}$$

F_4引起的挠度(以 A 为坐标原点):

$$y_4=\frac{F_4b(3l^2-4b^2)}{48EI}=\frac{1}{48EI}[80\times10^3\times0.4\times(3\times2.7^2-4\times0.4^2)]$$

$$=\frac{679\ 360}{48EI}$$

叠加后,得 C 点的挠度为

$$y_C=y_1+y_2+y_3+y_4=\frac{645\ 300}{48EI}+\frac{612\ 900}{48EI}+\frac{557\ 480}{48EI}+\frac{679\ 360}{48EI}$$

$$=\frac{2\ 495\ 040}{48\times200\times10^9\times5\ 023.54\times10^{-8}}=0.005\ 17\ \text{m}$$

$$\frac{y_C}{l}=\frac{0.005\ 17}{2.7}=\frac{1}{522}<\left[\frac{f}{l}\right]=\frac{1}{400}$$

故刚度符合要求。

四、简单超静定梁的计算

例题 11-8 如图 11-9 所示结构,AB 梁与 DE 梁截面均为 No. 18 工字钢($I_z=1\ 660$ cm^4,$W_z=185$ cm^3),杆件 CD 为圆截面钢,其直径 $d=20$ mm,已知 $F=50$ kN,弹性模量 $E=200$ GPa,试计算梁内和杆内的最大正应力以及 C 截面的挠度。

【解题指导】 这是一个一次超静定结构。AB 梁与 DE 梁通过杆 CD 连接,C、D 两点的挠度与 CD 杆的变形之间存在着关系,据此建立变形方程。

解 (1)内力分析。

假设 CD 杆受拉,则梁及杆的受力如图 11-9(b)所示。

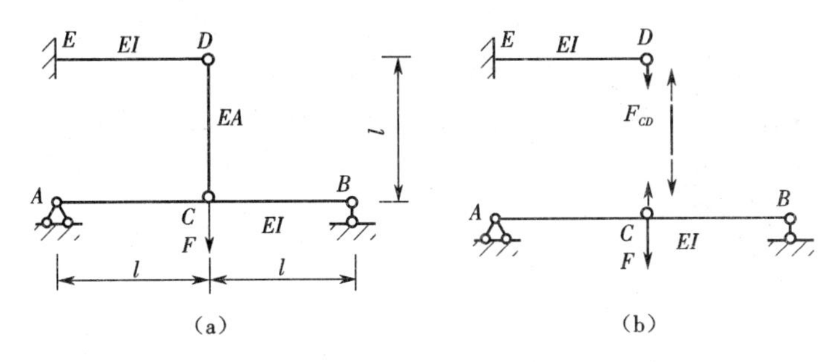

图 11 - 9

由 AB 梁可得 C 点的挠度为

$$y_C = \frac{(F - F_{CD})(2l)^3}{48EI} = \frac{(F - F_{CD})l^3}{6EI}$$

由 ED 梁可得 D 点的挠度为

$$y_D = \frac{F_{CD}l^3}{3EI}$$

CD 杆的变形为

$$\Delta l_{CD} = \frac{F_{CD}l}{EA}$$

由图知 C、D 两点的挠度之差等于 CD 杆的伸长量，即 $y_C - y_D = \Delta l_{CD}$。将以上各式代入，得

$$\frac{(F - F_{CD})l^3}{6EI} - \frac{F_{CD}l^3}{3EI} = \frac{F_{CD}l}{EA}$$

则

$$F_{CD} = \frac{\dfrac{Fl^3}{6EI}}{\dfrac{l}{EA} + \dfrac{l^3}{2EI}} = \frac{\dfrac{50 \times 10^3 \times 2^3}{6 \times 1\ 660 \times 10^{-8}}}{\dfrac{2}{\pi \times 0.01^2} + \dfrac{2^3}{2 \times 1\ 660 \times 10^{-8}}} = 16\ 237.7\ \text{N}$$

此时，梁 AB 跨中弯矩为

$$M_C = \frac{(F - F_{CD})}{4} 2l = \frac{50\ 000 - 16\ 237.7}{4} \times 2 \times 2 = 33\ 762.3\ \text{N} \cdot \text{m}$$

梁 DE 固定端弯矩为

$$M_E = F_{CD}l = 16\ 237.7 \times 2 = 32\ 475.4\ \text{N} \cdot \text{m}$$

(2)求应力。

CD 杆的正应力为

$$\sigma_{CD} = \frac{F_{CD}}{A} = \frac{16\ 237.7}{\pi \times 0.01^2} = 51.7 \times 10^6\ \text{Pa} = 51.7\ \text{MPa}$$

梁的最大弯矩出现在 AB 跨中截面，最大正应力为

$$\sigma = \frac{M_C}{W_z} = \frac{33\ 762.3}{185 \times 10^{-6}} = 182.5 \times 10^6\ \text{Pa} = 182.5\ \text{MPa}$$

(3)求挠度：

$$y_C=\frac{(F-F_{CD})l^3}{6EI}=\frac{50\ 000-16\ 237.7}{6\times200\times10^9\times1\ 660\times10^{-8}}\times2^3=0.013\ 6\ \text{m}$$

例题 11－9 如图 11－10 所示 AB 梁，其右端通过竖杆 BC 与弹簧相连，B 为刚节点，竖杆 BC 为刚性杆，弹簧刚度系数为 k。试求 AB 梁 B 截面的弯矩。

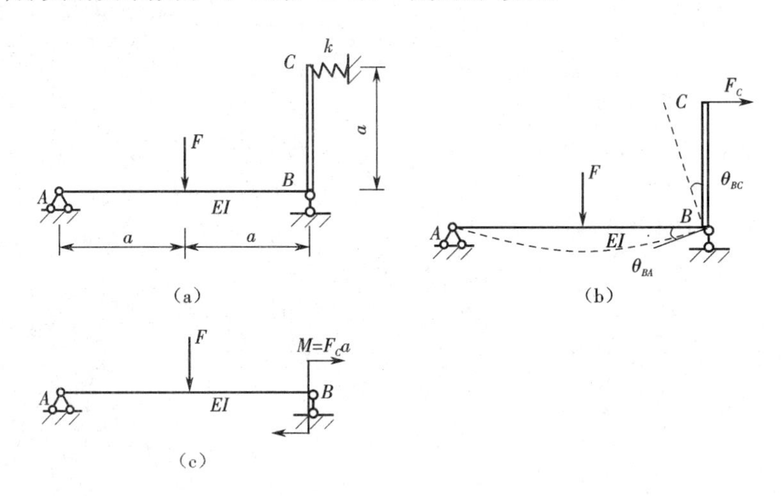

图 11－10

【解题指导】 要求 B 截面的弯矩，必须求出 C 处弹簧的反力 F_C 或 A、B 处的支座反力，分析 A、B、C 的受力，共有四个约束反力，而独立的平衡方程只有 3 个，所以是一次超静定结构，必须根据变形条件建立补充方程。

解 解除 C 处的弹簧，用反力 F_C 代替，如图 11－10(b) 所示。考察 A、B、C 的受力及变形情况，AB 梁受力如图 11－10(c) 所示，在 F 及 M 作用下，发生弯曲变形，B 截面的转角为 θ_{BA}，而 BC 杆为刚性杆，它随着 AB 梁也转过一相同的角度 θ_{BC}，如图 11－10(b) 所示。则变形条件为

$$\theta_{BA}=\theta_{BC}$$

式中：θ_{BA} 为梁 AB 在荷载 F 及力偶 $M=F_Ca$ 共同作用下引起的转角，可由叠加法求得，即

$$\theta_{BA}=\frac{F(2a)^2}{16EI}-\frac{(F_Ca)2a}{3EI}=\frac{Fa^2}{4EI}-\frac{2F_Ca^2}{3EI}$$

θ_{BC} 为梁 BC 杆转过的角度，在小变形情况下，其值为

$$\theta_{BC}=\frac{\delta}{a}=\frac{\frac{F_C}{k}}{a}=\frac{F_C}{ak}$$

所以

$$\frac{Fa^2}{4EI}-\frac{2F_Ca^2}{3EI}=\frac{F_C}{ak}$$

由此可求得

$$F_C=\frac{Fa^2}{4EI\left(\frac{1}{ak}+\frac{2a^2}{3EI}\right)}$$

方向如图 11－10(b)所示。则 AB 梁 B 截面的弯矩为

$$M_B = \frac{Fa^3}{4EI(\frac{1}{ak} + \frac{2a^2}{3EI})}$$

11.3　自测题

11－1　由两种不同材料粘合而成的梁，发生弯曲变形，若平面假设成立，那么在不同材料的交接面处(　　)。

A. 应力分布不连续，应变分布连续　　　　B. 应力分布连续，应变不连续

C. 应力、应变分布均连续　　　　D. 应力、应变分布均不连续

11－2　如图 11－11 所示梁在图示荷载作用下，BC 段(　　)。

A. 有变形，无位移　　　　B. 有位移，无变形

C. 既有变形，又有位移　　　　D. 既无变形，又无位移

11－3　如图 11－12 所示悬臂梁，A 端固定，若要使梁 AB 上各点与半径为 R 的光滑刚性圆形面完全吻合，且梁与曲面间无接触压力，则正确的加载方式为(　　)。

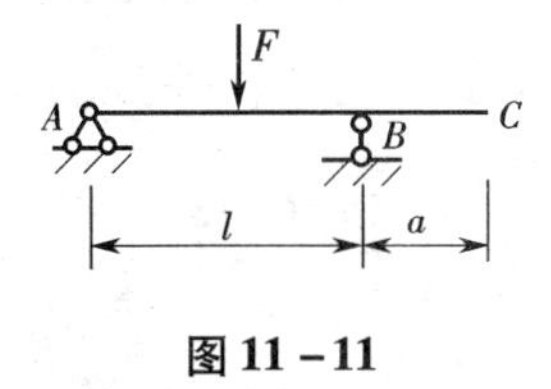

图 11－11

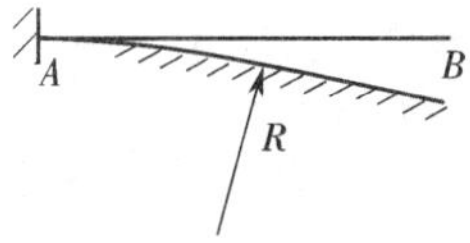

图 11－12

A. 在自由端 B 加顺时针的集中力偶　　　　B. 在自由端 B 加逆时针的集中力偶

C. 沿全梁加向下的均布荷载　　　　D. 在自由端 B 加向下的集中力

11－4　如图 11－13 所示静定梁，若已知截面 B 的挠度为 y_B，则截面 C 的挠度 y_C 和转角 θ_C 分别为(　　)。

A. $y_C = \frac{1}{2}y_B, \theta_C = \frac{y_B}{a}$　　　　B. $y_C = \frac{1}{2}y_B, \theta_C = \frac{y_B}{2a}$

C. $y_C = y_B, \theta_C = \frac{y_B}{a}$　　　　D. $y_C = y_B, \theta_C = \frac{y_B}{2a}$

11－5　一悬臂梁如图 11－14 所示，已知梁的跨度 l、弯曲刚度 EI，在荷载作用下，其挠曲线为圆弧，半径为 R，试求自由端的挠度。

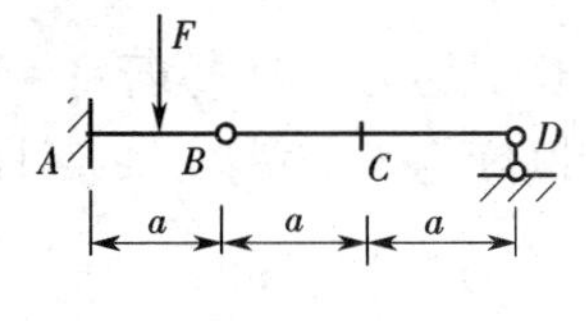

图 11－13

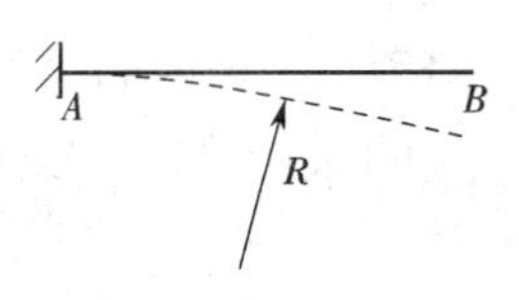

图 11－14

11－6　用积分法计算图 11－15 所示悬臂梁 A 截面的转角和挠度。

11－7　如图 11－16 所示矩形截面悬臂梁，用非线性材料制成，其应力—应变关系为 $\sigma = B\sqrt{\varepsilon}$，式中 B 为材料常数。悬臂梁在自由端 B 点承受集中荷载作用，若认为平面假定成立，不计剪力的影响，梁的变形为小变形，试导出 B 点的挠度公式。

图 11－15　　　　图 11－16

11－8　如图 11－17 所示一边长为 a 的正方形截面的等直梁，在外荷载作用下，挠曲线方程为 $y = \dfrac{q_0}{360EI}\left(-10lx^3 + 3\dfrac{x^5}{l} + 7l^3x\right)$，其中 q_0 为最大荷载集度，l 为梁的跨度，EI 为抗弯刚度。试计算整根梁横截面上的最大正应力和最大切应力。

11－9　用叠加法求图 11－18 所示梁自由端截面 C 的挠度和转角。

图 11－17　　　　图 11－18

11－10　用叠加法求图 11－19 所示梁截面 C 的挠度。

11－11　如图 11－20 所示简支梁，已知跨度 $l = 5$ m，力偶矩 $M_1 = 5$ kN · m，力偶矩 $M_2 = 10$ kN · m，材料的弹性模量 $E = 200$ GPa，许用应力 $[\sigma] = 160$ MPa，许可挠度与跨长之比为 $\left[\dfrac{f}{l}\right] = \dfrac{1}{400}$，试选择工字钢型号。

图 11－19　　　　图 11－20

11－12　如图 11－21 所示超静定结构，所有杆件不计自重，AB 为刚性杆，试写出变形协调方程。

11－13　如图 11－22 所示的结构，1、2 杆的抗拉刚度均为 EA，长度均为 l。(1)若将 AB 梁视为刚体，试求 1、2 两杆的内力；(2)若考虑 AB 梁的变形，其抗弯刚度为 EI，试求 1、2 两杆的内力。

11－14　画出图 11－23 所示梁的弯矩图和剪力图。

11－15　如图 11－24 所示一悬臂梁，抗弯刚度 $EI = 30$ kN · m^2，弹簧的刚度 $k = 175$

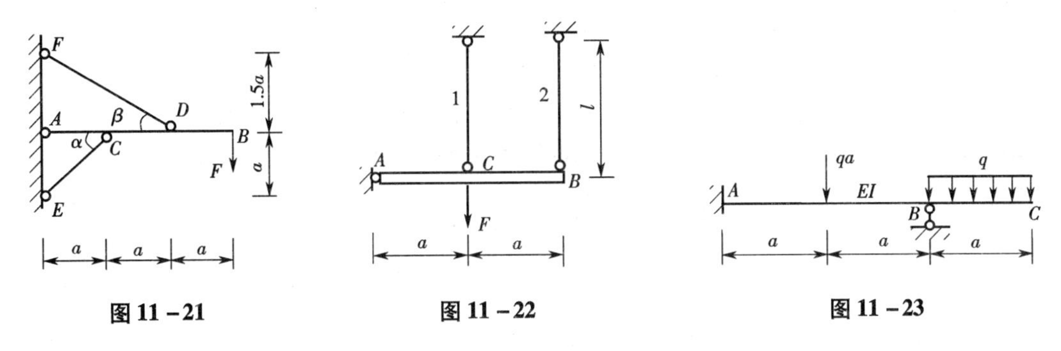

图 11－21　　图 11－22　　图 11－23

kN/m，若梁与弹簧的空隙 $\delta=1.25$ mm，当集中力 $F=450$ N 作用于梁的自由端时，试问弹簧将分担多大的力。

11－16　如图 11－25 所示连续梁发生了支座位移，试求图示两种情况下梁的最大弯矩。

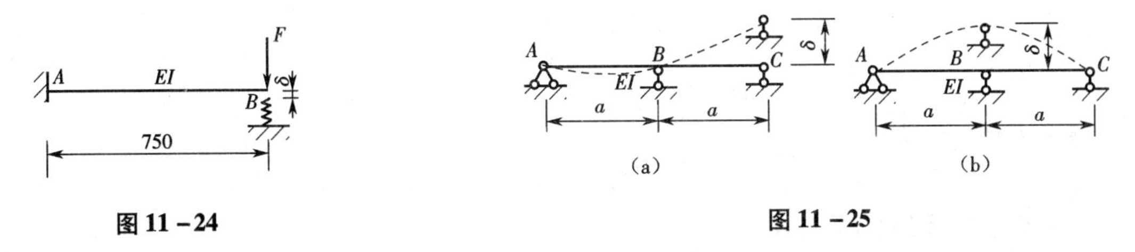

图 11－24　　图 11－25

11－17　如图 11－26 所示悬臂梁 *AB* 和 *CD* 由钢杆 *BE* 相连，受力如图所示，*BE* 杆截面为圆形面，直径为 20 mm，材料的弹性模量 $E=200$ GPa，*AB*、*CD* 的抗弯刚度均为 $EI=24\times10^6$ N·m^2，$F=50$ kN。试求悬臂梁 *AB* 在 *B* 点的挠度。

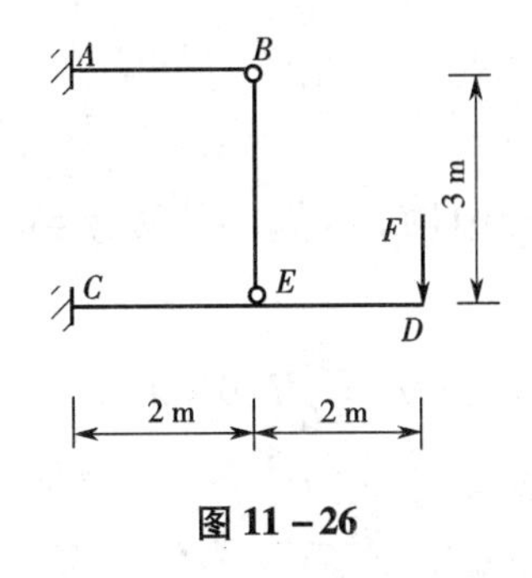

图 11－26

11.4　自测题解答

此部分内容请扫二维码。

11.5　习题解答

11－1　用积分法求图示简支梁 A、B 截面的转角和跨中截面 C 点的挠度。

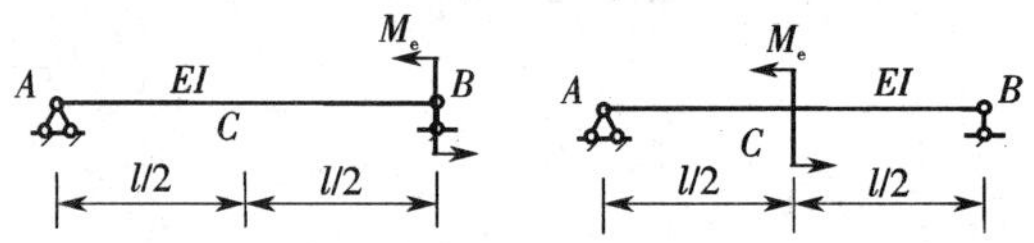

（a）　　　　（b）

习题 11－1 图

解　(a)取坐标系如图所示。

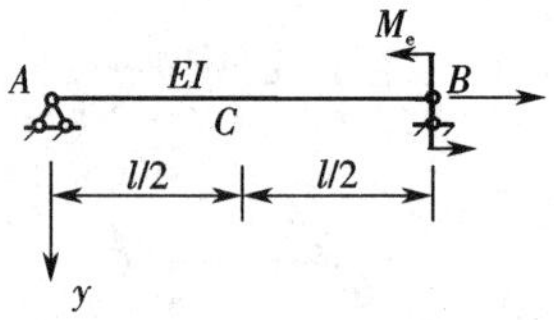

弯矩方程：$M=\frac{M_e}{l}x$

挠曲线近似微分方程：$EIy''=-\frac{M_e}{l}x$

积分一次和两次分别得

$$EIy'=-\frac{M_e}{2l}x^2+C \tag{a}$$

$$EIy=-\frac{M_e}{6l}x^3+Cx+D \tag{b}$$

边界条件：

$$x=0\text{ 时},y=0;x=l\text{ 时},y=0$$

代入式(a)和(b)，得

$$C=\frac{M_e}{6}l,D=0$$

梁的转角和挠度方程式分别为

$$y'=\frac{1}{EI}\left(-\frac{M_e}{2l}x^2+\frac{M_el}{6}\right),y=\frac{1}{EI}\left(-\frac{M_e}{6l}x^3+\frac{M_e}{6}lx\right)$$

所以

$$\theta_A=\frac{M_el}{6EI},\theta_B=-\frac{M_e}{3EI}l,y_C=\frac{M_el^2}{16EI}$$

(b)取坐标系如图所示。

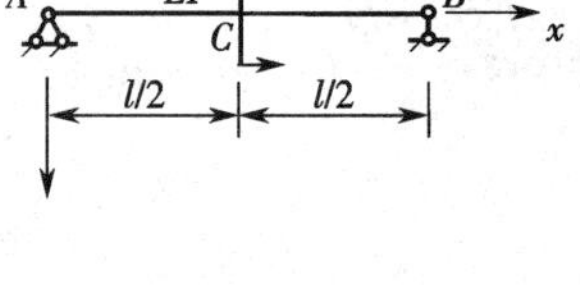

AC 段弯矩方程：$M=\frac{M_e}{l}x_1 \quad \left(0\leqslant x_1\leqslant \frac{l}{2}\right)$

BC 段弯矩方程：$M=\frac{M_e}{l}x_2-M_e \quad \left(\frac{l}{2}\leqslant x_2\leqslant l\right)$

两段的挠曲线近似微分方程及其积分分别如下。

AC 段：

$$EIy_1''=-\frac{M_e}{l}x_1$$

$$EIy_1'=-\frac{M_e}{2l}x_1^2+C_1 \tag{a}$$

$$EIy_1=-\frac{M_e}{6l}x_1^3+C_1x_1+D_1 \tag{b}$$

BC 段：

$$EIy_2''=-\frac{M_e}{l}x_2+M_e$$

$$EIy_2'=-\frac{M_e}{2l}x_2^2+M_ex_2+C_2 \tag{c}$$

$$EIy_2=-\frac{M_e}{6l}x_2^3+\frac{M_ex_2^2}{2}+C_2x_2+D_2 \tag{d}$$

边界条件：

$$x_1=0 \text{ 时}, y_1=0; x_2=l \text{ 时}, y_2=0,$$

变形连续条件：

$$x_1=x_2=\frac{l}{2}\text{时}, y_1=y_2, y_1'=y_2'$$

代入式(a)、(b)和式(c)、(d)，得

$$C_1=\frac{M_e}{24}l, C_2=\frac{11M_e}{24}l, D_1=0, D_2=\frac{M_e}{8}l^2$$

梁的转角和挠度方程式分别如下。

AC 段：

$$y'=\frac{1}{EI}\left(-\frac{M_e}{2l}x_1^2+\frac{M_el}{24}\right), y_1=\frac{1}{EI}\left(-\frac{M_e}{6l}x_1^3+\frac{M_e}{24}lx_1\right)$$

BC 段：

$$y_2'=\frac{1}{EI}\left(-\frac{M_e}{2l}x_2^2+M_ex_2-\frac{11M_el}{24}\right), y_2=\frac{1}{EI}\left(-\frac{M_e}{6l}x_2^3+\frac{M_e}{2}x_2^2-\frac{11M_e}{24}lx_2+\frac{M_el^2}{8}\right)$$

所以

$$\theta_A=\frac{M_el}{24EI}, \theta_B=\frac{M_e}{24EI}l, y_C=0$$

11－2 用积分法求图示悬臂梁自由端截面的转角和挠度。

11－3 图(a)所示悬臂梁在 BC 段受均布荷载作用，试用积分法求梁自由端截面 C 的转角和挠度。

解 取坐标系如图(b)所示。

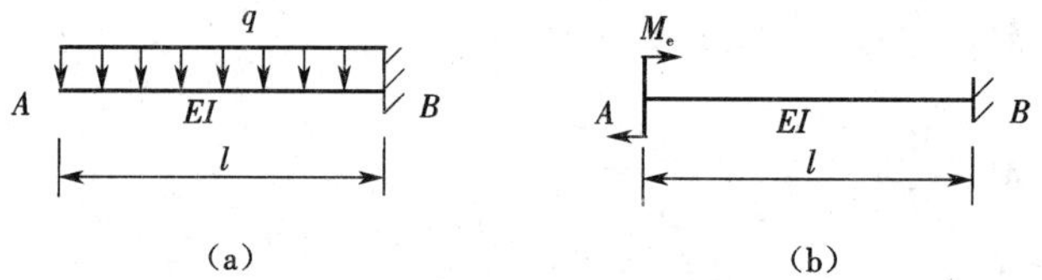

(a)　　　　(b)

习题 11-2 图

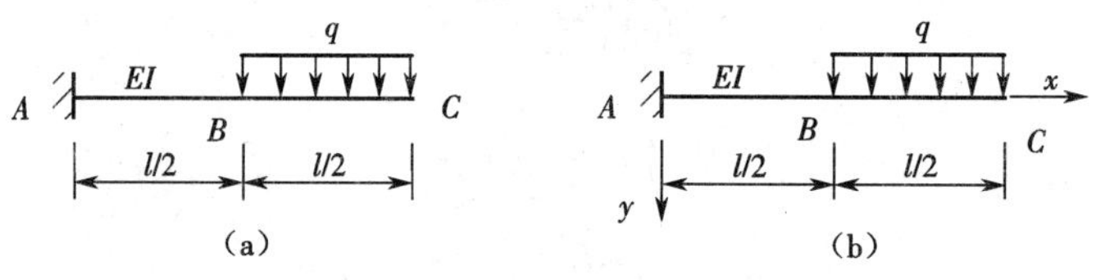

习题 11-3 图

AB 段弯矩方程:$M=\dfrac{ql}{2}x_1-\dfrac{3}{8}ql^2\quad\left(0\leqslant x_1\leqslant\dfrac{l}{2}\right)$

BC 段弯矩方程:$M=\dfrac{ql}{2}x_2-\dfrac{3}{8}ql^2-\dfrac{1}{2}q\left(x_2-\dfrac{l}{2}\right)^2\quad\left(\dfrac{l}{2}\leqslant x_2\leqslant l\right)$

两段的挠曲线近似微分方程及其积分分别如下。

AB 段:

$$EIy_1''=-\frac{q}{2}lx_1+\frac{3}{8}ql^2$$

$$EIy_1'=-\frac{ql}{4}x_1^2+\frac{3}{8}ql^2x_1+C_1\tag{a}$$

$$EIy_1=-\frac{q}{12}lx_1^3+\frac{3}{16}ql^2x_1^2+C_1x_1+D_1\tag{b}$$

BC 段:

$$EIy_2''=-\frac{ql}{2}x_2+\frac{3}{8}ql^2+\frac{1}{2}q\left(x_2-\frac{l}{2}\right)^2$$

$$EIy_2'=-\frac{ql}{4}x_2^2+\frac{3}{8}ql^2x_2+\frac{1}{6}q\left(x_2-\frac{l}{2}\right)^3+C_2\tag{c}$$

$$EIy_2=-\frac{ql}{12}x_2^3+\frac{3}{16}ql^2x_2^2+\frac{1}{24}q\left(x_2-\frac{l}{2}\right)^4+C_2x_2+D_2\tag{d}$$

边界条件:

$$x_1=0\text{ 时},y_1=0,y_1'=0,$$

变形连续条件:

$$x_1=x_2=\frac{l}{2}\text{时},y_1=y_2,y_1'=y_2'$$

代入式(a)、(b)和式(c)、(d),得

$$C_1=0,C_2=0,D_1=0,D_2=0$$

梁的转角和挠度方程式分别如下。

AB 段:

$$y_1'=\frac{1}{EI}\left(-\frac{ql}{4}x_1^2+\frac{3}{8}ql^2x_1\right),y_1=\frac{1}{EI}\left(-\frac{q}{12}lx_1^3+\frac{3}{16}ql^2x_1^2\right)$$

BC 段:

$$y_2' = \frac{1}{EI}\left[-\frac{ql}{4}x_2^2 + \frac{3}{8}ql^2 x_2 + \frac{1}{6}q\left(x_2 - \frac{l}{2}\right)^3 \right], y_2 = \frac{1}{EI}\left[-\frac{ql}{12}x_2^3 + \frac{3}{16}ql^2 x_2^2 + \frac{1}{24}q\left(x_2 - \frac{l}{2}\right)^4 \right]$$

所以

$$\theta_C = \frac{7ql^3}{48EI}, y_C = \frac{41ql^4}{384EI}$$

11－4 图(a)所示一外伸梁受均布荷载,试用积分法求 A、B 截面的转角以及 C、D 截面的挠度。

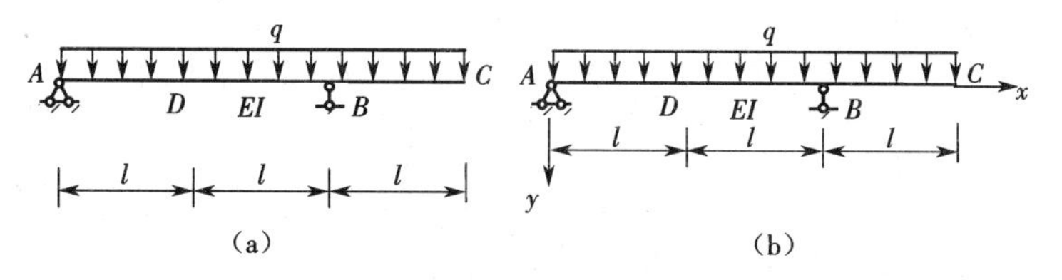

习题 11－4 图

解 取坐标系如图(b)所示。

AB 段弯矩方程:$M = \frac{3ql}{4}x_1 - \frac{1}{2}qx_1^2 \quad (0 \leqslant x_1 \leqslant 2l)$

BC 段弯矩方程:$M = \frac{3ql}{4}x_2 - \frac{1}{2}qx_2^2 + \frac{9}{4}ql(x_2 - 2l) \quad (2l \leqslant x_2 \leqslant 3l)$

两段的挠曲线近似微分方程及其积分分别如下。

AB 段:

$$EIy_1'' = -\frac{3q}{4}lx_1 + \frac{1}{2}qx_1^2$$

$$EIy_1' = -\frac{3ql}{8}x_1^2 + \frac{1}{6}qx_1^3 + C_1 \tag{a}$$

$$EIy_1 = -\frac{3q}{24}lx_1^3 + \frac{1}{24}qx_1^4 + C_1x_1 + D_1 \tag{b}$$

BC 段:

$$EIy_2'' = -\frac{3ql}{4}x_2 + \frac{1}{2}qx_2^2 - \frac{9}{4}ql(x_2 - 2l)$$

$$EIy_2' = -\frac{3ql}{8}x_2^2 + \frac{1}{6}qx_2^3 - \frac{9}{8}ql(x_2 - 2l)^2 + C_2 \tag{c}$$

$$EIy_2 = -\frac{ql}{8}x_2^3 + \frac{1}{24}qx_2^4 - \frac{9}{24}ql(x_2 - 2l)^3 + C_2x_2 + D_2 \tag{d}$$

边界条件:

$$x_1 = 0 \text{ 时}, y_1 = 0,$$

变形连续条件:

$$x_1 = x_2 = 2l \text{ 时}, y_1 = y_2 = 0, y_1' = y_2'$$

代入式(a)、(b)和式(c)、(d),得

$$C_1 = \frac{1}{6}ql^3, C_2 = \frac{ql^3}{6}, D_1 = 0, D_2 = 0$$

梁的转角和挠度方程式分别如下。

AB 段：

$$y_1' = \frac{1}{EI}\left(-\frac{3ql}{8}x_1^2 + \frac{1}{6}qx_1^3 + \frac{1}{6}ql^3 \right)$$

$$y_1 = \frac{1}{EI}\left(-\frac{q}{8}lx_1^3 + \frac{1}{24}qx_1^4 + \frac{ql^3}{6}x_1 \right)$$

BC 段：

$$y_2' = \frac{1}{EI}\left[-\frac{3ql}{8}x_2^2 + \frac{1}{6}qx_2^3 - \frac{9}{8}ql(x_2-2l)^2 + \frac{1}{6}ql^3 \right]$$

$$y_2 = \frac{1}{EI}\left[-\frac{ql}{8}x_2^3 + \frac{1}{24}qx_2^4 - \frac{9}{24}ql(x_2-2l)^3 + \frac{1}{6}ql^3x_2 \right]$$

所以

$$\theta_A = \frac{ql^3}{6EI}, \theta_B = 0, y_C = \frac{ql^4}{8EI}, y_D = \frac{ql^4}{12EI}$$

11－5 用积分法求位移时，图示各梁应分几段来列挠曲线的近似微分方程？试分别列出积分常数时所需的边界条件和变形连续条件。

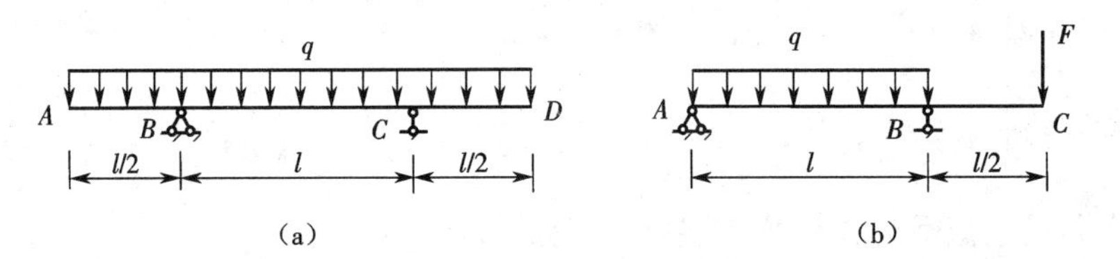

习题 11－5 图

解 (a)分三段，设 AB、BC、CD 段位移分别为 y_1、y_2、y_3，则边界条件如下。

B 点：$x_1 = x_2 = \frac{l}{2}$ 时，$y_1 = y_2 = 0$

C 点：$x_2 = x_3 = \frac{3l}{2}$ 时，$y_3 = y_2 = 0$

变形连续条件：$x_1 = x_2 = \frac{l}{2}$ 时，$y_1' = y_2'$；$x_1 = x_2 = \frac{l}{2}$ 时，$y_1' = y_2'$

(b)分两段，设 AB、BC 段位移分别为 y_1、y_2，则边界条件如下。

A 点：$x_1 = 0$ 时，$y_1 = 0$

B 点：$x_2 = x_1 = l$ 时，$y_1 = y_2 = 0$

变形连续条件：$x_1 = x_2 = l$ 时，$y_1' = y_2'$

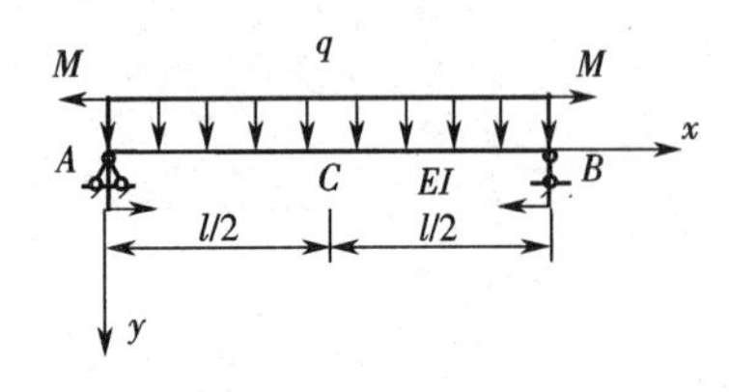

习题 11－6 图

11－6 一简支型钢梁承受荷载如图所示，已知所用型钢为 18 号工字钢，$E = 210$ GPa，$M = 8.1$ kN·m，$q = 15$ kN/m，跨长 $l = 3.26$ m。试用积分法求此梁跨中点 C 处的挠度。

解 取坐标系如图所示。

弯矩方程：$M(x) = \frac{1}{2}qlx - M - \frac{1}{2}qx^2$

挠曲线近似微分方程：$EIy'' = -\frac{1}{2}qlx + M + \frac{1}{2}qx^2$

积分一次和两次分别得

$$EIy' = -\frac{1}{4}qlx^2 + Mx + \frac{1}{6}qx^3 + C \quad \text{(a)}$$

$$EIy = -\frac{1}{12}qlx^3 + \frac{M}{2}x^2 + \frac{1}{24}qx^4 + Cx + D \quad \text{(b)}$$

边界条件：

$$x = 0\text{ 时},y = 0;x = l\text{ 时},y = 0$$

代入式(a)、(b)，得

$$C = -\frac{Ml}{2} + \frac{ql^3}{24}, D = 0$$

梁的挠度方程式为

$$y = \frac{1}{EI}\left[-\frac{1}{12}qlx^3 + \frac{M}{2}x^2 + \frac{1}{24}qx^4 + \left(\frac{1}{24}ql^3 - \frac{Mx}{2}\right)x\right]$$

所以

$$y_C = \frac{5ql^4}{384EI} - \frac{Ml^2}{8EI} = \frac{1}{210 \times 10^9 \times 1\ 660 \times 10^{-8}}\left(\frac{5 \times 15 \times 10^3 \times 3.26^4}{384} - \frac{8.1 \times 10^3 \times 3.26^2}{8}\right)$$
$$= 3.24 \times 10^{-3}\ \text{m} = 3.24\ \text{mm}$$

11－7 一简支梁受力如图所示，试用叠加法求跨中截面 C 点的挠度。

解 当右边的 F 单独作用时，查表得

$$y_C = \frac{Fbx}{6lEI}(l^2 - b^2 - x^2) = \frac{Fa}{6 \times 4a \times EI}(16a^2 - a^2 - 4a^2) = \frac{11Fa^3}{12EI}$$

由简支梁受力对称得

$$y_C = \frac{11Fa^3}{12EI} \times 2 = \frac{11Fa^3}{6EI}$$

11－8 图示一简支梁承受均布荷载作用，并在 A 支座处有一集中力偶作用，已知 $M = \frac{ql^2}{20}$，试用叠加法求 A、B 截面的转角和跨中截面 C 的挠度。

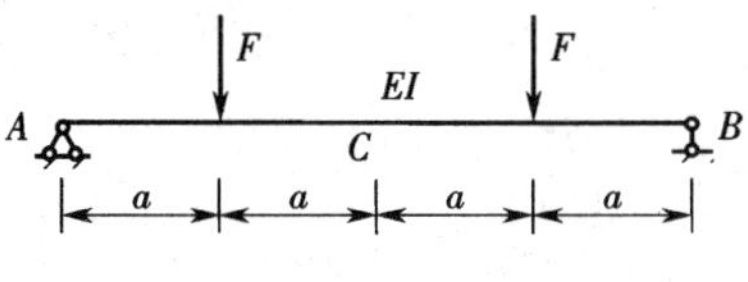

习题 11－7 图

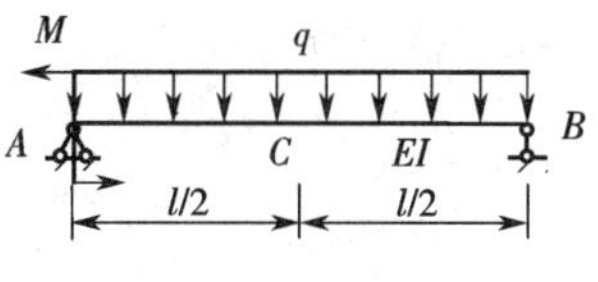

习题 11－8 图

11－9 一悬臂梁受力如图所示，试用叠加法求自由端截面的转角和挠度。

11－10 一外伸梁受力如图所示，试用叠加法求自由端截面的转角和挠度。已知 $F = ql/6$。

解 对 AB 段，可看作在均布荷载和力偶 $Fl/2$ 作用下的简支梁，则

$$\theta_{Bq} = -\frac{ql^3}{24EI}, \theta_{BM} = \frac{Ml}{3EI} = \frac{Fl^2}{6EI} = \frac{ql^3}{36EI}$$

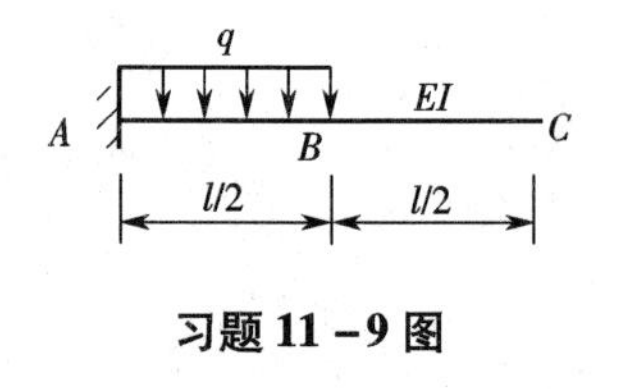

习题 11-9 图

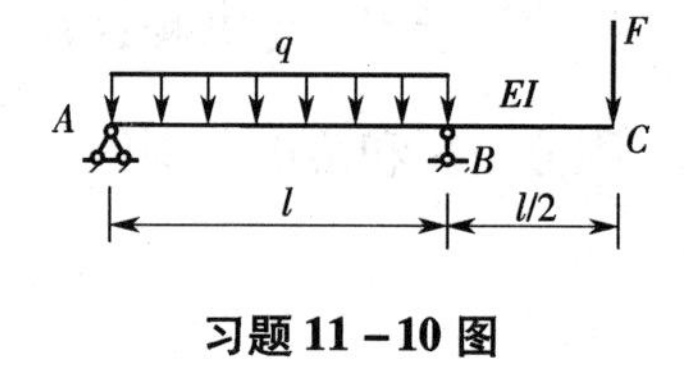

习题 11-10 图

所以

$$\theta_B = \theta_{Bq} + \theta_{BM} = -\frac{ql^3}{72EI}$$

将 BC 段看作悬臂梁，固定端处有转角 θ_B，则

$$y_{C1} = \frac{F}{3EI}\left(\frac{l}{2}\right)^3 = \frac{Fl^3}{24EI} = \frac{ql^4}{144EI}, y_{C2} = \theta_B \frac{l}{2} = -\frac{ql^4}{144EI}$$

所以

$$y_C = y_{C1} + y_{C2} = 0$$

$$\theta_{CF} = \frac{F}{2EI}\left(\frac{l}{2}\right)^2 = \frac{Fl^2}{8EI} = \frac{ql^3}{48EI}$$

则

$$\theta_C = \theta_{CF} + \theta_B = \frac{ql^3}{48EI} - \frac{ql^3}{72EI} = \frac{ql^3}{144EI}$$

11-11 试用叠加法求图示悬臂梁自由端截面的挠度和转角。

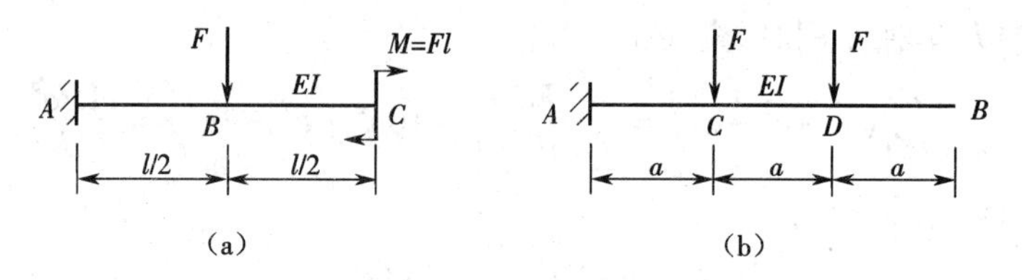

习题 11-11 图

解 (a)当 M 单独作用时，

$$y_{CM} = \frac{Ml^2}{2EI} = \frac{Fl^3}{2EI}, \theta_{CM} = \frac{Ml}{EI} = \frac{Fl^2}{EI}$$

当 F 单独作用时，

$$y_{BF} = \frac{F}{3EI}\left(\frac{l}{2}\right)^3 = \frac{Fl^3}{24EI}, \theta_{BF} = \frac{F}{2EI}\left(\frac{l}{2}\right)^2 = \frac{Fl^2}{8EI}$$

所以

$$y_{CF} = y_{BF} + \theta_{BF}\frac{l}{2} = \frac{5Fl^3}{48EI}, \theta_{CF} = \theta_{BF} = \frac{Fl^2}{8EI}$$

则

$$y_C = y_{CM} + y_{CF} = \frac{Fl^3}{2EI} + \frac{5Fl^3}{48EI} = \frac{29Fl^3}{48EI}, \theta_C = \theta_{CM} + \theta_{CF} = \frac{Fl^2}{EI} + \frac{Fl^2}{8EI} = \frac{9Fl^2}{8EI}$$

(b)当 C 点处的 F 单独作用时，

$$y_C = \frac{Fa^3}{3EI}, \theta_C = \frac{Fa^2}{2EI}$$

此时

$$y_{B1} = y_C + \theta_C 2a = \frac{4Fa^3}{3EI}, \theta_{B1} = \theta_C = \frac{Fa^2}{2EI}$$

当 D 点处的 F 单独作用时，

$$y_D = \frac{F(2a)^3}{3EI} = \frac{8Fa^3}{3EI}, \theta_D = \frac{F(2a)^2}{2EI} = \frac{2Fa^2}{EI}$$

此时

$$y_{B2} = y_D + \theta_D a = \frac{14Fa^3}{3EI}, \theta_{B2} = \theta_D = \frac{2Fa^2}{EI}$$

所以

$$y_B = y_{B1} + y_{B2} = \frac{6Fa^3}{EI}, \theta_B = \theta_{B1} + \theta_{B2} = \frac{5Fa^2}{2EI}$$

11－12 一工字钢的简支梁所受荷载如图所示。已知 $l = 6$ m，$M = 4$ kN·m，$q = 3$ kN/m，$\left[\frac{f}{l}\right] = \frac{1}{400}$，工字钢为20a，弹性模量 $E = 200$ GPa，试校核梁的刚度。

11－13 一工字钢的简支梁所受荷载如图所示。已知 $l = 6$ m，$F = 10$ kN，$q = 4$ kN/m，$\left[\frac{f}{l}\right] = \frac{1}{250}$，材料许用应力$[\sigma] = 150$ MPa，弹性模量 $E = 200$ GPa，试选择工字钢的型号并校核梁的刚度。

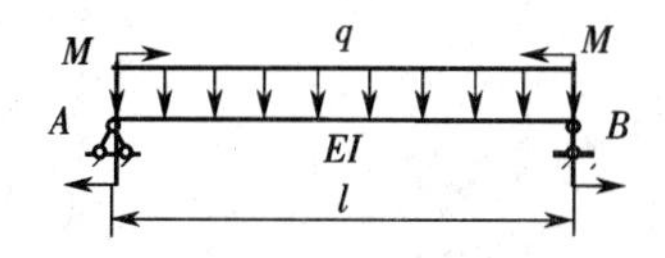

习题 11－12 图

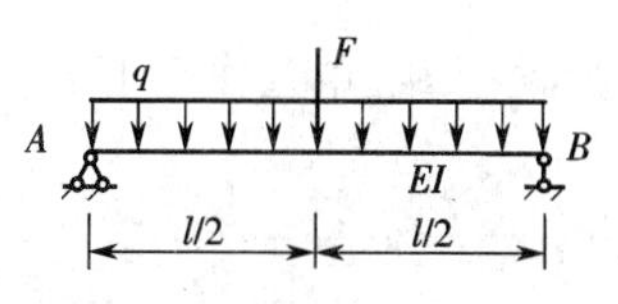

习题 11－13 图

11－14 在下列梁中，指明哪些梁是超静定梁，并判定各种超静定梁的次数。

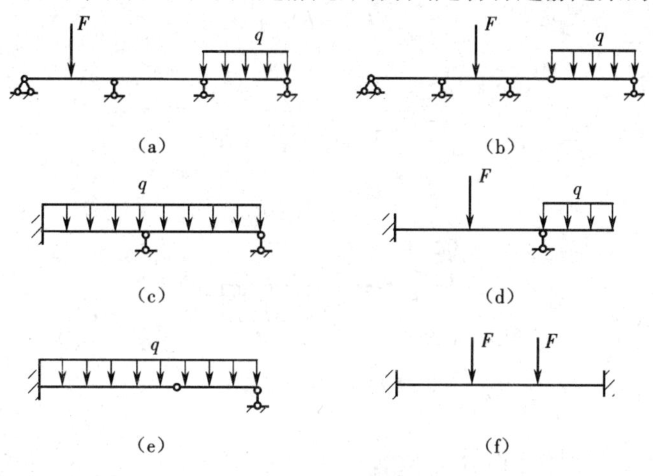

习题 11－14 图

解 (a)2 次;(b)1 次;(c)2 次;(d)1 次;(e)静定结构;(f)3 次。

11－15 试画出下列各超静定梁的弯矩图。

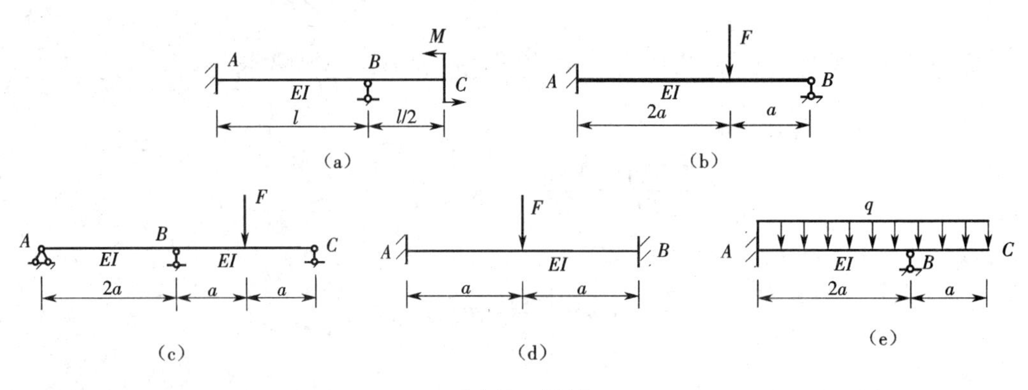

习题 11－15 图

解 (a)该梁为一次超静定梁,将 B 支座视为多余约束,解除该支座,并施加多余约束反力 F_{RB},方向向上。根据该梁的变形条件,梁在 B 点的挠度应为零,即补充方程式为

$$y_B=0$$

由叠加法:

$$y_B=y_{BM}+y_{BF}=0 \tag{a}$$

式中:y_{BM}为梁在力偶单独作用下引起的 B 点的挠度,由表 11－1 可查得

$$y_{BM}=-\frac{Ml^2}{2EI} \tag{b}$$

y_{BF}为梁在 F_{RB}单独作用下 B 点的挠度,同样由表 11－1 可查得

$$y_{BF}=-\frac{F_{RB}l^2}{6EI}2l=-\frac{F_{RB}l^3}{3EI} \tag{c}$$

将式(b)、式(c)代入式(a),得

$$-\frac{Ml^2}{2EI}-\frac{F_{RB}l^3}{3EI}=0 \tag{d}$$

由该式解得

$$F_{RB}=-\frac{3M}{2l}$$

则 M 图如图所示。

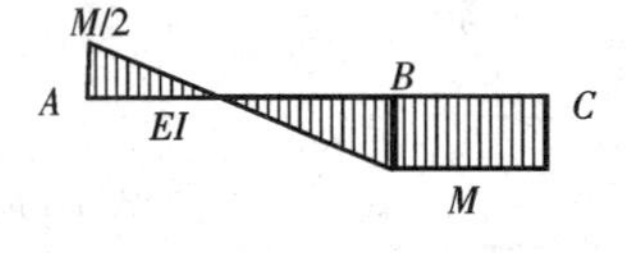

习题 11－15(a)M 图

(b)该梁为一次超静定梁,将 B 支座视为多余约束,解除该支座,并施加多余约束反力 F_{RB},方向向上。根据该梁的变形条件,梁在 B 点的挠度应为零,即补充方程式为

$$y_B = 0$$

由叠加法：

$$y_B = y_{BF} + y_{RB} = 0 \tag{a}$$

式中:y_{BF}为梁在 F 单独作用下引起的 B 点的挠度,由表 11－1 可查得

$$y_{BF} = y_C + \theta_C a = \frac{F(2a)^3}{3EI} + \frac{F(2a)^2}{2EI}a = \frac{14Fa^3}{3EI} \tag{b}$$

y_{RB}为梁在 F_{RB}单独作用下 B 点的挠度,同样由表 11－1 可查得

$$y_{RB} = -\frac{F_{RB}}{3EI}(3a)^3 = -\frac{9F_{RB}a^3}{EI} \tag{c}$$

将式(b)、式(c)代入式(a),得

$$\frac{14Fa^3}{3EI} - \frac{9F_{RB}a^3}{EI} = 0 \tag{d}$$

由该式可解得

$$F_{RB} = \frac{14F}{27}$$

则 M 图如图所示。

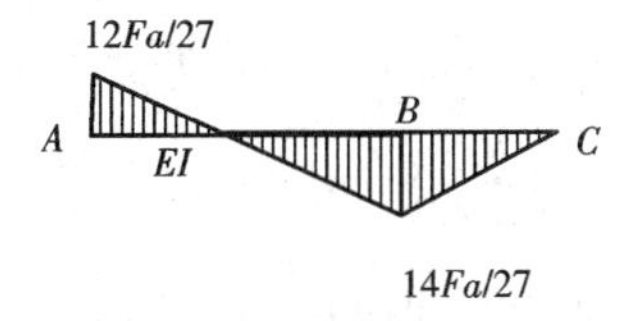

习题 11－15(b)M 图

(c)该梁为一次超静定梁,将 B 支座视为多余约束,解除该支座,并施加多余约束反力 F_{RB},方向向上。根据该梁的变形条件,梁在 B 点的挠度应为零,即补充方程式为

$$y_B = 0$$

由叠加法：

$$y_B = y_{BF} + y_{RB} = 0 \tag{a}$$

式中:y_{BF}为梁在 F 单独作用下引起的 B 点的挠度,由表 11－1 可查得

$$y_{BF} = \frac{Fbx(l^2 - b^2 - x^2)}{6lEI} = \frac{11Fa^3}{12EI} \tag{b}$$

y_{RB}为梁在 F_{RB}单独作用下 B 点的挠度,同样由表 11－1 可查得

$$y_{RB} = -\frac{F_{RB}}{48EI}(4a)^3 = -\frac{64F_{RB}a^3}{48EI} \tag{c}$$

将式(b)、式(c)代入式(a),得

$$\frac{11Fa^3}{12EI} - \frac{64F_{RB}a^3}{48EI} = 0 \tag{d}$$

由该式可解得

$$F_{RB}=\frac{11F}{16}$$

则 M 图如图所示。

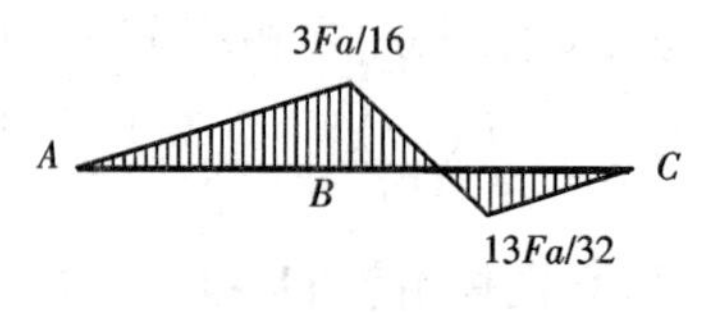

习题 11－15(c)M 图

(d)该梁为三次超静定梁，将 A 支座化为固定铰支座，解除该支座的转动约束，并施加多余约束反力 M_A。将 B 支座化为可动铰支座，解除该支座的转动约束和水平约束，并施加多余约束反力 M_B 和水平力 H_B，如习题 11－15(d)解答图(a)所示。由于水平支反力对位移的影响可忽略不计，所以先不考虑 H_B，根据该梁的变形条件，梁在 A 点和 B 点的转角应为零，即补充方程式为

$$\theta_A=0,\theta_B=0$$

由叠加法：

$$\theta_A=\theta_{AF}+\theta_{AMA}+\theta_{AMB}=0,\quad \theta_B=\theta_{BF}+\theta_{BMA}+\theta_{BMB}=0 \tag{a}$$

式中：θ_{AF} 和 θ_{BF} 为梁在 F 单独作用下引起的 A 点和 B 点的转角，由表 11－1 可查得

$$\theta_{AF}=\frac{F(2a)^2}{16EI}=\frac{Fa^2}{4EI},\quad \theta_{BF}=-\frac{F(2a)^2}{16EI}=-\frac{Fa^2}{4EI} \tag{b}$$

θ_{AMA} 和 θ_{BMA} 为梁在 M_A 单独作用下 A 点和 B 点的转角，同样由表 11－1 可查得

$$\theta_{AMA}=\frac{M_A}{3EI}(2a)=\frac{2M_Aa}{3EI},\quad \theta_{BMA}=-\frac{M_A}{6EI}(2a)=-\frac{M_Aa}{3EI} \tag{c}$$

θ_{AMB} 和 θ_{BMB} 为梁在 M_B 单独作用下 A 点和 B 点的转角，同样由表 11－1 可查得

$$\theta_{AMB}=\frac{M_B}{6EI}(2a)=\frac{M_Ba}{3EI},\quad \theta_{BMB}=-\frac{M_B}{3EI}(2a)=-\frac{2M_Ba}{3EI} \tag{d}$$

将式(b)、式(c)、式(d)代入式(a)，得

$$\frac{Fa^2}{4}+\frac{2M_Aa}{3EI}+\frac{M_Ba}{3EI}=0$$

$$\frac{Fa^2}{4}+\frac{M_Aa}{3EI}+\frac{2M_Ba}{3EI}=0$$

由上二式可解得

$$M_A=-\frac{Fa}{4},\quad M_B=-\frac{Fa}{4}$$

则 M 图如习题 11－15(d)解答图(b)所示。

(e)该梁为一次超静定梁，将 B 支座视为多余约束，解除该支座，并施加多余约束反力 F_{RB}，方向向上。根据该梁的变形条件，梁在 B 点的挠度应为零，即补充方程式为

$$y_B=0$$

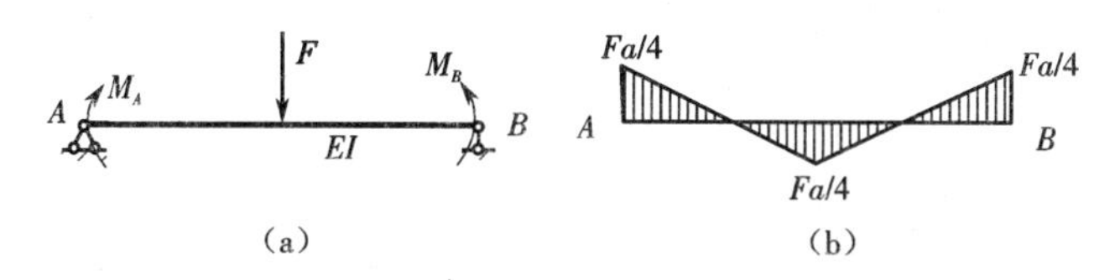

习题 11－15(d)解答图

由叠加法：

$$y_B = y_{Bq} + y_{RB} = 0 \tag{a}$$

式中：y_{Bq}为梁在 q 单独作用下引起的 B 点的挠度，由表 11－1 可查得

$$y_{Bq} = \frac{qx^2(x^2+6l^2-4lx)}{24EI} = \frac{q(2a)^2}{24EI}\left[(2a)^2+6(3a)^2-4\times3a\times2a\right] = \frac{34qa^4}{6EI} \tag{b}$$

y_{RB}为梁在 F_{RB}单独作用下 B 点的挠度，同样由表 11－1 可查得

$$y_{RB} = -\frac{F_{RB}}{3EI}(2a)^3 = -\frac{8F_{RB}a^3}{3EI} \tag{c}$$

将式(b)、式(c)代入式(a)，得

$$\frac{34qa^4}{6EI} - \frac{8F_{RB}a^3}{3EI} = 0 \tag{d}$$

由该式可解得

$$F_{RB} = \frac{17qa}{8}$$

则 M 图如下图所示。

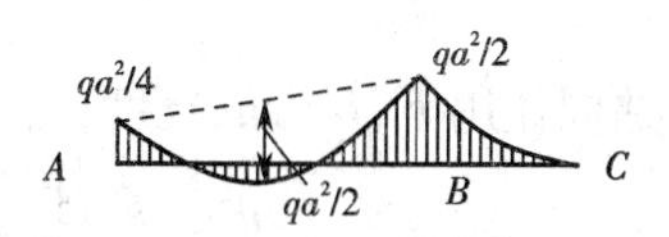

习题 11－15(e)M 图

11－16 一集中力 F 作用在梁 AB 和 CD 连接处，试绘出两梁的弯矩图。已知 $EI_1=0.8EI_2$。

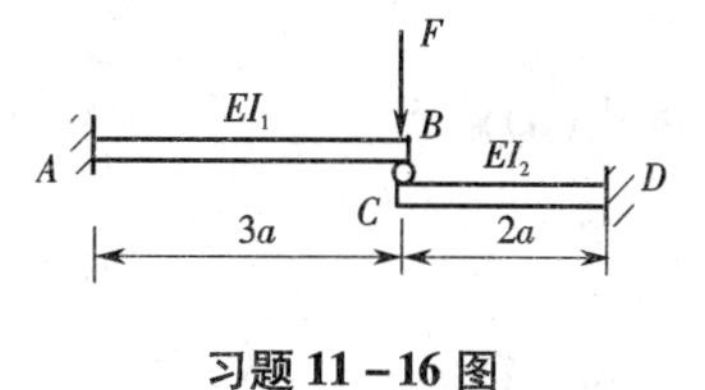

习题 11－16 图

解 该梁为一次超静定梁，AB 和 CD 梁在 C 处的受力情况如习题 11－16 解答图(a)所示，其中 F_C为未知力。变形条件为两梁在自由端处挠度相等，即 $y_{BA}=y_{CD}$。

由表 11－1 可查得

$$y_{BA} = \frac{F-F_C}{3EI_1}(2a)^3 = \frac{8(F-F_C)a^3}{3\times0.8EI_2}$$

$$y_{CD} = \frac{F_C}{3EI_2}a^3$$

代入上式解得

$$F_C = \frac{10F}{11}$$

则弯矩图如习题 11-16 解答图(b)所示。

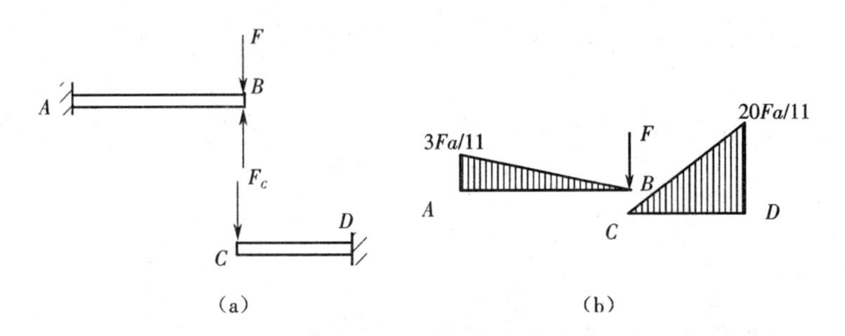

习题 11-16 解答图

11-17 在下列结构中,已知横梁的弯曲刚度均为 EI,竖杆的拉伸刚度均为 EA,试求图示荷载作用下各竖杆内力。

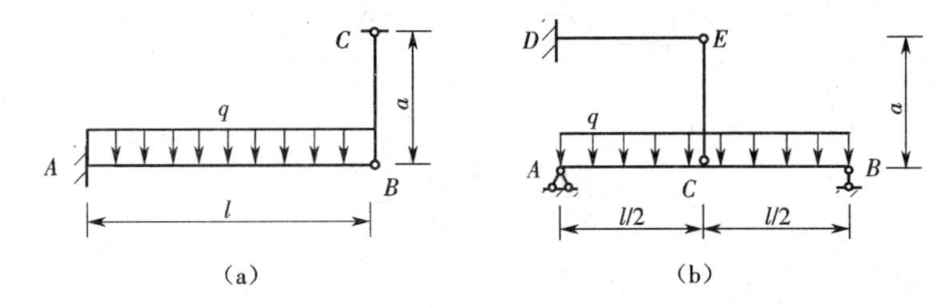

习题 11-17 图

解 (a)该结构为一次超静定结构,将 BC 杆的拉力 F_{BC} 看作多余约束,变形方程为

$$y_{BA}=y_{BC} \tag{a}$$

式中:y_{BA} 为梁 AB 在 q 和拉力 F_{BC} 共同作用下,B 端的挠度;y_{BC} 为拉杆 BC 的伸长量。

$$y_{BA}=y_q+y_{FBC}=\frac{ql^4}{8EI}-\frac{F_{BC}l^3}{3EI}$$

$$y_{BC}=\frac{F_{BC}}{EA}a$$

代入式(a)解得

$$F_{BC}=\frac{3Aql^4}{8(Al^3+3aI)}$$

(b)该结构为一次超静定结构,将 EC 杆的拉力 F_{EC} 看作多余约束,变形方程为

$$y_{CE}=y_C \tag{a}$$

式中:y_C 为梁 AB 在 q 和拉力 F_{EC} 共同作用下 C 点的挠度;y_{CE} 为拉杆 EC 的伸长量。

$$y_C=y_q+y_{FEC}=\frac{5ql^4}{384EI}-\frac{F_{EC}l^3}{48EI}$$

$$y_{CE}=\frac{F_{EC}}{EA}a$$

代入式(a)解得

$$F_{EC}=\frac{5Aql^4}{8(Al^3+48aI)}$$

11－18 梁 AB 因强度、刚度不够，用同一材料和同样截面的短梁 AC 加固，试求两梁接触处的压力 F_C 以及加固前后梁 AB 的最大弯矩和 B 点的挠度各减少多少。

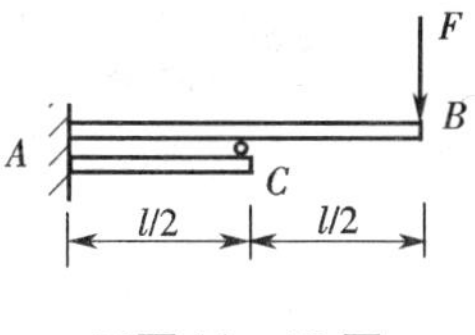

习题 11－18 图

解 AB 杆和 AC 杆的受力情况如图所示。两梁在 C 点处的挠度相同，即变形条件为

$$y_{CA}=y_{CAB} \tag{a}$$

式中：y_{CA}为梁 AC 在 F_C作用下 C 点的挠度；y_{CAB}为梁 AB 在 F 和 F_C共同作用下 C 点的挠度。

$$y_{CAB}=y_F+y_{FC}=\frac{Fx^2}{6EI}(3l-x)-\frac{F_C}{3EI}\left(\frac{l}{2}\right)^3=\frac{5Fl^3}{48EI}-\frac{F_Cl^3}{24EI}$$

$$y_{CA}=\frac{F_C}{3EI}\left(\frac{l}{2}\right)^3$$

代入式(a)解得

$$F_C=\frac{5F}{4}$$

加固前 AB 梁的最大弯矩在支座 A 处，弯矩值为 Fl；加固后梁的最大弯矩在 B 处，弯矩值为 $Fl/2$，所以梁的最大弯矩减少 50%。

加固前 B 点的挠度为

$$y_{BA}=\frac{Fl^3}{3EI}$$

加固后 B 点的挠度为

$$y'_{BA}=\frac{Fl^3}{3EI}-\left[\frac{F_C}{3EI}\left(\frac{l}{2}\right)^3+\frac{l}{2}\theta_C\right]=\frac{Fl^3}{3EI}-\frac{5Fl^3}{96EI}-\frac{l}{2}\frac{F_C}{2EI}\left(\frac{l}{2}\right)^2=\frac{78Fl^3}{384EI}$$

挠度减少

$$\left(\frac{Fl^3}{3EI}-\frac{78Fl^3}{384EI}\right)\Big/\frac{Fl^3}{3EI}=39\%$$

习题 11－2、11－8、11－9、11－12、11－13 答案请扫二维码。

第 12 章　用能量法计算弹性位移

12.1　理论要点

一、应变能的计算

1. 轴向拉伸(压缩)时杆内的应变能

当杆在外力作用下,其横截面上的轴力为常量 F_N时,则杆内的应变能为

$$V=\frac{F_N{}^2 l}{2EA} \tag{12-1}$$

当杆在外力作用下,其横截面上的轴力为变量 $F_N(x)$时,则杆内的应变能为

$$V=\int_l \frac{F_N{}^2(x)}{2EA}\mathrm{d}x \tag{12-2}$$

2. 扭转杆内的应变能

当圆轴在外力作用下横截面上的扭矩为常量 T 时,杆内的应变能为

$$V=\frac{T^2 l}{2GI_p} \tag{12-3}$$

当圆轴在外荷载作用下各横截面上的扭矩为变量 $T(x)$时,杆内的应变能为

$$V=\int_l \frac{T^2(x)}{2GI_p}\mathrm{d}x \tag{12-4}$$

3. 弯曲时梁内的应变能

当梁纯弯曲时,梁横截面的弯矩为 M,梁内的应变能为

$$V=\frac{M^2 l}{2EI} \tag{12-5}$$

当梁上作用横向荷载时,梁的应变能可按下式计算:

$$V=\int_l \frac{M^2(x)}{2EI}\mathrm{d}x \tag{12-6}$$

4. 组合变形时的应变能

处于拉、弯、扭组合变形下的杆,截面上的内力为 $F_N(x)$、$M(x)$、$T(x)$,对整个杆件可用下述积分法求得:

$$V=\int_l \frac{F_N{}^2(x)}{2EA}\mathrm{d}x+\int_l \frac{M^2(x)}{2EI}\mathrm{d}x+\int_l \frac{T^2(x)}{2GI_p}\mathrm{d}x \tag{12-7}$$

二、卡氏定理求位移

任一弹性体,其上作用任意一组荷载 $F_1, F_2, \cdots, F_n$,则其任一荷载 F_i的作用点沿该荷载方

向的位移 Δ_i，等于弹性体内的应变能 V 对该荷载的偏导数，用公式表示为

$$\Delta_i = \frac{\partial V}{\partial F_i} \tag{12-8}$$

这就是著名的**卡氏(A. Castigliano)定理**。

利用卡氏定理求位移时，在需求位移处需存在相应的广义力。如果在所求位移处没有广义力时，仍可用卡氏定理求解，只要在所求位移处加相应的广义力 F_i，然后计算弹性体在荷载与广义力共同作用下的应变能，再计算 $\partial V/\partial F_i$，最后在结果中令广义力 F_i 等于零即可。

在各种受力情况下，卡氏定理的形式如下。

轴向拉伸：

$$\Delta_i = \frac{\partial V}{\partial F_i} = \frac{\partial}{\partial F_i}\left(\int_l \frac{F_N^2 dx}{2EA}\right) = \int_l \frac{F_N}{EA}\frac{\partial F_N}{\partial F_i}dx \tag{12-9}$$

扭转：

$$\Delta_i = \frac{\partial V}{\partial F_i} = \frac{\partial}{\partial F_i}\left(\int_l \frac{T^2 dx}{2GI_p}\right) = \int_l \frac{T}{GI_p}\frac{\partial T}{\partial F_i}dx \tag{12-10}$$

弯曲：

$$\Delta_i = \frac{\partial V}{\partial F_i} = \frac{\partial}{\partial F_i}\left(\int_l \frac{M^2 dx}{2EI}\right) = \int_l \frac{M}{EI}\frac{\partial M}{\partial F_i}dx \tag{12-11}$$

三、单位力法求位移

单位力法计算位移的一般表达式为

$$\Delta = \int_l \frac{M(x)\overline{M}(x)}{EI}dx \tag{12-12}$$

下面给出用单位力法求位移的步骤。

(1)在所求位移点处沿位移方向加单位荷载。若求某点的线位移，施加一单位集中力；若求某截面的转角，在该截面处施加一单位力偶。

(2)列出梁在原荷载作用下的弯矩表达式 $M(x)$ 以及在单位荷载作用下的弯矩表达式 $\overline{M}(x)$。

(3)将 $M(x)$ 及 $\overline{M}(x)$ 代入式(12-12)，通过积分运算，即可求出所要求的位移。

用单位力法计算位移时，应注意以下几点：

(1)所施加的单位荷载必须与所求的位移相对应；

(2)单位荷载的方向可任意假定，如果所求的位移为正，表明位移的实际方向与所加的单位荷载的方向一致，得负则相反；

(3)列 $M(x)$ 与 $\overline{M}(x)$ 时，应取相同的坐标原点及相同的正负号规定。

单位力法不仅可以计算梁的弯曲位移，还可计算其他杆件或杆系结构在发生基本变形及组合变形时的位移。用单位力法计算其他杆件或杆系结构的位移时，有以下位移公式。

轴向拉伸(压缩)：

$$\Delta = \int_l \frac{F_N(x)\overline{F}_N(x)}{EA}dx \tag{12-13}$$

圆轴扭转：

$$\Delta = \int_l \frac{T(x)\overline{T}(x)}{GI_p}dx \tag{12-14}$$

组合变形：

$$\Delta = \int_l \frac{M(x)\overline{M}(x)}{EI}dx + \int_l \frac{F_N(x)\overline{F}_N(x)}{EA}dx + \int_l \frac{T(x)\overline{T}(x)}{GI_p}dx \tag{12-15}$$

对桁架结构，一般杆件中的轴力为常数，所以位移可按下式计算：

$$\Delta = \sum \frac{F_{Ni}\overline{F}_{Ni}}{EA_i}l_i \tag{12-16}$$

四、图乘法

在实际工程中，大多数梁均为等截面直杆，在这种情况下，可以用图乘法计算积分$\int_l M(x) \cdot \overline{M}(x)dx$。公式为

$$\int \frac{M(x)\overline{M}(x)}{EI}dx = \frac{\omega y_C}{EI} \tag{12-17}$$

上式成立必须满足下述三个条件：

(1)杆件的轴线为直线；

(2)杆件的 EI 为常数；

(3)两个弯矩图中至少有一个为直线图形。

应用图乘法计算位移时，应注意以下几点：

(1)必须符合上述三个前提条件；

(2)y_C只能取自直线图形；

(3)ω 与 y_C在杆件的同侧时，乘积 ωy_C取正号，异侧取负号。

当图形的面积或形心位置不易确定时，可以将图形分解为几个容易确定各自形心位置的部分，将它们分别与另一图形作图乘法运算，然后将所得的结果进行代数和叠加。

12.2 例题详解

一、应变能的计算

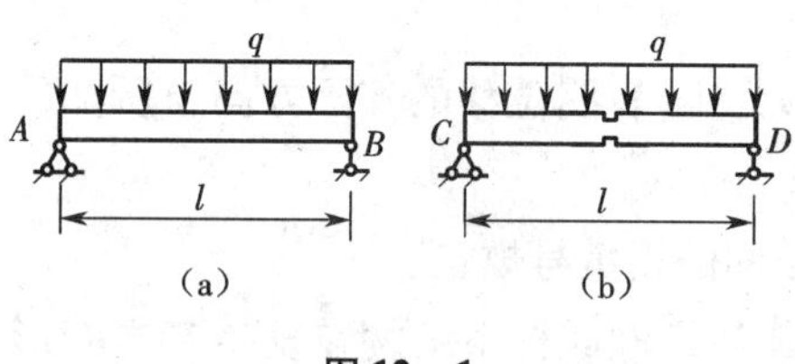

(a) (b)

图 12－1

例题 12－1 如图 12－1 所示两个简支梁，等跨度、等宽度，材料及承受的荷载均相同，图 12－1(a)所示的梁 AB 截面高度为 h_1，图 12－1(b)所示的梁 CD 截面高度为 h_2，在梁的跨度中央开有一凹槽，使该处截面高度由 h_2减小为 $0.8h_2$，若两梁的最大正应力相等，其凹槽沿轴线方向的长度忽略不计。试求两梁的应变能的比值。

【解题指导】 在均布荷载作用下，梁上的弯矩是变化的，所示梁的应变能应用积分计算。由于两梁只有截面高度不同，所以求应变能的比值，实际要找到截面高度之间的关系，这可以通过最大正应力相等的条件来实现。

解 梁 AB 为等截面梁，其应变能由式(12－6)得

$$V_1=\int_l \frac{M^2(x)}{2EI_1}\mathrm{d}x=\int_0^l \frac{\left(\frac{1}{2}qlx-\frac{1}{2}qx^2\right)^2}{2EI_1}\mathrm{d}x=\frac{q^2l^5}{240EI_1}$$

由于梁 CD 凹槽长度忽略不计，也视为等截面梁，其应变能为

$$V_2=\int_l \frac{M^2(x)}{2EI_2}\mathrm{d}x=\int_0^l \frac{\left(\frac{1}{2}qlx-\frac{1}{2}qx^2\right)^2}{2EI_2}\mathrm{d}x=\frac{q^2l^5}{240EI_2}$$

两梁的应变能之比为

$$\frac{V_1}{V_2}=\frac{\dfrac{q^2l^5}{240EI_1}}{\dfrac{q^2l^5}{240EI_2}}=\frac{I_2}{I_1}=(\frac{h_2}{h_1})^3$$

由最大正应力公式

$$\sigma_{\max}=\frac{M_{\max}}{W_z}=\frac{M_{\max}}{\frac{1}{6}bh^2}$$

两梁的最大正应力相等，得

$$\frac{6M_{\max}}{bh_1^2}=\frac{6M_{\max}}{b(0.8h_2)^2}$$

所以，有 $h_1^2=(0.8h_2)^2$，即 $h_1=0.8h_2$，则

$$\frac{V_1}{V_2}=\left(\frac{h_2}{h_1}\right)^3=\frac{1}{0.512}=1.953$$

例题 12－2 如图 12－2(a)所示，一变截面圆轴承受外力偶作用发生扭转变形，材料的切变模量为 G，试求圆轴的应变能。

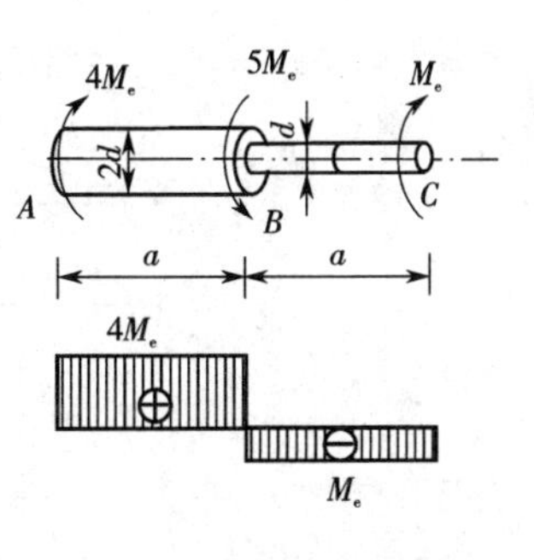

图 12－2

【解题指导】 由于 AB、BC 段的截面及扭矩均不等，所以应分段计算。

解 画出轴的扭矩图，如图 12－2(b)所示。

对 AB 段：

$$V_1=\frac{T^2a}{2GI_\mathrm{p}}=\frac{(4M_\mathrm{e})^2a}{2G\dfrac{\pi(2d)^4}{32}}=\frac{16M_\mathrm{e}^2a}{G\pi d^4}$$

对 BC 段：

$$V_2=\frac{T^2a}{2GI_\mathrm{p}}=\frac{(M_\mathrm{e})^2a}{2G\dfrac{\pi(d)^4}{32}}=\frac{16M_\mathrm{e}^2a}{G\pi d^4}$$

两段应变能相加，即为圆轴的应变能。即

$$V=V_1+V_2=\frac{32M_\mathrm{e}^2a}{G\pi d^4}$$

二、卡氏定理求位移

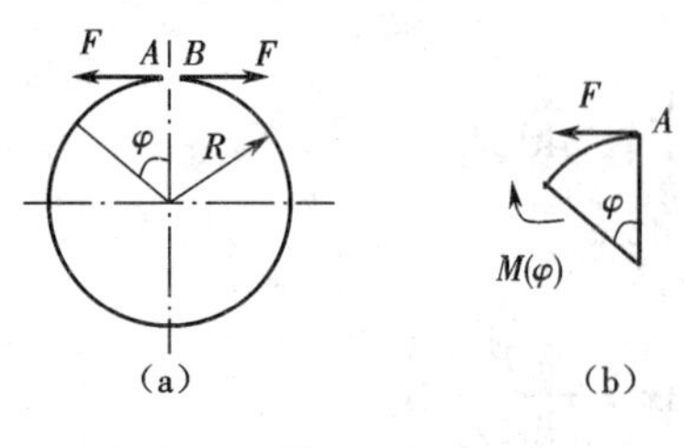

图 12－3

例题 12－3 如图 12－3(a)所示，一线弹性开口等截面圆环，试用卡氏定理求在图示荷载作用下圆环的张开位移。

【解题指导】 求圆环的张开位移，即求两荷载作用点 A、B 两点的相对位移。两荷载 F 大小相等、方向相反，可视为一个广义力，两作用点的相对位移就是相应的广义位移。

解 先计算圆环的应变能，取脱离体如图 12－3(b)所示，则任一截面的弯矩为

$$M(\varphi)=FR(1-\cos\varphi)$$

由式(12－6)得圆环的应变能为

$$\begin{aligned}V&=\int\frac{M^2(x)}{2EI}\mathrm{d}x=2\int_0^{\pi}\frac{[FR(1-\cos\varphi)]^2}{2EI}R\mathrm{d}\varphi\\&=\frac{F^2R^3}{EI}\int_0^{\pi}(1-2\cos\varphi+\cos^2\varphi)\mathrm{d}\varphi\\&=\frac{3\pi F^2R^3}{2EI}\end{aligned}$$

由式(12－8)，得

$$\Delta=\frac{\partial V}{\partial F}=\frac{\partial}{\partial F}\left(\frac{3\pi F^2R^3}{2EI}\right)=\frac{3\pi FR^3}{EI}$$

所求的位移为正，说明所求的广义位移与对应的广义力的指向是一致的。

例题 12－4 试用卡氏定理求如图 12－4(a)所示的悬臂梁自由端的挠度。

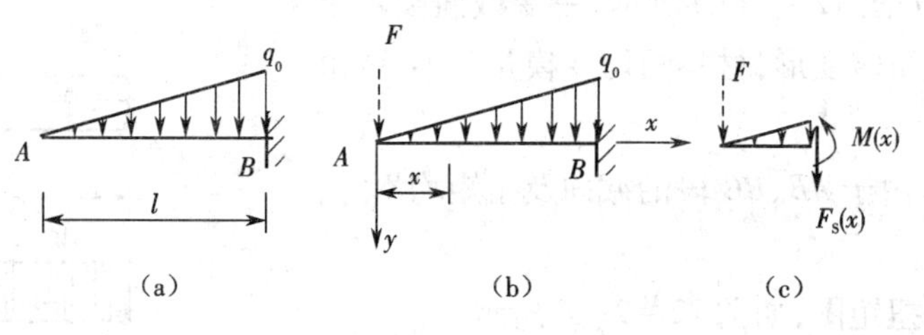

图 12－4

【解题指导】 用卡氏定理求自由端的挠度，因为该处没有集中力的作用，所以应在自由端加上虚设的集中力 F，求出梁在 F 和分布荷载共同作用下的应变能 V，按卡氏定理求出$\frac{\partial V}{\partial F}$，然后在$\frac{\partial V}{\partial F}$的表达式中令虚设的外力 $F=0$ 即可。

解 在自由端加上虚设的集中力 F 如图 12－4(b)所示，则在 F 和分布荷载共同作用下，任一截面的弯矩为

$$M(x)=-Fx-\frac{1}{2}q(x)x\,\frac{1}{3}x=-Fx-\frac{q_0x^3}{6l}$$

则梁内的应变能为

$$V=\int\frac{M^2(x)}{2EI}dx=\int_0^l\frac{1}{2EI}\left(-Fx-\frac{q_0x^3}{6l}\right)^2dx$$

$$=\frac{1}{2EI}\left(\frac{q_0^2l^5}{252}+\frac{q_0Fl^4}{15}+\frac{F^2l^3}{3}\right)$$

由式(12－8),得

$$\Delta=\frac{\partial V}{\partial F}=\frac{1}{2EI}\left(\frac{q_0l^4}{15}+\frac{2Fl^3}{3}\right)$$

令 $F=0$,得

$$\Delta=\frac{q_0l^4}{30EI}$$

例题 12－5 半圆形平面曲杆,半径为 R,曲杆的截面为圆形,其直径为 d,材料的弹性模量为 E,承受集中力 F。试求 A、B 两支座的水平反力。

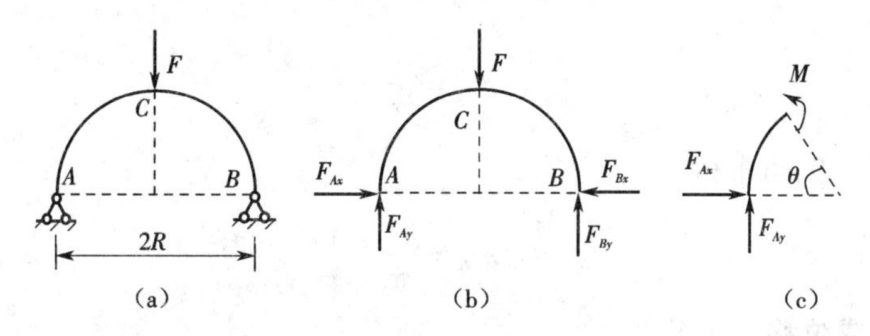

图 12－5

【解题指导】 分析 AB 曲杆的受力情况如图 12－5(b)所示,可知未知力有 4 个,而平衡方程只有 3 个,故为一次超静定结构。用卡氏定理求解,可以先求出左半部分曲杆 AC 的应变能,将应变能对水平力 F_{Ax} 求偏导,得 A 点的水平位移,根据 A 支座的约束条件,其水平位移应为零,从而可求出 A 处的水平力。

解 由方程 $\sum M_B=0$,可求得

$$F_{Ay}=\frac{F}{2}$$

由方程 $\sum F_y=0$,可求得

$$F_{By}=\frac{F}{2}$$

AC 段任一截面的弯矩(图 12－5(c))为

$$M=\frac{F}{2}(R-R\cos\theta)-F_{Ax}R\sin\theta$$

则

$$\frac{\partial M}{\partial F_{Ax}}=-R\sin\theta$$

所以

$$\Delta_{Ax}=\frac{\partial V}{\partial F_{Ax}}=\int_0^{\frac{\pi}{2}}\frac{\partial M}{\partial F_{Ax}}\frac{M}{EI}R\mathrm{d}\theta$$

$$=\frac{1}{EI}\int_0^{\frac{\pi}{2}}\left[\frac{FR}{2}(1-\cos\theta)-F_{Ax}R\sin\theta\right](-R\sin\theta)R\mathrm{d}\theta$$

$$=\frac{1}{EI}\int_0^{\frac{\pi}{2}}\left(-\frac{FR^2}{2}\sin\theta+\frac{FR^2}{2}\cos\theta\sin\theta+F_{Ax}R^3\sin^2\theta\right)\mathrm{d}\theta$$

$$=\frac{1}{EI}\left(-\frac{FR^2}{2}\times 1+\frac{FR^2}{2}\times\frac{1}{2}+F_{Ax}R^3\times\frac{\pi}{4}\right)$$

$$=\frac{1}{EI}\left(\frac{\pi F_{Ax}R^3}{4}-\frac{FR^3}{4}\right)$$

由 $\Delta_{Ax}=0$，得

$$\frac{\pi F_{Ax}R^3}{4}-\frac{FR^3}{4}=0$$

所以

$$F_{Ax}=\frac{F}{\pi}$$

由方程 $\sum F_x=0$，可求得

$$F_{Bx}=\frac{F}{\pi}$$

三、单位力法求位移

例题 12－6 用单位力法求如图 12－6(a)所示结构铰 C 处的铅垂位移及 C、D 两点的相对位移。已知各杆 EI 相同。

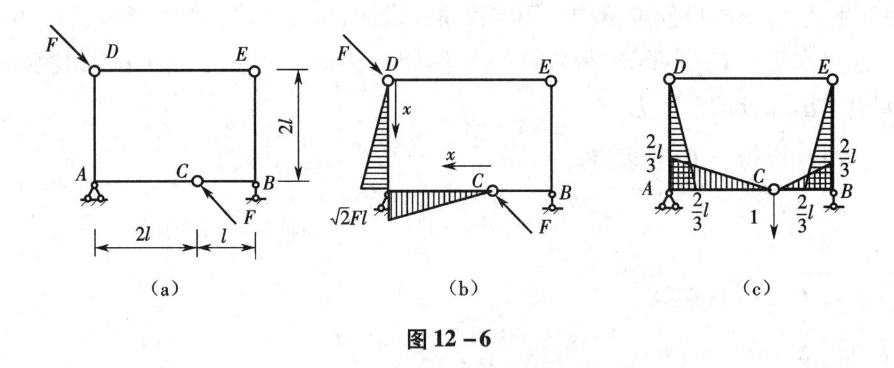

图 12－6

【解题指导】 在所求位移处加上与位移相对应的单位力，列出结构在原荷载和单位力分别作用下的弯矩方程，代入式(12－12)计算即可。

解 (1)求 C 点的铅垂位移。

首先画出结构在原荷载作用下的弯矩图如图 12－6(b)所示，然后在 C 点加单位力并画出其弯矩图如图 12－6(c)所示。

取各段杆的坐标原点如图所示，则实际荷载与单位荷载所引起的弯矩分别如下（以外侧受拉为正）。

AD 杆：

$$M(x)=\frac{\sqrt{2}}{2}Fx,\quad \overline{M}(x)=-\frac{1}{3}x$$

AC 杆与 AD 杆相同。

因 BC、BE 杆在原荷载作用下无弯矩，所以不必列出该两杆在单位力作用下的弯矩方程。则

$$\Delta_{Cy}=\sum\int\frac{M(x)\overline{M}(x)}{EI}\mathrm{d}x=2\times\int_0^{2l}\frac{\frac{\sqrt{2}}{2}Fx\left(-\frac{1}{3}x\right)}{EI}\mathrm{d}x=-\frac{8\sqrt{2}}{9}Fl^3$$

计算结果为负，说明 C 点的铅垂位移方向向上，与假设单位力的方向相反。

(2)求 C、D 两点的相对位移。

在 C、D 两点处加单位力，即在图 12－6(b)中令 $F=1$ 即可，则其弯矩方程分别如下。

AD 杆：

$$M(x)=\frac{\sqrt{2}}{2}Fx,\quad \overline{M}(x)=\frac{\sqrt{2}}{2}x$$

AC 杆与 AD 杆相同。则

$$\Delta_{CD}=\sum\int\frac{M(x)\overline{M}(x)}{EI}\mathrm{d}x=2\times\int_0^{2l}\frac{\frac{\sqrt{2}}{2}Fx\frac{\sqrt{2}}{2}x}{EI}\mathrm{d}x=\frac{8}{3}Fl^3$$

计算结果为正，说明 C、D 两点的相对位移方向与假设单位力的方向相同。

例题 12－7 水平面内有一折杆 ABC 如图 12－7(a)所示，杆件的 E、G 及截面尺寸均已知，试求 C 点的竖向位移。只考虑弯矩和扭矩的影响。

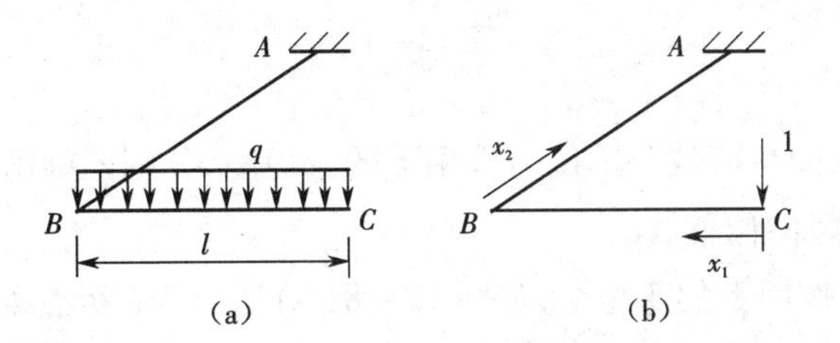

图 12－7

【解题指导】 在图示荷载及 C 点处的单位力作用下，BC 杆发生弯曲变形，AB 杆发生弯曲和扭转的组合变形，所以要同时考虑弯矩和扭矩的影响。

解 在 C 处加一竖向单位力如图 12－7(b)所示，设各杆坐标原点如图 12－7(b)所示，则内力方程分别如下。

BC 杆：

$$M(x)=-\frac{1}{2}qx_1^2,\quad \overline{M}(x)=-x_1$$

AB 杆：

$$M(x) = -qlx_2, \quad \overline{M}(x) = -x_2$$

$$T(x) = \frac{ql^2}{2}, \overline{T}(x) = l$$

则

$$\Delta_{Cy} = \sum \int \frac{M(x)\overline{M}(x)}{EI} dx + \sum \int \frac{T(x)\overline{T}(x)}{GI_p} dx$$

$$= \int_0^l \frac{-\frac{1}{2}qx_1^2(-x_1)}{EI} dx_1 + \int_0^l \frac{-qlx_2(-x_2)}{EI} dx_2 + \int_0^l \frac{\frac{ql^2}{2}l}{GI_p} dx_2$$

$$= \frac{11ql^4}{24EI} + \frac{ql^3}{2GI_p} \quad (\downarrow)$$

四、图乘法

例题 12-8 试求如图 12-8(a)所示梁 B 点的竖向位移 Δ_{By} 及铰 B 两侧截面的相对转角 φ_B。已知 EI 为常数。

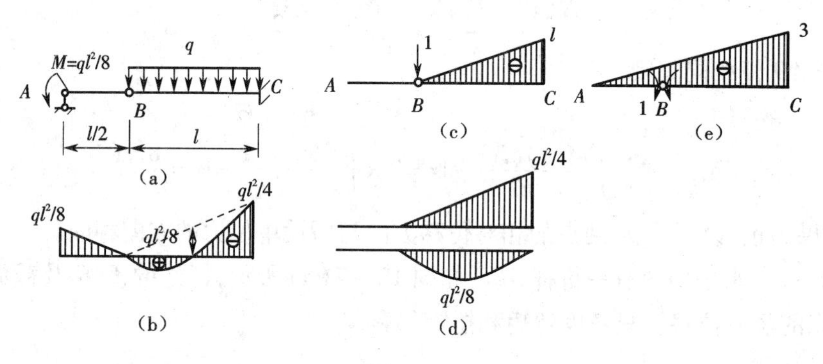

图 12-8

【解题指导】 画出梁在荷载及单位力作用下的弯矩图,分别图乘即可。

解 (1)求 B 点的竖向位移 Δ_{By}。

首先画出在原荷载作用下的弯矩图,如图 12-8(b)所示,在 B 点处加一单位力 $F=1$,并画出其弯矩图,如图 12-8(c)所示。

将 BC 段在原荷载作用下的弯矩图分解,如图 12-7(d)所示。则(c)和(d)两图图乘,得

$$\Delta_{By} = \sum \frac{\omega y}{EI} = \frac{1}{EI}\left(\frac{1}{2} \times l \times \frac{ql^2}{4} \times \frac{2}{3}l - \frac{2}{3} \times l \times \frac{ql^2}{8} \times \frac{1}{2}l\right) = \frac{ql^4}{24EI} \quad (\downarrow)$$

(2)求铰 B 两侧截面的相对转角。

在 B 处加一对单位力偶 $M=1$,并画出其弯矩图,如图 12-8(e)所示。则

$$\varphi_B = \sum \frac{\omega y}{EI} = \frac{1}{EI}\left(\frac{1}{2} \times \frac{l}{2} \times \frac{ql^2}{8} \times \frac{1}{3} + \frac{1}{2} \times l \times \frac{ql^2}{4} \times \left(\frac{1}{3} + \frac{2}{3} \times 3\right) - \frac{2}{3} \times l \times \frac{ql^2}{8} \times 2\right)$$

$$= \frac{13ql^3}{96EI}$$

方向与单位力偶的方向相同。

例题 12 -9 试求如图 12 -9(a)所示梁铰 D 两侧截面的相对转角 φ_D及 E 点的竖向位移 Δ_{Ey}。已知 EI 为常数。

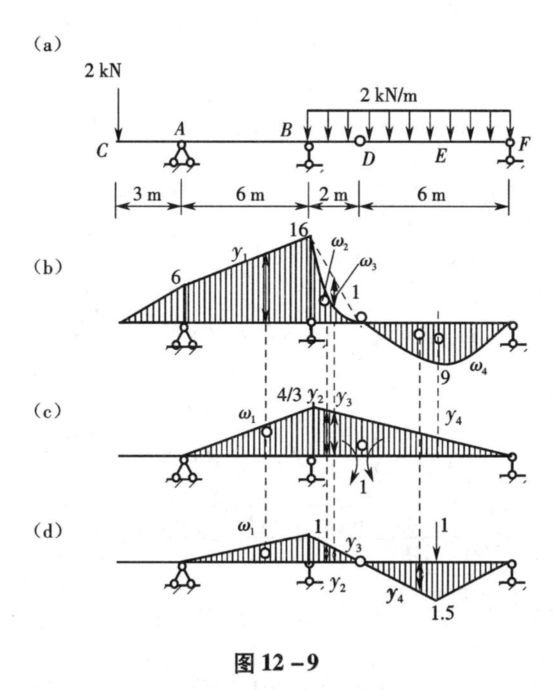

图 12 -9

【解题指导】 画出梁在荷载及单位力作用下的弯矩图,分别图乘即可。图乘时,注意图形的分解。

解 (1)求铰 D 两侧截面的相对转角。

画出原荷载作用下梁的弯矩图,如图 12 -9(b)所示。在 D 处加一对单位力偶 $M=1$,并画出其弯矩图如图 12 -9(c)所示。由于图 12 -9(c)中 AC 段单位力偶引起的弯矩为零,所以该段图乘为零。

AB 段:

$$\omega_1 y_1 = \frac{1}{2}\times 6\times\frac{4}{3}\times\left(\frac{1}{3}\times 6+\frac{2}{3}\times 16\right)=\frac{152}{3}$$

BD 段:将原荷载作用下的弯矩图分解成一个三角形和一个抛物线,分别图乘。

$$\omega_2 y_2 = \frac{1}{2}\times 2\times 16\times\left(\frac{1}{3}\times 1+\frac{2}{3}\times\frac{4}{3}\right)=\frac{176}{9}$$

$$\omega_3 y_3 = -\frac{2}{3}\times 2\times 1\times\left(\frac{1}{2}\times 1+\frac{1}{2}\times\frac{4}{3}\right) = -\frac{14}{9}$$

DF 段:

$$\omega_4 y_4 = -\frac{2}{3}\times 6\times 9\times\frac{1}{2} = -18$$

$$\varphi_D = \frac{\omega_1 y_1}{EI}+\frac{\omega_2 y_2}{EI}+\frac{\omega_3 y_3}{EI}+\frac{\omega_4 y_4}{EI}=\frac{4}{9EI}$$

(2)求 E 点的竖向位移 Δ_{Ey}。

在 E 处加一单位力,并画出其弯矩图如图 12－9(d)所示。

AC 段图乘仍为零。

AB 段:

$$\omega_1 y_1 = \frac{1}{2} \times 6 \times 1 \times (\frac{1}{3} \times 6 + \frac{2}{3} \times 16) = \frac{114}{3}$$

BD 段:将原荷载作用下的弯矩图分解成一个三角形和一个抛物线,分别图乘。

$$\omega_2 y_2 = \frac{1}{2} \times 2 \times 16 \times \frac{2}{3} \times 1 = \frac{32}{3}$$

$$\omega_3 y_3 = -\frac{2}{3} \times 2 \times 1 \times \frac{1}{2} \times 1 = -\frac{2}{3}$$

DF 段:

$$\omega_4 y_4 = -\frac{2}{3} \times 3 \times 9 \times \frac{5}{8} \times 1.5 = -\frac{135}{8}$$

$$\Delta_{Ey} = \frac{\omega_1 y_1}{EI} + \frac{\omega_2 y_2}{EI} + \frac{\omega_3 y_3}{EI} + 2\frac{\omega_4 y_4}{EI} = \frac{171}{12EI}$$

方向与单位力偶的方向相同。

12.3 自测题

12－1 同一根梁处于不同的荷载或约束状态,则(　　)。

A. 梁的弯矩图相同,其变形能也一定相同

B. 梁的弯矩图不同,其变形能也一定不同

C. 梁的变形能相同,其弯矩图也一定相同

D. 梁的弯矩图相同,而约束状态不同,则其变形能也一定不同

12－2 一杆同时承受集中力 F 和集中力偶 M,它们单独作用时产生的变形能分别为 $V(F)$、$V(M)$,则下列图中哪一个的荷载作用方式,杆的总变形能 $V \neq V(F) + V(M)$?(　　)

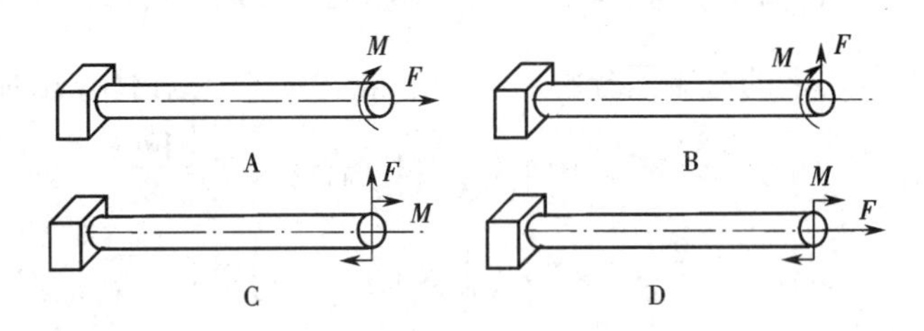

图 12－10

12－3 如图 12－11(a)所示梁的应变能为 V_1,如图 12－11(b)所示梁的应变能为 $3V_1$ 是否正确?为什么?

12－4 水平悬臂梁在自由端先后受到向下的荷载 F_1、F_2的作用,在 F_1的作用下,自由端的挠度为 Δ_1,当 F_2作用后,自由端的总挠度为 Δ_2,试求在 F_1、F_2的共同作用下,梁的应变能。

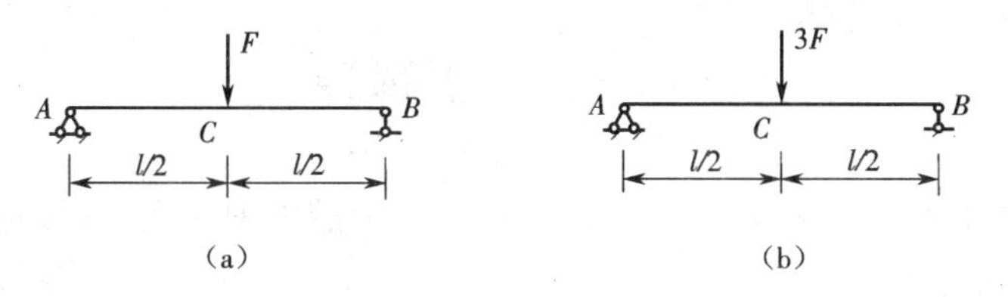

图 12-11

12-5　对单位力法，正确的是(　　)。

A. 仅适用于弯曲变形

B. 仅适用于直杆

C. 对于拉、压、弯、剪、扭等基本变形以及组合变形都适用

D. 等式两端具有不相同的量纲

12-6　试用卡氏定理求如图 12-12 所示悬臂梁在自由端的挠度和转角。

12-7　试用单位力法求如图 12-13 所示梁 C 点的竖向位移和 A 截面的转角。已知 EI 为常数。

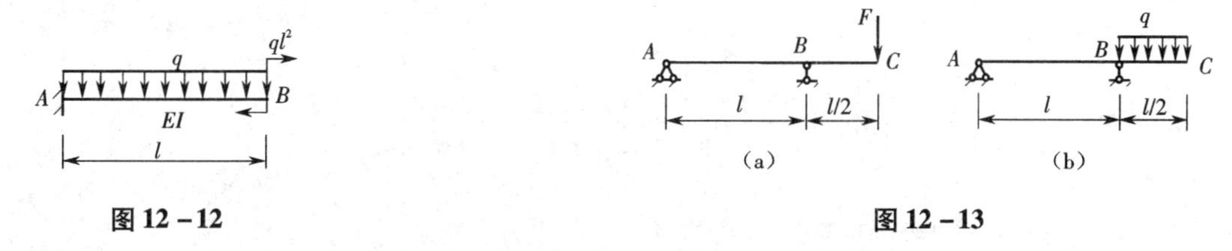

图 12-12　　　　图 12-13

12-8　试用图乘法求图 12-14 所示梁 C 点的竖向位移及 B 截面的转角。已知 EI 为常数。

12-9　一刚架受力如图 12-15 所示，杆的抗弯刚度均为 EI，试用卡氏定理求 B 处的支座反力，求出刚架的弯曲变形能，并画出弯矩图。

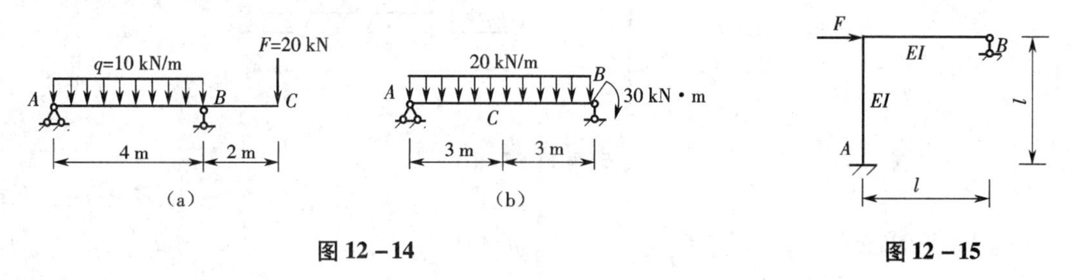

图 12-14　　　　图 12-15

12.4　自测题解答

此部分内容请扫二维码。

12.5 习题解答

12－1 两根杆拉伸刚度均为 EA，长度相同，承受荷载如图所示，分布荷载集度 $q=F/l$，试求这两根杆的应变能，并作比较。

解
$$V_1=\frac{F^2l}{2EA},V_2=\int_0^l\frac{F_N{}^2l}{2EA}\mathrm{d}x=\int_0^l\frac{(qx)^2l}{2EA}\mathrm{d}x=\frac{F^2l}{6EA}$$
$$V_1=3V_2$$

12－2 试求图示受扭圆轴内所积蓄的应变能，杆长为 l，直径为 d，材料的剪变模量为 G。

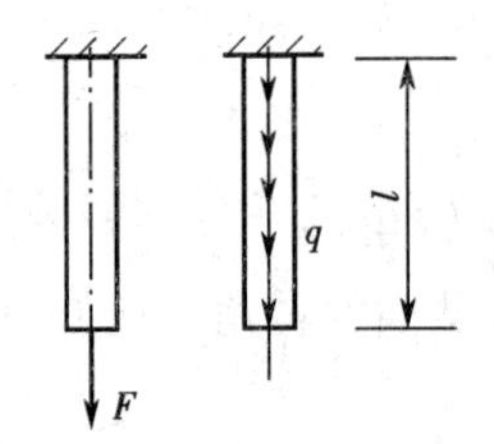

习题 12－1 图

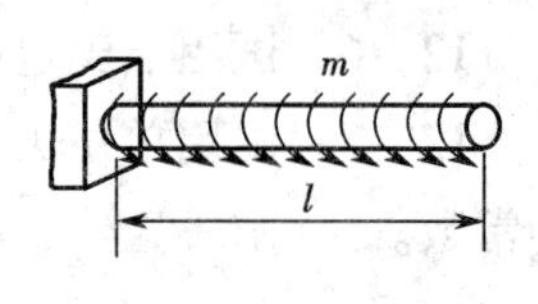

习题 12－2 图

解
$$V=\int_0^l\frac{T^2l}{2GI_p}\mathrm{d}x=\int_0^l\frac{(mx)^2l}{2G\dfrac{\pi d^4}{32}}\mathrm{d}x=\frac{16m^2l^4}{3\pi Gd^4}$$

12－3 试计算下列梁内所积蓄的应变能（略去剪力的影响）。

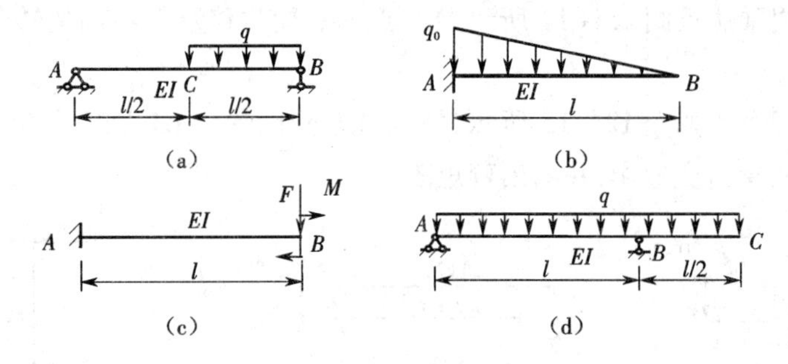

习题 12－3 图

解 (a)先求支座反力：$F_{RA}=\dfrac{1}{8}ql,F_{RB}=\dfrac{3}{8}ql$

以 A 为坐标原点，x_1 以向右为正，AC 段的弯矩方程：$M_1=\dfrac{ql}{8}x_1$

以 B 为坐标原点，x_2 以向左为正，BC 段的弯矩方程：$M_2=\dfrac{3ql}{8}x_2-\dfrac{1}{2}qx_2^2$

梁的变形能为

$$V=\int_0^{\frac{l}{2}}\frac{M_1^2}{2EI}\mathrm{d}x_1+\int_0^{\frac{l}{2}}\frac{M_2^2}{2EI}\mathrm{d}x_2=\int_0^{\frac{l}{2}}\frac{\left(\dfrac{qlx_1}{8}\right)^2}{2EI}\mathrm{d}x_1+\int_0^{\frac{l}{2}}\frac{\left(\dfrac{3qlx_2}{8}-\dfrac{1}{2}qx_2^2\right)^2}{2EI}\mathrm{d}x_2$$

$$=\frac{17q^2l^5}{15\,360EI}$$

(b)以 B 为坐标原点,x 以向左为正,AB 段的弯矩方程:$M(x)=\frac{q_0}{6l}x^3$

梁的变形能为

$$V=\int_0^l\frac{M(x)^2}{2EI}\mathrm{d}x=\int_0^l\frac{\left(\frac{q_0x^3}{6l}\right)^2}{2EI}\mathrm{d}x=\frac{q_0^2l^5}{504EI}$$

(c)以 B 为坐标原点,x 以向左为正,AB 段的弯矩方程:$M(x)=M+Fx$

梁的变形能为

$$V=\int_0^l\frac{M(x)^2}{2EI}\mathrm{d}x=\int_0^l\frac{(M+Fx)^2}{2EI}\mathrm{d}x=\frac{M^2l}{2EI}+\frac{MFl^2}{2EI}+\frac{F^2l^3}{6EI}$$

(d)先求支座反力:$F_{RA}=\frac{3}{8}ql$

以 A 为坐标原点,x_1 以向右为正,AB 段的弯矩方程:$M_1=\frac{3ql}{8}x_1-\frac{1}{2}qx_1^2(0\leqslant x_1\leqslant l)$

以 C 为坐标原点,x_2 以向左为正,BC 段的弯矩方程:$M_2=-\frac{1}{2}qx_2^2(0\leqslant x_2\leqslant l/2)$

梁的变形能为

$$V=\int_0^l\frac{M_1^2}{2EI}\mathrm{d}x_1+\int_0^{\frac{l}{2}}\frac{M_2^2}{2EI}\mathrm{d}x_2=\int_0^l\frac{\left(\frac{3qlx_1}{8}-\frac{1}{2}qx_1^2\right)^2}{2EI}\mathrm{d}x_1+\int_0^{\frac{l}{2}}\frac{\left(-\frac{1}{2}qx_2^2\right)^2}{2EI}\mathrm{d}x_2=\frac{3q^2l^5}{1\,280EI}$$

12－4 试求图示结构中的弹性变形能。

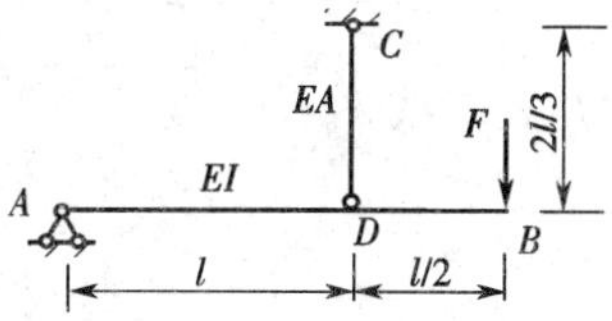

解 由 $\sum M_A=0$,得 $F_{NCD}l-F\frac{3}{2}l=0$,所以

$$F_{NCD}=\frac{3}{2}F$$

习题 12－4 图

则 CD 杆的变形能为

$$V_{CD}=\frac{F_{NCD}^2}{2EA}\left(\frac{2}{3}l\right)=\frac{3F^2l}{4EA}$$

由 $\sum Y=0$,得

$$F_{RA}=-\frac{F}{2}(\downarrow)$$

以 A 为坐标原点,x_1 以向右为正,AD 段的弯矩方程:$M_1=-\frac{F}{2}x_1$

以 B 为坐标原点,x_2 以向左为正,BD 段的弯矩方程:$M_2=-Fx_2$

则梁 AB 的变形能为

$$V_{AB}=\int_0^l\frac{M_1^2}{2EI}\mathrm{d}x_1+\int_0^{\frac{l}{2}}\frac{M_2^2}{2EI}\mathrm{d}x_2=\int_0^l\frac{\left(-\frac{1}{2}Fx_1\right)^2}{2EI}\mathrm{d}x_1+\int_0^{\frac{l}{2}}\frac{(-Fx_2)^2}{2EI}\mathrm{d}x_2=\frac{F^2l^3}{16EI}$$

所以,整个结构的变形能为

$$V = V_{CD} + V_{AB} = \frac{3F^2 l}{4EA} + \frac{F^2 l^3}{16EI}$$

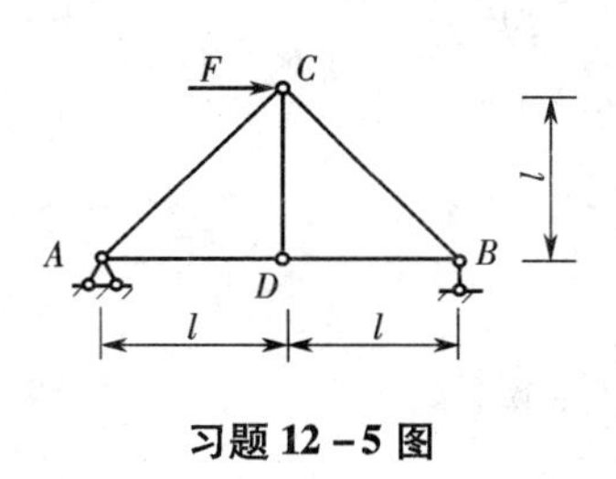

习题 12－5 图

12－5 图示桁架各杆弹性模量均为 E,截面面积均为 A,试求在图示荷载作用下桁架的弹性变形能,并求 C 点水平位移。

解 由节点平衡,求得各杆件的轴力如下:

$$F_{NAC} = \frac{\sqrt{2}F}{2}, F_{NBC} = -\frac{\sqrt{2}F}{2}, F_{NAD} = \frac{F}{2}, F_{NBD} = \frac{F}{2}, F_{NCD} = 0$$

则结构的变形能为

$$V = \frac{\sum F_N^2 l}{2EA} = \frac{1}{2EA}\left[\left(\frac{\sqrt{2}}{2}F\right)^2 \times \sqrt{2}l + \left(\frac{1}{2}F\right)^2 \times l\right] \times 2$$

$$= \frac{F^2 l}{EA}\left(\frac{\sqrt{2}}{2} + \frac{1}{4}\right) = \frac{0.957F^2 l}{EA}$$

由 $\frac{1}{2}F\Delta_{Cx} = V$,得

$$\Delta_{Cx} = \frac{1.914Fl}{EA}$$

12－6 用卡氏定理求图示梁 C 点的挠度。梁的弯曲刚度为 EI。

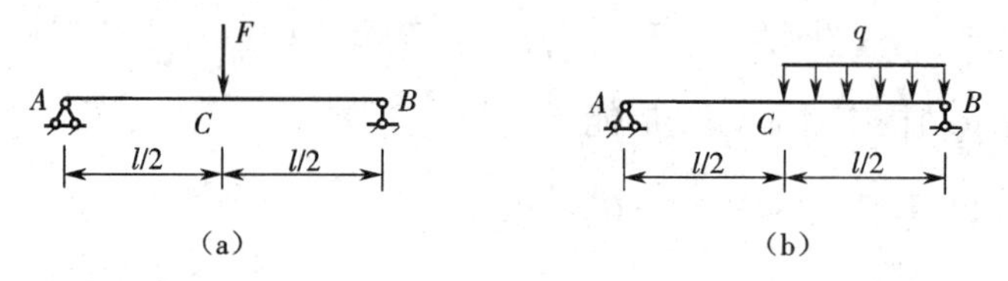

习题 12－6 图

解 (a) AC 段弯矩方程:$M(x) = \frac{1}{2}Fx$

梁的变形能为

$$V = 2\int_0^{\frac{l}{2}} \frac{M^2}{2EI} dx = \int_0^{\frac{l}{2}} \frac{\left(\frac{F}{2}x\right)^2}{2EI} dx = \frac{F^2 l^3}{96EI}$$

所以

$$\Delta_{Cy} = \frac{\partial V}{\partial F} = \frac{Fl^3}{48EI}$$

(b) 在 C 点加一向下的力 F,求得支座反力为

$$F_{RA} = \frac{F}{2} + \frac{1}{8}ql, F_{RB} = \frac{F}{2} + \frac{3}{8}ql$$

以 A 为原点,x_1 以向右为正,AC 段的弯矩方程:$M_1 = \left(\frac{F}{2} + \frac{1}{8}ql\right)x_1$

以 B 为原点，x_2 以向左为正，BC 段的弯矩方程：$M_2=\left(\dfrac{F}{2}+\dfrac{3}{8}ql\right)x_2-\dfrac{1}{2}qx_2^2$

则梁的变形能力

$$V=\int_0^{\frac{l}{2}}\frac{M_1^2}{2EI}\mathrm{d}x_1+\int_0^{\frac{l}{2}}\frac{M_2^2}{2EI}\mathrm{d}x_2^2$$

$$\begin{aligned}\frac{\partial V}{\partial F}&=\int_0^{\frac{l}{2}}\frac{2M_1}{2EI}\frac{\partial M_1}{\partial F}\mathrm{d}x_1+\int_0^{\frac{l}{2}}\frac{2M_2}{2EI}\frac{\partial M_2}{\partial F}\mathrm{d}x_2\\&=\int_0^{\frac{l}{2}}\frac{(\frac{F}{2}+\frac{1}{8}ql)x_1}{EI}\frac{x_1}{2}\mathrm{d}x_1+\int_0^{\frac{l}{2}}\frac{(\frac{F}{2}+\frac{3}{8}ql)x_2}{EI}\frac{x_2}{2}\mathrm{d}x_2\\&=\frac{\left(\frac{F}{2}+\frac{1}{8}ql\right)}{2EI}\times\frac{1}{3}\times\left(\frac{l}{2}\right)^3+\frac{\left(\frac{F}{2}+\frac{3}{8}ql\right)}{2EI}\times\frac{1}{3}\times\left(\frac{l}{2}\right)^3\end{aligned}$$

令 $F=0$，则

$$\Delta_{Cy}=\frac{\partial V}{\partial F}\bigg|_{F=0}=\frac{5ql^4}{768EI}$$

12-7 用卡氏定理求图示梁 C 截面的转角和挠度。梁的 EI 为常数。

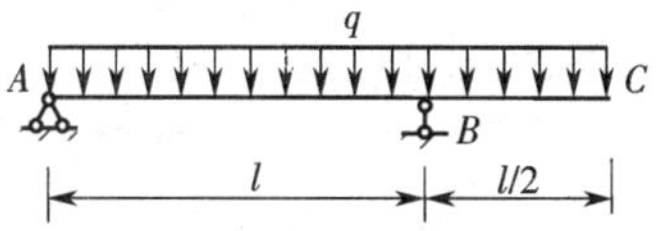

习题 12-7 图

解 (1)求 C 截面的转角。在 C 截面处加一顺时针力偶 M，求出支座反力为

$$F_{\mathrm{R}A}=\frac{3}{8}ql-\frac{M}{l},F_{\mathrm{R}B}=\frac{M}{l}+\frac{9}{8}ql$$

以 A 为原点，x_1 以向右为正，AB 段的弯矩方程：$M_1=\left(\dfrac{3}{8}ql-\dfrac{M}{l}\right)x_1-\dfrac{1}{2}qx_1^2$

以 C 为原点，x_2 以向左为正，BC 段的弯矩方程：$M_2=-M-\dfrac{1}{2}qx_2^2$

梁的变形能为

$$V=\int_0^{l}\frac{M_1^2}{2EI}\mathrm{d}x_1+\int_0^{\frac{l}{2}}\frac{M_2^2}{2EI}\mathrm{d}x_2$$

$$\begin{aligned}\frac{\partial V}{\partial M}&=\int_0^{l}\frac{2M_1}{2EI}\frac{\partial M_1}{\partial M}\mathrm{d}x_1+\int_0^{\frac{l}{2}}\frac{2M_2}{2EI}\frac{\partial M_2}{\partial M}\mathrm{d}x_2\\&=\int_0^{l}\frac{\left(\frac{3ql}{8}-\frac{M}{l}\right)x_1-\frac{1}{2}qx_1^2}{EI}\left(-\frac{x_1}{l}\right)\mathrm{d}x_1+\int_0^{\frac{l}{2}}\frac{\left(-M-\frac{1}{2}qx_2^2\right)}{EI}(-1)\mathrm{d}x_2\\&=-\frac{\left(\frac{3ql}{8}-\frac{M}{l}\right)}{EIl}\times\frac{1}{3}\times l^3+\frac{q}{2EIl}\times\frac{1}{4}l^4+\frac{M}{EI}\times\frac{l}{2}+\frac{q}{2EI}\times\frac{1}{3}\times\left(\frac{l}{2}\right)^3\end{aligned}$$

令 $M=0$，则

$$\varphi_C=\frac{\partial V}{\partial M}\bigg|_{M=0}=\frac{ql^3}{48EI}$$

(2)求 C 点的挠度。在 C 点处加一向下的力 F，求出支座反力为

$$F_{RA}=\frac{1}{2}ql-\frac{F}{2},F_{RB}=ql+\frac{F}{2}$$

以 A 为原点，x_1 以向右为正，AB 段的弯矩方程：$M_1=\left(\frac{3}{8}ql-\frac{F}{2}\right)x_1-\frac{1}{2}qx_1^2$

以 C 为原点，x_2 以向左为正，BC 段的弯矩方程：$M_2=-Fx_2-\frac{1}{2}qx_2^2$

梁的变形能为

$$V=\int_0^l\frac{M_1^2}{2EI}\mathrm{d}x_1+\int_0^{\frac{l}{2}}\frac{M_2^2}{2EI}\mathrm{d}x_2$$

$$\frac{\partial V}{\partial F}=\int_0^l\frac{2M_1}{2EI}\frac{\partial M_1}{\partial F}\mathrm{d}x_1+\int_0^{\frac{l}{2}}\frac{2M_2}{2EI}\frac{\partial M_2}{\partial F}\mathrm{d}x_2$$

$$=\int_0^l\frac{\left(\frac{3ql}{8}-\frac{F}{2}\right)x_1-\frac{1}{2}qx_1^2}{EI}\left(-\frac{x_1}{2}\right)\mathrm{d}x_1+\int_0^{\frac{l}{2}}\frac{\left(-Fx_2-\frac{1}{2}qx_2^2\right)}{EI}(-x_2)\mathrm{d}x_2$$

$$=-\frac{\left(\frac{3ql}{8}-\frac{F}{2}\right)}{2EI}\times\frac{1}{3}\times l^3+\frac{q}{4EI}\times\frac{1}{4}l^4+\frac{F}{EI}\frac{1}{3}\times\left(\frac{l}{2}\right)^3+\frac{q}{2EI}\times\frac{1}{4}\times\left(\frac{l}{2}\right)^4$$

令 $F=0$，则

$$\Delta_{Cy}=\frac{\partial V}{\partial F}\bigg|_{F=0}=\frac{ql^4}{128EI}$$

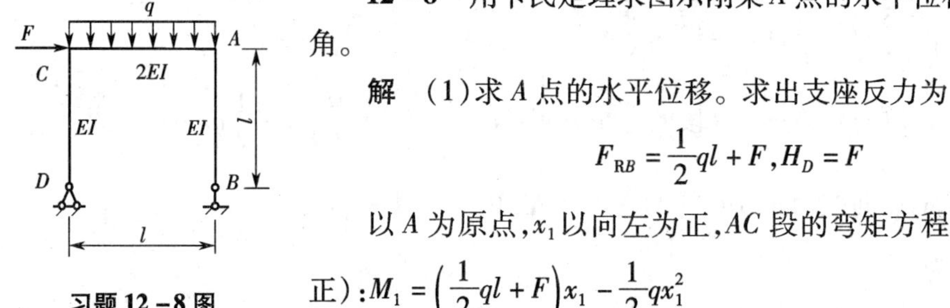

习题 12－8 图

12－8 用卡氏定理求图示刚架 A 点的水平位移和 B 截面的转角。

解 (1)求 A 点的水平位移。求出支座反力为

$$F_{RB}=\frac{1}{2}ql+F,H_D=F$$

以 A 为原点，x_1 以向左为正，AC 段的弯矩方程(以内侧受拉为正)：$M_1=\left(\frac{1}{2}ql+F\right)x_1-\frac{1}{2}qx_1^2$

以 D 为原点，x_2 以向上为正，CD 段的弯矩方程(以内侧受拉为正)：$M_2=Fx_2$

梁的变形能为

$$V=\int_0^l\frac{M_1^2}{4EI}\mathrm{d}x_1+\int_0^l\frac{M_2^2}{2EI}\mathrm{d}x_2$$

$$\Delta_{Ax}=\frac{\partial V}{\partial F}=\int_0^l\frac{2M_1}{4EI}\frac{\partial M_1}{\partial F}\mathrm{d}x_1+\int_0^l\frac{2M_2}{2EI}\frac{\partial M_2}{\partial F}\mathrm{d}x_2$$

$$=\int_0^l\frac{\left(\frac{ql}{2}+F\right)x_1-\frac{1}{2}qx_1^2}{2EI}x_1\mathrm{d}x_1+\int_0^l\frac{Fx_2}{EI}x_2\mathrm{d}x_2$$

$$=\frac{\left(\frac{ql}{2}+F\right)}{2EI}\times\frac{1}{3}\times l^3-\frac{q}{4EI}\times\frac{1}{4}l^4+\frac{F}{EI}\times\frac{l^3}{3}=\frac{Fl^3}{2EI}+\frac{ql^4}{48EI}$$

(2)求 B 截面的转角。在 B 截面处加一逆时针的力偶 M,求出支座反力为

$$F_{RB}=F+\frac{1}{2}ql-\frac{M}{l},F_{RD}=-F+ql+\frac{M}{l},H_D=F$$

以 B 为原点,x_1 以向上为正,AB 段的弯矩方程(以内侧受拉为正):$M_1=M$

以 C 为原点,x_2 以向右为正,AC 段的弯矩方程:$M_2=Fl+\left(\frac{1}{2}ql-F+\frac{M}{l}\right)x_2-\frac{1}{2}qx_2^2$

以 D 为原点,x_3 以向上为正,CD 段的弯矩方程:$M_3=Fx_3$

梁的变形能为

$$V=\int_0^l\frac{M_1^2}{2EI}dx_1+\int_0^l\frac{M_2^2}{4EI}dx_2+\int_0^l\frac{M_3^2}{2EI}dx_2$$

$$\frac{\partial V}{\partial M}=\int_0^l\frac{2M_1}{2EI}\frac{\partial M_1}{\partial M}dx_1+\int_0^l\frac{2M_2}{4EI}\frac{\partial M_2}{\partial M}dx_2+\int_0^l\frac{2M_3}{2EI}\frac{\partial M_3}{\partial M}dx_3$$

$$=\int_0^l\frac{M}{EI}dx_1+\int_0^l\frac{Fl+\left(\frac{1}{2}ql-F+\frac{M}{l}\right)x_2-\frac{q}{2}x_2^2}{2EI}\left(\frac{x_2}{l}\right)dx_2+\int_0^l\frac{Fx_3}{EI}\cdot 0dx_3$$

$$=\frac{Ml}{EI}+\frac{F}{2EI}\frac{1}{2}\times l^2+\frac{\frac{ql}{2}-F+\frac{M}{l}}{2EIl}\times\frac{1}{3}l^3-\frac{q}{4EIl}\times\frac{1}{4}l^4$$

令 $M=0$,则

$$\varphi_B=\frac{\partial V}{\partial M}\bigg|_{M=0}=\frac{ql^3}{48EI}+\frac{Fl^2}{12EI}$$

12-9 用卡氏定理求图示梁 C 截面的转角和竖向位移。梁的 EI 为常数。

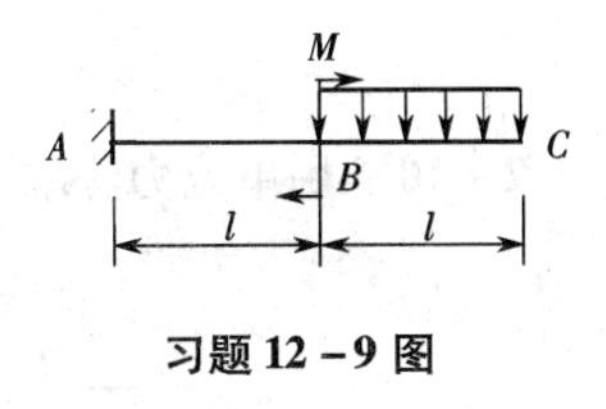

习题 12-9 图

解 (1)求 C 截面的转角。在 C 截面处加一顺时针的力偶 M_C。

以 C 为原点,x_1 以向左为正,BC 段的弯矩方程(以下侧受拉为正):$M_1=-M_C-\frac{1}{2}qx_1^2$

以 B 为原点,x_2 以向左为正,AB 段的弯矩方程:$M_2=-M_C-M-ql\left(\frac{l}{2}+x_2\right)$

梁的变形能为

$$V=\int_0^l\frac{M_1^2}{2EI}dx_1+\int_0^l\frac{M_2^2}{2EI}dx_2$$

$$\frac{\partial V}{\partial M_C}=\int_0^l\frac{2M_1}{2EI}\frac{\partial M_1}{\partial M_C}dx_1+\int_0^l\frac{2M_2}{2EI}\frac{\partial M_2}{\partial M_C}dx_2$$

$$=\int_0^l\frac{-M_C-\frac{1}{2}qx_1^2}{EI}(-1)dx_1+\int_0^l\frac{-M_C-M-ql(\frac{l}{2}+x_2)}{EI}(-1)dx_2$$

$$=\frac{M_Cl}{EI}+\frac{q}{2EI}\times\frac{1}{3}\times l^3+\frac{M_C+M+\frac{ql^2}{2}}{EI}\times l+\frac{ql}{EI}\times\frac{1}{2}\times l^2$$

令 $M_C=0$，则

$$\varphi_C=\left.\frac{\partial V}{\partial M_C}\right|_{M_C=0}=\frac{7ql^3}{6EI}+\frac{Ml}{EI}$$

(2)求 C 点的竖向位移。在 C 点处加一向下的力 F。

以 C 为原点，x_1 以向左为正，BC 段的弯矩方程（以下侧受拉为正）：$M_1=-Fx_1-\frac{1}{2}qx_1^2$

以 B 为原点，x_2 以向左为正，AB 段的弯矩方程：$M_2=-M-ql\left(\frac{l}{2}+x_2\right)-F(l+x_2)$

梁的变形能为

$$V=\int_0^l\frac{M_1^2}{2EI}\mathrm{d}x_1+\int_0^l\frac{M_2^2}{2EI}\mathrm{d}x_2$$

$$\frac{\partial V}{\partial F}=\int_0^l\frac{2M_1}{2EI}\frac{\partial M_1}{\partial F}\mathrm{d}x_1+\int_0^l\frac{2M_2}{2EI}\frac{\partial M_2}{\partial F}\mathrm{d}x_2$$

$$=\int_0^l\frac{-Fx_1-\frac{1}{2}qx_1^2}{EI}(-x_1)\mathrm{d}x_1+\int_0^l\frac{-M-ql(\frac{l}{2}+x_2)-F(l+x_2)}{EI}(-l-x_2)\mathrm{d}x_2$$

$$=\frac{F}{EI}\times\frac{1}{3}l^3+\frac{q}{2EI}\times\frac{1}{4}l^4+\frac{Ml^2}{EI}+\frac{Ml^2}{EI}-\frac{q}{EI}\left(\frac{l^2}{2}\times l+\frac{3}{2}\times\frac{1}{2}l^2+\frac{1}{3}l^3\right)+$$

$$\frac{F}{EI}\left(l^3+2l\times\frac{l^2}{2}+\frac{1}{3}l^3\right)$$

令 $F=0$，则

$$\Delta_C=\left.\frac{\partial V}{\partial F}\right|_{F=0}=\frac{41ql^4}{24EI}+\frac{3Ml^2}{2EI}$$

12－10　用单位力法求下列梁的 Δ_C 和 θ_C。EI 为常数。

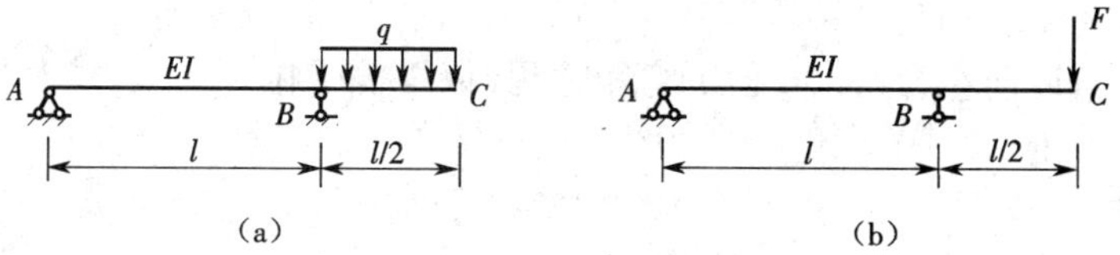

(a)　　(b)

习题 12－10 图

解　(a)求 C 点的竖向位移。在 C 点处加一向下的单位力 $F=1$ 作为虚拟状态。列出各段在荷载及单位力作用下的弯矩方程。

AB 段：以 A 为原点，x_1 以向右为正，$M_P=-\frac{1}{8}qlx_1$，$\overline{M}_1=-\frac{1}{2}x_1$

BC 段：以 C 为原点，x_2 以向左为正，$M_P=-\frac{1}{2}qx_2^2$，$\overline{M}_2=-x_2$

$$\Delta_C=\sum\int\frac{M_P\overline{M}}{EI}\mathrm{d}x=\int_0^l\frac{-\frac{1}{8}qlx_1\left(-\frac{1}{2}x_1\right)}{EI}\mathrm{d}x_1+\int_0^{\frac{l}{2}}\frac{-\frac{1}{2}qx_2^2(-x_2)}{EI}\mathrm{d}x_2$$

$$=\int_0^l \frac{qlx_1^2}{16EI}\mathrm{d}x_1+\int_0^{\frac{l}{2}}\frac{qx_2^3}{2EI}\mathrm{d}x_2=\frac{ql}{16EI}\times\frac{1}{3}l^3+\frac{q}{2EI}\times\frac{1}{4}\left(\frac{l}{2}\right)^4$$

$$=\frac{11ql^4}{384EI}\quad(\downarrow)$$

求 C 截面的转角。在 C 截面处加一顺时针方向的单位力偶 $M=1$ 作为虚拟状态。列出各段在荷载及单位力偶作用下的弯矩方程。

AB 段:以 A 为原点,x_1以向右为正,$M_P=-\frac{1}{8}qlx_1,\bar{M}_1=-\frac{1}{l}x_1$

BC 段:以 C 为原点,x_2以向左为正,$M_P=-\frac{1}{2}qx_2^2,\bar{M}_2=-1$

$$\theta_C=\sum\int\frac{M_P\bar{M}}{EI}\mathrm{d}x=\int_0^l\frac{-\frac{1}{8}qlx_1\left(-\frac{1}{l}x_1\right)}{EI}\mathrm{d}x_1+\int_0^{\frac{l}{2}}\frac{-\frac{1}{2}qx_2^2(-1)}{EI}\mathrm{d}x_2$$

$$=\int_0^l\frac{qx_1^2}{8EI}\mathrm{d}x_1+\int_0^{\frac{l}{2}}\frac{qx_2^2}{2EI}\mathrm{d}x_2=\frac{q}{8EI}\times\frac{1}{3}l^3+\frac{q}{2EI}\times\frac{1}{3}\left(\frac{l}{2}\right)^3$$

$$=\frac{ql^3}{16EI}$$

(b)求 C 点的竖向位移。在 C 点处加一向下的单位力 $F=1$ 作为虚拟状态。列出各段在荷载及单位力作用下的弯矩方程。

AB 段:以 A 为原点,x_1以向右为正,$M_P=-\frac{1}{2}Fx_1,\bar{M}_1=-\frac{1}{2}x_1$

BC 段:以 C 为原点,x_2以向左为正,$M_P=-Fx_2,\bar{M}_2=-x_2$

$$\Delta_C=\sum\int\frac{M_P\bar{M}}{EI}\mathrm{d}x=\int_0^l\frac{-\frac{1}{2}Fx_1\left(-\frac{1}{2}x_1\right)}{EI}\mathrm{d}x_1+\int_0^{\frac{l}{2}}\frac{-Fx_2(-x_2)}{EI}\mathrm{d}x_2$$

$$=\int_0^l\frac{Fx_1^2}{4EI}\mathrm{d}x_1+\int_0^{\frac{l}{2}}\frac{Fx_2^2}{EI}\mathrm{d}x_2=\frac{F}{4EI}\times\frac{1}{3}l^3+\frac{F}{EI}\times\frac{1}{3}\left(\frac{l}{2}\right)^3$$

$$=\frac{Fl^3}{8EI}\quad(\downarrow)$$

求 C 截面的转角。在 C 截面处加一顺时针方向的单位力偶 $M=1$ 作为虚拟状态。列出各段在荷载及单位力偶作用下的弯矩方程。

AB 段:以 A 为原点,x_1以向右为正,$M_P=-\frac{1}{2}Fx_1,\bar{M}_1=-\frac{1}{l}x_1$

BC 段:以 C 为原点,x_2以向左为正,$M_P=-Fx_2,\bar{M}_2=-1$

$$\theta_C=\sum\int\frac{M_P\bar{M}}{EI}\mathrm{d}x=\int_0^l\frac{-\frac{1}{2}Fx_1\left(-\frac{1}{l}x_1\right)}{EI}\mathrm{d}x_1+\int_0^{\frac{l}{2}}\frac{-Fx_2(-1)}{EI}\mathrm{d}x_2$$

$$=\int_0^l\frac{Fx_1^2}{2EIl}\mathrm{d}x_1+\int_0^{\frac{l}{2}}\frac{Fx_2}{EI}\mathrm{d}x_2=\frac{F}{2EIl}\times\frac{1}{3}l^3+\frac{F}{EI}\times\frac{1}{2}\left(\frac{l}{2}\right)^2$$

$$=\frac{7Fl^2}{24EI}$$

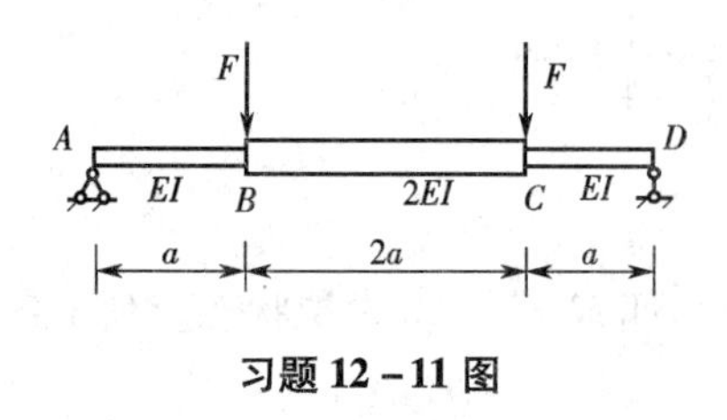

习题 12－11 图

12－11 用单位力法求图示变截面梁 A 截面的转角。EI 为常数。

解 在 A 截面处加一顺时针方向的单位力偶 $M=1$ 作为虚拟状态。列出各段在荷载及单位力偶作用下的弯矩方程。

AB 段：以 A 为原点，x_1 以向右为正，$M_P=Fx_1$，$\overline{M}_1=1-\dfrac{1}{4a}x_1\,(0\leqslant x_1\leqslant a)$

BC 段：以 A 为原点，x_2 以向右为正，$M_P=Fa$，$\overline{M}_2=1-\dfrac{x_2}{4a}\,(a\leqslant x_2\leqslant 3a)$

CD 段：以 D 为原点，x_3 以向左为正，$M_P=Fx_3$，$\overline{M}_3=\dfrac{x_3}{4a}\,(0\leqslant x_3\leqslant a)$

$$\theta_A=\sum\int\frac{M_P\overline{M}}{EI}\mathrm{d}x=\int_0^a\frac{Fx_1\left(1-\frac{1}{4a}x_1\right)}{EI}\mathrm{d}x_1+\int_a^{3a}\frac{Fa\left(1-\frac{1}{4a}x_2\right)}{2EI}\mathrm{d}x_2+\int_0^a\frac{Fx_3\left(\frac{1}{4a}x_3\right)}{EI}\mathrm{d}x_3$$

$$=\int_0^a\frac{Fx_1}{EI}\mathrm{d}x_1-\int_0^a\frac{Fx_1^2}{4aEI}\mathrm{d}x_1+\int_a^{3a}\frac{Fa}{2EI}\mathrm{d}x_2-\int_a^{3a}\frac{Fx_2}{8EI}\mathrm{d}x_2+\int_0^a\frac{Fx_3^2}{4aEI}\mathrm{d}x_3$$

$$=\frac{F}{EI}\times\frac{1}{2}a^2-\frac{F}{4aEI}\times\frac{1}{3}a^3+\frac{Fa}{2EI}\times 2a-\frac{F}{8EI}\times\frac{1}{2}\times 8a^2+\frac{F}{4aEI}\times\frac{1}{3}a^3$$

$$=\frac{Fa^2}{EI}$$

12－12 用单位力法求图示悬臂梁自由端截面的转角和挠度。EI 为常数。

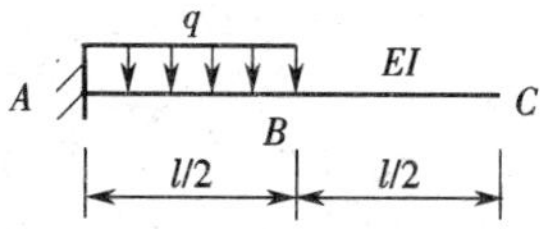

习题 12－12 图

解 (1)求自由端截面的转角。在 C 截面处加一顺时针方向的单位力偶 $M=1$ 作为虚拟状态。列出各段在荷载及单位力偶作用下的弯矩方程。

AB 段：以 B 为原点，x_1 以向左为正，$M_P=-\dfrac{q}{2}x_1^2$，$\overline{M}_1=-1$

BC 段：以 C 为原点，x_2 以向左为正，$M_P=0$，$\overline{M}_2=-1$

$$\theta_C=\sum\int\frac{M_P\overline{M}}{EI}\mathrm{d}x=\int_0^{\frac{l}{2}}\frac{-\frac{q}{2}x_1^2(-1)}{EI}\mathrm{d}x_1+\int_0^{\frac{l}{2}}\frac{0\times(-1)}{EI}\mathrm{d}x_2$$

$$=\int_0^{\frac{l}{2}}\frac{qx_1^2}{2EI}\mathrm{d}x_1=\frac{q}{2EI}\times\frac{1}{3}\left(\frac{l}{2}\right)^3=\frac{ql^3}{48EI}$$

(2)求自由端的竖向位移。在 C 截面处加一向下的单位力 $F=1$ 作为虚拟状态。列出各段在荷载及单位力作用下的弯矩方程。

AB 段：以 B 为原点，x_1 以向左为正，$M_P=-\dfrac{q}{2}x_1^2$，$\overline{M}_1=-\left(\dfrac{l}{2}+x_1\right)$

BC 段：以 C 为原点，x_2 以向左为正，$M_P=0$，$\overline{M}_2=-x_2$

$$\Delta_C = \sum \int \frac{M_P \bar{M}}{EI} dx = \int_0^{\frac{l}{2}} \frac{-\frac{q}{2}x_1^2\left(-\frac{l}{2}-x_1\right)}{EI} dx_1 + \int_0^{\frac{l}{2}} \frac{0 \times (-x_2)}{EI} dx_2$$

$$= \int_0^{\frac{l}{2}} \frac{qlx_1^2}{4EI} dx_1 + \int_0^{\frac{l}{2}} \frac{qx_1^3}{2EI} dx_1 = \frac{ql}{4EI} \times \frac{1}{3}\left(\frac{l}{2}\right)^3 + \frac{q}{2EI} \times \frac{1}{4}\left(\frac{l}{2}\right)^4 = \frac{7ql^4}{384EI}$$

12－13 用单位力法求图示外伸梁：(1) B 截面的转角和挠度；(2) C 截面的转角和挠度。EI 为常数。

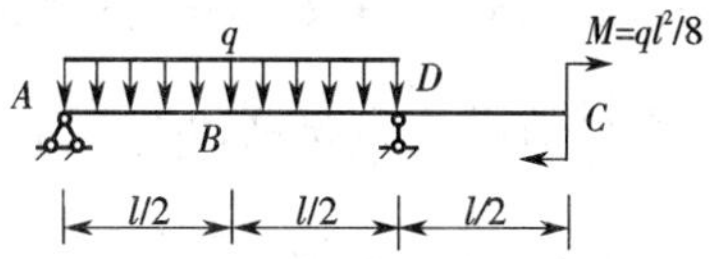

习题 12－13 图

解 (1) 求 B 截面的转角。先求梁在荷载作用下的支座反力：$F_{RA} = \frac{3}{8}ql, F_{RB} = \frac{5}{8}ql$

在 B 截面处加一顺时针方向的单位力偶 $M=1$ 作为虚拟状态。列出各段在荷载及单位力偶作用下的弯矩方程。

AB 段：以 A 为原点，x_1 以向右为正，$M_P = \frac{3ql}{8}x_1 - \frac{1}{2}qx_1^2, \bar{M}_1 = -\frac{1}{l}x_1 \left(0 \leqslant x_1 \leqslant \frac{l}{2}\right)$

BD 段：以 A 为原点，x_2 以向右为正，$M_P = \frac{3ql}{8}x_2 - \frac{1}{2}qx_2^2, \bar{M}_2 = -\frac{1}{l}x_2 + 1 \left(\frac{l}{2} \leqslant x_2 \leqslant l\right)$

CD 段：以 C 为原点，x_3 以向左为正，$M_P = -\frac{ql^2}{8}, \bar{M}_3 = 0$

$$\theta_B = \sum \int \frac{M_P \bar{M}}{EI} dx = \int_0^{\frac{l}{2}} \frac{\left(\frac{3ql}{8}x_1 - \frac{1}{2}qx_1^2\right)\left(-\frac{x_1}{l}\right)}{EI} dx_1 + \int_{\frac{l}{2}}^{l} \frac{\left(\frac{3ql}{8}x_2 - \frac{1}{2}qx_2^2\right)\left(-\frac{x_2}{l}+1\right)}{EI} dx_2$$

$$= -\int_0^{\frac{l}{2}} \frac{3qx_1^2}{8EI} dx_1 + \int_0^{\frac{l}{2}} \frac{qx_1^3}{2EIl} dx_1 - \int_{\frac{l}{2}}^{l} \frac{3qx_2^2}{8EI} dx_2 + \int_{\frac{l}{2}}^{l} \frac{3qlx_2}{8EI} dx_2 + \int_{\frac{l}{2}}^{l} \frac{qx_2^3}{2EIl} dx_2 - \int_{\frac{l}{2}}^{l} \frac{qx_2^2}{2EI} dx_2$$

$$= -\frac{3q}{8EI} \times \frac{1}{3}\left(\frac{l}{2}\right)^3 + \frac{q}{2EIl} \times \frac{1}{4}\left(\frac{l}{2}\right)^4 - \frac{3q}{8EI} \times \frac{1}{3}\left[l^3 - \left(\frac{l}{2}\right)^3\right] + \frac{3ql}{8EI} \times \frac{1}{2}\left[l^2 - \left(\frac{l}{2}\right)^2\right] +$$

$$\frac{q}{2EIl} \times \frac{1}{4}\left[l^4 - \left(\frac{l}{2}\right)^4\right] - \frac{q}{2EI} \times \frac{1}{3}\left[l^3 - \left(\frac{l}{2}\right)^3\right] = -\frac{ql^3}{192EI}$$

求 B 点的挠度。在 B 点处加一向下的单位力 $F=1$ 作为虚拟状态。列出各段在荷载及单位力作用下的弯矩方程。

AB 段：以 A 为原点，x_1 以向右为正，$M_P = \frac{3ql}{8}x_1 - \frac{1}{2}qx_1^2, \bar{M}_1 = \frac{1}{2}x_1 (0 \leqslant x_1 \leqslant \frac{l}{2})$

BD 段：以 A 为原点，x_2 以向右为正，$M_P = \frac{3ql}{8}x_2 - \frac{1}{2}qx_2^2, \bar{M}_2 = -\frac{1}{2}x_2 + \frac{1}{2}l (\frac{l}{2} \leqslant x_2 \leqslant l)$

CD 段：以 C 为原点，x_3 以向左为正，$M_P = -\frac{ql^2}{8}, \bar{M}_3 = 0$

$$\Delta_B = \sum \int \frac{M_P \bar{M}}{EI} dx = \int_0^{\frac{l}{2}} \frac{\left(\frac{3ql}{8}x_1 - \frac{1}{2}qx_1^2\right)\left(\frac{x_1}{2}\right)}{EI} dx_1 + \int_{\frac{l}{2}}^{l} \frac{\left(\frac{3ql}{8}x_2 - \frac{1}{2}qx_2^2\right)\left(-\frac{x_2}{2}+\frac{l}{2}\right)}{EI} dx_2$$

$$= \int_0^{\frac{l}{2}} \frac{3qlx_1^2}{16EI} dx_1 - \int_0^{\frac{l}{2}} \frac{qx_1^3}{4EI} dx_1 - \int_{\frac{l}{2}}^{l} \frac{3qlx_2^2}{16EI} dx_2 + \int_{\frac{l}{2}}^{l} \frac{3ql^2x_2}{16EI} dx_2 + \int_{\frac{l}{2}}^{l} \frac{qx_2^3}{4EI} dx_2 - \int_{\frac{l}{2}}^{l} \frac{qlx_2^2}{4EI} dx_2$$

$$=\frac{3ql}{16EI}\times\frac{1}{3}\left(\frac{l}{2}\right)^3-\frac{q}{4EI}\times\frac{1}{4}\left(\frac{l}{2}\right)^4-\frac{3ql}{16EI}\times\frac{1}{3}\left[l^3-\left(\frac{l}{2}\right)^3\right]+\frac{3ql^2}{16EI}\times\frac{1}{2}\left[l^2-\left(\frac{l}{2}\right)^2\right]+$$

$$\frac{q}{4EI}\times\frac{1}{4}\left[l^4-\left(\frac{l}{2}\right)^4\right]-\frac{ql}{4EI}\times\frac{1}{3}\left[l^3-\left(\frac{l}{2}\right)^3\right]=\frac{ql^4}{192EI}$$

(2)求 C 截面的转角。在 C 截面处加一顺时针方向的单位力偶 $M=1$ 作为虚拟状态。列出各段在荷载及单位力偶作用下的弯矩方程。

AD 段:以 A 为原点,x_1以向右为正,$M_P=\frac{3ql}{8}x_1-\frac{1}{2}qx_1^2,\bar{M}=-\frac{1}{l}x_1(0\leqslant x_1\leqslant l)$

CD 段:以 C 为原点,x_2以向左为正,$M_P=-\frac{ql^2}{8},\bar{M}_2=-1$

$$\theta_C=\sum\int\frac{M_P\bar{M}}{EI}dx=\int_0^l\frac{\left(\frac{3ql}{8}x_1-\frac{1}{2}qx_1^2\right)\left(-\frac{x_1}{l}\right)}{EI}dx_1+\int_0^{\frac{l}{2}}\frac{\left(-\frac{ql^2}{8}\right)(-1)}{EI}dx_2$$

$$=-\int_0^l\frac{3qx_1^2}{8EI}dx_1+\int_0^l\frac{qx_1^3}{2EIl}dx_1+\int_0^{\frac{l}{2}}\frac{ql^2}{8EI}dx_2$$

$$=-\frac{3q}{8EI}\times\frac{1}{3}\times l^3+\frac{q}{2EIl}\times\frac{1}{4}\times l^4+\frac{ql^2}{8EI}\times\frac{l}{2}$$

$$=\frac{ql^3}{16EI}$$

求 C 点的挠度。在 C 点处加一向下的单位力 $F=1$ 作为虚拟状态。列出各段在荷载及单位力作用下的弯矩方程。

AD 段:以 A 为原点,x_1以向右为正,$M_P=\frac{3ql}{8}x_1-\frac{1}{2}qx_1^2,\bar{M}_1=-\frac{1}{4}x_1(0\leqslant x_1\leqslant l)$

CD 段:以 C 为原点,x_2以向左为正,$M_P=-\frac{ql^2}{8},\bar{M}_2=-x_2\left(0\leqslant x_2\leqslant\frac{l}{2}\right)$

$$\Delta_C=\sum\int\frac{M_P\bar{M}}{EI}dx=\int_0^l\frac{\left(\frac{3ql}{8}x_1-\frac{1}{2}qx_1^2\right)\left(-\frac{x_1}{4}\right)}{EI}dx_1+\int_0^{\frac{l}{2}}\frac{\left(-\frac{ql^2}{8}\right)(-x_2)}{EI}dx_2$$

$$=-\int_0^l\frac{3qlx_1^2}{32EI}dx_1+\int_0^l\frac{qx_1^3}{8EI}dx_1+\int_0^{\frac{l}{2}}\frac{ql^2x_2}{8EI}dx_2$$

$$=-\frac{3ql}{32EI}\times\frac{1}{3}\times l^3+\frac{q}{8EI}\times\frac{1}{4}\times l^4+\frac{ql^2}{8EI}\times\frac{1}{2}\times(\frac{l}{2})^2$$

$$=\frac{ql^4}{64EI}$$

12-14 用单位力法求图示悬臂梁自由端截面的竖向位移。

解 (a)在 C 点处加一向下的单位力 $F=1$ 作为虚拟状态。列出各段在荷载及单位力作用下的弯矩方程。

CB 段:以 C 为原点,x_1以向左为正,$M_P=-\frac{1}{2}qx_1^2,\bar{M}_1=-x_1\left(0\leqslant x_2\leqslant\frac{l}{2}\right)$

AB 段:以 B 为原点,x_2以向左为正,$M_P=\frac{ql}{2}\left(x_2+\frac{l}{4}\right),\bar{M}_2=\frac{1}{2}l+x_2\left(0\leqslant x_2\leqslant\frac{l}{2}\right)$

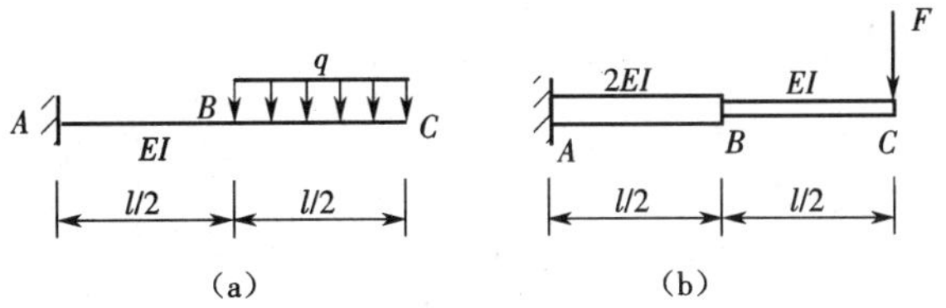

(a)　　　　(b)

习题 12－14 图

$$\Delta_C=\sum\int\frac{M_P\overline{M}}{EI}\mathrm{d}x=\int_0^{\frac{l}{2}}\frac{\left(-\frac{1}{2}qx_1^2\right)(-x_1)}{EI}\mathrm{d}x_1+\int_0^{\frac{l}{2}}\frac{\frac{ql}{2}\left(x_2+\frac{l}{4}\right)\left(\frac{l}{2}+x_2\right)}{EI}\mathrm{d}x_2$$

$$=\int_0^{\frac{l}{2}}\frac{qx_1^3}{2EI}\mathrm{d}x_1+\int_0^{\frac{l}{2}}\frac{ql^2x_2}{4EI}\mathrm{d}x_2+\int_0^{\frac{l}{2}}\frac{qlx_2^2}{2EI}\mathrm{d}x_2+\int_0^{\frac{l}{2}}\frac{ql^3}{16EI}\mathrm{d}x_2+\int_0^{\frac{l}{2}}\frac{ql^2x_2}{8EI}\mathrm{d}x_2$$

$$=\frac{q}{2EI}\times\frac{1}{4}\times(\frac{l}{2})^4+\frac{ql^2}{4EI}\times\frac{1}{2}\times\left(\frac{l}{2}\right)^2+\frac{ql}{2EI}\times\frac{1}{3}\times\left(\frac{l}{2}\right)^3+\frac{ql^3}{16EI}\times\frac{1}{2}l+\frac{ql^2}{8EI}\times\frac{1}{2}\times\left(\frac{l}{2}\right)^2$$

$$=\frac{41ql^4}{384EI}$$

(b)在 C 点处加一向下的单位力 $F=1$ 作为虚拟状态。列出各段在荷载及单位力作用下的弯矩方程。

CB 段:以 C 为原点,x_1以向左为正,$M_P=-Fx_1,\overline{M}_1=-x_1\left(0\leqslant x_1\leqslant\frac{l}{2}\right)$

AB 段:以 B 为原点,x_2以向左为正,$M_P=F\left(x_2+\frac{l}{2}\right),\overline{M}_2=\frac{1}{2}l+x_2\left(0\leqslant x_2\leqslant\frac{l}{2}\right)$

$$\Delta_C=\sum\int\frac{M_P\overline{M}}{EI}\mathrm{d}x=\int_0^{\frac{l}{2}}\frac{(-Fx_1)(-x_1)}{EI}\mathrm{d}x_1+\int_0^{\frac{l}{2}}\frac{F\left(x_2+\frac{l}{2}\right)\left(\frac{l}{2}+x_2\right)}{2EI}\mathrm{d}x_2$$

$$=\int_0^{\frac{l}{2}}\frac{Fx_1^2}{EI}\mathrm{d}x_1+\int_0^{\frac{l}{2}}\frac{Flx_2}{4EI}\mathrm{d}x_2+\int_0^{\frac{l}{2}}\frac{Fx_2^2}{2EI}\mathrm{d}x_2+\int_0^{\frac{l}{2}}\frac{Fl^2}{8EI}\mathrm{d}x_2+\int_0^{\frac{l}{2}}\frac{Flx_2}{4EI}\mathrm{d}x_2$$

$$=\frac{F}{EI}\times\frac{1}{3}\times\left(\frac{l}{2}\right)^3+\frac{Fl}{4EI}\times\frac{1}{2}\times\left(\frac{l}{2}\right)^2+\frac{F}{2EI}\times\frac{1}{3}\times\left(\frac{l}{2}\right)^3+\frac{Fl^2}{8EI}\times\frac{1}{2}l+\frac{Fl}{4EI}\times\frac{1}{2}\times\left(\frac{l}{2}\right)^2$$

$$=\frac{3Fl^3}{16EI}$$

12－15　试求图示桁架节点 C 的水平位移,设各杆 EA 为同一常数。

解　在 C 点处加一向右的单位力 $F=1$ 作为虚拟状态。求出各杆件在荷载及单位力作用下的轴力:

$$N_{ABP}=0,N_{BCP}=-F,N_{CDP}=-F,N_{ACP}=\sqrt{2}F,N_{BDP}=0$$

$$\overline{N}_{AB}=0,\overline{N}_{BC}=0,\overline{N}_{CD}=-1,\overline{N}_{AC}=\sqrt{2},\overline{N}_{BD}=0$$

$$\Delta_C=\sum\frac{N_P\overline{N}l_i}{EA}=\frac{1}{EA}[-F\times(-1)\times l+\sqrt{2}F\times\sqrt{2}\times\sqrt{2}l+0]$$

$$=\frac{1}{EA}(1+2\sqrt{2})Fl$$

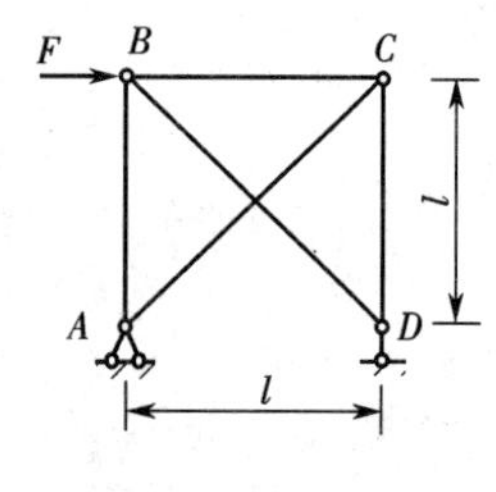

习题 12－15 图

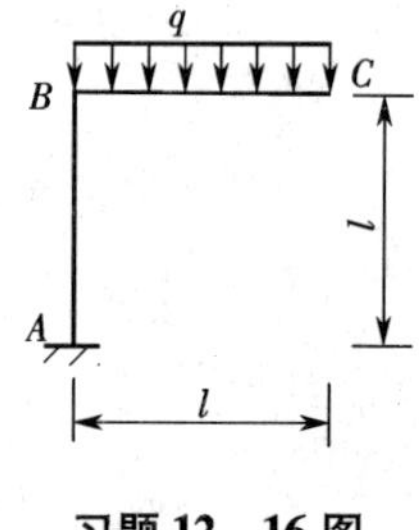

习题 12－16 图

12－16 试求图示刚架 C 点的水平位移和转角。($EI=$常数)

解 (1)在 C 点处加一向右的单位力 $F=1$ 作为虚拟状态。列出各段在荷载及单位力作用下的弯矩方程(外侧受拉为正)。

CB 段:以 C 为原点,x_1以向左为正,$M_P=\frac{1}{2}qx_1^2$,$\bar{M}_1=0$

AB 段:以 B 为原点,x_2以向下为正,$M_P=\frac{ql^2}{2}$,$\bar{M}_2=x_2$

$$\Delta_C=\sum\int\frac{M_P\bar{M}}{EI}\mathrm{d}x=\int_0^l\frac{\frac{1}{2}qx_1^2\times 0}{EI}\mathrm{d}x_1+\int_0^l\frac{\frac{ql^2}{2}x_2}{EI}\mathrm{d}x_2$$

$$=\frac{ql^2}{2EI}\times\frac{1}{2}\times l^2=\frac{ql^4}{4EI}(\rightarrow)$$

(2)在 C 点处加一顺时针方向的单位力偶 $M=1$ 作为虚拟状态。列出各段在荷载及单位力作用下的弯矩方程(外侧受拉为正)。

CB 段:以 C 为原点,x_1以向左为正,$M_P=\frac{1}{2}qx_1^2$,$\bar{M}_1=1$

AB 段:以 B 为原点,x_2以向下为正,$M_P=\frac{ql^2}{2}$,$\bar{M}_2=1$

$$\Delta_C=\sum\int\frac{M_P\bar{M}}{EI}\mathrm{d}x=\int_0^l\frac{\frac{1}{2}qx_1^2\times 1}{EI}\mathrm{d}x_1+\int_0^l\frac{\frac{ql^2}{2}\times 1}{EI}\mathrm{d}x_2$$

$$=\frac{q}{2EI}\times\frac{1}{3}\times l^3+\frac{ql^3}{2EI}=\frac{2ql^3}{3EI}$$

12－17 试用图乘法求上述 12－13 至 12－17 题。

题 12－13 解 画出荷载作用下的弯矩图(习题 12－13 解答图(a))。

(1)求 B 截面的转角。在 B 截面处加一单位力偶,并作单位弯矩图(习题 12－13 解答图(b))。

$$\varphi_B=\frac{1}{EI}\Big(\frac{1}{2}\times\frac{l}{2}\times\frac{ql^2}{16}\times\frac{2}{3}\times\frac{1}{2}-\frac{1}{2}\times\frac{l}{2}\times\frac{1}{2}\times\frac{ql^2}{12}-$$
$$\frac{2}{3}\times\frac{l}{2}\times\frac{ql^2}{8}\times\frac{5}{8}\times\frac{1}{2}+\frac{2}{3}\times\frac{l}{2}\times\frac{ql^2}{8}\times\frac{5}{8}\times\frac{1}{2}\Big)$$
$$=-\frac{ql^3}{192EI}$$

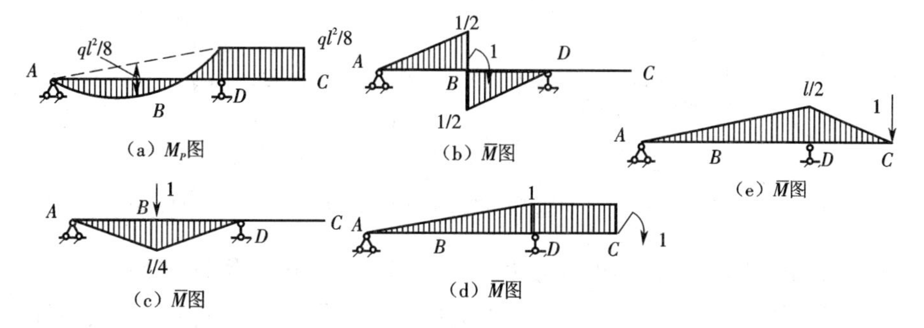

习题 12－13 解答图

(2)求 B 点的挠度。在 B 点处加一单位力，并作单位弯矩图(习题 12－13 解答图(c))。

$$\Delta_B=\frac{1}{EI}\left(-\frac{1}{2}\times\frac{l}{2}\times\frac{ql^2}{16}\times\frac{2}{3}\times\frac{l}{4}-\frac{1}{2}\times\frac{l}{2}\times\frac{l}{4}\times\frac{ql^2}{12}+\frac{2}{3}\times\frac{l}{2}\times\frac{ql^2}{8}\times\frac{5}{8}\times\frac{l}{4}\right)$$

$$=-\frac{ql^4}{192EI}$$

(3)求 C 截面的转角。在 C 截面处加一单位力偶，并作单位弯矩图(习题 12－13 解答图(d))。

$$\varphi_C=\frac{1}{EI}\left(\frac{1}{2}\times l\times\frac{ql^2}{8}\times\frac{2}{3}\times 1-\frac{2}{3}\times l\times\frac{ql^2}{8}\times\frac{1}{2}\times 1+1\times\frac{l}{2}\times\frac{ql^2}{8}\right)$$

$$=\frac{ql^3}{16EI}$$

(4)求 C 点的挠度。在 C 点处加一单位力，并作单位弯矩图(习题 12－13 解答图(e))。

$$\Delta_C=\frac{1}{EI}\left(\frac{1}{2}\times l\times\frac{ql^2}{8}\times\frac{2}{3}\times\frac{l}{2}-\frac{2}{3}\times l\times\frac{ql^2}{8}\times\frac{1}{2}\times\frac{l}{2}+\frac{l}{2}\times\frac{ql^2}{8}\times\frac{l}{4}\right)$$

$$=\frac{ql^4}{64EI}$$

题 12－14 解

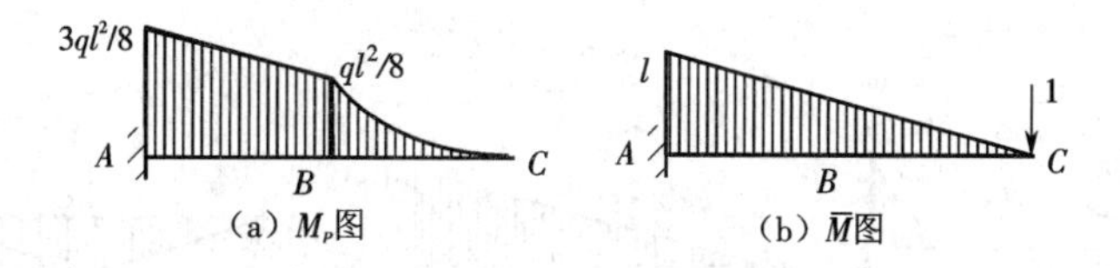

习题 12－14(a)解答图

(1)画出荷载作用下的弯矩图(习题 12－14(a)解答图(a))。

在 C 截面处加一单位力，并作单位弯矩图(习题 12－14(a)解答图(b))。

$$\Delta_C=\frac{1}{EI}\left(\frac{1}{3}\times\frac{l}{2}\times\frac{ql^2}{8}\times\frac{3}{4}\times\frac{l}{2}+\frac{1}{2}\times\frac{l}{2}\times\frac{ql^2}{8}\times\frac{2l}{3}+\frac{1}{2}\times\frac{l}{2}\times\frac{3ql^2}{8}\times\frac{5l}{6}\right)$$

$$=\frac{41ql^4}{384EI}$$

(2)画出荷载作用下的弯矩图(习题 12－14(b)解答图(a))。

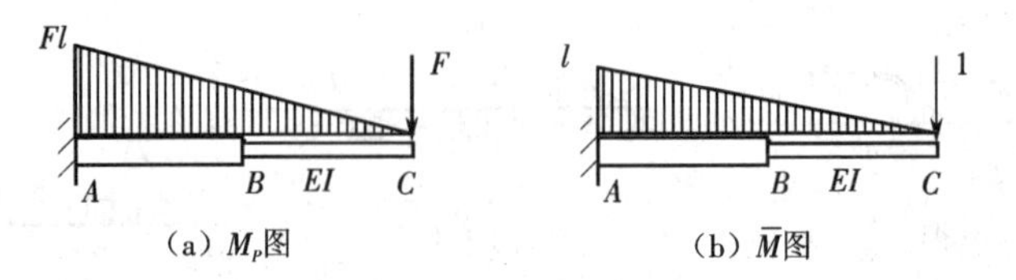

（a）M_P图　　（b）$\overline{M}$图

习题 12－14(b) 解答图

在 C 截面处加一单位力，并作单位弯矩图（习题 12－14(b) 解答图(b)）。

$$\Delta_C=\frac{1}{EI}\left(\frac{1}{2}\times\frac{l}{2}\times\frac{Fl}{2}\times\frac{2}{3}\times\frac{l}{2}\right)+\frac{1}{2EI}\left(\frac{1}{2}\times\frac{l}{2}\times\frac{Fl}{2}\times\frac{2l}{3}+\frac{1}{2}\times\frac{l}{2}\times Fl\times\frac{5l}{6}\right)$$

$$=\frac{3Fl^3}{16EI}$$

题 12－16 解　画出荷载作用下的弯矩图（习题 12－16 解答图(a)）

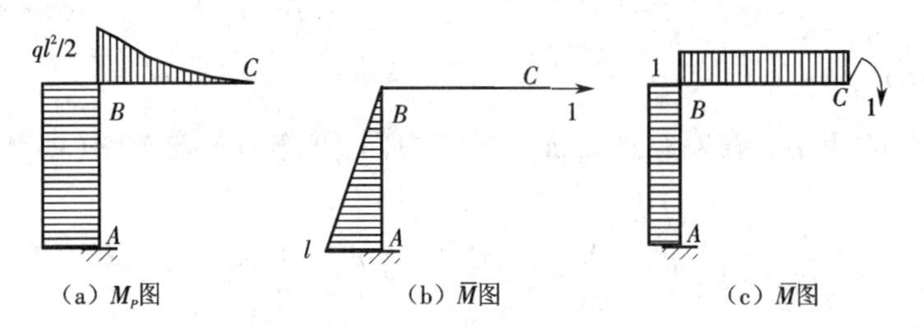

（a）M_P图　　（b）$\overline{M}$图　　（c）$\overline{M}$图

习题 12－16 解答图

12－18　用图乘法求 B 截面的转角及 C 点的竖向位移。（EI＝常数）

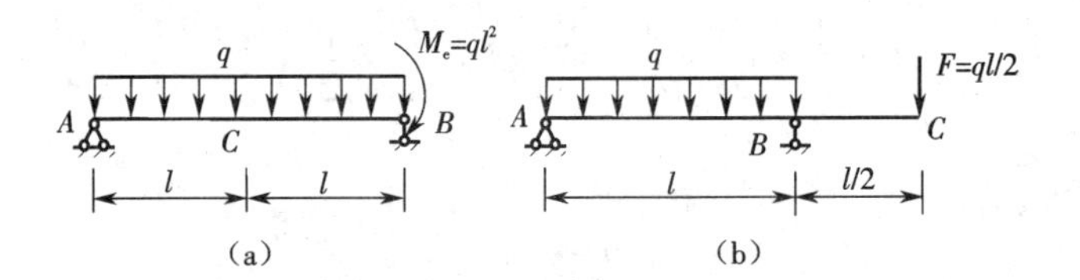

（a）　　（b）

习题 12－18 图

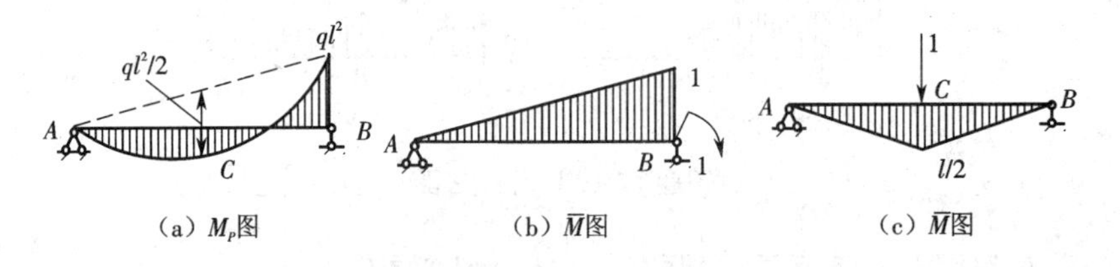

（a）M_P图　　（b）$\overline{M}$图　　（c）$\overline{M}$图

习题 12－18(a) 解答图

解　(1) 求 B 截面的转角。作出荷载作用下的弯矩图（习题 12－18(a) 解答图(a)）。在 B 截面处加一单位力偶，作出弯矩图（习题 12－18(a) 解答图(b)）。

$$\theta_B=\frac{1}{EI}\left(\frac{1}{2}\times 2l\times ql^2\times\frac{2}{3}\times 1-\frac{2}{3}\times 2l\times\frac{1}{2}ql^2\times\frac{1}{2}\right)$$

$$=\frac{ql^3}{3EI}$$

求 C 点的竖向位移:在 C 点处加一单位力,作出弯矩图(习题 12－18(a)解答图(c))。

$$\Delta_C=\frac{1}{EI}\left(-\frac{1}{2}\times 2l\times\frac{l}{2}\times\frac{ql^2}{2}+2\times\frac{2}{3}\times l\times\frac{1}{2}ql^2\times\frac{5}{8}\times\frac{l}{2}\right)$$

$$=-\frac{ql^4}{24EI}$$

(2)求 B 截面的转角。作出荷载作用下的弯矩图(习题 12－18(b)解答图(a))。

在 B 截面处加一单位力偶,作出弯矩图(习题 12－18(b)解答图(b))。

$$\theta_B=\frac{1}{EI}\left(\frac{1}{2}\times l\times\frac{ql^2}{4}\times\frac{2}{3}\times 1-\frac{2}{3}\times l\times\frac{1}{8}ql^2\times\frac{1}{2}\right)$$

$$=\frac{ql^3}{24EI}$$

求 C 点的竖向位移:在 C 点处加一单位力,作出弯矩图(习题 12－18(b)解答图(c))。

$$\Delta_C=\frac{1}{EI}\left(\frac{1}{2}\times l\times\frac{ql^2}{4}\times\frac{2}{3}\times\frac{l}{2}-\frac{2}{3}\times l\times\frac{1}{8}ql^2\times\frac{1}{2}\times\frac{l}{2}+\frac{1}{2}\times\frac{l}{2}\times\frac{ql^2}{4}\times\frac{2}{3}\times\frac{l}{2}\right)$$

$$=\frac{ql^4}{24EI}$$

12－19 用图乘法计算图示结构 C 点的水平位移。(EI＝常数)

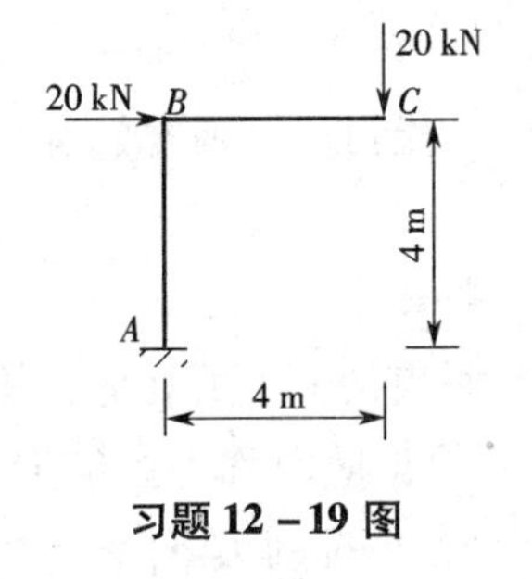

习题 12－19 图

习题 12－19 解答图

解 作出荷载作用下的弯矩图:在 C 点处加一单位力,作出弯矩图(习题 12－19 解答图)。

$$\Delta_C=\frac{1}{EI}\left(\frac{1}{2}\times 4\times 4\times\frac{400}{3}\right)=\frac{3\ 200}{3EI}$$

第 13 章　应力状态和强度理论

13.1　理论要点

一、应力状态的概念

1. 一点处的应力状态

受力构件内一点处所有方位截面上应力的集合，称为**一点处的应力状态**。在外力作用下，构件上各点的应力是不同的，所以在描述应力时，必须指明是哪一点的应力。同时，过一点可以作很多方向不同的平面，不同方向面上的应力也是不同的。所以，说明一点应力时，还必须指明是过这一点的哪个方向上的面。

为了表示一点的应力状态，一般是围绕该点取一正六面体，简称单元体。当单元体各边边长无限小时，可认为其趋于该点。作用在单元体各面上的应力可认为是均匀分布的，当单元体三对互相垂直的面上的应力已知时，通过平衡可以得到任意方向面上的应力。因此，确定一点的应力状态，就是确定代表这一点的单元体三对互相垂直的面上的应力。所以，为了确定一点的应力状态，在取单元体时，尽量使三对互相垂直的面上的应力为已知。因此，必须要熟练掌握构件在基本变形时截面的应力计算和应力分布规律。

2. 主应力、主平面

在构件内任一点，一定可以取出一个特殊的单元体，在其三对互相垂直的面上的切应力等于零，只有正应力，这样的面称为**应力主平面(简称主平面)**，主平面上的正应力称为主应力，这种特殊的单元体称为主单元体。主单元体上的三个主应力按代数值大小排列为 $\sigma_1 \geqslant \sigma_2 \geqslant \sigma_3$。

3. 应力状态分类。

当主单元体上三个主应力都不等于零，称为**三向应力状态**；如果只有一个主应力等于零，称为**双向应力状态**；如果有两个主应力等于零称为**单向应力状态**。单向应力状态也称为**简单应力状态**，其他的称为**复杂应力状态**。

当单元体一对面上没有应力，即不等于零的应力分量均处于同一坐标平面内，则称之为**平面应力状态**；当所有面上均有应力时，称为**空间应力状态**。

二、平面应力状态分析

1. 解析法

(1)求任意斜截面的应力。已知一点的平面应力状态如图 13－1(a)所示，现要求任一其外法线与 x 轴间的夹角为 α 的斜截面上的应力。可以用截面法，沿该斜截面将单元体分成两部分，取其中一部分如图 13－1(b)所示，由该部分的平衡方程，可求得斜截面上的应力为

$$\sigma_\alpha = \frac{\sigma_x + \sigma_y}{2} + \frac{\sigma_x - \sigma_y}{2}\cos 2\alpha - \tau_x \sin 2\alpha \tag{13-1}$$

$$\tau_\alpha = \frac{\sigma_x - \sigma_y}{2}\sin 2\alpha + \tau_x \cos 2\alpha \tag{13-2}$$

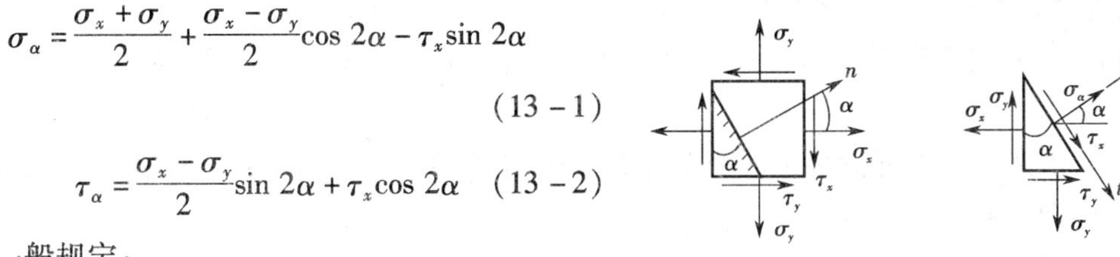

图 13－1

一般规定：

①正应力以拉应力为正，压应力为负；

②切应力以其对单元体内任一点的矩为顺时针转向者为正，反之为负；

③α 以从 x 轴正向逆时针转到外法线 n 时为正。

（2）主应力、主平面。由于主平面上的切应力为零的条件，由式（13－1）可求得主平面的方位 α_0 为

$$\tan 2\alpha_0 = \frac{-2\tau_x}{\sigma_x - \sigma_y} \tag{13-3}$$

由上式可求出相差 90°的两个角度，它们确定两个相互垂直的主平面，其中一个面上作用的正应力是极大值，以 $\sigma_{\max}$ 表示，另一个面上的是极小值，以 $\sigma_{\min}$ 表示。两应力值由下式求得

$$\left.\begin{matrix}\sigma_{\max}\\ \sigma_{\min}\end{matrix}\right\} = \frac{\sigma_x + \sigma_y}{2} \pm \sqrt{\left(\frac{\sigma_x - \sigma_y}{2}\right)^2 + \tau_x^2} \tag{13-4}$$

按上式求出两个主应力后，还需与另一个为零的主应力比较，按代数值排序得到 σ_1、σ_2、σ_3。

按式（13－3）求出的两个根，哪个是 $\sigma_{\max}$ 作用面的方位角，可按以下方法确定：将式（13－3）中分子 $-2\tau_x$ 视为 y 坐标，分母 $\sigma_x - \sigma_y$ 视为 x 坐标，由两坐标值确定 $2\alpha_0$ 在哪个象限，从而确定 $2\alpha_0$ 的大小，求出的 α_0 即为 $\sigma_{\max}$ 作用面的方位角。

2. 图解法——应力圆

将式（13－1）与式（13－2）改写后，各自平方后整理可得

$$\left(\sigma_\alpha - \frac{\sigma_x + \sigma_y}{2}\right)^2 + (\tau_\alpha - 0)^2 = \left(\frac{\sigma_x - \sigma_y}{2}\right)^2 + \tau_x^2 \tag{13-5}$$

在以正应力 σ 为横坐标、切应力 τ 为纵坐标的坐标系中，上式为一圆的方程，这种圆称为应力圆，其圆心坐标为 $\left(\frac{\sigma_x + \sigma_y}{2}, 0\right)$，应力圆半径为 $\sqrt{\left(\frac{\sigma_x - \sigma_y}{2}\right)^2 + \tau_x^2}$。应力圆的任一点的纵、横坐标分别代表单元体相应截面上的切应力与正应力。

应力圆的做法：

（1）建立 $\sigma - \tau$ 坐标系；

（2）按选定的比例尺，标出与 x 截面对应的点 $D_1(\sigma_x, \tau_x)$，与 y 截面对应的点 $D_2(\sigma_y, \tau_y)$；

（3）将 D_1 和 D_2 两点连成直线与坐标轴 σ 交于点 C，以 C 为圆心，$\overline{CD_1}$ 或 $\overline{CD_2}$ 为半径作圆，即得相应的应力圆，如图 13－2 所示。

利用应力圆可以求得任一斜截面的应力以及主应力、主方向和最大切应力。

在应用应力圆时，应注意以下几点：

(1)点面对应关系，应力圆上一点的横、纵坐标，对应单元体上某个面上的正应力和切应力；

(2)2 倍夹角关系，单元体上两个面法线间的夹角的两倍等于应力圆上对应两点所夹的圆心角，且转向一致。

3. 三向应力状态下的最大应力

三向应力状态下，可以绘出三个应力圆如图 13－3 所示。由图知最大、最小正应力分别为

$$\sigma_{\max}=\sigma_1 \tag{13-6}$$

$$\sigma_{\min}=\sigma_3 \tag{13-7}$$

最大切应力则为

$$\tau_{\max}=\frac{\sigma_1-\sigma_3}{2} \tag{13-8}$$

并位于与 σ_1 及 σ_3 均成 45°的截面。

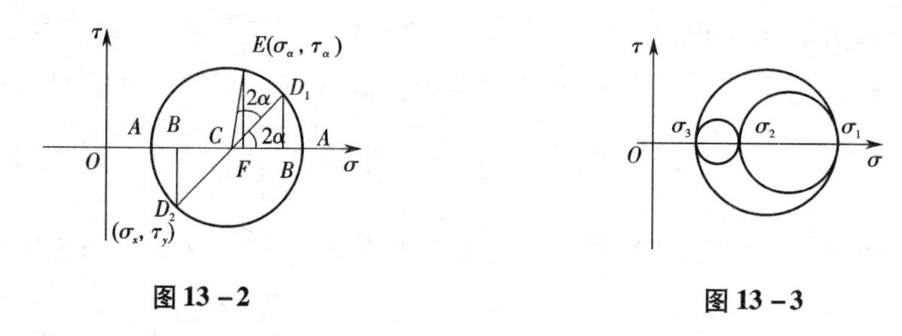

图 13－2　　　　图 13－3

三、广义胡克定律

一般空间应力状态下、线弹性范围内、小变形条件下各向同性材料的广义胡克定律为

$$\left.\begin{aligned}
\varepsilon_x&=\frac{1}{E}[\sigma_x-\nu(\sigma_y+\sigma_z)]\\
\varepsilon_y&=\frac{1}{E}[\sigma_y-\nu(\sigma_z+\sigma_x)]\\
\varepsilon_z&=\frac{1}{E}[\sigma_z-\nu(\sigma_x+\sigma_y)]\\
\gamma_{xy}&=\frac{\tau_{xy}}{G}\\
\gamma_{yz}&=\frac{\tau_{yz}}{G}\\
\gamma_{zx}&=\frac{\tau_{zx}}{G}
\end{aligned}\right\} \tag{13-9}$$

广义胡克定律给出了任意应力状态下的应力与应变之间的关系。

四、强度理论

下面主要介绍经过试验和实践检验，在工程中常用的四个强度理论。

1. 最大拉应力理论(第一强度理论)

这一理论是针对脆性断裂破坏的。该理论认为,最大拉应力是引起材料断裂的主要因素。其强度条件为

$$\sigma_1 \leqslant [\sigma] \tag{13-10}$$

2. 最大拉应变理论(第二强度理论)

这一理论主要也是针对脆性断裂破坏的。该理论认为,引起材料断裂的主要因素是最大拉应变。其强度条件为

$$\sigma_1 - \nu(\sigma_2 + \sigma_3) \leqslant [\sigma] \tag{13-11}$$

3. 最大切应力理论(第三强度理论)

这一理论是针对塑性屈服破坏的。该理论认为,最大切应力是引起材料发生屈服的主要因素。其强度条件为

$$\sigma_1 - \sigma_3 \leqslant [\sigma] \tag{13-12}$$

4. 形状改变比能理论(第四强度理论)

这一理论也是针对塑性屈服破坏的。该理论认为,形状改变比能是引起材料发生屈服的主要因素。其强度条件为

$$\sqrt{\frac{1}{2}[(\sigma_1 - \sigma_2)^2 + (\sigma_2 - \sigma_3)^2 + (\sigma_3 - \sigma_1)^2]} \leqslant [\sigma] \tag{13-13}$$

综合上述四个强度理论的强度条件,可以将它们写成下面的统一形式:

$$\sigma_r \leqslant [\sigma] \tag{13-14}$$

此处$[\sigma]$为根据拉伸试验而确定的材料的许用拉应力,σ_r为三个主应力按不同强度理论的组合,称为**相当应力**。对于不同强度理论,σ_r分别为

$$\sigma_{r1} = \sigma_1 \tag{13-15}$$

$$\sigma_{r2} = \sigma_1 - \mu(\sigma_2 + \sigma_3) \tag{13-16}$$

$$\sigma_{r3} = \sigma_1 - \sigma_3 \tag{13-17}$$

$$\sigma_{r4} = \sqrt{\frac{1}{2}[(\sigma_1 - \sigma_2)^2 + (\sigma_2 - \sigma_3)^2 + (\sigma_3 - \sigma_1)^2]} \tag{13-18}$$

13.2 例题详解

一、单元体的取法及各面上应力的确定

例题 13-1 矩形截面杆如图 13-4(a)所示,考虑杆件的自重,杆的横截面面积为 A,材料的比重为 γ。试确定危险点的应力状态。

【解题指导】 杆件只有竖向的轴力作用,危险截面在杆件最上端(图 13-4(b)),且截面上的应力是均匀分布的,所以危险面各点应力相同。

解 围绕危险截面任一点取正六面体,六面体的上、下两个面是相距很近的横截面的一部分,左、右两个面是平行于 xy 面的截面,前、后面是平行于 xz 面的截面,如图 13-4(c)所示。

危险截面(图 13-4(b))的轴力为

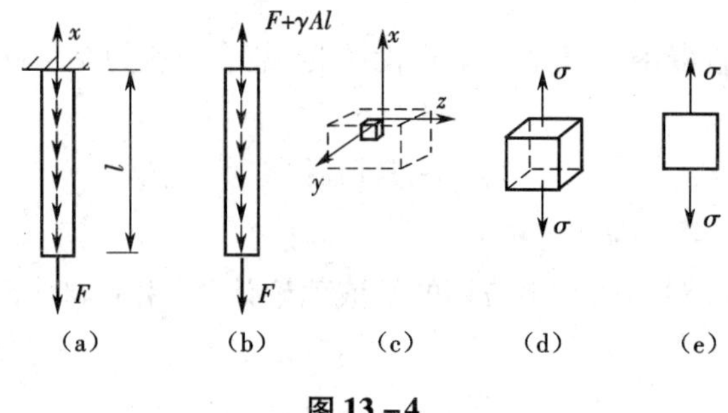

图 13－4

$$F_{\mathrm{N}} = F + \gamma Al$$

因为只有轴力作用，故单元体上只有上下两个面有正应力作用，其值为

$$\sigma = \frac{F_{\mathrm{N}}}{A} = \frac{F}{A} + \gamma l$$

单元体应力状态如图 13－4(d)所示。因单元体处于平面应力状态，所以可用平面图形表示，如图 13－4(e)所示。

例题 13－2 一矩形截面简支梁如图 13－5(a)所示，试确定 A、B、C、D 四点的应力状态。

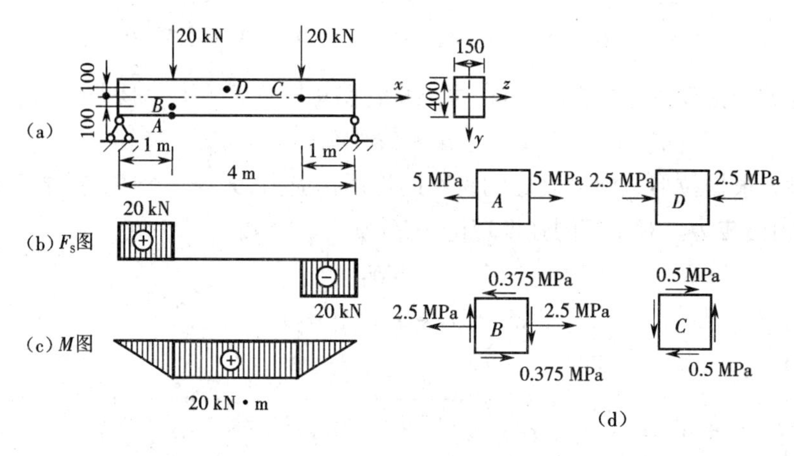

图 13－5

【解题指导】 确定一点的应力状态，首先要求出该点所在面上的内力，根据内力来确定应力的类型和方向，同时要注意在同一面上不同点的应力不同，所以要了解横截面上的应力分布规律。

解 画出梁的剪力图和弯矩图如图 13－5(b)和(c)所示。则 A、B 点所在的截面内力 $F_{\mathrm{S}} = 20\ \mathrm{kN}$，$M = 20\ \mathrm{kN \cdot m}$，$C$ 点所在的截面内力 $F_{\mathrm{S}} = -20\ \mathrm{kN}$，$M = 20\ \mathrm{kN \cdot m}$，$D$ 点所在的截面内力 $F_{\mathrm{S}} = 0$，$M = 20\ \mathrm{kN \cdot m}$。

根据受力情况及截面应力分布情况，可知 D 点在纯弯曲段，所以该点只有弯曲引起的正应力，而切应力为零；A 点在横截面下边缘处，该点也没有切应力，只有正应力；B 点既有正应力，也有切应力；C 点在中性轴处，只有切应力，没有正应力。

围绕各点取正六面体，六面体的左、右两个面是相距很近的横截面的一部分，上、下面是平

行于 xz 平面的截面，前、后面是平行于 xy 平面的截面，因梁处于平面弯曲，所以各点的应力状态可用平面图形表示。

各点的应力值为

$$A\text{ 点}:\sigma_x=\frac{M}{W_z}=\frac{20\times10^3}{\dfrac{0.15\times0.4^2}{6}}=5\times10^6\ \text{Pa}=5\ \text{MPa}$$

$$B\text{ 点}:\sigma_x=\frac{My}{I_z}=\frac{20\times10^3\times0.1}{\dfrac{0.15\times0.4^3}{12}}=2.5\times10^6\ \text{Pa}=2.5\ \text{MPa}$$

$$\tau_x=\frac{F_S S_z^*}{I_z b}=\frac{20\times10^3\times0.1\times0.15\times0.15}{\dfrac{0.15\times0.4^3}{12}\times0.15}=0.375\times10^6\ \text{Pa}=0.375\ \text{MPa}$$

$$C\text{ 点}:\tau_x=-\frac{F_S S_z^*}{I_z b}=\frac{20\times10^3\times0.2\times0.15\times0.1}{\dfrac{0.15\times0.4^3}{12}\times0.15}=-0.5\times10^6\ \text{Pa}=-0.5\ \text{MPa}$$

$$D\text{ 点}:\sigma_x=\frac{My}{I_z}=-\frac{20\times10^3\times0.1}{\dfrac{0.15\times0.4^3}{12}}=-2.5\times10^6\ \text{Pa}=-2.5\ \text{MPa}$$

画出各点的应力状态，如图 13－5(d)所示 。

例题 13－3 一圆截面轴受扭如图 13－6(a)所示，$M_e=2$ kN・m，圆轴直径 $d=100$ mm，试确定危险点的应力状态。

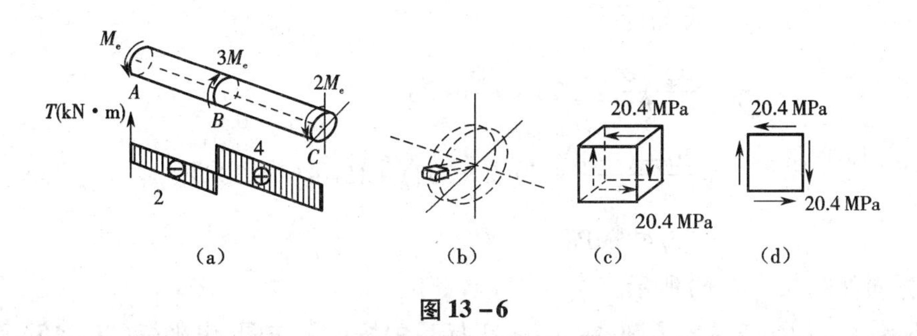

图 13－6

【解题指导】 因为杆为圆截面，在单元体的取法上与矩形截面略有区别。

解 画出圆轴的扭矩图如图 13－6(a)所示，由扭矩图可知，BC 段各截面扭矩大于 AB 各截面扭矩，所以危险截面应为 BC 段的各截面。根据圆轴扭转时截面上切应力的分布规律，截面上周边各点切应力最大，故周边各点为危险点。

围绕截面周边任意一点取六面体如图 13－6(b)所示，其一对面为圆柱面(其中一个面为杆的外表面)，另外两对面为杆件的横截面与过轴线的纵截面，所取的单元体并不是正六面体，但因单元体是微单元体，所以近似看成是正六面体。在该六面体上，只有横截面上有切应力作用，其值为

$$\tau=\frac{M}{W_p}=\frac{2M_e}{\dfrac{\pi d^3}{16}}=\frac{2\times2\times10^3\times16}{\pi\times(0.1)^3}=20.4\times10^6\ \text{Pa}=20.4\ \text{MPa}$$

根据切应力互等定理，在纵截面上亦有大小相等的切应力，则危险点的应力状态如图 13－6(c)所示，也可用平面图形表示，如图 13－6(d)所示。

二、单元体任一斜截面应力的分析及应力圆的应用

例题 13－4　已知图 13－7(a)所示的平面应力状态。试求指定斜截面上的应力。

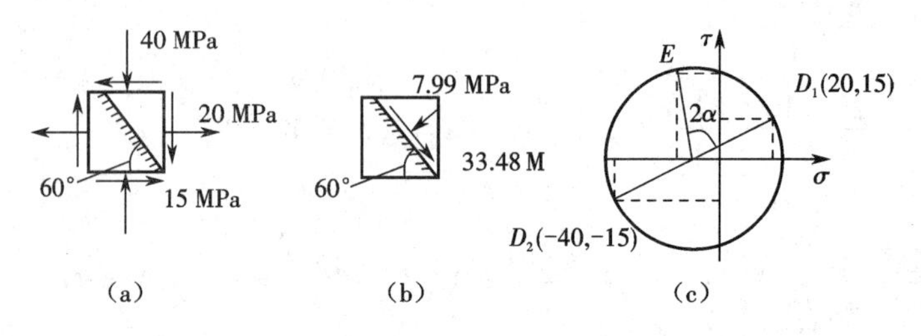

图 13－7

【解题指导】　求斜截面上的应力有两种方法：解析法和图解法。下面分别介绍。

解　(1)解析法。由图可知

$$\sigma_x = 20\ \text{MPa}, \sigma_y = -40\ \text{MPa}, \tau_x = 15\ \text{MPa}$$

则由式(13－1)及式(13－2)可直接得到该斜截面上的应力为

$$\begin{aligned}\sigma_\alpha &= \frac{\sigma_x + \sigma_y}{2} + \frac{\sigma_x + \sigma_y}{2}\cos 2\alpha - \tau_x \sin 2\alpha \\ &= \frac{20 + (-40)}{2} + \frac{20 - (-40)}{2}\cos(2\times 30^\circ) - 15\sin(2\times 30^\circ) \\ &= -7.99\ \text{MPa}\end{aligned}$$

$$\begin{aligned}\tau_\alpha &= \frac{\sigma_x + \sigma_y}{2}\sin 2\alpha + \tau_x \cos 2\alpha \\ &= \frac{20 - (-40)}{2}\sin(2\times 30^\circ) + 15\cos(2\times 30^\circ) \\ &= 33.48\ \text{MPa}\end{aligned}$$

应力方向如图 13－7(b)所示。

(2)图解法。利用莫尔应力圆，在 $\sigma-\tau$ 坐标系中按比例作图，由坐标(20，15)和(－40，－15)分别确定 D_1 和 D_2 点(图 13－7(c))，然后以 D_1D_2 为直径画圆，即得相应的应力圆。从 D_1 点逆时针旋转 60°得 E 点，则 E 点对应的坐标即为 α 截面上的应力。

三、主平面、主方向及最大切应力的确定

例题 13－5　一实心圆轴受力如图 13－8(a)所示，已知 $F = 60$ kN，$M_e = 1$ kN·m，圆轴直径 $d = 50$ mm。试求：

(1)确定危险点的应力状态；

(2)该单元体的主应力大小、主平面方位，并画出主单元体；

(3)该单元体的最大切应力(按三向应力状态考虑)。

【解题指导】　圆轴同时承受轴向压力和扭转力偶的作用，沿杆件长度轴力和扭矩均相等，根据其应力分布规律，可知危险点为各横截面的周边各点。

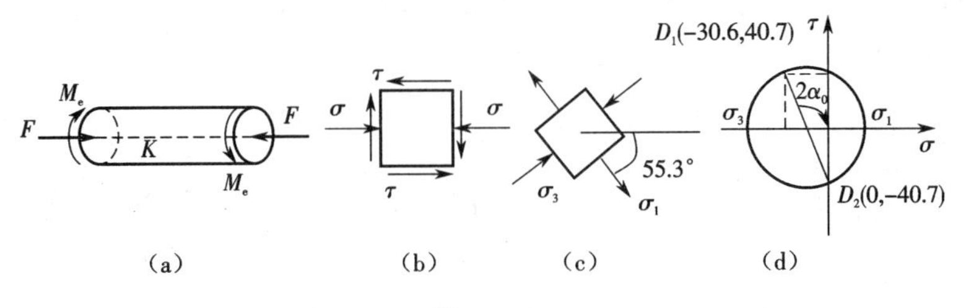

图 13－8

解　(1)在截面周边任取一点 K,围绕 K 点取六面体,画出其应力状态如图 13－8(b)所示,应力值为

$$\sigma=\frac{F_N}{A}=-\frac{60\times10^3}{\frac{\pi\times0.05^2}{4}}=-30.6\times10^6\ \text{Pa}=-30.6\ \text{MPa}$$

$$\tau=\frac{M}{W_p}=\frac{M_e}{\frac{\pi d^3}{16}}=\frac{1\times10^3\times16}{\pi\times(0.05)^3}=40.7\times10^6\ \text{Pa}=40.7\ \text{MPa}$$

(2)由图 13－8(b)可知

$$\sigma_x=-30.6\ \text{MPa},\sigma_y=0,\tau_x=40.7\ \text{MPa}$$

由式(13－4)得

$$\left.\begin{matrix}\sigma_{\max}\\\sigma_{\min}\end{matrix}\right\}=\frac{\sigma_x+\sigma_y}{2}\pm\sqrt{\left(\frac{\sigma_x-\sigma_y}{2}\right)^2+\tau_x^2}$$

$$=\frac{-30.6+0}{2}\pm\sqrt{\left(\frac{-30.6-0}{2}\right)^2+40.7^2}$$

$$=\begin{cases}28.18\ \text{MPa}\\-58.78\ \text{MPa}\end{cases}$$

则主应力为

$$\sigma_1=28.18\ \text{MPa},\sigma_2=0,\sigma_3=-58.78\ \text{MPa}$$

由式(13－3)得

$$\tan2\alpha_0=\frac{-2\tau_x}{\sigma_x-\sigma_y}=\frac{-2\times40.7}{-30.6-0}=2.66$$

$$\alpha_0=\frac{1}{2}\begin{cases}69.4^\circ\\-110.6^\circ\end{cases}=\begin{cases}34.7^\circ\\-55.3^\circ\end{cases}$$

由上式知,$2\alpha_0$在第三象限,所以主应力 σ_1 与 x 轴的夹角为－55.3°,画出主单元体如图 13－8(c)所示。

或用应力圆求解:根据单元体的应力状态画出应力圆如图 13－8(d)所示。由应力圆也可以求得主应力及主平面方位。

(3)最大切应力为

$$\tau_{\max}=\frac{\sigma_1-\sigma_3}{2}=\frac{28.18-(-58.78)}{2}=43.48\ \text{MPa}$$

例题 13－6 已知某点两个方向面上的应力如图 13－9(a)所示,应力单位为 MPa,试求其主应力、主平面的方位及最大切应力。

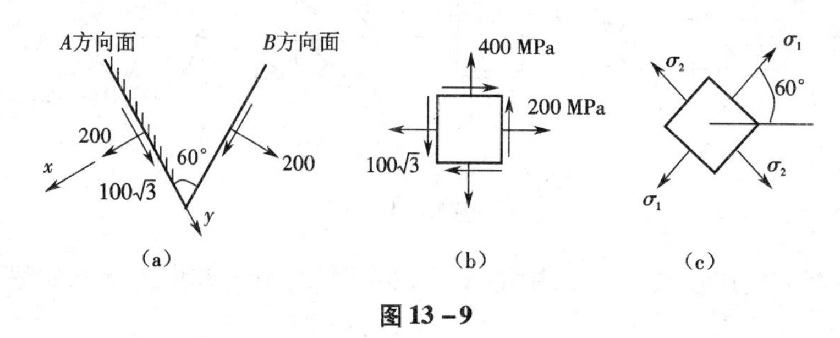

图 13－9

【解题指导】 求主应力,首先要知道该点的应力状态,即单元体各面上的应力。这可以通过已知两个面的应力来求。

解 建立 xy 坐标系如图 13－9(a)所示。则由图可知:

$$\sigma_x = 200\ \text{MPa},\tau_x = -100\sqrt{3}\ \text{MPa},\sigma_\alpha = 200\ \text{MPa},\alpha = 120°$$

将以上数据代入式(13－1),即

$$200 = \frac{200+\sigma_y}{2} + \frac{200-\sigma_y}{2}\cos(2\times 120°) - (-100\sqrt{3})\sin(2\times 120°)$$

求得

$$\sigma_y = 400\ \text{MPa}$$

画出单元体应力如图 13－9(b)所示。

由式(13－4)得

$$\left.\begin{cases}\sigma_{\max}\\ \sigma_{\min}\end{cases}\right\} = \frac{\sigma_x+\sigma_y}{2} \pm \sqrt{\left(\frac{\sigma_x-\sigma_y}{2}\right)^2 + \tau_x^2}$$

$$= \frac{200+400}{2} \pm \sqrt{\left(\frac{200-400}{2}\right)^2 + (100\sqrt{3})^2}$$

$$= \begin{cases}500\ \text{MPa}\\ 100\ \text{MPa}\end{cases}$$

则主应力为

$$\sigma_1 = 500\ \text{MPa},\sigma_2 = 100\ \text{MPa},\sigma_3 = 0$$

由式(13－3)得

$$\tan 2\alpha_0 = \frac{-2\tau_x}{\sigma_x-\sigma_y} = \frac{-2\times(-100\sqrt{3})}{200-400} = -\sqrt{3}$$

$$\alpha_0 = \frac{1}{2}\begin{cases}120°\\ -60°\end{cases} = \begin{cases}60°\\ -30°\end{cases}$$

由上式知,$2\alpha_0$ 在第二象限,所以主应力 σ_1 与 x 轴的夹角为 60°,画出主单元体如图 13－9(c)所示。

最大切应力为

$$\tau_{\max}=\frac{\sigma_1-\sigma_3}{2}=\frac{500-0}{2}=250\ \text{MPa}$$

四、广义胡克定律的应用

例题 13－7 如图 13－10 所示矩形截面悬臂梁，在自由端承受荷载 F 的作用，测得梁外表面中性层 K 点处，沿与梁轴线成 45°方向的线应变 $\varepsilon_{45^\circ}=4.5\times10^{-5}$，材料的弹性模量 $E=210$ GPa，泊松比 $\nu=0.3$，试求梁上的载荷 F 的大小。

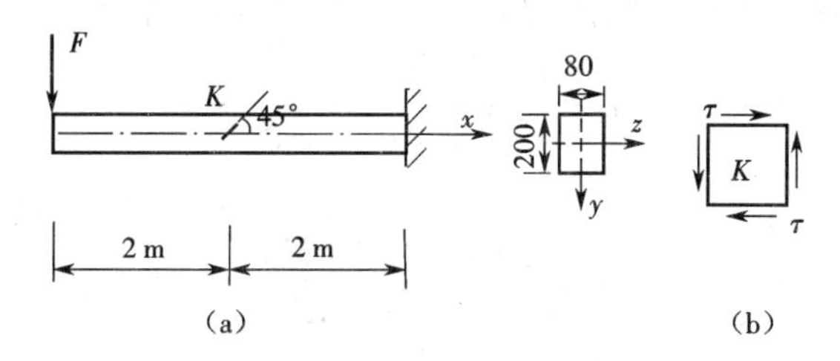

图 13－10

【解题指导】 已知线应变，而要求的是外加载荷，所以必须要建立两者的关系。通过广义胡克定律可以得知 45°方向的应变与应力之间的关系，再通过 α 截面的应力公式求得横截面的应力与 45°方向面及另一个与之垂直方向面上的应力之间的关系，从而可求得外力。

解 围绕 K 点取一单元体，因 K 点在中性层上，故 K 点的正应力为零，只有切应力，其应力状态如图 13－10(b)所示。其中切应力为

$$\tau=\frac{3F_S}{2A}=\frac{3F}{2bh}$$

由式(13－1)可知 σ_{45° 和 σ_{135° 与 τ 之间的关系：

$$\sigma_{45^\circ}=\frac{\sigma_x+\sigma_y}{2}+\frac{\sigma_x-\sigma_y}{2}\cos2\alpha-\tau_x\sin2\alpha$$

$$=\frac{0+0}{2}+\frac{0-0}{2}\cos(2\times45^\circ)-(-\tau)\sin(2\times45^\circ)=\tau$$

$$\sigma_{135^\circ}=-\tau$$

由广义胡克定律知：

$$\varepsilon_{45^\circ}=\frac{1}{E}(\sigma_{45^\circ}-\nu\sigma_{135^\circ})=\frac{1+\nu}{E}\tau=\frac{1+\nu}{E}\frac{3F}{2bh}$$

所以

$$F=\frac{2Ebh}{3(1+\nu)}\varepsilon_{45^\circ}=\frac{2\times210\times10^9\times0.08\times0.2}{3(1+0.3)}\times4.5\times10^{-5}=77\ 538\ \text{N}=77.538\ \text{kN}$$

例题 13－8 如图 13－11(a)所示实心圆截面轴，直径 $d=250$ mm，承受轴向拉力 F 和扭转外力偶 M_e 的作用，在杆外表面 K 点处，沿轴线方向及与轴线成 45°方向各贴一电阻应变片，测得线应变 $\varepsilon_{0^\circ}=2.0\times10^{-5}$，$\varepsilon_{45^\circ}=7.5\times10^{-5}$，材料的弹性模量 $E=210$ GPa，泊松比 $\nu=0.3$，试求轴向力 F 及外力偶矩 M_e 的大小。

【解题指导】 圆轴处于轴向拉伸和扭转的组合变形，其中横截面的正应力由轴向外力 F 引起，而切应力由扭转外力偶引起。本题关键要找到外力与应变之间的关系。

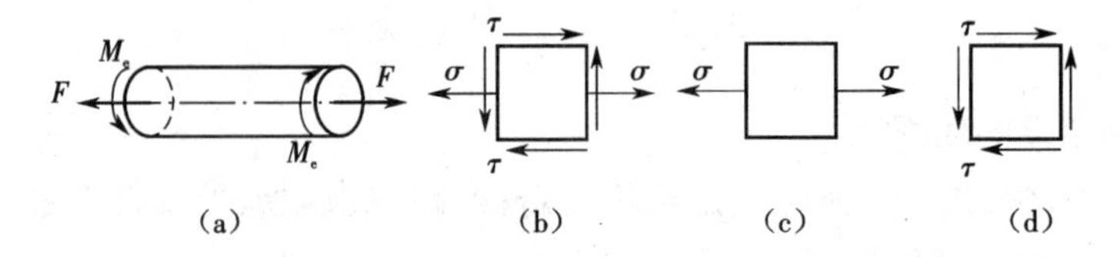

图 13－11

解 由分析知外表面各点应力状态相同，如图 13－11(b)所示。其中

$$\sigma = \frac{F_N}{A} = \frac{F}{\frac{\pi \times d^2}{4}} = \frac{4F}{\pi d^2}$$

$$\tau = \frac{M}{W_p} = \frac{M_e}{\frac{\pi d^3}{16}} = \frac{16M_e}{\pi d^3}$$

将以上应力状态分解成单向轴向拉伸应力状态(图 13－11(c))和纯剪切应力状态(图 13－11(d))，分别求出两种应力状态下 45°方向及与之垂直方向 135°的应力 σ_{45° 及 σ_{135°。

单向轴向拉伸应力状态：

$$\sigma_{45^\circ} = \frac{\sigma_x + \sigma_y}{2} + \frac{\sigma_x - \sigma_y}{2}\cos 2\alpha - \tau_x \sin 2\alpha$$

$$= \frac{\sigma + 0}{2} + \frac{\sigma - 0}{2}\cos(2 \times 45^\circ) - 0 \cdot \sin(2 \times 45^\circ) = \frac{\sigma}{2}$$

$$\sigma_{135^\circ} = \frac{\sigma + 0}{2} + \frac{\sigma - 0}{2}\cos(2 \times 135^\circ) - 0 \cdot \sin(2 \times 135^\circ) = \frac{\sigma}{2}$$

纯剪切应力状态：

$$\sigma_{45^\circ} = \frac{\sigma_x + \sigma_y}{2} + \frac{\sigma_x - \sigma_y}{2}\cos 2\alpha - \tau_x \sin 2\alpha$$

$$= \frac{0 + 0}{2} + \frac{0 - 0}{2}\cos(2 \times 45^\circ) - (-\tau)\sin(2 \times 45^\circ) = \tau$$

$$\sigma_{135^\circ} = \frac{0 + 0}{2} + \frac{0 - 0}{2}\cos(2 \times 135^\circ) - (-\tau)\sin(2 \times 135^\circ) = -\tau$$

叠加后，得

$$\sigma_{45^\circ} = \frac{\sigma}{2} + \tau, \sigma_{135^\circ} = \frac{\sigma}{2} - \tau$$

由图可以看出，只有单向轴向拉伸应力状态中的正应力能引起轴向应变，在纯剪切应力状态中，在小变形情况下，不会引起轴线应变，但是这两种应力状态都会引起 45°方向的应变。所以有

$$\varepsilon_{0^\circ} = \frac{\sigma}{E} = \frac{4F}{\pi E d^2}$$

由上式可求得

$$F = \frac{\pi E d^2}{4}\varepsilon_{0^\circ} = \frac{\pi \times 210 \times 10^9 \times 0.25^2}{4} \times 2.0 \times 10^{-5} = 206.2 \times 10^3 \text{ N} = 206.2 \text{ kN}$$

$$\sigma = E\varepsilon_{0^\circ} = 210\times10^9\times2.0\times10^{-5} = 4.2\times10^6\ \text{Pa} = 4.2\ \text{MPa}$$

由广义胡克定律知：

$$\varepsilon_{45^\circ} = \frac{1}{E}(\sigma_{45^\circ} - \nu\sigma_{135^\circ}) = \frac{1}{E}\left[\frac{\sigma}{2} + \tau - \nu\left(\frac{\sigma}{2} - \tau\right)\right]$$

则

$$\tau = \frac{E\varepsilon_{45^\circ} - \frac{\sigma}{2}(1-\nu)}{1+\nu}$$

$$= \frac{210\times10^9\times7.5\times10^{-5} - \frac{4.2\times10^6}{2}(1-0.3)}{1+0.3}$$

$$= 10.98\times10^6\ \text{Pa} = 10.98\ \text{MPa}$$

所以

$$M_e = \frac{\tau\pi d^3}{16} = \frac{10.98\times10^6\times\pi\times0.25^3}{16} = 33.7\times10^3\ \text{N}\cdot\text{m} = 33.7\ \text{kN}\cdot\text{m}$$

五、强度理论的应用

例题 13－9 如图 13－12(a)所示工字组合钢梁由钢板焊成。已知 $F = 450$ kN，$q = 50$ kN/m，材料的许用应力$[\sigma] = 160$ MPa，试按第四强度理论对梁的强度进行校核。

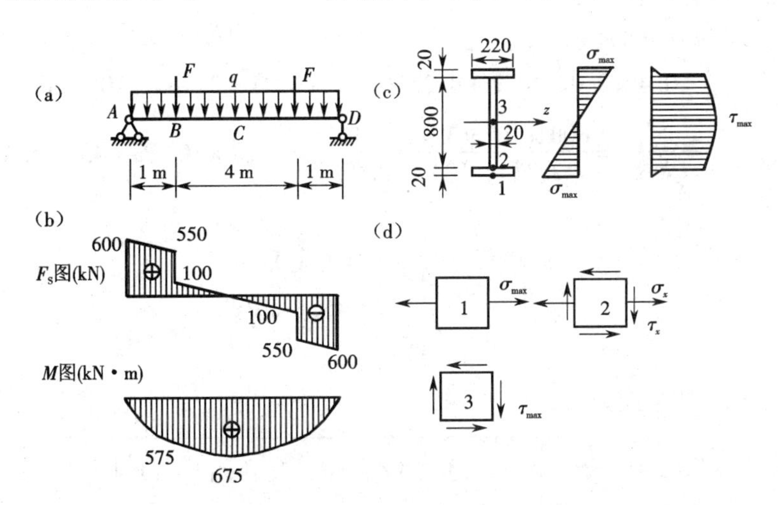

图 13－12

【解题指导】 对于组合截面梁，危险点可能是正应力最大的点，也可能是切应力最大的点，也可能是正应力和切应力都较大的点，所以对这些可能的危险点的强度都应该进行校核。

解 画出梁的剪力图和弯矩图如图 13－12(b)所示。由内力图可知，支座 A 右截面剪力最大，所以最大切应力发生在该截面的中性轴 3 点(图 13－12(c))处；跨中截面 C 的弯矩最大，所以最大正应力发生在该截面的边缘 1 点(图 13－12(c))处；集中力作用点 B 截面处剪力和弯矩都较大，正应力和切应力都较大的点发生在该截面的翼缘与腹板交接处 2 点(图 13－12(c))。这三点的应力状态如图 13－12(d)所示。

(1)1 点的应力及强度校核。

$$I_z=\frac{1}{12}\times 0.02\times 0.8^3+\left(\frac{1}{12}\times 0.220\times 0.02^3+0.22\times 0.02\times 0.41^2\right)\times 2$$
$$=2.333\times 10^{-3}\ \mathrm{m}^4$$

$$\sigma_{\max}=\frac{M_{\max}y_{\max}}{I_z}=\frac{675\times 10^3\times 0.420}{2.333\times 10^{-3}}=121.5\times 10^6\ \mathrm{Pa}=121.5\ \mathrm{MPa}<[\sigma]$$

所以,正应力最大点的强度是满足的。

(2)2 点的应力及强度校核。

由内力图知,$M_B=575\ \mathrm{kN\cdot m}$,$F_{SB}=550\ \mathrm{kN}$,则

$$\sigma_x=\frac{My}{I_z}=\frac{575\times 10^3\times 0.4}{2.333\times 10^{-3}}=98.6\times 10^6\ \mathrm{Pa}=98.6\ \mathrm{MPa}$$

$$S_z^*=0.22\times 0.02\times 0.41=1.804\times 10^{-3}\ \mathrm{m}^3$$

$$\tau_x=\frac{F_{SB}S_z^*}{I_zb}=\frac{550\times 10^3\times 1.804\times 10^{-3}}{2.333\times 10^{-3}\times 0.02}=21.3\times 10^6\ \mathrm{Pa}=21.3\ \mathrm{MPa}$$

第四强度理论的相当应力

$$\sigma_{r4}=\sqrt{\sigma_x^2+3\tau_x^2}=\sqrt{98.6^2+3\times 21.3^2}=105.3\ \mathrm{MPa}<[\sigma]$$

所以,该点的强度满足要求。

(2)3 点的应力及强度校核。

$$S_{z,\max}^*=0.4\times 0.02\times 0.2+0.22\times 0.02\times 0.41=3.404\times 10^{-3}\ \mathrm{m}^3$$

$$\tau_{\max}=\frac{F_{S,\max}S_{z,\max}^*}{I_zb}=\frac{600\times 10^3\times 3.404\times 10^{-3}}{2.333\times 10^{-3}\times 0.02}=43.8\times 10^6\ \mathrm{Pa}=43.8\ \mathrm{MPa}$$

主应力为

$$\left.\begin{matrix}\sigma_1\\ \sigma_3\end{matrix}\right\}=\pm\sqrt{\tau_x^2}=\begin{cases}43.8\ \mathrm{MPa}\\ -43.8\ \mathrm{MPa}\end{cases}$$

$$\sigma_2=0$$

第四强度理论的相当应力

$$\sigma_{r4}=\sqrt{\frac{1}{2}[(\sigma_1-\sigma_2)^2+(\sigma_2-\sigma_3)^2+(\sigma_3-\sigma_1)^2]}$$
$$=\sqrt{\frac{1}{2}\{(43.8-0)^2+[0-(-43.8)^2]+(-43.8-43.8)^2\}}$$
$$=75.9\ \mathrm{MPa}<[\sigma]$$

该点的强度满足要求。

综上,该梁的强度是满足要求的。

13.3 自测题

13-1 关于单元体的说法,正确的是(　　)。

A. 单元体的形状必须是正六面体　　　　B. 单元体的各个面必须包含一对横截面

C. 单元体的各个面必须有一对平行面　　D. 单元体的尺寸必须是无穷小

13-2　关于应力圆的说法，正确的是(　　)。

A. 应力圆代表一点的应力状态

B. 应力圆上的一点代表一点的应力状态

C. 应力圆与横轴的两个交点，至少有一个在横轴的正半轴上

D. 应力圆一定与纵轴相交

13-3　一应力圆如图13-13所示，单位为MPa，则该应力圆表示的主应力为(　　)。

A. $\sigma_1 = 50$ MPa，$\sigma_2 = 20$ MPa，$\sigma_3 = 0$

B. $\sigma_1 = 50$ MPa，$\sigma_2 = -20$ MPa，$\sigma_3 = 0$

C. $\sigma_1 = 50$ MPa，$\sigma_2 = 0$，$\sigma_3 = -20$ MPa

D. $\sigma_1 = 50$ MPa，$\sigma_2 = 0$，$\sigma_3 = 20$ MPa

13-4　受力构件内一点应力状态如图13-14所示，则最大主应力为(　　)。

A. $\sigma_1 = \sigma$　　B. $\sigma_1 = 2\sigma$　　C. $\sigma_1 = 3\sigma$　　D. $\sigma_1 = 4\sigma$

13-5　已知平面应力状态下一点互成45°角的面上作用着如图13-15所示的应力，试求BC面上的切应力，并求该点处的三个主应力。

13-6　如图13-16所示构件内一点的应力状态，试求该点处的主应力、最大切应力。

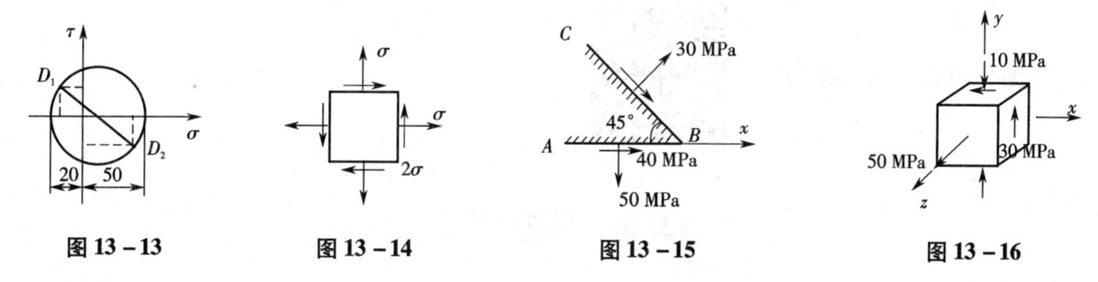

图13-13　　图13-14　　图13-15　　图13-16

13-7　圆柱形压力容器如图13-17所示，外径$D=2$ m，壁厚$t=20$ mm，材料的弹性模量$E=210$ GPa，泊松比$\nu=0.28$，若已知压力容器外表面任意点K沿轴线的线应变$\varepsilon_{0^\circ}=6.0\times10^{-5}$。试求：(1)内压力；(2)外圆周的总伸长；(3)外径的增量；(4)壁厚的改变量。

13-8　某构件危险点的应力状态如图13-18所示，已知材料的许用应力$[\sigma]=30$ MPa，试用第一强度理论校核其强度。

13-9　如图13-19所示实心圆截面轴，承受扭转外力偶M_e的作用，在杆外表面K点处，测得与轴线成45°方向的线应变$\varepsilon_{45^\circ}=2.5\times10^{-4}$，材料的弹性模量$E=200$ GPa，泊松比$\nu=0.3$，$[\sigma]=160$ MPa，试用第三强度理论校核其强度。

13-10　某构件危险点的应力状态如图13-20所示，已知材料的许用应力$[\sigma]=100$ MPa，试用第四强度理论校核其强度。

13-11　一矩形截面的简支梁受力如图13-21所示，测得距A支座2 m处的横截面的中性层上K点处沿45°方向的线应变$\varepsilon_{45^\circ}=2.0\times10^{-6}$，已知材料的弹性模量$E=200$ GPa，泊松比$\nu=0.3$，试求集中力偶M的大小。

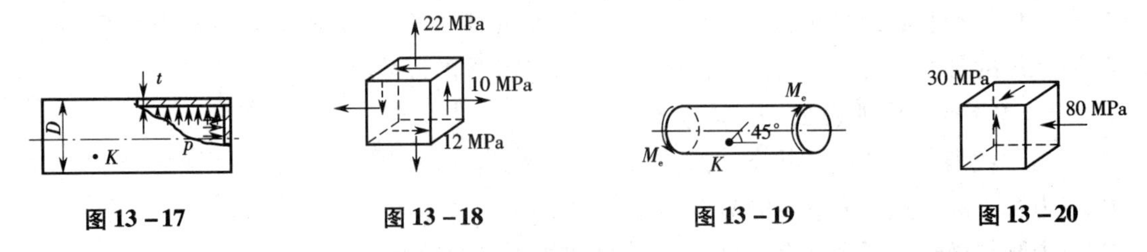

图 13－17　　图 13－18　　图 13－19　　图 13－20

13－12　某构件上某一点的应力状态如图 13－22 所示，已知材料的弹性模量 $E=200$ GPa，泊松比 $\nu=0.3$。试求：(1)三个主应力；(2)最大剪应力；(3)三个主应变；(4)体积应变；(5)分别按第一强度理论、第二强度理论、第三强度理论、第四强度理论求相当应力。

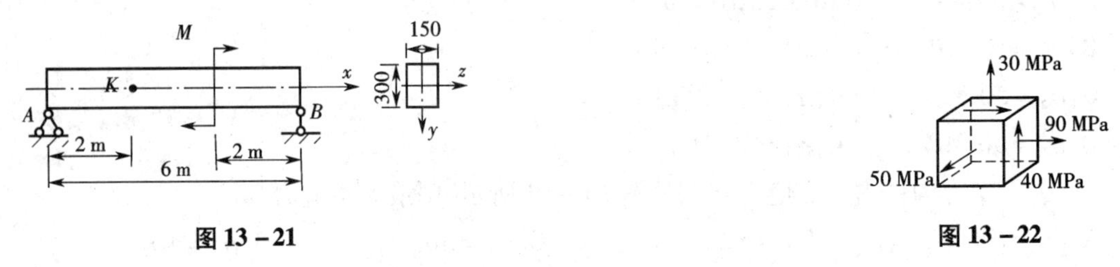

图 13－21　　图 13－22

13.4　自测题解答

此部分内容请扫二维码。

13.5　习题解答

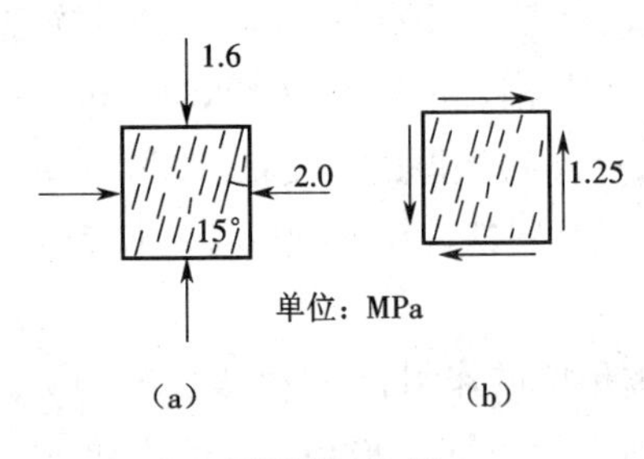

习题 13－1 图

13－1　木制构件中的单元体应力状态如图所示，其中所示的角度为木纹方向与铅垂线的夹角。试求：

(1)平行于木纹方向的切应力；

(2)垂直于木纹方向的正应力。

解　由图(a)可知

$$\sigma_x=-2.0\ \text{MPa},\sigma_y=-1.6\ \text{MPa},\tau_x=0$$

(1)平行于木纹方向的切应力。由公式可直接得到该斜截面上的应力

$$\sigma_{-15^\circ}=\frac{-2-1.6}{2}+\frac{-2+1.6}{2}\cos\left[2\times(-15^\circ)\right]=-1.97\ \text{MPa}$$

$$\tau_{-15^\circ}=\frac{-2+1.6}{2}\sin\left[2\times(-15^\circ)\right]=0.1\ \text{MPa}$$

(2)垂直于木纹方向的正应力。

$$\sigma_{75^\circ}=\frac{-2-1.6}{2}+\frac{-2+1.6}{2}\cos(2\times75^\circ)=-1.527\ \text{MPa}$$

$$\tau_{75^\circ}=\frac{-2+1.6}{2}\sin(2\times75^\circ)=-0.1\ \text{MPa}$$

由图(b)可知

$$\sigma_x=0,\sigma_y=0,\tau_x=-1.25\ \text{MPa}$$

(1)平行于木纹方向的切应力。由公式可直接得到该斜截面上的应力

$$\sigma_{-15^\circ}=-\tau_x\sin 2\alpha=1.25\times\sin 2(-15^\circ)=-0.625\ \text{MPa}$$

$$\tau_{-15^\circ}=\tau_x\cos 2\alpha=-1.25\times\cos[2\times(-15^\circ)]=-1.08\ \text{MPa}$$

(2)垂直于木纹方向的正应力。

$$\sigma_{75^\circ}=-\tau_x\sin 2\alpha=1.25\times\sin(2\times75^\circ)=0.625\ \text{MPa}$$

$$\tau_{75^\circ}=\tau_x\cos 2\alpha=-1.25\times\cos(2\times75^\circ)=1.08\ \text{MPa}$$

13-2　已知应力状态如图所示(应力单位为 MPa),试用解析法计算图中指定截面的正应力与切应力。

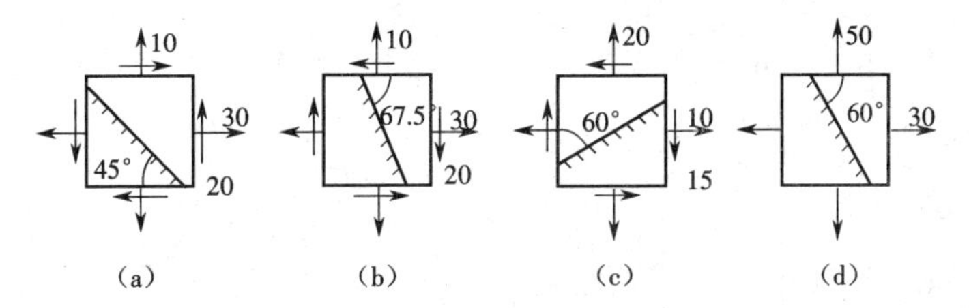

习题 13-2 图

13-3　已知应力状态如图所示(应力单位为 MPa),试用图解法(应力圆)计算图中指定截面的正应力与切应力。(略)

13-4　已知应力状态如习题 13-2 图所示(应力单位为 MPa),计算图示应力状态中的主应力及方位。

13-5　试确定图示应力(单位为 MPa)状态中的主应力及方位、最大切应力(按三向应力状态考虑)。

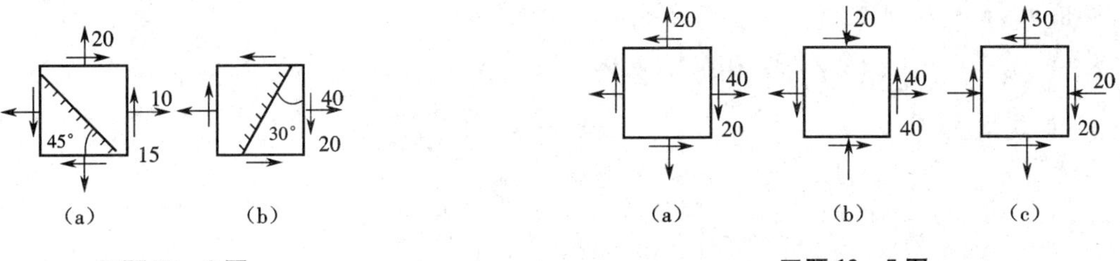

习题 13-3 图　　**习题 13-5 图**

解　(a)已知 $\sigma_x=40$ MPa,$\sigma_y=20$ MPa,$\tau_x=20$ MPa,则由公式可直接得到该单元体的主应力

$$\left.\begin{matrix}\sigma_{\max}\\ \sigma_{\min}\end{matrix}\right\}=\frac{\sigma_x+\sigma_y}{2}\pm\sqrt{\left(\frac{\sigma_x-\sigma_y}{2}\right)^2+\tau_x^2}=\frac{40+20}{2}\pm\sqrt{\left(\frac{40+20}{2}\right)^2+(20)^2}=\begin{cases}52.36\ \text{MPa}\\ 7.64\ \text{MPa}\end{cases}$$

主应力为

$$\sigma_1 = 52.36\ \text{MPa}, \sigma_2 = 7.64\ \text{MPa}, \sigma_3 = 0$$

$$\tan 2\alpha_0 = \frac{-2\tau_x}{\sigma_x - \sigma_y} = \frac{-20 \times (20)}{40-20} = -2$$

$$2\alpha_0 = \begin{cases} -63.44° \\ 116.56° \end{cases}, \quad \alpha_0 = \begin{cases} -31.72° \\ 58.28° \end{cases}$$

因为 $\sigma_x > \sigma_y$,主应力 σ_1 对应的方位角 $\alpha_1 = -31.72°$。

$$\tau_{max} = \frac{\sigma_1 - \sigma_3}{2} = \frac{52.36 - 0}{2} = 26.18\ \text{MPa}$$

(b)已知 $\sigma_x = 40\ \text{MPa}, \sigma_y = -20\ \text{MPa}, \tau_x = -40\ \text{MPa}$,则由公式可直接得到该单元体的主应力

$$\left.\begin{matrix}\sigma_{max} \\ \sigma_{min}\end{matrix}\right\} = \frac{\sigma_x + \sigma_y}{2} \pm \sqrt{\left(\frac{\sigma_x - \sigma_y}{2}\right)^2 + \tau_x^2} = \frac{40-20}{2} \pm \sqrt{\left(\frac{40+20}{2}\right)^2 + (-40)^2} = \begin{cases} 60\ \text{MPa} \\ -40\ \text{MPa} \end{cases}$$

主应力为

$$\sigma_1 = 60\ \text{MPa}, \sigma_2 = 0, \sigma_3 = -40\ \text{MPa}$$

$$\tan 2\alpha_0 = \frac{-2\tau_x}{\sigma_x - \sigma_y} = \frac{-20 \times (-40)}{40+20} = \frac{4}{3}$$

$$2\alpha_0 = \begin{cases} 53.13° \\ -126.87° \end{cases}, \alpha_0 = \begin{cases} 26.56° \\ -63.44° \end{cases}$$

因为 $\sigma_x > \sigma_y$,主应力 σ_1 对应的方位角 $\alpha_1 = 26.56°$。

$$\tau_{max} = \frac{\sigma_1 - \sigma_3}{2} = \frac{60-(-40)}{2} = 50\ \text{MPa}$$

(c)已知 $\sigma_x = -20\ \text{MPa}, \sigma_y = 30\ \text{MPa}, \tau_x = 20\ \text{MPa}$,则由公式可直接得到该单元体的主应力

$$\left.\begin{matrix}\sigma_{max} \\ \sigma_{min}\end{matrix}\right\} = \frac{\sigma_x + \sigma_y}{2} \pm \sqrt{\left(\frac{\sigma_x - \sigma_y}{2}\right)^2 + \tau_x^2} = \frac{-20+30}{2} \pm \sqrt{\left(\frac{-20-30}{2}\right)^2 + (20)^2} = \begin{cases} 37.016\ \text{MPa} \\ -27.016\ \text{MPa} \end{cases}$$

主应力为

$$\sigma_1 = 37.016\ \text{MPa}, \sigma_2 = 0, \sigma_3 = -27.016\ \text{MPa}$$

$$\tan 2\alpha_0 = \frac{-2\tau_x}{\sigma_x - \sigma_y} = \frac{-2 \times (20)}{-20-30} = \frac{4}{5}$$

$$2\alpha_0 = \begin{cases} 38.66° \\ -141.34° \end{cases}, \alpha_0 = \begin{cases} 19.33° \\ -70.67° \end{cases}$$

因为 $\sigma_x < \sigma_y$,主应力 σ_1 对应的方位角 $\alpha_1 = -70.67°$。

$$\tau_{max} = \frac{\sigma_1 - \sigma_3}{2} = \frac{37.016 + 27.016}{2} = 32.016\ \text{MPa}$$

13-6 已知应力状态如图所示(应力单位为 MPa),试画三向应力圆,求最大切应力。

解 图(a)为单向应力状态,图(b)为纯剪切应力状态,图(c)为平面应力状态,它们的应

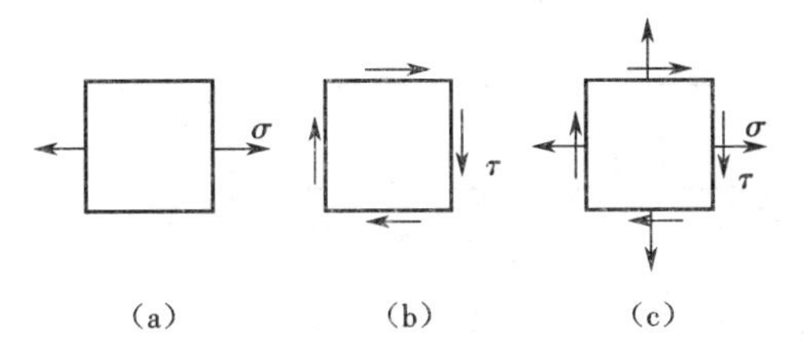

习题 13-6 图

力圆如图所示。最大切应力分别为$\frac{\sigma}{2}$，τ，$\frac{\sigma_1}{2}$。

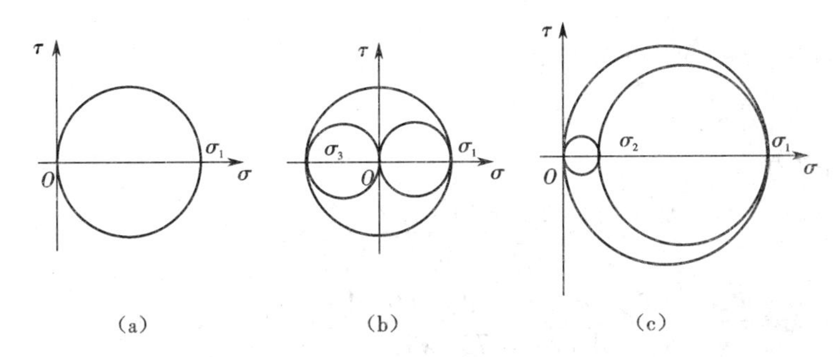

13-7 已知应力状态如图所示，试画三向应力圆，并求主应力、最大切应力（应力单位为MPa）。

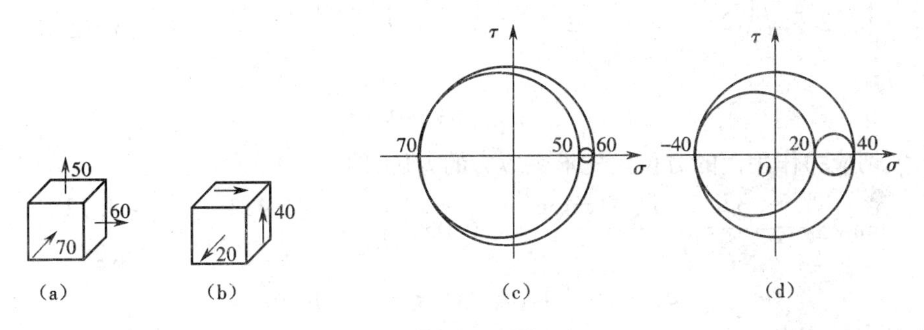

习题 13-7 图

解 图(a)为三向主应力状态，$\sigma_1 = 60$ MPa，$\sigma_2 = 50$ MPa，$\sigma_3 = -70$ MPa，$\tau_{max} = 56$ MPa，应力圆如图(c)。

图(b)所示一方向为主应力，另两方向为纯剪切应力状态，则根据公式可直接得出另两主应力。于是有 $\sigma_1 = 40$ MPa，$\sigma_2 = 20$ MPa，$\sigma_3 = -40$ MPa，$\tau_{max} = 40$ MPa，应力圆如图(d)。

13-8 图示悬臂梁，承受荷载 $F = 10$ kN 作用，试求固定端截面上 A、B、C 三点最大切应力值及作用面的方位。

解 固定端截面的弯矩 $M = F \times l = 10 \times 2 = 20$ kN·m，剪力 $F = 10$ kN。

$$I_z = \frac{bh^3}{12} = \frac{80 \times 160^3 \times 10^{-12}}{12} = 2.731 \times 10^{-5}\ \text{m}^4$$

截面 A 点的应力：

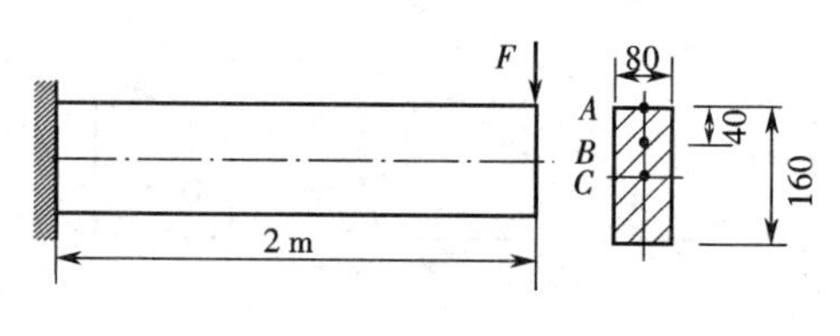

习题 13－8 图

$$\sigma=\frac{My}{I_z}=\frac{20\times10^3\times80\times10^{-3}}{2.731\times10^{-5}}=5.859\times10^7\ \text{Pa}=58.59\ \text{MPa},\tau=0$$

其为单向应力状态,即

$$\sigma_1=58.59\ \text{MPa},\sigma_2=\sigma_3=0,\tau_{\max}=\frac{\sigma_1}{2}=29.29\ \text{MPa}$$

最大切应力作用面的方位角 $\alpha_\tau=-\pi/4$。

截面 B 点的应力:

$$\sigma=\frac{My}{I_z}=\frac{20\times10^3\times40\times10^{-3}}{2.732\times10^{-3}}=2.929\times10^7\ \text{Pa}$$

$$\tau=\frac{F_S S_z}{bI_z}=\frac{10\times10^3\times40\times80\times60\times10^{-9}}{0.02\times2.731\times10^{-5}}=8.788\times10^5\ \text{Pa}$$

其为平面应力状态,即

$$\left.\begin{matrix}\sigma_{\max}\\ \sigma_{\min}\end{matrix}\right\}=\frac{\sigma}{2}\pm\sqrt{\left(\frac{\sigma}{2}\right)^2+\tau^2}=\frac{29.29}{2}\pm\sqrt{\left(\frac{29.29}{2}\right)^2+(0.8788)^2}=\begin{cases}43.96\ \text{MPa}\\-14.62\ \text{MPa}\end{cases}$$

主应力:

$$\sigma_1=43.96\ \text{MPa}$$

求最大切应力作用面的方位角先求主应力的方位,即

$$\tan2\alpha_0=\frac{-2\tau}{\sigma}=\frac{-2\times0.8788}{29.29}=-0.06,2\alpha_0=\begin{cases}-3.43^\circ\\176.57^\circ\end{cases},\alpha_0=\begin{cases}-1.72^\circ\\88.28^\circ\end{cases}$$

$$\alpha_1=-1.72^\circ,\alpha_\tau=\alpha_1+45^\circ=43.28^\circ$$

截面 C 点的应力:

$$\sigma=0,\tau=\frac{3F_S}{2A}=\frac{3\times10\times10^3}{2\times80\times160\times10^{-6}}=1.172\times10^6\ \text{Pa}=1.162\ \text{MPa}$$

其为纯剪切应力状态,则

$$\sigma_1=\tau,\sigma_2=0,\sigma_3=1.172\ \text{MPa},\tau_{\max}=\tau$$

最大切应力作用面的方位角 $\alpha_\tau=0$。

13－9 空心圆杆受力如图所示。已知 $F=20$ kN,$D=120$ mm,$d=80$ mm,在圆轴表面 A 点处测得与轴线成30°方向的线应变 $\varepsilon_{30^\circ}=1.022\times10^{-5}$,弹性模量 $E=210$ GPa,试求泊松比 ν。

解 (1)A 点对应的横截面上只有正应力,即

$$\sigma=\frac{F_N}{A}=\frac{20\times10^3}{\frac{\pi}{4}(120^2-80^2)\times10^{-6}}=3.185\times10^6\ \text{Pa}=3.185\ \text{MPa}$$

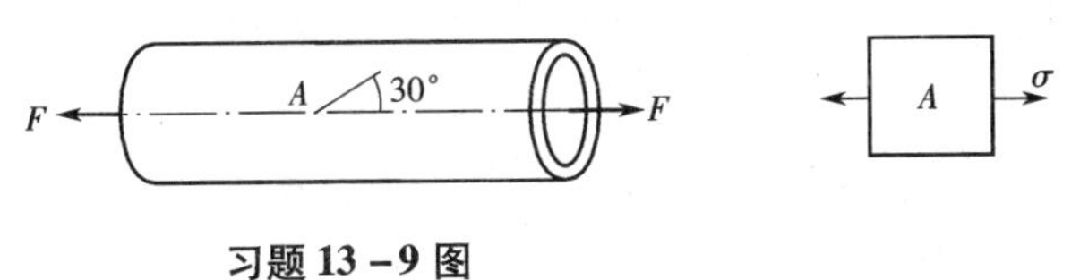

习题 13－9 图

(2)取 A 点的单元体如图所示。

(3)由斜截面应力计算公式有

$$\sigma_{30°}=\sigma\cos^2\alpha=3.185\times\frac{3}{4}=2.389\ \text{MPa}$$

$$\sigma_{120°}=\sigma\cos^2\alpha=3.185\times0.5^2=0.79625\ \text{MPa}$$

(4)根据广义胡克定律有

$$\varepsilon_{30°}=\frac{1}{E}(\sigma_{30°}-\nu\sigma_{120°})$$

则

$$\nu=\frac{\sigma_{30°}-E\varepsilon_{30°}}{\sigma_{120°}}=\frac{2.389\times10^6-210\times10^9\times1.022\times10^{-5}}{0.796\times10^6}=0.3$$

13－10 在其本身平面内承受荷载的铝平板，已知在板平面内的主应变 $\varepsilon_1=3.5\times10^{-4}$，$\varepsilon_3=-5.4\times10^{-4}$，其方向如图所示。铝的 $E=70$ GPa，$\nu=0.33$，试求应力分量 σ_x、σ_y 及 τ_x。

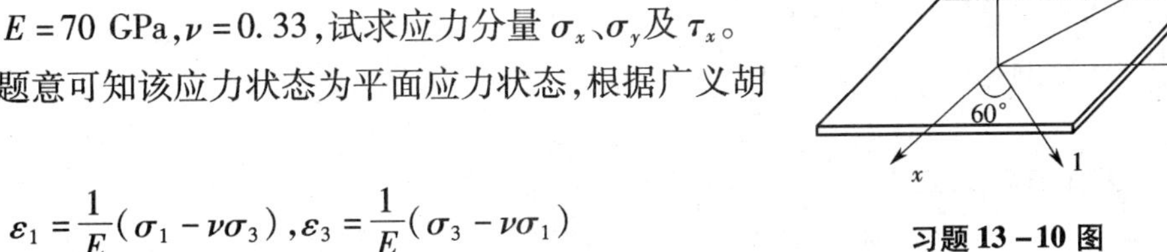

习题 13－10 图

解 由题意可知该应力状态为平面应力状态，根据广义胡克定律有

$$\varepsilon_1=\frac{1}{E}(\sigma_1-\nu\sigma_3),\varepsilon_3=\frac{1}{E}(\sigma_3-\nu\sigma_1)$$

$$3.5\times10^{-4}\times70\times10^9=\sigma_1-0.33\sigma_3$$

$$-5.4\times10^{-4}\times70\times10^9=\sigma_3-0.33\sigma_1$$

解得

$$\sigma_1=13.5\times10^6\ \text{Pa}=13.5\ \text{MPa},\sigma_3=-33.35\times10^6\ \text{Pa}=-33.35\ \text{MPa}$$

利用斜截面应力公式

$$\sigma_1=\frac{\sigma_x+\sigma_y}{2}+\frac{\sigma_x-\sigma_y}{2}\cos120°-\tau_x\sin120°$$

$$\tan120°=\frac{-2\tau_x}{\sigma_x-\sigma_y}$$

$$\sigma_x+\sigma_y=\sigma_1+\sigma_3$$

得

$$\sigma_x=-21.7\ \text{MPa},\sigma_y=1.7\ \text{MPa},\tau_x=-20.3\ \text{MPa}$$

13－11 已知各向同性材料的一主应力单元体的 $\sigma_1=30$ MPa，$\sigma_2=15$ MPa，$\sigma_3=-5$ MPa，材料的弹性模量 $E=200$ GPa，泊松比 $\nu=0.25$。试求该点的主应变。

解 直接应用广义胡克定律即可求出。

$$\varepsilon_1=\frac{1}{E}[\sigma_1-\nu(\sigma_2+\sigma_3)]=1.375\times10^{-4},\varepsilon_2=4.375\times10^{-5},\varepsilon_3=-8.125\times10^{-5}$$

13-12 图示矩形板，承受正应力 σ_x 与 σ_y 作用，试求板厚的改变量 $\Delta\delta$ 与板件的体积改变 ΔV。已知板件厚度 $\delta=10$ mm，宽度 $b=800$ mm，高度 $h=600$ mm，正应力 $\sigma_x=80$ MPa，$\sigma_y=-40$ MPa，材料为铝，弹性模量 $E=70$ GPa，泊松比 $\nu=0.33$。

解 由广义胡克定律即可求出

$$\varepsilon_z=\frac{1}{E}[\sigma_z-\nu(\sigma_x+\sigma_y)]=-\frac{1}{70\times10^3}\times0.33\times(80-40)=1.886\times10^{-4}$$

则

$$\Delta\delta=\varepsilon_z\delta=1.886\times10^{-4}\times10=1.886\times10^{-3}\ \text{mm}$$

板件的体应变

$$\theta=\frac{1-2\nu}{E}(\sigma_x+\sigma_y)=\frac{1-2\times0.33}{70\times10^3}\times(80-40)=1.943\times10^{-4}$$

板件的体积改变量

$$\Delta V=\theta V=1.943\times10^{-4}\times800\times600\times10=932.57\ \text{mm}^3$$

13-13 如图所示，边长为 20 cm 均质材料的立方体，放入刚性凹座内，顶部受轴向力 $F=400$ kN 作用。已知材料的 $E=2.6\times10^4$ MPa，$\nu=0.18$。试求下列两种情况下立方体中产生的应力。

(1)凹座的宽度正好是 20 cm。

(2)凹座的宽度均为 20.001 cm。

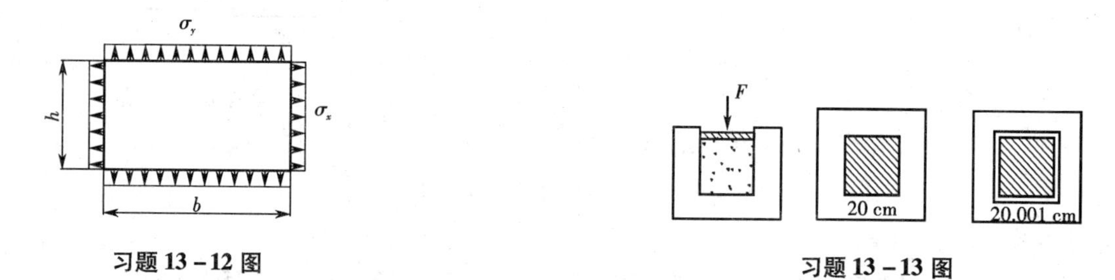

习题 13-12 图　　　　习题 13-13 图

解 (1)根据题意，立方体两水平方向的变形为零，即 $\varepsilon_x=\varepsilon_y=0$ 为变形条件，由广义胡克定律得

$$\varepsilon_x=\frac{1}{E}[\sigma_x-\nu(\sigma_z+\sigma_y)]=0$$

$$\varepsilon_y=\frac{1}{E}[\sigma_y-\nu(\sigma_z+\sigma_x)]=0$$

解得

$$\sigma_x=\sigma_y=\frac{\nu}{1-\nu}\sigma_z$$

式中 $\sigma_z=\dfrac{F}{A}=\dfrac{400\times10^3}{0.2\times0.2}=10$ MPa。代入数据，得

$$\sigma_x=\sigma_y=\frac{0.18}{1-0.18}\times10=2.195\ \text{MPa}$$

(2)根据题意,立方体两水平方向的变形为0.001 cm,应变 $\varepsilon_x=\varepsilon_y=\dfrac{0.001}{20}=5.0\times10^{-5}$,由广义胡克定律得

$$\varepsilon_x=\frac{1}{E}[\sigma_x-\nu(\sigma_z+\sigma_y)]=5.0\times10^{-5}$$

$$\varepsilon_y=\frac{1}{E}[\sigma_y-\nu(\sigma_z+\sigma_x)]=5.0\times10^{-5}$$

解得

$$\sigma_x=\sigma_y=5.0\times10^{-5}\times\frac{\nu}{1-\nu}\sigma_z E$$

式中 $\sigma_z=\dfrac{F}{A}=\dfrac{400\times10^3}{0.2\times0.2}=10\ \mathrm{MPa}$。代入数据,得

$$\sigma_x=\sigma_y=5.0\times10^{-5}\times\frac{0.18}{1-0.18}\times10\times2.6\times10^4=2.854\ \mathrm{MPa}$$

13-14 已知如图所示受力圆轴的直径 $d=20$ mm,若测得圆轴表面 A 点与轴线45°方向的线应变 $\varepsilon_{45°}=5.20\times10^{-4}$,材料的弹性模量 $E=200$ GPa,泊松比 $\nu=0.3$。试求外力偶矩 M_e。

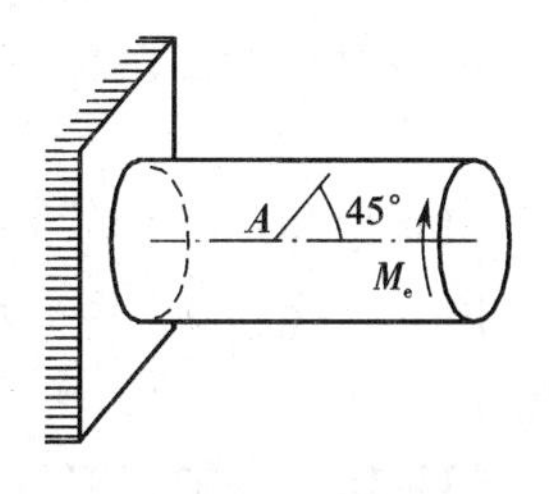

习题13-14图

解 A 点应力状态为纯剪切状态,故45°方向为主应力方向,且有 $\sigma_1=\tau,\sigma_2=0,\sigma_3=-\tau$。由

$$\varepsilon_1=\frac{1}{E}(\sigma_1-\nu\sigma_3)=\frac{1}{E}(1+\nu)\tau=5.20\times10^{-4}$$

得

$$\tau=80\ \mathrm{MPa}$$

对于扭转时 A 点的切应力 $\tau=\dfrac{M_e}{W_p}$,则

$$M_e=\tau W_p=80\times10^6\times\frac{\pi}{16}D^3=125.6\ \mathrm{kN\cdot m}$$

13-15 一直径为25 mm的实心钢球承受静水压力,压强为14 MPa。设钢球的 $E=210$ GPa,$\nu=0.3$。试求其体积减少了多少。

解 根据题意有

$$\sigma_1=\sigma_2=\sigma_3=-14\ \mathrm{MPa}$$

体应变

$$\theta=\frac{1-2\nu}{E}(\sigma_1+\sigma_2+\sigma_3)=-\frac{1-2\times0.3}{210\times10^3}\times3\times14=-8.0\times10^{-5}$$

体积改变量

$$\Delta V=\theta V=8.0\times10^{-5}\times\frac{\pi}{6}d^3=0.654\ 17\ \mathrm{mm}^3$$

13-16 试对图示三个单元体写出第一、二、三、四强度理论的相当应力值,设 $\nu=0.3$。

13-17 有一铸铁制成的零件,已知危险点处的应力状态如图所示。设材料的许用拉应

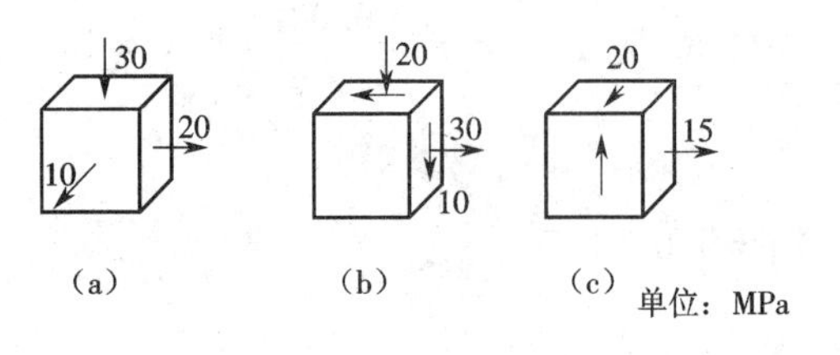

习题 13－16 图

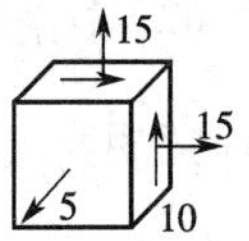

单位：MPa

习题 13－17 图

力$[\sigma_t]=30$ MPa，泊松比$\nu=0.25$。试用第一和第二强度理论校核其强度。

解 由图知，$\sigma_x=15$ MPa，$\sigma_y=15$ MPa，$\tau_x=-10$ MPa，则

$$\left.\begin{matrix}\sigma_{\max}\\ \sigma_{\min}\end{matrix}\right\}=\frac{\sigma_x+\sigma_y}{2}\pm\sqrt{\left(\frac{\sigma_x-\sigma_y}{2}\right)^2+\tau_x^2}$$

$$=\frac{15+15}{2}\pm\sqrt{\left(\frac{15-15}{2}\right)^2+(-10)^2}=\begin{cases}25\ \text{MPa}\\ 5\ \text{MPa}\end{cases}$$

主应力：

$$\sigma_1=25\ \text{MPa},\sigma_2=5\ \text{MPa},\sigma_3=5\ \text{MPa}$$

由$\sigma_{r1}=\sigma_1=25$ MPa $<[\sigma_t]=30$ MPa，知满足第一强度理论。

由$\sigma_{r2}=\sigma_1-\nu(\sigma_2+\sigma_3)=25-0.25(5-5)=25$ MPa $<[\sigma_t]=30$ MPa，知满足第二强度理论。

13－18 一工字钢制成的简支梁受力如图(a)所示，其截面尺寸如图(b)所示。材料的$[\sigma]=170$ MPa，$[\tau]=100$ MPa，试校核梁内的最大正应力和最大切应力，并按第四强度理论校核危险截面上A点的强度。

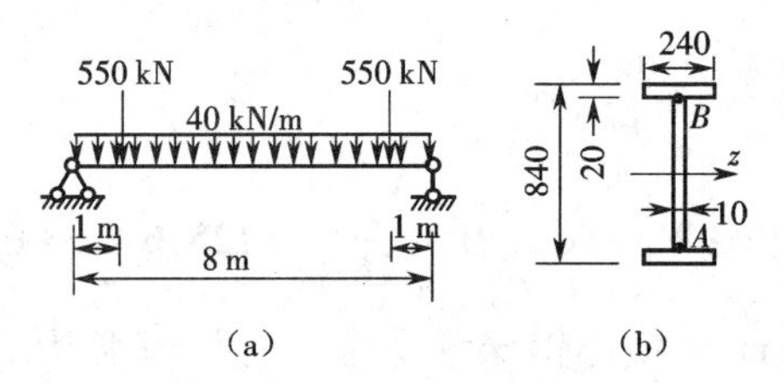

习题 13－18 图

解 (1)横截面的几何性质。

$$I_z=2\times\left(\frac{1}{12}\times240\times20^3+240\times20\times410^2\right)\text{mm}^4+\frac{1}{12}\times800^3\times10\ \text{mm}^4=2.04\times10^{-3}\ \text{m}^4$$

$$S_{z,\max}^*=240\times20\times410\ \text{mm}^3+400\times10\times200\ \text{mm}^3=2.77\times10^{-3}\ \text{m}^3$$

(2)作简支梁的剪力图和弯矩图。

$$F_{S,\max}=710\ \text{kN},\quad M_{\max}=870\ \text{kN}\cdot\text{m}$$

(3)梁内跨中截面上下边缘有最大正应力为

$$\sigma_{\max}=\frac{M_{\max}y_{\max}}{I_z}=\frac{870\times10^3\times0.42}{2.04\times10^{-3}}=179\ \text{MPa}\approx[\sigma]$$

(4)梁支座处截面的中性轴上有最大切应力为

$$\tau_{\max}=\frac{F_{S,\max}S_{z,\max}^{*}}{I_z b}=\frac{710\times10^3\times2.77\times10^{-3}}{2.04\times10^{-3}\times10\times10^{-3}}=96.4\ \text{MPa}<[\tau]$$

(5)梁内集中力作用处左侧截面上的剪力和弯矩为

$$F_{SC左}=670\ \text{kN},M_C=690\ \text{kN}\cdot\text{m}$$

该截面上 A 点的应力为

$$\sigma_A=\frac{M_C y_C}{I_z}=\frac{690\times10^3\times0.4}{2.04\times10^{-3}}=135\ \text{MPa}$$

$$\tau_A=\frac{F_{SC左}S_z^{*}}{I_z b}=\frac{690\times10^3\times240\times20\times410\times10^{-9}}{2.04\times10^{-3}\times10\times10^{-3}}=64.6\ \text{MPa}$$

A 点的主应力为

$$\left.\begin{matrix}\sigma_1\\ \sigma_3\end{matrix}\right\}=\frac{135}{2}\pm\sqrt{\left(\frac{135}{2}\right)^2+64.6^2}=\begin{cases}161\ \text{MPa}\\ -25.9\ \text{MPa}\end{cases}$$

$$\sigma_2=0$$

由第四强度理论

$$\sigma_{r4}=\sqrt{\frac{1}{2}\left[\ 161^2+(-25.9)^2(161+25.9)^2\ \right]}=175\ \text{MPa}$$

因此,梁是安全的。

习题 13-2、13-4、13-16 答案请扫二维码。

第 14 章　组合变形

14.1　理论要点

一、组合变形的内力分析方法

在弹性范围内，对于小变形的组合变形问题，可以采用叠加法。按以下步骤进行：

(1)把荷载进行简化和分解，使所得到的每一组等效静力荷载只引起一种基本形式的变形；

(2)分别计算构件在每一种基本变形时的应力和变形，将所得结果叠加，即得组合变形的解。

二、组合变形强度计算方法

(1)将组合受力简化或分解成几种简单受力形式。

(2)根据各种基本形式下的内力图判断可能的危险截面，并计算其内力。

(3)根据危险截面上与各内力分量所对应的应力分布，确定危险点及其应力状态，进而确定其主应力。

(4)选择合适的强度理论进行强度计算。

三、斜弯曲

弯矩作用平面与主轴平面不重合的弯曲称为斜弯曲。

1. 斜弯曲应力计算

如图 14－1(a)所示，悬臂梁在自由端受集中力 F 作用，其作用线通过横截面的形心，并与截面的铅垂对称轴间的夹角为 φ。选取坐标系如图所示，梁轴线为 x 轴，两个对称轴分别为 y 轴和 z 轴。

首先将外力 F 向两主轴平面分解为两个分力 F_y 和 F_z(图 14－1(a))，$F_y = F\cos\varphi$，$F_z = F\sin\varphi$，这两个分力在梁的任意横截面 m—m(图 14－1(b))上引起的弯矩分别为

$$M_z = F_y(l-x) = F\cos\varphi(l-x) = M\cos\varphi$$

$$M_y = F_z(l-x) = F\sin\varphi(l-x) = M\sin\varphi$$

这两个弯矩分量分别引起梁的平面弯曲，则任意一点 $K(y,z)$ 处的正应力可以按叠加原理求得。即在 F_y 和 F_z 共同作用下，K 点的正应力为

$$\sigma = \frac{M_z}{I_z}y + \frac{M_y}{I_y}z = M\left(\frac{\cos\varphi}{I_z}y + \frac{\sin\varphi}{I_y}z\right) \tag{14-1}$$

M_y、M_z 的正负号可以这样规定：使截面上位于第一象限的各点产生拉应力时取正值，产生压应力时取负值。应力的正负号也可以通过观察梁的变形和应力点的位置来判定。计算时，

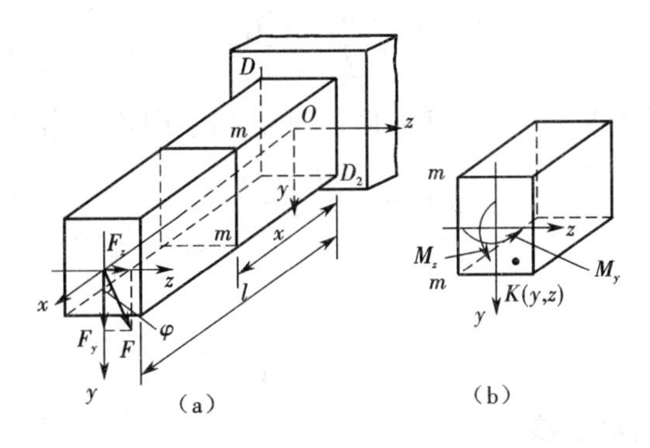

图 14－1

弯矩及坐标值均以绝对值代入，若为拉应力，则取正号，若为压应力，则取负号。

2. 强度计算

在进行梁的强度计算时，首先要确定梁的危险截面以及危险截面上的危险点，也就是应力最大的点。对于工程中常用的矩形、工字形截面，其横截面都有两个对称轴且具有棱角，危险点发生在角点上。最大正应力为

$$\sigma_{\max}=\frac{M_{z\max}}{I_z}y_{\max}+\frac{M_{y\max}}{I_y}z_{\max} \tag{14-2}$$

对于不易确定危险点的截面，首先要定出中性轴的位置。设中性轴上任一点的坐标为(y_0,z_0)，中性轴方程为

$$\frac{\cos\varphi}{I_z}y_0+\frac{\sin\varphi}{I_y}z_0=0 \tag{14-3}$$

中性轴是一条通过横截面形心的直线，设它与 z 轴间的夹角为 α，则

$$\tan\alpha=\frac{y_0}{z_0}=-\frac{I_z}{I_y}\tan\varphi \tag{14-4}$$

由式(14－4)可知，当 F 通过第一、三象限时，中性轴通过第二、四象限。一般情况下，$I_y\neq I_z$，所以中性轴与 F 作用线并不垂直，这是斜弯曲的特点。横截面上离中性轴最远的点，也就是正应力最大的点，按式(14－2)计算。

若材料的许用拉应力与许用压应力相等，其强度条件可写成：

$$\sigma_{\max}=\frac{M_{z\max}}{W_z}+\frac{M_{y\max}}{W_y}\leqslant[\sigma] \tag{14-5}$$

三、拉伸(压缩)与弯曲

如果作用在杆件上的外力除了横向力，还有轴向力，这时杆件将发生弯曲与轴向拉伸(压缩)的组合变形。把横向力和轴向力分为两组力，分别计算由每一组力所引起的横截面上的正应力，然后按叠加原理求得上述两正应力的代数和。

在轴向力 F 作用下，梁将发生轴向拉伸，各横截面上的轴力均为 $F_N=F$，正应力为

$$\sigma_N=\frac{F_N}{A}=\frac{F}{A}$$

在横向力作用下，梁发生平面弯曲，横截面上任一点处的正应力为

$$\sigma_M=\frac{M_z}{I_z}y+\frac{M_y}{I_y}z$$

在轴向拉力和横向力共同作用下,横截面任一点处的正应力,可按下式计算:

$$\sigma=\frac{F_N}{A}+\frac{M_z}{I_z}y+\frac{M_y}{I_y}z \tag{14-6}$$

正应力强度条件可写成:

$$\sigma_{max}=\frac{F_N}{A}+\frac{M_{zmax}}{W_z}+\frac{M_{ymax}}{W_y}\leqslant[\sigma] \tag{14-7}$$

四、偏心拉伸(压缩)、截面核心

1. 偏心拉伸(压缩)

当杆件所受外力的作用线与杆件的轴线平行而不重合时,引起的变形称为偏心拉伸(压缩)。如图 14-2 所示,拉力 F 作用在 A 点,其坐标为(y_F,z_F)。

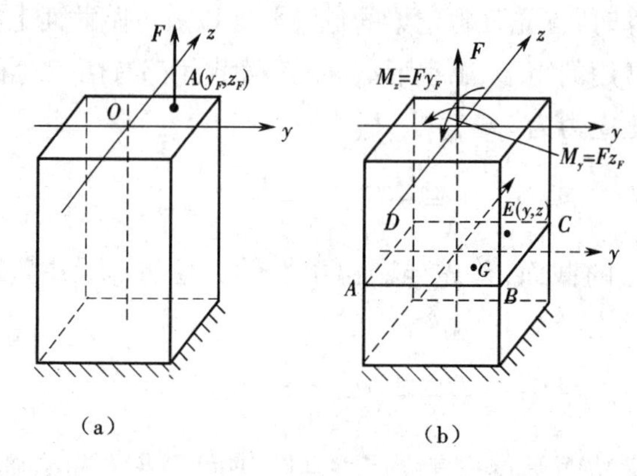

图 14-2

将力 F 简化到截面的形心处,简化后的等效力系中包含一个轴向拉力和两个力偶(图 14-2(b)),它们将分别使杆件发生轴向拉伸和在两纵向对称平面(即形心主惯性平面)内的纯弯曲,其中两个力偶矩分别为

$$M_y=Fz_F,\quad M_z=Fy_F$$

按叠加原理,坐标为 (y,z) 点处的正应力为

$$\sigma=\frac{F}{A}+\frac{M_y}{I_y}z+\frac{M_z}{I_z}y \tag{14-8}$$

或

$$\sigma=\frac{F}{A}+\frac{Fz_F}{I_y}z+\frac{Fy_F}{I_z}y \tag{14-9}$$

在上述两式中,F 为拉力时取正值,为压力时取负值。

2. 中性轴方程

令式(14-9)中 $\sigma=0$,并引入惯性半径 i_y、i_z:

$$i_y=\sqrt{\frac{I_y}{A}},\ i_z=\sqrt{\frac{I_z}{A}}$$

得中性轴的方程为

$$1+\frac{y_F y_0}{i_z^2}+\frac{z_F z_0}{i_y^2}=0 \tag{14-10}$$

离中性轴最远的点就是危险点，则强度条件为

$$\sigma_{\max}=\left|\frac{F}{A}+\frac{M_z}{I_z}y_{\max}+\frac{M_y}{I_y}z_{\max}\right|\leqslant[\sigma] \tag{14-11}$$

或

$$\sigma_{\max}=\left|\frac{F}{A}\left(1+\frac{y_F}{i_z^2}y_{\max}+\frac{z_F}{i_y^2}z_{\max}\right)\right|_{\max}\leqslant[\sigma] \tag{14-12}$$

3. 截面核心

对于承受偏心拉(压)力的杆件，截面上既有拉应力，又有压应力，这两种应力的分界线即为中性轴。对于给定的截面，当外力的作用点离形心越近，中性轴就离形心越远，甚至在截面的外边，此时截面上只会产生一种符号的应力，若偏心力为拉力，则横截面上全部为拉应力，若偏心力为压力，则横截面上全部为压应力而不会出现拉应力。

对于在工程中经常使用的材料，如混凝土、砖、石等，它们的抗压强度很高，而抗拉强度却很低，所以主要用作承压构件。这类构件在偏心压力作用时，其横截面上最好不出现拉应力，以避免开裂。这样就必须限制压力作用点的位置，使得相应的中性轴不通过横截面，而是在截面的外边，至多与截面的外边界相切。这样，以截面上外边界点的切线作为中性轴，绕截面边界转动一圈时，截面内相应地有无数个力的作用点。这些点的轨迹为一条包围形心的封闭曲线，当压力作用点位于曲线以内或边界上时，中性轴移到截面外面或与截面边缘相切，即截面上只产生压应力。封闭曲线所包围的区域称为**截面核心**。

五、弯扭组合

圆形截面杆同时受到弯矩与扭矩的作用，发生的变形为弯扭组合变形。一般情况下，截面上有弯矩 M_y、M_z和扭矩 T，根据内力图可确定危险截面。截面上的总弯矩由矢量和求得，即 $M=\sqrt{M_y^2+M_z^2}$，根据弯矩 M 和扭矩 T 的实际方向，确定危险面上的应力分布，并由应力分布确定正应力和切应力均为最大值的危险点，画出危险点的应力状态。危险点处的正应力和切应力分别按下式计算。

危险点应力状态的三个主应力分别为

$$\sigma_1=\frac{1}{2}(\sigma+\sqrt{\sigma^2+4\tau^2}),\quad \sigma_2=0,\quad \sigma_3=\frac{1}{2}(\sigma-\sqrt{\sigma^2+4\tau^2}) \tag{14-13}$$

对于工程中受弯扭共同作用的圆轴大多是由塑性材料制成的，所以应该用第三或第四强度理论来建立强度条件。

如果用第三强度理论，则强度条件为

$$\sigma_{r3}=\sigma_1-\sigma_3\leqslant[\sigma]$$

如果用第四强度理论，则强度条件为

$$\sigma_{r4}=\sqrt{\sigma_1^2+\sigma_3^2-\sigma_1\sigma_3}\leqslant[\sigma]$$

将式(14－13)代入上述两式，经整理得

$$\sigma_{r3}=\sqrt{\sigma^2+4\tau^2}\leqslant[\sigma] \tag{14-14}$$

$$\sigma_{r4}=\sqrt{\sigma^2+3\tau^2}\leqslant[\sigma] \tag{14-15}$$

在选择圆轴的截面尺寸时，因圆轴截面的 $W_p=2W_z$，则

$$\sigma_{r3}=\sqrt{\sigma^2+4\tau^2}=\sqrt{(\frac{M}{W_z})^2+4\left(\frac{T}{2W_z}\right)^2}=\frac{1}{W_z}\sqrt{M^2+T^2}$$

令 $M_{r3}=\sqrt{M^2+T^2}$，则式(14-14)可改写为

$$\sigma_{r3}=\frac{M_{r3}}{W_z}\leqslant[\sigma] \tag{14-16}$$

或

$$W_z\geqslant\frac{M_{r3}}{[\sigma]} \tag{14-17}$$

式中：M_{r3}称为按第三强度理论得到的**相当弯矩或折算弯矩**。

同理，

$$\sigma_{r4}=\sqrt{\sigma^2+3\tau^2}=\sqrt{\left(\frac{M}{W_z}\right)^2+3\left(\frac{T}{2W_z}\right)^2}=\frac{1}{W_z}\sqrt{M^2+0.75T^2}$$

令 $M_{r4}=\sqrt{M^2+0.75T^2}$，则式(14-15)可改写为

$$\sigma_{r4}=\frac{M_{r4}}{W_z}\leqslant[\sigma] \tag{14-18}$$

或

$$W_z\geqslant\frac{M_{r4}}{[\sigma]} \tag{14-19}$$

式中：M_{r4}称为按第四强度理论得到的相当弯矩或折算弯矩。

14.2 例题详解

一、斜弯曲

例题 14-1 如图 14-3(a)所示一简支梁，用 32a 工字钢制成。在梁跨中有一集中力 F 作用，已知 $F=20$ kN，$E=200$ GPa，力 F 的作用线与横截面铅垂对称轴间的夹角 $\varphi=20°$，且通过横截面的弯曲中心，钢的许用应力$[\sigma]=170$ MPa。试：

(1)按正应力强度条件校核此梁的强度；

(2)求最大挠度及其方向。

解 (1)强度校核。

荷载 F 在 y 轴和 z 轴上的分量为

$$F_y=F\cos\varphi=20\times\cos 20°=18.79\ \text{kN}$$

$$F_z=F\sin\varphi=20\times\sin 20°=6.84\ \text{kN}$$

该梁跨中截面为危险截面，其弯矩值为

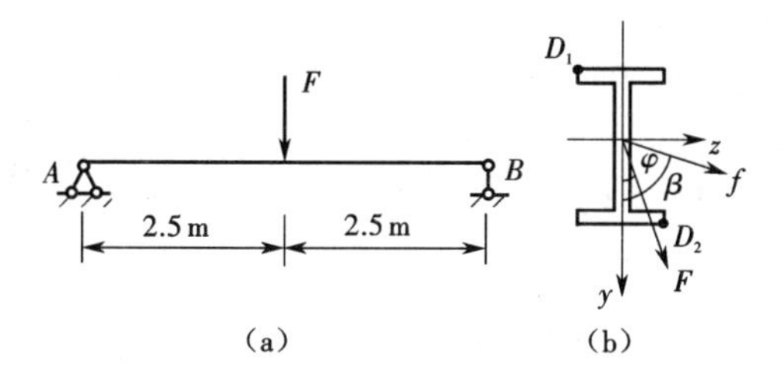

图 14 -3

$$M_{z\max}=\frac{1}{4}F_y l=\frac{1}{4}\times 18.79\times 5=23.49\ \text{kN}\cdot\text{m}$$

$$M_{y\max}=\frac{1}{4}F_z l=\frac{1}{4}\times 6.84\times 5=8.55\ \text{kN}\cdot\text{m}$$

根据梁的变形情况可知,最大应力发生在 D_1、D_2 两点(图 14 -3(b)),其中 D_1 为最大压应力点,D_2 为最大拉应力点,其绝对值相等,即

$$\sigma_{\max}=\frac{M_{z\max}}{W_z}+\frac{M_{y\max}}{W_y}$$

由型钢表查得

$$W_z=692\ \text{cm}^3=692\times 10^{-6}\ \text{m}^3,W_y=70.8\ \text{cm}^3=70.8\times 10^{-6}\ \text{m}^3$$

代入上式,得危险点处的正应力为

$$\sigma_{\max}=\frac{23.49\times 10^3}{692\times 10^{-6}}+\frac{8.55\times 10^3}{70.8\times 10^{-6}}=154.7\times 10^6\ \text{Pa}=154.7\ \text{MPa}<[\sigma]$$

可见,此梁满足正应力的强度条件。

(2)计算最大挠度和方向。

梁沿 y 轴和 z 轴方向的挠度分量为

$$f_y=\frac{F_y l^3}{48EI_z}=\frac{F\cos\varphi\cdot l^3}{48EI_z}$$

$$f_z=\frac{F_z l^3}{48EI_y}=\frac{F\sin\varphi\cdot l^3}{48EI_y}$$

总挠度 f 为

$$f=\sqrt{f_y^2+f_z^2}=\frac{Fl^3}{48E}\sqrt{\frac{\cos^2\varphi}{I_z^2}+\frac{\sin^2\varphi}{I_y^2}}$$

由型钢表查得

$$I_z=11\ 100\ \text{cm}^4,I_y=460\ \text{cm}^4$$

代入上式,得

$$f=\frac{20\times 10^3\times 5^3}{48\times 2\times 10^5\times 10^6}\sqrt{\frac{\sin^2 20^\circ}{(460\times 10^{-8})^2}+\frac{\cos^2 20^\circ}{(11\ 100\times 10^{-8})^2}}=0.019\ 5\ \text{m}=19.5\ \text{mm}$$

设总挠度 f 与 y 轴的夹角为 β,则

$$\tan\beta=\frac{I_z}{I_y}\tan\varphi=\frac{11\ 100}{460}\tan 20^\circ=8.782\ 8$$

$$\beta = 83.5°$$

在此例题中，若 F 作用线与 y 轴重合，即 $\varphi = 0$，则最大正应力为

$$\sigma_{max}^0 = \frac{Fl}{4W_z} = \frac{20 \times 10^3 \times 5}{4 \times 692 \times 10^{-6}} = 36 \times 10^6 \text{ Pa} = 36 \text{ MPa}$$

最大挠度为

$$f_{max}^0 = \frac{Fl^3}{48EI_z} = \frac{20 \times 10^3 \times 5^3}{48 \times 2 \times 10^5 \times 10^6 \times 11\ 100 \times 10^{-8}} = 2.35 \times 10^{-3} \text{ m} = 2.35 \text{ mm}$$

例题 14－2 如图 14－4(a)所示一简支梁，截面为 200 mm×200 mm×20 mm 的等边角钢。在梁跨中有一集中力 F 作用，已知 $F = 30$ kN，其作用线通过横截面的弯曲中心。试求危险截面上 A、B、C 三点的应力。

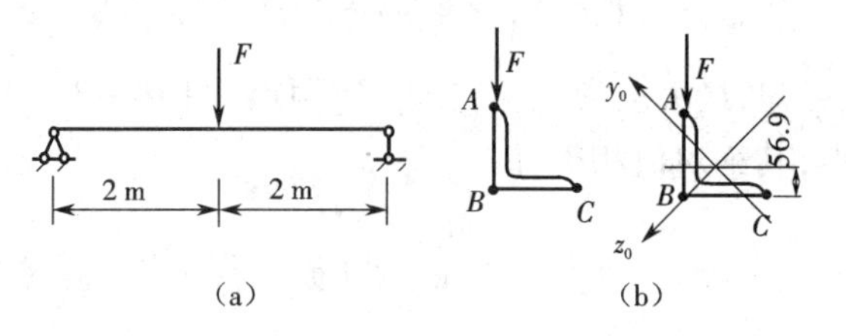

图 14－4

【解题指导】 外力虽然通过弯曲中心，但因为外力作用线与形心主轴不平行，所以梁的弯曲不是平面弯曲，将力 F 向形心主轴分解后，分力将产生平面弯曲，所以是两个平面弯曲的组合，即斜弯曲。

解 将外力向形心主轴分解。

查型钢表，截面的形心主轴如图 14－4(b)所示，外力在形心主轴上的分力为

$$F_y = F_z = F\cos\varphi = 30 \times \cos 45° = 21.21 \text{ kN}$$

该梁跨中截面为危险截面，其弯矩值为

$$M_{ymax} = \frac{1}{4}F_z l = \frac{1}{4} \times 21.21 \times 4 = 21.21 \text{ kN} \cdot \text{m}$$

$$M_{zmax} = \frac{1}{4}F_y l = \frac{1}{4} \times 21.21 \times 4 = 21.21 \text{ kN} \cdot \text{m}$$

要求某点的应力，应先确定该点在形心主轴坐标系中的坐标，A、B、C 三点的坐标如下。

A 点：$y_A = 200\cos 45° = 141.4 \text{ mm}, z_A = -\left(200\cos 45° - \frac{56.9}{\cos 45°}\right) = -60.9 \text{ mm}$

B 点：$y_B = 0, z_B = \frac{56.9}{\cos 45°} = 80.5 \text{ mm}$

C 点：$y_C = -y_A = -141.4 \text{ mm}, z_C = z_A = -60.9 \text{ mm}$

则三点的应力分别为

$$\sigma_A = \frac{M_{zmax}y_A}{I_z} + \frac{M_{ymax}z_A}{I_y}$$

$$= \frac{21.21 \times 10^3 \times 141.4 \times 10^{-3}}{4.55 \times 10^{-5}} + \frac{21.21 \times 10^3 \times (-60.9) \times 10^{-3}}{1.18 \times 10^{-5}}$$

$= -43.55\times10^{6}\ \text{Pa} = -43.55\ \text{MPa}$

$$\sigma_B=\frac{M_{z\max}y_B}{I_z}+\frac{M_{y\max}z_B}{I_y}$$

$$=\frac{21.21\times10^{3}\times0}{4.55\times10^{-5}}+\frac{21.21\times10^{3}\times80.5\times10^{-3}}{1.18\times10^{-5}}$$

$$=144.7\times10^{6}\ \text{Pa}=144.7\ \text{MPa}$$

$$\sigma_C=\frac{M_{z\max}y_C}{I_z}+\frac{M_{y\max}z_C}{I_y}$$

$$=\frac{21.21\times10^{3}\times(-141.4\times10^{-3})}{4.55\times10^{-5}}+\frac{21.21\times10^{3}\times(-60.9)\times10^{-3}}{1.18\times10^{-5}}$$

$$=-175.4\times10^{6}\ \text{Pa}=-175.4\ \text{MPa}$$

二、拉弯、压弯组合

例题 14－3 如图 14－5(a)所示一悬臂梁，承受如图所示的集中力 F 作用，截面类型为工字形，已知 $F=15$ kN，力 F 的作用线与水平面的夹角 $\alpha=30°$，其作用点与梁轴的距离 $e=0.3$ m，钢的许用应力 $[\sigma]=170$ MPa。试选择工字钢的型号。

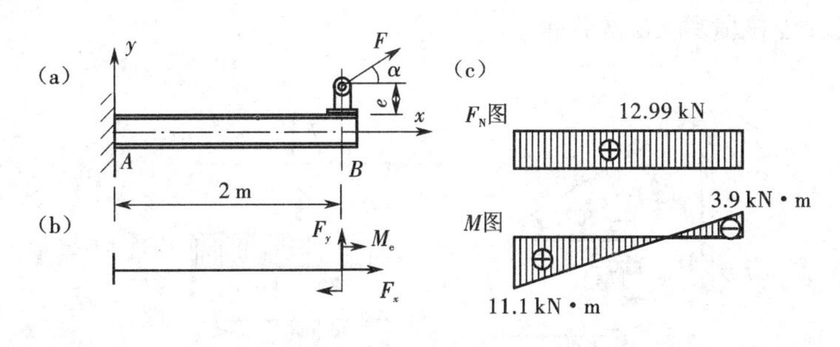

图 14－5

【解题指导】 将外力 F 向 x 轴和 y 轴分解，再将 x 方向的分力向梁轴线平移，则梁处于轴向受拉和横向弯曲的组合变形状态。

解 首先将外力分解：

$$F_x=F\cos\alpha=15\times\cos30°=12.99\ \text{kN},F_y=F\sin\alpha=15\times\sin30°=7.5\ \text{kN}$$

将 F_x 向梁轴线平移，得轴向力 F_B 和作用在截面 B 的附加力偶 M_e，其矩为

$$M_e=F_xe=12.99\times0.3=3.90\ \text{kN}\cdot\text{m}$$

在横向力 F_y 与力偶矩 M_e 作用下，梁发生弯曲变形，在轴向力 F_B 作用下，梁轴向受拉，梁的弯矩图和轴力图如图 14－5(c)所示。

由内力图可知，危险截面在固定端截面 A，其最大正应力为

$$\sigma_{\max}=\frac{F_N}{A}+\frac{M_z}{W_z}$$

强度条件为

$$\sigma_{\max}=\frac{F_N}{A}+\frac{M_z}{W_z}\leqslant[\sigma]$$

在上式中，有两个未知量：截面面积 A 和弯曲截面系数 W_z，由于工字钢截面在这两者之间没有确定的函数关系，所以由上式不能确定这两个未知量。考虑到弯曲正应力一般大于轴向拉伸应力，所以先按正应力确定截面，然后按拉弯组合变形校核其强度。

由 $\frac{M_z}{W_z} \leqslant [\sigma]$ 得

$$W_z \geqslant \frac{M_z}{[\sigma]} = \frac{11.1 \times 10^3}{170 \times 10^6} = 6.53 \times 10^{-5}\ \mathrm{m}^3 = 65.3\ \mathrm{cm}^3$$

查型钢表，知 No. 12.6 工字钢的截面弯曲系数 $W_z = 77.529\ \mathrm{cm}^3$，截面面积 $A = 18.1\ \mathrm{cm}^2$，则最大正应力为

$$\sigma_{\max} = \frac{F_N}{A} + \frac{M_z}{W_z} = \frac{12.99 \times 10^3}{18.1 \times 10^{-4}} + \frac{11.1 \times 10^3}{77.529 \times 10^{-6}}$$

$$= 150.35 \times 10^6\ \mathrm{Pa} = 150.35\ \mathrm{MPa} \leqslant [\sigma]$$

强度满足要求。所以，可选 No. 12.6 工字钢。

例题 14-4 如图 14-6(a)所示一悬臂式起重机，由横梁 AB 及拉杆 BC 组成，起吊重物沿横梁 AB 移动，横梁 AB 截面为工字形，型钢号为 No. 16，已知 $F = 30\ \mathrm{kN}$，材料的许用应力 $[\sigma] = 170\ \mathrm{MPa}$，试校核横梁 AB 的强度。

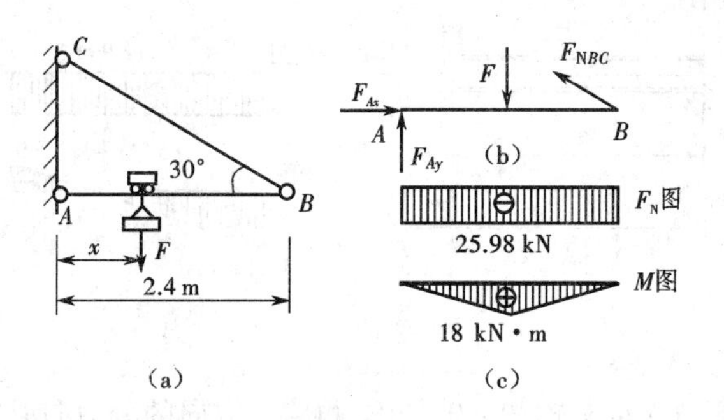

图 14-6

【解题指导】 分析横梁的受力可知，该梁在起吊重物和拉杆 BC 的拉力作用下，将发生压弯变形。

解 (1)横梁内力分析。

当起吊重物在 AB 中点时，梁的弯矩最大，此时梁的受力图如图 14-6(b)所示，由

$$\sum M_B = 0, F_{Ay} l - F\frac{l}{2} = 0$$

得

$$F_{Ay} = \frac{F}{2} = 15\ \mathrm{kN}$$

由

$$\sum M_A = 0, F_{NBC} \sin 30° \cdot l - F\frac{l}{2} = 0$$

得

$$F_{NBC}=F=30\ \text{kN}$$

由

$$\sum F_x=0, F_{NBC}\cos 30°-F_{Ax}=0$$

得

$$F_{Ax}=\frac{\sqrt{3}F_{NBC}}{2}=25.98\ \text{kN}$$

画出梁 AB 的轴力图和弯矩图如图 14－6(c)所示，则梁 AB 的轴力为

$$F_{NAB}=F_{Ax}=25.98\ \text{kN}$$

跨中弯矩为

$$M_{max}=F_{Ay}\frac{l}{2}=15\times1.2=18\ \text{kN}\cdot\text{m}$$

(2)横梁强度校核。

危险截面为 F 作用的截面，其最大正应力为

$$\sigma_{max}=\frac{F_{NAB}}{A}+\frac{M_{max}}{W_z}$$

查型钢表，截面弯曲系数 $W_z=141\ \text{cm}^3$，截面面积 $A=26.1\ \text{cm}^2$，代入上式，得

$$\sigma_{max}=\frac{F_{NAB}}{A}+\frac{M_{max}}{W_z}$$

$$=\frac{25.98\times10^3}{26.1\times10^{-4}}+\frac{18\times10^3}{141\times10^{-6}}=137.6\times10^6\ \text{Pa}=137.6\ \text{MPa}\leqslant[\sigma]$$

强度满足要求。

三、弯扭组合

例题 14－5 一圆形截面的曲拐受力如图 14－7(a)所示，已知 $F=1$ kN，$E=200$ GPa，$G=0.4E$，圆截面直径 $d=120$ mm，试求自由端 C 的挠度。

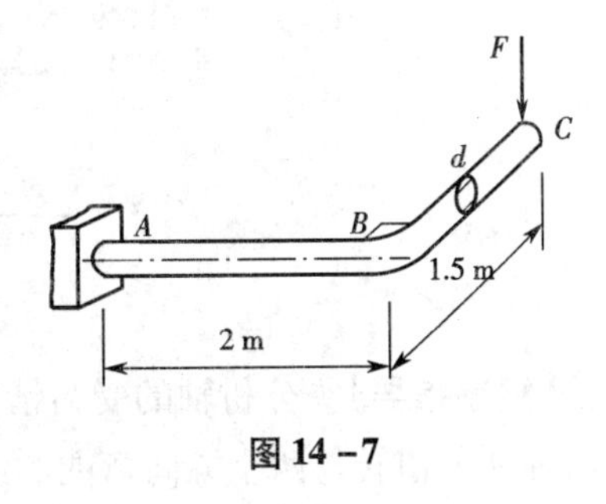

图 14－7

【解题指导】 在图示荷载作用下，杆 AB 将发生扭转和弯曲的组合变形，BC 杆发生弯曲变形，所以自由端 C 的挠度由 BC 杆的弯曲变形和 AB 杆的扭转变形、弯曲变形共同引起。

解 AB 杆的扭矩为

$$T=Fl=1\times1.5=1.5\ \text{kN}\cdot\text{m}$$

扭转角为

$$\theta=\frac{Tl}{GI_p}=\frac{1.5\times10^3\times2}{0.4\times200\times10^9\times\frac{\pi}{32}\times0.12^4}=1.843\times10^{-3}$$

扭转变形引起的 C 点的挠度为

$$f_{C1}=\theta l=1.843\times10^{-3}\times1.5=2.76\times10^{-3}\ \text{m}=2.76\ \text{mm}$$

BC 杆的弯曲变形引起的 C 点的挠度为

$$f_{C2}=\frac{Fl^3}{3EI}=\frac{1\times10^3\times1.5^3}{3\times200\times10^9\times\frac{\pi}{64}\times0.12^4}=5.529\times10^{-4}\ \text{m}=0.552\ 9\ \text{mm}$$

AB 杆的弯曲变形引起的 C 点的挠度为

$$f_{C3}=\frac{Fl^3}{3EI}=\frac{1\times10^3\times2^3}{3\times200\times10^9\times\frac{\pi}{64}\times0.12^4}=1.31\times10^{-3}\ \text{m}=1.31\ \text{mm}$$

所以，C 点的挠度为

$$f_C=f_{C1}+f_{C2}+f_{C3}=2.76+0.552\ 9+1.31=4.62\ \text{mm}$$

例题 14－6 如图 14－8(a)所示一传动轴，传递功率 $P=8$ kW，转速 $n=100$ r/min，轮 A 上的皮带是垂直的，轮 B 上的皮带是水平的，两轮的直径均为 50 cm，已知皮带拉力 $F_1>F_2$，$F_2=1.5$ kN，材料的许用应力$[\sigma]=100$ MPa，试按第三强度理论选择轴的直径。

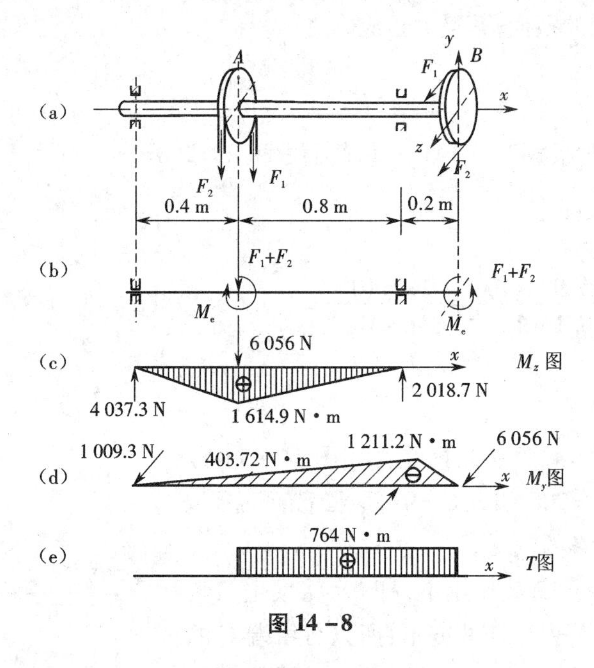

图 14－8

【解题指导】 分析轴的受力情况，将各力向轴线简化，其计算简图如图 14－8(b)所示，所以轴处于扭转与两个方向弯曲的组合变形状态。

解 (1)外力分析。

在图 14－8(b)中，扭转外力偶 M_e 为

$$M_e=9\ 550\frac{P}{n}=9\ 550\times\frac{8}{100}=764\ \text{N}\cdot\text{m}$$

皮带拉力与 M_e 有以下关系：

$$M_e=F_1\times\frac{D}{2}-F_2\times\frac{D}{2}$$

由此得到：

$$F_1 = \frac{2M_e}{D} + F_2 = \frac{2 \times 764}{0.5} + 1\ 500 = 4\ 556\ \text{N}$$

则

$$F_1 + F_2 = 4\ 556 + 1\ 500 = 6\ 056\ \text{N}$$

(2)内力分析。

根据轴上作用的外力画出其内力图,两个方向的弯矩图和扭矩图如图 14-8(c)、(d)和(e)所示。

根据内力图,可判断危险截面为 A 轮的右侧截面,截面弯矩为

$$M_y = 403.72\ \text{N}\cdot\text{m},\quad M_z = 1\ 614.9\ \text{N}\cdot\text{m}$$

其总弯矩为

$$M = \sqrt{M_y^2 + M_z^2} = \sqrt{403.72^2 + 1\ 614.9^2} = 1\ 664.6\ \text{N}\cdot\text{m}$$

(3)强度计算。

危险点的正应力为

$$\sigma = \frac{M}{W} = \frac{\sqrt{M_y^2 + M_z^2}}{W}$$

危险截面扭矩 $T = 764\ \text{N}\cdot\text{m}$,危险点的切应力为

$$\tau = \frac{T}{W_p} = \frac{2T}{W}$$

主应力为

$$\sigma_1 = \frac{1}{2}(\sigma + \sqrt{\sigma^2 + 4\tau^2}),\quad \sigma_2 = 0,\quad \sigma_3 = \frac{1}{2}(\sigma - \sqrt{\sigma^2 + 4\tau^2})$$

由第三强度理论,得

$$\begin{aligned}\sigma_{r3} = \sigma_1 - \sigma_3 &= \sqrt{\sigma^2 + 4\tau^2}\\ &= \sqrt{\frac{M_y^2 + M_z^2}{W^2} + 4 \times \frac{T^2}{4W^2}}\\ &= \sqrt{\frac{M_y^2 + M_z^2 + T^2}{W^2}} = \frac{\sqrt{M_y^2 + M_z^2 + T^2}}{W} \leqslant [\sigma]\end{aligned}$$

所以

$$W = \frac{\pi d^3}{32} \geqslant \frac{\sqrt{M_y^2 + M_z^2 + T^2}}{[\sigma]} = \frac{\sqrt{403.72^2 + 1\ 614.9^2 + 764^2}}{100 \times 10^6} = 1.832 \times 10^{-5}\ \text{m}^3$$

即

$$d \geqslant \sqrt[3]{\frac{32W}{\pi}} = \sqrt[3]{\frac{32 \times 1.832 \times 10^{-5}}{\pi}} = 0.057\ 1\ \text{m} = 57.1\ \text{mm}$$

工程上可选 $d = 60$ mm。

例题 14-7 图 14-9(a)所示 AB 为一空心圆筒,其内径 $d = 65$ mm,外径 $D = 70$ mm,在截面 B 处垂直向下伸出一根刚性杆 BC,$a = 1$ m,$b = 0.3$ m,在 C 处 xz 平面作用一集中荷载 F

$=1$ kN，与 x 轴夹角为 30°，材料的许用应力 $[\sigma]=80$ MPa，试按第四强度理论校核圆筒的强度。

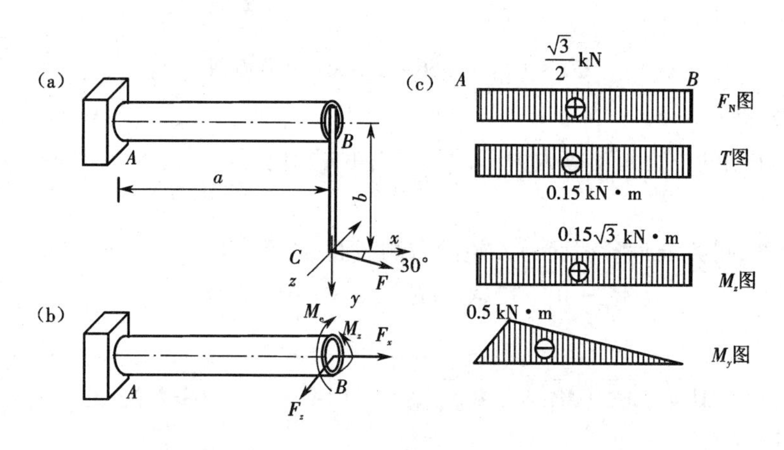

图 14－9

【解题指导】 将 F 在 xz 平面内分解，并向 B 截面简化，其计算简图如图 14－9(b)所示，所以圆筒处于拉伸、扭转与两个方向弯曲的组合变形状态。

解 (1)外力分析。

将 F 分解：

$$F_x=F\cos 30°=1\times\frac{\sqrt{3}}{2}=\frac{\sqrt{3}}{2}\text{ kN},F_z=F\sin 30°=1\times\frac{1}{2}=0.5\text{ kN}$$

向 B 截面简化，如图 14－9(b)所示，其中

$$M_e=F_zb=0.5\times0.3=0.15\text{ kN}\cdot\text{m}$$

$$M_z=F_xb=\frac{\sqrt{3}}{2}\times0.3=0.15\sqrt{3}\text{ kN}\cdot\text{m}$$

(2)内力分析。

根据圆筒的受力情况画出其内力图，轴力图、扭矩图及两个方向的弯矩图如图 14－9(c)所示。

根据内力图，可判断危险截面为固定端 A 截面，内力如下。

弯矩：

$$M_y=F_za=0.5\times1=0.5\text{ kN}\cdot\text{m},\quad M_z=0.15\sqrt{3}\text{ kN}\cdot\text{m}$$

总弯矩：

$$M=\sqrt{M_y^2+M_z^2}=\sqrt{0.5^2+(0.15\sqrt{3})^2}=0.563\text{ kN}\cdot\text{m}$$

扭矩：

$$T=M_e=0.15\text{ kN}\cdot\text{m}$$

轴力：

$$F_N=F_x=\frac{\sqrt{3}}{2}\text{ kN}$$

此外，该截面还有剪力，因其引起的切应力较小，故忽略不计。

(3)应力计算。

在弯矩引起的拉应力最大的点上，同时还有轴拉力引起的正应力和扭转引起的切应力，这一点为危险点，其应力如下。

弯矩引起的正应力

$$\sigma=\frac{M}{W}=\frac{32\times0.563\times10^3}{\pi\times0.07^3\times\left[1-\left(\frac{65}{70}\right)^4\right]}=65.17\times10^6\ \text{Pa}=65.17\ \text{MPa}$$

轴力引起的正应力

$$\sigma=\frac{F_N}{A}=\frac{\sqrt{3}\times10^3\times4}{2\times\pi\times(0.07^2-0.065^2)}=1.633\times10^6\ \text{Pa}=1.633\ \text{MPa}$$

该点的正应力为

$$\sigma=\frac{M}{W}+\frac{F_N}{A}=65.17\ \text{MPa}+1.633\ \text{MPa}=66.803\ \text{MPa}$$

扭矩引起的切应力为

$$\tau=\frac{T}{W_p}=\frac{0.15\times10^3\times16}{\pi\times0.07^3\times\left[1-\left(\frac{65}{70}\right)^4\right]}=8.682\times10^6\ \text{Pa}=8.682\ \text{MPa}$$

由第四强度理论得危险点的相当应力为

$$\sigma_{r4}=\sqrt{\sigma^2+3\tau^2}=\sqrt{66.803^2+3\times8.682^2}=68.5\ \text{MPa}\leqslant[\sigma]$$

强度满足要求。

14.3 自测题

14－1 梁在斜弯曲时，其截面的中性轴(　　)。

A. 不通过截面的形心　　B. 通过截面的形心

C. 与横向力的作用线垂直　　D. 与横向力的作用线方向一致

14－2 如图 14－10 所示折杆 *ABCD* 右端受到外力 *F* 的作用，则 *AB* 段产生的是(　　)的组合变形。

A. 拉伸和弯曲　　B. 扭转和弯曲　　C. 拉伸和扭转　　D. 拉伸、扭转与弯曲

14－3 如图 14－11 所示槽形截面悬臂梁自由端受集中力 *F* 作用，当 *F* 的作用线通过横截面的形心时，该梁发生的变形形式为(　　)。

A. 拉伸和弯曲　　B. 扭转和弯曲　　C. 拉伸和扭转　　D. 拉伸、扭转与弯曲

14－4 对杆件进行强度校核时，危险点处于复杂应力状态的是(　　)。

A. 斜弯曲　　B. 单向偏心拉伸(压缩)

C. 双向偏心拉伸(压缩)　　D. 弯扭组合

14－5 判断正误：斜弯曲时，中性轴过形心，挠度方向总是与中性轴垂直。(　　)

14－6 矩形截面梁受力如图 14－12 所示，则固定端截面最大拉应力发生在(　　)。

A. A 点　　　　B. B 点　　　　C. C 点　　　　D. D 点

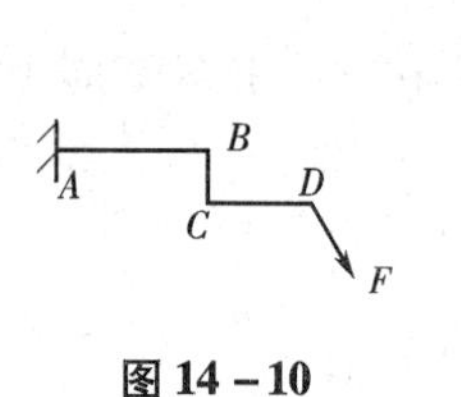

图 14－10

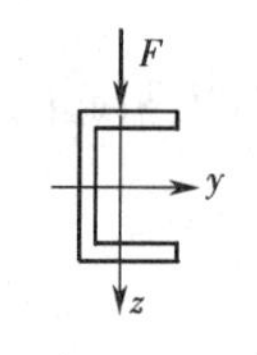

图 14－11

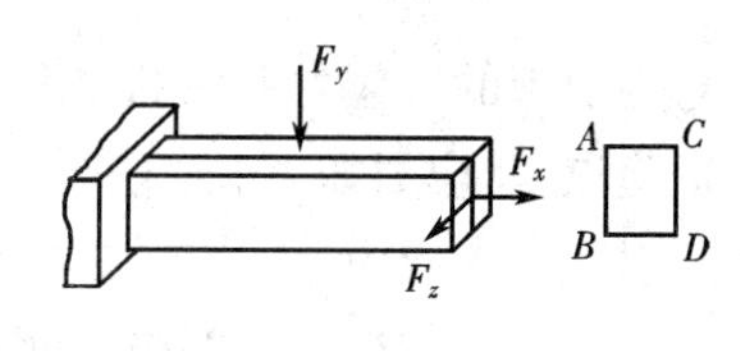

图 14－12

14－7　圆截面杆发生下面哪一种变形时,其外边界上的应力状态不可能出现如图 14－13 所示的应力状态。(　　)

A. 扭转　　　　B. 平面弯曲　　　　C. 弯扭组合　　　　D. 拉、弯、扭组合

14－8　杆件发生下面哪一种变形时,其危险点的应力状态为图 14－14 所示的应力状态。(　　)

A. 偏心拉伸　　　　B. 斜弯曲　　　　C. 弯扭组合　　　　D. 拉弯组合

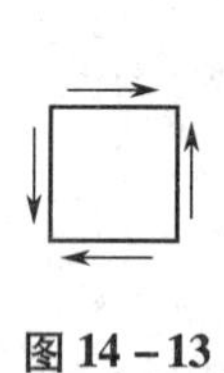
图 14－13

图 14－14

14－9　在以下关于截面核心的结论中,错误的是(　　)。

A. 当拉力作用于截面核心内部时,杆内只有拉应力

B. 当拉力作用于截面核心外部时,杆内只有压应力

C. 当压力作用于截面核心内部时,杆内只有压应力

D. 当压力作用于截面核心外部时,杆内既有拉应力,又有压应力

14－10　圆截面杆受力如图 14－15 所示,材料的许用正应力为$[\sigma]$,许用切应力为$[\tau]$,横截面面积为 A,抗弯截面系数为 W,抗扭截面系数为 W_p,下列强度条件中正确的是(　　)。

A. $\dfrac{F}{A}+\dfrac{M_e}{W}\leqslant[\sigma]$,$\dfrac{T}{W_p}\leqslant[\tau]$　　　　B. $\dfrac{F}{A}+\sqrt{\left(\dfrac{M_e}{W}\right)^2+4\left(\dfrac{T}{W_p}\right)^2}\leqslant[\sigma]$

C. $\dfrac{M_e}{W}+\sqrt{\left(\dfrac{F}{A}\right)^2+4\left(\dfrac{T}{W_p}\right)^2}\leqslant[\sigma]$　　　　D. $\sqrt{\left(\dfrac{M_e}{W}+\dfrac{F}{A}\right)^2+4\left(\dfrac{T}{W_p}\right)^2}\leqslant[\sigma]$

14－11　如图 14－16 所示圆截面悬臂梁,直径 $d=150$ mm,弹性模量 $E=10$ GPa,在梁的水平对称面内受到 $F_1=2.5$ kN 的作用,在竖直对称面内受到 $F_2=2$ kN 的作用,已知 $l=2$ m。试求:(1)梁的横截面上的最大正应力;(2)梁的最大挠度。

14－12　一矩形截面梁承受如图 14－17 所示的荷载作用,已知截面高度 $h=200$ mm,跨度 $l=1$ m,$F_1=30$ kN,$a=20$ mm,F_1、F 均作用在纵向对称面内,若要求跨中横截面上边缘正应力与下边缘正应力之比为 3∶5。已知跨中横截面处于受拉状态。试求 F 的大小。

14－13　如图 14－18 所示一三角形支架,横梁 AB 用 20a 工字钢制成,梁中间有一集中力

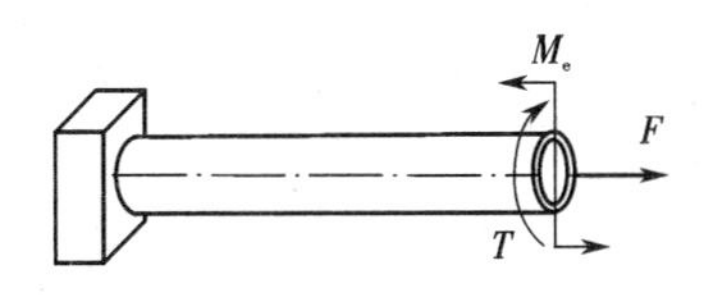

图 14 – 15

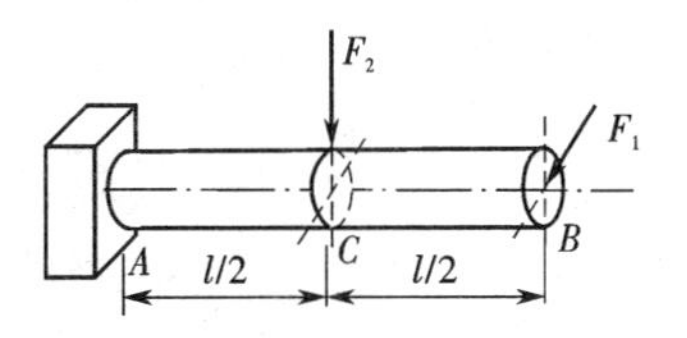

图 14 – 16

F 作用。已知 $l=3$ m, $F=30$ kN, $\alpha=30°$,试求 AB 梁内的最大正应力。设工字钢自重不计。

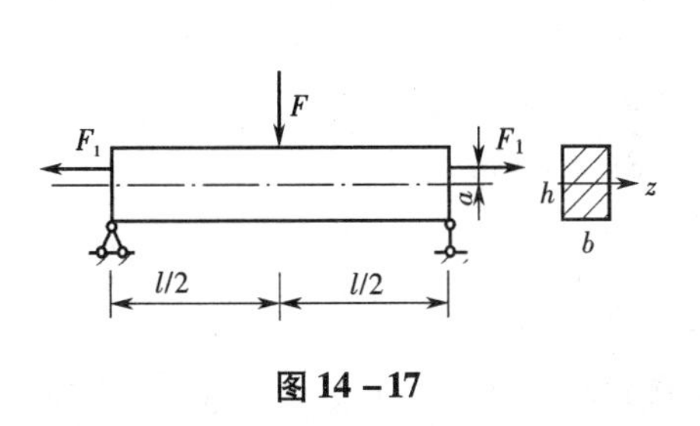

图 14 – 17

图 14 – 18

14 – 14　一圆形截面的直角弯杆受力如图 14 – 19 所示,已知 $F=20$ kN, $q=10$ kN/m,材料的许用应力 $[\sigma]=160$ MPa,试按第三强度理论设计圆杆的直径 d。

14 – 15　一圆形截面杆受力如图 14 – 20 所示, $F_1=120$ kN, $F_2=50$ kN, $F_3=60$ kN,圆杆的直径 $d=100$ mm,材料的许用应力 $[\sigma]=160$ MPa,试按第三强度理论校核该杆的强度。

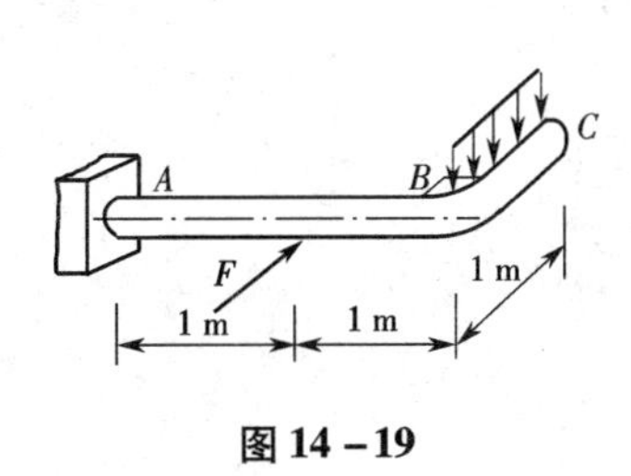

图 14 – 19

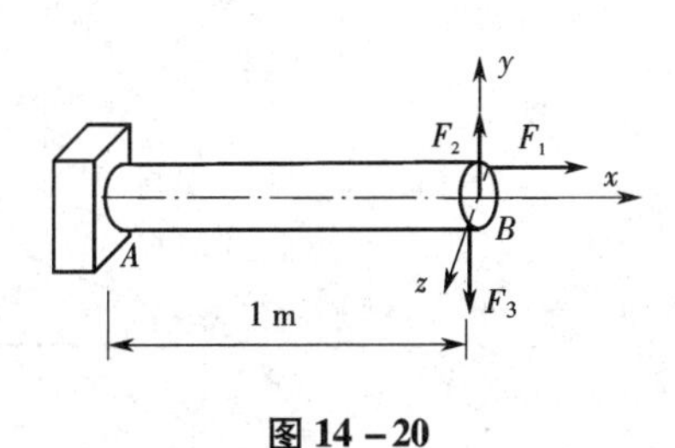

图 14 – 20

14.4　自测题解答

此部分内容请扫二维码。

14.5　习题解答

14 – 1　20a 工字钢的简支梁受力如图所示,外力 F 通过截面的形心,且与 y 轴成 φ 角。已知 $F=10$ kN, $l=4$ m, $\varphi=15°$, $[\sigma]=160$ MPa,试校核该梁的强度。

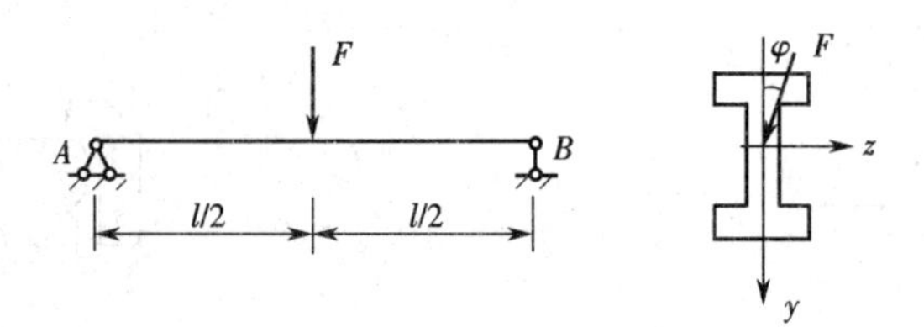

习题 14－1 图

解

$$M=\frac{1}{4}Fl=\frac{1}{4}\times10\times4=10\ \text{kN}\cdot\text{m}$$

$$M_z=M\cos\varphi=10\times\cos15^\circ=9.659\ \text{kN}\cdot\text{m}$$

$$M_y=M\sin\varphi=10\times\sin15^\circ=2.588\ \text{kN}\cdot\text{m}$$

查附表得

$$W_z=237\ \text{cm}^3,W_y=31.5\ \text{cm}^3$$

则 $$\sigma_{\max}=\frac{M_z}{W_z}+\frac{M_y}{W_y}=\frac{9.569\times10^3}{237\times10^{-6}}+\frac{2.588\times10^3}{31.5\times10^{-6}}=122.9\times10^6\ \text{Pa}=122.9\ \text{MPa}<[\sigma]$$

强度满足要求。

14－2 矩形截面木檩条受力如图所示。已知 $l=4$ m，$q=2$ kN/m，$E=9$ GPa，$[\sigma]=12$ MPa，$\alpha=26^\circ34'$，$b=110$ mm，$h=200$ mm，$\left[\frac{f}{l}\right]=\frac{1}{200}$。试验算檩条的强度和刚度。

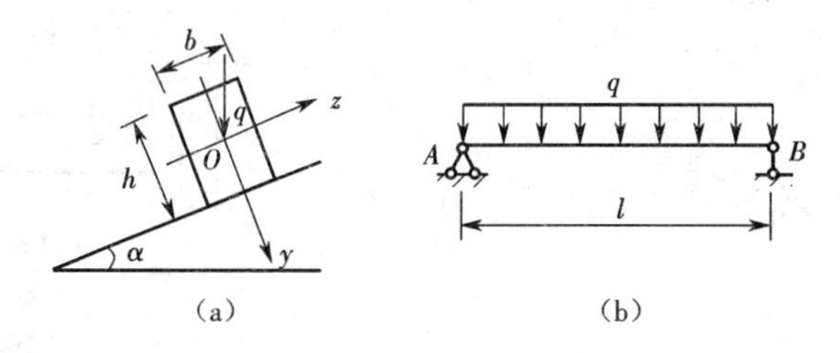

(a)　　(b)

习题 14－2 图

解

$$M=\frac{1}{8}ql^2=\frac{1}{8}\times2\times4^2=4\ \text{kN}\cdot\text{m}$$

$$M_z=M\cos\varphi=4\times\cos26^\circ34'=3.578\ \text{kN}\cdot\text{m}$$

$$M_y=M\sin\varphi=4\times\sin26^\circ34'=1.789\ \text{kN}\cdot\text{m}$$

$$W_z=\frac{1}{6}\times0.11\times0.2^2=7.333\times10^{-4}\ \text{m}$$

$$W_y=\frac{1}{6}\times0.2\times0.11^2=4.033\times10^{-4}\ \text{m}$$

$$\sigma_{\max}=\frac{M_z}{W_z}+\frac{M_y}{W_y}=\frac{3.578\times10^3}{7.333\times10^{-4}}+\frac{1.789\times10^3}{4.033\times10^{-4}}=9.32\times10^6\ \text{Pa}=9.32\ \text{MPa}<[\sigma]$$

强度满足要求。

$$f_z=\frac{5ql^4\cos\varphi}{384EI_z}=\frac{5\times2\times10^3\times4^4\times\cos26^\circ34'}{384\times9\times10^9\times\frac{1}{12}\times0.11\times0.2^3}=9.034\times10^{-3}\ \text{m}$$

$$f_y=\frac{5ql^4\sin\varphi}{384EI_y}=\frac{5\times2\times10^3\times4^4\times\sin26°34'}{384\times9\times10^9\times\frac{1}{12}\times0.2\times0.11^3}=14.93\times10^{-3}\ \text{m}$$

$$f=\sqrt{f_z^2+f_y^2}=17.45\times10^{-3}=17.45\ \text{mm}$$

$\frac{f}{l}=\frac{1}{229}<\left[\frac{f}{l}\right]=\frac{1}{200}$,所以挠度满足要求。

14-3 一矩形截面悬臂梁如图所示,在自由端有一集中力 F 作用,作用点通过截面的形心,与 y 轴成 φ 角。已知 $F=2$ kN,$l=2$ m,$\varphi=15°$,$[\sigma]=10$ MPa,$E=9$ GPa,$h/b=1.5$,容许挠度为 1/125,试选择梁的截面尺寸,并作刚度校核。

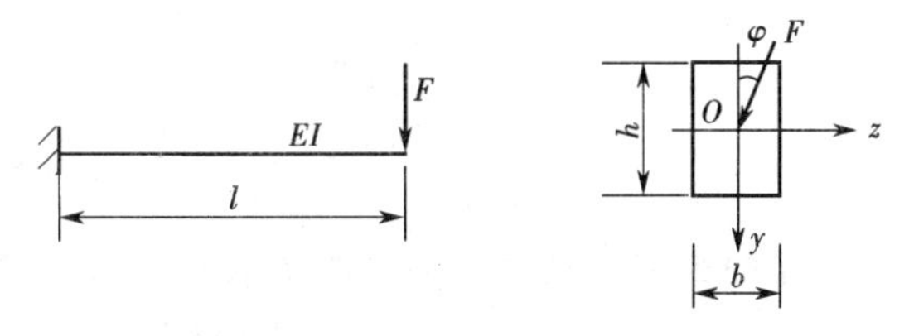

习题 14-3 图

14-4 一矩形截面悬臂梁如图所示,在梁的水平对称平面内受到集中力 $F_1=2$ kN 作用,在铅直对称平面内受到 $F_2=1$ kN 的作用,梁的截面尺寸 $b=100$ mm,$h=200$ mm,$E=10$ GPa。试求梁的横截面上的最大正应力及其作用点的位置,并求梁的最大挠度。

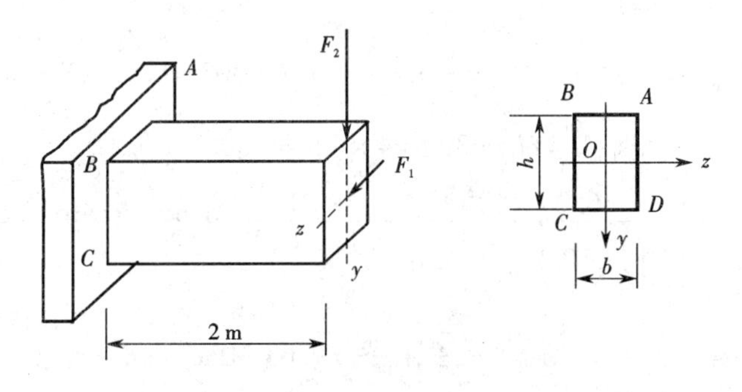

习题 14-4 图

解 $M_z=F_2l=1\times2=2\ \text{kN}\cdot\text{m},M_y=F_1l=2\times2=4\ \text{kN}\cdot\text{m}$

$$W_z=\frac{1}{6}\times0.1\times0.2^2=6.67\times10^{-4}\ \text{m},W_y=\frac{1}{6}\times0.2\times0.1^2=3.33\times10^{-4}\ \text{m}$$

$$\sigma_{\max}=\frac{M_z}{W_z}+\frac{M_y}{W_y}=\frac{2\times10^3}{6.67\times10^{-4}}+\frac{4\times10^3}{3.33\times10^{-4}}=15\times10^6\ \text{Pa}=15\ \text{MPa}(A\text{ 点})$$

$$f_y=\frac{F_2l^3}{3EI_z}=\frac{1\times10^3\times2^3}{3\times10\times10^9\times\frac{1}{12}\times0.1\times0.2^3}=4\times10^{-3}\ \text{m}$$

$$f_z=\frac{F_1l^3}{3EI_y}=\frac{2\times10^3\times2^3}{3\times10\times10^9\times\frac{1}{12}\times0.2\times0.1^3}=32\times10^{-3}\ \text{m}$$

$$f=\sqrt{f_z^2+f_y^2}=32.25\times10^{-3}=32.25\ \text{mm}$$

14-5 一矩形截面斜梁受铅直荷载作用,如图所示。已知 $l=4$ m,$q=4$ kN/m,$b=110$ mm,$h=200$ mm,试:

(1)作轴力图和弯矩图；

(2)求危险截面(跨中截面)上的最大拉应力和最大压应力。

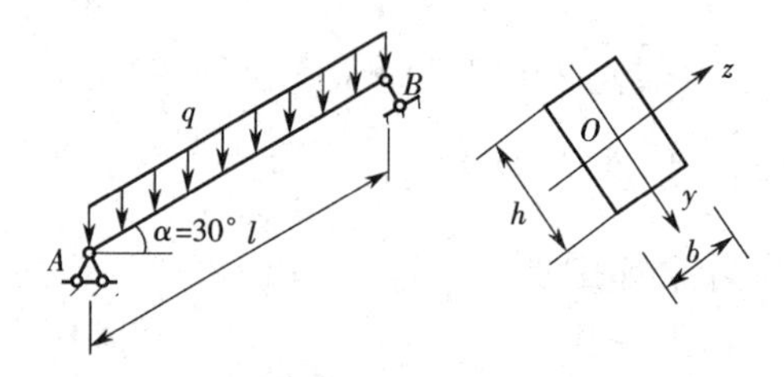

习题 14-5 图

解 (1)弯矩图和轴力图如图所示。

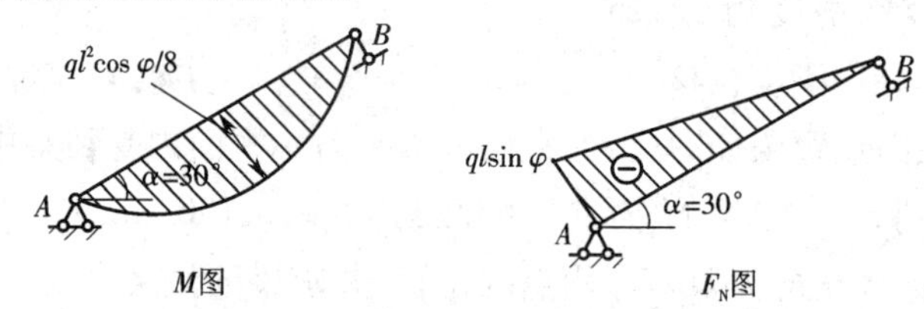

(2)
$$M_{\max}=\frac{1}{8}ql^2\cos 30°=\frac{1}{8}\times 4\times 4^2\times\cos 30°=6.93\ \text{kN}\cdot\text{m}$$

$$F_{\text{N},\max}=ql\sin 30°=4\times 4\times\sin 30°=8\ \text{kN}$$

$$\sigma_{拉}=\frac{M_{\max}}{W}-\frac{F_{\text{N}}}{A}=\frac{6.93\times 10^3}{\frac{1}{6}\times 0.11\times 0.2^2}-\frac{4\times 10^3}{0.11\times 0.2}=9.27\times 10^6\ \text{Pa}=9.27\ \text{MPa}$$

$$\sigma_{压}=\frac{M_{\max}}{W}+\frac{F_{\text{N}}}{A}=9.63\ \text{MPa}$$

14-6 如图所示一托架，横梁 AB 为 20a 工字钢。已知 $F=10$ kN，$\alpha=30°$，材料的许用应力$[\sigma]=100$ MPa，试校核 AB 梁的强度。设工字钢自重不计。

14-7 一矩形截面杆件受力如图所示。F_1 作用在杆件的对称平面内，F_2、F_3 的作用线与杆件的轴线重合。已知 $F_1=15$ kN，$F_2=15$ kN，$F_3=30$ kN，$l=2$ m，杆件的截面尺寸 $b=150$ mm，$h=200$ mm，试求杆横截面上的最大压应力和最大拉应力。

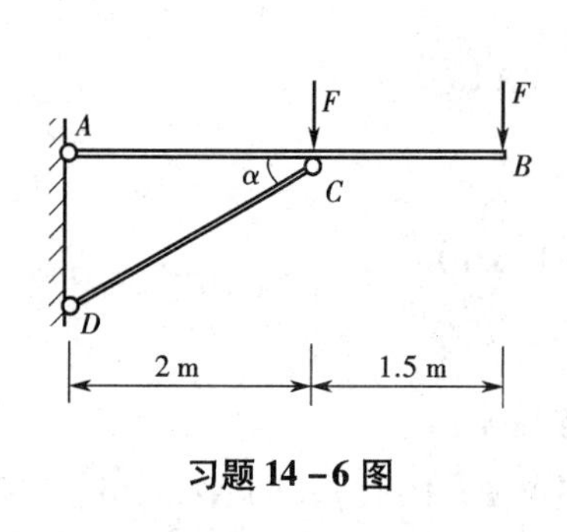

习题 14-6 图

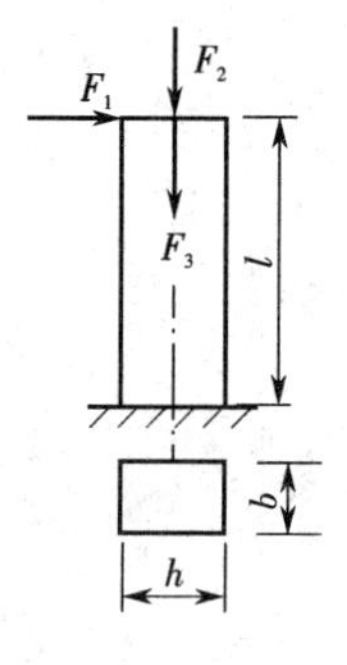

习题 14-7 图

解 杆的最大压应力和最大拉应力发生在杆的底截面。此处弯矩值为

$$M = F_1 l = 15 \times 2 = 30\ \text{kN} \cdot \text{m}$$

$$\sigma_{c,\max} = \frac{M}{W} + \frac{F_2 + F_3}{A} = -\frac{30 \times 10^3}{\frac{1}{6} \times 0.15 \times 0.2^2} - \frac{(15+30) \times 10^3}{0.15 \times 0.2} = -31.5 \times 10^6\ \text{Pa} = -31.5\ \text{MPa}$$

$$\sigma_{t,\max} = \frac{M}{W} - \frac{F_2 + F_3}{A} = \frac{30 \times 10^3}{\frac{1}{6} \times 0.15 \times 0.2^2} - \frac{(15+30) \times 10^3}{0.15 \times 0.2} = 28.5 \times 10^6\ \text{Pa} = 28.5\ \text{MPa}$$

14－8 一正方形截面杆件,边长为 a,承受轴向拉力如图所示。现在杆件中间某处挖一个槽,槽深$\frac{a}{4}$,试求:

(1)开槽前槽口处截面 m—m 上的最大拉应力;

(2)开槽后槽口处截面 m—m 上的最大拉应力和最大压应力以及所在点的位置。

解 (1)开槽前:

$$\sigma_{\max} = \frac{F}{a^2}$$

(2)开槽后:

$$M = F\frac{a}{8}, \quad W = \frac{1}{6}a\left(\frac{3}{4}a\right)^2 = \frac{9a^3}{96}, \quad A = \frac{3a^2}{4}$$

$$\sigma_{拉} = \frac{F}{A} + \frac{M}{W} = \frac{F}{\frac{3a^2}{4}} + \frac{F\frac{a}{8}}{\frac{9a^3}{96}} = \frac{8F}{3a^2}, \quad \sigma_{压} = \frac{F}{A} - \frac{M}{W} = \frac{F}{\frac{3a^2}{4}} - \frac{F\frac{a}{8}}{\frac{9a^3}{96}} = 0$$

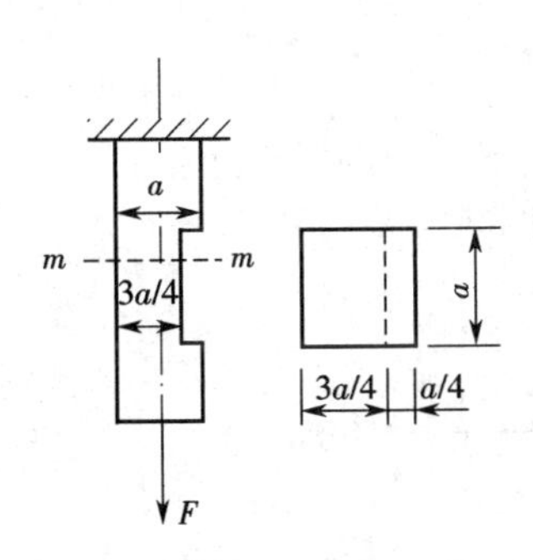

习题 14－8 图

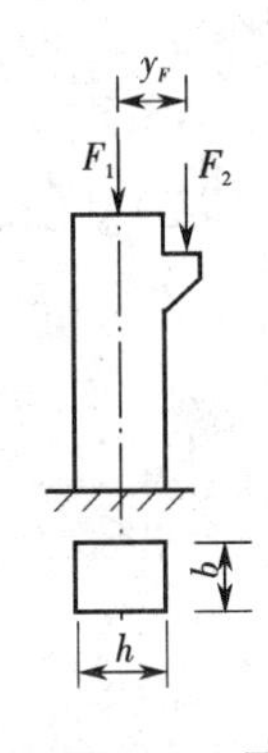

习题 14－9 图

14－9 一矩形截面柱受力如图所示,F_1的作用线与柱轴线重合,F_2的作用线与轴线有一偏心距 $y_F = 150$ mm,已知 $b = 120$ mm,$h = 200$ mm,$F_1 = 80$ kN,$F_2 = 50$ kN,试求柱横截面上的最大拉应力和最大压应力。欲使柱横截面内不出现拉应力,偏心距 y_F应等于多少?此时的最大压应力为多少?

解 柱底截面的弯矩值为

$$M = F_2 y_F = 50 \times 0.15 = 7.5\ \text{kN} \cdot \text{m}$$

$$\sigma_{c,max}=\frac{M}{W}+\frac{F_1+F_2}{A}=-\frac{7.5\times10^3}{\frac{1}{6}\times0.12\times0.2^2}-\frac{(80+50)\times10^3}{0.12\times0.2}=-14.79\times10^6\ \text{Pa}=-14.79\ \text{MPa}$$

$$\sigma_{t,max}=\frac{M}{W}-\frac{F_1+F_2}{A}=\frac{7.5\times10^3}{\frac{1}{6}\times0.12\times0.2^2}-\frac{(80+50)\times10^3}{0.12\times0.2}=3.96\times10^6\ \text{Pa}=3.96\ \text{MPa}$$

由 $\sigma_t=\frac{M}{W}-\frac{F_1+F_2}{A}=\frac{50\times y_F\times10^3}{\frac{1}{6}\times0.12\times0.2^2}-\frac{(80+50)\times10^3}{0.12\times0.2}=0$，得

$$y_F=0.087\ \text{m}=87\ \text{mm}$$

此时

$$\sigma_{c,max}=\frac{M}{W}+\frac{F_1+F_2}{A}=-\frac{50\times0.087\times10^3}{\frac{1}{6}\times0.12\times0.2^2}-\frac{(80+50)\times10^3}{0.12\times0.2}=-10.85\times10^6\ \text{Pa}=-10.85\ \text{MPa}$$

14-10 一砖砌的烟囱高 $h=50$ m，自重 $G_1=2\ 800$ kN，烟囱底截面（1—1）外径 $d_1=3.5$ m，内径 $d_2=2.5$ m，受风荷载 $q=1.2$ kN/m 的作用，基础埋深 $h_1=5$ m，基础及回填土重量 $G_2=1\ 200$ kN，地基的容许压应力 $[\sigma]=0.3$ MPa，试求：

（1）烟囱底截面（1—1）上的最大压应力；

（2）圆形基础的直径。

解 （1）1—1 截面的弯矩值为

$$M=\frac{1}{2}qh^2=\frac{1}{2}\times1.2\times50^2=1\ 500\ \text{kN}\cdot\text{m}$$

$$\sigma_{c,max}=-\frac{M}{W}-\frac{G}{A}=-\frac{1\ 500\times10^3}{\frac{\pi}{32}\times\left(3.5^3-\frac{2.5^4}{3.5}\right)}-\frac{2\ 800\times10^3}{\pi\left(\frac{3.5^2}{4}-\frac{2.5^2}{4}\right)}=-1.076\times10^6\ \text{Pa}=-1.076\ \text{MPa}$$

（2）基础底截面弯矩值为

$$M=\frac{1}{2}qh^2+qhh_1=\frac{1}{2}\times1.2\times50^2+1.2\times50\times5=1\ 800\ \text{kN}\cdot\text{m}$$

由 $\sigma_{c,max}\leqslant[\sigma]$ 得

$$\sigma_{c,max}=-\frac{M}{W}-\frac{G}{A}=-\frac{1\ 800\times10^3}{\frac{\pi}{32}D^3}-\frac{(2\ 800+1\ 200)\times10^3}{\frac{\pi D^2}{4}}\leqslant[\sigma]$$

解上式得

$$D\geqslant5.35\ \text{m}$$

14-11 一矩形素混凝土水坝如图所示，试求当水位达到坝顶时，坝底面处的最大拉应力和最大压应力。设混凝土容重为 24 kN/m^3。如果要求坝底不出现拉应力，则最大容许水深为多少？

解 坝底截面的弯矩值为

$$M=\frac{1}{6}q_{max}H^2=\frac{1}{6}\times9.8\times1.2\times1.2^2=2.822\ 4\ \text{kN}\cdot\text{m}$$

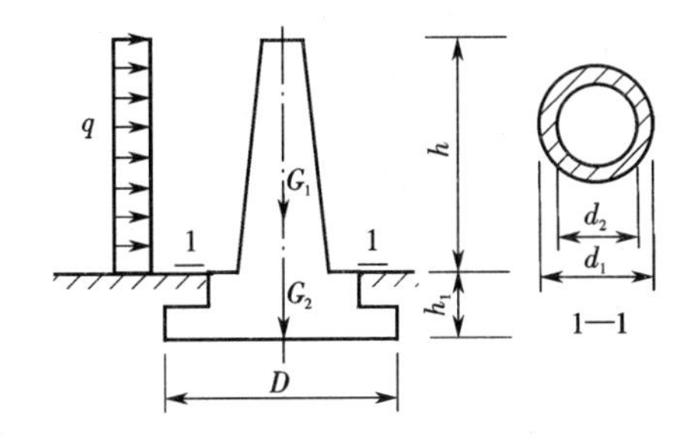

习题 14 -10 图

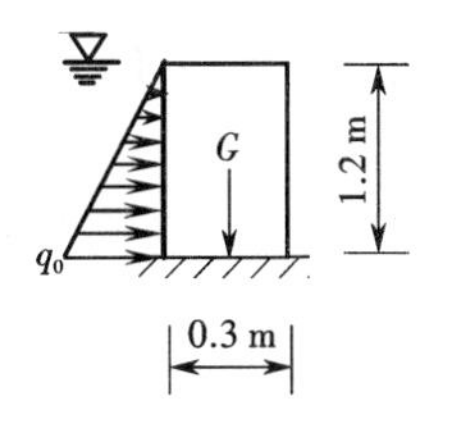

习题 14 -11 图

$$\sigma_{c,\max} = -\frac{M}{W} - \frac{G}{A} = -\frac{2.8224\times10^3}{\frac{1}{6}\times0.3^2\times1} - \frac{24\times0.3\times1.2\times10^3}{0.3\times1} = -0.217\times10^6\ \text{Pa} = -0.217\ \text{MPa}$$

$$\sigma_{t,\max} = \frac{M}{W} - \frac{G}{A} = \frac{2.8224\times10^3}{\frac{1}{6}\times0.3^2\times1} - \frac{24\times0.3\times1.2\times10^3}{0.3\times1} = 0.159\times10^6\ \text{Pa} = 0.159\ \text{MPa}$$

若要求坝底不出现拉应力，则由

$$\sigma_{t,\max} = \frac{M}{W} - \frac{G}{A} = \frac{\frac{1}{6}\times9.8\times h^3\times10^3}{\frac{1}{6}\times0.3^2\times1} - \frac{24\times0.3\times1.2\times10^3}{0.3\times1} = 0$$

得

$$h = 0.642\ \text{m}$$

14 -12 如图所示一圆形截面杆，直径 $d = 80$ mm，承受轴向力 F_1、横向力 F_2和扭力矩 M_e作用。已知 $F_1 = 30$ kN，$F_2 = 1.5$ kN，$M_e = 1$ kN · m，许用应力$[\sigma] = 40$ MPa，杆件长度 $l = 1$ m。试按第一强度理论校核杆的强度。

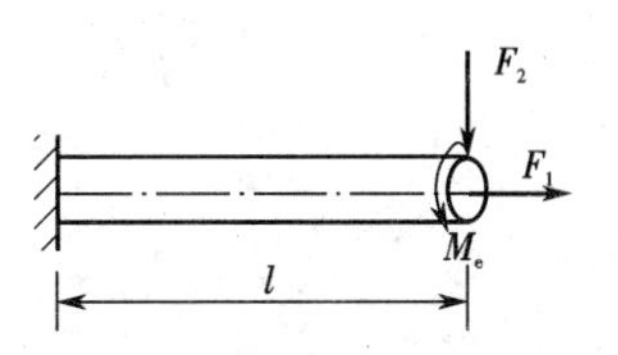

习题 14 -12 图

14 -13 确定图示截面的核心。

解 截面面积为

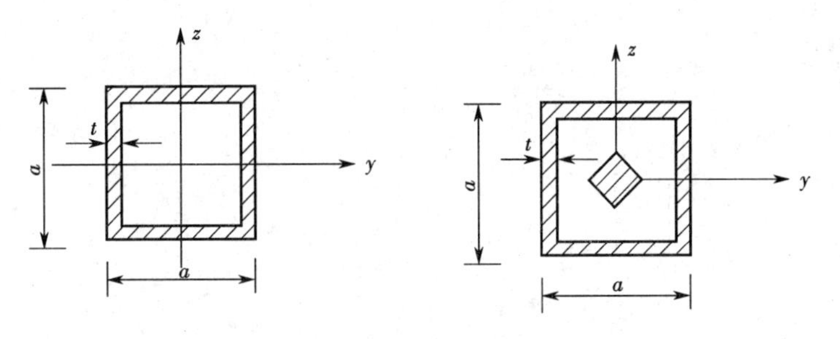

习题 14 -13 图

$$A = a^2 - (a - 2t)^2$$

截面惯性矩为

$$I_y = I_z = \frac{a^4}{12} - \frac{1}{12}(a - 2t)^4$$

$$i_y^2 = i_z^2 = \frac{I}{A} = \frac{1}{12}[a^2 + (a-2t)^2]$$

当 $\alpha_{z1} = \frac{a}{2}$时，$\alpha_{y1} = \infty$，代入上式得

$$z_{F1} = -\frac{i_y^2}{\alpha_{z1}} = -(\frac{1}{3}a - \frac{2t}{3} + \frac{2t^2}{3a})$$

因为 $t \ll a$，所以

$$z_{F1} \approx -\frac{1}{3}a, y_{F1} = 0$$

同理，可定出其他的压力作用点。截面核心如图所示。

习题 14－3、14－6、14－12 答案请扫二维码。

第15章 压杆稳定

15.1 理论要点

一、基本概念

(1)**稳定平衡状态** 物体受到微小干扰而稍微偏离它原有的平衡位置,当干扰消除以后,它能够回到原有的平衡位置。

(2)**随遇平衡状态** 物体受到微小干扰而稍微偏离它原有的平衡位置,当干扰消除以后,它不能够回到原有的平衡位置,但能够在附近新的位置维持平衡。

(3)**不稳定平衡状态** 物体受到微小干扰而稍微偏离它原有的平衡位置,当干扰消除以后,它不但不能回到原有的平衡位置,而且继续离去。

(4)**稳定性** 结构物或构件保持其平衡状态特征随时间恒定的能力。

(5)**失稳** 结构物或构件处于不稳定平衡状态时,因稳定性丧失而导致的破坏和失效现象。

(6)**临界压力** 压杆由稳定平衡过渡到不稳定平衡时所受轴向压力的临界值,简称**临界力**,用 F_{cr}表示。

二、临界力的欧拉公式

$$F_{cr}=\frac{\pi^2 EI}{(\mu l)^2} \tag{15-1}$$

式中:μ 称为**长度系数**,与杆端的约束情况有关,μl 称为压杆的**计算长度**。若两端固定,则 μ 可取0.5;若一端固定,另一端铰支,则 μ 可取0.7;若两端铰支,则 μ 可取1;若一端固定,另一端自由,则 μ 可取2。

三、临界应力的欧拉公式

$$\sigma_{cr}=\frac{\pi^2 E}{\lambda^2} \tag{15-2}$$

式中:$\lambda=\frac{\mu l}{i}$称为压杆的柔度,$i=\sqrt{\frac{I}{A}}$称为压杆横截面对中性轴的惯性半径。

四、欧拉公式的应用范围

只有当材料在线弹性范围内工作时,即 $\sigma_{cr}\leqslant\sigma_p$时,欧拉公式才能适用。于是欧拉公式的适用范围为

$$\sigma_{cr}=\frac{\pi^2 E}{\lambda^2}\leqslant\sigma_p$$

或改写为柔度条件

$$\lambda \geqslant \lambda_p = \sqrt{\frac{\pi^2 E}{\sigma_p}} \tag{15-3}$$

五、中、小柔度杆的临界应力

如果压杆的柔度 $\lambda < \lambda_p$，则临界应力 σ_{cr} 就大于材料的比例极限 σ_p，这时欧拉公式已不适用。当 $\lambda_s \leqslant \lambda < \lambda_p$ 时，称为**中柔度杆或中长压杆**；而 $\lambda < \lambda_s$ 的压杆称为**小柔度杆或短粗杆**。对于小柔度杆不会因失稳而破坏，只会因压应力达到极限应力而破坏，属于强度破坏，因此小柔度杆的临界应力为极限应力，即 $\sigma_{cr} = \sigma_u$。

对于这类压杆通常采用以试验结果为依据的经验公式。常用的经验公式有直线公式和抛物线公式两种。直线公式为 $\sigma_{cr} = a - b\lambda$，抛物线公式为 $\sigma_{cr} = \sigma_u - a\lambda^2$，式中的 a 和 b 是与材料力学性能有关的常数。直线经验公式的压杆临界应力总图如图 15－1 所示，抛物线经验公式的压杆临界应力总图如图 15－2 所示。

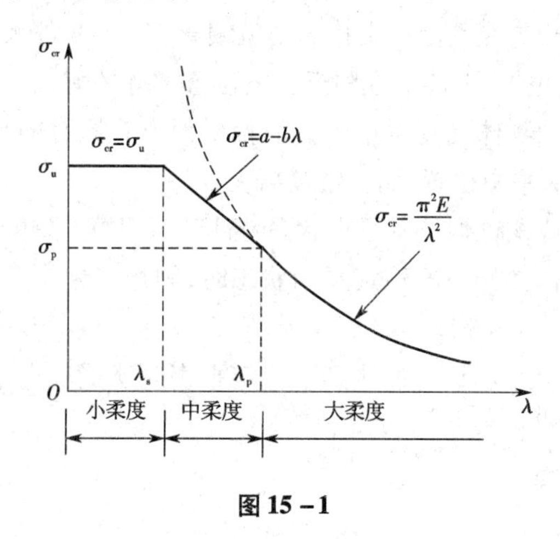

图 15－1

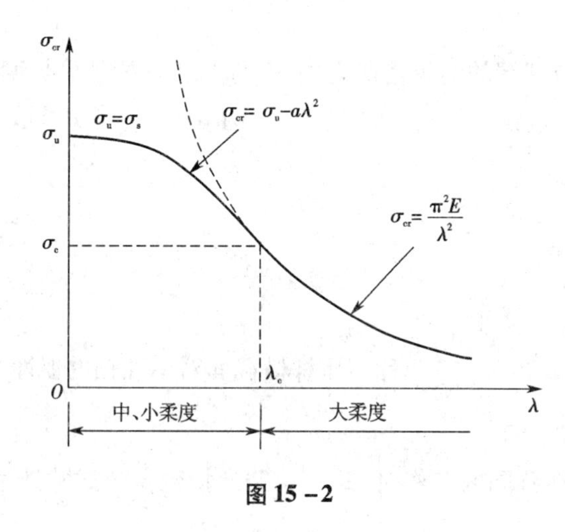

图 15－2

六、折减系数

将稳定许用应力 $[\sigma_{cr}]$ 与强度许用应力 $[\sigma]$ 之比用 φ 来表示，称为折减系数，即

$$\varphi=\frac{[\sigma_{cr}]}{[\sigma]}$$

七、压杆的稳定条件

压杆的稳定条件是使压杆的实际工作压应力不能超过稳定许用应力$[\sigma_{cr}]$，即

$$\frac{F}{A}\leqslant[\sigma_{cr}]$$

引入折减系数，则压杆的稳定条件可写为

$$\frac{F}{A}\leqslant\varphi[\sigma]\quad 或 \quad\frac{F}{\varphi A}\leqslant[\sigma]$$

与强度计算类似，稳定性计算可解决稳定性校核、选择截面和确定许用荷载等方面的问题。

15.2 例题详解

例题 15－1 如图15－3所示直径$d=20$ mm的圆截面压杆，已知杆长$l=0.5$ m，$E=206$ GPa，$\sigma_p=200$ MPa，试求该压杆的临界力。

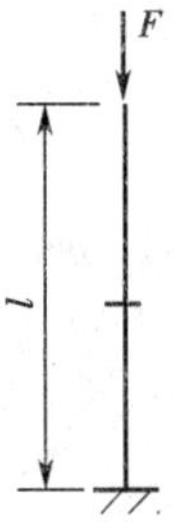

图 15－3

解 根据圆截面特性可知

$$I=\frac{\pi d^4}{64}=0.79\times10^{-8}\text{m}^4,A=\frac{\pi d^2}{4}$$

最小惯性半径为

$$i=\sqrt{\frac{I}{A}}=\frac{d}{4}=\frac{0.02}{4}=0.005\text{ m}$$

由式(15－4)可以计算压杆的柔度：

$$\lambda=\frac{\mu l}{i}=\frac{2\times0.5}{0.5\times10^{-2}}=200$$

且

$$\lambda_p=\pi\sqrt{\frac{E}{\sigma_p}}=\pi\sqrt{\frac{206\times10^9}{200\times10^6}}\approx100$$

由$\lambda>\lambda_p$可见该压杆属于大柔度杆，可以使用欧拉公式计算其临界力：

$$F_{cr}=\frac{\pi^2EI}{(\mu l)^2}=\frac{\pi^2\times206\times10^9\times0.79\times10^{-8}}{(2\times0.5)^2}=16\times10^3\text{ N}=16\text{ kN}$$

例题 15－2 如图15－4所示两端铰支的钢柱，已知长度$l=2$ m，承受轴向压力$F=500$ kN，材料的许用应力$[\sigma]=160$ MPa。若采用实心圆截面，且折减系数按$\varphi=0.9$进行设计，试确定钢柱直径d。

解 若采用实心圆截面，则横截面面积$A=\frac{\pi d^2}{4}$，将其代入稳定条件式

$$\frac{F}{A}\leqslant\varphi[\sigma]$$

整理可得

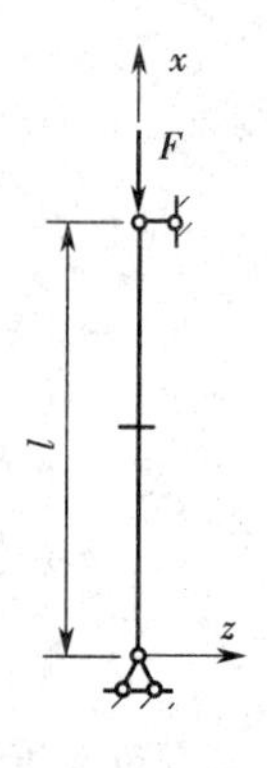

图 15 - 4

$$d \geqslant \sqrt{\frac{4F}{\pi\varphi[\sigma]}} = \sqrt{\frac{4 \times 500 \times 10^3}{3.14 \times 0.9 \times 160 \times 10^6}} = 0.0665\ \text{m} = 66.5\ \text{mm}$$

取直径为 67 mm,代入强度条件进行校验如下:

$$\sigma = \frac{F}{A} = \frac{4 \times 500 \times 10^3}{3.14 \times (0.067)^2} = 141.9\ \text{MPa} \leqslant 160\ \text{MPa}$$

可见柱的强度足够。

综上可取截面直径为 67 mm 作为设计值。

例题 15 - 3 如图 15 - 5(a)所示托架中的 AB 杆为 16 号工字钢,CD 杆由两根 50×50×6 等边角钢组成。已知 $l = 2$ m,$h = 1.5$ m,材料为 Q235 钢,其许用应力$[\sigma] = 160$ MPa,试求该托架的许用荷载$[F]$。

解 首先考虑 AB 杆的平衡:

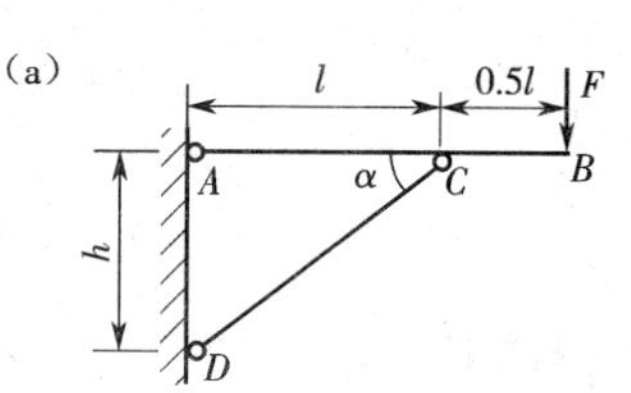

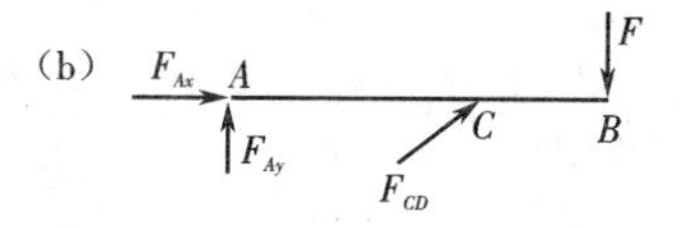

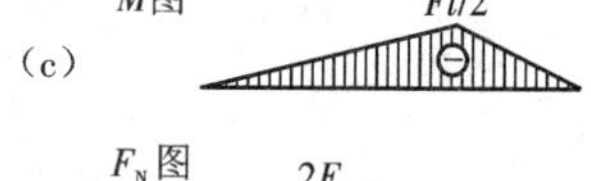

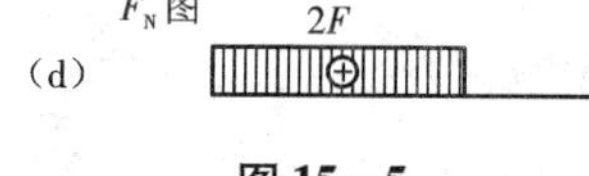

图 15 - 5

$$\sum M_A = 0, F_{CD} \times l\sin\alpha - F \times \frac{3}{2}l = 0$$

$$\sin\alpha = \frac{3}{5}, \quad \cos\alpha = \frac{4}{5}$$

$$F_{CD} = \frac{5}{2}F$$

(1)由 CD 杆的稳定性确定许用荷载。

$$\lambda_{CD} = \frac{\mu l_{CD}}{i_{\min}} = \frac{1 \times 2.5}{1.52 \times 10^{-2}} = 164$$

$$\varphi_{CD} = 0.272 + (0.243 - 0.272) \times \frac{4}{10} = 0.260$$

$$F_{CD} \leqslant \varphi_{CD} A_{CD} [\sigma]$$
$$= 0.260 \times 2 \times 5.688 \times 10^{-4} \times 160 \times 10^6$$
$$= 47.3 \times 10^3\ \text{N} = 47.3\ \text{kN}$$

由此可得

$$F = \frac{2}{5}F_{CD} \leqslant 18.9\ \text{kN}$$

(2)由 AB 杆的强度确定许用荷载。

AB 杆为拉弯组合受力状态,其弯矩图和轴力图分别如图 15 - 5(c)和(d)所示,可见截面 $C_{左}$为危险截面,由此可以建立强度条件:

$$\sigma_{\max} = \frac{F_{NAC}}{A_{AB}} + \frac{M_C}{W} \leqslant [\sigma]$$

$$F_{NAC} = F_{CD}\cos\alpha = 2F, M_C = \frac{1}{2}Fl$$

$$\frac{2F}{A_{AB}} + \frac{Fl/2}{W} \leqslant [\sigma]$$

$$F \leqslant \frac{[\sigma]}{\dfrac{2}{A_{AB}} + \dfrac{l}{2W}} = \frac{160 \times 10^6}{\dfrac{2}{26.1 \times 10^{-4}} + \dfrac{2}{2 \times 141 \times 10^{-6}}} = 20.4 \times 10^3\ \text{N} = 20.4\ \text{kN}$$

通过比较,该托架的许用荷载$[F]=18.9\ \text{kN}$。

例题 15-4 如图 15-6 所示结构中,分布荷载 $q=20\ \text{kN/m}$,AB 为矩形截面梁,其截面宽 $b=90\ \text{mm}$,高 $h=130\ \text{mm}$,柱 CD 的截面为圆形,直径 $d=80\ \text{mm}$。梁和柱材料均选用 Q235 钢,$\lambda_p=100$,其许用应力$[\sigma]=160\ \text{MPa}$,稳定安全系数 $n_{st}=3$。试校核结构的安全性。

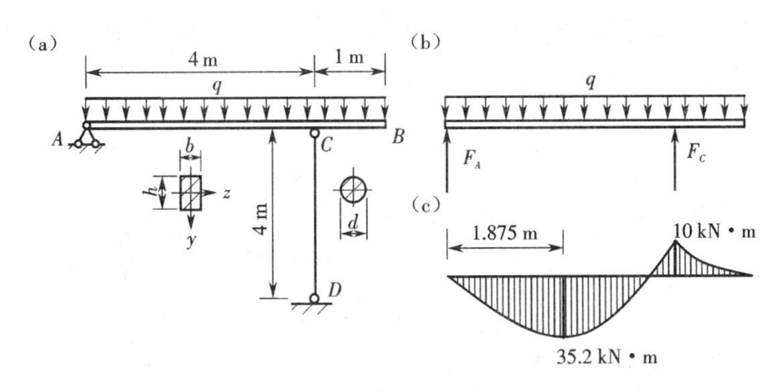

图 15-6

解 首先考虑 AB 梁的平衡,其受力如图 15-6(b)所示。由平衡方程可解得 $F_A=37.5$ kN,$F_C=62.5\ \text{kN}$。

(1)梁 AB 的强度校核。

作梁的弯矩图如图 15-6(c)所示,由图知 $M_{max}=35.2\ \text{kN}\cdot\text{m}$。

梁的最大弯曲正应力为

$$\sigma_{max}=\frac{M_{max}}{W}=\frac{6M_{max}}{bh^2}=\frac{6\times35.2\times10^3}{90\times10^{-3}\times(130\times10^{-3})^2}=138.9\times10^6\ \text{Pa}=138.9\ \text{MPa}<[\sigma]$$

所以,梁的强度足够。

(2)柱 CD 的稳定性校核。

柱的轴向压力 $F_{NCD}=F_C=62.5\ \text{kN}$,且柱两端铰支,则 $\mu=1$,$i=d/4=20\ \text{mm}$,则

$$\lambda_{CD}=\frac{\mu l_{CD}}{i}=\frac{1\times4}{20\times10^{-3}}=200>\lambda_p$$

故 CD 杆是大柔度杆,由欧拉公式可得

$$F_{cr}=\frac{\pi^2EI}{(\mu l)^2}=\frac{\pi^2E\pi d^4/64}{(\mu l)^2}=\frac{\pi^2\times200\times10^9\times\pi\times(80\times10^{-3})^4/64}{(1\times4)^2}=248\times10^3\ \text{N}=248\ \text{kN}$$

由稳定安全系数表示法 $F\leqslant\frac{A\sigma_{cr}}{n_{st}}=\frac{F_{cr}}{n_{st}}$,可得

$$F_C=62.5\ \text{kN}<\frac{F_{cr}}{n_{st}}=\frac{248}{3}=82.7\ \text{kN}$$

柱的稳定性足够,所以该结构安全。

15.3 自测题

15-1 中心受压细长直杆丧失承载能力的原因为( )。

A. 横截面上的应力达到材料的比例极限

B. 横截面上的应力达到材料的屈服极限

C. 横截面上的应力达到材料的强度极限

D. 压杆丧失直线平衡状态的稳定性

15－2 两根大柔度杆，截面分别为正方形和圆形。若二者材料相同、长度相同、杆端约束相同，且横截面面积也相同，则下列关于二者临界力的比较中正确的是（　　）。

A. $(F_{cr})_{方} > (F_{cr})_{圆}$　　B. $(F_{cr})_{方} = (F_{cr})_{圆}$

C. $(F_{cr})_{方} < (F_{cr})_{圆}$　　D. 无法确定

15－3 压杆失稳将在（　　）的纵向平面内发生。

A. 长度系数最大　　B. 截面惯性半径最小

C. 柔度最大　　D. 柔度最小

15－4 欧拉公式的适用条件是________________。

15－5 如图 15－7 所示各杆均为圆截面细长压杆（$\lambda > \lambda_p$），已知各杆所用的材料和截面均相同，各杆的长度如图所示，则杆______能够承受的压力最大，杆______能够承受的压力最小。

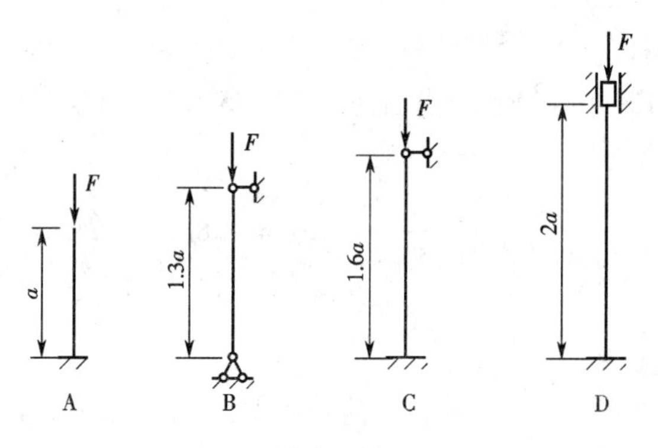

图 15－7

15－6 如图 15－8 所示结构由两根材料和直径均相同的圆杆组成，杆的材料为 Q235 钢，已知 $h = 0.4$ m，直径 $d = 20$ mm，材料的强度许用应力 $[\sigma] = 170$ MPa，荷载 $F = 15$ kN，试校核两杆的稳定性。

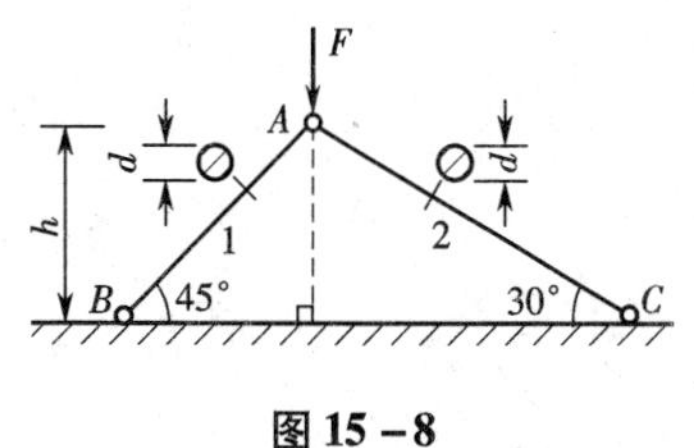

图 15－8

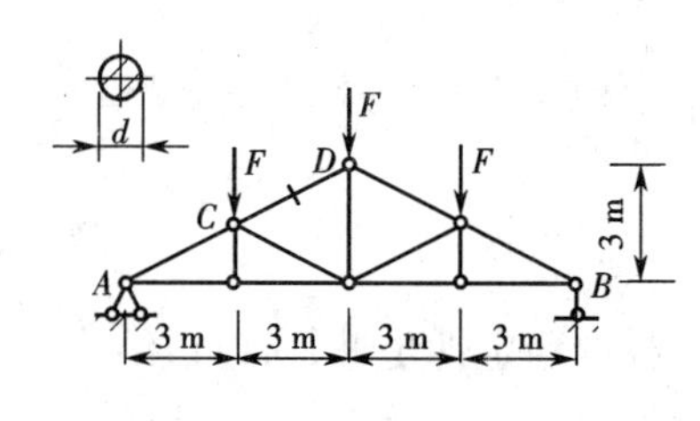

图 15－9

15－7 钢屋架如图 15－9 所示，上部各节点处荷载均为 $F = 30$ kN，屋架的上弦杆用圆截面 Q235 钢组成，材料的许用应力 $[\sigma] = 160$ MPa，且折减系数按 $\varphi = 0.9$ 进行设计，试根据稳定

性确定 CD 杆的截面直径 d，并对其进行强度校核。

15.4 自测题解答

此部分内容请扫二维码。

15.5 习题解答

15-1 图示各杆的材料和截面均相同，试问哪根杆能够承受的压力最大，哪根最小？

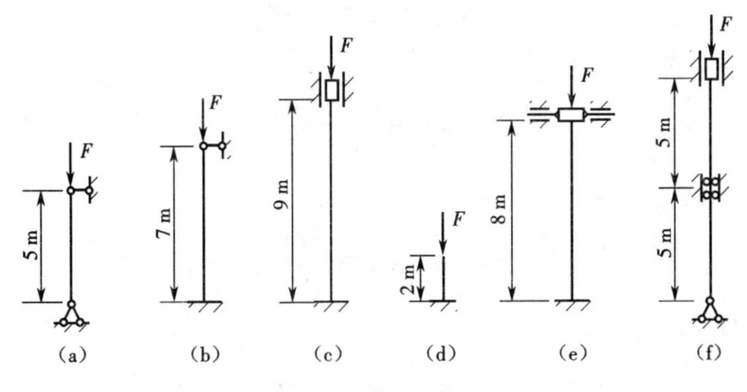

习题 15-1 图

15-2 图示平面桁架各杆均为细长杆，弹性模量均为 E，横截面面积均为 A，截面惯性矩均为 I。试求在两种荷载作用下结构达到临界状态时的最小荷载：

(1)若在点 A 与 C 上作用一对向外的拉力 F，如图(a)所示；

(2)若在点 A 与 C 上作用一对向内的压力 F，如图(b)所示。

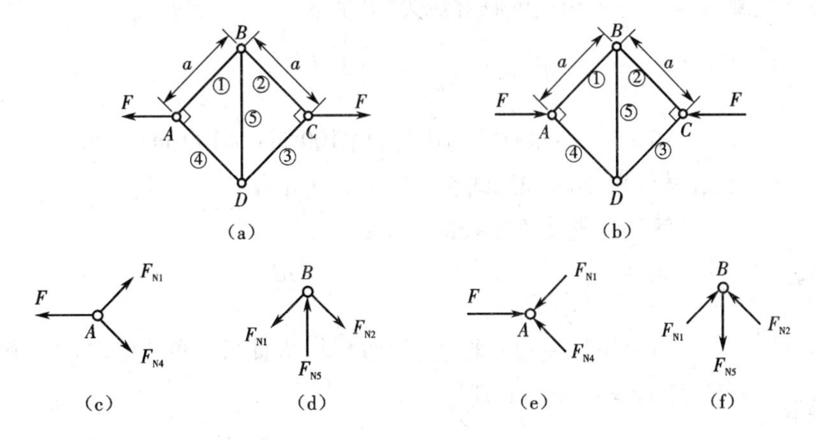

习题 15-2 图

解　(1)取节点 A 为研究对象,其受力如图(c)所示,列出平衡方程

$$F_{N1}\cos 45° + F_{N4}\cos 45° - F = 0$$

$$F_{N1}\sin 45° - F_{N4}\sin 45° = 0$$

解得

$$F_{N1} = F_{N4} = \frac{\sqrt{2}}{2}F \quad (拉)$$

再取节点 B 为研究对象,其受力如图(d)所示,列出平衡方程

$$F_{N2}\sin 45° - F_{N1}\sin 45° = 0$$

$$F_{N5} - F_{N1}\cos 45° - F_{N4}\cos 45° = 0$$

解得

$$F_{N1} = F_{N2} = \frac{\sqrt{2}}{2}F \quad (拉)$$

$$F_{N5} = \sqrt{2}F_{N1} = F \quad (压)$$

杆 5 为压杆,其临界压力为

$$F_{N5,cr} = \frac{\pi^2 EI}{(\sqrt{2}a)^2} = \frac{\pi^2 EI}{2a^2}$$

结构的临界荷载取决于杆 5 的临界压力,其值为

$$F_{cr} = F_{N5,cr} = \frac{\pi^2 EI}{2a^2}$$

(2)用同样的方法可以求得

$$F_{N1} = F_{N2} = F_{N3} = F_{N4} = \frac{\sqrt{2}}{2}F \quad (压)$$

$$F_{N5} = \sqrt{2}F_{N1} = F \quad (拉)$$

杆 1 至 4 为压杆,其临界压力为

$$F_{N1,cr} = \frac{\pi^2 EI}{a^2}$$

结构的临界荷载取决于杆 1 至 4 的临界压力,其值为

$$F_{cr} = \sqrt{F_{N1,cr}} = \frac{\sqrt{\pi^2}EI}{a^2}$$

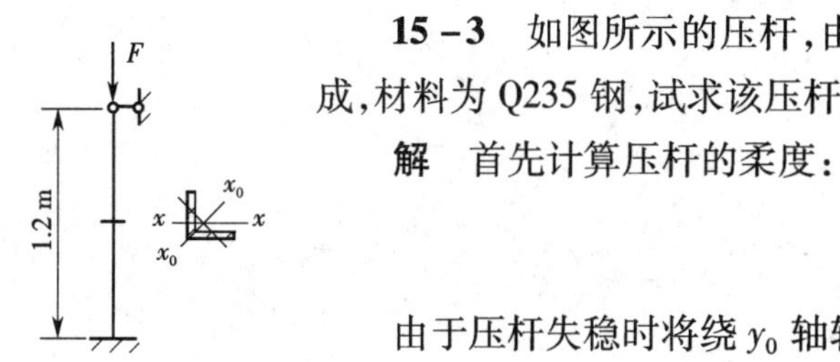

习题 15-3 图

15-3　如图所示的压杆,由 100 mm×100 mm×10 mm 等边角钢制成,材料为 Q235 钢,试求该压杆的临界力。

解　首先计算压杆的柔度:

$$\lambda = \frac{\mu l}{i}$$

由于压杆失稳时将绕 y_0 轴转动,因此式中的 i 应取对 y_0 轴的惯性半径,即 $i_{y0} = 1.96$ cm,则

$$\lambda=\frac{0.7\times1.2}{1.96\times10^{-2}}=42.86$$

可见此压杆属于小柔度杆，不能使用欧拉公式计算临界力。现采用抛物线型经验公式计算临界应力，有

$$\sigma_{\mathrm{cr}}=\sigma_{\mathrm{s}}\left[1-\alpha\left(\frac{\lambda}{\lambda_{\mathrm{c}}}\right)^{2}\right]=235\times\left[1-0.43\times\left(\frac{42.86}{123}\right)\right]=222.7\ \mathrm{MPa}$$

由此可得压杆的临界力

$$F_{\mathrm{cr}}=\sigma_{\mathrm{s}}A=222.7\times10^{6}\times19.261\times10^{-4}=428.9\times10^{3}\ \mathrm{N}=428.9\ \mathrm{kN}$$

15－4 如图所示一矩形截面木质压杆，在 xz 平面内为两端固定，在 xy 平面内为下端固定、上端自由。已知 $l=4$ m，$b=120$ mm，$h=200$ mm，木材的弹性模量 $E=10$ GPa，$\lambda_{\mathrm{p}}=59$。试问当压力 F 逐渐增大时，压杆将在哪个平面内失稳，并计算压杆的临界力。

习题 15－4 图

习题 15－5 图

15－5 图示结构中 BC 为圆截面杆，其直径 $d=80$ mm，AC 为边长 $a=70$ mm 的正方形截面杆。已知该结构的约束情况为 A 端固定，B、C 为球铰。两杆材料均为 Q235 钢，弹性模量 $E=210$ GPa，可各自独立弯曲而互不影响。若结构的稳定安全系数 $n_{\mathrm{st}}=2.5$，试求所能承受的许用压力。

解 可分别计算 BC 杆和 CA 杆的许用压力，两者较小者即为结构所能承受的许用压力。两杆材料均为 Q235 钢，两杆的轴力均为 F。

(1) BC 杆为两端铰支的圆截面压杆，截面的惯性半径为

$$i_{BC}=\sqrt{\frac{I_{BC}}{A_{BC}}}=\sqrt{\frac{\pi d^{4}/64}{\pi d^{2}/4}}=\frac{d}{4}=\frac{80}{4}=20\ \mathrm{mm}$$

其柔度为

$$\lambda_{BC}=\frac{\mu_{BC}l_{BC}}{i_{BC}}=\frac{1\times2}{0.02}=100=\lambda_{\mathrm{p}}$$

因此，可以用欧拉公式计算临界力：

$$F_{BC,\mathrm{cr}}=\frac{\pi^{2}EI_{BC}}{(\mu_{BC}l_{BC})^{2}}=\frac{\pi^{2}\times210\times10^{9}\times\pi\times0.08^{4}/64}{(1\times2)^{2}}=1\ 042\times10^{3}\ \mathrm{N}=1\ 042\ \mathrm{kN}$$

由此可得

$$F\leqslant\frac{F_{BC,\mathrm{cr}}}{n_{\mathrm{st}}}=\frac{1\ 024}{2.5}=417\ \mathrm{kN}$$

(2) CA 杆为一端固定、一端铰支的正方形截面压杆，截面的惯性半径为

$$i_{CA}=\sqrt{\frac{I_{CA}}{A_{CA}}}=\sqrt{\frac{a^4/12}{a^2}}=\frac{a}{\sqrt{12}}=\frac{70}{\sqrt{12}}=20.2\ \text{mm}$$

其柔度为

$$\lambda_{CA}=\frac{\mu_{CA}l_{CA}}{i_{CA}}=\frac{0.7\times3}{0.0202}=104>\lambda_{\text{p}}$$

因此，可以用欧拉公式计算临界力：

$$F_{CA,\text{cr}}=\frac{\pi^2EI_{CA}}{(\mu_{CA}l_{CA})^2}=\frac{\pi^2\times210\times10^9\times0.07^4/12}{(0.7\times3)^2}=940.4\times10^3\text{N}=940.4\ \text{kN}$$

由此可得

$$F\leqslant\frac{F_{CA,\text{cr}}}{n_{\text{st}}}=\frac{940.4}{2.5}=376\ \text{kN}$$

因此，该结构的许用压力为

$$[F]=376\ \text{kN}$$

15－6 图示柱的下端固定、上端铰支，柱长 $l=6$ m，柱由两根 28a 号槽钢组成，$[\sigma]=160$ MPa。

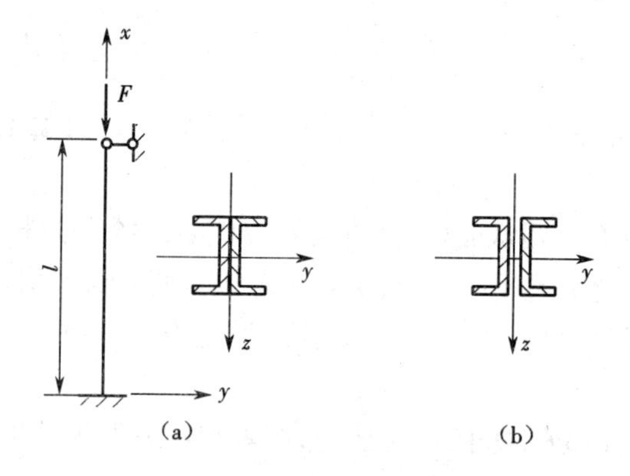

习题 15－6 图

(1) 当两槽钢的腹板固结在一起而形成工字形截面时，试求柱的许用荷载 $[F]$；

(2) 若支承、长度及槽钢型号均不改变，如何提高柱的许用荷载，试求许用荷载的最大值。

解 (1) 首先分别计算压杆在 xy 平面与 xz 平面内弯曲时的柔度。

$$i_y=\sqrt{\frac{I_y}{A}}=\sqrt{\frac{2\times4764.59}{2\times40.02}}=10.91\ \text{cm}$$

$$I_z=2\times(217.989+40.02\times2.097^2)=787.947\ \text{cm}^4$$

$$i_z=\sqrt{\frac{I_z}{A}}=\sqrt{\frac{787.947}{2\times40.02}}=3.14\ \text{cm}$$

根据 $\lambda=\frac{\mu l}{i}$，由于 $i_y>i_z$，因此 $\lambda_y<\lambda_z$。由此可知该柱失稳时，将绕 z 轴弯曲。此柱的柔度为

$$\lambda=\lambda_z=\frac{\mu l}{i_z}=\frac{0.7\times6}{0.031\ 4}=133.8$$

经查表并插值可得折减系数

$$\varphi=0.401+(0.349-0.401)\times\frac{3.8}{10}=0.381$$

因此，许用荷载为

$$[F]=\varphi A[\sigma]=0.381\times2\times40.02\times10^{-4}\times160\times10^{6}=488\times10^{3}\ \text{N}=488\ \text{kN}$$

(2)在支承、长度及槽钢型号不变的情况下，为提高柱的许用荷载，可将两根槽钢拉开一定距离，使得 $I_y=I_z$，如图(b)所示，则压杆的许用荷载达最大值。此时，截面的惯性半径 $i=10.91$ cm，柔度为

$$\lambda=\frac{0.7\times6}{0.1091}=38.5$$

折减系数为

$$\varphi=0.958+(0.927-0.958)\times\frac{8.5}{10}=0.932$$

许用荷载为

$$[F]=\varphi A[\sigma]=0.932\times2\times40.02\times10^{-4}\times160\times10^{6}=1\ 194\times10^{3}\ \text{N}=1\ 194\ \text{kN}$$

15-7 图示结构由两个圆截面杆组成，已知两杆的直径及所用的材料均相同，且两杆均为大柔度杆。试问当 F 从零开始逐渐增大时，哪个杆首先失稳？

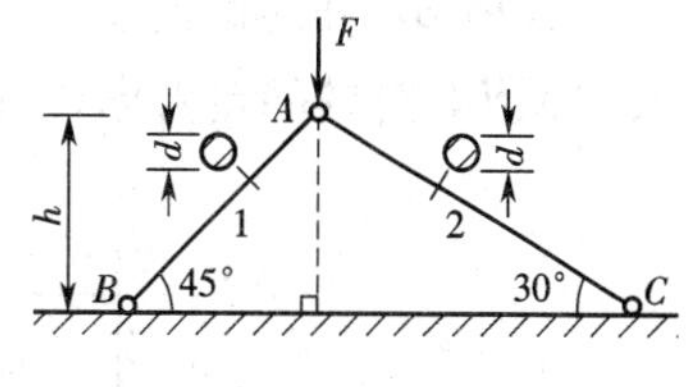

习题 15-7 图

15-8 图示托架中 AB 杆的直径 $d=40$ mm，长度 $l=800$ mm，两端可视为铰支，材料为 Q235 钢，$\sigma_s=240$ MPa。

(1)试求托架的临界荷载；

(2)若已知 $F=70$ kN，AB 杆的稳定安全系数规定为 2，而 CD 梁确保安全，试问此托架是否安全？

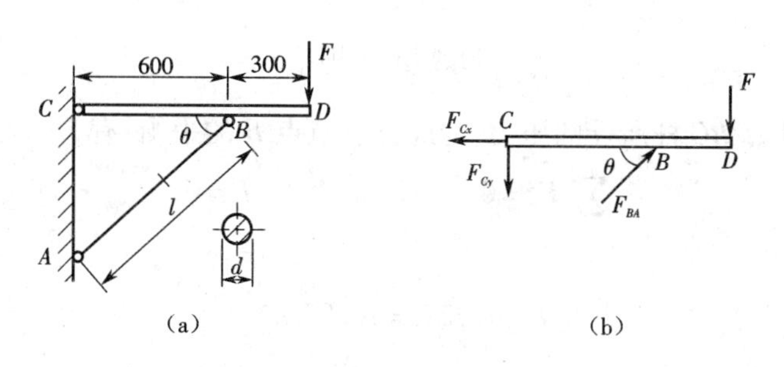

习题 15-8 图

解 (1)分析 AB 杆的平衡，计算荷载 F 与 AB 杆所受压力之间的关系。

$$\sum M_C=0,\quad F_{BA}\times600\times\sin\theta-F\times900=0$$

$$\cos\theta=0.75,\quad \sin\theta=0.661\ 4$$

$$F=0.441F_{BA}$$

计算 AB 杆的临界压力，AB 杆的柔度为

$$\lambda = \frac{\mu l}{i} = 80$$

可见，不能使用欧拉公式，需应用经验公式，在此选用抛物线型经验公式计算临界应力，有

$$\sigma_{cr} = \sigma_s\left[1 - \alpha\left(\frac{\lambda}{\lambda_c}\right)^2\right] = 240 \times \left[1 - 0.43 \times \left(\frac{80}{123}\right)^2\right] = 196.3\ \text{MPa}$$

由此可得 AB 杆的临界压力

$$F_{BA,cr} = A\sigma_{cr} = \frac{\pi d^2}{4}\sigma_{cr} = 246.7\ \text{kN}$$

因此，托架的临界荷载为

$$F_{cr} = 0.441 F_{BA,cr} = 109\ \text{kN}$$

（2）由

$$\frac{F_{cr}}{F} = \frac{109}{70} = 1.56 < n_{st} = 2$$

所以，此托架不安全。

15－9　图示三角架中，BC 为圆截面杆，材料为 Q235 钢，已知 $F = 12$ kN，$a = 1$ m，$d = 40$ mm，材料的许用应力$[\sigma] = 170$ MPa。

（1）校核 BC 杆的稳定性；

（2）从 BC 杆的稳定考虑，求此三角架所能承受的最大安全荷载。

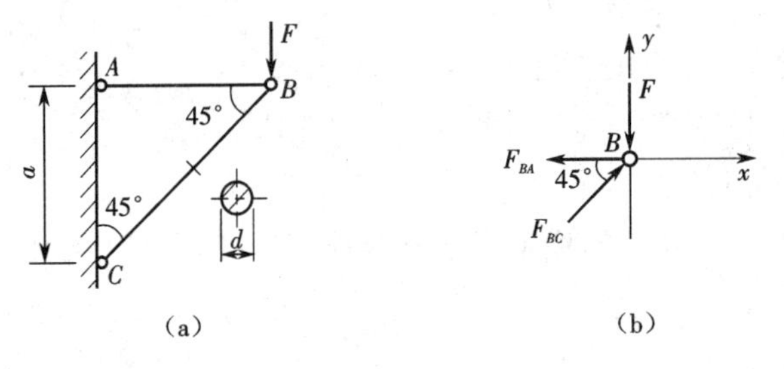

习题 15－9 图

解　（1）首先计算 BC 杆所受的压力，为此分析节点 B 的平衡，有

$$\sum F_y = 0,\quad F_{BC}\sin 45° - F = 0$$

由此得

$$F_{BC} = \sqrt{2}F = 16.97\ \text{kN}$$

然后计算 BC 杆的柔度：

$$\lambda = \frac{\mu l_{BC}}{i} = \frac{\mu a/\cos 45°}{d/4} = \frac{1 \times 1 \times \sqrt{2}}{0.04/4} = 141.4$$

查表并插值可得折减系数

$$\varphi = 0.349 + (0.306 - 0.349) \times \frac{1.4}{10} = 0.343$$

由此即可校核 BC 杆的稳定性，由

$$\frac{F_{BC}}{\varphi A}=\frac{16.97\times10^3}{0.343\times\pi\times0.04^2/4}=123.7\times10^6\ \text{Pa}=123.7\ \text{MPa}<[\sigma]$$

因此,BC 杆满足稳定要求。

(2)荷载 F 与 BC 杆所受的压力之间的关系为

$$F=F_{BC}/\sqrt{2}$$

从稳定性考虑,BC 杆的许用压力为

$$[F_{BC}]=A\varphi[\sigma]=\frac{1}{4}\times\pi\times0.04^2\times0.343\times170\times10^6=73.3\times10^3\ \text{N}=73.3\ \text{kN}$$

由此可得此三角架所能承受的最大安全荷载为

$$[F]=[F_{BC}]/\sqrt{2}=73.3/\sqrt{2}=51.8\ \text{kN}$$

15－10 图示结构中 AD 为铸铁圆杆,直径 $d_1=60$ mm,许用压应力$[\sigma_c]=120$ MPa,BC 杆为 Q235 钢圆杆,直径 $d_2=10$ mm,$[\sigma]=160$ MPa,试求许用分布荷载$[q]$。

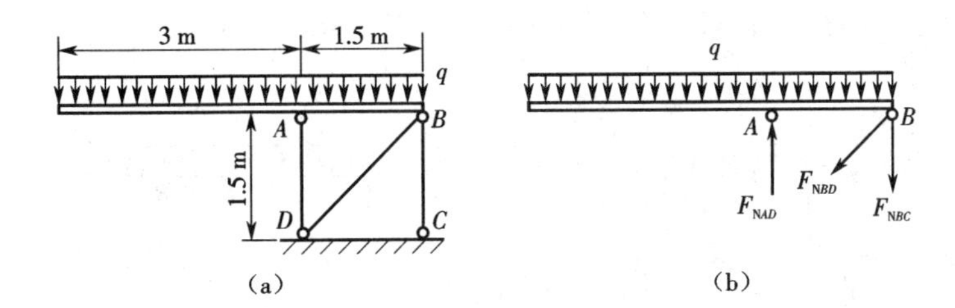

习题 15－10 图

解 首先计算各杆的轴力。为此分析刚性梁的平衡,如图(b)所示。

$$\sum F_x=0,\quad F_{NBD}\cos45°=0$$

$$\sum M_B=0,\quad q\times4.5\times2.25-F_{NAD}\times1.5=0$$

$$\sum M_A=0,\quad q\times4.5\times0.75-F_{NBC}\times1.5=0$$

解得

$$F_{NBD}=0,F_{NAD}=6.75q(\text{压}),F_{NBC}=2.25q(\text{拉})$$

由此可知,AD 杆为压杆,必须考虑其稳定性;BC 杆为拉杆,只需考虑其强度;BD 杆为零杆,不必考虑。

先从 AD 杆的稳定性考虑,其惯性半径为

$$i=d_1/4=15\ \text{mm}$$

柔度为

$$\lambda=\frac{\mu l}{i}=\frac{1\times1.5}{0.015}=100$$

查表得

$$\varphi=0.16$$

由此得 AD 杆的许用轴力

$$F_{NAD} \leqslant \varphi A[\sigma_c] = 0.16 \times \frac{1}{4} \times \pi \times 0.06^2 \times 120 \times 10^6 = 54.3 \times 10^3\ \text{N} = 54.3\ \text{kN}$$

从 AD 杆的稳定性考虑，该结构的许用分布荷载为

$$q = \frac{F_{NAD}}{6.75} \leqslant \frac{54.3}{6.75} = 8.04\ \text{kN/m}$$

再从 BC 杆的强度考虑该结构的许用分布荷载，即

$$F_{NBC} \leqslant A[\sigma] = \frac{1}{4} \times \pi \times 0.01^2 \times 160 \times 10^6 = 12.6 \times 10^3\ \text{N} = 12.6\ \text{kN}$$

$$q = \frac{F_{NBC}}{2.25} \leqslant \frac{12.6}{2.25} = 5.59\ \text{kN/m}$$

综上所述，该结构的许用分布荷载为

$$[q] = 5.59\ \text{kN/m}$$

15－11 图示结构的 CD 梁上作用有均布荷载 $q=50$ kN/m，撑杆 AB 为圆截面木杆，两端铰支，木材的许用压应力$[\sigma_c]=11$ MPa，试求撑杆 AB 所需的直径 d。

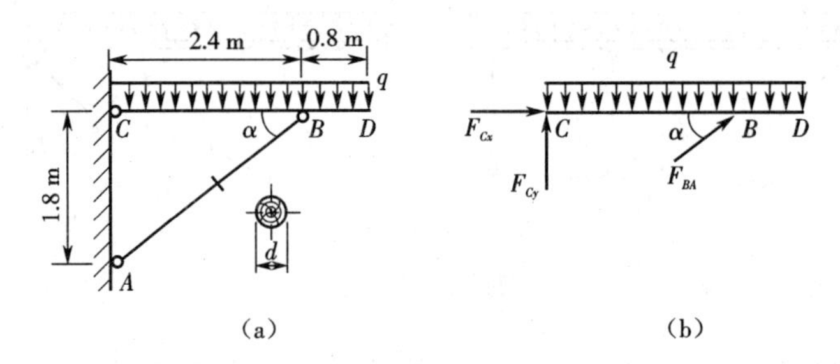

习题 15－11 图

解 首先计算 AB 杆的轴力，为此分析 CD 梁的平衡，如图(b)所示。

$$\tan\alpha = \frac{1.8}{2.4} = 0.75,\quad \sin\alpha = 0.6$$

$$\sum M_C = 0,\quad F_{BA} \times 2.4 \times \sin\alpha - q \times 3.2 \times 1.6 = 0$$

由此可得

$$F_{BA} = 177.8\ \text{kN}$$

用试算法计算撑杆 AB 所需的直径 d。

(1)第一次试算。假设 $\varphi_1 = 0.5$，根据稳定条件可以计算出所需的横截面面积为

$$A_2 \geqslant \frac{F_{BA}}{\varphi_2[\sigma_c]} = \frac{177.8 \times 10^3}{0.590 \times 11 \times 10^6} = 270.1 \times 10^{-4}\ \text{m}^2$$

所需的直径为

$$d_1 \geqslant \sqrt{\frac{4A_1}{\pi}} = 0.203\ \text{m}$$

此试选截面的惯性半径为

$$i_1 = \frac{d_1}{4} = 0.051\ \text{m}$$

AB 杆的长度为

$$l_{AB}=\sqrt{2.4^2+1.8^2}=3\ \text{m}$$

柔度为

$$\lambda_1=\frac{\mu l_{AB}}{i_1}=\frac{1\times3}{0.051}=58.8$$

查折减系数表并插值得

$$\varphi_1'=0.757+(0.668-0.757)\times\frac{8.8}{10}=0.679$$

由于 φ_1 与 φ_1' 相差较大，因此还需要继续试算。

(2)第二次试算。假设 $\varphi_2=\frac{1}{2}(\varphi_1+\varphi_1')=\frac{1}{2}(0.5+0.679)=0.590$，根据稳定条件可以算出所需的横截面面积为

$$A_3\geqslant\frac{F_{BA}}{\varphi_3[\sigma_c]}=\frac{177.8\times10^3}{0.612\times11\times10^6}=264.1\times10^{-4}\ \text{m}^2$$

所需的直径为

$$d_2\geqslant\sqrt{\frac{4A_2}{\pi}}=0.187\ \text{m}$$

此试选截面的惯性半径为

$$i_2=\frac{d_2}{4}=0.047\ \text{m}$$

柔度为

$$\lambda_2=\frac{\mu l_{AB}}{i_2}=\frac{1\times3}{0.047}=63.8$$

查折减系数表并插值得

$$\varphi_2'=0.668+(0.575-0.668)\times\frac{3.8}{10}=0.633$$

φ_2 与 φ_2' 已经比较接近，可再试算一次。

(3)第三次试算。假设 $\varphi_3=\frac{1}{2}(\varphi_2+\varphi_2')=\frac{1}{2}(0.590+0.633)=0.612$，根据稳定条件可以算出所需的横截面面积为

$$A_3\geqslant\frac{F_{BA}}{\varphi_3[\sigma_c]}=\frac{177.8\times10^3}{0.612\times11\times10^6}=264.1\times10^{-4}\ \text{m}^2$$

所需的直径为

$$d_3\geqslant\sqrt{\frac{4A_3}{\pi}}=0.183\ \text{m}$$

此试选截面的惯性半径为

$$i_3=\frac{d_3}{4}=0.046\ \text{m}$$

柔度为

$$\lambda_2 = \frac{\mu l_{AB}}{i_2} = \frac{1 \times 3}{0.046} = 65.2$$

查折减系数表并插值得

$$\varphi_3' = 0.668 + (0.575 - 0.668) \times \frac{5.2}{10} = 0.620$$

此时 φ_3 与 φ_3' 已经相差不大,可以进行稳定校核,即

$$\frac{F_{BA}}{\varphi_3' A_3'} = \frac{177.8 \times 10^3}{0.620 \times \pi \times 0.183^2 / 4} = 10.9 \times 10^6 \text{ Pa} = 10.9 \text{ MPa} < [\sigma]$$

可见,满足稳定条件,因此可以选取 $d = 183$ mm。

15－12 图示结构中三杆均为16Mn 钢圆杆,直径均为 d,弹性模量为 E,$\frac{l}{d} = 26$。因变形微小,故可认为压杆受力达到 F_{cr}后,其承载能力不能再提高。试求结构可承受荷载 F 的极限值 F_{max}。

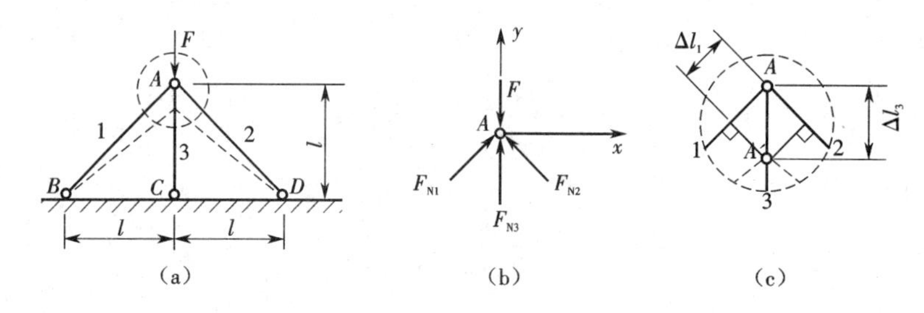

习题 15－12 图

解 这是一个超静定结构。首先计算各杆的轴力,分析节点 A 的平衡,如图(b)所示。

$$\sum F_x = 0, F_{N1} \cos 45° - F_{N2} \cos 45° = 0$$

$$\sum F_y = 0, F_{N1} \sin 45° + F_{N2} \sin 45° - F = 0$$

根据图(c)写出变形协调方程

$$\Delta l_1 = \Delta l_3 \cos 45°$$

变形与轴力之间的关系为

$$\Delta l_1 = \frac{F_{N1} l_1}{EA} = \frac{F_{N1} l}{EA \cos 45°}, \Delta l_3 = \frac{F_{N3} l}{EA}$$

将以上两式代入变形协调方程,整理后即得补充方程

$$F_{N1} = F_{N3} \cos^2 45°$$

将节点 A 的平衡方程与补充方程联立求解,即得

$$F_{N1} = F_{N2} = \frac{2 - \sqrt{2}}{2} F(\text{压}), \quad F_{N3} = (2 - \sqrt{2}) F(\text{压})$$

可见各杆均为压杆,因此可以根据它们的临界压力计算荷载 F 的极限值 F_{max}。

(1)从杆 1 或杆 2 考虑,其柔度为

$$\lambda = \frac{\mu l}{i} = \frac{\sqrt{2}l}{d/4} = 147 > \lambda_p$$

属于大柔度杆，可以用欧拉公式计算其临界压力

$$F_{N1,cr} = F_{N2,cr} = \frac{\pi^2 EI}{(\sqrt{2}l)^2} = \frac{\pi^2 EI}{2l^2}$$

由此，得出结构的临界荷载为

$$F'_{cr} = \frac{2}{2-\sqrt{2}}F_{N1,cr} = (2+\sqrt{2})F_{N1,cr} = \left(1+\frac{\sqrt{2}}{2}\right)\frac{\pi^2 EI}{l^2}$$

（2）从杆 3 考虑，其柔度为

$$\lambda = \frac{l}{d/4} = 104 > \lambda_p$$

亦属于大柔度杆，也可以用欧拉公式计算其临界压力，即

$$F_{N3,cr} = \frac{\pi^2 EI}{l^2}$$

由此，得出结构的临界荷载为

$$F''_{cr} = \frac{1}{2-\sqrt{2}}F_{N3,cr} = \left(1+\frac{\sqrt{2}}{2}\right)F_{N3,cr} = \left(1+\frac{\sqrt{2}}{2}\right)\frac{\pi^2 EI}{l^2}$$

综上所述，结构可承受荷载 F 的极限值为

$$F_{max} = \left(1+\frac{\sqrt{2}}{2}\right)\frac{\pi^2 EI}{l^2} = \left(1+\frac{\sqrt{2}}{2}\right)\frac{\pi^2 Ed^4}{64l^2}$$

15－13 图示压杆长度为 l，横截面为空心圆截面，其外径与内径之比 $D:d = 1.2$。压杆材料为 Q235 钢，弹性模量 $E = 200$ GPa，$\lambda_p = 100$，试求：

（1）当能应用欧拉公式时，压杆长度与外径的最小比值以及这时的临界压力；

（2）若采用实心圆截面设计压杆，且压杆的材料、长度、杆端约束及临界压力值均与空心圆截面时相同，此时两杆的重量之比值。

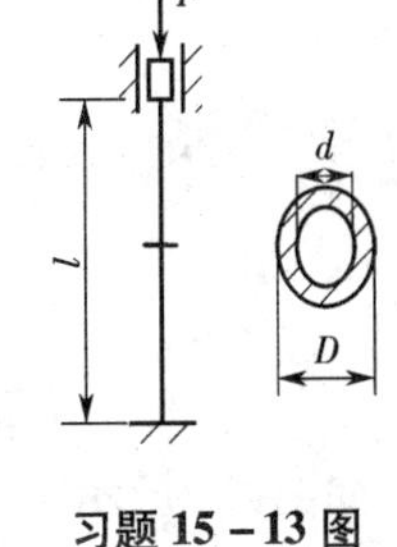

习题 15－13 图

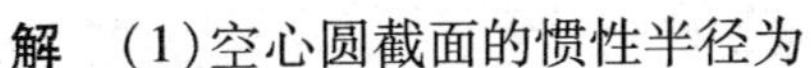

解 （1）空心圆截面的惯性半径为

$$i = \sqrt{\frac{I}{A}} = \frac{D}{4}\sqrt{1+\alpha^2}, \alpha = \frac{d}{D}$$

$$\lambda = \frac{\mu l}{i} = \frac{0.5l}{\frac{D}{4}\sqrt{1+\left(\frac{1}{1.2}\right)^2}} = \frac{2l}{1.3D} = \lambda_p = 100$$

$$\frac{l}{D} = 65$$

$$F_{cr} = \frac{\pi^2 EI}{(\mu l)^2} = \frac{\pi^2 \times 200 \times 10^9}{100^2} \times \frac{\pi D^2}{4}\left[1-\left(\frac{1}{1.2}\right)^2\right] = 47.4 \times 10^6 D^2 \text{ N} = 47.4D^2 \text{ MN}$$

（2）由欧拉公式可知，两杆横截面的惯性矩相等时，有

$$\frac{\pi}{64}D_1^4=\frac{\pi}{64}D^4(1-\alpha^4)$$

则

$$D_1=D\sqrt[4]{1-\left(\frac{1}{1.2}\right)^4}=0.848D$$

所以，实心与空心圆截面杆件的重量之比为

$$\frac{G_1}{G}=\frac{A_1}{A}=\frac{D_1^2}{D^2(1-\alpha^2)}=2.35$$

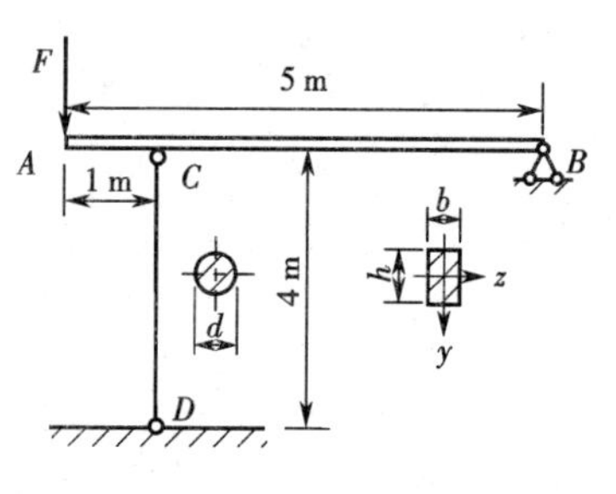

习题 15 - 14 图

15 - 14 图示结构中，集中荷载 $F=80$ kN，矩形截面梁 AB 宽 $b=100$ mm，高 $h=140$ mm，柱 CD 的截面为圆形，直径 $d=60$ mm。梁和柱材料均选用 Q235 钢，$\lambda_p=100$，其许用应力$[\sigma]=160$ MPa，若稳定安全系数 $n_{st}=2.5$。试校核结构的安全性。

15 - 15 图示结构中 CF 为铸铁圆杆，直径 $d_1=100$ mm，许用压应力$[\sigma_c]=120$ MPa，BE 为 Q235 钢圆杆，直径 $d_2=50$ mm，$[\sigma]=160$ MPa，横梁 $ABCD$ 可视为刚体，试求结构的许用荷载$[F]$。已知 $E_{铁}=120$ GPa，$E_{钢}=200$ GPa。

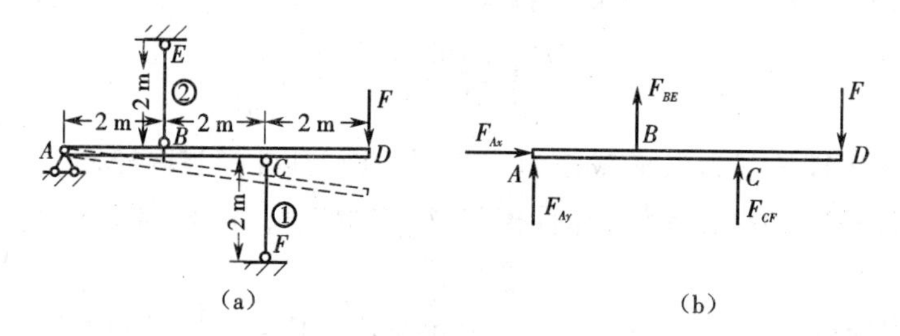

习题 15 - 15 图

解 这是一个超静定结构，首先计算 BE 和 CF 两杆所受的作用力，为此分析刚性梁的平衡，如图(b)所示。

$$\sum M_A=0,\quad F_{BE}\times 2+F_{CF}\times 4-F\times 6=0$$

变形的几何关系为

$$\Delta l_{CF}=2\Delta l_{BE}$$

根据胡克定律

$$\Delta l_{CF}=\frac{F_{CF}l_{CF}}{E_{铁}A_1},\quad \Delta l_{BE}=\frac{F_{BE}l_{BE}}{E_{钢}A_2}$$

代入变形的几何关系，可得补充方程

$$\frac{F_{CF}l_{CF}}{E_{铁}A_1}=2\frac{F_{BE}l_{BE}}{E_{钢}A_2}$$

$$F_{CF}=\frac{2E_{铁}A_1l_{BE}}{E_{钢}A_2l_{CF}}F_{BE}=\frac{2E_{铁}^2d_1}{E_{钢}^2d_2}F_{BE}=4.8F_{BF}$$

将刚性梁的平衡方程与补充方程联立求解，得

$$F_{CF}=1.358F(\text{压}),\quad F_{BE}=0.283F(\text{拉})$$

杆 CF 是压杆，必须考虑其稳定性，杆 BE 是拉杆，只需考虑其强度。

从杆 CF 的稳定性考虑，其横截面的惯性半径为

$$i=\frac{d_1}{4}=\frac{100}{4}=25\ \text{mm}$$

杆 CF 的柔度为

$$\lambda=\frac{\mu l}{i}=\frac{1\times 2}{0.025}=80$$

查表得折减系数 $\varphi=0.26$，杆 CF 的许用压力为

$$F_{CF}\leqslant\varphi[\sigma_c]A=0.26\times 120\times 10^6\times\frac{1}{4}\times\pi\times 0.1^2=245\times 10^3\ \text{N}=245\ \text{kN}$$

结构的许用荷载为

$$F\leqslant\frac{245}{1.358}=180\ \text{kN}$$

从杆 BE 的强度考虑，其许用拉力为

$$F_{BE}\leqslant[\sigma]A=160\times 10^6\times\frac{1}{4}\times\pi\times 0.05^2=314\times 10^3\ \text{N}=314\ \text{kN}$$

结构的许用荷载为

$$F\leqslant\frac{314}{0.283}=1\ 110\ \text{kN}$$

综上所述，同时考虑杆 CF 的稳定性和杆 BE 的强度，最终结构的许用荷载为

$$[F]=180\ \text{kN}$$

15－16　一支由 4 根 80 mm×80 mm×6 mm 等边角钢组成的支柱如图所示。支柱的两端为铰支，柱长 $l=6$ m，承受压力 450 kN，材料为 Q235 钢，强度许用应力 $[\sigma]=160$ MPa，试求支柱截面边长 a 的尺寸。

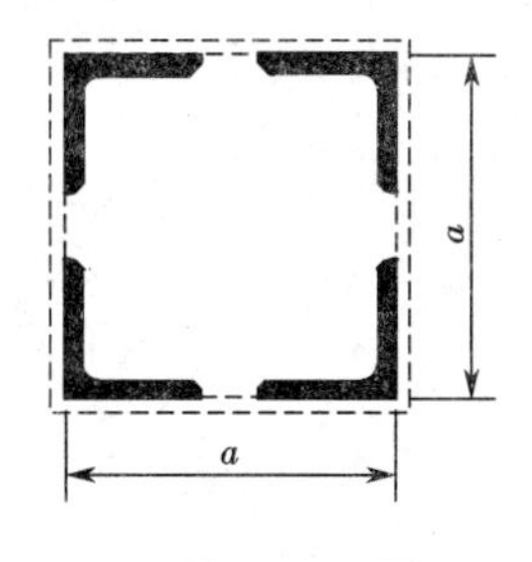

习题 15－16 图

解　根据压杆的稳定条件

$$\frac{F}{A}\leqslant\varphi[\sigma]$$

由此可以确定压杆的折减系数

$$\varphi\geqslant\frac{F}{A[\sigma]}=\frac{450\times 10^3}{4\times 9.397\times 10^{-4}\times 160\times 10^6}=0.748$$

根据折减系数表知：$\lambda=70$ 时，$\varphi=0.789$；$\lambda=80$ 时，$\varphi=0.731$。由此可以确定压杆的柔度

$$0.789+(0.731-0.789)\times\frac{x}{10}\leqslant 0.784$$

解得

$$x\leqslant 7.1$$

压杆的柔度为

$$\lambda \leqslant 77.1$$

截面的惯性矩为

$$I = 4 \times \left[57.35 + 9.397 \times \left(\frac{a}{2} - 2.19\right)^2\right] \text{ cm}^4$$

截面面积为

$$A = 4 \times 9.397 \text{ cm}^2$$

截面的惯性半径为

$$i = \sqrt{\frac{I}{A}} = \sqrt{\frac{4 \times \left[57.35 + 9.397 \times \left(\frac{a}{2} - 2.19\right)^2\right]}{4 \times 9.397}} \text{ cm}$$

代入柔度的表达式得

$$\lambda = \frac{\mu l}{i} = 1 \times 600 \times \sqrt{\frac{9.397}{57.35 + 9.397 \times \left(\frac{a}{2} - 2.19\right)^2}} \leqslant 77.1$$

由此解得

$$a \geqslant 19.14 \text{ cm}$$

取

$$a = 192 \text{ mm}$$

15－17 钢屋架如图所示，上部各节点处荷载均为 $F = 30$ kN，屋架的上弦杆用两个等边角钢组成，连接两角钢的铆钉孔直径 $d = 23$ mm，材料的许用应力 $[\sigma] = 160$ MPa，试选择 CD 杆的截面。

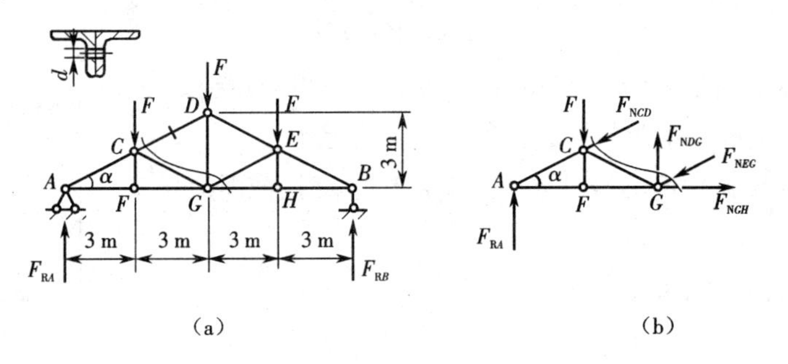

习题 15－17 图

解 首先计算支座反力：

$$F_{RA} = F_{RB} = \frac{3}{2}F = 45 \text{ kN}$$

然后用截面法计算 CD 杆的轴力，分析脱离体的平衡，如图(b)所示。

$$\sum M_G = 0, F_{NCD} \times 6 \times \sin\alpha - F_{RA} \times 6 + F \times 3 = 0$$

$$\sin\alpha = \frac{\sqrt{5}}{5}$$

解得

$$F_{NCD}=67.1\ \text{kN}(\text{压})$$

用试算法选择 CD 杆的截面。CD 杆的长度为

$$l_{CD}=\sqrt{3^2+1.5^2}=3.354\ \text{m}$$

(1)第一次试算。假设 $\varphi_1=0.5$,根据稳定条件可以算出所需的横截面面积为

$$A_1\geqslant\frac{F_{NCD}}{\varphi_1[\sigma]}=\frac{67.1\times10^3}{0.5\times160\times10^6}=8.39\times10^{-4}\ \text{m}^2$$

试选 2 ∟ 56×56×4 角钢,查表得惯性半径 $i_1=1.73$ cm,于是

$$\lambda_1=\frac{\mu l_{CD}}{i_1}=\frac{1\times3.354}{0.0173}=193.9$$

查折减系数表并插值得

$$\varphi_1'=0.197+(0.180-0.197)\times\frac{3.9}{10}=0.190$$

由于 φ_1 与 φ_1' 相差较大,因此还需要进行第二次试算。

(2)第二次试算。取

$$\varphi_2=\frac{1}{2}(\varphi_1+\varphi_1')=\frac{1}{2}(0.5+0.190)=0.345$$

根据稳定条件可以算出所需的横截面面积为

$$A_2\geqslant\frac{F_{NCD}}{\varphi_2[\sigma]}=\frac{67.1\times10^3}{0.345\times160\times10^6}=12.16\times10^{-4}\ \text{m}^2$$

试选 2 ∟ 63×63×5 角钢,查表得惯性半径 $i_1=1.94$ cm,于是

$$\lambda_2=\frac{\mu l_{CD}}{i_2}=\frac{1\times3.354}{0.0194}=172.9$$

查折减系数表并插值得

$$\varphi_2'=0.243+(0.218-0.243)\times\frac{2.9}{10}=0.236$$

由于 φ_2 与 φ_2' 相差仍较大,因此还需要进行第三次试算。

(3)第三次试算。取

$$\varphi_3=\frac{1}{2}(\varphi_2+\varphi_2')=\frac{1}{2}(0.345+0.236)=0.291$$

根据稳定条件可以算出所需的横截面面积为

$$A_3\geqslant\frac{F_{NCD}}{\varphi_3[\sigma]}=\frac{67.1\times10^3}{0.291\times160\times10^6}=14.41\times10^{-4}\ \text{m}^2$$

再选 2 ∟ 75×75×5 角钢,查表得惯性半径 $i_1=2.33$ cm,于是

$$\lambda_3=\frac{\mu l_{CD}}{i_3}=\frac{1\times3.354}{0.0233}=143.9$$

查折减系数表并插值得

$$\varphi_3'=0.349+(0.306-0.349)\times\frac{3.9}{10}=0.332$$

此时 φ_3 与 φ_3' 已经相差不大,可以进行稳定校核。

$$\frac{F_{NCD}}{\varphi_3' A_3'}=\frac{67.1\times10^3}{0.332\times2\times7.367\times10^{-4}}=137.2\times10^6\ \text{Pa}=137.2\ \text{MPa}<[\sigma]$$

可见满足稳定条件,再进行强度校核。

$$\sigma=\frac{F_{NCD}}{A}=\frac{67.1\times10^3}{2\times(736.7-23\times5)\times10^{-6}}=54.0\times10^6\ \text{Pa}=54.0\ \text{MPa}<[\sigma]$$

可见,强度条件亦满足。

因此,CD 杆的截面可选择两个∟ 75×75×5 等边角钢。

15-18 图示结构中的 AB 梁用 16 号工字钢制成,BC 杆为圆钢,直径 $d=60$ mm,已知材料的弹性模量 $E=205$ GPa,屈服极限 $\sigma_s=275$ MPa,中柔度杆的临界应力 $\sigma_{cr}=338-1.21\lambda$,$\lambda_p=90$,$\lambda_s=50$,强度安全系数 $n=2$,稳定安全系数 $n_{st}=3$,试求荷载 F 的容许值。

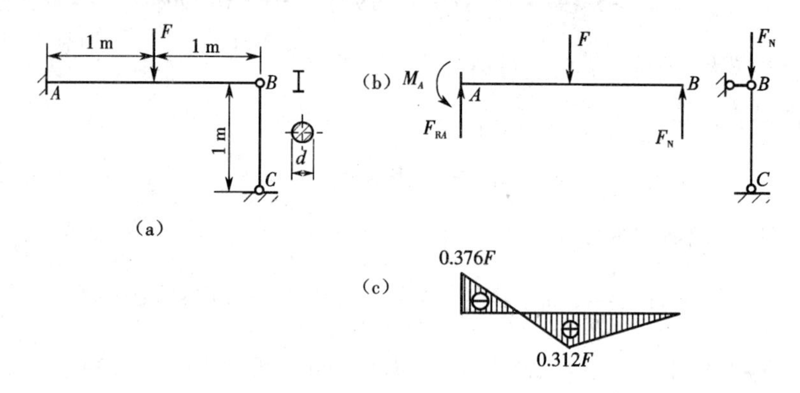

习题 15-18 图

解 这是一个超静定结构,解除铰链 B 的约束,用约束力 F_N 代替其作用,如图(b)所示。AB 梁在截面 B 处的挠度为

$$y_B=\frac{F\times1^2}{6EI}\times(3\times2-1)-\frac{F\times2^3}{3EI}=\frac{5F}{6EI}-\frac{8F_N}{3EI}$$

压杆 BC 的变形为

$$\Delta l=\frac{F_N\times1}{EA}=\frac{F_N}{EA}(\text{缩短})$$

根据变形连续条件

$$y_B=\Delta l$$

可得

$$\frac{5F}{6EI}-\frac{8F_N}{3EI}=\frac{F_N}{EA}$$

由此解得

$$F_N=\frac{\frac{5F}{6I}}{\frac{8}{3I}+\frac{1}{A}}=\frac{\frac{5F}{6\times1\ 130\times10^{-8}}}{\frac{8}{3\times1\ 130\times10^{-8}}+\frac{1}{\pi\times0.06^2/4}}=0.312F$$

进而可以算出支座 A 处的约束反力

$$F_{RA}=0.688F,\quad M_A=0.376F$$

从压杆 BC 的稳定性考虑，其柔度为

$$\lambda=\frac{\mu l_{BC}}{i}=\frac{1\times 1}{0.06/4}=66.7$$

由于 $\lambda_s<\lambda<\lambda_p$，因此 BC 杆属于中柔度杆，应用经验公式计算临界应力

$$\sigma_{cr}=a-b\lambda=338-1.21\times 66.7=257.3\ \text{MPa}$$

稳定许用应力为

$$[\sigma_{cr}]=\frac{\sigma_{cr}}{n_{st}}=\frac{257.3}{3}=85.8\ \text{MPa}$$

BC 杆的许用压力为

$$F_N\leqslant[\sigma_{cr}]A=85.8\times 10^6\times\frac{\pi}{4}\times 0.06^2=242.6\times 10^3\ \text{N}=242.6\ \text{kN}$$

由此得出结构的许用荷载为

$$F=\frac{F_N}{0.312}\leqslant\frac{242.6}{0.312}=777.5\ \text{kN}$$

从 AB 梁的强度考虑：

$$\frac{M_{max}}{W}\leqslant[\sigma]$$

AB 梁的弯矩图如图(c)所示，梁内的最大弯矩为

$$M_{max}=0.376F$$

材料的许用应力为

$$[\sigma]=\frac{\sigma_s}{n}=\frac{275}{2}=137.5\ \text{MPa}$$

由此得出结构的许用荷载为

$$F=\frac{M_{max}}{0.376}\leqslant\frac{W[\sigma]}{0.376}=\frac{141\times 10^{-6}\times 137.5\times 10^6}{0.376}=51.56\times 10^3\ \text{N}=51.56\ \text{kN}$$

综上所述，同时考虑到 BC 杆的稳定性与 AB 梁的强度，结构的许用荷载为

$$[F]=51.56\ \text{kN}$$

习题 15-1、15-4、15-7、15-14 答案请扫二维码。

第 16 章　动载荷

16.1　理论要点

一、基本概念

(1)**静载荷**　加载过程缓慢,其大小从零缓慢增加到一定数值后不再随时间而变化的荷载。构件在静载荷作用下产生的应力称为静应力。

(2)**动载荷**　相对静载荷而言,载荷随时间而变化,即加速度不能忽略的载荷。构件在动载荷作用下产生的应力称为动应力。

构件在变形过程中,由加速度引起的惯性力或动能的影响不能忽略,这就是**动荷载**问题。常见的动载荷问题包括构件作加速运动及等速转动时的动应力计算、载荷一瞬间就加载到被冲击物上及载荷大小和方向随时间作周期性变化等方面。

(3)**动荷系数**　构件所受载荷、应力、应变及位移等变化由静至动的比例值,用 K_d 表示。它与运动方式、受力形式等有关,对于不同的运动方式、不同的受力形式,动荷系数一般不同。

二、惯性力问题

构件作加速运动或转动时,构件内将产生惯性力。该力的方向与加速度的方向相反,该力的数值等于质量与加速度的乘积。因此,在分析动载荷问题时,应先分析构件的运动状态,确定运动的加速度大小和方向,然后给构件加上假想的惯性力,再利用求解静荷载问题的方法计算构件的动应力即可。

三、构件作等加速直线运动

构件作等加速直线运动时,动荷系数为

$$K_d = 1 + \frac{a}{g}$$

四、构件作等速转动

构件作等速转动时,由于角速度 ω 为常量,而角加速度为零,因此构件上各点切向加速度均为零,只有向心加速度 $\omega^2 r$(其中 r 为点到转动轴的距离)。由此可见,惯性力为离心力。

五、冲击荷载

当运动中的物体碰撞到一静止的构件时,在极短的时间内前者的运动速度发生极大的变化,从而产生很大的相互作用力,这种作用称为冲击荷载。在冲击过程中,运动的物体称为**冲击物**,而阻止运动的物体称为**被冲击物**。

(1)冲击物为自由落体时的动荷系数:

$$K_d = 1 + \sqrt{1 + \frac{2h}{\Delta_{st}}}$$

式中:h 为冲击物自由下落的高度,Δ_{st}表示冲击物以静载方式作用于构件上的被冲击点时所引起的沿冲击方向的静位移。当 $h=0$ 时,$K_d=2$。这说明重物突然加在杆上时,在杆内引起的动应力是缓慢加载引起的静应力的 2 倍。

(2)水平冲击时的动荷系数:

$$K_d = \frac{v}{\sqrt{g\Delta_{st}}}$$

式中:v 为冲击物的水平速度。

16.2 例题详解

例题 16-1 一根长度 $l=12$ m 的 16 号工字钢如图 16-1(a)所示,其许用应力[σ]=170 MPa,用钢索起吊,并以等加速度 $a=10$ m/s^{2}上升。试求工字钢在危险点处的动应力 $\sigma_{d,max}$,并按正应力强度条件进行校核。

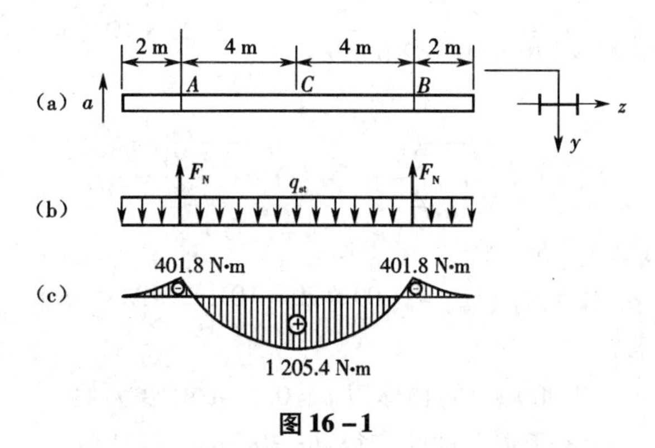

图 16-1

解 在静荷载作用下,受力图如图 16-1(b)所示,静荷载的集度 q_{st}即为工字钢单位长度的重量,查型钢表可得

$$q_{st} = 20.5 \times 9.8 = 200.9 \text{ N/m}$$

每根吊索的静轴力

$$F_N = \frac{1}{2} \times 200.9 \times 12 = 1\ 205.4 \text{ N}$$

图 16-1(c)为静荷载作用下的弯矩图,最大弯矩发生在截面 C 处,其值为

$$M_C = 1\ 205.4 \times 4 - \frac{1}{2} \times 200.9 \times 6^2 = 1\ 205.4 \text{ N} \cdot \text{m}$$

工字钢危险截面上危险点的静应力为

$$\sigma_{st,max} = \frac{M_{max}}{W_z} = \frac{1\ 205.4}{21.2 \times 10^{-6}} = 56.86 \times 10^6 \text{ Pa} = 56.86 \text{ MPa}$$

以等加速度起吊工字钢时,动荷系数为

$$K_d = 1 + \frac{a}{g} = 1 + \frac{10}{9.8} = 2.02$$

由此可得工字钢危险截面危险点处的动应力为

$$\sigma_{d,max} = K_d \sigma_{st,max} = 2.02 \times 56.86 = 115\ \text{MPa} \leqslant [\sigma]$$

所以,满足正应力强度条件,该工字钢安全。

例题 16-2 重量 $F = 5$ kN 的重物自高度 $h = 10$ mm 处自由下落,冲击到20b 号工字钢梁 AB 上的中点 C 处,如图 16-2 所示。已知梁的长度为 4 m,钢梁的弹性模量 $E = 210$ GPa,许用应力 $[\sigma] = 170$ MPa,试对该梁进行强度校核。

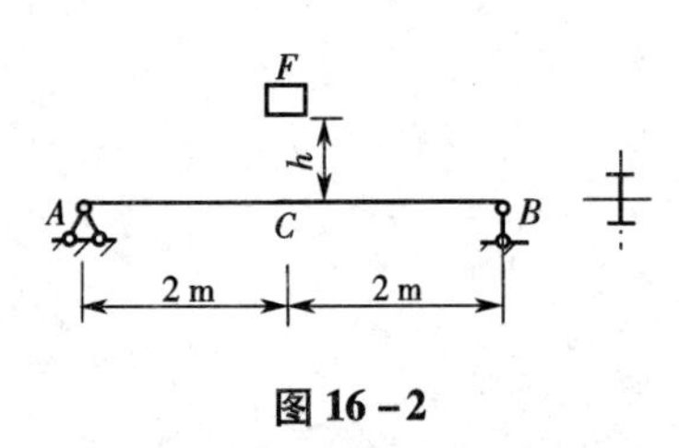

图 16-2

解 当静荷载 $F = 5$ kN 作用在 C 处时,最大正应力发生在截面 C 上距中性轴最远处,即

$$\sigma_{st,max} = \frac{M_{st,max}}{W_z} = \frac{Fl/4}{W_z} = \frac{5 \times 10^3}{250 \times 10^{-6}} = 20 \times 10^6\ \text{Pa} = 20\ \text{MPa}$$

截面 C 处的静挠度为

$$\Delta_{st} = \frac{Fl^3}{48EI} = \frac{5 \times 10^3 \times 4^3}{48 \times 210 \times 10^9 \times 2\,500 \times 10^{-8}} = 1.27 \times 10^{-3}\ \text{m} = 1.27\ \text{mm}$$

动荷系数为

$$K_d = 1 + \sqrt{1 + \frac{2h}{\Delta_{st}}} = 1 + \sqrt{1 + \frac{2 \times 10}{1.27}} = 5.09$$

由此可以算出梁内最大正应力为

$$\sigma_{d,max} = K_d \sigma_{st,max} = 5.09 \times 20 = 101.8\ \text{MPa} < [\sigma]$$

所以,该梁满足强度要求。

例题 16-3 质量 $m = 2\,000$ kg 的物体以 $v = 0.5$ m/s,沿水平方向冲击桩柱 AB,如图 16-3 所示。桩柱直径 $d = 300$ mm,弹性模量 $E = 12$ GPa,许用应力 $[\sigma] = 36$ MPa。试校核桩柱的强度。

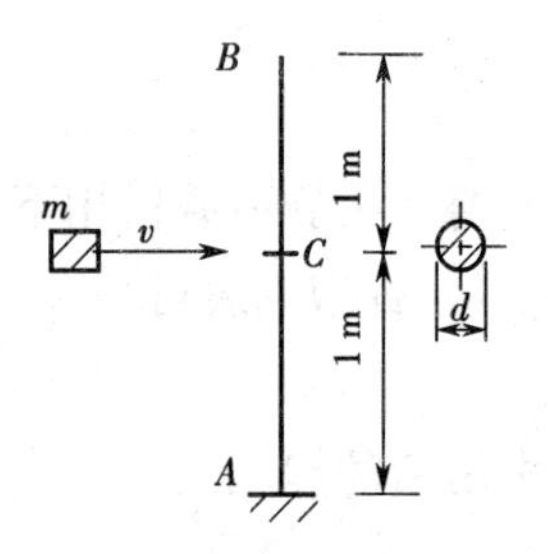

图 16-3

解 这是一个水平冲击问题。

桩柱横截面对中性轴的惯性矩为

$$I_z = \frac{\pi d^4}{64} = \frac{\pi \times 0.3^4}{64} = 3.97 \times 10^{-4}\ \text{m}^{-4}$$

桩在被冲击点处的位移,在数值上等于冲击物重量 mg 的水平静荷载作用下的静挠度,即

$$\Delta_{st} = \frac{mgl_{AC}{}^3}{3EI} = \frac{19.6 \times 10^3 \times 1^3}{3 \times 12 \times 10^9 \times 3.97 \times 10^{-4}} = 0.137 \times 10^{-2}\ \text{m} = 1.37\ \text{mm}$$

最大静弯矩发生在 A 截面,即

$$M_{st,max} = mgl_{AC} = 19.6\ \text{kN} \cdot \text{m}$$

水平冲击的动荷系数为

$$K_{\mathrm{d}}=\frac{v}{\sqrt{g\Delta_{\mathrm{st}}}}=\frac{0.5}{\sqrt{9.8\times0.137\times10^{-2}}}=4.32$$

重物对桩的冲击荷载为

$$F_{\mathrm{d}}=K_{\mathrm{d}}mg=4.32\times19.6\times10^{3}=84.7\ \mathrm{kN}$$

最大冲击应力为

$$\sigma_{\mathrm{d,max}}=K_{\mathrm{d}}\frac{M_{\mathrm{st,max}}y_{\max}}{I_z}=\frac{4.32\times19.6\times10^{3}\times0.15}{3.97\times10^{-4}}=31.9\times10^{6}\ \mathrm{Pa}=31.9\ \mathrm{MPa}<[\sigma]$$

所以,桩柱满足强度条件。

16.3 自测题

16-1 动荷系数总是大于1 。(　　)

16-2 构件内突加载荷所引起的应力是由相应的静载荷所引起的应力的2倍。(　　)

16-3 动载荷作用下,构件内的动应力与构件材料的弹性模量有关 。(　　)

16-4 构件在动载荷作用下,只要动荷系数确定,则任意一点处的动变形,就可表示为该点处相应的静变形与相应的动荷系数的乘积。(　　)

16-5 冲击能量计算中,不计冲击物体的变形能,所以计算与实际相比(　　)。

A. 冲击应力偏大、冲击变形偏小　　B. 冲击应力偏小、冲击变形偏大

C. 冲击应力偏大、冲击变形偏大　　D. 冲击应力偏小、冲击变形偏小

16-6 一直杆若绕杆端点在水平面内作匀速转动,则下列结论中正确的有(　　)。

A. 因为切向加速度为零,所以惯性力为零　　B. 切向加速度等于零,只有向心加速度

C. 惯性力背离转动中心,使杆件受拉　　D. 惯性力与切向加速度方向相反

16-7 如图16-4所示,图(b)相对于图(a)而言,梁的最大动荷应力、动荷系数(　　)。

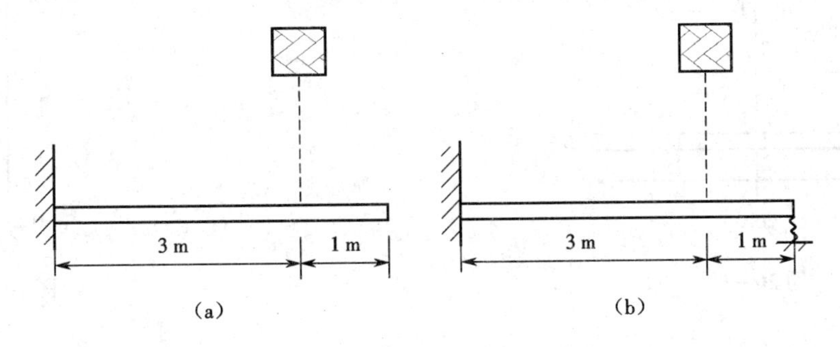

图16-4

A. 动应力降低,动荷系数增大　　B. 动应力增大,动荷系数增大

C. 动应力降低,动荷系数降低　　D. 动应力增大,动荷系数降低

16-8 如图16-5所示,重为 G 的钢球滚到悬臂梁 A 端时,梁内的最大挠度(　　)。

A. $\frac{Gl^3}{3EI}$　　B. $\frac{2Gl^3}{3EI}$　　C. $\frac{Gl^3}{6EI}$　　D. $\frac{Gl^3}{2EI}$

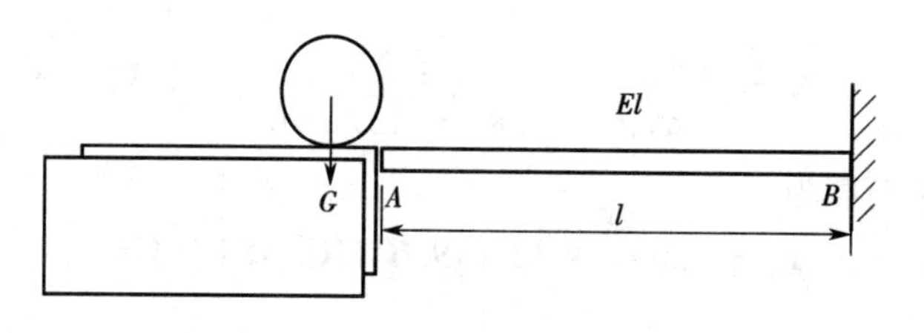

图 16－5

16－9　如图 16－6 所示，当 AB 杆的长度 l 增大，其他条件不变时，动应力(　　)。

A. 增大　　B. 减小

C. 保持不变　　D. 可能增大也可能减小

16－10　一根长度 $l=12$ m 的 16 号工字钢，其许用应力$[\sigma]=170$ MPa，用钢索起吊，如图 16－7 所示，并以等加速度 $a=10$ m/s^2 上升。若要使工字钢中的 $\sigma_{d,max}$ 最小，钢索应如何安置。

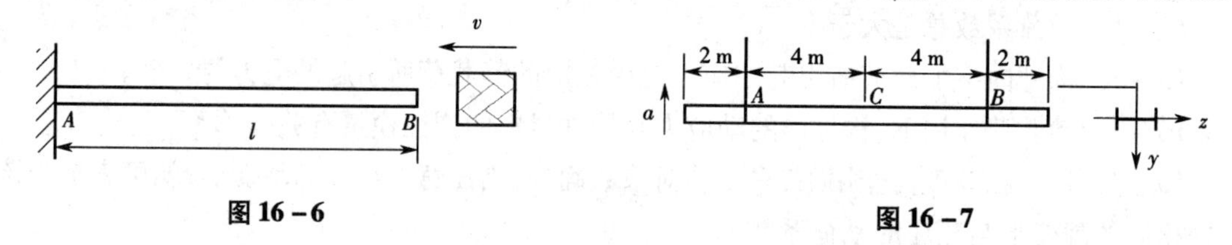

图 16－6　　图 16－7

16－11　如图 16－8 所示，杆 AB 以匀角速度绕 O 轴在水平面内旋转，杆材料的密度为 ρ，弹性模量为 E。试求：(1)沿杆轴线各横截面上正应力的变化规律(不考虑弯曲)；(2)杆的总伸长。

16－12　质量 $m=2\ 000$ kg 的物体，以 $v=0.5$ m/s 的速度沿水平方向冲击桩柱 AB，如图 16－9 所示。桩柱直径 $d=300$ mm，弹性模量 $E=12$ GPa，许用应力$[\sigma]=36$ MPa。若限定桩柱自由端 B 水平摆幅不超过 50 mm，试确定物块的水平速度最大值。

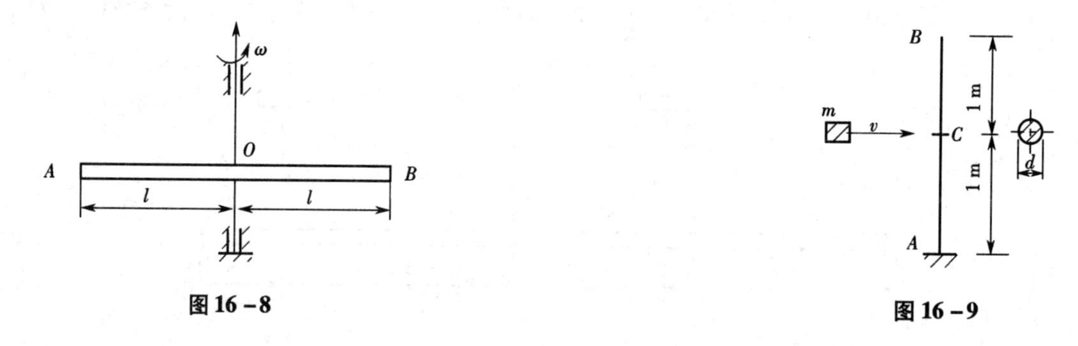

图 16－8　　图 16－9

16.4　自测题解答

此部分内容请扫二维码。

16.5 习题解答

16－1 图(a)所示一悬吊在绳索上的槽钢，以 1.8 m/s 的速度下降，当下降速度在 0.2 s 内均匀地减小到 0.6 m/s 时，试求槽钢内的最大弯曲正应力。

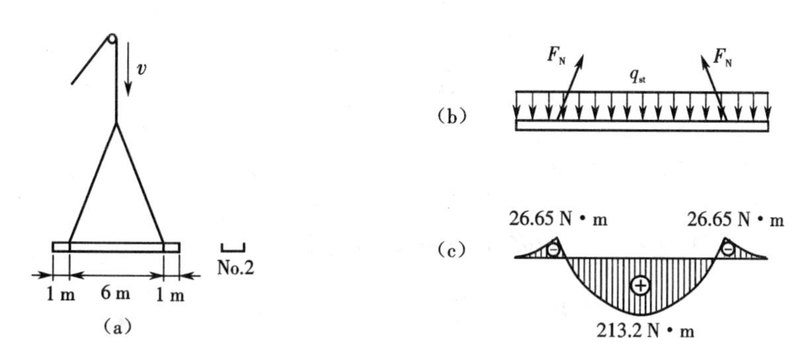

习题 16－1 图

解 在静荷载作用下，槽钢的受力图如图(b)所示，静荷载的集度 q_{st} 即为工字钢单位长度的重量，查型钢表可得

$$q_{st}=5.44\times9.8=53.3\ \text{N/m}$$

每根吊索的静轴力的铅垂分量为

$$F_{Ny}=\frac{1}{2}\times53.3\times8=213.2\ \text{N}$$

图(c)为静荷载作用下槽钢的弯矩图，最大弯矩值为

$$M_{max}=213.2\ \text{N}\cdot\text{m}$$

槽钢危险截面上危险点处的静应力为

$$\sigma_{st,max}=\frac{M_{max}}{W_z}=\frac{213.2}{10.4\times10^{-6}}=20.5\times10^{6}\ \text{Pa}=20.5\ \text{MPa}$$

槽钢以等加速度下降，加速度为

$$a=\frac{1.8-0.6}{0.2}=6\ \text{m/s}^2$$

惯性力方向向下，与重力方向相同，因此动荷系数为

$$K_d=1+\frac{a}{g}=1+\frac{6}{9.8}=1.61$$

由此可得槽钢危险截面危险点处的动应力为

$$\sigma_{d,max}=K_d\sigma_{st,max}=1.61\times20.5=33.1\ \text{MPa}$$

16－2 图(a)所示起重机构 A 的重量为 20 kN，装在两根 32a 号工字钢组成的梁上。现用绳索吊起重量为 60 kN 的重物，并在第一秒钟内以匀加速上升 2.5 m。试求绳内所受拉力及梁横截面上的最大正应力(考虑梁的自重)。

解 重物的加速度

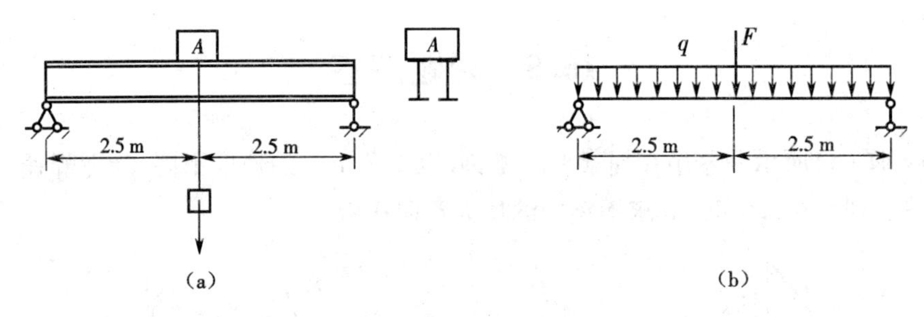

习题 16－2 图

$$a=\frac{2h}{t^2}=\frac{2\times 2.5}{1^2}=5\ \mathrm{m/s^2}\quad（向上）$$

惯性力方向向下，与重力方向相同，因此动荷系数为

$$K_{\mathrm{d}}=1+\frac{a}{g}=1+\frac{5}{9.8}=1.51$$

绳内所受的最大拉力为

$$F_{\mathrm{Nd}}=1.51\times 60=90.6\ \mathrm{kN}$$

梁的计算简图如图(b)所示，梁在跨中所受的集中力为

$$F=20+90.6=110.6\ \mathrm{kN}$$

最大弯矩出现在跨中，其值为

$$M_{\max}=\frac{1}{8}ql^2+\frac{1}{4}Fl=\frac{1}{8}\times 2\times 52.7\times 9.8\times 5^2+\frac{1}{4}\times 110.6\times 10^3\times 5=141\times 10^3\ \mathrm{N\cdot m}$$

梁横截面上的最大正应力为

$$\sigma_{\max}=\frac{M_{\max}}{W}=\frac{141\times 10^3}{2\times 11\ 075.5\times 10^{-8}/0.16}=101.8\times 10^6\ \mathrm{Pa}=101.8\ \mathrm{MPa}$$

16－3 一均匀直杆以角速度 ω 绕铅垂轴在水平面转动，另有一重量为 G 的重物连接在杆的端点，如图所示。已知杆长为 l，杆的横截面面积为 A，重量为 G_1。试求杆的伸长量。

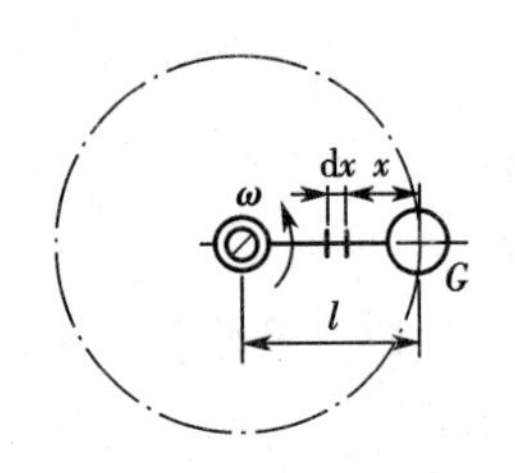

习题 16－3 图

解 杆件的变形是由惯性力引起的，坐标为 x 的截面上的轴力为

$$F_{\mathrm{N}}=\frac{G}{g}l\omega^2+\frac{G_1x}{gl}\left(l-\frac{x}{2}\right)\omega^2=\frac{\omega^2}{g}\left[Gl+\frac{G_1x}{l}\left(l-\frac{x}{2}\right)\right]$$

微段杆的伸长为

$$\mathrm{d}(\Delta l)=\frac{F_{\mathrm{N}}}{EA}\mathrm{d}x=\frac{\omega^2}{EAg}\left[Gl+\frac{G_1x}{l}\left(l-\frac{x}{2}\right)\right]\mathrm{d}x$$

对上式积分即得杆件的总伸长

$$\Delta l=\int_0^l\frac{F_{\mathrm{N}}}{EA}\mathrm{d}x=\int_0^l\frac{\omega^2}{EAg}\left[Gl+\frac{G_1x}{l}\left(l-\frac{x}{2}\right)\right]\mathrm{d}x=\frac{\omega^2l^2}{3EAg}(3G+G_1)$$

16－4 如图所示，圆轴 AB 在 B、C 处分别与一重量为 G 的重物固结，且位于同一平面内。圆轴 AB 的直径为 d，以匀角速度 ω 转动。l 和 h 为已知，试求圆轴 AB 内的最大正应力（不计轴的自重）。

解　圆轴的荷载来自两个重物所受的重力和惯性力。圆轴有两个危险位置，分别讨论如下。

(1)当转动到图(a)位置时，AB 轴的受力如图(b)所示，在 C、B 处的荷载分别为

$$F_C = F\left(1 + \frac{h\omega^2}{g}\right)$$

$$F_B = F\left(1 - \frac{h\omega^2}{g}\right)$$

分析 AB 轴的平衡，即可求出支座 A、D 处的约束反力。由

$$\sum M_D = 0,\quad F_C\frac{l}{2} - F_B\frac{l}{2} - F_{RA}l = 0$$

$$\sum M_A = 0,\quad F_{RD}l - F_C\frac{l}{2} - F_B\frac{3\,l}{2} = 0$$

解得

$$F_{RA} = \frac{1}{2}(F_C - F_B) = G\frac{h\omega^2}{g}$$

$$F_{RD} = \frac{1}{2}(F_C + 3F_B) = G\left(2 - \frac{h\omega^2}{g}\right)$$

在截面 C、D 处的弯矩分别为

$$M_C = F_{RA}\frac{l}{2} = \frac{Glh\omega^2}{2g}$$

$$M_D = -F_B\frac{l}{2} = -\frac{Gl}{2}\left(1 - \frac{h\omega^2}{g}\right)$$

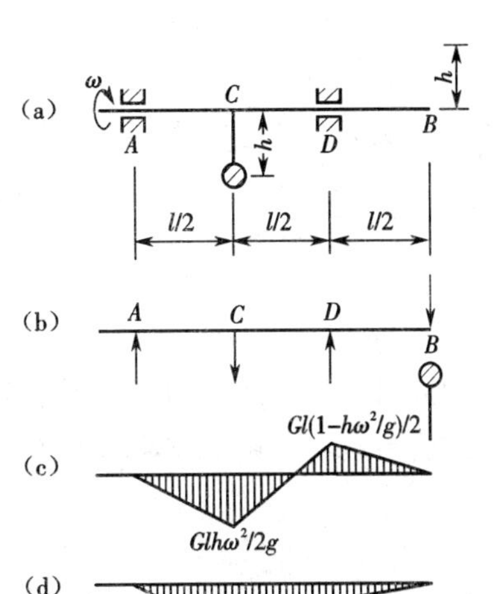

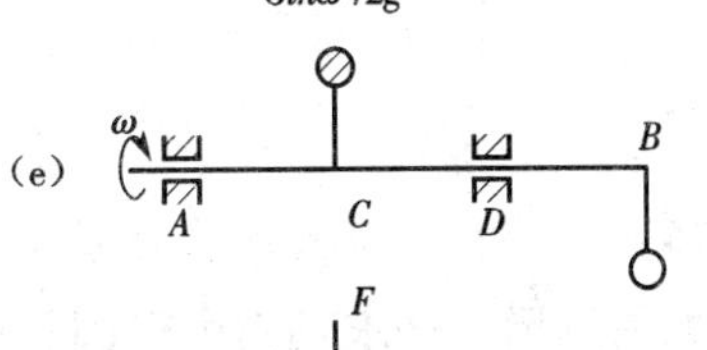

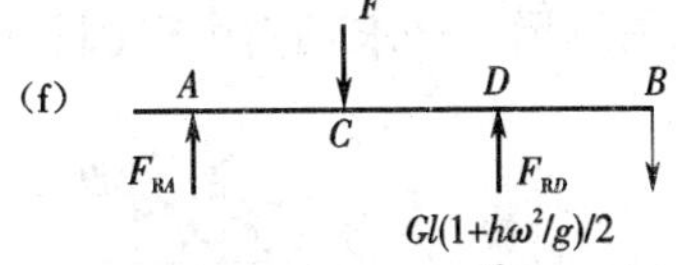

习题 16－4 图

由此可以绘出此时的弯矩图如图(c)或图(d)所示，当 $h\omega^2 < g$ 时，F_B的方向向下，弯矩图如图(c)所示；当 $h\omega^2 > g$ 时，F_B的方向向上，弯矩图如图(d)所示。

(2)当转动到图(e)位置时，AB 轴的受力图如图(f)所示，在 C、B 处的荷载分别为

$$F_C = F\left(1 - \frac{h\omega^2}{g}\right)$$

$$F_B = F\left(1 + \frac{h\omega^2}{g}\right)$$

分析 AB 轴的平衡，即可求出支座 A、D 处的约束反力。由

$$\sum M_D = 0,\quad F_C\frac{l}{2} - F_B\frac{l}{2} - F_{RA}l = 0$$

$$\sum M_A = 0,\quad F_{RD}l - F_C\frac{l}{2} - F_B\frac{3\,l}{2} = 0$$

解得

$$F_{RA} = \frac{1}{2}(F_C - F_B) = -G\frac{h\omega^2}{g}$$

$$F_{RD}=\frac{1}{2}(F_C+3F_B)=G\left(2+\frac{h\omega^2}{g}\right)$$

在截面 C、D 处的弯矩分别为

$$M_C=F_{RA}\frac{l}{2}=-\frac{Glh\omega^2}{2g}$$

$$M_D=-F_B\frac{l}{2}=-\frac{Gl}{2}\left(1+\frac{h\omega^2}{g}\right)$$

由此可以绘出此时的弯矩图如图(g)所示。

综合考虑各种情况,AB 轴内的最大弯矩发生在位置2(即图(e))时的截面 D 处,其值为

$$M_{max}=\frac{Gl}{2}\left(1+\frac{h\omega^2}{g}\right)$$

圆轴的弯曲截面系数 $W=\frac{\pi d^3}{32}$,因此圆轴 AB 内的最大正应力为

$$\sigma_{max}=\frac{M_{max}}{W}=\frac{16Gl}{\pi d^3}\left(1+\frac{h\omega^2}{g}\right)$$

16－5 图(a)所示圆盘比重 $\gamma=78\ kN/m^3$,以 $\omega=50$ rad/s 等角速度转动,盘上有一圆孔,尺寸如图所示。试求轴内由于圆孔而引起的最大正应力。

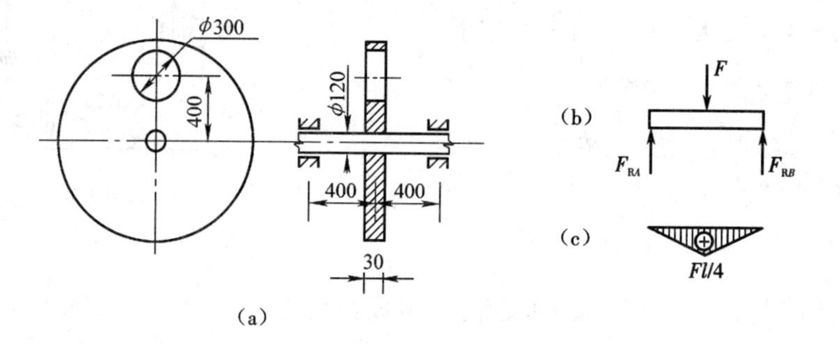

习题16－5图

解 当圆盘转到图(a)所示的位置时轴内的应力最大,此时带圆孔的圆盘可以看成实心圆盘挖去圆孔部分而得到的,圆孔部分的重量为

$$G=\gamma\times\frac{\pi}{4}\times0.3^2\times0.03=0.165\ 4\ kN$$

转动时实心圆盘没有惯性力,而圆孔部分的惯性力为

$$F_d=me\omega^2=\frac{G}{g}e\omega^2=\frac{0.165\ 4}{9.8}\times0.40\times50^2=16.88\ kN$$

此时轴的受力图如图(b)所示,弯矩图如图(c)所示,由于惯性力在轴内产生的最大弯矩发生在跨中,其值为

$$M_{d,max}=\frac{1}{4}F_dl=\frac{1}{4}\times16.88\times0.8=3.376\ kN\cdot m$$

圆轴的弯曲截面系数为

$$W=\frac{\pi d^3}{32}=\frac{\pi\times0.12^3}{32}=1.696\times10^{-4}\ \text{m}^4$$

由此可得轴内由于圆孔惯性力而引起的最大正应力为

$$\sigma_{\text{d}}=\frac{M_{\text{d,max}}}{W}=\frac{3.376\times10^3}{1.196\times10^{-4}}=19.9\times10^6\ \text{Pa}=19.9\ \text{MPa}$$

16－6 图示一桥式起重机吊着一重量 $G=50$ kN 的重物，以等速度 $v=1$ m/s 向前移动，移动方向垂直于纸面。已知吊车梁用14号工字钢制成，吊索的横截面面积 $A=500\ \text{mm}^2$。当起重机突然刹车时，重物像单摆一样摆动。试问此时吊索的应力和梁内的最大应力分别增加多少？吊索重量忽略不计。

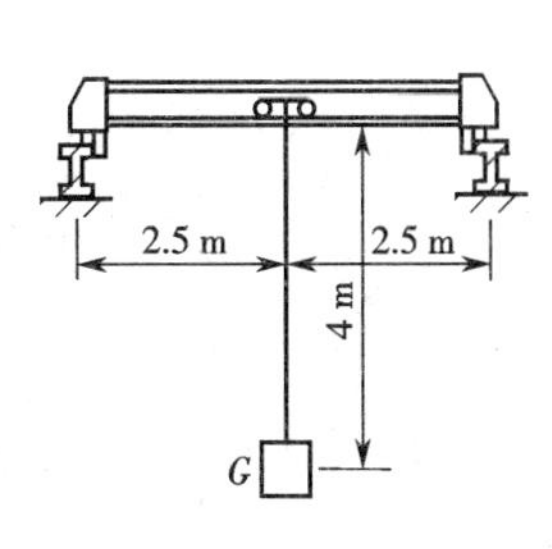

习题 16－6 图

解 由于起重机突然刹车，吊索轴力的增加量为

$$\Delta F_{\text{N}}=\frac{G}{g}\frac{v^2}{l}=\frac{50\times1^2}{9.8\times4}=1.276\ \text{kN}$$

吊索应力的增加量为

$$\Delta\sigma=\frac{\Delta F_{\text{N}}}{A}=\frac{1.276\times10^3}{500\times10^{-6}}=2.55\times10^6\ \text{Pa}=2.55\ \text{MPa}$$

梁上荷载的增加量为

$$\Delta F=\Delta F_{\text{N}}=1.276\ \text{kN}$$

梁内最大弯矩发生在跨中，其增加量为

$$\Delta M_{\max}=\frac{1}{4}\Delta Fl=\frac{1}{4}\times1.276\times5=1.595\ \text{kN}\cdot\text{m}$$

梁内最大应力的增加量为

$$\Delta\sigma_{\max}=\frac{\Delta M_{\max}}{W}=\frac{1.595\times10^3}{102\times10^{-6}}=15.64\times10^6\ \text{Pa}=15.64\ \text{MPa}$$

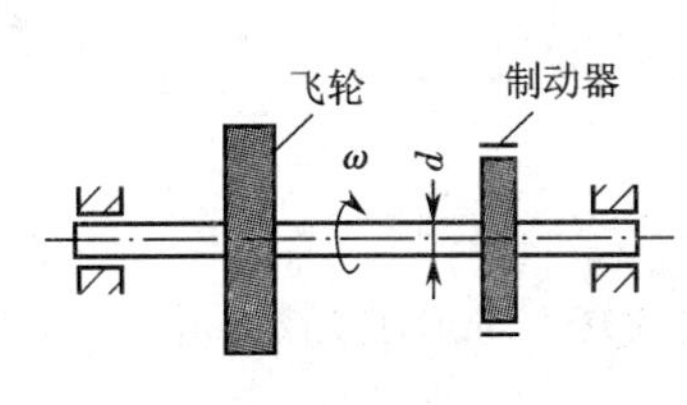

习题 16－7 图

16－7 在直径 $d=100$ mm 的轴上，装有转动惯量 $I_0=0.5\ \text{kN}\cdot\text{m}\cdot\text{s}^2$ 的飞轮，轴以 $n=300$ r/min 匀转速转动，如图所示。现用制动器使飞轮在 4 s 内停止转动，试求轴内的最大切应力(不计轴的质量)。

解 飞轮的角加速度为

$$\varepsilon=\frac{300\times\frac{2\times\pi}{60}}{4}=7.85\ \text{rad/s}^2$$

设制动力偶矩为 M_{e}，则

$$M_{\text{e}}=I_0\varepsilon=0.5\times7.85=3.93\ \text{kN}\cdot\text{m}$$

圆轴的扭转截面系数为

$$W_{\text{p}}=\frac{\pi d^3}{16}=\frac{\pi\times0.1^3}{16}=1.963\times10^{-4}\ \text{m}^4$$

轴内的最大切应力为

$$\tau_{\max}=\frac{M_e}{W_p}=\frac{3.93\times10^3}{1.963\times10^{-4}}=20\times10^6\ \text{Pa}=20\ \text{MPa}$$

16－8 重量 $G=5$ kN 的重物自高度 $h=15$ mm 处自由下落，冲击到外伸梁的 C 点处，如图(a)所示。已知梁用20b号工字钢制成，弹性模量 $E=210$ GPa。试求梁内最大冲击正应力。

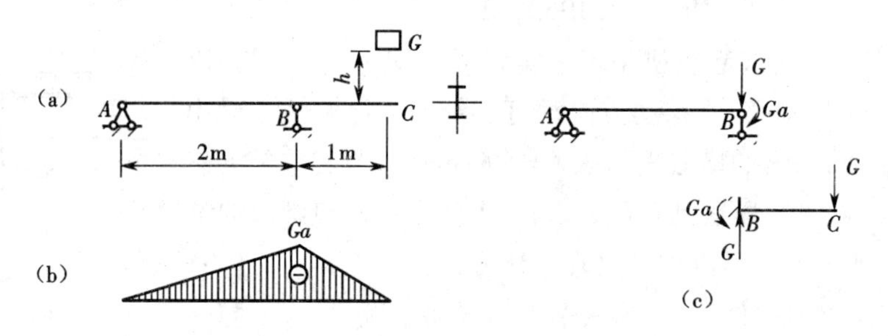

习题16－8图

解 设 AB 的长度为 l，BC 的长度为 a。重物静止放在梁上时，梁的弯矩图如图(b)所示，可见梁内最大弯矩发生在截面 B 处，梁内最大静荷正应力亦即发生在该截面上，其值为

$$\sigma_{st,\max}=\frac{M_{st,\max}}{W}=\frac{Ga}{W}=\frac{5\times10^3\times1}{250\times10^{-6}}=20\times10^6\ \text{Pa}=20\ \text{MPa}$$

冲击点(即截面 C)处的静挠度可用叠加法计算，将外伸梁 AC 看成由简支梁 AB 和悬臂梁 BC 组成，则

$$\Delta_{st}=y_{st,C}=\frac{Ga^3}{3EI}+a\theta_{st,B}$$

式中：$\theta_{st,B}$ 为截面 B 处的转角，有

$$\theta_{st,B}=\frac{Gal}{3EI}$$

由此得

$$\Delta_{st}=\frac{Ga^3}{3EI}+\frac{Ga^2l}{3EI}=\frac{Ga^2}{3EI}(a+l)$$

$$=\frac{5\times10^3\times1^2}{3\times210\times10^9\times2\ 500\times10^{-8}}\times(2+1)=0.952\times10^{-3}\ \text{m}=0.952\ \text{mm}$$

动荷系数为

$$K_d=1+\sqrt{1+\frac{2h}{\Delta_{st}}}=1+\sqrt{1+\frac{2\times15}{0.952}}=6.7$$

因此，梁内最大冲击正应力为

$$\sigma_{d,\max}=K_d\sigma_{st,\max}=6.7\times20=134\ \text{MPa}$$

16－9 图(a)所示重量为 G 的重物固结在竖杆的上端，并绕梁的 A 端转动，当竖杆在铅垂位置时，重物具有水平速度 v。若梁的 EI、W 及 l 均已知，试求重物落在梁上后梁内的最大正冲击正应力。

解 当重物静止放在梁的跨中处时，梁的弯矩图如图(b)所示，此时梁的最大弯矩 $M_{st,\max}$

$=\dfrac{Gl}{4}$,梁内最大正应力为

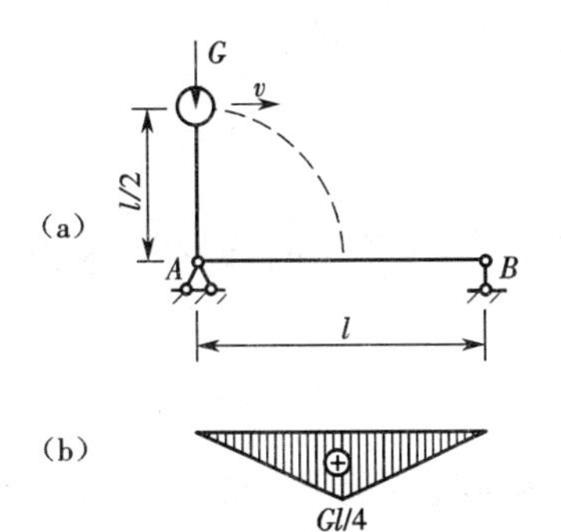

习题 16－9 图

$$\sigma_{st,max}=\frac{M_{st,max}}{W}=\frac{Gl}{4W}$$

跨中的静挠度为

$$\Delta_{st}=\frac{Gl^3}{48EI}$$

重物以水平速度 v,并随竖杆绕梁的 A 端冲击到梁的效果相当于自高度为 h 处自由下落对梁的冲击作用,高度 h 可根据机械能守恒定律求出

$$\frac{1}{2}mv^2+mg\frac{l}{2}=mgh$$

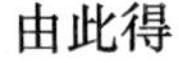
由此得

$$h=\frac{1}{2}\left(\frac{v^2}{g}+l\right)$$

动荷系数为

$$K_d=1+\sqrt{1+\frac{2h}{\Delta_{st}}}=1+\sqrt{1+\frac{48EI(v^2+gl)}{gGl^3}}$$

因此,梁内最大冲击正应力为

$$\sigma_{d,max}=K_d\sigma_{st,max}=\frac{Gl}{4W}\left[1+\sqrt{1+\frac{48EI(v^2+gl)}{gGl^3}}\right]$$

16－10 图示钢索的一端挂有重量 $G=10$ kN 的重物,另一端绕在绞车的鼓轮上,重物以等速度 $v=6$ m/s 下降,当钢索的长度 $l=30$ m 时,绞车突然刹住,试求钢索受到的冲击荷载 F_d 与冲击应力 σ_d。已知钢索的横截面面积 $A=400$ mm^2,材料的弹性模量 $E=170$ GPa,不计钢索的自重。

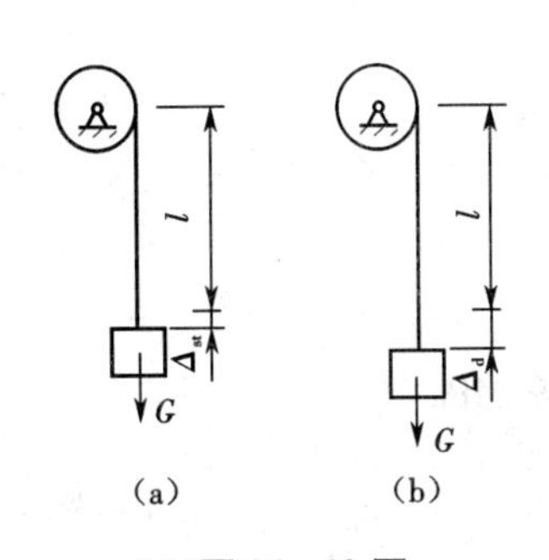

习题 16－10 图

解 绞车刹车过程中,重物减少的机械能为

$$\Delta E=\frac{Gv^2}{2g}+G(\Delta_d-\Delta_{st})$$

设钢索的刚度系数为 k,则滑轮被卡住后钢索增加的应变能为

$$\Delta V_\varepsilon=\frac{k}{2}(\Delta_d^2-\Delta_{st}^2)=\frac{G}{2\Delta_{st}}(\Delta_d^2-\Delta_{st}^2)$$

根据能量守恒定律,$\Delta E=\Delta V_\varepsilon$,即

$$\frac{Gv^2}{2g}+G(\Delta_d-\Delta_{st})=\frac{G}{2\Delta_{st}}(\Delta_d^2-\Delta_{st}^2)$$

整理得

$$\Delta_d^2-2\Delta_{st}\Delta_d+\Delta_{st}^2\left(1-\frac{v^2}{g\Delta_{st}}\right)=0$$

由此解出Δ_d的两个根，其中大于Δ_{st}的那个根即为钢索的动伸长，即

$$\Delta_d = \Delta_{st}\left(1 + \frac{v}{\sqrt{g\Delta_{st}}}\right)$$

利用$\Delta_{st} = \dfrac{Gl}{EA}$，可得动荷系数为

$$K_d = \frac{\Delta_d}{\Delta_{st}} = 1 + v\sqrt{\frac{EA}{gGl}} = 1 + 1 \times \sqrt{\frac{170 \times 10^9 \times 400 \times 10^{-6}}{9.8 \times 10 \times 10^3 \times 30}} = 5.81$$

钢索受到的冲击荷载为

$$F_d = K_d G = 5.81 \times 10 = 58.1 \text{ kN}$$

钢索的静应力为

$$\sigma_{st} = \frac{G}{A} = \frac{10 \times 10^3}{400 \times 10^{-6}} = 25 \times 10^6 \text{ Pa} = 25 \text{ MPa}$$

钢索的动应力为

$$\sigma_d = K_d \sigma_{st} = 5.81 \times 25 = 145 \text{ MPa}$$

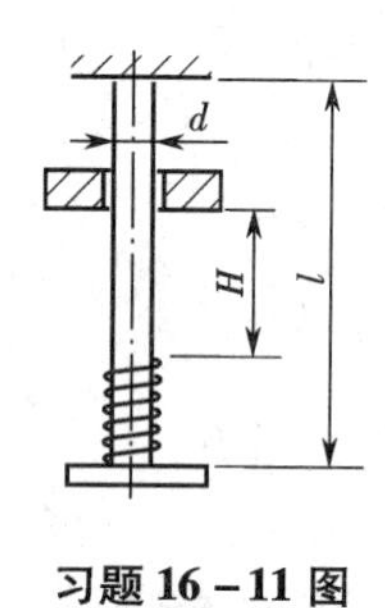

习题 16-11 图

16-11 图示钢杆的下端有一固定圆盘，盘上放置一弹簧。钢杆直径$d = 40$ mm，长度$l = 4$ m，许用应力$[\sigma] = 120$ MPa，弹性模量$E = 200$ Ga。弹簧在1 kN的静荷载作用下缩短0.625 mm。现有一15 kN的重物沿钢杆自由下落，试求容许的高度$[H]$。若在盘上没有弹簧，则容许的高度$[H]'$又为多少。

解 强度条件为

$$\sigma_d = K_d \sigma_{st} \leqslant [\sigma]$$

钢杆的横截面面积为

$$A = \frac{\pi d^2}{4} = 1.257 \times 10^{-3} \text{ m}^2$$

钢杆的静应力为

$$\sigma_{st} = \frac{G}{A} = \frac{15 \times 10^3}{1.257 \times 10^{-3}} = 11.9 \times 10^6 \text{ Pa} = 11.9 \text{ MPa}$$

动荷系数为

$$K_d = 1 + \sqrt{1 + \frac{2H}{\Delta_{st}}}$$

设弹簧的刚度系数为k，则

$$k = \frac{1}{0.625} = 1.6 \text{ kN/mm}$$

重物的静位移为

$$\Delta_{st} = \frac{Gl}{EA} + \frac{G}{k} = \frac{15 \times 10^3 \times 4}{200 \times 10^9 \times 1.257 \times 10^{-3}} + \frac{15 \times 10^3}{1.6 \times 10^6} = 9.61 \times 10^{-3} \text{ m}$$

由强度条件得

$$1 + \sqrt{1 + \frac{2H}{\Delta_{st}}} \leqslant \frac{[\sigma]}{\sigma_{st}}$$

解得

$$H \leqslant \frac{\Delta_{st}}{2}\left[\left(\frac{[\sigma]}{\sigma_{st}}-1\right)^2-1\right]=\frac{9.61}{2}\times\left[\left(\frac{120}{11.9}-1\right)^2-1\right]=391.7\ \text{mm}$$

因此,重物沿钢杆自由下落的容许高度为

$$[H]=391.7\ \text{mm}$$

若盘上没有弹簧,重物的静位移为

$$\Delta'_{st}=\frac{Gl}{EA}=\frac{15\times10^3\times4}{200\times10^9\times1.257\times10^{-3}}=0.2387\times10^{-3}\ \text{m}$$

由强度条件得

$$1+\sqrt{1+\frac{2H'}{\Delta'_{st}}}\leqslant\frac{[\sigma]}{\sigma_{st}}$$

解得

$$H'\leqslant\frac{\Delta'_{st}}{2}\left[\left(\frac{[\sigma]}{\sigma_{st}}-1\right)^2-1\right]=\frac{0.2387}{2}\times\left[\left(\frac{120}{11.9}-1\right)^2-1\right]=9.73\ \text{mm}$$

此时,重物沿钢杆自由下落的容许高度为

$$[H]'=9.73\ \text{mm}$$

16－12 图(a)所示重量为 G 的重物自由下落在曲拐上,若材料的弹性模量为 E,切变模量为 G,试按第三强度理论写出危险点的相当应力。

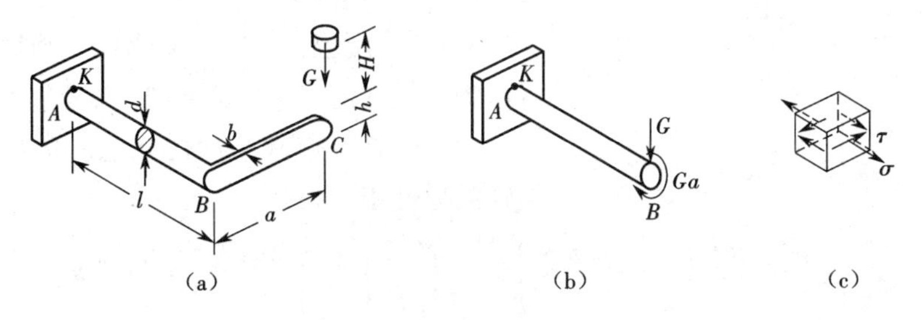

习题 16－12 图

解 危险点在固定端(即截面 A)的最高点 K 处,首先计算在静荷载 G 作用下,K 点处的第三强度理论的相当应力。取 AB 段为脱离体如图(b)所示,K 点的应力状态如图(c)所示,弯曲正应力与扭转切应力分别为

$$\sigma=\frac{Gl}{W}$$

$$\tau=\frac{Ga}{W_p}$$

式中:AB 段的弯曲截面系数 $W=\frac{\pi d^3}{32}$,扭转截面系数 $W_p=\frac{\pi d^3}{16}$,因此在静荷载 G 作用下,K 点的第三强度理论的相当应力为

$$\sigma_{st,r3}=\sqrt{\sigma^2+4\tau^2}=\frac{32G\sqrt{l^2+a^2}}{\pi d^3}$$

在静荷载 G 作用下，截面 C 的挠度可用叠加法计算，即

$$\Delta_{st}=\frac{Ga^3}{3EI_{BC}}+\frac{Gl^3}{3EI_{AB}}+a\frac{Gal}{GI_p}$$

式中：AB 段的惯性矩 $I_{AB}=\frac{\pi d^4}{64}$，极惯性矩 $I_p=\frac{\pi d^4}{32}$，BC 段的惯性矩 $I_{BC}=\frac{bh^3}{12}$。代入上式得

$$\Delta_{st}=4G\left(\frac{a^3}{Ebh^3}+\frac{16l^3}{3\pi Ed^4}+\frac{8a^2l}{\pi Gd^4}\right)$$

由此可得动荷系数

$$K_d=1+\sqrt{1+\frac{2H}{\Delta_{st}}}=1+\sqrt{1+\frac{H}{2G\left(\frac{a^3}{Ebh^3}+\frac{16l^3}{3\pi Ed^4}+\frac{8a^2l}{\pi Gd^4}\right)}}$$

因此，在冲击荷载作用下，危险点 K 处的第三强度理论相当应力为

$$\sigma_{d,r3}=K_d\sigma_{st,r3}=\frac{32G\sqrt{l^2+a^2}}{\pi d^3}\left[1+\sqrt{1+\frac{H}{2G\left(\frac{a^3}{Ebh^3}+\frac{16l^3}{3\pi Ed^4}+\frac{8a^2l}{\pi Gd^4}\right)}}\right]$$

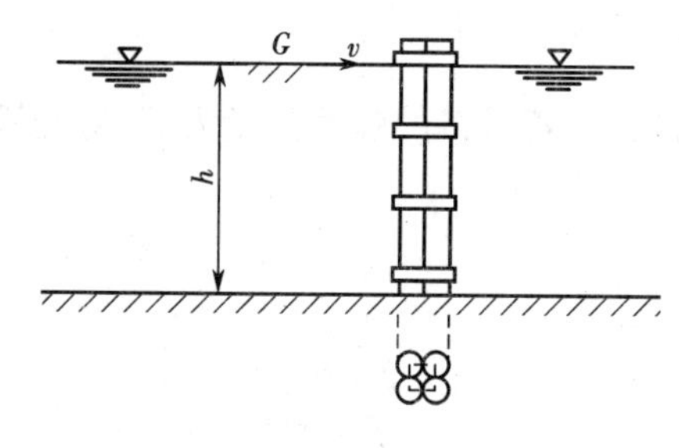

习题 16－13 图

16－13 四根直径 $d=300$ mm 的木桩，刚性地连接在一起而构成桩束，底部打入河底。若桩束在距河底高 $h=2$ m 处受到一冰块的冲击作用，冰块的重量 $G=18$ kN，其速度 $v=0.5$ m/s。木材的弹性模量 $E=12$ GPa，许用应力 $[\sigma]=10$ MPa。河底的土壤坚实可认为木桩在河底端为固定端，试校核木桩的强度。

解 这是一个水平冲击问题。桩束横截面对中性轴的惯性矩

$$I=4\left[\frac{\pi d^4}{64}+\left(\frac{d}{2}\right)^2\frac{\pi d^2}{4}\right]=4\times\left[\frac{\pi\times0.3^4}{64}+\left(\frac{0.3}{2}\right)^2\times\frac{\pi\times0.3^2}{4}\right]=79.5\times10^{-4}\ \mathrm{m}^{-4}$$

在数值等于冲击物重量 G 的水平静荷载作用下，桩在被冲击点处的静挠度

$$\Delta_{st}=\frac{Gh^3}{3EI}=\frac{18\times10^3\times2^3}{3\times12\times10^9\times79.5\times10^{-4}}=0.5\times10^{-3}\ \mathrm{m}=0.5\ \mathrm{mm}$$

水平冲击的动荷系数为

$$K_d=\frac{v}{\sqrt{g\Delta_{st}}}=\frac{0.5}{\sqrt{9.81\times0.5\times10^{-3}}}=7.14$$

重物对桩的冲击荷载为

$$F_d=K_dP=7.14\times18=128.5\ \mathrm{kN}$$

最大冲击应力

$$\sigma_{d,max}=\frac{F_dhd}{I}=\frac{128.5\times10^3\times2\times0.3}{79.5\times10^{-4}}=9.7\times10^6\ \mathrm{Pa}=9.7\ \mathrm{MPa}<[\sigma]$$

木桩满足强度条件。

附录 I　截面的几何性质

I.1　理论要点

一、截面的静矩

截面对 z 轴和 y 轴的静矩

$$\left.\begin{aligned} S_z &= \int_A y\mathrm{d}A \\ S_y &= \int_A z\mathrm{d}A \end{aligned}\right\}$$

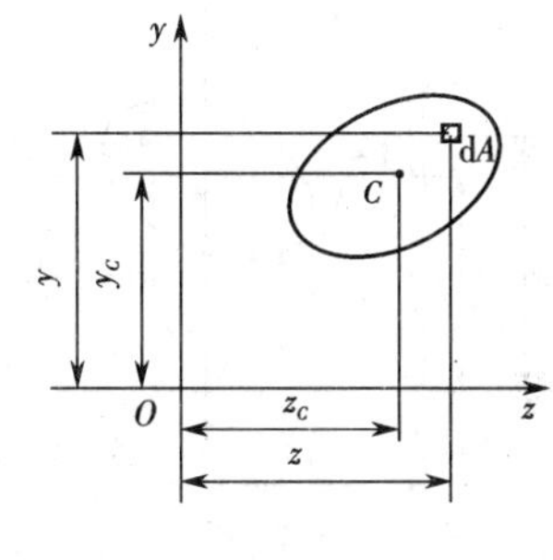

图 I －1

二、形心位置

截面形心 C 的坐标

$$\left.\begin{aligned} y_C &= \frac{\int_A y\mathrm{d}A}{A} = \frac{S_z}{A} \\ z_C &= \frac{\int_A z\mathrm{d}A}{A} = \frac{S_y}{A} \end{aligned}\right\}$$

如果一个平面图形是由若干个简单图形组成的组合图形，则由静矩的定义可知，整个图形对某一坐标轴的静矩应该等于各简单图形对同一坐标轴的静矩的代数和。即

$$\left.\begin{aligned} S_z &= \sum_{i=1}^{n} A_i y_{Ci} \\ S_y &= \sum_{i=1}^{n} A_i z_{Ci} \end{aligned}\right\}$$

式中：A_i、y_{Ci} 和 z_{Ci} 分别表示某一组成部分的面积和其形心坐标，n 为简单图形的个数。

将上式代入形心坐标，得到组合图形形心坐标的计算公式：

$$\left.\begin{aligned} y_C &= \frac{\sum_{i=1}^{n} A_i y_{Ci}}{\sum_{i=1}^{n} A_i} \\ z_C &= \frac{\sum_{i=1}^{n} A_i z_{Ci}}{\sum_{i=1}^{n} A_i} \end{aligned}\right\}$$

三、惯性矩

截面对于 y 轴和 z 轴的惯性矩：

$$I_y = \int_A z^2 \mathrm{d}A, \quad I_z = \int_A y^2 \mathrm{d}A$$

四、极惯性矩

截面对坐标原点的极惯性矩：

$$I_{\mathrm{p}} = \int_A \rho^2 \mathrm{d}A = \int_A (y^2 + z^2) \mathrm{d}A = I_z + I_y$$

五、惯性积

截面对于 y、z 轴的惯性积：

$$I_{yz} = \int_A zy \mathrm{d}A$$

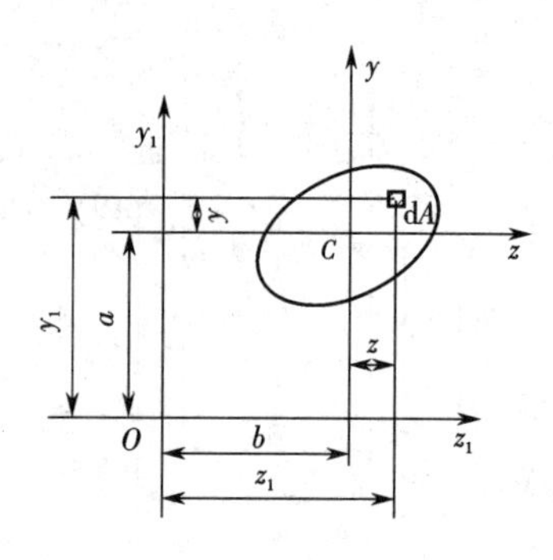

图Ⅰ-2

六、惯性矩的平行移轴公式

截面对 z_1 轴惯性矩：

$$I_{z_1} = I_z + a^2 A$$

截面对 y_1 轴惯性矩：

$$I_{y_1} = I_y + b^2 A$$

由惯性矩的平行移轴公式可以看出，在所有互相平行的坐标轴中，截面对形心轴的惯性矩最小。

七、惯性积的平行移轴公式

$$I_{y_1 z_1} = I_{yz} + abA$$

八、惯性矩的转轴公式

$$I_{z_1} = \frac{I_z + I_y}{2} + \frac{I_z - I_y}{2}\cos 2\alpha - I_{yz}\sin 2\alpha$$

$$I_{y_1} = \frac{I_z + I_y}{2} - \frac{I_z - I_y}{2}\cos 2\alpha + I_{yz}\sin 2\alpha$$

九、惯性积的转轴公式

$$I_{y_1 z_1} = \frac{I_z - I_y}{2}\sin 2\alpha + I_{yz}\cos 2\alpha$$

十、主惯性轴和主惯性矩

若有一对坐标轴，使截面对它的惯性积为零，则可将其称为截面的**主惯性轴**，简称**主轴**，截面对主轴的惯性矩称为**主惯性矩**。

假设将 z、y 轴绕 O 点旋转 α_0 角得到主轴 z_0、y_0，由主轴的定义

$$I_{y_0 z_0} = \frac{I_z - I_y}{2}\sin 2\alpha_0 + I_{yz}\cos 2\alpha_0 = 0$$

截面对主轴 z_0、y_0 的主惯性矩

$$\left.\begin{aligned}I_{z_0}&=\frac{I_z+I_y}{2}+\frac{1}{2}\sqrt{(I_z-I_y)^2+4I_{yz}^2}\\I_{y_0}&=\frac{I_z+I_y}{2}-\frac{1}{2}\sqrt{(I_z-I_y)^2+4I_{yz}^2}\end{aligned}\right\}$$

十一、形心主轴和形心主惯性矩

通过截面形心的主轴称为**形心主轴**，截面对形心主轴的惯性矩称为**形心主惯性矩**。

若组合截面具有对称轴，则包括此轴在内的一对互相垂直的形心轴就是形心主轴。此时只需利用惯性矩的平行移轴公式，即可得截面的形心主惯性矩。

Ⅰ.2 例题详解

例题Ⅰ-1 如图Ⅰ-3(a)所示的截面形状，已知 $h=200$ mm，$b=75$ mm，$d=9$ mm，$t=11$ mm。试求该截面的重心位置。

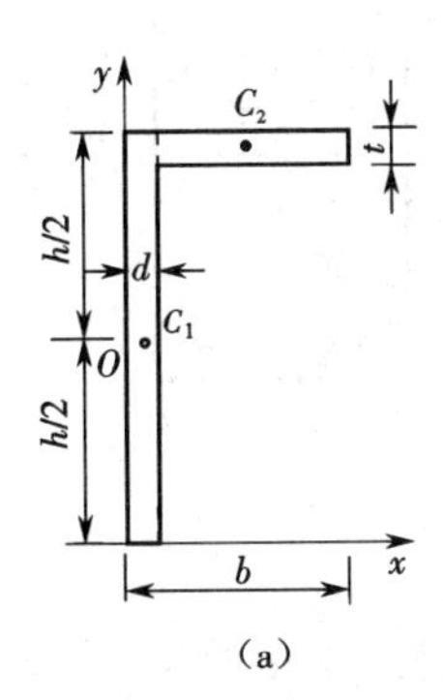

(a)

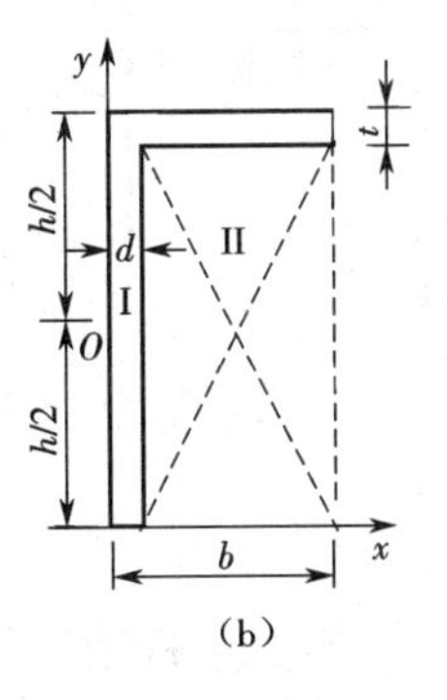

(b)

图Ⅰ-3

【解题指导】 在分析截面平面图形形心时，可以将其看作等厚薄壁物体，如双曲薄壳的屋顶、薄壁容器、飞机机翼等，若以 ΔA_i表示微面积，A 表示整个面积，则其形心坐标可表示为

$$x_C=\frac{\sum \Delta A_i x_i}{A},\quad y_C=\frac{\sum \Delta A_i y_i}{A},\quad z_C=\frac{\sum \Delta A_i z_i}{A}$$

解 (1)直接法。取坐标系如图Ⅰ-3(a)所示。将图形用虚线分割成两个矩形，以 C_1、C_2表示两个矩形的重心，并以 A_1、A_2表示其面积，则它们的面积和重心的横纵坐标分别为

$$A_1=200\times9=1\ 800\ \text{mm}^2,x_1=4.5\ \text{mm},y_1=100\ \text{mm}$$

$$A_2=(75-9)\times11=726\ \text{mm}^2,x_2=9+33=42\ \text{mm},y_2=200-5.5=194.5\ \text{mm}$$

由重心计算公式可得

$$x_C=\frac{A_1x_1+A_2x_2}{A_1+A_2}=\frac{1\ 800\times4.5+726\times42}{1\ 800+726}=15.3\ \text{mm}$$

$$y_C=\frac{A_1y_1+A_2y_2}{A_1+A_2}=\frac{1\ 800\times100+726\times194.5}{1\ 800+726}=127.2\ \text{mm}$$

(2)负面积法。本例中的槽形截面也可看作由 $h\times b$ 的矩形Ⅰ挖去一个 $(h-t)\times(b-d)$

的矩形Ⅱ而成，如图Ⅰ－3(b)所示。这样仍可按重心计算公式确定重心 C 的位置，只是注意在计算中被挖去的面积应取负值，故这种方法又称“负面积法”。其各部分的面积及重心的横纵坐标为

$$A_{\mathrm{I}}=200\times 75=15\ 000\ \mathrm{mm}^2, x_{\mathrm{I}}=37.5\ \mathrm{mm}, y_{\mathrm{I}}=100\ \mathrm{mm}$$

$$A_{\mathrm{II}}=-189\times 66=-12\ 474\ \mathrm{mm}^2, x_{\mathrm{II}}=42\ \mathrm{mm}, y_{\mathrm{II}}=94.5\ \mathrm{mm}$$

$$x_C=\frac{A_{\mathrm{I}}x_{\mathrm{I}}+A_{\mathrm{II}}x_{\mathrm{II}}}{A_{\mathrm{I}}+A_{\mathrm{II}}}=\frac{15\ 000\times 37.5+(-12\ 474)\times 42}{15\ 000-12\ 474}=15.3\ \mathrm{mm}$$

$$y_C=\frac{A_{\mathrm{I}}y_{\mathrm{I}}+A_{\mathrm{II}}y_{\mathrm{II}}}{A_{\mathrm{I}}+A_{\mathrm{II}}}=\frac{15\ 000\times 100+(-12\ 474)\times 94.5}{15\ 000-12\ 474}=127.2\ \mathrm{mm}$$

例题Ⅰ－2 图Ⅰ－4(a)所示为矩形截面，z、y 轴过形心，且 z 轴平行于底边，y 轴平行于侧边，试求该矩形截面对 z 轴和 y 轴的惯性矩以及对两坐标轴的惯性积。

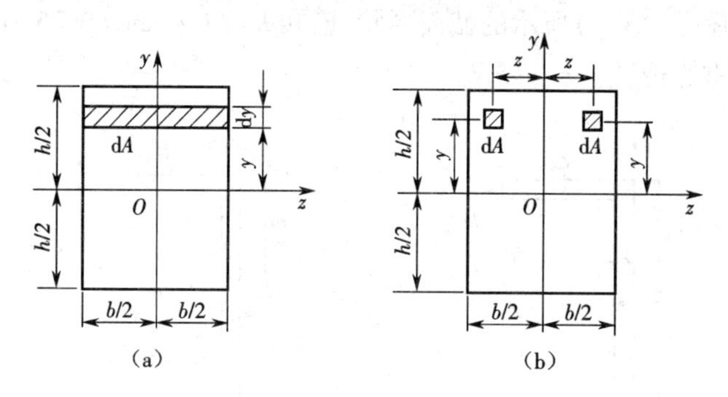

图Ⅰ－4

解 (1)计算截面对 z 轴的惯性矩。取平行于 z 轴的阴影面积 dA(图(a))为微面积，则

$$\mathrm{d}A=b\mathrm{d}y$$

$$I_z=\int_A y^2\mathrm{d}A=\int_{-h/2}^{h/2}by^2\mathrm{d}y=\frac{bh^3}{12}$$

用同样办法可求得截面对 y 轴的惯性矩为

$$I_y=\frac{hb^3}{12}$$

(2)求惯性积。y 轴为截面的对称轴，现在 y 轴两侧对称位置取相同的微面积 dA(图(b))，由于处在对称位置的 $zy\mathrm{d}A$ 值大小相等、符号相反(y 坐标相同，z 坐标符号相反)，因此这两个微面积对 y、z 轴惯性积的和等于零。将此推广到整个截面，则有

$$I_{yz}=\int_A zy\mathrm{d}A=0$$

这说明只要 z、y 轴之一为截面的对称轴，则截面对该两轴的惯性积一定等于零。

例题Ⅰ－3 试求图Ⅰ－5所示图形的形心主轴位置和形心主惯性矩值。

解 将该图形看作是由Ⅰ、Ⅱ、Ⅲ三个矩形组成的组合图形。显然，组合图形的形心与矩形Ⅱ的形心重合。为计算形心主轴的位置和形心主惯性矩的数值，过形心选择一对便于计算惯性矩和惯性积的 z、y 轴(z 轴平行于底边)。矩形Ⅰ、Ⅲ的形心在所选坐标系中的坐标为

$$a_{\mathrm{I}}=0.04\ \mathrm{m},\quad b_{\mathrm{I}}=-0.02\ \mathrm{m}$$

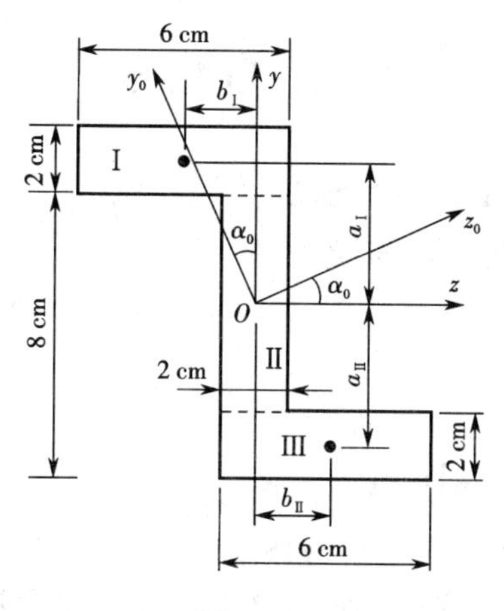

图 I -5

$$a_{\text{III}} = -0.04 \text{ m}, \quad b_{\text{III}} = 0.02 \text{ m}$$

组合截面对 z、y 轴的惯性矩和惯性积分别为

$$I_z = 2 \times \left(\frac{0.06 \times 0.02^3}{12} + 0.06 \times 0.02 \times 0.04^2 \right) + \frac{0.02 \times 0.06^3}{12}$$

$$= 0.428 \times 10^{-5} \text{ m}^4$$

$$I_y = 2 \times \left(\frac{0.02 \times 0.06^3}{12} + 0.06 \times 0.02 \times 0.02^2 \right) + \frac{0.06 \times 0.02^3}{12}$$

$$= 0.172 \times 10^{-5} \text{ m}^4$$

$$I_{yz} = 0.04 \times (-0.02) \times 0.06 \times 0.02 + (-0.04) \times 0.02 \times 0.06 \times 0.02$$

$$= -0.192 \times 10^{-5} \text{ m}^4$$

将求得的 I_z、I_y 和 I_{yz} 代入主轴公式，整理可得

$$\tan 2\alpha_0 = \frac{-2I_{yz}}{I_z - I_y} = -\frac{2 \times (-0.192 \times 10^{-5})}{0.428 \times 10^{-5} - 0.172 \times 10^{-5}} = 1.5$$

由此得

$$\alpha_0 = 0.491 \text{ rad}$$

即从 z 轴逆时针转 0.491 rad 便是形心主轴 z_0 的位置，另一形心主轴 y_0 与 z_0 垂直。

将 I_z、I_y 和 I_{yz} 值代入形心主惯性矩公式，即有

$$I_{z_0} = I_{\max} = \frac{I_z + I_y}{2} + \frac{1}{2}\sqrt{(I_z - I_y)^2 + 4I_{yz}^2}$$

$$= \frac{(0.428 + 0.172) \times 10^{-5}}{2} + \frac{1}{2}\sqrt{[(0.428 - 0.172) \times 10^{-5}]^2 + 4 \times (0.192 \times 10^{-5})^2}$$

$$= 0.531 \times 10^{-5} \text{ m}^4$$

$$I_{y_0} = I_{\min} = \frac{I_z + I_y}{2} - \frac{1}{2}\sqrt{(I_z - I_y)^2 + 4I_{yz}^2} = 0.69 \times 10^{-6} \text{ m}^4$$

Ⅰ.3 自测题

Ⅰ-1 平面图形的对称轴必定通过形心。( )

Ⅰ-2 平面图形对于对称轴的静矩必为零。( )

Ⅰ-3 平面图形的惯性矩、极惯性矩、惯性积的量纲均为长度的四次方,且值恒为正。( )

Ⅰ-4 惯性积有可能为零。( )

Ⅰ-5 如图Ⅰ-6所示为一箱形截面,z轴过形心且平行于底边,试求截面对z轴的惯性矩。

Ⅰ-6 如图Ⅰ-7所示为一圆形截面,直径为d,z、y轴过形心,试求截面对圆心O的极惯性矩和对z轴的惯性矩。

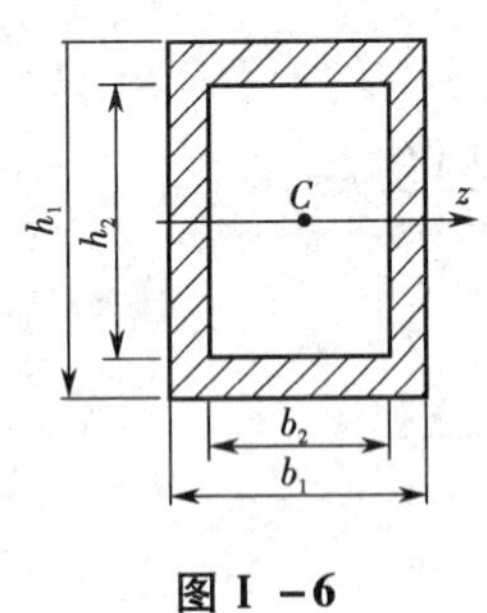

图Ⅰ-6

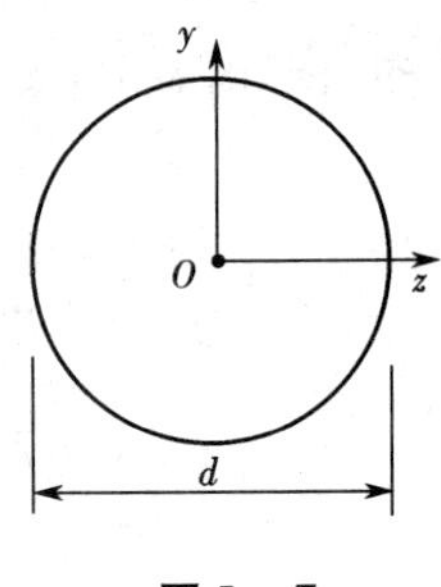

图Ⅰ-7

Ⅰ-7 如图Ⅰ-8所示,阴影截面由一正方形挖去一个边长为0.4 m的正方形而成,试求该截面关于y轴的惯性矩。

Ⅰ-8 试求如图Ⅰ-9所示截面的形心主惯性矩。

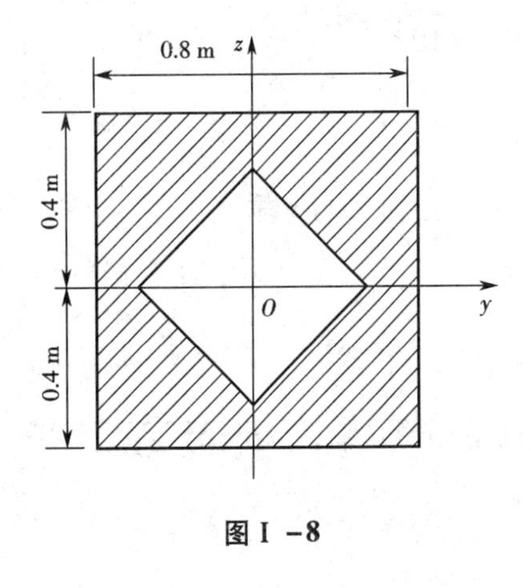

图Ⅰ-8

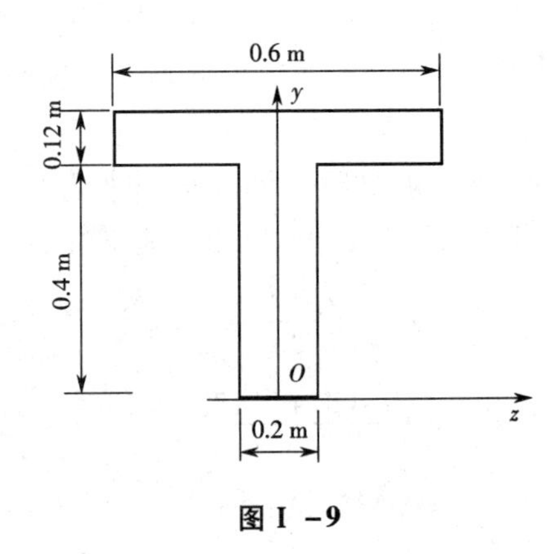

图Ⅰ-9

Ⅰ.4　自测题解答

此部分内容请扫二维码。 

Ⅰ.5　习题解答

Ⅰ-1　试求图示平面图形的形心位置。

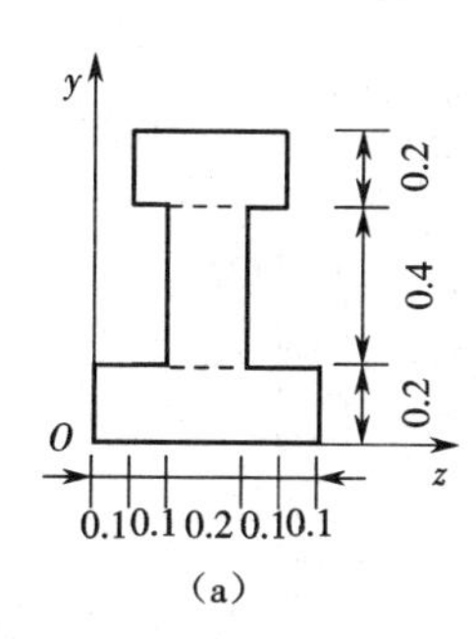

(a)

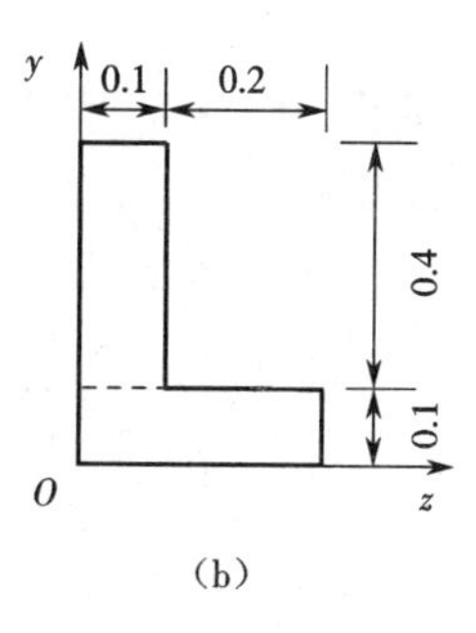

(b)

习题Ⅰ-1图

解　(a)由对称知

$$z_C = 0.3\ \text{m}$$

$$y_C = \frac{0.6 \times 0.2 \times 0.1 + 0.2 \times 0.4 \times 0.4 + 0.4 \times 0.2 \times 0.7}{0.6 \times 0.2 + 0.2 \times 0.4 + 0.4 \times 0.2} = 0.357\ \text{m}$$

(b)

$$z_C = \frac{0.3 \times 0.1 \times 0.15 + 0.1 \times 0.4 \times 0.05}{0.3 \times 0.1 + 0.1 \times 0.4} = 0.093\ \text{m}$$

$$y_C = \frac{0.3 \times 0.1 \times 0.05 + 0.1 \times 0.4 \times 0.3}{0.3 \times 0.1 + 0.1 \times 0.4} = 0.193\ \text{m}$$

Ⅰ-2　试求平面图形的形心坐标。

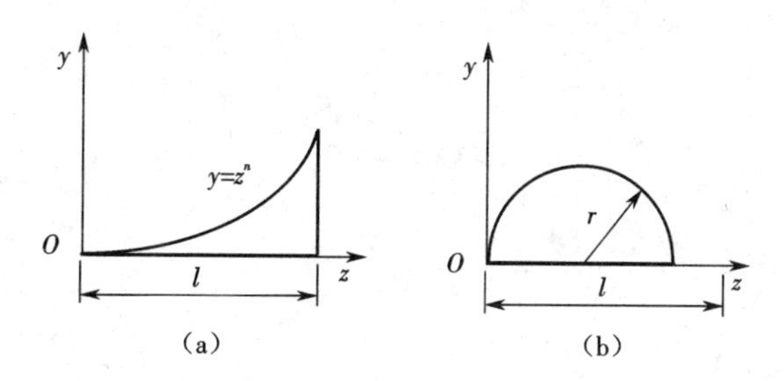

习题Ⅰ-2图

解　(a)

$$z_C = \frac{\int_0^l z^n z\mathrm{d}z}{\int_0^l z^n \mathrm{d}z} = \frac{n+1}{n+2}l$$

$$y_C = \frac{\int_0^{l^n} (l - \sqrt[n]{y}) y\mathrm{d}y}{\int_0^l z^n \mathrm{d}z} = \frac{l^n}{n+2}$$

(b)由对称知

$$z_C = r$$

$$y_C = \frac{\int_0^r 2\sqrt{r^2 - y^2}\, y\mathrm{d}y}{\frac{\pi r^2}{2}} = \frac{\frac{2r^3}{3}}{\frac{\pi r^2}{2}} = \frac{4r}{3\pi}$$

Ⅰ-3 试求图示截面的阴影线面积对 z 轴的静矩。(图中 C 为截面形心)

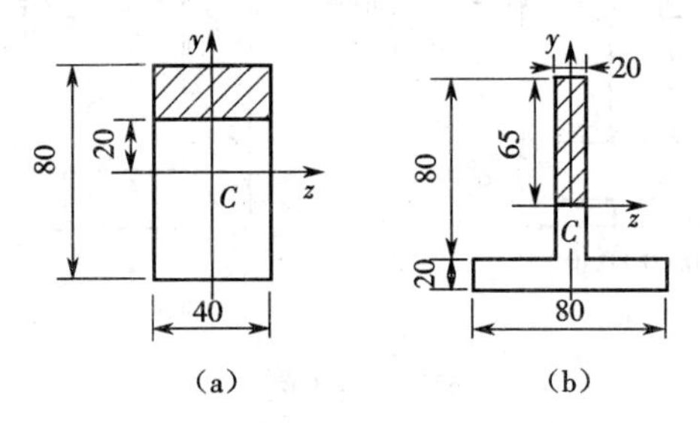

习题Ⅰ-3图

解 (a) $S_z^* = A^* y_C = 40 \times 20 \times 30 = 24\ 000\ \mathrm{mm}^3$

(b) $S_z^* = A^* y_C = 65 \times 20 \times 32.5 = 42\ 250\ \mathrm{mm}^3$

Ⅰ-4 试求以下截面对 z 轴的惯性矩。(z 轴通过截面形心)

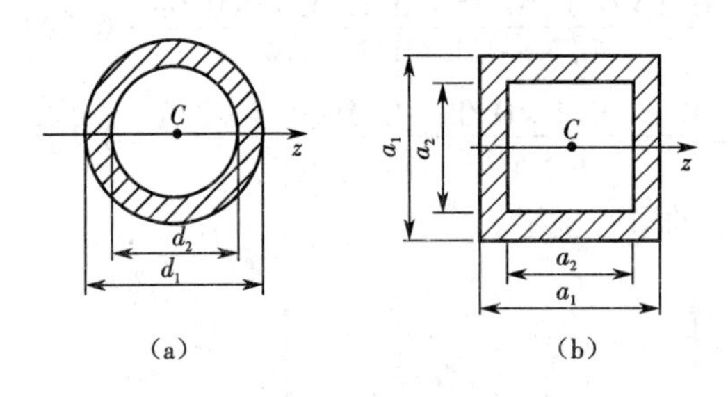

习题Ⅰ-4图

解 (a) $I_z = \frac{\pi d_1^4}{64} - \frac{\pi d_2^4}{64} = \frac{\pi(d_1^4 - d_2^4)}{64}$

(b) $I_z = \frac{a_1^4}{12} - \frac{a_2^4}{12} = \frac{a_1^4 - a_2^4}{12}$

Ⅰ-5 试求图示三角形截面对通过顶点 A 并平行于底边 BC 的 z 轴的惯性矩。

解

$$I_z = \int_0^h \left(\frac{y}{h} b \mathrm{d}y \cdot y^2 \right) = \frac{bh^3}{4}$$

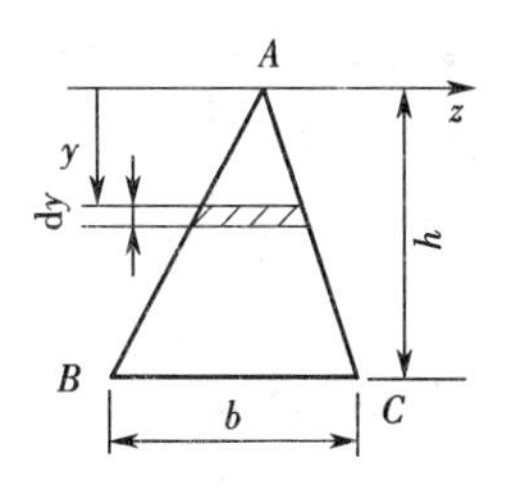

习题Ⅰ-5图

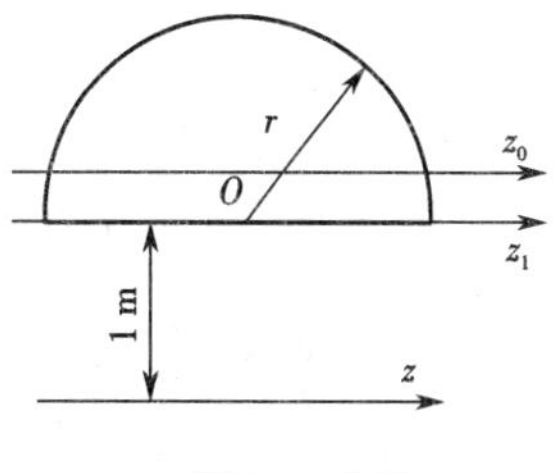

习题Ⅰ-6图

Ⅰ-6 试求图示 $r=1$ m 半圆形截面对于 z 轴的惯性矩。其中 z 轴与半圆形的底边平行，相距 1 m。

解

$$I_{z_1} = \frac{1}{2}\left(\frac{\pi d^4}{64}\right) = \frac{1}{2} \times \left(\frac{\pi \times 2^4}{64}\right) = 0.392\ 7\ \mathrm{m}^4$$

由式(Ⅰ-2)知 z_1、z_0之间的距离

$$y_C = \frac{4r}{3\pi}$$

所以由 $I_{z_1} = I_{z_0} + A{y_C}^2$得

$$I_{z_0} = I_{z_1} - A{y_C}^2 = 0.392\ 7 - \frac{\pi \times 1^2}{2} \times \left(\frac{4 \times 1}{3 \times \pi}\right)^2 = 0.109\ 8\ \mathrm{m}^4$$

于是

$$I_z = I_{z_0} + Aa^2 = 0.109\ 8 + \frac{\pi \times 1^2}{2} \times \left(1 + \frac{4 \times 1}{3 \times \pi}\right)^2 = 3.30\ \mathrm{m}^4$$

Ⅰ-7 在直径 $D=8a$ 的圆截面中，开了一个 $2a \times 4a$ 的矩形孔，如图所示。试求截面对其水平形心轴和竖直形心轴的惯性矩 I_z和 I_y。

解 令圆截面的惯性矩为 I_1，矩形孔的惯性矩为 I_2，则

$$y_C = \frac{\pi(4a)^2 \times 0 - 8a^2 \times (-a)}{\pi(4a)^2 - 8a^2} = 0.189\ 28a$$

$$I_z = I_{z1} - I_{z2} = \left(\frac{\pi D^4}{64} + \pi(4a)^2(0.189\ 28a)^2\right) - \left(\frac{4a(2a)^3}{12} + 8a^2 \times (a + 0.189\ 28a)^2\right)$$

$$= 188.9a^4$$

$$I_y = I_{y1} - I_{y2} = \frac{\pi D^4}{64} - \frac{2a(4a)^3}{12} = 190.3a^4$$

Ⅰ-8 正方形截面中开了一个直径 $d=100$ mm 的半圆形孔，如图所示。试确定截面的形心位置，并计算截面对水平形心轴和竖直形心轴的惯性矩 I_z和 I_y。

解 令正方形截面的惯性矩为 I_1，半圆形孔的惯性矩为 I_2，则

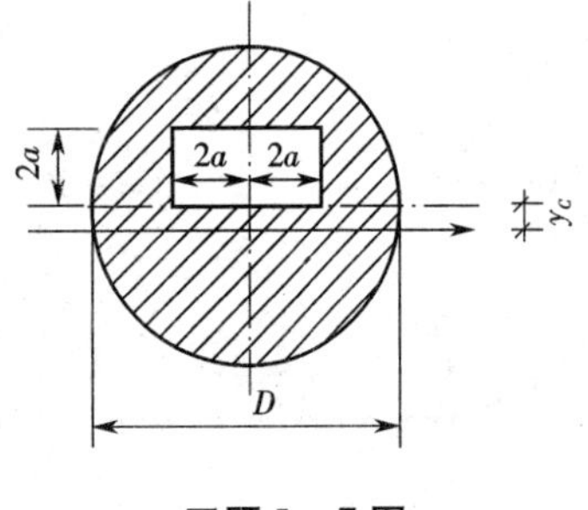

习题 I -7 图

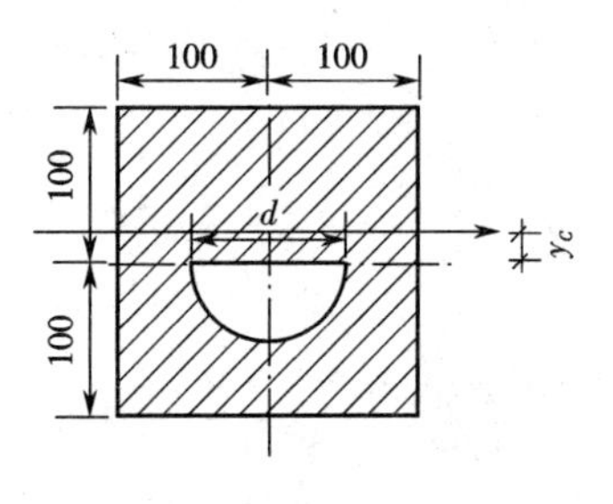

习题 I -8 图

$$y_C=\frac{200^2\times 0-\frac{\pi\times 100^2}{8}\times\frac{4\times 50}{3\pi}}{200^2-\frac{\pi\times 100^2}{8}}=2.31\ \text{mm}$$

$$I_z=I_{z1}-I_{z2}=\left(\frac{200^4}{12}+200^2\times(2.31)^2\right)-\left[\left(\frac{\pi}{8}-\frac{8}{9\pi}\right)\times 50^4+\frac{\pi\times 100^2}{8}\times\left(\frac{4\times 50}{3\times\pi}+2.31\right)^2\right]$$

$$=1.307\times 10^8\ \text{mm}^4$$

$$I_y=I_{y1}-I_{y2}=\frac{200^4}{12}-\frac{1}{2}\times\frac{\pi\times 100^4}{64}=1.309\times 10^8\ \text{mm}^4$$

I -9 图示为由两个18a号槽钢组成的组合截面，如欲使此截面对两个对称轴的惯性矩相等，试问两根槽钢的间距 a 应为多少？

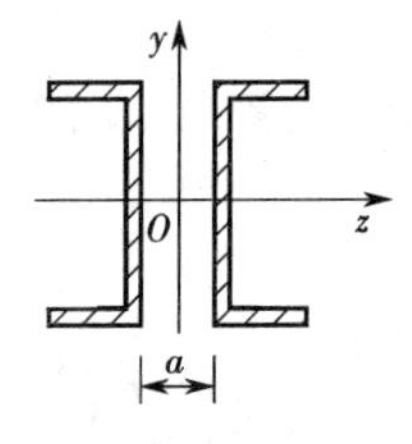

习题 I -9 图

解 查型钢表可知

$$I_z=2\times 1\ 270=2\ 540\ \text{cm}^4$$

$$I_y=2\times\left[98.6+25.699\times\left(\frac{a}{2}+1.88\right)\right]$$

由 $I_z=I_y$ 得

$$a=9.76\ \text{cm}$$

I -10 求图示截面的形心主轴的位置和形心主惯性矩。

解

$$z_C=\frac{120\times 10\times 60+10\times 70\times 5}{120\times 10+10\times 70}=39.737\ \text{mm}$$

$$y_C=\frac{120\times 10\times 5+10\times 70\times 45}{120\times 10+10\times 70}=19.737\ \text{mm}$$

习题 I -10 图

$$I_{z_C}=\left(\frac{120\times10^3}{12}+120\times10\times14.737^2\right)+\left(\frac{10\times70^3}{12}+10\times70\times25.263^2\right)=1.003\ 2\times10^6\ \text{mm}^4$$

$$I_{y_C}=\left(\frac{10\times120^3}{12}+120\times10\times20.263^2\right)+\left(\frac{70\times10^3}{12}+10\times70\times34.737^2\right)=2.783\ 2\times10^6\ \text{mm}^4$$

$$\begin{aligned}I_{y_Cz_C}&=120\times10\times(60-39.737)\times(19.737-5)+10\times70\times(39.737-5)\times(45-19.737)\\&=9.726\ 3\times10^5\ \text{mm}^4\end{aligned}$$

由 $\tan\alpha_0=\dfrac{-2I_{y_Cz_C}}{I_{z_C}-I_{y_C}}=\dfrac{-2\times972\ 630}{1\ 003\ 200-2\ 783\ 200}=1.093$ 得 $2\alpha_0=227.6°$,即 $\alpha_0=113.8°$。

$$\begin{aligned}I_{z_0}&=\frac{I_{z_C}+I_{y_C}}{2}+\frac{1}{2}\sqrt{(I_{z_C}-I_{y_C})^2+4I_{y_Cz_C}^2}\\&=\frac{1\ 003\ 200+2\ 783\ 200}{2}+\frac{1}{2}\sqrt{(1\ 003\ 200-2\ 783\ 200)^2+4\times972\ 630^2}\\&=3.21\times10^6\ \text{mm}^4\end{aligned}$$

$$\begin{aligned}I_{y_0}&=\frac{I_{z_C}+I_{y_C}}{2}-\frac{1}{2}\sqrt{(I_{z_C}-I_{y_C})^2+4I_{y_Cz_C}^2}\\&=\frac{1\ 003\ 200+2\ 783\ 200}{2}-\frac{1}{2}\sqrt{(1\ 003\ 200-2\ 783\ 200)^2+4\times972\ 630^2}\\&=5.75\times10^5\ \text{mm}^4\end{aligned}$$

I -11 图示为一正方形截面,z、y 为截面的两个对称轴,z_1、y_1 为与 z、y 轴成 α 角的一对正交轴。

(1)求截面对 z_1 和 y_1 轴的惯性矩 I_{z_1} 和 I_{y_1},并将 I_{z_1}、I_{y_1} 值与 I_z、I_y 值比较;

(2)判断 z_1、y_1 轴是否为主轴,由此可得出什么结论。

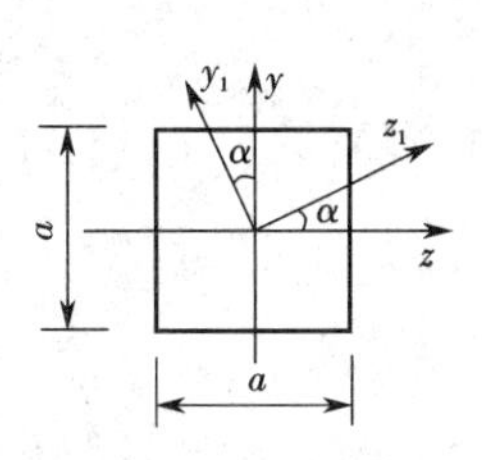

习题 I -11 图

解

$$I_z=\frac{a^4}{12},\quad I_y=\frac{a^4}{12},\quad I_{yz}=0$$

则

$$I_{z_1}=\frac{I_z+I_y}{2}+\frac{I_z-I_y}{2}\cos2\alpha-I_{yz}\sin2\alpha=\frac{a^4}{12}$$

$$I_{y_1}=\frac{I_z+I_y}{2}-\frac{I_z-I_y}{2}\cos 2\alpha+I_{yz}\sin 2\alpha=\frac{a^4}{12}$$

$$I_{y_1z_1}=\frac{I_z-I_y}{2}\sin 2\alpha+I_{yz}\cos 2\alpha=0$$

所以 z_1、y_1 轴也是主轴，又由于 z_1、y_1 轴过形心，因此此两轴为形心主轴。

由此可见，如果一个平面图形对两个直角坐标轴的惯性矩相等，并且此两轴为主轴，则转轴后的坐标轴也应该是主轴，并且惯性矩不变。

Ⅰ－12 试证明：如果平面图形过一点有两对以上的主轴，则过该点的任一对正交轴都是主轴。

证明 设两对主轴对应的转角分别为 α_1、α_2，则有

$$I_{y_1z_1}=\frac{I_z-I_y}{2}\sin 2\alpha_1+I_{yz}\cos 2\alpha_1=0$$

$$I_{y_2z_2}=\frac{I_z-I_y}{2}\sin 2\alpha_2+I_{yz}\cos 2\alpha_2=0$$

因此，有

$$\begin{cases}\frac{I_z-I_y}{2}=0\\ I_{yz}=0\end{cases}$$

即有 $I_z=I_y$、$I_{yz}=0$，由上题结论可知“如果平面图形过一点有两对以上的主轴，则过该点的任一对正交轴都是主轴”。